SOLIDWORKS®全球培訓教材系列

SOLIDWORKS
零件與組合件 培訓教材
2025 繁體中文版

Dassault Systèmes SOLIDWORKS® 公司 著
陳超祥、戴瑞華 主編

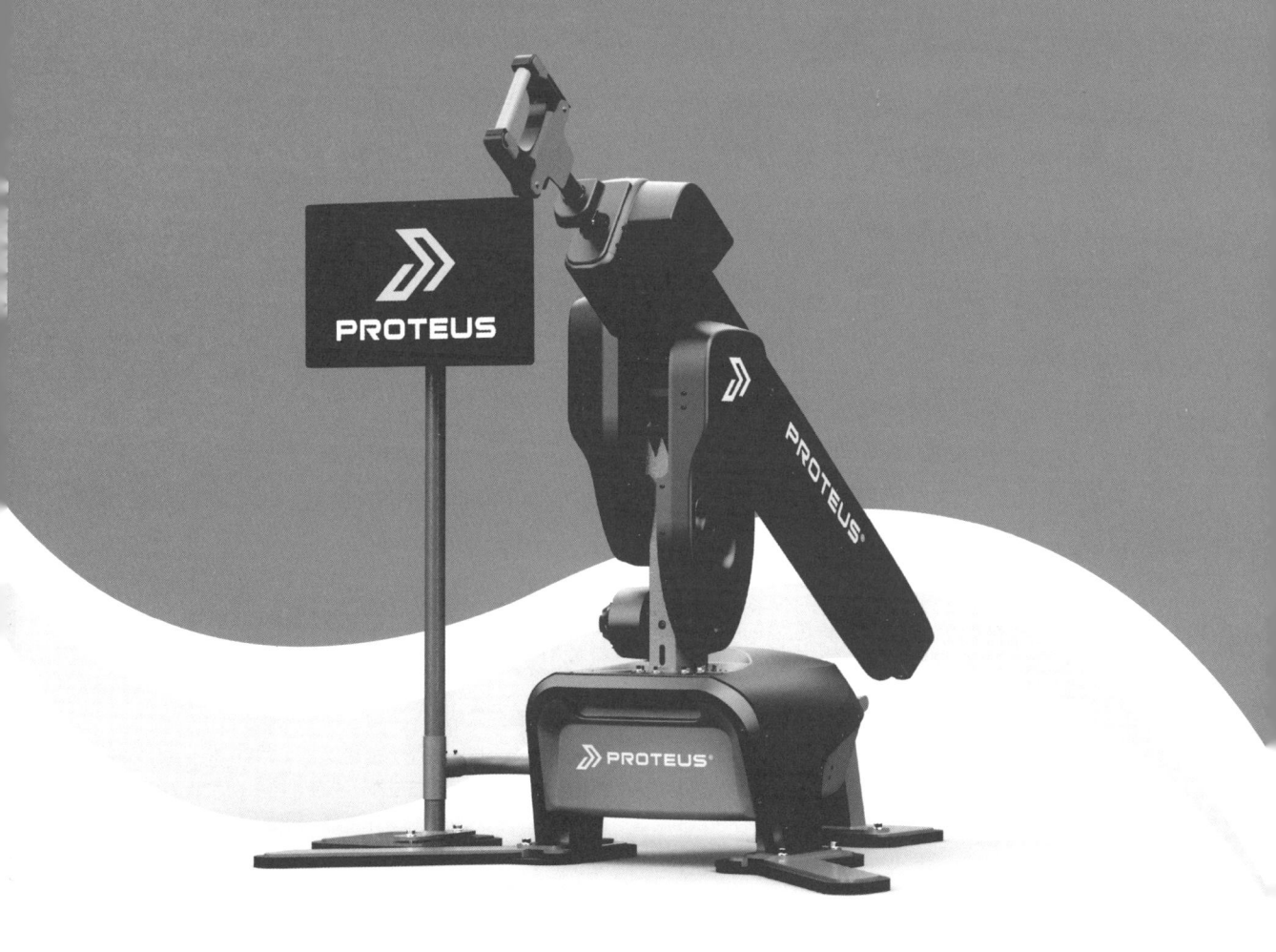

台灣繁體
授權發行

博碩文化
SOLIDWORKS

作　　者：Dassault Systèmes SOLIDWORKS Corp.
主　　編：陳超祥、戴瑞華
繁體編譯：許中原

董 事 長：曾梓翔
總 編 輯：陳錦輝

出　　版：博碩文化股份有限公司
地　　址：221 新北市汐止區新台五路一段 112 號 10 樓 A 棟
　　　　　電話 (02) 2696-2869　傳真 (02) 2696-2867

發　　行：博碩文化股份有限公司
郵撥帳號：17484299　戶名：博碩文化股份有限公司
博碩網站：http://www.drmaster.com.tw
讀者服務信箱：dr26962869@gmail.com
訂購服務專線：(02) 2696-2869 分機 238、519
（週一至週五 09:30 ～ 12:00；13:30 ～ 17:00）

版　　次：2025 年 2 月初版

建議零售價：新台幣 600 元
ＩＳＢＮ：978-626-414-129-1
律師顧問：鳴權法律事務所 陳曉鳴律師

本書如有破損或裝訂錯誤，請寄回本公司更換

國家圖書館出版品預行編目資料

SOLIDWORKS 零件與組合件培訓教材 /Dassault Systèmes SOLIDWORKS Corp. 作 . -- 初版 . -- 新北市：博碩文化股份有限公司，2025.02
　面；　公分
2025繁體中文版
譯自：SolidWorks essentials
ISBN 978-626-414-129-1(平裝)
1.CST: SolidWorks(電腦程式)
312.49S678　　　　　　　　114001080

Printed in Taiwan

歡迎團體訂購，另有優惠，請洽服務專線
博 碩 粉 絲 團 (02) 2696-2869 分機 238、519

商標聲明

本書中所引用之商標、產品名稱分屬各公司所有，本書引用純屬介紹之用，並無任何侵害之意。

有限擔保責任聲明

雖然作者與出版社已全力編輯與製作本書，唯不擔保本書及其所附媒體無任何瑕疵；亦不為使用本書而引起之衍生利益損失或意外損毀之損失擔保責任。即使本公司先前已被告知前述損毀之發生。本公司依本書所負之責任，僅限於台端對本書所付之實際價款。

著作權聲明

本書著作權為作者所有，並受國際著作權法保護，未經授權任意拷貝、引用、翻印，均屬違法。

序

We are pleased to provide you with our latest version of SOLIDWORKS training manuals published in Chinese. We are committed to the Chinese market and since our introduction in 1996, we have simultaneously released every version of SOLIDWORKS 3D design software in both Chinese and English.

We have a special relationship, and therefore a special responsibility, to our customers in Greater China. This is a relationship based on shared values – creativity, innovation, technical excellence, and world-class competitiveness.

SOLIDWORKS is dedicated to delivering a world class 3D experience in product design, simulation, publishing, data management, and environmental impact assessment to help designers and engineers create better products. To date, thousands of talented Chinese users have embraced our software and use it daily to create high-quality, competitive products.

China is experiencing a period of stunning growth as it moves beyond a manufacturing services economy to an innovation-driven economy. To be successful, China needs the best software tools available.

The latest version of our software, SOLIDWORKS 2025, raises the bar on automating the product design process and improving quality. This release includes new functions and more productivity-enhancing tools to help designers and engineers build better products.

These training manuals are part of our ongoing commitment to your success by helping you unlock the full power of SOLIDWORKS 2025 to drive innovation and superior engineering.

Now that you are equipped with the best tools and instructional materials, we look forward to seeing the innovative products that you will produce.

Best Regards,

Gian Paolo Bassi
Chief Executive Officer, DS SOLIDWORKS

前言

　　DS SOLIDWORKS® 公司是一家專業從事三維機械設計、工程分析、產品資料管理軟體研發和銷售的國際性公司。SOLIDWORKS 軟體以其優異的性能、易用性和創新性，極大地提高了機械設計工程師的設計效率和品質，目前已成為主流 3D CAD 軟體市場的標準，在全球擁有超過 600 萬的忠實使用者。DS SOLIDWORKS 公司的宗旨是：To help customers design better product and be more successful（幫助客戶設計出更好的產品並取得更大的成功）。

　　"DS SOLIDWORKS® 公司原版系列培訓教材"是根據 DS SOLIDWORKS® 公司最新發佈的 SOLIDWORKS 軟體的配套英文版培訓教材編譯而成的，也是 CSWP 全球專業認證考試培訓教材。本套教材是 DS SOLIDWORKS® 公司唯一正式授權在中華民國台灣地區出版的原版培訓教材，也是迄今為止出版最為完整的 DS SOLIDWORKS 公司原版系列培訓教材。

　　本套教材詳細介紹了 SOLIDWORKS 軟體模組的功能，以及使用該軟體進行三維產品設計、工程分析的方法、思路、技巧和步驟。值得一提的是，SOLIDWORKS 不僅在功能上進行了多達數百項的改進，更加突出的是它在技術上的巨大進步與持續創新，進而可以更好地滿足工程師的設計需求，帶給新舊使用者更大的實惠！

　　本套教材保留了原版教材精華和風格的基礎，並按照台灣讀者的閱讀習慣進行編譯，使其變得直觀、通俗，可讓初學者易上手，亦協助高手的設計效率和品質更上一層樓！

　　本套教材由 DS SOLIDWORKS® 公司亞太區高級技術總監陳超祥先生和大中華區技術總監戴瑞華先生共同擔任主編，由台灣博碩文化股份有限公司負責製作，實威國際協助編譯、審校的工作。在此，對參與本書編譯的工作人員表示誠摯的感謝。由於時間倉促，書中難免存在疏漏和不足之處，懇請廣大讀者批評指正。

陳超祥　戴瑞華

陳超祥 先生
現任 DS SOLIDWORKS 公司亞太地區高級技術總監

　　陳超祥先生畢業於香港理工大學機械工程系，後獲英國華威大學製造資訊工程碩士及香港理工大學工業及系統工程博士學位。多年來，陳超祥先生致力於機械設計和 CAD 技術應用的研究，曾發表技術文章二十餘篇，擁有多個國際專業組織的專業資格，是中國機械工程學會機械設計分會委員。陳超祥先生曾參與歐洲航天局「獵犬 2 號」火星探險專案，是取樣器 4 位發明者之一，擁有美國發明專利（US Patent 6, 837, 312）。

戴瑞華 先生
現任達索系統大中華區技術諮詢部 SOLIDWORKS 技術總監

　　戴瑞華先生擁有在機械行業 25 年以上的工作經驗，之前曾服務於多家企業，主要負責設備、產品和模具，以及工裝夾具的開發和設計。其本人酷愛 3D CAD 技術，從 2001 年開始接觸三維設計軟體並成為主流 3D CAD SOLIDWORKS 的軟體應用工程師，先後為企業和 SOLIDWORKS 社群培訓了成百上千的工程師；同時他利用自己多年的企業研發設計經驗總結出如何在中國的製造企業成功應用 3D CAD 技術的最佳實踐方法，幫助眾多企業從 2D 設計平順地過渡到 3D 設計，為企業的資訊化與數位化建設奠定了扎實的基礎。

　　戴瑞華先生於 2005 年 3 月加盟 DS SOLIDWORKS 公司，現負責 SOLIDWORKS 解決方案在大中華地區的技術培訓、支援、實施、服務及推廣等，實作經驗豐富。其本人一直宣導企業構建以三維模型為中心的面向創新的研發設計管理平臺、實現並普及數位化設計與數位化製造，為中國企業最終走向智慧設計與智慧製造進行著不懈的努力與奮鬥。

　　戴瑞華先生曾於 1996 年被評為南昌市「十佳青年」，於 2002 年 3 月作為研修生赴日本學習「五金模具設計與加工」，於 2004 年 5 月作為輸入內地人才計畫赴香港工作。

推薦序

3D 設計軟體 SOLIDWORKS 所具備的易學易用特性，成為提高設計人員工作效率的重要因素之一，從 SOLIDWORKS 95 版在台灣上市以來至今累計了數以萬計的使用者，此次的 SOLIDWORKS 2025 新版本發佈，除了提供增強的效能與新增功能之外，同時推出 SOLIDWORKS 2025 繁體中文版原廠教育訓練手冊，並與全球的使用者同步享有來自 SOLIDWORKS 原廠所精心設計的教材，嘉惠廣大的 SOLIDWORKS 中文版用戶。

這一次的 SOLIDWORKS 2025 最新版的功能，囊括了多達 100 項以上的更新，更有完全根據使用者回饋所需，而產生的便捷新功能，在實際設計上有絕佳的效果，可以說是客製化的一種體現。不僅這本 SOLIDWORKS 2025 的繁體中文版原廠教育訓練手冊，目前也提供完整的全系列產品詳盡教學手冊，包括分析驗證的 SOLIDWORKS Simulation、數據管理的 SOLIDWORKS PDM、與技術文件製作的 SOLIDWORKS Composer 中文培訓手冊，可以讓廣大用戶參考學習，不論您是 SOLIDWORKS 多年的使用者，或是剛開始接觸的新朋友，都能夠輕鬆使用這些教材，幫助您快速在設計工作上提升效率，並在產品的研發上帶來 SOLIDWORKS 2025 所擁有的全面協助。這本完全針對台灣使用者所編譯的教材，相信能在您卓越的設計研發技巧上，獲得如虎添翼的效用！

實威國際本於"誠信服務、專業用心"的企業宗旨，將全數採用 SOLIDWORKS 2025 原廠教育訓練手冊進行標準課程培訓，藉由質量精美的教材，佐以優秀的師資團隊，落實教學品質的培訓成效，深信在引領企業提升效率與競爭力是一大助力。我們也期待 DS SOLIDWORKS 公司持續在台灣地區推出更完整的解決方案培訓教材，讓台灣的客戶可以擁有更多的學習機會。感謝學界與業界用戶對於 SOLIDWORKS 培訓教材的高度肯定，不論在教學或自修學習的需求上，此系列書籍將會是您最佳的工具書選擇！

SOLIDWORKS/ 台灣總代理

實威國際股份有限公司

總經理

許泰源

本書使用說明

關於本書

本書的目的是讓讀者學習如何使用 SOLIDWORKS 這個機械設計自動化軟體來建立零件和組合件的參數化模型，同時介紹如何利用這些零件與組合件來建立相應的工程圖。

SOLIDWORKS 是個功能強大的機械設計軟體，有豐富的特徵得以應用，然而本書章節有限，不可能解說軟體的每個細節要點。故本書將重點放在工作上所需要的 SOLIDWORKS 基本技能和概念。本書可當作是 SOLIDWORKS 線上說明的補充，但無法完全取代軟體本身的學習單元內容。在讀者了解 SOLIDWORKS 軟體的基本操作技巧後，對於較少使用到的指令或書中未提到的主題，即可參考線上說明或 SOLIDWORKS 學習單元，以得到更好學習效果。

本書使用說明

先決條件

讀者在學習本書前,應該具備以下經驗:
- 機械設計經驗。
- 熟悉 Windows 作業系統。
- 研讀過 SOLIDWORKS 學習單元,可透過點選功能表上的**說明→SOLIDWORKS 學習單元**來進行學習。

本書編寫原則

本課程是以步驟或任務為基礎所設計編寫的,而非專注於介紹單項特徵和軟體功能。本書強調的是,完成一項特定任務所應遵循的過程和步驟。透過對每個範例的演練來學習這些過程和步驟,讀者將學會為了完成一項特定的設計任務所應採取的方法,以及所需要的指令、選項和功能表。

本書使用方法

本培訓教材是希望讀者在有 SOLIDWORKS 使用經驗的講師指導下進行學習。希望由講師現場示範書中所提供的實例,和學生跟著練習的交互學習方式,使讀者掌握軟體的功能。

課堂上的練習

讀者可以使用練習題來應用和練習書中講解的,或講師示範的內容。本書設計的練習題代表了基本的設計和建模,讀者完全能夠在課堂上完成。要注意的是,由於每個學生的學習速度不同,因此,書中的練習題會比一般讀者在課堂上完成的要多,而這也確保讓學習最快的讀者也有練習可做。

關於"指令 TIPS"

除了每章的實例和練習外,本書還提供了可供讀者參考的"指令 TIPS"。它提供軟體中指令或選項的簡單介紹和操作方法查閱。

關於尺寸的一點說明

練習題中的工程圖與尺寸標註,並沒有按照某種特定的製圖標準。事實上,書中有些尺寸的格式和標註方法可能在業界中不為所用。本書的練習題是用來鼓勵讀者在建模時,能用到書中和培訓課程中學到的知識,以加強建模技術。

關於範例實作檔與動態影音教學檔

本書的「01Training Files」收錄了課程中所需要的所有檔案，這些檔案是以章節編排，例如：Lesson02 資料夾包含 Case Study 和 Exercises。每章的 Case Study 為書中演練的範例；Exercises 則為練習題所需的參考檔案。範例實作檔案可從「博碩文化」官網下載，網址是：http://www.drmaster.com.tw/Publish_Download.asp；而本培訓教材也同時提供課程內容+練習的影音教學檔，讀者可至「**博碩文化公司**」觀看，網址是：https://www.metalearning.com.tw/all_courses。

官方網站訓練檔案

此外，讀者也可以從 SOLIDWORKS 官方網站下載本教材的 Training Files 檔案，網址是 http://www.solidworks.com/trainingfilessolidworks，您必須先用 3DEXPERIENCE ID 帳號登入後，再從下載 Training Files 中使用 Search 按鈕，下方即會列出所選可練習檔案的下載連結，下載後執行會自動解壓縮。

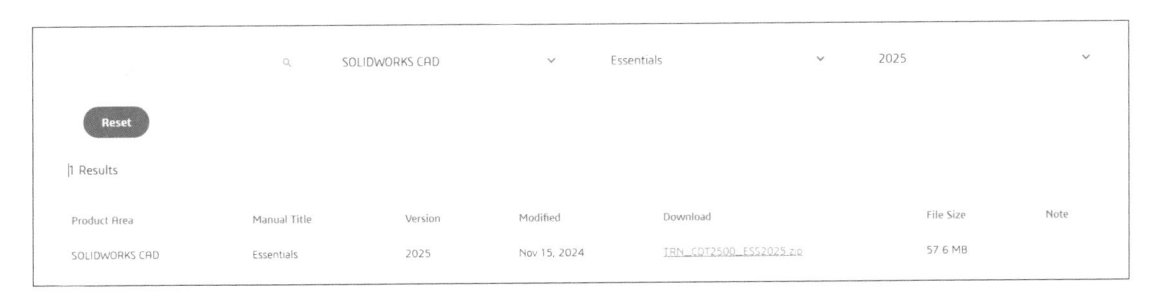

關於範本的使用

範例實作資料夾內包含 Training Templates（範本）子資料夾，收錄了練習將會使用到的範例文件，請您事先將這些文件（包含 Training Templates）複製到硬碟中。

使用前需先將範本檔放置於系統指定的地方：

1. 按**工具→選項→系統選項→檔案位置**。

2. 從**顯示資料夾**下拉選單中選擇**文件範本**。

3. 按**新增**並找到 Training Templates 資料夾。

4. 按**確定**與**是**完成新增。

存取 Training Templates

在加入檔案位置後,按**進階使用者**按鈕,會看到 Training Templates 標籤已顯示於新 **SOLIDWORKS 文件**對話方塊中。

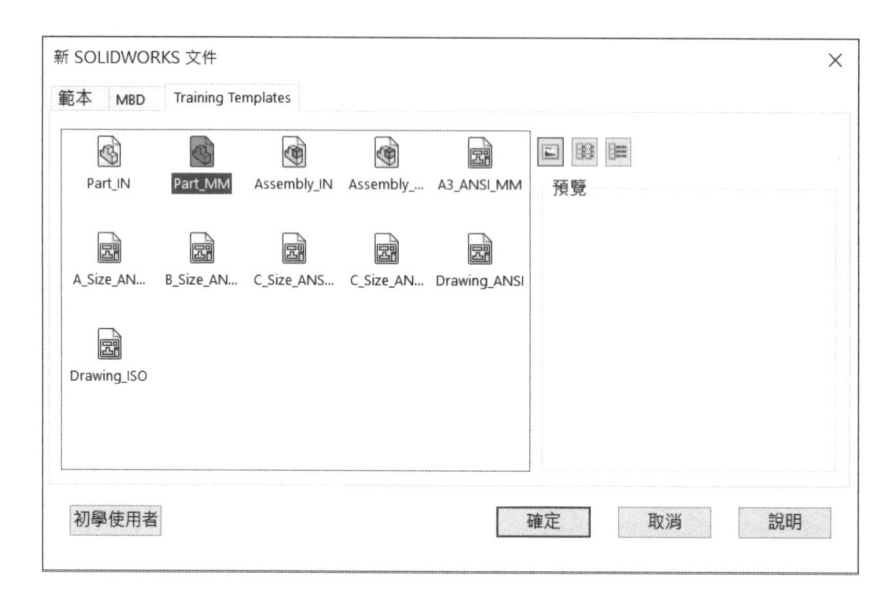

Windows

本書所有的 SOLIDWORKS 軟體圖片都是在 Windows 11 的環境下執行擷取,若您使用不同版本的作業系統時,您可以留意指令與視窗在外觀上可能有些微差異,但這些差異並不會影響您學習 SOLIDWORKS 與執行 SOLIDWORKS 的效能。

本書書寫格式

本書使用以下的格式設定:

設定	說明
功能表:檔案→列印	指令位置。例如:檔案→列印,表示從下拉式功能表的**檔案**中選擇**列印**指令。
提示	要點提示。
技巧	軟體使用技巧。
注意	軟體使用時應注意的問題。
操作步驟	表示課程中實例設計過程的各個步驟。

本書使用說明

關於模型色彩

SOLIDWORKS 的英文原版教材是採用彩色印刷，而我們出版的中文教材則採用黑白印刷，故本書對模型顏色略作調整，例如：模型上的圓角特徵用註解說明其大小不同處，盡可能方便讀者了解書中內容。

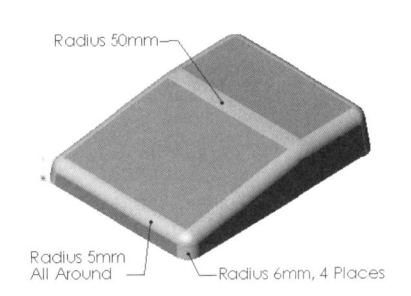

圖形顯示 RealView Graphic 與專業繪圖卡

SOLIDWORKS 支援顯示高品質圖形的專業繪圖卡，此繪圖卡結合高度反射材質與 RealView Graphics 的真實性，在評估進階零件模型與表面的品質時，將是非常實用的工具。

RealView Graphic 是一種硬體繪圖加速卡，能支援即時顯示進階的模型彩現，例如：旋轉模型的同時，模型光影與材質色彩、紋路都可立即追蹤呈現。此外，工程製圖效能、設計時的大量運算，都可以靠專業繪圖卡來提升。

顏色計畫

SOLIDWORKS 提供幾個預設的**色彩調配設定**用來控制模型、特徵、草圖、繪圖區域等顏色。當您選取模型面或於 FeatureManager（特徵管理員）中點選特徵時，系統會以不同顏色強調顯示。於範例實作檔內容的模型色彩並非全部相同，例如：組合件模型中的不同顏色，只是為了區分不同零件。

您會發現您電腦的色彩也許和書上的不同，為了教學起見，我們會將繪圖區域改為白色，以便呈現在白色頁面的書籍中。

使用者介面

在設計過程中，絕大部分使用者會調整指令介面，只為了常用指令能清楚或明顯顯示在可見區域，調整介面並不會影響 SOLIDWORKS 功能。

更多 SOLIDWORKS 訓練資源

MySolidWorks.com 讓您隨時、隨地在任何電腦上都能連接到 SOLIDWORKS 的內容與服務，使您更具有生產力。

另外，連接到 My.SolidWorks.com/training 中的 MySolidWorks Training 也能依您的學習速度，安排加強您的 SOLIDWORKS 技巧。

01 SOLIDWORKS 基礎與使用者介面

1.1 何謂 SOLIDWORKS 軟體 1-2
1.2 設計意圖 1-4
    1.2.1 設計意圖範例 1-4
    1.2.2 設計意圖的影響因素 1-5
1.3 檔案參考 1-6
    1.3.1 檔案參考實例 1-7
1.4 開啟舊檔與儲存檔案 1-7
    1.4.1 電腦記憶體 1-8
1.5 SOLIDWORKS 使用者介面 1-8
    1.5.1 歡迎使用對話方塊 1-9
    1.5.2 下拉式功能表 1-9
1.6 CommandManager 1-10
    1.6.1 加入或移除 CommandManager 標籤 1-11
    1.6.2 FeatureManager（特徵管理員）... 1-12
    1.6.3 PropertyManager（屬性管理員）... 1-13
    1.6.4 完整路徑名稱 1-13
    1.6.5 選擇階層連結 1-14
    1.6.6 工作窗格 1-14
    1.6.7 使用檔案 Explorer 開啟練習檔案 1-14
    1.6.8 立即檢視工具列 1-15
    1.6.9 無法選擇的圖示 1-16
    1.6.10 滑鼠按鍵的應用 1-16
    1.6.11 鍵盤快速鍵 1-17
    1.6.12 多螢幕顯示 1-17
    1.6.13 系統回饋 1-18
    1.6.14 選項 1-18
    1.6.15 搜尋 1-19

02 草圖繪製

2.1 2D 草圖 2-2
2.2 過程中的關鍵階段 2-3

2.3	儲存檔案	2-5
	2.3.1　儲存檔案 / 儲存到這台 PC	2-5
	2.3.2　另存新檔	2-5
	2.3.3　另存副本並繼續	2-5
	2.3.4　另存副本並開啟	2-5
2.4	我們要畫什麼？	2-6
2.5	繪製草圖	2-7
	2.5.1　預設的基準面	2-7
2.6	草圖圖元	2-9
2.7	基本草圖繪製	2-10
	2.7.1　草圖繪製技術	2-10
	2.7.2　推斷提示線（自動加入限制條件）	2-11
	2.7.3　草圖回饋	2-13
	2.7.4　草圖狀態	2-14
2.8	草圖繪製規則	2-15
2.9	設計意圖	2-17
	2.9.1　控制設計意圖的因素	2-17
	2.9.2　需要的設計意圖	2-18
2.10	草圖限制條件	2-18
	2.10.1　自動加入草圖限制條件	2-18
	2.10.2　手動加入草圖限制條件	2-19
	2.10.3　草圖限制條件的範例	2-20
	2.10.4　選取多個物件	2-21
2.11	尺寸標註	2-22
	2.11.1　尺寸的選擇與預覽	2-22
	2.11.2　角度尺寸	2-25
	2.11.3　Instant 2D	2-26
2.12	伸長特徵	2-26
2.13	共用模型	2-29
	2.13.1　儲存至 3DEXPERIENCE	2-30
2.14	草圖指導方針	2-31
練習 **2-1** 草圖和伸長 **1**		2-33
練習 **2-2** 草圖和伸長 **2**		2-34
練習 **2-3** 草圖和伸長 **3**		2-35

練習 2-4 草圖和伸長 4 2-36

練習 2-5 草圖和伸長 5 2-37

練習 2-6 草圖和伸長 6 2-38

03 基本零件建模

3.1 概述 3-2

    3.1.1 過程中的關鍵階段 3-2

3.2 術語 3-3

    3.2.1 特徵 3-3

    3.2.2 基準面 3-3

    3.2.3 伸長 3-3

    3.2.4 草圖 3-4

    3.2.5 填料 3-4

    3.2.6 除料 3-4

    3.2.7 內圓角和外圓角 3-4

    3.2.8 設計意圖 3-4

3.3 選擇最佳輪廓 3-5

3.4 選擇草圖平面 3-6

    3.4.1 參考基準面 3-6

    3.4.2 模型的放置 3-6

3.5 零件的細節 3-8

    3.5.1 標準視圖 3-9

    3.5.2 主要填料特徵 3-9

    3.5.3 最佳輪廓 3-9

    3.5.4 草圖平面 3-10

    3.5.5 設計意圖 3-10

    3.5.6 繪製第一個特徵的草圖 3-11

    3.5.7 伸長特徵選項 3-12

    3.5.8 重新命名特徵 3-13

3.6 填料特徵 3-14

3.7 在平面上繪製草圖 3-14

    3.7.1 繪製切線弧 3-14

    3.7.2 切線弧的區分 3-15

	3.7.3 在直線和切線弧之間自動轉換	3-15
3.8	除料特徵	3-17
3.9	視圖選擇器	3-18
3.10	使用異型孔精靈	3-20
	3.10.1 建立標準鑽孔	3-20
	3.10.2 加入柱孔	3-20
3.11	圓角特徵	3-22
	3.11.1 建立圓角特徵的規則	3-22
3.12	編輯工具	3-25
	3.12.1 編輯草圖	3-25
	3.12.2 選擇多重物件	3-26
	3.12.3 編輯特徵	3-27
	3.12.4 衍生圓角	3-27
	3.12.5 回溯控制棒	3-27
3.13	工程圖細項	3-32
	3.13.1 範本設定	3-33
	3.13.2 CommandManager 的標籤頁	3-33
	3.13.3 新工程圖檔	3-34
3.14	工程視圖	3-35
	3.14.1 相切面交線	3-37
	3.14.2 移動視圖	3-38
3.15	中心符號線	3-38
3.16	尺寸	3-39
	3.16.1 驅動尺寸	3-39
	3.16.2 從動尺寸	3-40
	3.16.3 巧妙的操控尺寸	3-41
	3.16.4 模型與工程圖的關聯性	3-44
3.17	修改參數	3-45
	3.17.1 重新計算模型	3-45

練習 **3-1 Plate** **3-48**

練習 **3-2** 除料 **3-50**

練習 **3-3 Basic-Changes** **3-52**

練習 **3-4** 托架 **3-54**

練習 **3-5** 建立零件工程圖 **3-57**

04 對稱與拔模

- 4.1 實例研究：棘輪扳手 4-2
  - 4.1.1 過程中的關鍵階段 4-2
- 4.2 設計意圖 4-3
- 4.3 使用拔模斜度的填料特徵 4-4
  - 4.3.1 建立握柄 4-4
  - 4.3.2 握柄的設計意圖 4-4
- 4.4 對稱的草圖 4-6
  - 4.4.1 繪製草圖後建立對稱 4-6
  - 4.4.2 兩側對稱伸長 4-10
- 4.5 模型內繪製草圖 4-11
  - 4.5.1 延長柄的設計意圖 4-11
  - 4.5.2 繪製圓形輪廓 4-12
  - 4.5.3 繪製圓 4-14
  - 4.5.4 修改尺寸外觀形式 4-14
  - 4.5.5 成形至下一面 4-15
  - 4.5.6 頭部特徵的設計意圖 4-16
- 4.6 視圖選項 4-19
  - 4.6.1 顯示選項 4-20
  - 4.6.2 修正選項 4-21
  - 4.6.3 滑鼠中鍵和滾輪功能 4-21
  - 4.6.4 三度空間參考的功能 4-22
  - 4.6.5 鍵盤快速鍵 4-22
- 4.7 在草圖中使用模型邊線 4-23
  - 4.7.1 繪製偏移圖元 4-24
- 4.8 修剪草圖圖元 4-26
  - 4.8.1 修剪與延伸 4-27
  - 4.8.2 修改尺寸 4-29
  - 4.8.3 量測 4-31
- 4.9 複製與貼上特徵 4-34
- 練習 4-1 滑輪 4-37
- 練習 4-2 對稱和偏移圖元 1 4-40
- 練習 4-3 修改棘輪握柄 4-41

練習 4-4 對稱和偏移圖元 2 4-43
練習 4-5 工具夾持器 4-45
練習 4-6 惰輪臂 4-46
練習 4-7 成形至某一面 4-47

05 複製排列

5.1　為何要使用複製排列 5-2
　　　5.1.1　複製排列選項 5-4
5.2　直線複製排列 5-5
　　　5.2.1　快顯 FeatureManager（特徵管理員） 5-6
　　　5.2.2　跳過副本 5-8
　　　5.2.3　幾何複製 5-9
　　　5.2.4　效能評估 5-10
5.3　環狀複製排列 5-12
5.4　參考幾何 5-14
　　　5.4.1　基準軸 5-14
5.5　基準面 5-16
5.6　鏡射 5-21
　　　5.6.1　鏡射本體 5-23
5.7　座標系統 5-25
5.8　對稱複製排列 5-27
5.9　成形至的參考 5-29
5.10　草圖導出複製排列 5-32
　　　5.10.1　點 5-33
　　　5.10.2　自動標註草圖尺寸 5-34

練習 5-1 直線複製排列 5-38
練習 5-2 草圖導出複製排列 5-39
練習 5-3 跳過副本 5-40
練習 5-4 直線複製排列和鏡射複製 5-41
練習 5-5 鏡射本體 5-43
練習 5-6 環狀複製排列 5-44
練習 5-7 基準軸與多重複製排列 5-45

06 旋轉特徵

- 6.1 實例研究：方向盤 ... 6-2
  - 6.1.1 過程中的關鍵階段 ... 6-2
- 6.2 設計意圖 ... 6-3
- 6.3 旋轉特徵 ... 6-3
  - 6.3.1 旋轉特徵的草圖幾何 ... 6-3
  - 6.3.2 控制旋轉特徵的草圖規則 ... 6-5
  - 6.3.3 特殊標註技巧 ... 6-5
  - 6.3.4 標註直徑 ... 6-7
  - 6.3.5 建立旋轉特徵 ... 6-8
- 6.4 建立輪圈 ... 6-10
  - 6.4.1 狹槽 ... 6-11
  - 6.4.2 多本體實體 ... 6-13
- 6.5 建立輪輻 ... 6-13
  - 6.5.1 邊線選擇 ... 6-18
  - 6.5.2 導角 ... 6-20
  - 6.5.3 RealView Graphics ... 6-21
- 6.6 編輯材質 ... 6-24
- 6.7 物質特性 ... 6-27
  - 6.7.1 質量屬性與自訂屬性 ... 6-28
- 6.8 檔案屬性 ... 6-28
  - 6.8.1 檔案屬性的分類 ... 6-28
  - 6.8.2 建立檔案屬性 ... 6-29
  - 6.8.3 檔案屬性的用途 ... 6-29
- 6.9 SOLIDWORKS SimulationXpress ... 6-31
  - 6.9.1 總覽 ... 6-31
  - 6.9.2 網格 ... 6-31
- 6.10 SimulationXpress 使用方法 ... 6-32
- 6.11 SimulationXpress 介面 ... 6-33
  - 6.11.1 選項 ... 6-34
  - 6.11.2 第 1 步：固定物 ... 6-34
  - 6.11.3 第 2 步：負載 ... 6-35
  - 6.11.4 第 3 步：選擇材料 ... 6-36
  - 6.11.5 第 4 步：執行 ... 6-36

	6.11.6 第 5 步:結果	6-36
	6.11.7 第 6 步:最佳化	6-37
	6.11.8 更新模型	6-39
	6.11.9 結果、報告和 eDrawings	6-39

練習 6-1 法蘭 6-42

練習 6-2 輪子 6-43

練習 6-3 導向器 6-45

練習 6-4 橢圓 6-49

練習 6-5 掃出 6-50

練習 6-6 SimulationXpress應力分析 6-52

07 薄殼和肋材

7.1	概述	7-2
	7.1.1 過程中的關鍵階段	7-2
	7.1.2 選擇組	7-3
7.2	分析和加入拔模	7-3
	7.2.1 拔模分析	7-4
7.3	拔模的其他選項	7-5
7.4	薄殼	7-6
	7.4.1 薄殼順序	7-6
	7.4.2 選擇表面	7-7
7.5	肋材	7-8
	7.5.1 肋材草圖	7-8
	7.5.2 剖面視角	7-11
	7.5.3 參考圖元	7-13
7.6	全周圓角	7-15
7.7	薄件特徵	7-17

練習 7-1 幫浦外殼 7-22

練習 7-2 工具桿 7-23

練習 7-3 壓縮板 7-26

練習 7-4 吹風機外殼 7-27

練習 7-5 角件 7-30

練習 7-6 回轉臂 7-32

練習 7-7 平漿器 7-33

08 編輯：修復

- 8.1 編輯零件 8-2
  - 8.1.1 過程中的關鍵階段 8-2
- 8.2 編輯主題 8-2
  - 8.2.1 查看模型的資訊 8-3
  - 8.2.2 尋找和修復問題 8-3
  - 8.2.3 設定 8-3
  - 8.2.4 錯誤為何對話方塊 8-4
  - 8.2.5 平坦的樹狀結構視圖 8-6
  - 8.2.6 從哪裡開始 8-7
- 8.3 草圖問題 8-8
  - 8.3.1 方塊選擇 8-9
  - 8.3.2 套索選擇 8-9
  - 8.3.3 為特徵檢查草圖 8-10
  - 8.3.4 修復草圖 8-11
  - 8.3.5 修復草圖基準面問題 8-16
  - 8.3.6 FeatureXpert 8-21
  - 8.3.7 修復圓角 8-22
  - 8.3.8 凍結特徵 8-23
- 練習 8-1 錯誤 1 8-24
- 練習 8-2 錯誤 2 8-25
- 練習 8-3 錯誤 3 8-26
- 練習 8-4 加入拔模斜度 8-27

09 編輯：設計變更

- 9.1 零件編輯 9-2
  - 9.1.1 過程中的關鍵階段 9-2
- 9.2 設計變更 9-2
  - 9.2.1 修正版 9-2
  - 9.2.2 所需的變更 9-3
- 9.3 模型訊息 9-3
  - 9.3.1 Part Reviewer 9-4

	9.3.2 父子關係	9-7
9.4	重新計算	9-11
	9.4.1 回溯特徵	9-11
	9.4.2 凍結棒	9-11
	9.4.3 重新計算進度和中斷	9-11
	9.4.4 抑制特徵	9-11
	9.4.5 常用工具	9-12
	9.4.6 刪除特徵	9-12
	9.4.7 重新排序	9-12
	9.4.8 SketchXpert	9-15
9.5	草圖輪廓	9-22
	9.5.1 可用的草圖輪廓	9-22
	9.5.2 共享草圖	9-24
	9.5.3 複製圓角	9-25
9.6	建立設計修正版	9-27
9.7	取代草圖圖元	9-30
練習 9-1 設計變更		9-33
練習 9-2 編輯零件		9-35
練習 9-3 SketchXpert		9-36
練習 9-4 草圖輪廓		9-38

10 模型組態

10.1	概述	**10-2**
	10.1.1 有關模型組態的專業術語	10-2
10.2	如何使用模型組態	**10-3**
	10.2.1 啟用 ConfigurationManager	10-3
	10.2.2 建立新模型組態	10-4
	10.2.3 定義模型組態	10-5
	10.2.4 變更作用中模型組態	10-7
	10.2.5 重新命名和複製模型組態	10-7
	10.2.6 管理模型組態資料	10-8
10.3	建立模型組態的其他方法	**10-11**
	10.3.1 模型組態表格	10-11

	10.3.2 修改模型組態	10-12
	10.3.3 設計表格	10-12
	10.3.4 導出的模型組態	10-13
	10.3.5 模型組態的其他用途	10-13
10.4	針對模型組態的建模策略	10-15
10.5	編輯含有模型組態的零件	10-15
10.6	Design Library	**10-17**
	10.6.1 預設設定	10-17
	10.6.2 多重參考	10-19
	10.6.3 放置在圓弧面上	10-20
10.7	關於模型組態的進階課程	10-22
練習 10-1 模型組態 1		10-23
練習 10-2 模型組態 2		10-25
練習 10-3 模型組態 3		10-26

11 整體變數與數學關係式

11.1	**使用整體變數與數學關係式**	**11-2**
11.2	**重新命名特徵和尺寸**	**11-2**
	11.2.1 尺寸名稱格式	11-2
11.3	**使用整體變數和數學關係式的設計準則**	**11-4**
	11.3.1 薄殼厚度	11-5
	11.3.2 拔模角度	11-5
	11.3.3 肋材厚度	11-5
	11.3.4 圓角	11-5
11.4	**整體變數**	**11-5**
	11.4.1 建立整體變數	11-6
11.5	**數學關係式**	**11-7**
	11.5.1 建立等式	11-8
	11.5.2 使用修改對話方塊	11-10
11.6	**使用運算子與函數**	**11-12**
	11.6.1 運算子	11-12
	11.6.2 函數	11-13
	11.6.3 檔案屬性	11-13

	11.6.4	量測	11-14
	11.6.5	數學關係式的求解順序	11-14
	11.6.6	直接輸入數學關係式	11-14
	11.6.7	編輯數學關係式	11-18

練習 11-1 使用整體變數與數學關係式 11-21
練習 11-2 建立整體變數 11-25
練習 11-3 建立數學關係式 11-28

12 使用工程圖

12.1 有關產生工程圖的更多訊息 12-2
    12.1.1 過程中的關鍵階段 12-2

12.2 移轉剖面 12-3
    12.2.1 自動 12-4
    12.2.2 手動 12-4
    12.2.3 視圖對正 12-6

12.3 細部放大圖 12-7

12.4 工程圖頁與圖頁格式 12-8
    12.4.1 加入工程圖頁 12-9

12.5 模型視角 12-9

12.6 剖面視圖 12-12

12.7 註記 12-16
    12.7.1 工程圖屬性 12-16
    12.7.2 註解 12-16
    12.7.3 複製視圖 12-18
    12.7.4 基準特徵符號 12-18
    12.7.5 表面加工符號 12-19
    12.7.6 尺寸屬性 12-21
    12.7.7 中心線 12-22
    12.7.8 幾何公差符號 12-23
    12.7.9 尺寸文字 12-27

練習 12-1 細部放大圖和剖面視圖 12-29
練習 12-2 移轉剖面 12-30
練習 12-3 工程圖 12-31

13 由下而上模型組合法

- 13.1 實例研究：萬向接頭 **13-2**
- 13.2 由下而上的模型組合法 **13-2**
  - 13.2.1 過程中的關鍵階段 13-2
  - 13.2.2 組合件的組成 13-3
- 13.3 建立新組合件 **13-4**
- 13.4 第一個零組件的位置 **13-6**
- 13.5 **FeatureManager**（特徵管理員）及符號 **13-6**
  - 13.5.1 自由度 13-6
  - 13.5.2 零組件 13-7
  - 13.5.3 外部參考的搜尋順序 13-8
  - 13.5.4 檔案名稱 13-8
  - 13.5.5 回溯控制棒 13-9
  - 13.5.6 重新排序 13-9
  - 13.5.7 結合資料夾 13-10
- 13.6 加入零組件 **13-10**
  - 13.6.1 插入零組件 13-10
  - 13.6.2 移動和旋轉零組件 13-11
- 13.7 結合零組件 **13-13**
  - 13.7.1 結合類型和對正選項 13-14
  - 13.7.2 同軸心和重合結合條件 13-17
  - 13.7.3 利用檔案總管加入零組件 13-21
  - 13.7.4 寬度結合 13-22
  - 13.7.5 旋轉插入的零組件 13-24
  - 13.7.6 相互平行的結合 13-27
  - 13.7.7 動態組合件運動 13-27
  - 13.7.8 顯示組合件的零件模型組態 13-28
  - 13.7.9 第一個零件 pin 13-28
- 13.8 在組合件中使用零件模型組態 **13-28**
  - 13.8.1 第二個零件 pin 13-31
  - 13.8.2 開啟一個零組件 13-31
  - 13.8.3 複製零組件副本 13-33
  - 13.8.4 零組件的隱藏和透明度 13-34

13.8.5　零組件屬性對話方塊 13-36
13.9　次組合件 **13-37**
13.10　智慧型結合條件（Smart Mates） **13-38**
13.11　插入次組合件 **13-41**
13.11.1　結合次組合件 13-41
13.11.2　平行相距結合條件 13-43
13.11.3　單位系統 13-43
13.11.4　僅為定位使用 13-45
13.12　Pack and Go **13-45**
練習**13-1** 基本結合 **13-47**
練習**13-2** 握把研磨器 **13-49**
練習**13-3** 顯示/隱藏零組件 **13-52**
練習**13-4** 組合件中的設計表格 **13-54**
練習**13-5** 修改萬向接頭組合件 **13-56**

14　組合件的使用

14.1　組合件的使用 **14-2**
14.1.1　過程中的關鍵階段 14-2
14.2　分析組合件 **14-5**
14.2.1　計算物質特性 14-5
14.2.2　干涉檢查 14-6
14.2.3　開啟零件 14-9
14.3　檢查餘隙 **14-9**
14.3.1　靜態與動態干涉檢查 14-11
14.3.2　改善系統效能 14-12
14.4　修改尺寸值 **14-14**
14.5　組合件爆炸視圖 **14-15**
14.5.1　設定爆炸視圖 14-15
14.5.2　爆炸組合件 14-20
14.6　爆炸步驟的回溯與重新排序 **14-22**
14.6.1　回溯 14-22
14.6.2　重新排序 14-22
14.6.3　更改爆炸方向 14-23

		14.6.4 使用自動間隔 14-25

14.7 爆炸直線草圖 **14-27**
- 14.7.1 智慧型爆炸線條選擇 14-27
- 14.7.2 手動選擇爆炸直線 14-28
- 14.7.3 調整爆炸直線 14-33
- 14.7.4 動畫顯示爆炸視圖 14-34

14.8 零件表 **14-35**

14.9 組合件工程圖 **14-38**
- 14.9.1 加入零件號球 14-40
- 14.9.2 編輯爆炸視圖 14-41

練習 14-1 碰撞偵測 **14-44**

練習 14-2 找出並修復干涉 **14-45**

練習 14-3 檢查干涉、碰撞和餘隙 **14-47**

練習 14-4 爆炸視圖和組合件工程圖 **14-48**

練習 14-5 爆炸視圖 **14-50**

A 範本

A.1 選項設定 **A-2**
- A.1.1 修改預設選項 A-2
- A.1.2 建議設定 A-2

A.2 文件範本 **A-3**
- A.2.1 如何建立一個零件範本 A-3
- A.2.2 組織您的範本 A-4
- A.2.3 工程圖範本與圖頁格式 A-5
- A.2.4 預設範本 A-5

SOLIDWORKS 基礎與使用者介面

01

順利完成本章課程後,您將學會:

- 描述基礎特徵、參數式模型的主要特性
- 草圖特徵與套用特徵的區別
- 認識 SOLIDWORKS 使用者介面的主要元件
- 說明如何透過不同的尺寸標註來表達不同的設計意圖

1.1 何謂 SOLIDWORKS 軟體

SOLIDWORKS 是以特徵為基礎的機械設計自動化軟體,並利用容易學習的 Windows 圖形化使用者介面進行的參數式模型設計工具。在設計過程中,可以使用或不使用**限制**來建立完全關聯的 3D 實體模型,並利用軟體自動或使用者自定義的限制條件來呈現設計意圖。

一些常見的術語及含義如下:

◆ **基礎特徵**

正如組合件是由許多個別的零件所組成一樣,這些零件同時也是由一系列個別的元素所構成,這些元素即稱為特徵。

在使用 SOLIDWORKS 軟體建立模型時,SOLIDWORKS 即以智慧化、易於理解的幾何圖形來建立特徵,例如:填料、除料、鑽孔、肋材或圓角…等,特徵建立後可直接應用於零件中。

SOLIDWORKS 特徵可分為草圖特徵和套用特徵。

- **草圖特徵**:以 2D 草圖為基礎,此種草圖通常都藉由伸長、旋轉、掃出或疊層拉伸等方法轉變成實體。
- **套用特徵**:直接建立在實體模型上的特徵,例如:圓角和導角。

SOLIDWORKS 軟體會將模型的特徵的結構,以圖形化的方式顯示在 FeatureManager(特徵管理員)設計樹狀結構的特別視窗中。FeatureManager(特徵管理員)不僅能顯示特徵建立的順序,同時也讓使用者更容易獲得所有特徵的相關資訊。

以下舉例說明模組化特徵的概念。零件是由多個不同的特徵組合而成:有些特徵是增加材料的,像是圓柱填料,如圖 1-1 所示;有些特徵是去除材料的,像是盲孔(中空的凹洞),如圖 1-2 所示。

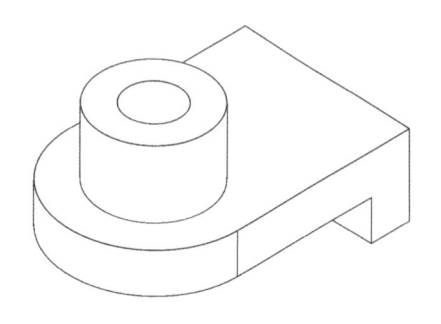

◉ 圖 1-1 基礎特徵的零件

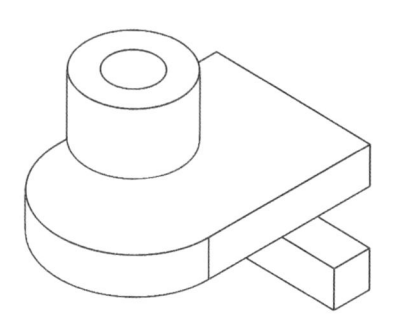

◉ 圖 1-2 基礎特徵的結構

- 不管矩形尺寸 100mm 如何變化，兩個圓孔與邊界都保持 20mm 固定距離，如圖 1-4(a) 所示。
- 標註圓孔與矩形邊線距離，以及兩圓孔的中心距離，此標註法將確保兩孔中心之間的距離，如圖 1-4(b) 所示。
- 兩個圓孔以矩形左側為基準進行標註，尺寸標註將使圓孔相對於矩形的左邊界定位，圓孔的位置不受矩形寬度影響，如圖 1-4(c) 所示。

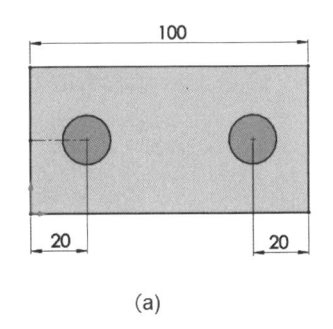

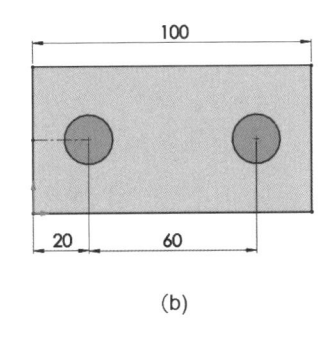

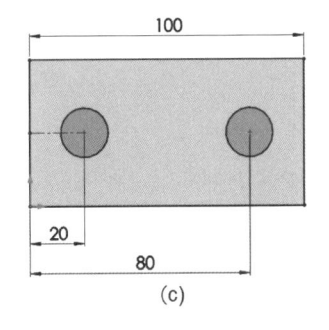

◉ 圖 1-4　尺寸標註中的設計意圖

1.2.2　設計意圖的影響因素

設計意圖不僅受草圖尺寸標註影響，特徵選擇和建模方式也很重要，如圖 1-5 所示的簡易階級軸就有多種建模方法。

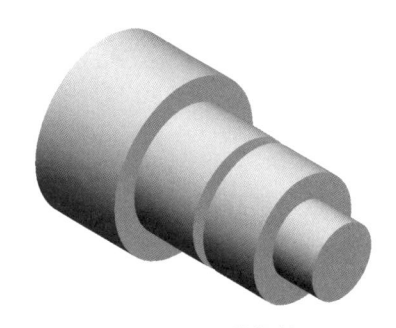

◉ 圖 1-5　階級軸

⬢ 圓柱堆疊法

用堆疊的方式建立此零件，如圖 1-6 所示。一次建立一層，將每一層特徵加到前一層上，如果改變前一層厚度，後面所建立的特徵位置會跟著改變。

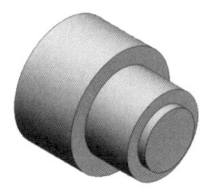

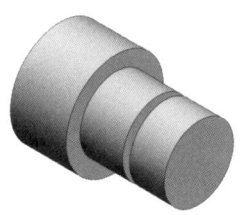

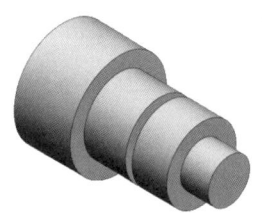

◉ 圖 1-6　圓柱堆疊法

● 斷面旋轉法

這是以一個旋轉特徵建立零件,如圖 1-7 所示。一個草圖表示一個切面,它包含在一個特徵裡完成該零件所需的資訊及尺寸。儘管這種方法看起來很有效率,但是大量資訊包含在單一特徵中,限制了模型的彈性,也讓修改變得較難操作。

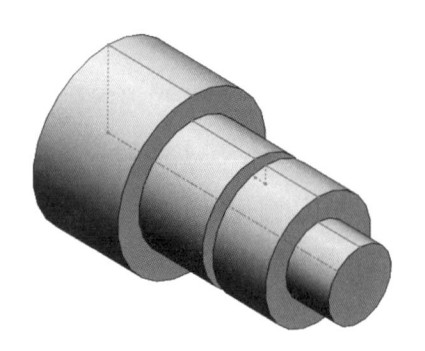

◉ 圖 1-7　斷面旋轉法

● 製造法

這是模仿零件的加工方法來建模的,如圖 1-8 所示。例如:階級軸在車床上切削,故設計必須從圓棒素材開始建模,並使用一系列的除料特徵來移除材料。

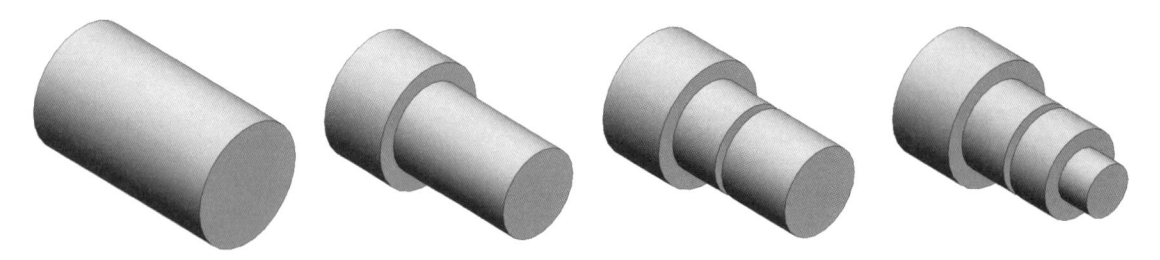

◉ 圖 1-8　製造法

然而要判斷該使用哪種方法,並沒有完全標準的答案。SOLIDWORKS 給予使用者極大的彈性,可讓使用者相對簡單地更改模型。當使用者按照心中的設計意圖建立模型時,也可適時地建立好文件,以便易於修改與重新使用,也讓使用者的工作更加輕鬆。

1.3　檔案參考

SOLIDWORKS 所建立的檔案屬於複合式文件,常會包含其他檔案的元素。檔案參考是以連結檔案之間的關係而建立,而不是在多個檔案之間重複建立資訊。

被參考的檔案不一定要與參考它們的檔案儲存在一起。在大多數實際應用當中,參考檔案會被存放在電腦、網路,或雲端儲存等多個位置上。SOLIDWORKS 提供了一些工具來檢測這些參考檔案的存在及其所存放的位置。

1.3.1 檔案參考實例

圖 1-9 為由 SOLIDWORKS 建立的許多不同形式的外部參考，其中一些參考可以被連結或者內嵌。

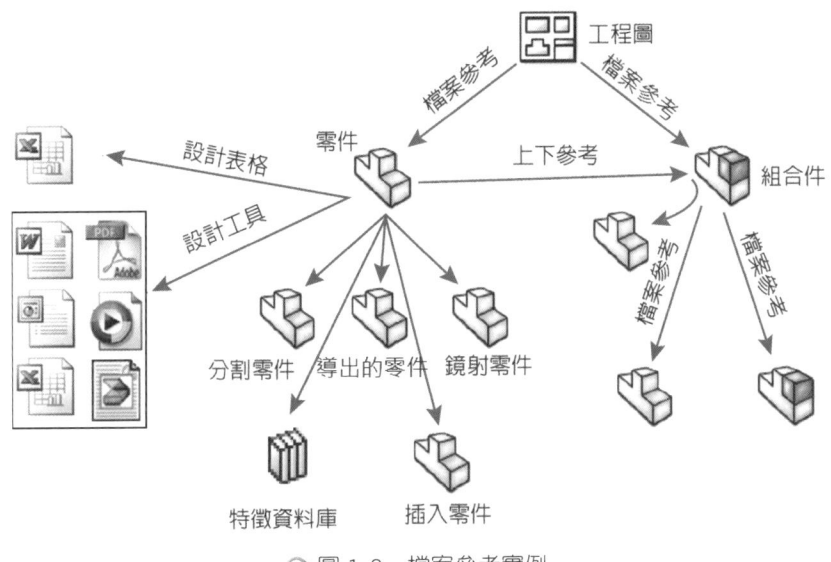

◉ 圖 1-9　檔案參考實例

1.4 開啟舊檔與儲存檔案

SOLIDWORKS 是一個隨機儲存的 CAD 系統。無論何時，當檔案開啟後，就會自動將檔案從儲存位置複製到電腦的記憶體中，所以檔案的修改都會有一個複本儲存在記憶體中，只有透過**儲存**檔案的動作才會寫回到它原始檔案中，此過程如圖 1-10 所示。

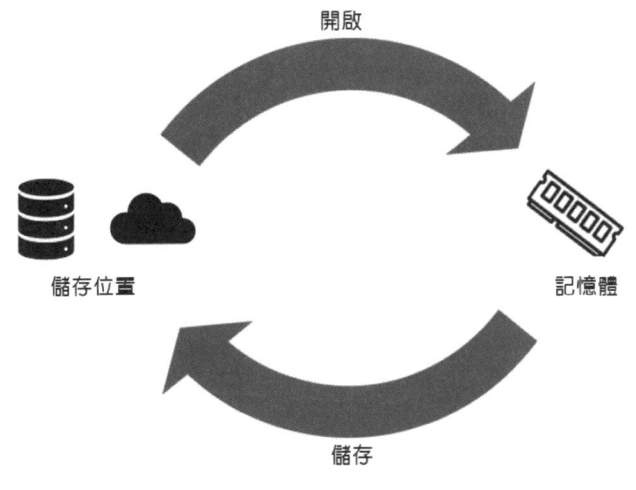

◉ 圖 1-10　開啟舊檔並儲存檔案

1.4.1 電腦記憶體

為了了解檔案儲存的位置,以及我們操作的是哪個檔案副本,下面說明為檔案開 在記憶體中與檔案被儲存後的兩種類型之不同。

⬢ **隨機存取記憶體**

隨機存取記憶體(RAM)是電腦的暫時記憶體,此記憶體是在電腦有開機時才能儲存資訊。一旦關機則記憶體中的任何資訊都將消失。

⬢ **檔案式資料儲存**

檔案式資料儲存是被儲存檔案的存放處。如電腦硬碟、隨身碟、光碟和雲端儲存等,當電腦關機後,檔案式資料儲存仍然會保留它儲存的所有資訊。

1.5　SOLIDWORKS 使用者介面

SOLIDWORKS 完全採用 Windows 介面風格,操作方式和其他 Windows 應用軟體一樣,如圖 1-11 所示為 SOLIDWORKS 介面的重要特點。

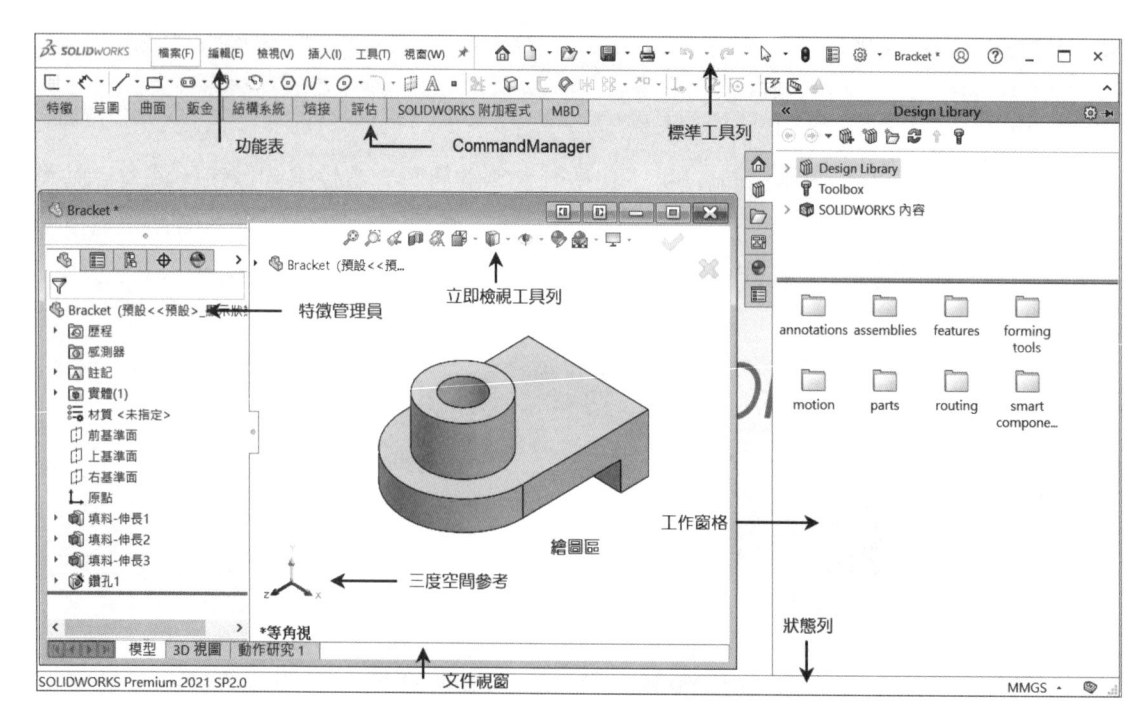

◉ 圖 1-11　SOLIDWORKS 介面視窗

1.5.1 歡迎使用對話方塊

當您開啟 SOLIDWORKS 軟體時，**歡迎使用對話方塊**會提供新增文件、最近的文件、最近的資料夾與存取 SOLIDWORKS 資源的簡便方式，並且會持續更新 SOLIDWORKS 最新消息，如圖 1-12 所示。

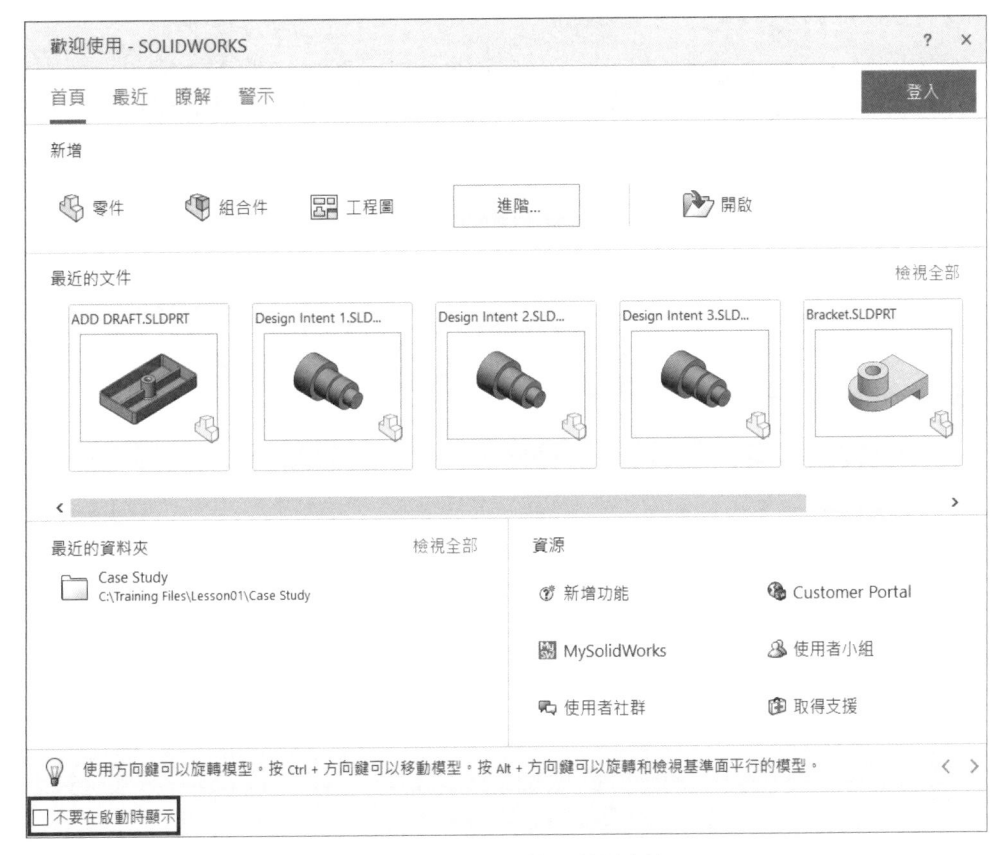

圖 1-12 歡迎使用對話方塊

> **提示** 您也可以勾選**不要在啟動時顯示**。

1.5.2 下拉式功能表

下拉式功能表讓您能夠存取 SOLIDWORKS 中的許多指令，如圖 1-13 所示。只要將游標移到 SOLIDWORKS 標誌箭頭上即可向右展開功能表，按一下 ➸ 即可固定功能表。

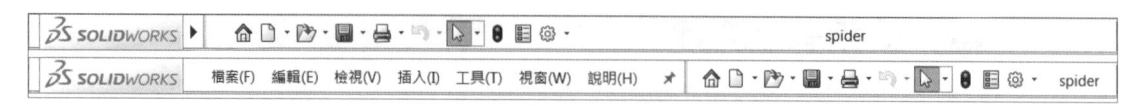

◉ 圖 1-13　下拉式功能表

當功能表項次帶有右側箭頭時，例如：顯示(D) ▶，代表該指令有子功能表，如圖 1-14 所示。

功能表項次後面有連續點時，例如：視角方位(O)... SpaceBar，代表將開啟具有選項或資訊的對話方塊。

◉ 圖 1-14　子功能表

◆ **自訂功能表**

當您選擇**自訂功能表**時，每個指令左邊會顯示確認框，清除勾選確認框將隱藏該指令，如圖 1-15 所示。

◉ 圖 1-15　自訂功能表

1.6　CommandManager

CommandManager 為一組小圖示指令，區分為數個標籤，可用於指定的工作上。例如：編輯零件時即可使用到**特徵**、**草圖**等標籤，如圖 1-16 所示。

SOLIDWORKS 基礎與使用者介面 01

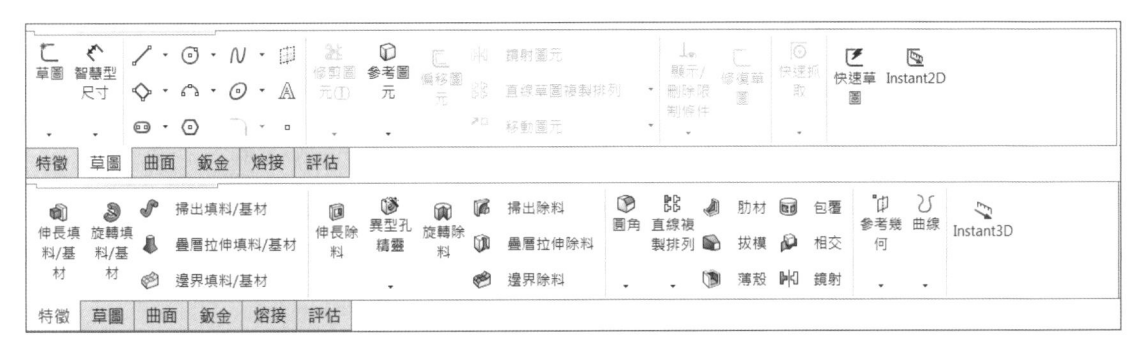

◉ 圖 1-16　CommandManager

> **提示**　您可以顯示或隱藏 CommandManager 按鈕上的文字，上圖中的圖示顯示的是**使用有文字的大圖示按鈕**選項。

1.6.1　加入或移除 CommandManager 標籤

CommandManager 在零件檔案的預設狀態下會顯示幾個標籤，但使用者也可以自訂顯示標籤，只要在任意標籤上按滑鼠右鍵，從顯示的**標籤**名稱中選擇加入或移除標籤，如圖 1-17 所示。

零件、組合件與工程圖的標籤組合是不相同的。

◉ 圖 1-17　自訂 CommandManager 標籤

1-11

1.6.2 FeatureManager（特徵管理員）

FeatureManager（特徵管理員） 是 SOLIDWORKS 軟體中相當獨特的部份，它以視覺化方式顯示零件或組合件中的所有特徵。當特徵建立後，該特徵就被加入到 FeatureManager（特徵管理員）中，也因此，特徵將會依建立時間排序，同時也允許個別編輯，如圖 1-18 所示。

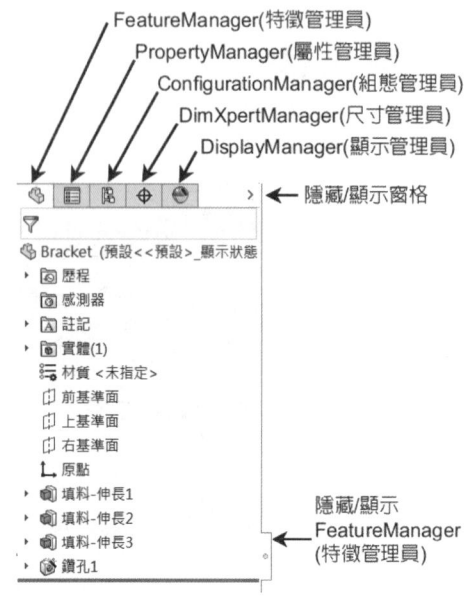

● 圖 1-18 FeatureManager（特徵管理員）

◆ 隱藏 / 顯示 FeatureManager（特徵管理員）項次

預設情況下，許多 FeatureManager（特徵管理員）項次（圖示和資料夾）是隱藏的。在上圖中只有顯示歷程、感測器和註記等資料夾。

按**工具→選項→系統選項→FeatureManager**（特徵管理員），您可以使用下列三個設定來控制它們的顯示狀態，如圖 1-19 所示。

● 圖 1-19 FeatureManager 項次

SOLIDWORKS 基礎與使用者介面 **01**

- **自動**：顯示有出現的項次。 否則，該項次即被隱藏。
- **隱藏**：始終隱藏項次。
- **顯示**：始終顯示項次。

> **技巧**
> CommandManager 或 PropertyManager 都可以拖曳並放置在 SOLIDWORKS 視窗的頂端、側邊外側或另一個不同的顯示器上。

1.6.3 PropertyManager（屬性管理員）

SOLIDWORKS 中有許多的指令都是透過 PropertyManager 功能表執行的，PropertyManager 和 FeatureManager（特徵管理員）都在螢幕的相同位置，如圖 1-20 所示。當 PropertyManager 執行時，其會自動替代 FeatureManager（特徵管理員）。

最上列為標準的**確定**、**取消**按鈕。

接著是一個或多個和該功能相關的**選項群組對話方塊**，您可以依需求將其展開並啟用，或是關閉不啟用。

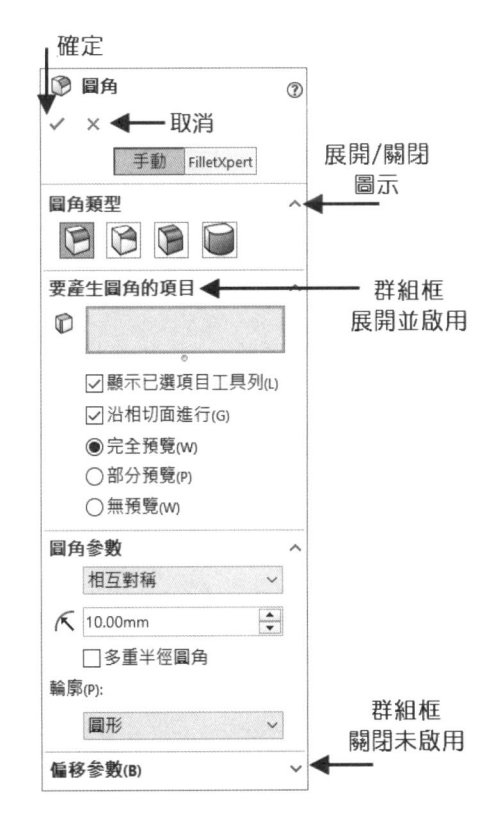

圖 1-20　PropertyManager

1.6.4 完整路徑名稱

當您將滑鼠游標移動到檔案名稱上時，系統會自動提示檔案的完整路徑名稱，如圖 1-21。

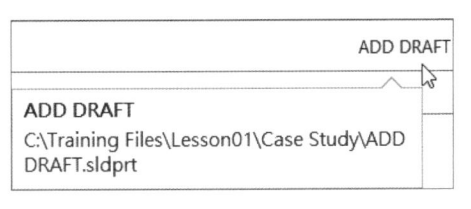

圖 1-21　完整路徑名稱

1-13

1.6.5 選擇階層連結

當你選擇幾何圖形的一部分時，物件的層次會顯示在**選擇階層連結**上，如圖 1-22 所示。例如，在選擇某平面後，即會看到一系列的物件，包括特徵、實體、零組件、和最上層組合件…等，皆會顯示在選擇階層連結上。

◉ 圖 1-22　階層連結

它也會連結到特徵草圖上，並與附屬於此的零組件結合。這些視覺物件也可以被存取。在填料特徵上按滑鼠右鍵即可顯示編輯工具，包括**編輯特徵**和**隱藏**。

1.6.6 工作窗格

工作窗格內包含了 SOLIDWORKS 資源、Design Library、檔案 Explorer、視圖調色盤、外觀、全景及移畫印花和**自訂屬性**等選項，如圖 1-23 所示。窗格預設位置在右邊，但可移動、調整大小和開啟／關閉，並能用大頭針固定工作窗格位置。

◉ 圖 1-23　工作窗格

1.6.7 使用檔案 Explorer 開啟練習檔案

請跟著以下步驟，將課程所需的練習檔加入到檔案 Explorer 中，如圖 1-24 所示。

SOLIDWORKS 基礎與使用者介面 01

- 複製 Training Files 資料夾至電腦中。
- 開啟**工作窗格**。
- 點選**檔案 Explorer**。
- 選擇剛剛放置在電腦中的 Training Files 資料夾。
- 展開課程資料夾，如 Lesson01/Case Study 資料夾。
- 在零件或組合件檔名上快按滑鼠兩下，即可將其開啟。

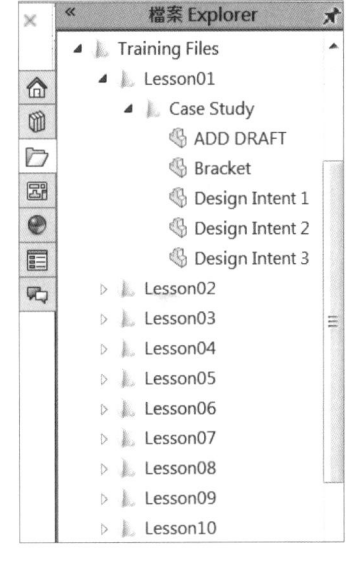

圖 1-24　檔案 Explorer

1.6.8　立即檢視工具列

立即檢視工具列是一個透明工具列，包含常用的視圖操作指令。許多圖示（像是**隱藏 / 顯示項次**）都是包含其他選項的**快顯工具**按鈕，這些快顯工具按鈕都包含一個小的向下箭頭，得以存取其他指令，如圖 1-25 所示。

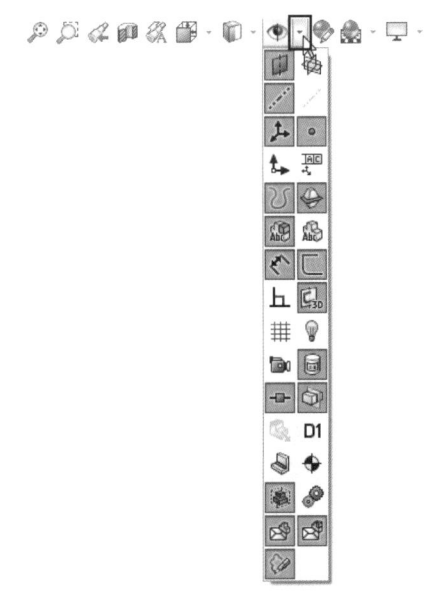

圖 1-25　立即檢視工具列

1.6.9 無法選擇的圖示

在操作過程中有時會發現有些指令、圖示和功能表顯示為灰色而無法選擇，這有可能是在目前環境下無法使用這些功能。例如：在**編輯草圖**模式下，您可完全使用草圖工具列指令，但將無法選擇特徵工具列中的圓角、異型孔精靈等功能指令。

這種只能使用部份適用指令的設計，可以幫助初學者在條件未滿足或環境不允許的情況下，減少點選錯誤。

◉ **是否要預選物件？**

大部分情況下，在開啟功能表或對話方塊前，SOLIDWORKS 不會要求先預選物件。例如：使用者想在模型中加入圓角特徵，即可先選模型邊線再點**圓角**特徵，也可先點選**圓角**特徵再選模型邊線，這種雙向選擇方式是可以自由決定的。

1.6.10 滑鼠按鍵的應用

在 SOLIDWORKS 中，滑鼠的左鍵、右鍵和中鍵有完全不同的定義。

◉ **左鍵**

用於選擇物件，如幾何圖形、功能表按鈕或 FeatureManager（特徵管理員）中的內容。

◉ **右鍵**

用於啟動快顯功能表。快顯功能表內容取決於游標所在的物件上，其中也包含常用指令功能表。

快顯功能表的上方是**文意感應工具列**，包含最常用的指令圖示，下方則是下拉式功能表，它包含在選擇物件時其他可用的指令，如圖 1-26 所示。

> **提示** 在使用滑鼠左鍵選取物件時也會出現文意感應工具列，它可快速存取常用指令。

◉ **中鍵**

用於動態旋轉、平移和縮放零件或組合件，以及平移工程視圖。

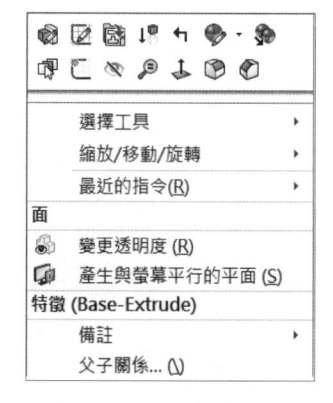

◉ 圖 1-26　文意感應工具列與快顯功能表

1.6.11　鍵盤快速鍵

一些功能表項次會顯示鍵盤快速鍵，例如：複製(C)　Ctrl+C。

SOLIDWORKS 定義鍵盤快速鍵的方式與 Windows 一致，例如：**開啟舊檔（Ctrl+O）、儲存檔案（Ctrl+S）、復原（Ctrl+Z）**…等，此外，您也可以自訂鍵盤快速鍵。

1.6.12　多螢幕顯示

SOLIDWORKS 可以利用多個螢幕來擴展顯示範圍，也可以將 SOLIDWORKS 文件視窗或功能表移到不同的螢幕。

● **跨越顯示**

在文件視窗標題列右上角中點選**跨越顯示**，延伸顯示至兩個螢幕上，如圖 1-27 所示。

圖 1-27　跨越顯示

● **在顯示中並排視窗**

在文件視窗標題列右上角中點選**於左側並排顯示**或**於右側並排顯示**，讓該文件放置在左側或右側螢幕，如圖 1-28 所示。

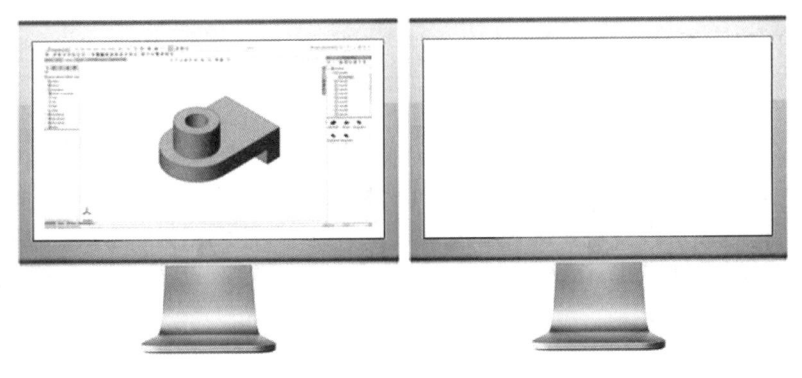

圖 1-28　並排顯示

1.6.13 系統回饋

這是由附著在游標箭頭上的符號指出您正要選擇什麼，或系統期望您選擇什麼。當游標滑過模型時，系統會自動啟用回饋的符號至游標旁，例如：頂點 、邊線 、面 或尺寸 。

1.6.14 選項

在**工具→選項**的對話方塊可讓您自訂 SOLIDWORKS 的功能設定，以因應公司的製圖標準，或個人偏好的工作環境，如圖 1-29 所示。

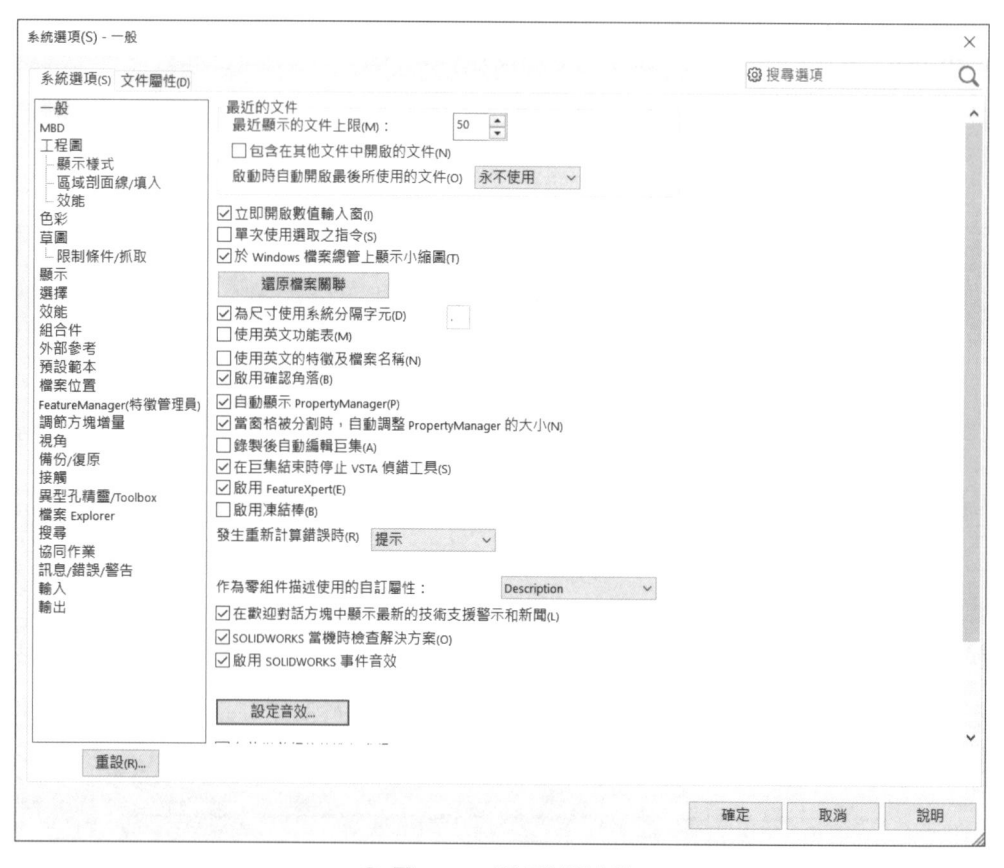

◉ 圖 1-29　選項對話方塊

> **技巧**
>
> 使用**選項**對話方塊右上角的搜尋選項，可用來快速搜尋系統選項和文件屬性項目。只要在搜尋結果列表中選擇要設定的屬性，即可直接切換到相對應的設定頁面。

在定義選項過程時,要知道選項有幾種操作層級,例如:

⬢ 系統選項

在**系統選項**標籤中的設定都會儲存在系統上,並會影響之後所有開啟的 SOLIDWORKS 文件,系統設定允許您控制與自訂工作環境,例如:您可以設定喜歡的視窗背景顏色,且因為是系統設定,故之後所開啟的零件或組合件,其視窗背景色彩都會一樣。

⬢ 文件屬性

此設定只適用於個別的文件。例如:單位、製圖標準和材料屬性都是文件設定,它會和文件一起被儲存,即使文件在不同的系統環境中開啟,這些設定都不會改變。

⬢ 文件範本

文件範本是預先定義好的規格設定。例如:您可能需要兩種不同的文件範本,一種是英制(ANSI)與英吋(Inch)單位;另一種是公制(ISO)與毫米(mm)單位。您可以分別為零件、組合件和工程圖建立不同的文件範本,並規劃放置在不同路徑,當開啟新檔時,系統會自動依路徑存取這些範本。

⬢ 物件

物件的屬性可常被修改或編輯。例如:您可以將預設尺寸改變顯示為抑制尺寸的延伸線,或修改特徵的顏色等。

1.6.15 搜尋

搜尋功能可從 SOLIDWORKS **說明**、**指令**、**檔案與模型**選項中,透過輸入零件名稱的任一部分來找到系統中的文件資料,或 **MySolidWorks** 中的資訊。搜尋步驟如下:

- 選擇想要搜尋的類型。
- 在**搜尋**框內輸入零件全名或者部分零件名稱,接著點選搜尋圖示 Q,如圖 1-30 所示。

◉ 圖 1-30 搜尋

NOTE

02 草圖繪製

順利完成本章課程後,您將學會:

- 建立新零件
- 插入新的草圖
- 繪製草圖幾何圖元
- 在幾何圖元間建立限制條件
- 了解草圖狀態
- 伸長草圖為實體

2.1　2D 草圖

本章將介紹 2D 草圖繪製方法，如圖 2-1 即是 SOLIDWORKS 建模的基礎。

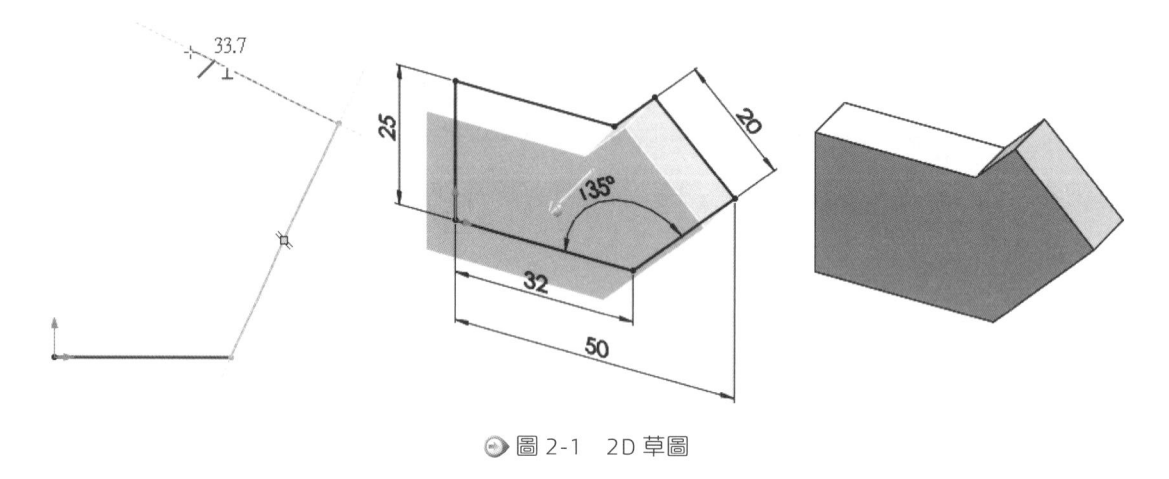

圖 2-1　2D 草圖

在 SOLIDWORKS 中，繪製草圖是用來產生草圖特徵的，這些特徵包含：

- 伸長
- 掃出
- 旋轉
- 疊層拉伸

如圖 2-2 所示為同一個草圖所形成的不同類型特徵。本章只探討伸長特徵，其他類型的特徵會在後面章節中逐步介紹。

伸長　　旋轉　　掃出　　疊層拉伸

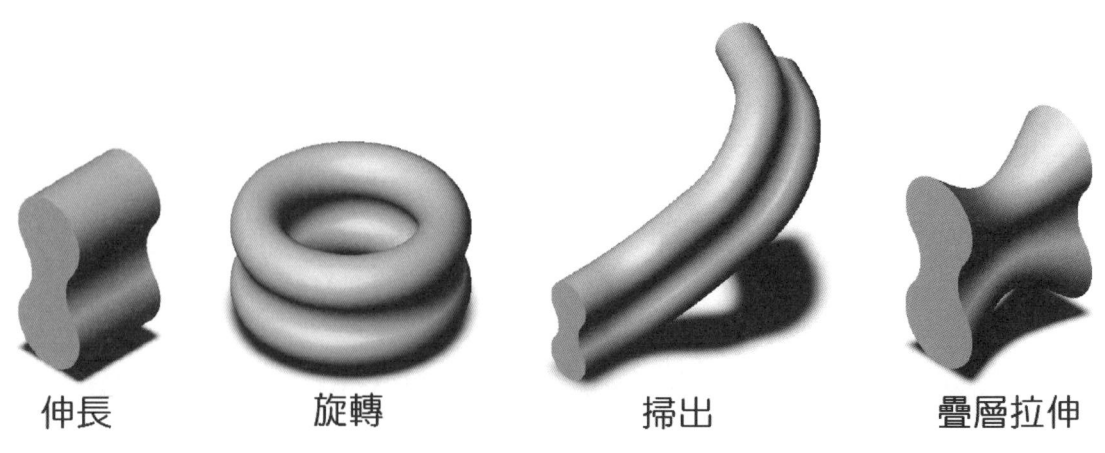

圖 2-2　草圖特徵

2.2 過程中的關鍵階段

每個草圖都有幾個可幫助完成草圖的形狀、大小和方位的特性。

◆ **新零件**

新零件可以使用不同的尺寸單位來建立,例如:英吋、毫米等。零件通常用來建立實體模型。

◆ **草圖**

草圖是 2D 幾何圖形(簡稱圖元)的組合,用來建立實體特徵。

◆ **草圖幾何**

透過各種類型的 2D 幾何圖元,例如:直線、圓弧和矩形等來組成草圖形狀。

◆ **草圖限制條件**

定義幾何關係,例如:水平和垂直,可應用於草圖幾何。這些條件限制了圖元的移動。

◆ **草圖狀態**

每個草圖都有一個狀態來決定其可否使用,常見的草圖狀態有:完全定義、不足的定義或過多的定義。

◆ **草圖工具**

是用來修改已建立的草圖幾何,常用的像是修剪圖元和延伸圖元工具。

◆ **伸長草圖**

使用 2D 草圖伸長以形成 3D 實體特徵。

操作步驟

以下步驟將教導您如何建立草圖和伸長填料。首先,先建立一個新零件檔案。

指令TIPS 開啟新檔

開啟新檔可以選擇一個零件、組合件或工程圖範本來建立 SOLIDWORKS 文件。除了預設範本外,還有一些自訂範本在 Training Templates 資料夾中。

操作方法

- 標準工具列：**開啟新檔** 🗋。
- 功能表：**檔案→開新檔案**。
- 快速鍵：**Ctrl+N**。

STEP 1　建立新零件

從標準工具列點選**開啟新檔** 🗋 圖示或從功能表按**檔案→開新檔案**，出現**新 SOLIDWORKS 文件**對話方塊後，選擇 Training Templates 標籤提供的範本 Part_MM，按**確定**，如圖 2-3 所示。

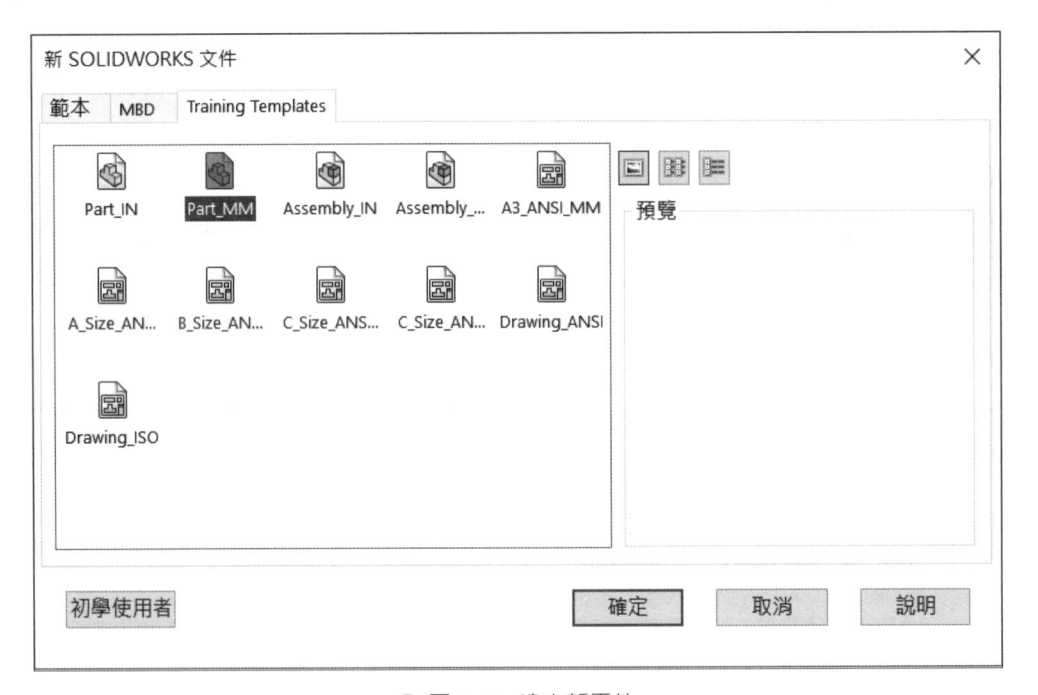

● 圖 2-3　建立新零件

> **提示**　建立新零件時會套用所選範本的設定，例如：單位。此零件的範本使用的單位為毫米（Part_MM）。您也可以建立和儲存不同設定的範本。

2.3 儲存檔案

儲存檔案時，系統會將記憶體 RAM 裡面的文件資訊存到一個儲存位置上，SOLIDWORKS 提供三種儲存檔案的選項，不同的儲存選項對文件參考有不同影響。

2.3.1 儲存檔案 / 儲存到這台 PC

將記憶體 RAM 裡面的檔案複製到儲存位置，並保持目前檔案為開啟狀態。如果該檔案正被其他已開啟的 SOLIDWORKS 檔案參考，則參考不受此動作影響。

只有在 SOLIDWORKS 中安裝 3DEXPERIENCE Connector 時，才能使用**儲存到這台 PC** 指令。

> **指令TIPS　儲存檔案**
>
> - 標準工具列：**儲存檔案** 或**儲存到這台 PC**。
> - 功能表：**檔案→儲存檔案**或**檔案→儲存到這台 PC**。
> - 快速鍵：**Ctrl+S**。

2.3.2 另存新檔

使用新的檔案名稱或檔案類型將隨機存取記憶體（RAM）的檔案複製到儲存位置，原始檔案不儲存並被關閉。如果原始檔案正被其他已開啟的 SOLIDWORKS 檔案參考，則更新參考至新儲存的檔案上。

2.3.3 另存副本並繼續

使用新的檔案名稱或檔案類型將隨機存取記憶體（RAM）的檔案複製到儲存位置，儲存後原始檔案仍保持開啟狀態，如果原始檔案正被其他已開啟的 SOLIDWORKS 檔案參考，其參考不受此動作影響，也不用更新參考至新檔案上。

2.3.4 另存副本並開啟

使用新的檔案名稱或檔案類型將隨機存取記憶體（RAM）的檔案複製到儲存位置，儲存後原始檔案與新的副本檔皆保持開啟狀態。

STEP 2　儲存零件

在標準工具列點選**儲存檔案**或**檔案→儲存到這台 PC**，將檔案命名為 Plate，系統自動加入檔案副檔名 *.sldprt ，按**存檔**，如圖 2-4 所示。

◉ 圖 2-4　儲存並命名檔案

2.4　我們要畫什麼？

本節將建立零件的第一個特徵，也叫基材特徵。基材特徵是要完成此零件所需要的許多特徵中的第一個，如圖 2-5 所示。

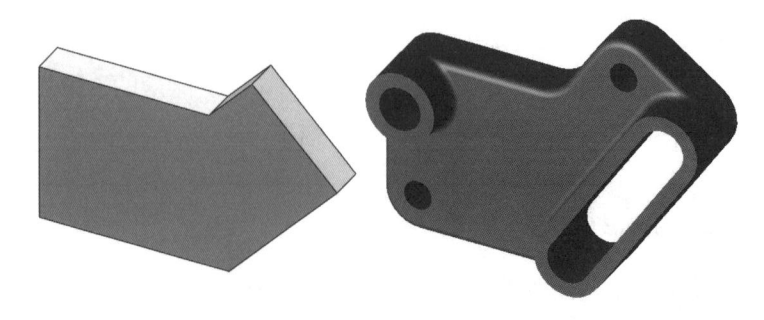

◉ 圖 2-5　零件的基材特徵

草圖繪製 **02**

2.5 繪製草圖

草圖就是用於繪製線架構幾何圖元組合的 2D 輪廓。典型的幾何圖元有：直線、弧、圓和橢圓等。繪製草圖是動態的過程，游標的回饋使繪圖過程變得更容易。

2.5.1 預設的基準面

建立草圖之前，您必須選擇一個草圖平面。系統提供三個預設的基準面，分別是：前基準面、上基準面和右基準面。

> **指令TIPS　插入草圖**
>
> 當您建立一個新草圖時，**草圖**指令會在選擇的基準面或平坦面開啟一個草圖。您也可以使用**草圖**指令來編輯現有的草圖。
>
> 如果沒有預選基準面或平坦面時，按**草圖**指令後，游標會顯示 ，要您選擇一個基準面或一平坦面。
>
> **操作方法**
> - CommandManager：**草圖**→**草圖** 。
> - 功能表：**插入**→**草圖**。
> - 快顯功能表：在基準面或平坦面上按滑鼠右鍵，並點選**草圖** 。

STEP 3　開啟新草圖

點選**草圖** 指令，系統顯示的三個預設基準面會以不等角視的視角方位提供選擇。不等角視是方位導向的圖形視圖，所以這三個相互垂直的基準面是不均等的透視平面。

點選前基準面，該平面將強調顯示，並自動旋轉對正，如圖 2-6 所示。

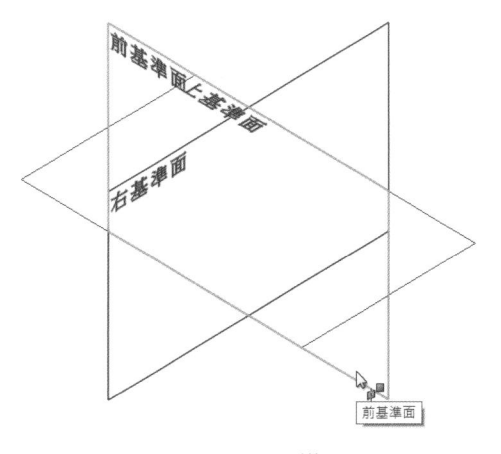

◉ 圖 2-6　基準面

2-7

> **提示** 三度空間參考座標（繪圖區域的左下角），顯示模型座標軸的方向（紅色-X、綠色-Y、藍色-Z），如圖 2-7 所示，它有助於顯示視角方位是如何隨著前基準面變更。

◉ 圖 2-7　三度空間參考座標

STEP 4　啟用草圖

選取的前基準面會自動旋轉到與螢幕平行的位置，這只有在建立第一個草圖時才會自動旋轉。

如圖 2-8 所示，↳ 表示草圖原點，顯示為紅色時，代表草圖處於編輯狀態。

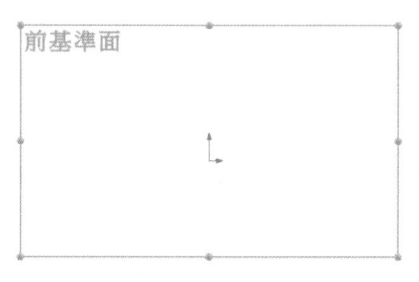

◉ 圖 2-8　新草圖與草圖原點

指令TIPS　確認角落

執行 SOLIDWORKS 指令時，在繪圖區域右上角會出現一個或一組符號，該區域稱為**確認角落**。

◆ **編輯草圖的符號**

當編輯草圖時，**確認角落**會顯示兩個符號：一個類似草圖符號，另一個是紅色的 ✖ 符號。這些符號提醒您目前草圖是處於編輯狀態。點選草圖符號，會儲存對草圖所做的任何修改並結束草圖狀態；點選 ✖ 將結束草圖狀態，並放棄對草圖的所有變更，如圖 2-9(a) 所示。

當執行其他指令時，確認角落會顯示兩個符號：確認 ✔ 和取消 ✖ 符號。按 ✔ 確認執行指令，按 ✖ 則取消目前指令，如圖 2-9(b) 所示。

按快速鍵 **D** 可移動確認角落至游標所在的位置，如圖 2-9(c) 所示。

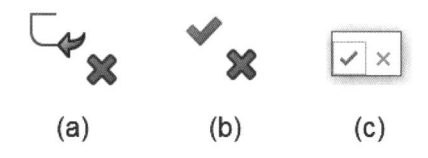

(a)　(b)　(c)

◉ 圖 2-9　確認角落符號

2.6 草圖圖元

SOLIDWORKS 提供豐富的繪圖圖元工具來建立草圖幾何，下表為草圖工具列預設指令。

草圖圖元	工具列按鈕	幾何圖例	草圖圖元	工具列按鈕	幾何圖例
直線			三點定弧狹槽		
圓			圓心/起/終點畫弧狹槽		
三點定圓					
圓心/起/終點畫弧			多邊形		
切線弧			角落矩形		
三點定弧			中心矩形		
橢圓			三點角落矩形		
部分橢圓			三點中心矩形		
拋物線			平行四邊形		
不規則曲線			點		
直狹槽			中心線		
圓心/起/終點直狹槽					

2.7 基本草圖繪製

練習草圖繪製最好的方法是使用最基本的繪圖工具：**直線**。

2.7.1 草圖繪製技術

繪製幾何圖元有兩種技巧：

◆ **按一下滑鼠左鍵－按一下滑鼠左鍵**

移動游標到欲繪製直線的起點後按一下滑鼠左鍵（按住後鬆開），接著移動游標到直線的終點，此時繪圖區域會顯示欲繪製的直線預覽，再按一下滑鼠左鍵即可完成直線繪製，若再繼續移動點按滑鼠左鍵即可繪製一系列相連接的直線。

◆ **按住滑鼠左鍵－拖曳－放開**

移動游標到欲繪製直線的起點，按住滑鼠左鍵不放開，移動游標到直線的終點位置，此時繪圖區域會顯示欲繪製的直線預覽，放開滑鼠左鍵即可完成直線繪製。

指令TIPS　插入直線

直線指令可在草圖中建立單一線段，繪製過程可依據游標回饋符號來繪製水平或垂直的直線。

操作方法
- CommandManager：**草圖→直線**／。
- 功能表：**工具→草圖圖元→直線**。
- 快顯功能表：在繪圖區域上按滑鼠右鍵，點選**草圖圖元→直線**／。

指令TIPS　草圖限制條件

草圖限制條件是用於草圖圖元的一種強制行為，用來獲取設計意圖。

STEP 5 繪製直線

按**直線**／，從草圖原點開始畫一條水平線，如圖 2-10 所示，游標回饋 ─ 符號，代表系統將自動為此線段加入**水平放置**限制條件，而數字為該直線的長度與角度，再按一下滑鼠即完成直線繪製。

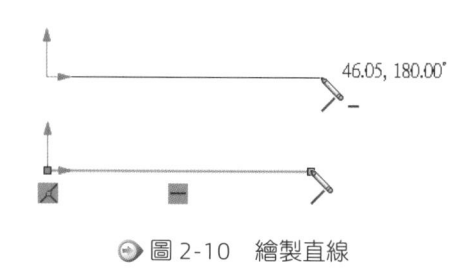

◉ 圖 2-10　繪製直線

草圖繪製 **02**

> 💡 **注意** 別太在意直線實際長度，SOLIDWORKS 為參數式軟體，幾何圖元大小是由尺寸標註來控制的。因此，草圖繪製過程只需畫出近似的大小和形狀即可，再經由尺寸標註得到精確長度。

STEP 6　繪製角度線

從上一條直線的終點開始，繪製一條具有角度的直線，如圖 2-11 所示。

> 💬 **提示** 為了清晰顯示，圖中省略了游標處的鉛筆圖示。

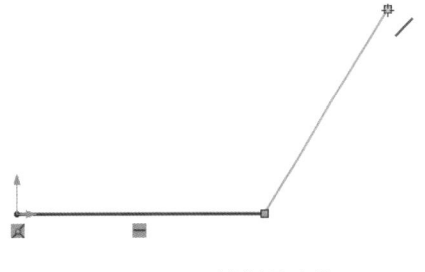

◉ 圖 2-11　繪製角度線

2.7.2 推斷提示線（自動加入限制條件）

推斷提示線是當您繪製草圖時出現的點狀虛線，使用推斷提示線可幫助您對齊現有的草圖幾何。推斷提示線包括現有的線向量、正交、水平、垂直、切線和中心等。

有些推斷提示線會抓取到實際幾何限制條件，例如：相切或重合，其他只是簡單作為草圖繪製過程引導用。SOLIDWORKS 採用不同顏色區分這兩種不同狀態，分別為黃色 A 和藍色 B，如圖 2-12 所示。

- **黃色 A**：如右圖中標記 "A" 所指向的兩條黃色線，若繪製的線段抓取到這兩條線，系統將自動加入相切或互相垂直限制條件。

- **藍色 B**：如右圖中標記 "B" 所指向的藍色線，僅提供如圖中的端點到另一端點的投影垂直參考，若繪製的線段於這個端點結束，將不會加入垂直限制條件。

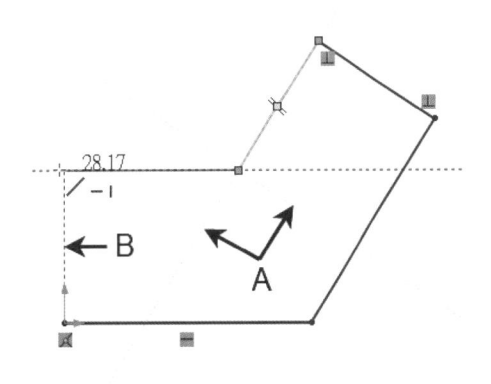

◉ 圖 2-12　推斷提示線的兩種狀態

> 💬 **提示** 繪圖過程中系統會自動顯示草圖限制條件，可點選**檢視→隱藏 / 顯示→草圖限制條件**來顯示或關閉，預設此功能是啟用狀態。

2-11

STEP 7 推斷提示線

沿著與前一條線相互垂直的方向畫一條線,透過推斷提示線,系統在兩條線之間自動加入**垂直**限制條件,游標旁的符號也會顯示抓取到的相互垂直限制條件,如圖 2-13 所示。

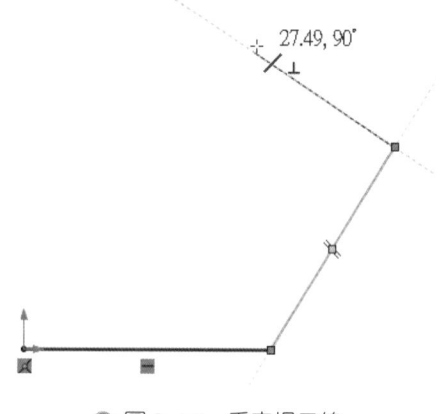

◉ 圖 2-13 垂直提示線

STEP 8 繪製第二條垂直線段

從上一條直線的終點繼續繪製下一條相互垂直線段,垂直限制條件再次被自動抓取,如圖 2-14 所示。

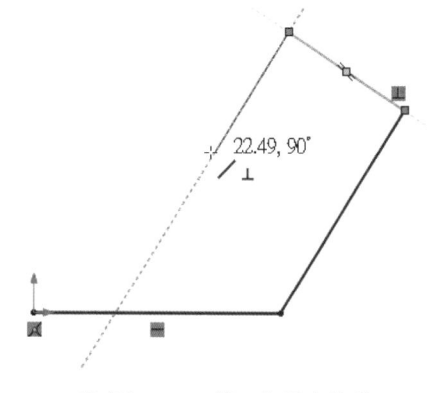

◉ 圖 2-14 第二條垂直線段

STEP 9 參考的推斷提示線

再從上一條直線終點繪製一條水平線。嚴格地說,藍色的推斷提示線僅作參考而不會自動加入限制條件,這條參考線僅用於端點和原點在垂直方向對齊,如圖 2-15 所示。

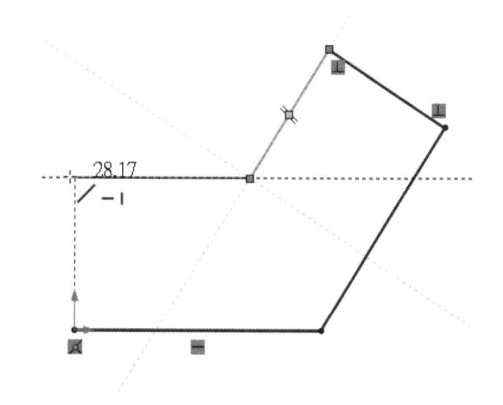

◉ 圖 2-15 參考的推斷提示線

草圖繪製 02

STEP 10 閉合草圖

繪製最後一條直線連接至第一條直線的起點。

草圖產生塗彩模式並確認為封閉輪廓,如圖 2-16 所示。

> 提示：按**草圖**工具列中的**塗彩草圖輪廓** 指令,可以切換塗彩顯示或不顯示。

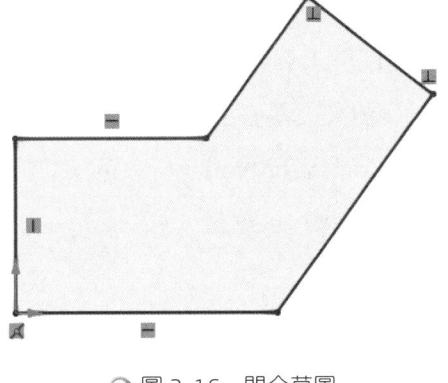

◉ 圖 2-16 閉合草圖

2.7.3 草圖回饋

繪製草圖時會有很多類型的回饋符號,游標會變化以顯示目前繪製的圖元類型,同時還可以指示對現有幾何圖元抓取情況,例如:抓取到端點、重合或中點等,都可在游標移到這些點,顯示為橘色時使用,如圖 2-17 所示。

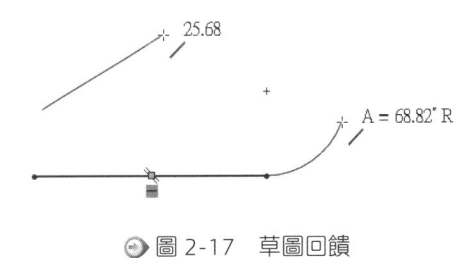

◉ 圖 2-17 草圖回饋

下表為三種最常見的回饋符號。

抓取點	圖例	說明
端點		當游標移動到另一條線端點時,出現黃色同心圓。
中點		線段中點顯示為黃色正方形,當游標移動到中點時,該點變成橘色。
重合（在邊線上）		當游標移動到圓時,圓周顯示四分點與中心顯示中心點。

2-13

◆ 關閉指令

指令TIPS 關閉指令

使用下列其中一種方法就可以關閉指令。
- 標準工具列：**選擇** 。
- CommandManager：選擇並啟用其他指令以結束該指令。
- 快速鍵：**Esc 鍵**。

STEP 11 結束指令

按 Esc 鍵結束畫線指令。

2.7.4 草圖狀態

任何時候，草圖都處於五種定義狀態之一，草圖狀態是由草圖幾何圖形與所定義的尺寸之間的草圖限制條件決定。最常見的三種狀態是：

◆ **不足的定義** ⌐ (-) 草圖1

不足的定義的草圖幾何為**藍色**，但草圖仍可用來建立特徵。這種草圖是好的，因為在早期的設計過程中，並沒有足夠資訊來完全定義草圖。但隨著設計的深入，在獲得更多資訊後，即可隨時為草圖加入其他定義。

◆ **完全定義** ⌐ 草圖1

完全定義的草圖幾何為**黑色**，此草圖具有完整的草圖資訊。一般而言，當零件完成設計要進行下一步加工時，零件中每一個草圖都應該是完全定義的。

◆ **過多的定義** ⌐ ⚠ (+) 草圖1

過多的定義的草圖幾何為**紅色**，指草圖中有重複尺寸或相互衝突的限制條件，必須修正、刪除多餘的尺寸和限制後，草圖才能使用。

> **提示** 另外還有兩種草圖狀態是**無法找到解答**和**發現無效的解**。它們是指有錯誤必須修復，更多細節介紹請參閱本書〈第 8 章 編輯：修復〉。

2.8 草圖繪製規則

不同類型的草圖會產生不同的結果，下表總結了一些不同類型的草圖。

草圖類型	描述	特別注意事項
	標準草圖：單一封閉輪廓	無
	多重巢狀輪廓：可建立填料，並帶有中間除料特徵	無
	開放輪廓：建立等厚度的薄件特徵	無
	輪廓角落沒有封閉	建立特徵時必須使用**所選輪廓**。 雖然這個草圖可以用來建立特徵，但它代表的是比較不純熟的技巧和不好的習慣，工作時儘量不要使用這種草圖。
	自相交錯輪廓	使用**所選輪廓**時，如果兩個輪廓都被選擇，則建立**多本體實體**。 多本體建模是進階的建模方法，建議使用者在具備豐富的應用經驗之前，不要使用該類型的草圖。
	多個不相連的獨立輪廓	可建立**多本體實體**。 多本體建模是進階的建模方法，建議使用者在具備豐富的應用經驗之前，不要使用該類型的草圖。

STEP 12 查看目前草圖狀態

目前草圖中的某些圖元是藍色，所以草圖是**不足定義**的。注意直線與端點可能具有不同顏色，例如：原點上方直線為黑色，因為它是一條垂直線並與原點重合，但是該線上面端點是藍色的，是因為直線的長度尚未定義，如圖 2-18 所示。

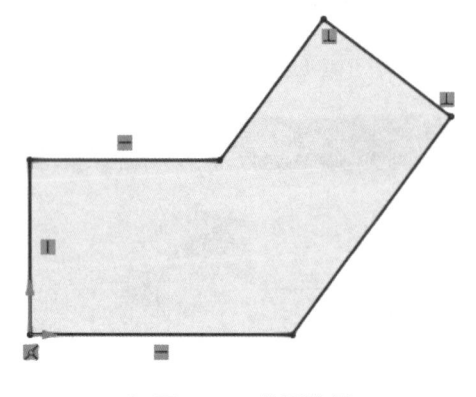

● 圖 2-18　草圖狀態

STEP 13 拖曳草圖

不足定義的圖元（**藍色**）或端點可以被拖曳到新位置，完全定義圖元則不行。拖曳右上方端點改變草圖形狀，被拖曳的端點顯示為藍色點，如圖 2-19 所示。

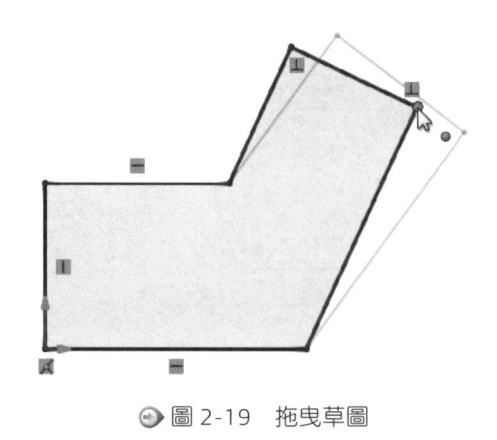

● 圖 2-19　拖曳草圖

STEP 14 復原

點選**復原**可取消上一步驟的拖曳，按復原指令的右邊下拉箭頭，可在對話方塊中查看並選擇先前所做的指令。**復原**的快速鍵為 **Ctrl+Z**。

技巧

取消復原 為恢復前一步操作，快速鍵是 **Ctrl+Y**。

2.9　設計意圖

先前討論過設計意圖會決定零件如何建立,以及零件修改後是如何變化的。在此例中,草圖都必須能夠如圖 2-20 的形狀變化。

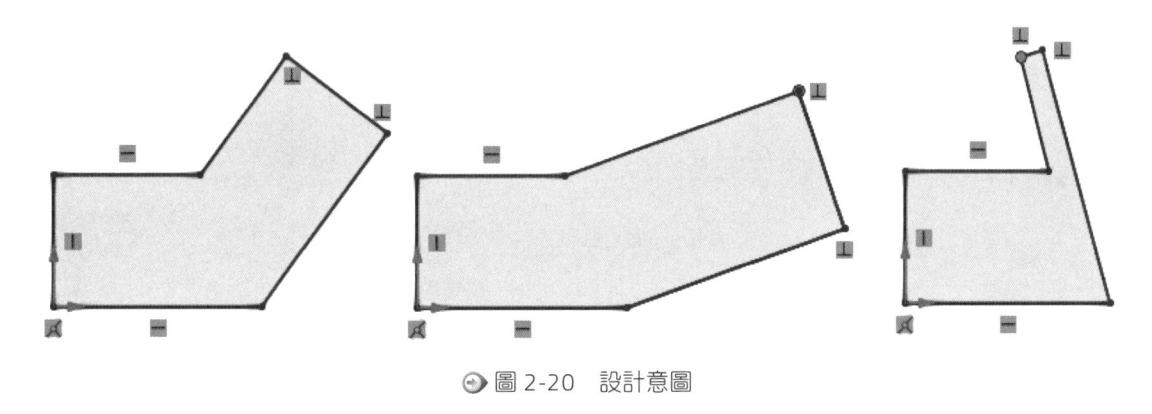

◉ 圖 2-20　設計意圖

2.9.1　控制設計意圖的因素

草圖可透過以下兩種途徑控制設計意圖。

⬢ **草圖限制條件**

在草圖圖元之間建立幾何關係,例如:平行、共線、垂直或重合等。

⬢ **標註尺寸**

尺寸是用於定義草圖幾何圖元大小和位置的,像是長度、半徑、直徑以及角度尺寸等。

為了完全定義草圖並取得設計意圖,您必須了解與應用限制條件和尺寸的組合。

> **技巧**
>
> 因為**檢視→隱藏 / 顯示→草圖限制條件**是被選取的,所以限制條件符號為可見的。若是關閉不顯示時,只要點選幾何圖元即可顯示,並條列於 PropertyManager 中。

2.9.2 需要的設計意圖

為了能適當變更草圖，必須加入正確的限制條件和尺寸，所需的設計意圖見下表。

設計意圖	圖例	設計意圖	圖例
水平線和垂直線	(垂直、水平)	直角或相互垂直線	(相互垂直)
角度	(角度)	總長度	(總長度)
平行距離	(距離)		

> **提示** 為了清晰顯示，上列表格內的草圖已移除塗彩輪廓。

2.10 草圖限制條件

草圖限制條件是以限制草圖圖元的關係來抓取設計意圖的，有些限制條件是系統自動加入，有些則是視需要而手動加入。本例將檢視草圖中一條直線的限制條件，並解釋其如何影響設計意圖。

2.10.1 自動加入草圖限制條件

繪製草圖幾何時，限制條件會被系統自動加入，正如在前面步驟所畫的草圖線中，透過草圖回饋符號即可得知是何時自動加入限制條件的。

2.10.2　手動加入草圖限制條件

對於那些無法自動加入的限制條件，可從所選的幾何圖元中建立限制條件。

> **指令TIPS　顯示 / 刪除限制條件**
>
> **顯示 / 刪除限制條件**用來檢視草圖中的限制條件，並可選擇性地刪除限制條件。
>
> 操作方法
> - CommandManager：**草圖→顯示 / 刪除限制條件** ⊥。
> - 功能表：**工具→限制條件→顯示 / 刪除**。
> - 屬性 PropertyManager：**存在的限制條件**。

STEP 15　顯示直線的限制條件

點選右上角的直線，系統自動開啟 PropertyManager。在**存在的限制條件**對話方塊中列出了與所選直線相關的幾何限制條件，如圖 2-21 所示。

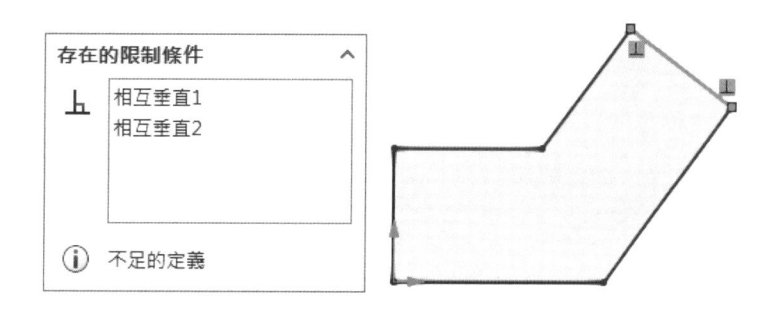

◉ 圖 2-21　顯示直線的限制條件

STEP 16　刪除限制條件

點選最上面的限制條件符號或 PropertyManager 中的限制條件，按 **Delete** 鍵即可刪除。點選限制條件符號時，符號以及受控制的圖元都會變顏色，如圖 2-22 所示。

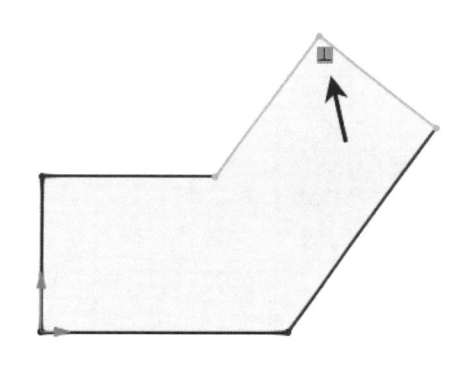

◉ 圖 2-22　刪除限制條件

STEP 17 拖曳端點

因為刪除限制條件後,直線已不再受限於相互垂直,此時即可拖曳端點改變形狀,如圖 2-23 所示。您可比較 STEP 13 拖曳草圖與本步驟拖曳端點的不同。

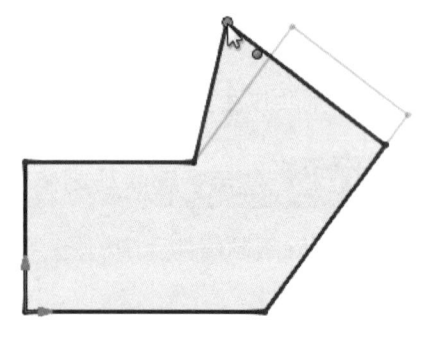

◉ 圖 2-23 拖曳端點

2.10.3 草圖限制條件的範例

草圖限制條件有很多類型,根據選擇幾何圖元的不同,能加入的限制條件類型也不同。所選的幾何可以是圖元本身、端點或多種圖元的組合,系統會根據所選幾何圖元,自動篩選可以加入的草圖限制條件種類。下表列出常用限制條件範例,但並非全部,其他例子將透過本書逐步介紹。

限制條件	加入前	加入後	限制條件	加入前	加入後
重合: 直線和端點			合併: 兩個端點		
平行: 兩條或多條線			垂直放置: 一條或多條線		
相互垂直: 兩條線			垂直放置: 兩個或多個端點		
共線: 兩條或多條線			等長: 兩條或多條線		
水平放置: 一條或多條線			等徑: 兩個或多個圓弧或圓		

草圖繪製 **02**

限制條件	加入前	加入後	限制條件	加入前	加入後
水平放置： 兩個或多個端點			中點： 一個端點與一條線		
相切： 直線和一個或兩個圓／圓弧			相切： 共用端點的直線和圓弧		

> **指令TIPS** 加入限制條件
>
> **加入限制條件**是用在草圖圖元之間，加入像是平行或共線之類的幾何關係。
>
> 操作方法
> - CommandManager：**草圖**→**顯示／刪除限制條件**→**加入限制條件**。
> - 功能表：**工具**→**限制條件**→**加入**。
> - 快顯功能表：選擇一個或多個草圖物件，並點選**限制條件**。

2.10.4 選取多個物件

第 1 章曾經提到，按滑鼠左鍵可以選取物件，若要選取一個以上的物件時，則同時按住 **Ctrl** 鍵即可。

STEP 18 加入限制條件

按住 Ctrl 鍵並選取兩條直線，文意感應工具列會顯示可以加入的限制條件，點選**使相互垂直**，如圖 2-24 所示。

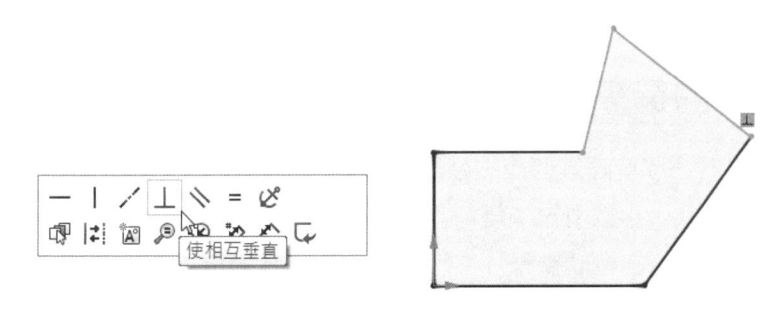

◉ 圖 2-24　加入限制條件

STEP 19 拖曳草圖

拖曳草圖中的圖元,讓它恢復到最初的形狀,如圖 2-25 所示。

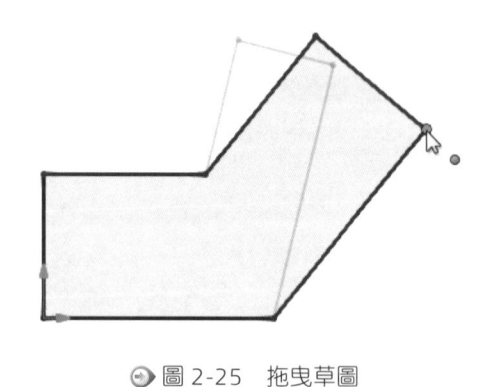

◉ 圖 2-25 拖曳草圖

2.11 尺寸標註

尺寸標註是定義幾何和抓取設計意圖的另一種方法,優點是既可以在模型中顯示,又可以修改尺寸值。

指令TIPS 智慧型尺寸

根據所選的幾何圖元,**智慧型尺寸**會決定適用的尺寸類型,在標註前即可預覽尺寸,例如:選擇弧,得到半徑;選擇圓,得到直徑;選擇兩條平行線,得到線性尺寸。

當**智慧型尺寸**無法滿足您的需求時,還可拖曳尺寸的端點,將尺寸移動到不同的量測位置。

操作方法

- CommandManager:**草圖**→**智慧型尺寸**。
- 功能表:**工具**→**標註尺寸**→**智慧型**。
- 快顯功能表:在繪圖區域上按滑鼠右鍵,點選**智慧型尺寸**。

2.11.1 尺寸的選擇與預覽

當您用尺寸工具選取草圖幾何後,系統會顯示尺寸預覽,只要簡單地移動滑鼠即可看到所有可能的標註方式。再按滑鼠左鍵將尺寸放置在目前位置和方向;或按滑鼠右鍵鎖定尺寸標註的方向,然後繼續調整尺寸文字位置,找到合適位置後再按滑鼠左鍵確定。

草圖繪製 **02**

利用尺寸標註工具點選兩個端點後,如圖 2-26 所示,會出現三種可能的尺寸標註位置。該數值是從最初的點到點的距離得出的,且可依所選方向改變。

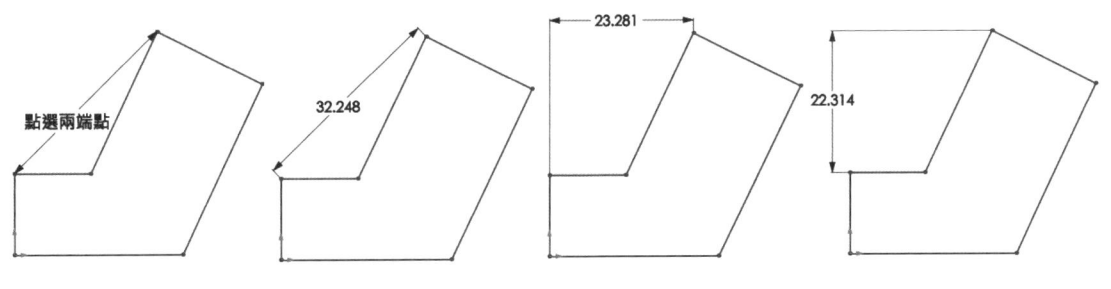

◉ 圖 2-26 尺寸的選擇與預覽

> **提示** 標註尺寸時也可以先選擇一條或兩條線,再從文意感應工具列中按**自動插入尺寸**。

STEP 20 加入線性尺寸

按**智慧型尺寸**後,點選右上角線段並按滑鼠右鍵鎖住尺寸方向,再按滑鼠左鍵放置尺寸,系統會出現**修改**對話方塊,並顯示目前直線長度,可用滑鼠中鍵於縮圖滾輪上來增加或減少數值,也可直接輸入新的數值,如圖 2-27 所示。

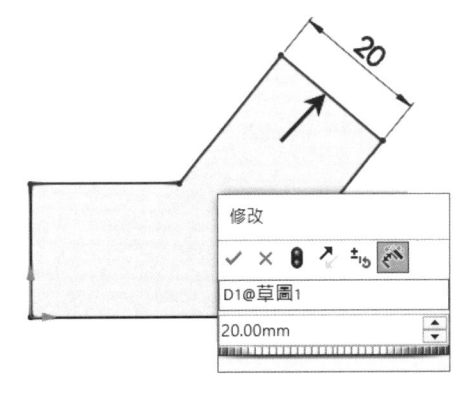

◉ 圖 2-27 線性尺寸輸入

> **提示** 選取幾何圖元時容易選到中點,這時應輕輕的離開中點再選取圖元,如圖 2-28 所示。

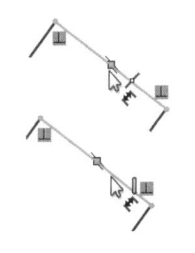

◉ 圖 2-28 選取幾何圖元

● 修改對話方塊

當建立或編輯尺寸時，修改對話方塊（如圖 2-29）會自動出現，其中有些選項可供您使用：

- ▦▦▦▦▦：轉動縮圖滾輪可增加或減少數值。
- ✓：儲存目前的數值並離開此對話方塊。
- ✗：回復原始數值並離開此對話方塊。
- ⊙：依目前數值重新計算模型。
- ↗：反轉尺寸方向。
- ±：重設輸入窗增量數值。
- 標示要輸入至工程圖的尺寸。

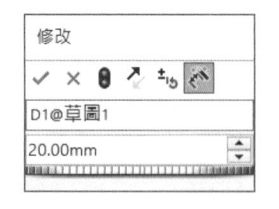

◉ 圖 2-29 修改對話方塊

> **提示** 在對話方塊的上半部分可以更改尺寸名稱。

● 單位修改工具

標註或修改尺寸時可以選擇和零件不同的單位，當您輸入數值時，會出現**單位**選擇列表，再從中點選需要的單位即可，如圖 2-30 所示。

> **提示** 單位的縮寫和分數都可以直接加在數值後面，例如：0.25in 或 3/8"。

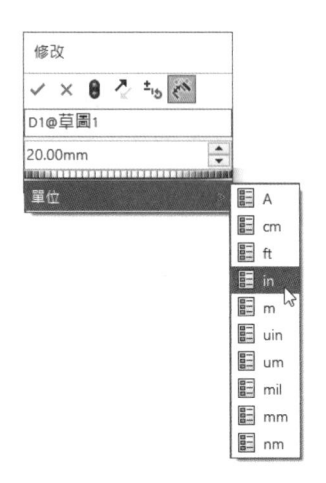

◉ 圖 2-30 單位修改工具

STEP 21 修改數值

變更數值為 20，按**確定** ✓（也可以按 Enter）。此線長將定義為 20mm，如圖 2-31 所示。

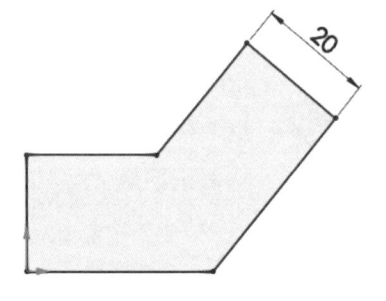

◉ 圖 2-31 修改數值

草圖繪製 **02**

STEP 22 標註線性尺寸

如圖 2-32 所示，一一標註其他線性尺寸。

> **技巧**
> 標註草圖尺寸時，最好先標註尺寸值較小的，再標註尺寸值較大的。

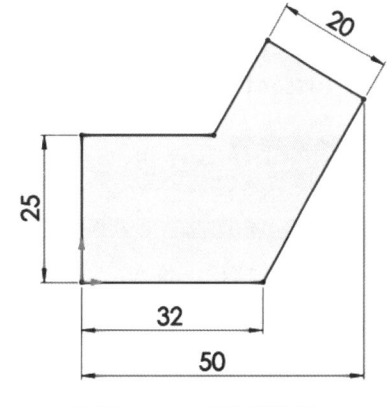

● 圖 2-32　標註線性尺寸

2.11.2　角度尺寸

智慧型尺寸除了標註線性、直徑和半徑尺寸外，還有角度尺寸。只要選取兩條不平行也不共線的直線、或選取三個不共線的端點，即可產生角度尺寸標註。

根據角度尺寸放置位置的不同，可以標註內部、外部、銳角或鈍角尺寸，如圖 2-33 所示。

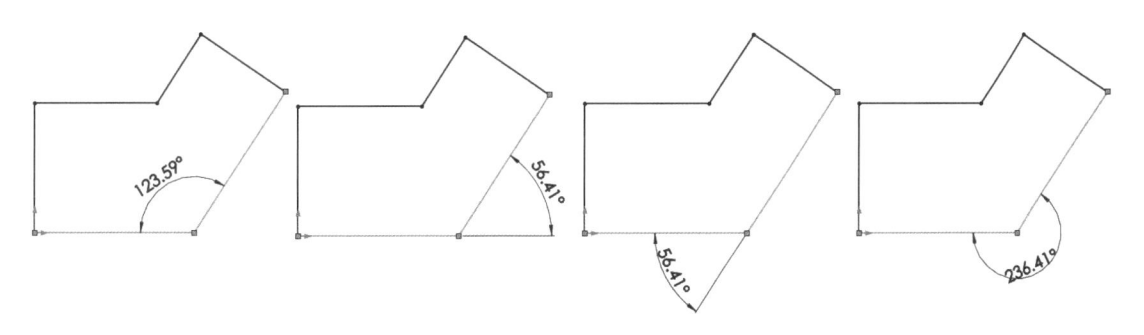

● 圖 2-33　角度尺寸放置不同位置

STEP 23 標註角度尺寸

如圖 2-34 所示，標註了 125°的角度尺寸，現在草圖已經完全定義。

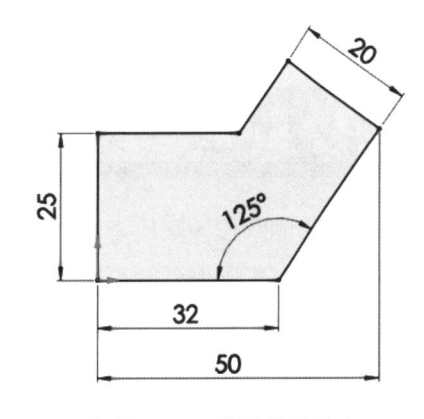

● 圖 2-34　標註角度尺寸

2-25

2.11.3 Instant 2D

Instant 2D 可用**尺規**準確地動態操控草圖模式中的草圖尺寸。

> **指令TIPS** Instant 2D
>
> 使用 Instant 2D 指令時，即時顯示的尺規可引導您準確地操控草圖尺寸，將游標移動到尺寸控制點上拖曳，更能精準控制草圖尺寸（角度值）。
>
> **操作方法**
> - CommandManager：草圖→Instant 2D。

STEP 24 使用 Instant 2D 選擇尺寸

確定 Instant 2D 是啟用的，點選 125°的角度尺寸，如游標所指按住箭頭端的圓球控制點，當控制點被拖曳時您可看出幾何圖形的尺寸值呈現動態變更。使用尺規拖曳角度值至 135°後，取消啟用 Instant 2D 工具，如圖 2-35 所示。

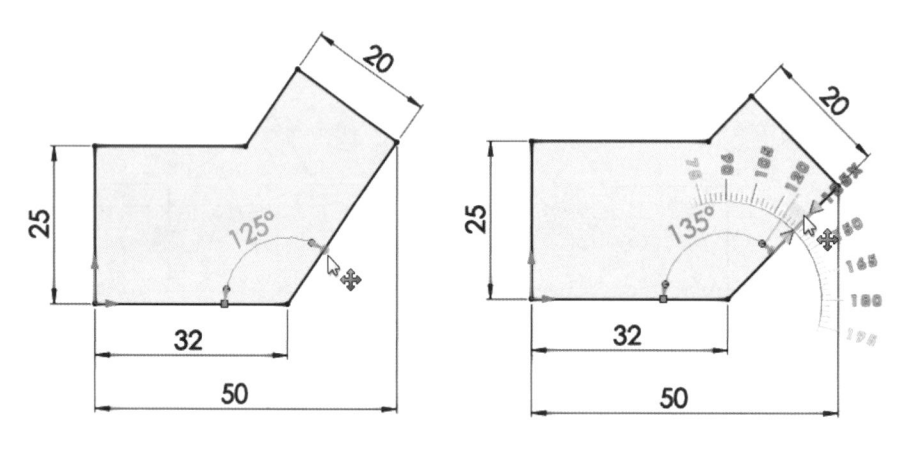

◉ 圖 2-35 使用 Instant 2D 選擇尺寸

2.12 伸長特徵

完成草圖後，使用者即可以伸長來建立零件的第一個特徵。一般伸長都是垂直於草圖平面的方向，本例草圖平面是前基準面。伸長有很多選項，例如：終止型態、拔模和給定深度，隨後的章節會詳細介紹。

草圖繪製 **02**

> **指令TIPS** 伸長填料
>
> - CommandManager：**特徵→伸長填料/基材**。
> - 功能表：**插入→填料/基材→伸長**。

STEP 25 建立伸長特徵

點選**伸長填料/基材**，建立伸長特徵。在 CommandManager 特徵標籤中，建立特徵的其他方法也和**伸長、旋轉**一起列出。但由於此草圖不符合建立這些類型特徵所需的條件，因此它們是無法使用的。

在繪製第一個伸長特徵的過程中，系統會預覽顯示預設的深度，並自動切換到不等角視，如圖 2-36 所示。

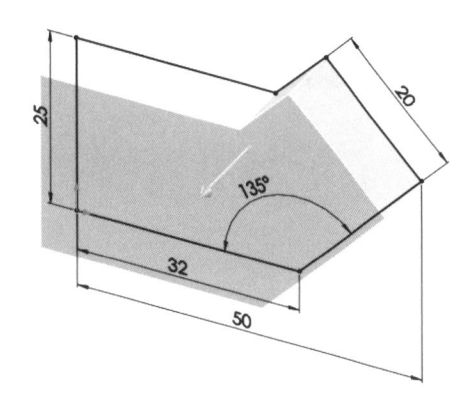

圖 2-36 伸長預覽

◆ **拖曳控制點和尺規**

您可以拖曳**控制點**以預覽需要的深度。如圖 2-37 所示，啟用的控制點是彩色的，另一方向未啟用的控制點為灰色。拖曳過程中將會顯示目前深度值和尺規樣式。

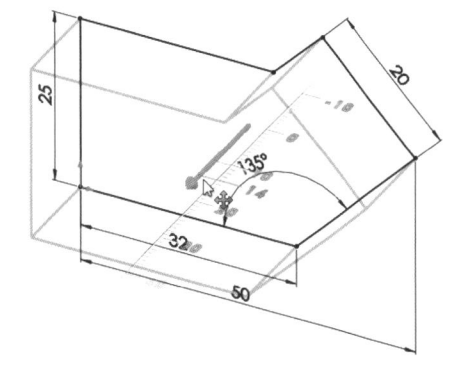

圖 2-37 拖曳控制點

STEP 26 設定伸長特徵

完成以下設定，如圖 2-38 所示，按**確定** ✓ 建立伸長特徵。

- **終止型態 = 給定深度**
- （深度）**=6mm**

圖 2-38 設定伸長特徵

> **技巧**
>
> 除了按**確定** ✓ 外，還有下列三種方式可建立特徵。
> - 按 **Enter** 鍵。
> - 在繪圖區域的**確認角落**中按**確定**或**取消**，或按 **D** 將確認角落移至游標附近，如圖 2-39 所示。
> - 按滑鼠右鍵，在快顯功能表中點選**確定**或**取消**，如圖 2-40 所示。

◉ 圖 2-39　確認角落確定或取消 　　◉ 圖 2-40　使用快顯功能表確認

STEP 27 完成特徵

所建立的特徵是零件的第一個實體，或者說是第一個特徵。如圖 2-41 所示，草圖被包含在伸長 1 特徵中。

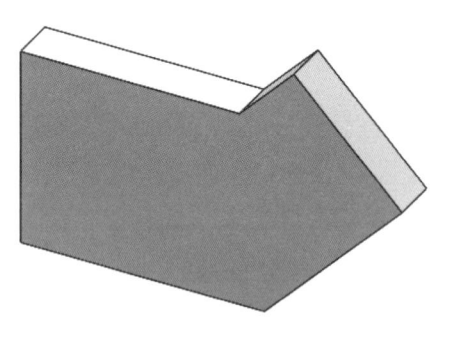

◉ 圖 2-41　伸長特徵

> **提示**　點選特徵名稱前的 ▸ 可以展開特徵，會顯示包含在此特徵中的草圖，如圖 2-42 所示。

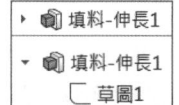

◉ 圖 2-42　展開特徵

2.13 共用模型

共用選項可用來與其他使用者分享 CAD 模型，也可以在 3DPlay App 中交換註解訊息。在共用零件、組合件與工程圖時，SOLIDWORKS 支援多種格式設定。

共用模型有兩種方法：首先建立可以被複製的連結，再用 E-mail 傳送給表列的使用者，這邊建議您完成工作後再分享給管理者或其他想檢視您的進度的人。

指令TIPS 共用檔案

- CommandManager：**生命週期與協同作業→共用**。

STEP 28 設定

在 CommandManager 標籤中顯示**生命週期與協同作業**標籤。

按**共用**→**共用檔案**。

如圖 2-43，選擇檔案類型 **SOLIDWORKS Part(*.sldprt)** 格式，然後按**上傳**。

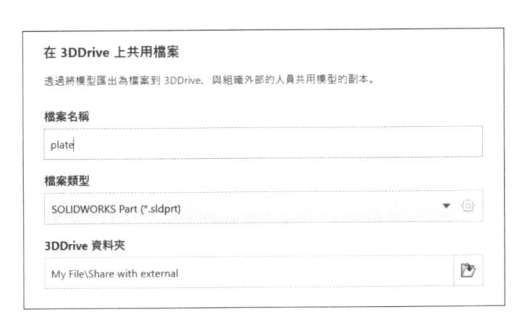

◉ 圖 2-43　共用檔案

STEP 29 E-mail

點選**啟用外部共用連結**，及**限制特定使用者的存取權**，存取權限僅限您在電子郵件中指定的使用者，如圖 2-44 所示。

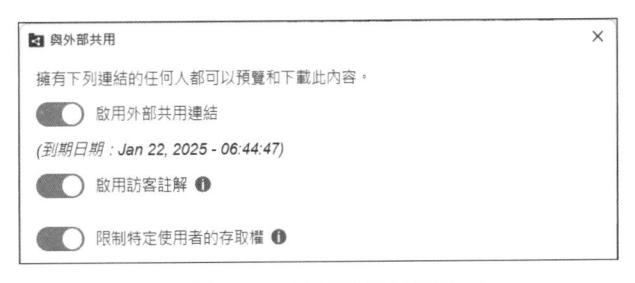

◉ 圖 2-44　啟用外部共用連結

STEP 30 訊息

加入 E-mail 位址,並以分號區隔不同使用者,必要時可在**加入訊息**框中輸入要傳遞給使用者的訊息,如圖 2-45 所示。

圖 2-45 加入訊息

按**分享**以共用此 SOLIDWORKS 零件格式的檔案。

2.13.1 儲存至 3DEXPERIENCE

當 SOLIDWORKS 的 3DEXPERIENCE Connector(SOLIDWORKS 的部份雲端服務)被安裝後,它允許使用者儲存檔案在本機磁碟或儲存到 3DEXPERIENCE 平台上,如圖 2-46 所示。

- **儲存至這台 PC**:儲存模型至本機磁碟。

- **儲存至 3DEXPERIENCE**:儲存模型至 3DEXPERIENCE 平台(雲端儲存)。

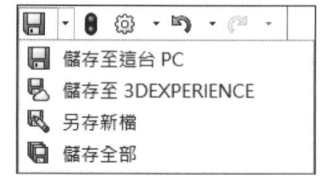

圖 2-46 儲存選單

在 3DEXPERIENCE 平台上儲存設計可讓您在任何地方存取您的設計,並與其他設計者協同作業。

指令TIPS 儲存至 3DEXPERIENCE

- 功能表列:**儲存至 3DEXPERIENCE**。
- 功能表:**檔案→儲存至 3DEXPERIENCE**。
- 快捷鍵:Ctrl+Alt+S。

STEP 31 儲存至雲端和關閉

按**檔案**→**儲存到 3DEXPERIENCE**,再按**儲存**,如圖 2-47 所示。

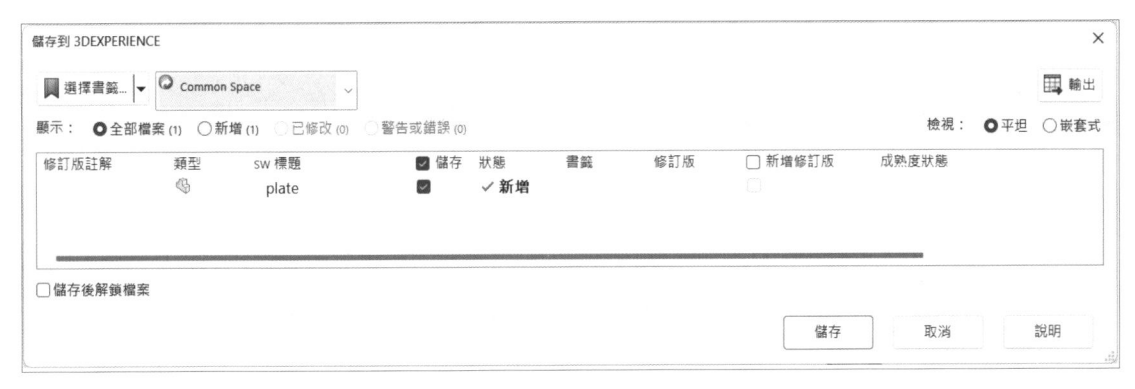

● 圖 2-47　儲存至雲端

STEP 32 關閉

按**檔案**→**關閉**檔案,關閉目前零件檔案。

2.14 草圖指導方針

下面列出一些 SOLIDWORKS 使用者應該知道的實用方法或最佳草圖繪製方法,其中部分技巧將在本書後續章節實例中呈現。

- 草圖要簡潔。簡潔的草圖易於編輯、不易出錯,且有利於接下來的特徵建立,例如:模型組態。
- 確定第一個草圖有使用到原點。
- 零件的第一個草圖應該表現出零件的主要輪廓。
- 首先建立草圖幾何,其次加入幾何限制條件,最後再標註尺寸,尺寸有時會干涉限制條件的加入。
- 儘可能使用幾何限制條件來表達設計意圖。
- 繪製草圖至近似的大小,以免在標註時產生錯誤或導致幾何圖形重疊。
- 先標註或編輯最近或最小的幾何圖形尺寸,然後再重疊標註或編輯最遠的或最大的幾何圖形,以避免幾何圖形重疊,如圖 2-48 所示。

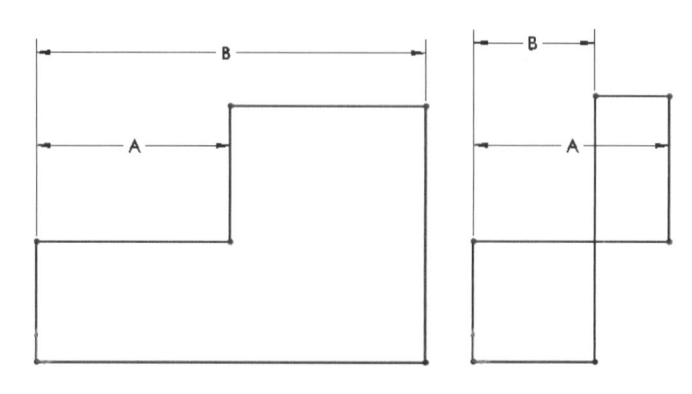

● 圖 2-48　編輯尺寸

- 使用限制條件、數學關係式和整體變數來減少無限制關係的尺寸需求。

- 充分使用對稱。使用**鏡射**或**動態鏡射**的草圖工具，以鏡射草圖圖元和加入對稱限制條件。

- 多些彈性。有時需要改變標註尺寸或限制條件的加入順序，並且在尺寸標註前將草圖圖元拖曳到離精確位置稍近的地方。

- 即時修復草圖錯誤。**SketchXpert** 和**為特徵檢查草圖**指令能幫助快速找到問題並修復。

草圖繪製 **02**

練習 2-1 草圖和伸長 1

請使用所提供的資訊和尺寸，繪製草圖並伸長草圖建立零件，如圖 2-49 所示。此練習可增強以下技能：

- 建立新零件
- 繪製草圖
- 推斷提示線
- 標註尺寸
- 伸長特徵

    單位：mm（毫米）

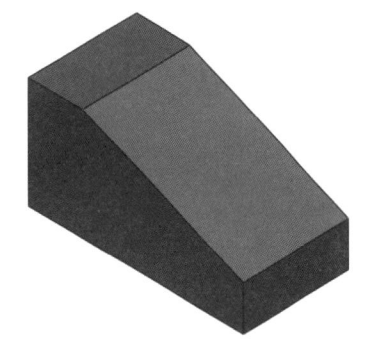

◎ 圖 2-49　草圖與伸長 1

操作步驟

STEP 1　建立新零件

使用 Part_MM 範本建立一個新的零件。

STEP 2　繪製草圖

使用直線工具、自動加入限制條件和尺寸標註等，在前基準面繪製草圖，如圖 2-50 所示。

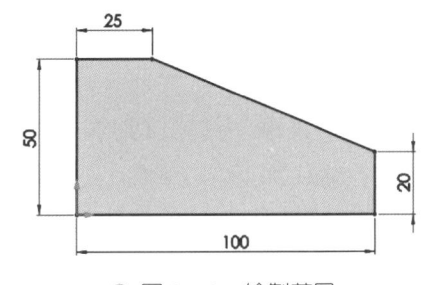

◎ 圖 2-50　繪製草圖

STEP 3　伸長草圖

如圖 2-51 所示，伸長草圖，給定深度為 50mm。

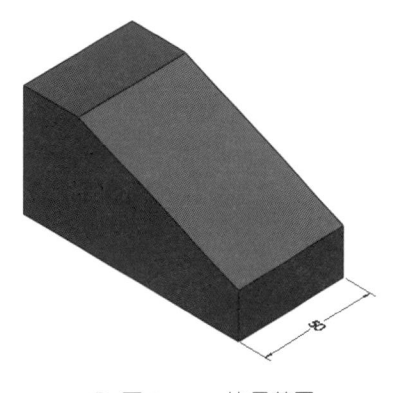

◎ 圖 2-51　伸長草圖

STEP 4　共用、儲存並關閉零件

2-33

練習 2-2 草圖和伸長 2

請使用所提供的資訊和尺寸,繪製草圖並伸長草圖建立零件,如圖 2-52 所示。此練習可增強以下技能:

- 建立新零件
- 繪製草圖
- 推斷提示線
- 標註尺寸
- 伸長特徵

單位:mm(毫米)

◎ 圖 2-52　草圖和伸長 2

操作步驟

STEP 1　建立新零件

使用 Part_MM 範本建立一個新的零件。

STEP 2　繪製草圖

使用直線工具、自動加入限制條件和尺寸標註等,在前基準面繪製草圖,如圖 2-53 所示。

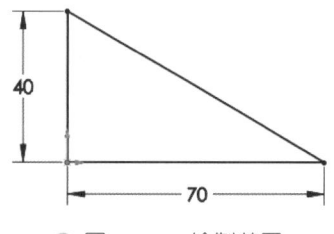

◎ 圖 2-53　繪製草圖

STEP 3　伸長草圖

如圖 2-54 所示,伸長草圖,給定深度為 50mm。

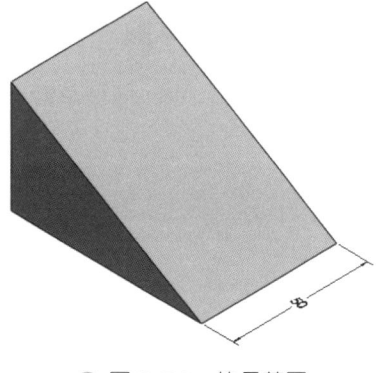

◎ 圖 2-54　伸長草圖

STEP 4　共用、儲存並關閉零件

草圖繪製 **02**

練習 2-3 草圖和伸長 3

請使用所提供的資訊和尺寸，繪製草圖並伸長草圖建立零件，如圖 2-55 所示。此練習可增強以下技能：

- 建立新零件
- 繪製草圖
- 推斷提示線
- 標註尺寸
- 伸長特徵

單位：mm（毫米）

◉ 圖 2-55　草圖和伸長 3

操作步驟

STEP 1　建立新零件

使用 Part_MM 範本建立一個新的零件。

STEP 2　繪製草圖

使用直線工具、自動加入限制條件和尺寸標註等，在前基準面繪製草圖，如圖 2-56 所示。

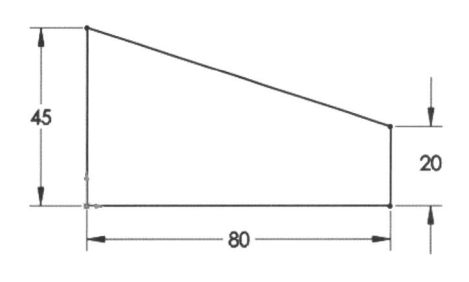

◉ 圖 2-56　繪製草圖

STEP 3　伸長草圖

如圖 2-57 所示，伸長草圖，給定深度為 25mm。

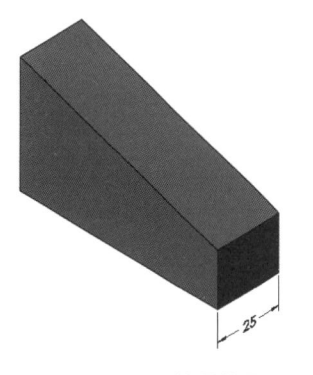

◉ 圖 2-57　伸長草圖

STEP 4　共用、儲存並關閉零件

練習 2-4 草圖和伸長 4

請使用所提供的資訊和尺寸,繪製草圖並伸長草圖建立零件,如圖 2-58 所示。此練習可增強以下技能:

- 建立新零件
- 繪製草圖
- 推斷提示線
- 標註尺寸
- 伸長特徵

單位:mm(毫米)

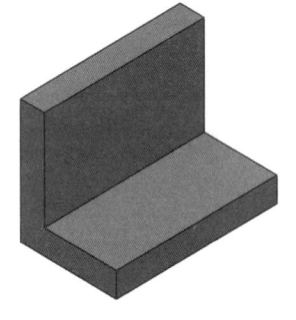

◉ 圖 2-58 草圖和伸長 4

操作步驟

STEP 1 建立新零件

使用 Part_MM 範本建立一個新的零件。

STEP 2 繪製草圖

使用直線工具、自動加入限制條件和尺寸標註等,在前基準面繪製草圖,如圖 2-59 所示。

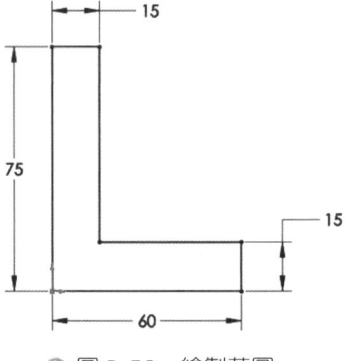

◉ 圖 2-59 繪製草圖

STEP 3 伸長草圖

如圖 2-60 所示,伸長草圖,給定深度為 100mm。

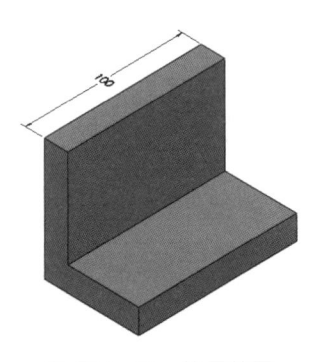

◉ 圖 2-60 伸長草圖

STEP 4 共用、儲存並關閉零件

草圖繪製 **02**

練習 2-5 草圖和伸長 5

請使用所提供的資訊和尺寸繪製草圖,並伸長草圖建立零件,如圖 2-61 所示。此練習可增強以下技能:

- 建立新零件
- 繪製草圖
- 推斷提示線
- 標註尺寸
- 伸長特徵

單位:mm(毫米)

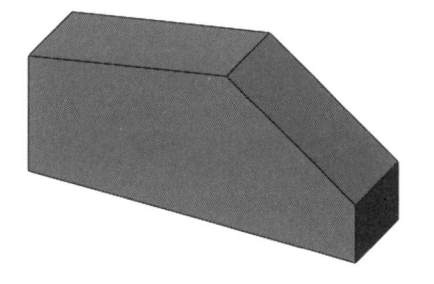

◉ 圖 2-61　草圖和伸長 5

操作步驟

STEP 1　建立新零件

使用 Part_MM 範本建立一個新的零件。

STEP 2　繪製草圖

使用直線工具、自動加入限制條件和尺寸標註等,在前基準面繪製草圖,如圖 2-62 所示。

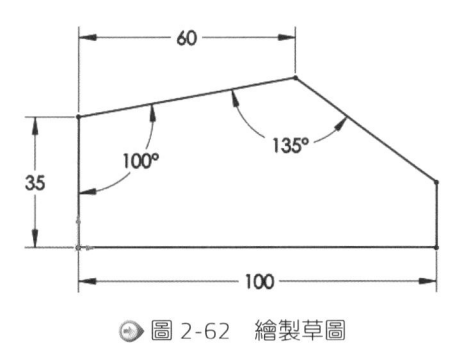

◉ 圖 2-62　繪製草圖

STEP 3　伸長草圖

如圖 2-63 所示,伸長草圖,給定深度為 25mm。

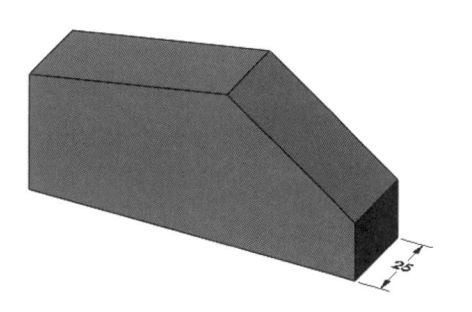

◉ 圖 2-63　伸長草圖

STEP 4　共用、儲存並關閉零件

練習 2-6 草圖和伸長 6

請使用所提供的資訊和尺寸，繪製草圖並伸長草圖建立零件，如圖 2-64 所示。此練習可增強以下技能：

- 建立新零件
- 繪製草圖
- 推斷提示線
- 標註尺寸
- 伸長特徵

單位：mm（毫米）

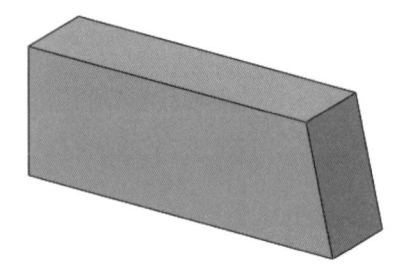

◉ 圖 2-64　草圖和伸長 6

操作步驟

STEP 1　建立新零件

使用 Part_MM 範本建立一個新的零件。

STEP 2　自動加入限制條件

使用直線工具、自動加入限制條件，在前基準面繪製草圖，加入如圖 2-65 顯示的**相互垂直**和**垂直放置**的限制條件。

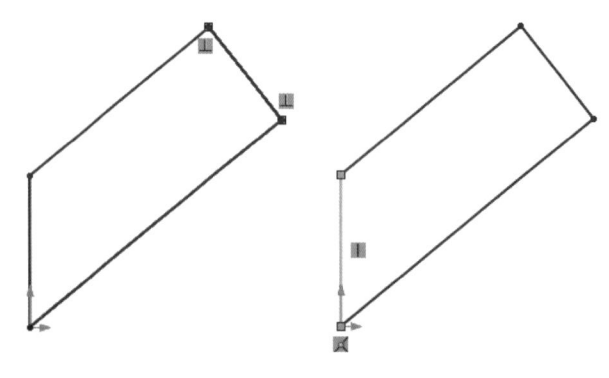

◉ 圖 2-65　繪製草圖

STEP 3　標註尺寸

標註尺寸，使草圖完全定義，如圖 2-66 所示。

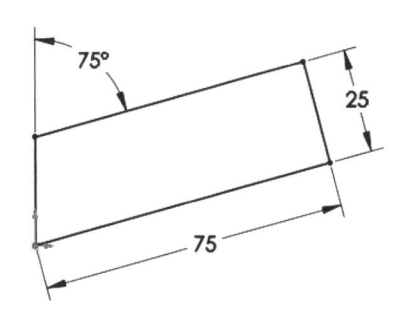

◉ 圖 2-66　標註尺寸

STEP 4　伸長特徵

如圖 2-67 所示，伸長草圖，給定深度為 12mm。

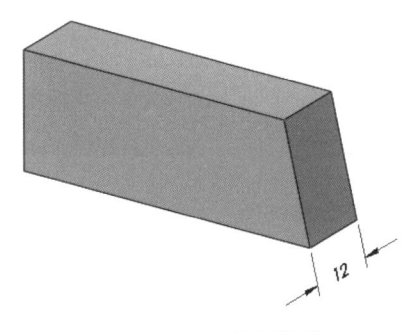

◉ 圖 2-67　伸長特徵

STEP 5　共用、儲存並關閉零件

NOTE

03 基本零件建模

順利完成本章課程後,您將學會:

- 選擇最佳的輪廓繪製草圖
- 選擇適當的草圖平面
- 伸長草圖建立除料特徵
- 用異型孔精靈建立鑽孔
- 在模型上建立圓角特徵
- 編輯草圖、編輯特徵和使用回溯控制棒
- 建立基本零件的工程圖
- 修改尺寸
- 示範模型與工程圖的關聯

3.1 概述

本章討論在建立零件之前所應考慮的事項,以及簡單展示零件建立過程。

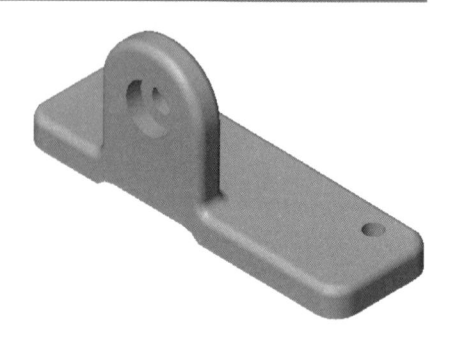

◉ 圖 3-1 基本建模

3.1.1 過程中的關鍵階段

以下列出了規劃和執行建立零件的步驟。

⬢ **術語**

從討論到建模和使用 SOLIDWORKS 時,會用到哪些術語?

⬢ **選擇外形輪廓**

開始建模時,如何選擇最佳輪廓草圖?

⬢ **選擇草圖平面**

確定最佳草圖輪廓後,該輪廓會對草圖平面的選擇有什麼影響?

⬢ **設計意圖**

什麼是設計意圖?它如何影響建模過程?

⬢ **建立新零件**

建立新零件是零件建模的第一步。

⬢ **第一個特徵**

什麼是第一個特徵?

⬢ **填料、除料和鑽孔特徵**

如何透過加入填料、除料和鑽孔特徵來修改第一個特徵?

⬢ **圓角**

在尖銳的邊角中加入圓角特徵。

基本零件建模 **03**

- ● **編輯工具**
  使用三個最常用的編輯工具。

- ● **工程圖**
  產生工程圖頁和模型的工程視圖。

- ● **修改尺寸**
  如何透過修改尺寸來改變模型形狀?

3.2 術語

從 2D 到 3D 設計常會用到一些新的專業術語。在 SOLIDWORKS 建模過程中,您將逐漸熟悉這些術語,其中很多是在設計和製造過程中常見的,例如:除料和填料。

3.2.1 特徵

在建模過程中建立的除料、填料、基準面和草圖等都被稱為特徵。草圖繪製特徵是根據草圖建立的特徵,例如:填料和除料;而套用特徵是指直接應用至模型幾何的特徵,例如:圓角。

3.2.2 基準面

基準面是平坦且無限延伸的,在螢幕上以具有可見邊界來表示。它們是建立填料和除料特徵的主要作圖平面。

3.2.3 伸長

雖然有很多方法可建立特徵並形成實體,但本章只討論伸長。最典型的伸長特徵是把草圖輪廓沿著垂直於該草圖平面的方向伸長一定的距離,而後形成實體模型,如圖 3-2 所示。

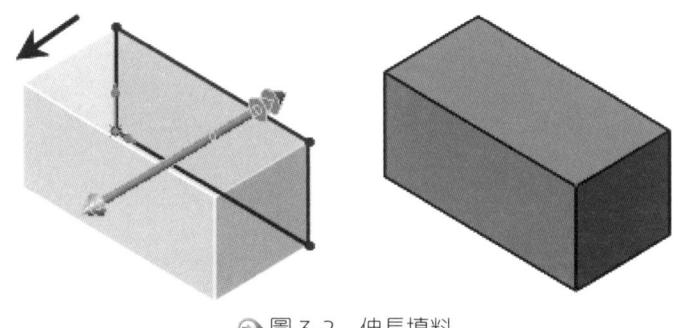

圖 3-2　伸長填料

3.2.4 草圖

SOLIDWORKS 把 2D 輪廓稱做草圖,草圖只建立在基準面和模型平面上。儘管草圖可以獨立存在,但它一般都是用來作為填料和除料的基本圖形,如圖 3-3 所示。

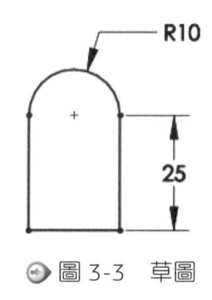

◎ 圖 3-3 草圖

3.2.5 填料

填料是指對模型加入材料,模型的第一個特徵大多是填料。建立好第一個特徵後,您可以依需要再加入填料完成設計。和基材一樣,所有的填料都從草圖開始。

3.2.6 除料

與填料相反,除料是用來去除模型上的材料;和填料一樣,除料也是從 2D 草圖開始,透過伸長、旋轉或其他建模方式移除模型材料。

3.2.7 內圓角和外圓角

圓角都是直接加入到實體而不透過草圖。系統會根據所選模型邊線與相鄰的面,自動判斷圓角類型,以建立外圓角(移除材料)或內圓角(增加材料)。

3.2.8 設計意圖

設計意圖會決定模型如何建立與修改,特徵之間的關聯和其建立的順序都會影響設計意圖。

3.3 選擇最佳輪廓

選擇最佳輪廓將有助於第一個特徵的建立，絕大部分建立的輪廓會與模型一致，下表介紹一些模型實例。

模型	最佳輪廓

3.4 選擇草圖平面

確定最佳輪廓後,下一步就是確定要使用哪個視圖,並選擇具相同名稱的平面以進行繪製。SOLIDWORKS 提供了三個平面,描述如下。

3.4.1 參考基準面

SOLIDWORKS 提供三個預設基準面,分別為前基準面、上基準面和右基準面。每個平面都是無限大,但為了便於檢視和選擇,螢幕顯示的平面是有邊界的。每個平面都穿過原點,並與其他平面垂直正交。

這些基準面都可重新命名,在此課程中都使用預設名稱,相信這些名稱對許多使用者也比較習慣。

平面雖然是無限延伸的,但可以把它想像為一開啟的盒子,其平面皆相交連接到原點上,此時盒子的內部表面就是用來繪製草圖的平面,如圖 3-4 所示。

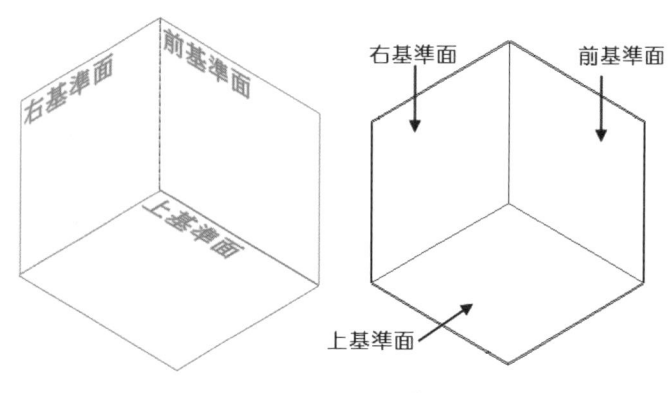

圖 3-4 參考基準面

3.4.2 模型的放置

將零件分別放在盒子的每個基準面上,讓最佳輪廓與一個平面接觸或平行。放置方法有多種組合,本書只說明常見的三種。

當您選擇草圖平面時,需要考慮到零件本身的顯示方位,以及它在組合件中的方位。零件本身的顯示方位決定模型怎樣放置在標準視圖中,像是等角視圖。它也決定在建立零件時,您要花多少時間觀察它。

在組合件中,零件方向決定了零件如何與其他零件結合。

基本零件建模 03

◆ 工程圖中模型的放置

選擇草圖基準面,還要考慮的問題是:您希望模型在工程圖中是如何顯示?建模時應該使模型前視圖與工程圖的前視圖完全一致,這樣才能在處理視圖過程中使用**預先定義視圖**,進而節省時間。

第一個例子中,最佳輪廓與上基準面接觸,如圖 3-5 所示。

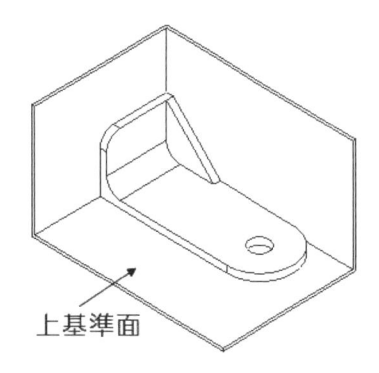

◉ 圖 3-5　最佳輪廓放在上基準面

第二個例子中,最佳輪廓與前基準面接觸,如圖 3-6 所示。

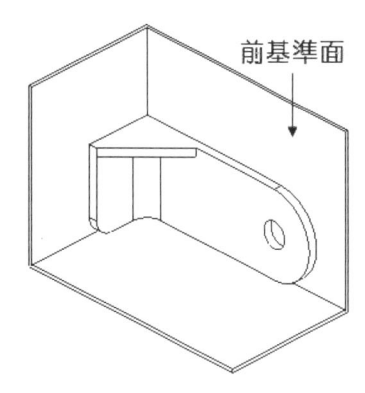

◉ 圖 3-6　最佳輪廓放在前基準面

最後一個例子中,最佳輪廓與右基準面接觸,如圖 3-7 所示。

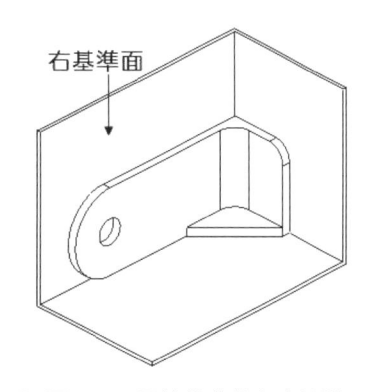

◉ 圖 3-7　最佳輪廓放在右基準面

◆ **選擇平面**

從以上三個例子來看，選擇上基準面應是最好的視角方向，這顯示最佳輪廓應該畫在模型的上基準面。

◆ **在工程圖中看起來如何**

當確定在哪個基準面上繪製草圖輪廓後，產生工程圖時即可容易地建立各種適當的視圖，如圖 3-8 所示。

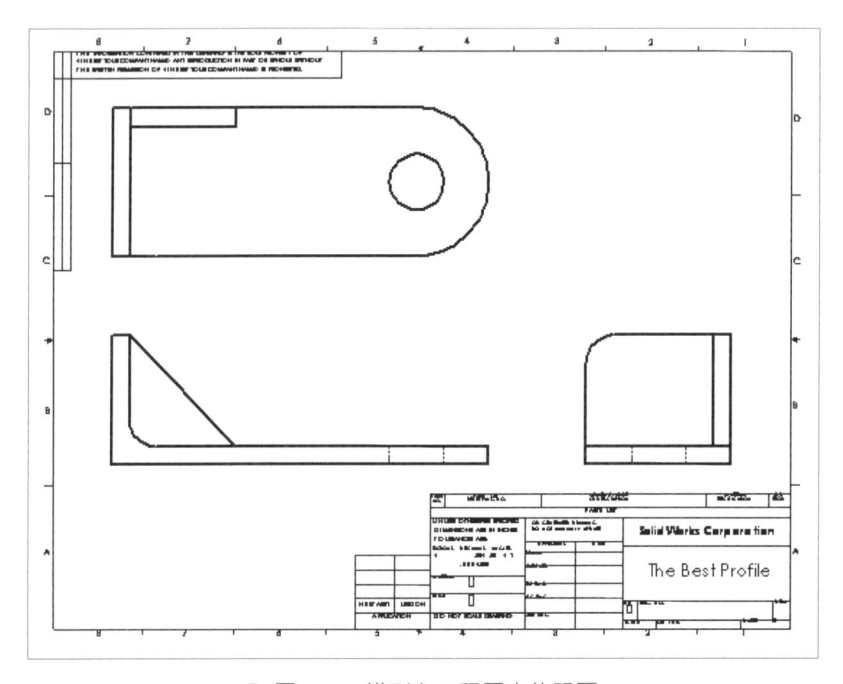

◉ 圖 3-8 模型在工程圖中的視圖

3.5 零件的細節

如圖 3-9 所示為接下來要建立的零件，包括兩個主要填料特徵、一些除料特徵和圓角特徵。

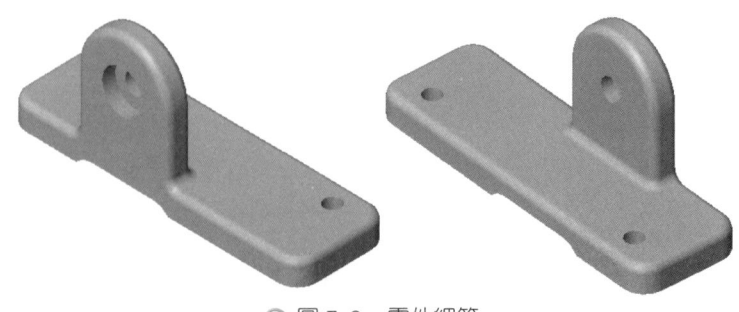

◉ 圖 3-9 零件細節

3.5.1 標準視圖

此時零件可以用 4 個標準視圖來表達,如圖 3-10 所示。

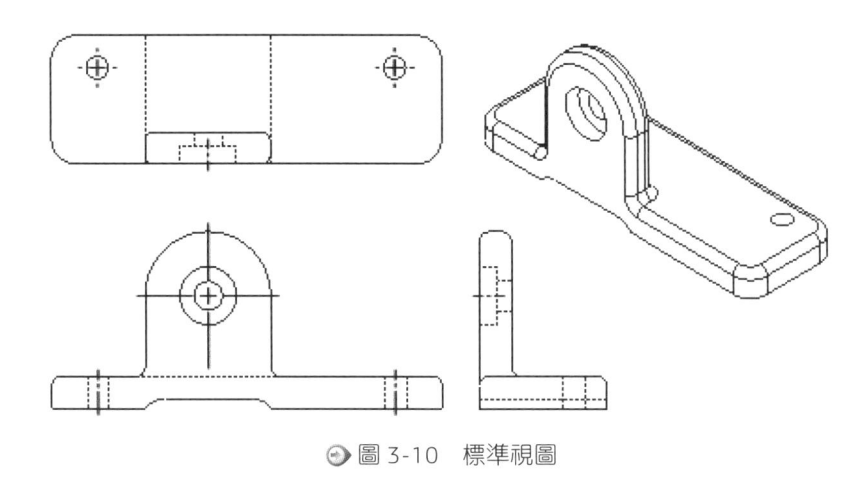

◉ 圖 3-10 標準視圖

3.5.2 主要填料特徵

由圖 3-11 的分解圖得知,該零件的兩個主要填料特徵有不同的輪廓,並繪製在不同的平面上。

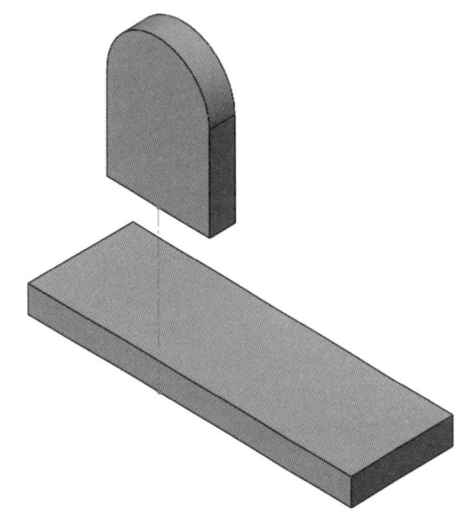

◉ 圖 3-11 主要填料特徵

3.5.3 最佳輪廓

如圖 3-12 所示,模型的第一個特徵是透過重疊在模型上的矩形草圖所建立的。這是建立零件第一個特徵的最佳輪廓。

然後,將矩形伸長填料建立實體。

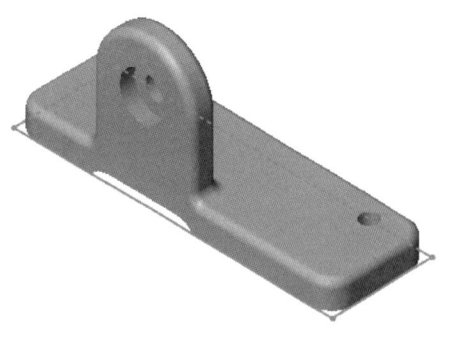

◉ 圖 3-12 最佳輪廓

3.5.4 草圖平面

把模型放在假想的盒子裡，以決定使用哪個基準面將作為草圖平面。本例中，上基準面為最佳選擇，如圖 3-13 所示。

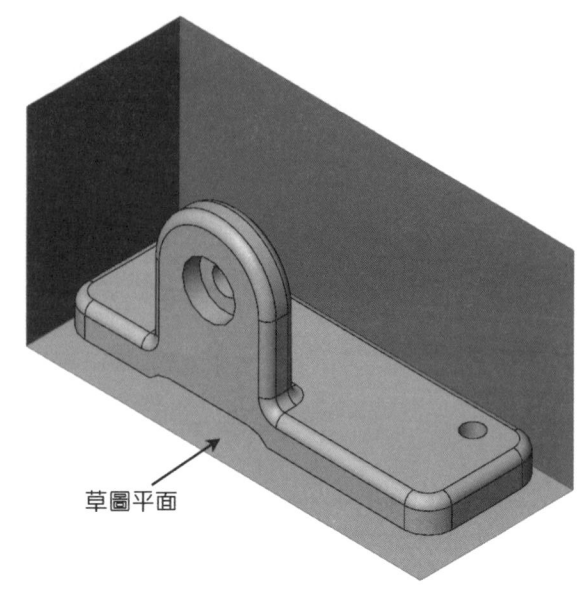

● 圖 3-13　草圖平面

3.5.5 設計意圖

零件的設計意圖描述了零件的限制條件該不該建立，當修改模型時，模型應該按照預想的方式變化，如圖 3-14 所示。

- 所有鑽孔都是貫穿孔。
- 底部凹槽和側邊耳是對齊的。
- 柱孔的中心與耳的圓面中心是同心的。

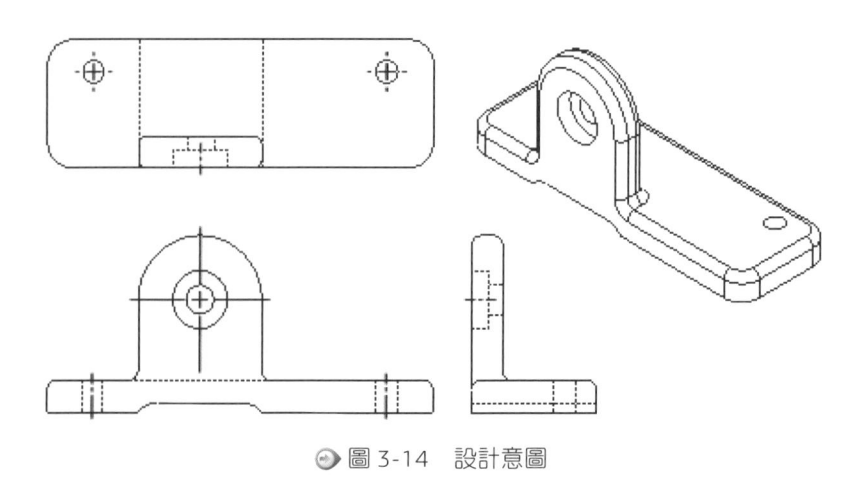

● 圖 3-14　設計意圖

基本零件建模 **03**

操作步驟

建模過程包括繪製草圖,並建立填料、除料和圓角特徵,開始建模前需先建立新零件檔案。

STEP 1　開新零件

按**開新檔案**,並使用 Part_MM 範本,儲存檔名為 Basic。

STEP 2　選擇草圖基準面

插入新草圖並選擇上基準面,如圖 3-15 所示。

> **技巧**
> 使用的基準面不一定要顯示,也可以從 FeatureManager(特徵管理員)中選擇。

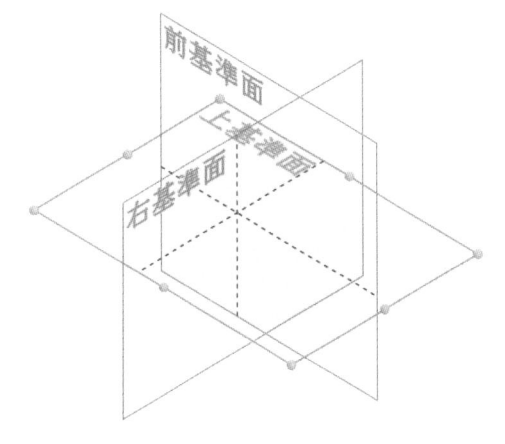

◉ 圖 3-15　選擇草圖基準面

3.5.6　繪製第一個特徵的草圖

第一個特徵就從草圖伸長填料開始,第一個特徵通常是一個填料,也是每個零件中建立的第一個實體特徵。以下就從繪製矩形開始繪製幾何圖元。

指令TIPS　角落矩形

角落矩形指令用在繪製矩形,矩形是由四條直線(兩條水平線和兩條垂直線)組成,並在角落連接,繪製時指定兩個對角的角落即可。下面是幾種可繪製矩形 / 平行四邊形的工具:

- **中心矩形**:使用中心點與一個角點繪製水平與垂直線的矩形。
- **三點中心矩形**:以中心點、邊線中點及角點繪製矩形(邊角之間相互垂直)。
- **三點角落矩形**:以三個角點繪製矩形(邊角之間相互垂直)。
- **平行四邊形**:以三個角點繪製平行四邊形(邊角之間沒有垂直)。

操作方法

- CommandManager：**草圖**→**角落矩形** ▭。
- 功能表：**工具**→**草圖圖元**→**角落矩形**。
- 快顯功能表：在繪圖區域上按滑鼠右鍵，點選**草圖圖元**→**角落矩形** ▭。

STEP 3　繪製矩形

按**角落矩形** ▭，從原點拖曳圖形到右上方繪製矩形（不用在意矩形的大小，標註尺寸後矩形大小會自動調整），如圖 3-16 所示。

開始繪製草圖時，應注意游標旁的重合符號，確保矩形從原點開始繪製，如圖 3-17 所示。

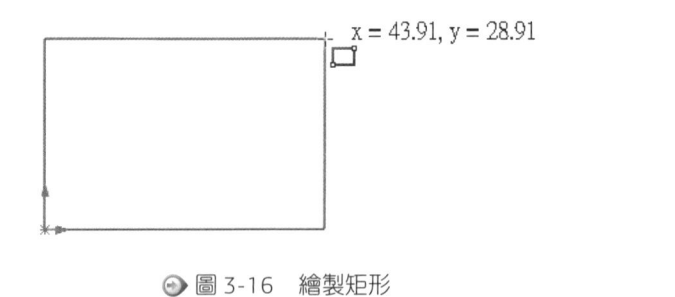

◉ 圖 3-16　繪製矩形　　　　　◉ 圖 3-17　滑鼠回饋

STEP 4　完全定義草圖

在草圖中標註尺寸，使草圖完全定義，如圖 3-18 所示。

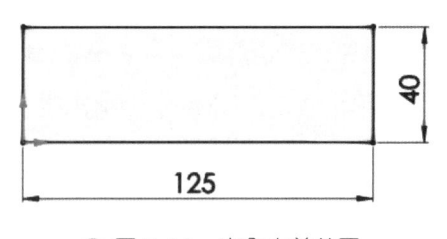

◉ 圖 3-18　完全定義草圖

3.5.7　伸長特徵選項

以下解釋經常用到的**伸長**特徵選項，其他選項將在後面章節介紹。

基本零件建模 **03**

- **終止型態類型**

    草圖可以伸長至一個或兩個方向，任一方向或兩個方向的終止型態都可以個別給定深度、成形至某一面或完全貫穿整個模型。

- **深度**

    給定深度或兩側對稱的伸長距離。兩側對稱指的是伸長的總深度，亦即兩側對稱的伸長深度為 50mm 時，草圖基準面的兩方向將各伸長 25mm 的距離。

- **拔模**

    將拔模套用至伸長特徵中，拔模可以是向內拔模（伸長時輪廓會變小），或者向外拔模。

STEP 5　伸長

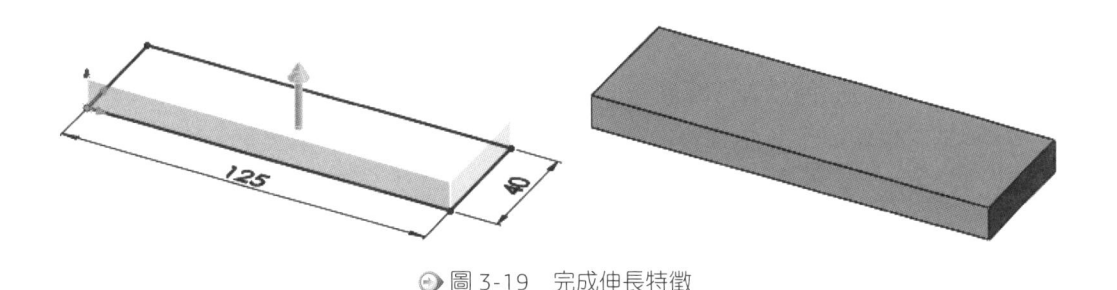

按**伸長**，將矩形向上伸長 10mm，按**確定**完成伸長特徵，如圖 3-19 所示。

◉ 圖 3-19　完成伸長特徵

3.5.8　重新命名特徵

FeatureManager（特徵管理員）中的任何特徵（除了零件本身以外）都可以使用以下的步驟重新命名。為特徵重新命名對於後續建模過程中的查詢和編輯是很有幫助的，合理的名稱有利於組織自己的工作，並使他人在編輯或修改模型時更加容易。

STEP 6　重新命名特徵

將重要的特徵重新命名為一個有意義的名稱是種良好習慣。請在 FeatureManager（特徵管理員）的**填料 - 伸長 1** 特徵名稱上慢速按滑鼠兩下，當名稱反白顯示並可編輯時，請輸入「BasePlate」更新名稱。所有特徵都可以用這種方法重新命名。

> **技巧**
>
> 您也可以點選特徵名稱後，再按 **F2** 重新命名。

3.6 填料特徵

下一個特徵是帶有半圓頂端的填料,此特徵的草圖平面不是現有的基準面,而是模型的一個平坦面,如圖 3-20 所示,需繪製的草圖幾何已重疊顯示在完成的模型上。

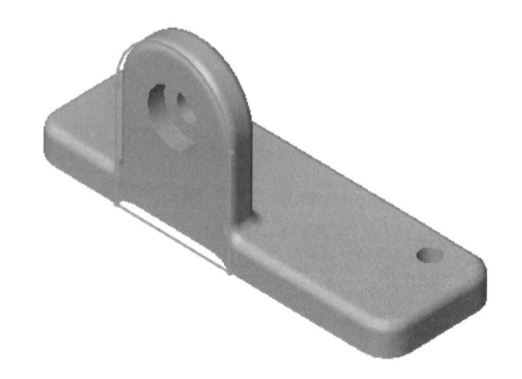

◉ 圖 3-20 填料特徵

3.7 在平面上繪製草圖

模型的任何平坦面都可當作草圖基準面使用。點選某一平面再按**草圖**。有些面較難選擇,是因為它位於模型背面或被其他面擋住,在不轉動視圖的情況下,可以使用**選擇其他**指令來選擇平面。在此例中,特徵 BasePlate 的前平面將作為草圖平面。

STEP 7 插入新草圖

選擇如圖 3-21 所示的草圖平面,按**草圖**來建立新草圖。

> **提示** 確保特徵工具列上 **Instant 3D** 是關閉的。因為若是啟用狀態,選取平面時,會出現一些目前用不到的控制軸與控制點。

草圖平面

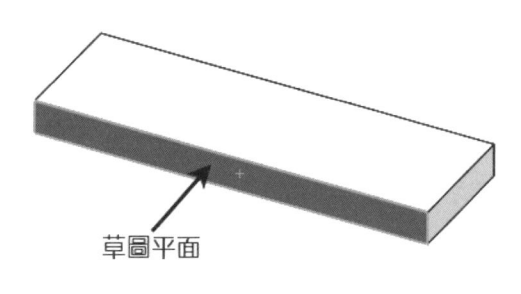

◉ 圖 3-21 選擇草圖平面

3.7.1 繪製切線弧

SOLIDWORKS 提供豐富的繪圖工具來建立草圖輪廓。本例中,**切線弧**是用來繪製起始相切於草圖某端點的圓弧,圓弧的另一端點可以獨立存在,也可在其他草圖圖元上。

基本零件建模 **03**

> **指令TIPS** 切線弧
>
> **切線弧**指令是用在草圖中建立與線段相切的圓弧，繪製的圓弧必須與其他圖元，像是直線或弧端點做為起點並相切。
>
> **操作方法**
> - CommandManager：**草圖**→**弧**→**切線弧**。
> - 功能表：**工具**→**草圖圖元**→**切線弧**。
> - 快顯功能表：在繪圖區域上按滑鼠右鍵，選擇**草圖圖元**→**切線弧**。

3.7.2 切線弧的區分

繪製切線弧時，系統會從游標的移動推斷您所要的是切線弧還是法線弧，如圖 3-22 所示，在 4 個目標區存在 8 種可能的結果。

您可以從現有的草圖圖元（直線、圓弧和不規則曲線等）端點開始繪製切線弧，再從端點移動游標離開。

- 與草圖圖元相切的方向移動游標，會建立 4 種可能的切線弧。

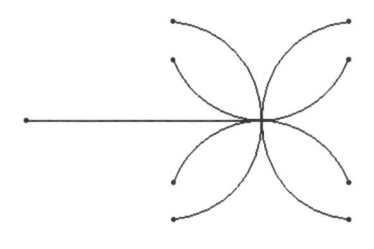

◉ 圖 3-22　切弧線的 8 種結果

- 與草圖圖元垂直的方向移動游標，會建立 4 種可能的法線弧。
- 草圖預覽可顯示目前繪製的切線弧類型。
- 只要將游標移回到端點後再離開端點，即可在切線弧和法線弧之間進行轉換。

3.7.3 在直線和切線弧之間自動轉換

使用**直線**時，您可在直線和切線弧指令之間來回轉換，而不用選擇**切線弧**。方法是將游標移回到端點再移至不同位置，或按快速鍵 **A** 切換。

STEP 8　繪製垂直線

點選**直線**，抓取與底線**重合**和**垂直放置**的限制條件，從底邊向上繪製垂直線，如圖 3-23 所示。

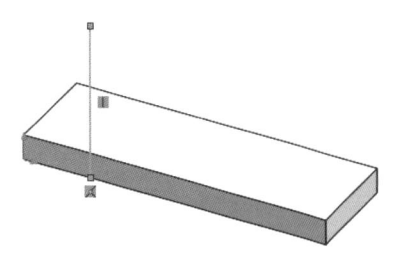

◉ 圖 3-23　繪製垂直線

STEP 9 自動轉換

將游標移回到端點後,再移動至不同方向,系統會切換至切線弧模式。

STEP 10 繪製切線弧

在垂直線端點處繪製一段 180°的切線弧,如圖 3-24 所示。此時推斷提示線指出切線弧終點和圓弧的圓心水平對齊。

繪製完切線弧後,會自動切換回直線模式。

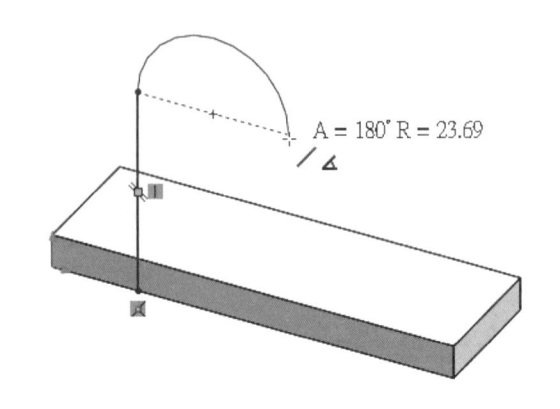

圖 3-24 繪製切線弧

STEP 11 完成直線繪製

從圓弧終點開始,繪製一條到底邊的垂直線,再繪製一條水平線連接這兩條垂直線的端點,如圖 3-25 所示。注意這條水平線是黑色,但是兩端點為藍色。

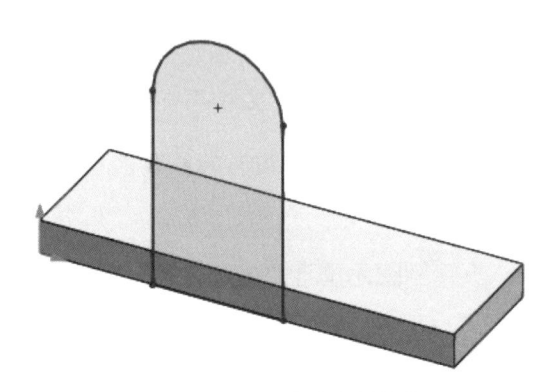

圖 3-25 完成直線繪製

STEP 12 標註尺寸

標註線性和半徑尺寸至草圖上,加入尺寸時,您可以移動游標來查看尺寸可能出現的不同方向,如圖 3-26 所示。

標註圓弧尺寸時,要選擇圓周而不是圓心,這樣才能變更尺寸選項(最大和最小)。

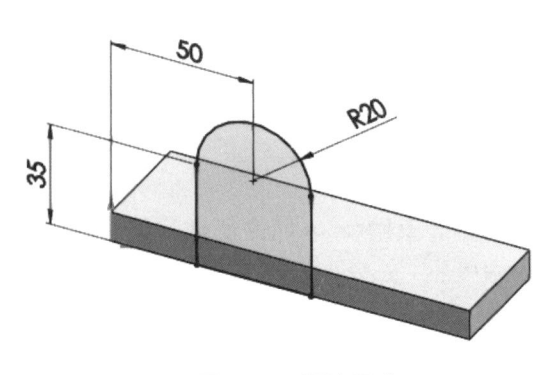

圖 3-26 標註尺寸

基本零件建模 **03**

STEP 13 伸長方向

按**伸長填料 / 基材**，給定深度 **10mm**。預覽時請注意，伸長方向必須往基材內部，如圖 3-27 所示。

如果伸長方向是背離基材的，則按**反轉方向**。

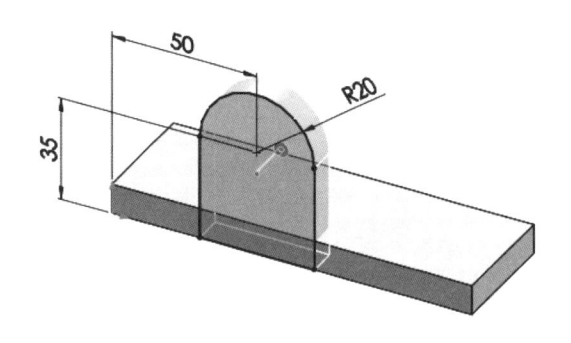

◉ 圖 3-27　伸長方向

> **提示**　當您使用**調節增量**箭頭時，預設向上和向下的增量是 10mm；若按 Alt+ 箭號，長度增量是除以 10 倍，為 1mm；若按 Ctrl+ 箭號，長度增量是乘以 10 倍，為 100mm，如右圖所示。

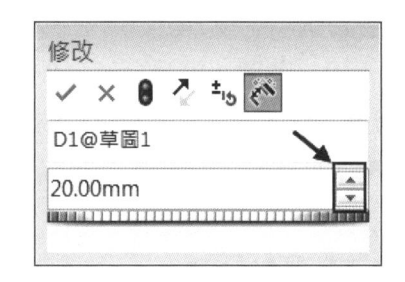

STEP 14 完成填料

此伸長填料已與基材合併為一個實體，如圖 3-28 所示。重新命名特徵為 VertBoss。

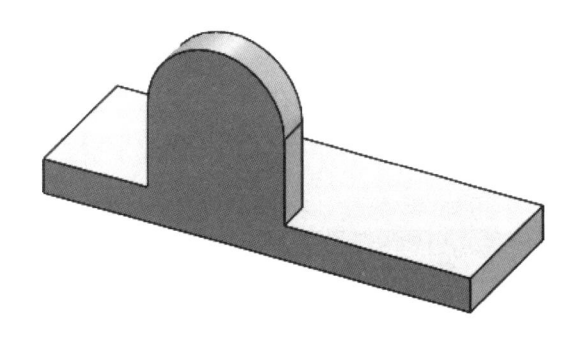

◉ 圖 3-28　完成填料

3.8　除料特徵

當兩個主要填料特徵完成後，接下來將建立除料特徵來移除多餘材料。除料特徵建立的方法與填料一樣，都是使用草圖和伸長除料。

指令TIPS　伸長除料

除料與填料特徵指令的選項是一樣的，唯一不同的是，除料特徵是移除材料，而填料特徵是加入材料，本例的除料為開放槽。

操作方法

- CommandManager：**特徵→伸長除料**。
- 功能表：**插入→除料→伸長**。

STEP 15　繪製矩形

按**空白鍵**，視角方位點選前視，在大的平面上建立草圖並繪製矩形，該矩形與模型底邊**重合**，完成後結束矩形指令，如圖 3-29 所示。

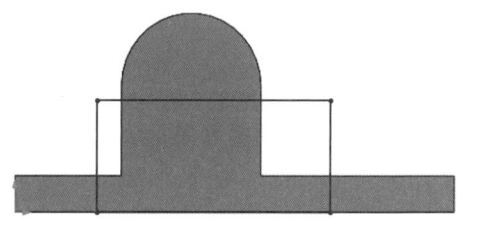

◉ 圖 3-29　繪製矩形

STEP 16　標註尺寸

標註如圖 3-30 所示的尺寸。

> **提示**　此時草圖為不足的定義，稍後完成時將完全定義。

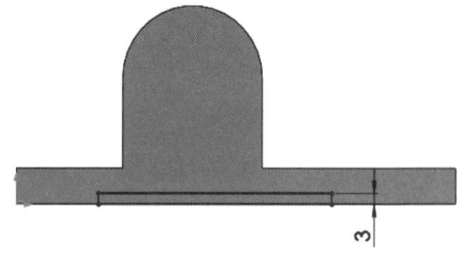

◉ 圖 3-30　標註尺寸

3.9　視圖選擇器

視圖選擇器是以包圍著模型的透明方塊來查看模型各個視圖的外觀。選擇方塊的某個面可檢視該模型視角，並自動切換至該檢視面，如圖 3-31 所示。

選擇平面時仍可以旋轉方塊。

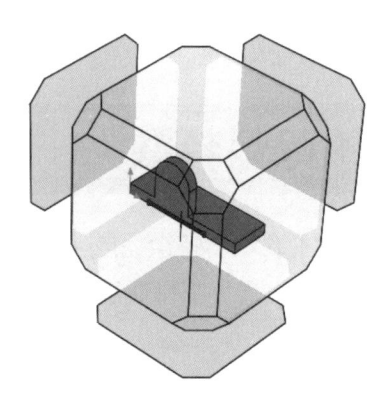

◉ 圖 3-31　視圖選擇器

基本零件建模 **03**

> **指令TIPS** 視圖選擇器
>
> - 立即檢視工具列：**視角方位** 和 **視圖選擇器**。
> - 快速鍵：**空白鍵**。

提示 按**空白鍵**可同時開啟**視圖選擇器**和**視角方位**對話方塊。如果按 **Ctrl + 空白鍵**則只會開啟**視圖選擇器**。

STEP 17 選擇等角視圖

按**空白鍵**開啟視圖選擇器對話方塊，點選方塊頂角，切換至等角視，如圖 3-32 所示。

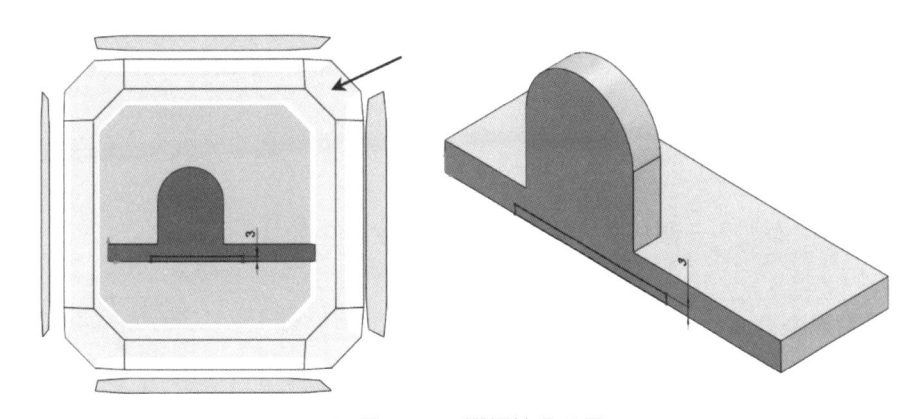

◎ 圖 3-32　選擇等角視圖

STEP 18 完全貫穿

按**伸長除料**，如圖 3-33 所示，選擇**完全貫穿**，按**確定**。這種類型的終止型態將除料貫穿整個實體模型，所以不管零件有多深，都無需設定深度。將該特徵重新命名為 BottomSolt。

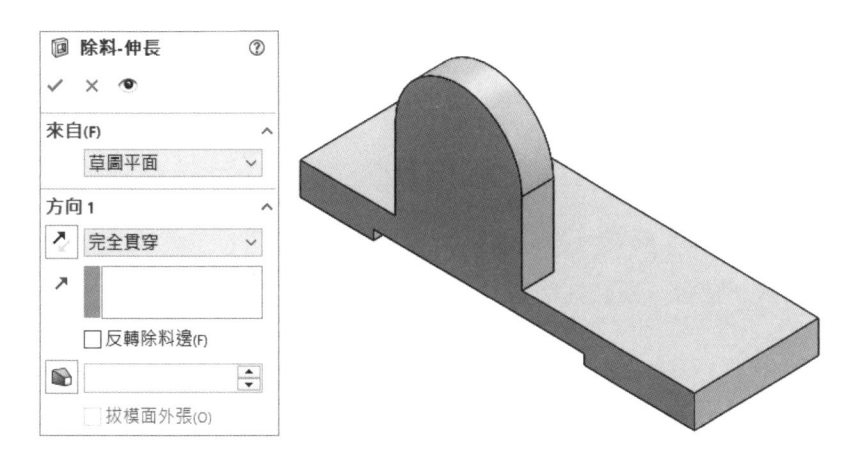

◎ 圖 3-33　完全貫穿

3-19

3.10 使用異型孔精靈

異型孔精靈指令使用於在實體上建立特殊孔,它可以依步驟建立鑽孔、斜形螺絲攻、柱孔、錐孔,在這個例子中將透過**異型孔精靈**產生標準鑽孔。

3.10.1 建立標準鑽孔

在使用**異型孔精靈**前,您必須選擇想要鑽孔的平面,並定義鑽孔尺寸和位置。**異型孔精靈**最直覺的用途之一是,您可以指定能和扣件配合的鑽孔尺寸大小。

> **技巧**
> 您也可以使用現有的 2D 草圖、或在平坦面上放置鑽孔,非平坦面也可以鑽孔,像是圓柱表面。

3.10.2 加入柱孔

在模型的前平面加入一個柱孔,並加入限制條件定位孔中心的位置。

> **提示** **進階異型孔**(**插入→特徵→進階異型孔**)類似於異型孔精靈,但是允許您建立包括柱孔、錐孔、斜形螺絲攻、直螺絲攻和標準鑽孔之鑽孔樣式的堆疊。如圖 3-34。

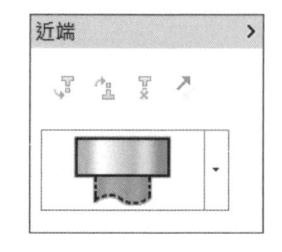

◉ 圖 3-34 進階異型孔堆疊

指令TIPS 異型孔精靈

異型孔精靈建立成形的鑽孔特徵,像是柱孔和錐孔類型,此過程會產生兩個草圖,一個定義鑽孔形狀;一個定義孔中心點的位置。

操作方法
- CommandManager:**特徵→異型孔精靈** 。
- 功能表:**插入→特徵→異型孔精靈**。

基本零件建模 **03**

STEP 19 選擇柱孔

選擇如圖 3-35 所示的平面，按**異型孔精靈**。設定鑽孔的屬性如下，如圖 3-36 所示：

- 鑽孔類型：柱孔
- 標準：ANSI Metric
- 類型：六角螺栓
- 大小：M8
- 終止型態：完全貫穿

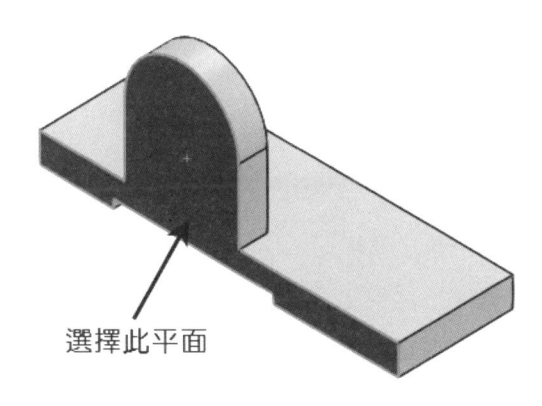

選擇此平面

◉ 圖 3-35　選擇平面

◉ 圖 3-36　鑽孔規格

> **提示**　如果沒有預先選取平面，則選取位置時會有提示訊息。

STEP 20 喚醒圓心

點選**位置**標籤，移動游標至大圓弧的圓周上（勿點選），當**重合**符號出現時，圓弧的圓心被「喚醒」（Woken Up），該點已可被選用。

點選圓弧圓心，系統自動抓取重合限制條件，按**確定**，完成異型孔精靈，如圖 3-37 所示。

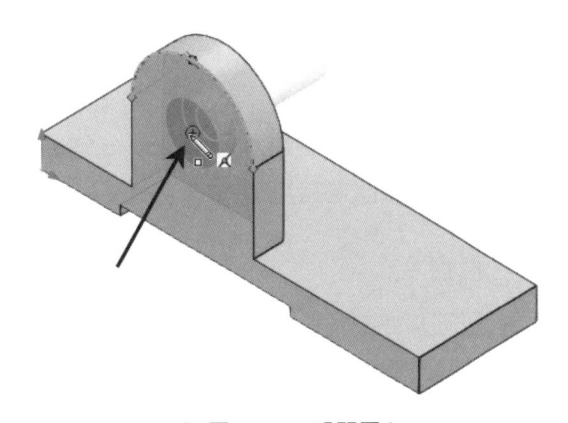

◉ 圖 3-37　喚醒圓心

3.11 圓角特徵

圓角特徵包括內圓角（增加體積）和外圓角（減少體積），如圖 3-38 所示。兩者區別由幾何條件決定，不是指令本身。圓角會建立所選模型邊線，邊線的選擇有幾種方法，也有幾種選項可建立不同類型圓角，包括：固定大小圓角、變化大小圓角、面圓角和全周圓角，另外圓角輪廓選項包含圓形、圓錐形和曲率連續。

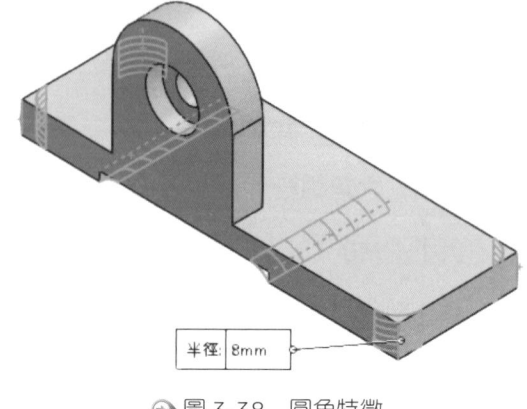

◉ 圖 3-38　圓角特徵

3.11.1　建立圓角特徵的規則

一般建立圓角特徵的基本規則如下：

1. 裝飾用圓角最後再建立。
2. 同一個指令建立多個相同半徑圓角。
3. 建立不同半徑圓角時，半徑較大的優先。
4. 圓角建立順序很重要，建立圓角後產生的面與邊線，可用來衍生更多的圓角。
5. 現有的圓角可以被轉換為導角。

技巧

FeatureXpert 工具可以自動對圓角順序進行重排並調整尺寸大小，這將在本書第 8 章討論。

● **已選項目工具列**

已選項目工具列可以將選擇單一邊線轉換為多重相關邊線的選擇，此例中不使用此功能，這將於後面章節說明。

● **預覽**

您可以在圓角選項中選擇**完全預覽**、**部份預覽**或**無預覽**。**完全預覽**如稍後圖形所顯示的，每個所選的邊線都會有網狀預覽，**部份預覽**則只顯示第一條選取的邊線，當經驗較豐富後，您可能只會用到**部份預覽**或**無預覽**。

基本零件建模 **03**

> **指令TIPS** 圓角特徵
>
> - CommandManager：**特徵**→**圓角**。
> - 功能表：**插入**→**特徵**→**圓角**。
> - 快顯功能表：在面或邊線上按滑鼠右鍵，然後點選**圓角**。

STEP 21 插入圓角

按**圓角**，如圖 3-39 所示，點選**手動**與**固定大小圓角**，設定半徑值為 **8mm**。

不勾選**顯示已選項目工具列**，並點選**完全預覽**。

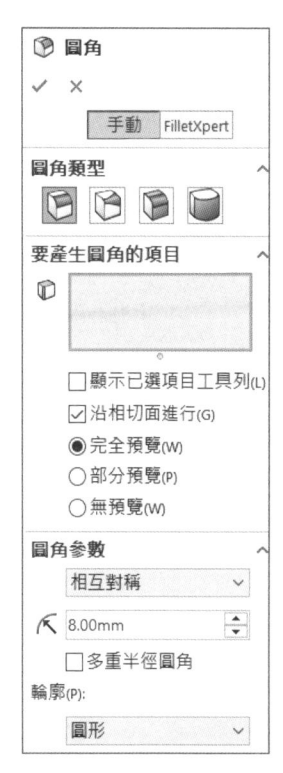

◉ 圖 3-39 設定圓角

STEP 22 選擇邊線

選擇隱藏在模型下方的兩條邊線，如圖 3-40 所示。

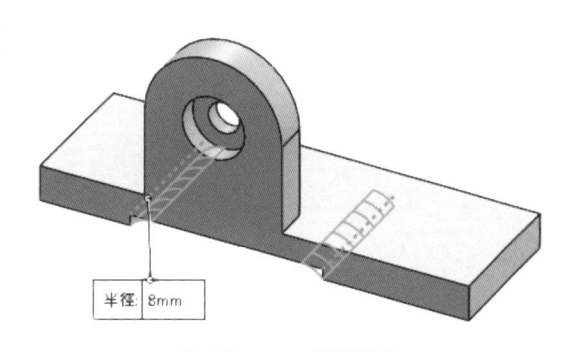

◉ 圖 3-40 選擇邊線

3-23

STEP 23 加入邊線

選擇額外 4 條角落邊線，按**確定**，如圖 3-41 所示。

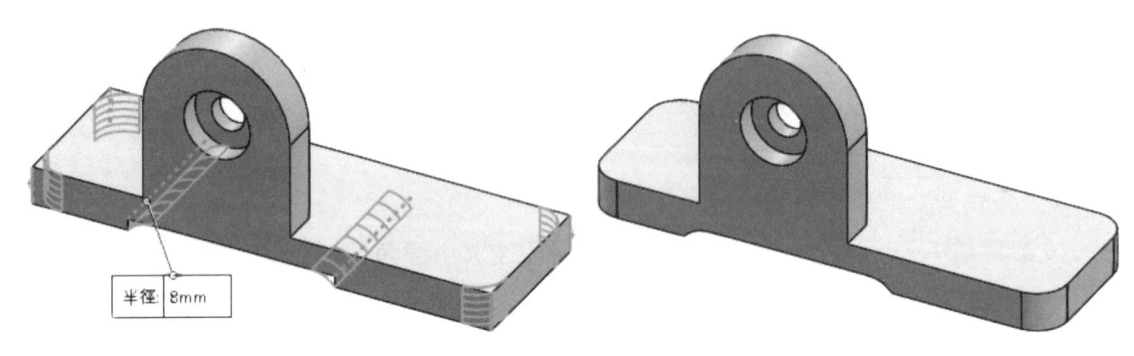

● 圖 3-41　產生新邊線與圓角結果

> **提示**　所有 6 個圓角都由相同的尺寸值控制，圓角所產生的新邊線也將適用於建立新的圓角。

◆ 最近的指令

SOLIDWORKS 會儲存「最近的指令」讓您方便使用，按 **Enter** 鍵也可以再次執行前一次使用過的指令，如圖 3-42 所示。

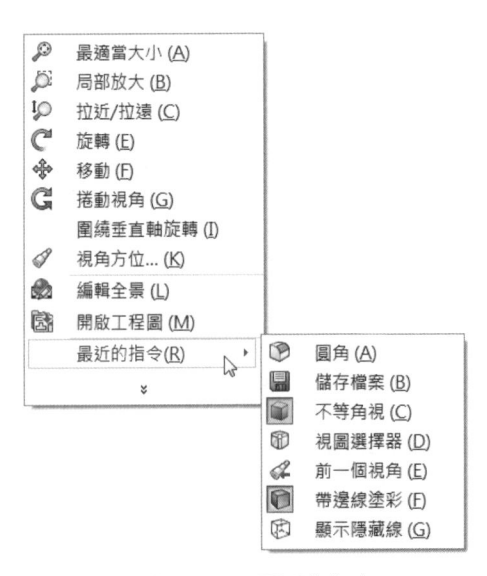

● 圖 3-42　最近的指令

基本零件建模 **03**

◆ **最近的特徵**

而**歷程**資料夾內則包含一系列最近建立或編輯的特徵，便於存取最近的特徵進行修改，如圖 3-43 所示。

圖 3-43　歷程列表

STEP 24 最近的命令

在繪圖區域中按滑鼠右鍵，從快顯功能表選擇**最近的指令→圓角**，再次執行圓角特徵。

STEP 25 預覽和沿相切面進行

加入另一個圓角，半徑 **3mm**，並點選**完全預覽**。選擇如圖 3-44 所示的邊線，透過預覽觀察圓角特徵，按**確定**。

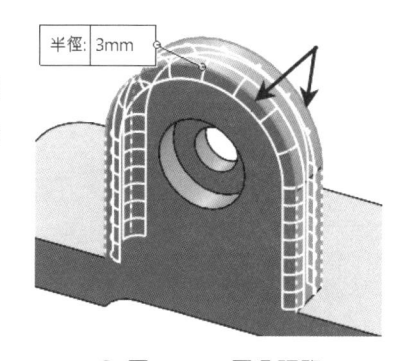

圖 3-44　圓角預覽

3.12　編輯工具

本節將介紹三種最常用的編輯工具：**編輯草圖**、**編輯特徵**和**回溯**。這些工具可用來編輯或修復 FeatureManager（特徵管理員）中的草圖和特徵。

3.12.1　編輯草圖

已建立的草圖需要修改時必須透過**編輯草圖**指令，開啟所選的草圖使您能夠修改草圖中所有內容：尺寸值、尺寸本身、幾何圖形或幾何限制條件。

> **指令TIPS　編輯草圖**
>
> **編輯草圖**使您可進入草圖進行任何修改。在編輯過程中，模型會回溯到一開始建立草圖的狀態，結束草圖時模型會重新計算。
>
> **操作方法**
> - 快顯功能表：在想要編輯的草圖或特徵上按滑鼠右鍵，點選**編輯草圖** 📝。
> - 功能表：選擇一個面，按**編輯→草圖**。

STEP 26　編輯草圖

在 BottomSlot 特徵上按滑鼠右鍵，從文意感應工具列中選擇**編輯草圖** 📝，草圖將被開啟並可編輯。

3.12.2　選擇多重物件

選取物件時按住 **Ctrl** 鍵，即可一次選取多個物件。

STEP 27　加入限制條件

如圖 3-45 所示，選取線段端點與模型邊線，加入**重合**限制條件。

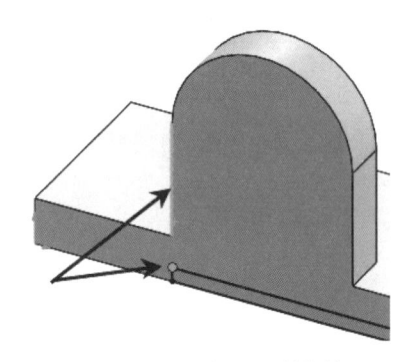

◉ 圖 3-45　加入限制條件

STEP 28　重複加入限制條件

重複上一步驟，在矩形另一端點與邊線之間加入重合限制條件，此時草圖已完全定義，如圖 3-46 所示。

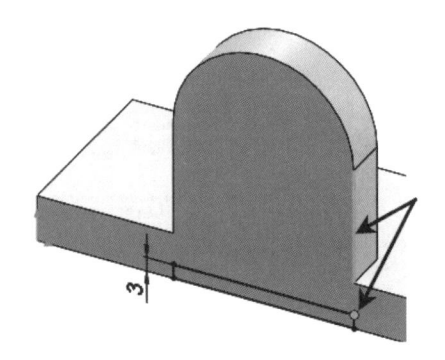

◉ 圖 3-46　重複加入限制條件

STEP 29　離開草圖

點選右上角確認角落的**離開草圖** ↳，離開草圖並重新計算零件。

3.12.3 編輯特徵

第二個圓角特徵應該延伸至 BasePlate 的上表面邊線,故這時應該編輯最後一個圓角特徵。

> **指令TIPS　編輯特徵**
>
> **編輯特徵**是用來改變應用在模型上的特徵,每個特徵都包含可以被改變或加入的特定資訊。一般而言,建立特徵與編輯特徵都使用相同的對話方塊。
>
> **操作方法**
> - 功能表:選擇一個特徵後,按**編輯**→**定義**。
> - 快顯功能表:在特徵名稱上按滑鼠右鍵,從文意感應工具列中點選**編輯特徵**。

3.12.4 衍生圓角

在圓角特徵中,**沿相切面進行**選項允許圓角特徵衍生至所選邊線的所有相切邊線上。

STEP 30 編輯特徵

在圓角 2 特徵上按滑鼠右鍵,點選**編輯特徵**,系統開啟相同的 PropertyManager 對話方塊進行編輯,確定**沿相切面進行**是有勾選的。

STEP 31 選擇額外的邊線

選擇額外的短邊線,則**沿相切面進行**的選項將產生如圖 3-47 所示的圓角,按**確定**。

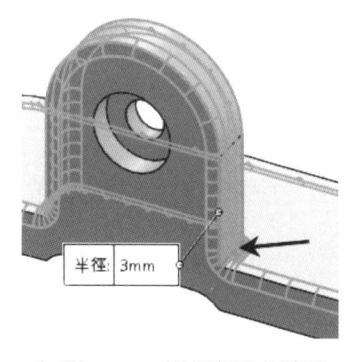

◉ 圖 3-47　選擇額外的邊線

3.12.5 回溯控制棒

回溯控制棒是一條位於 FeatureManager(特徵管理員)底部的藍色水平桿,如圖 3-48 所示。

◉ 圖 3-48　回溯控制棒

回溯控制棒有很多用途,包括:瀏覽模型建立的步驟,或在某個特定步驟前插入新的特徵。本例將使用回溯控制棒在兩個圓角特徵之間插入鑽孔特徵。

◆ 回溯控制棒用於大型零件

回溯控制棒在編輯大型零件時相當好用。它可回溯到您想編輯的特徵之後的位置上。當完成編輯時,零件只重新計算到回溯控制棒為止。這可以避免整個零件被重新計算,零件還可以在回溯狀態下儲存檔案。

指令TIPS　回溯控制棒

回溯控制棒為位於特徵底部的一條粗淺藍線,選中後變為藍色。您可在 FeatureManager(特徵管理員)中使用回溯控制棒回溯零件,向上拖曳控制棒,可以在重建順序中前進或後退。

操作方法

- 快顯功能表:在某個特徵上按滑鼠右鍵,點選**回溯** ↰。
- 快顯功能表:在 FeatureManager(特徵管理員)上按滑鼠右鍵,點選**移至前一狀態**或**移至最後**。

提示 要使用方向鍵來移動回溯控制棒時,需要勾選**工具→選項→系統選項→FeatureManager(特徵管理員)**中的**方向鍵導覽功能**。用方向鍵控制時,游標必須位於回溯控制棒上,若游標位於繪圖區域時,方向鍵將用來旋轉模型。

STEP 32 回溯

點選**回溯控制棒**並向上拖曳到兩個圓角特徵之前放開,如圖 3-49 所示。

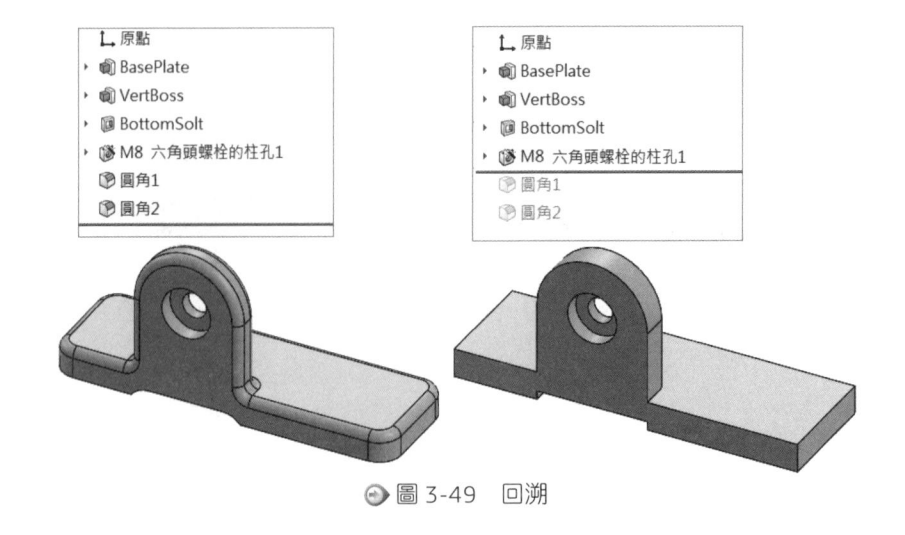

● 圖 3-49　回溯

基本零件建模 **03**

STEP 33 異型孔精靈

按異型孔精靈 並點選**位置**標籤。

STEP 34 選擇平面

選擇如圖 3-50 所示的平面。

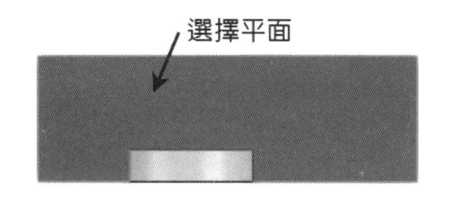

◉ 圖 3-50　選擇平面

STEP 35 加入鑽孔

加入兩個點並標註尺寸，如圖 3-51 所示。

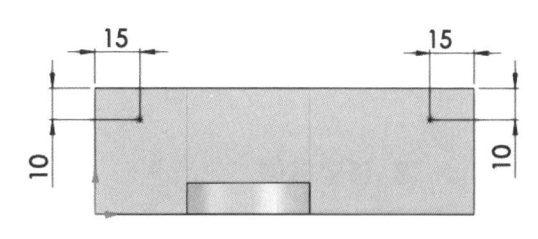

◉ 圖 3-51　加入鑽孔

STEP 36 鑽孔類型

點選**類型**標籤，如圖 3-52 所示，設定鑽孔的屬性如下，按**確定**。

- 鑽孔類型：鑽孔
- 標準：ANSI Metric
- 類型：鑽孔尺寸
- 大小：Ø7.0
- 終止型態：完全貫穿

◉ 圖 3-52　鑽孔類型

3-29

STEP 37 變更視角方位

按**等角視** ,變更視角方位,如圖 3-53 所示。

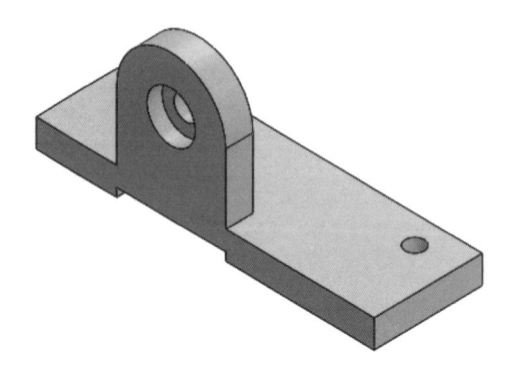

◎ 圖 3-53　等角視圖

STEP 38 移至最後

在回溯控制棒上按滑鼠右鍵,點選**移至最後**,結果如圖 3-54 所示。

- 原點
- BasePlate
- VertBoss
- BottomSolt
- M8 六角頭螺栓的柱孔1
- Ø7.0 (7) 直徑孔1
- 圓角1
- 圓角2

◎ 圖 3-54　移至最後

指令TIPS　外觀

使用**外觀**指令可用來改變模型顏色和光學屬性,還可以自訂顏色**色樣**。

操作方法

- 快顯功能表:在面、特徵、本體或零件上按滑鼠右鍵,點選**外觀**進行編輯。
- 立即檢視工具列:**編輯外觀** 。

基本零件建模 **03**

STEP 39 選擇色樣

按**編輯外觀**，在**色彩**選項框的色樣中選擇標準，選定顏色後，按**確定**，如圖 3-55 所示。

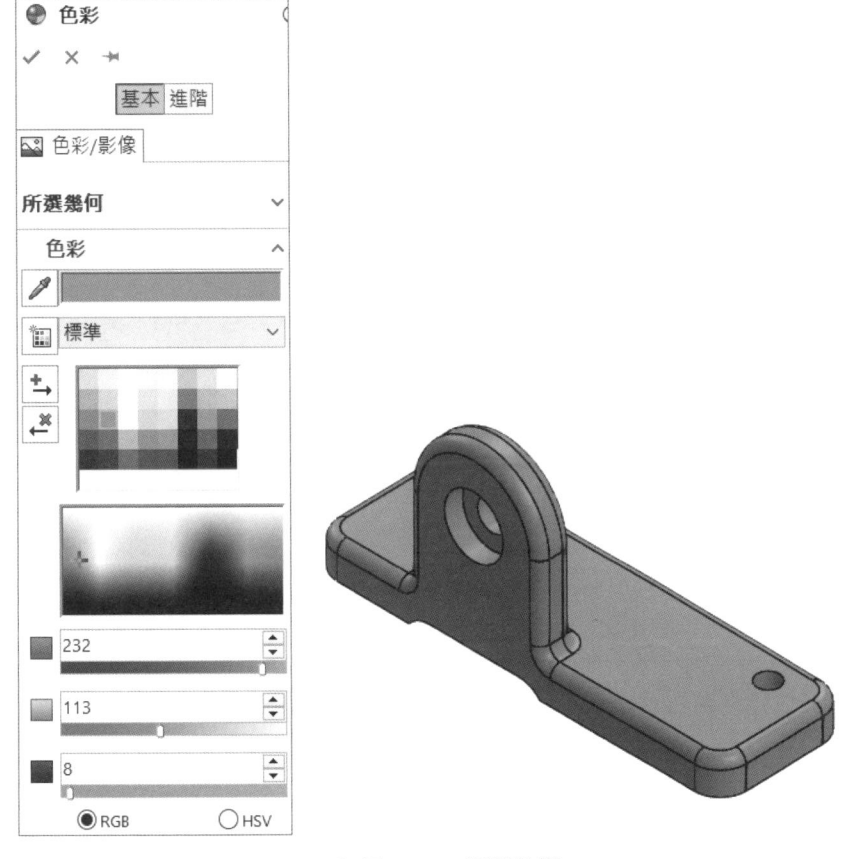

◉ 圖 3-55　選擇色樣

STEP 40 檢視外觀

點選**顯示管理員**標籤，查看色彩列表，再按 FeatureManager（特徵管理員）標籤，如圖 3-56 所示。

◉ 圖 3-56　檢視外觀

> **技巧**
> **DisplayManager**（顯示管理員）也可以檢視移畫印花、全景、光源和攝影機。

3-31

> **提示** 您可以自訂 SOLIDWORKS 使用者介面的顏色,只要從**工具**→**選項**→**系統選項**→**色彩**進入,即可以選擇預設或自訂**色彩調配**。有時我們會改變預設顏色以提高圖形的清晰度和一致性。因此,您系統中的顏色設定可能會和本書不一致,這並不影響您的學習。

STEP 41 儲存檔案

3.13 工程圖細項

在 SOLIDWORKS 中可以很容易地使用零件和組合件建立工程圖。這些工程圖和其所參考的零件與組合件是有完全關聯的,因此當模型被修改後,工程圖也會自動更新,如圖 3-57 所示。

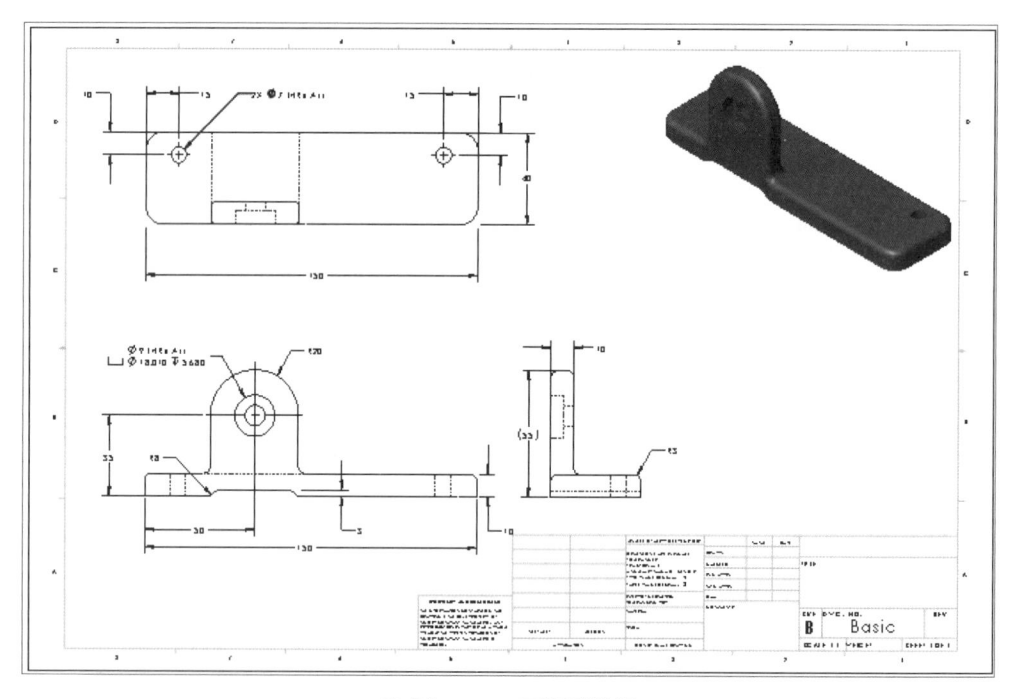

● 圖 3-57 工程圖細項

有關工程圖的幾個相關主題內容皆整合在本書的幾個章節中,本節講述的是工程圖中最基礎部分,主要包括:

- 新建工程圖檔案與圖頁。

- 使用視圖調色盤建立工程視圖。
- 使用尺寸標註輔助工具。

關於工程圖詳細介紹請參閱《SOLIDWORKS 工程圖培訓教材〈2025 繁體中文版〉》。

3.13.1 範本設定

下表列出本節使用的工程圖範本和其**文件屬性**，系統選項部份您可以從**工具→選項**中設定。

系統選項	文件屬性（透過工程圖範本設定）
工程圖顯示樣式： • **顯式樣式 = 移除隱藏線** • **相切面交線 = 可見**	製圖標準： • 整體製圖標準 =ANSI
色彩： • **工程圖，隱藏模型邊線 = 黑色**	尺寸： • 字型 =Century Gothic • 主要精度 =.12 • 「加入預設括弧」= 勾選 • 零件小數位數，尺寸：移除
	尺寸細目： • 視圖產生時自動插入 = 清除所有選項
	單位： • 單位系統 =MMGS

3.13.2 CommandManager 的標籤頁

CommandManager 中有兩個標籤頁是專門用於工程圖的，分別是：

● 工程圖

◎ 圖 3-58　工程圖標籤

● 註記

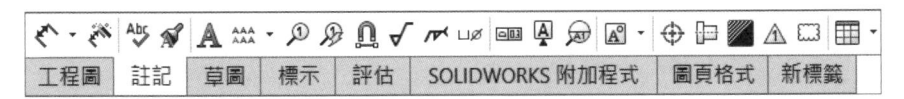

◎ 圖 3-59　註記標籤

3.13.3 新工程圖檔

SOLIDWORKS 工程圖檔（*.slddrw）可包含多張圖頁，每一張圖頁相當於一張圖紙。

指令TIPS　從零件產生工程圖

從零件產生工程圖指令將使用目前的零件，按步驟建立工程圖檔、圖頁格式和最初的工程視圖。

操作方法

- 標準工具列：**開新檔案** → **從零件 / 組合件中產生工程圖**。
- 功能表：**檔案→從零件產生工程圖**。

操作步驟

STEP 1　建立工程圖

在零件開啟狀態下，按**從零件 / 組合件中產生工程圖**，並從範例實作檔中的 **Training Templates** 資料夾內選擇 A3_ANSI_MM 範本。這是橫向水平放置的 A3 圖紙 420mm × 297mm，該圖頁格式包括：圖框、標題欄和其他區域。

> **技巧**
> 在範本上快按滑鼠兩下，即可自動開啟，不用按**確定**。

STEP 2　輸入註記

插入工程視圖可以包含像是中心符號的註記等，雖然有幫助，但在這個例子裡的註記必須手工加入，因此需清除所有自動插入項目。

按**工具→選項→文件屬性→尺寸細目→視圖產生時自動插入**，清除所有勾選項目，按**確定**，如圖 3-60。

圖 3-60　視圖產生時自動插入

基本零件建模 **03**

3.14 工程視圖

工程圖最初任務是建立工程視圖,使用**從零件 / 組合件中產生工程圖**指令,系統將自動引導您使用**視圖調色盤**來選擇工程視圖。

模型方位的預覽顯示在視圖調色盤的下方窗格中。透過拖放動作即可在工程圖頁上建立視圖。其他視圖也可以透過投影視圖建立或直接從視圖調色盤拖曳。

STEP 3　視圖調色盤

如圖 3-61 所示,在視圖調色盤上方取消勾選**輸入註記**選項,從視圖調色盤中拖曳**前視**視圖到圖頁適當位置放置。

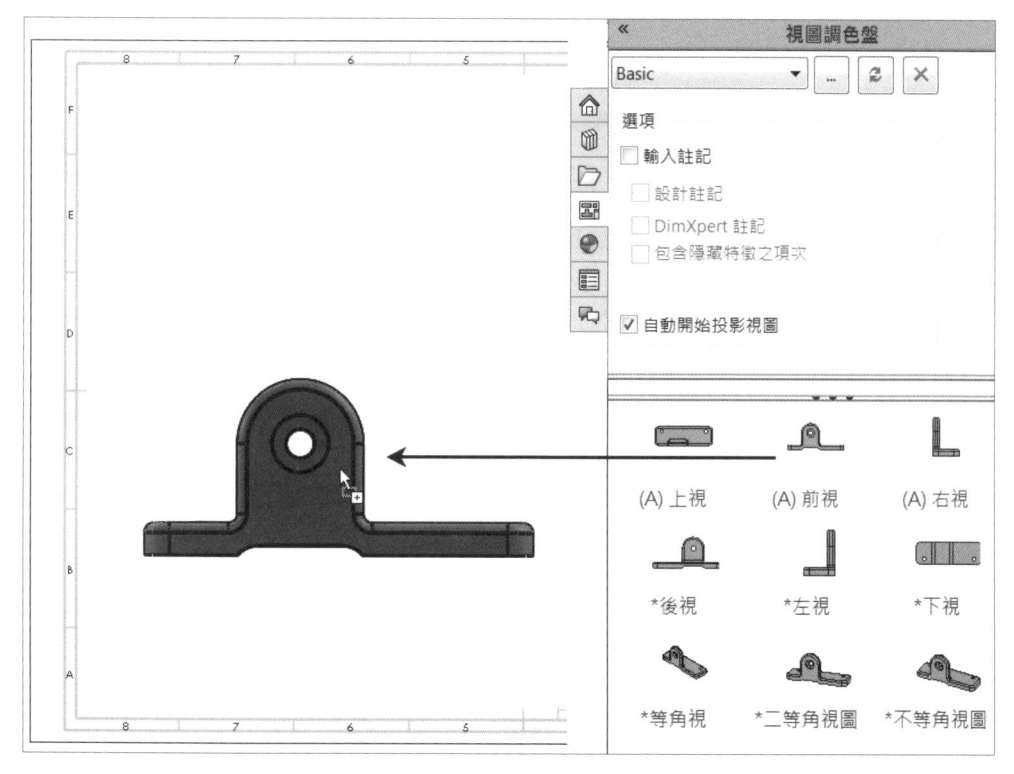

◉ 圖 3-61　視圖調色盤

STEP 4　投影三視圖

一旦第一個視圖被放置後,**投影視圖**即自動啟用,移動游標至前視圖上方點選放置上視圖。移動游標至前視圖再移到右方,按一下放置右視圖,按**確定**,如圖 3-62 所示。

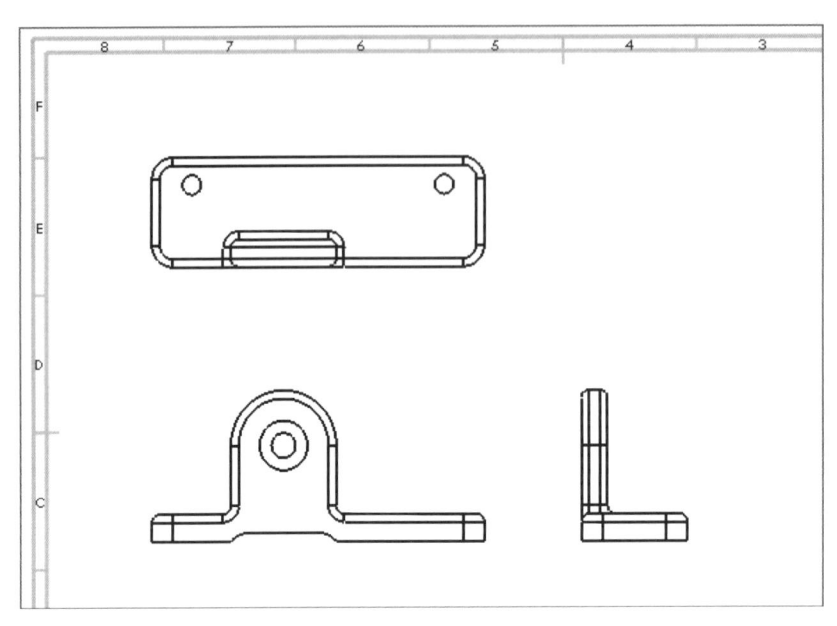

● 圖 3-62　投影三視圖

STEP 5　放置等角視圖

從視圖調色盤中將 * 等角視圖拖曳到繪圖區域，放置在右上角，如圖 3-63 所示。

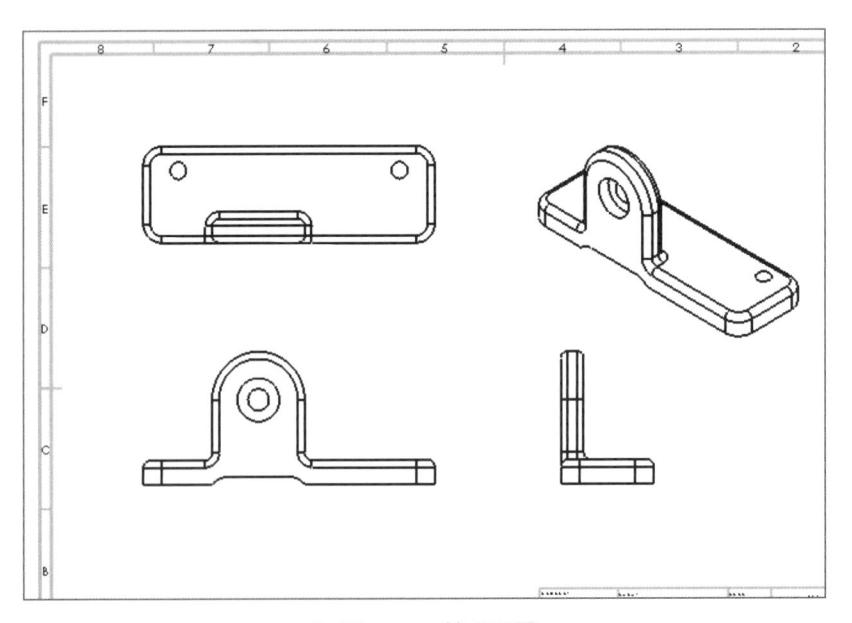

● 圖 3-63　等角視圖

> **提示**　此時零件檔仍保持開啟，按 **Ctrl+Tab** 可在零件與工程圖之間切換。

基本零件建模 **03**

3.14.1 相切面交線

相切面交線是面和面之間符合切線條件的邊線,最常見的地方就是圓角,通常在等角視都顯示為可見,但是在工程圖中則必須移除。

> **指令TIPS** 相切面交線
>
> • 快顯功能表:在視圖上按滑鼠右鍵,點選**相切面交線**。

STEP 6 移除相切面交線

按住 **Ctrl**,同時選擇前視、上視與右視,點選**相切面交線**中的**移除相切面交線**,如圖 3-64 所示。

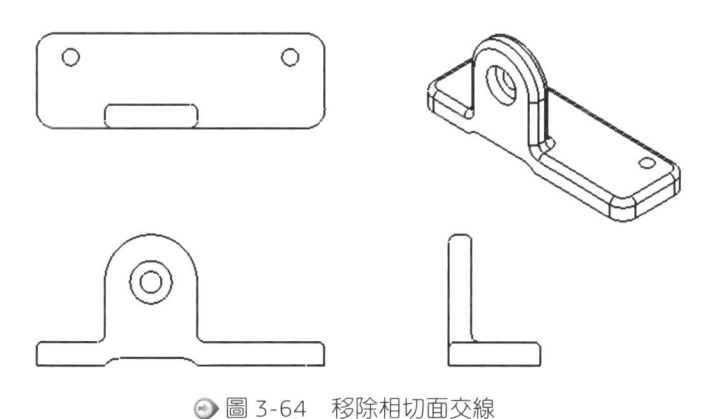

◉ 圖 3-64　移除相切面交線

STEP 7 顯示樣式

選擇等角視圖,並在 PropertyManager 的顯示樣式中點選**塗彩**。而在其他的三視圖則點選**顯示隱藏線**,如圖 3-65 所示。

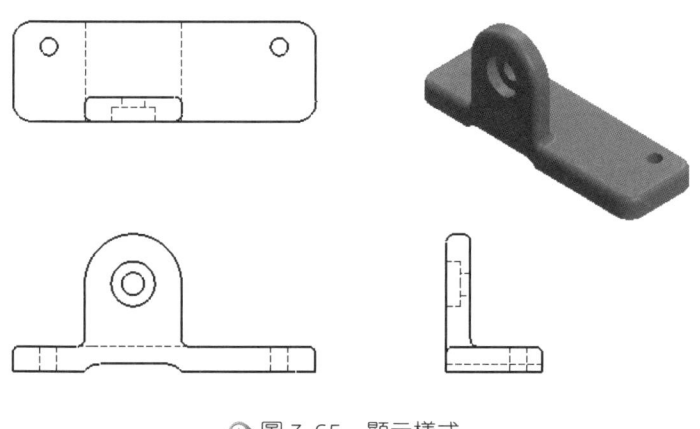

◉ 圖 3-65　顯示樣式

3.14.2 移動視圖

工程視圖可以被拖曳到圖頁任何位置,只要將滑鼠游標移動到視圖邊界線上,即可拖曳視圖。在標準三視圖中,前視圖是來源視圖,亦即移動前視圖,其他兩個視圖也會隨之移動。上視圖、右視圖與前視圖會保持對正關係,並沿著對正軸線(灰色虛線)移動。

STEP 8　移動對正視圖

選擇邊線並移動前視圖,移動時其他視圖也會跟著對正並改變位置,如圖 3-66 所示。

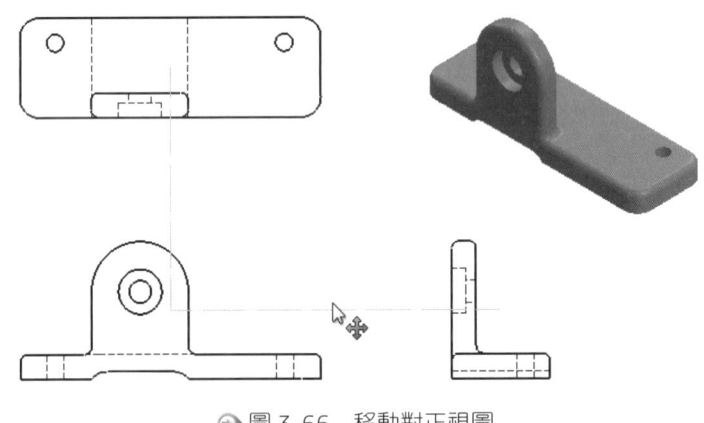

● 圖 3-66　移動對正視圖

> **提示**　一旦選擇視圖後,除了用滑鼠游標拖曳外也可以用方向鍵移動視圖,每按一次方向鍵所移動的距離,可在**工具→選項→系統選項→工程圖→鍵盤移動增量**設定。按 **Alt** 鍵可以點選視圖中任一位置進行拖曳,按 **Shift 鍵 + 拖曳**來源視圖,可讓三視圖在保持距離下同時移動。

3.15　中心符號線

您可以在圓或圓弧中心上加入**中心符號線**。

指令TIPS　中心符號線

- CommandManager:**註記→中心符號線** ⊕。
- 功能表:**插入→註記→中心符號線**。
- 快顯功能表:在繪圖區域上按滑鼠右鍵,點選**註記→中心符號線**。

基本零件建模 **03**

STEP 9　插入中心符號線

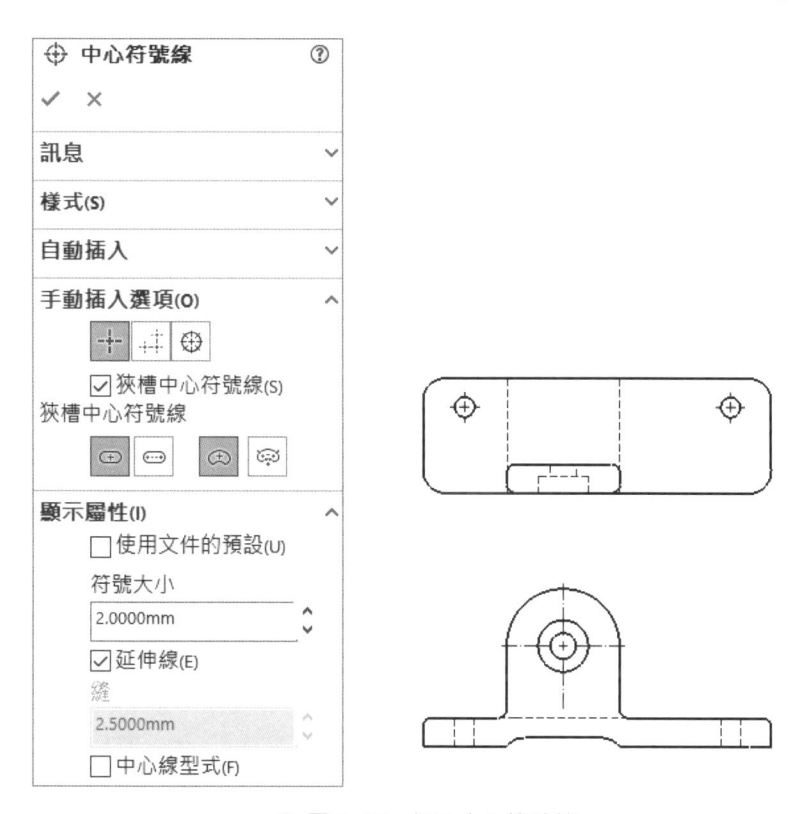

點選**中心符號線** ⊕，取消**使用文件的預設**，勾選**延伸線**並且輸入**符號大小 2mm**。

點選前視圖的大圓弧與上視圖的兩個鑽孔處，如圖 3-67 所示，按**確定**。

◉ 圖 3-67　插入中心符號線

3.16 尺寸

工程視圖中標註尺寸有幾種工具，這些尺寸與模型中的草圖和特徵尺寸有關聯的稱為驅動尺寸，沒有關聯的尺寸稱為從動尺寸。

3.16.1 驅動尺寸

驅動尺寸顯示模型正確數值，可用來更改模型。而**模型項次**指令則可以將在模型草圖及特徵中產生的尺寸輸入到工程圖中。

3.16.2 從動尺寸

從動尺寸也顯示模型的正確數值，但不能更改模型。當模型尺寸改變時，從動尺寸也會改變。預設情況下，從動尺寸顯示的是不同顏色或放在括號中的，下面列出了兩種建立從動尺寸的方法：

- **智慧型尺寸**：使用智慧型尺寸指令，手動建立尺寸標註，就像在草圖中標註尺寸一樣。
- **DimXpert**：從基準位置自動建立尺寸標註。

指令TIPS 模型項次

模型項次指令會將模型草圖及特徵產生的尺寸輸入到一個或多個工程視圖中。您可以只選擇一個特徵或整個模型。和尺寸一樣，它也可以插入存在模型中不同類型的**註記**和**參考幾何**，如圖 3-68 所示。

操作方法

- CommandManager：**註記**→**模型項次**。
- 功能表：**插入**→**模型項次**。

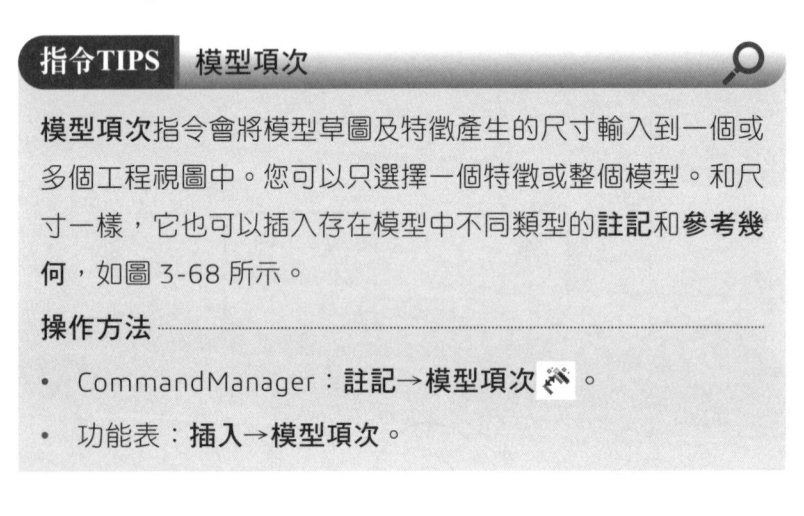

圖 3-68　模型項次

STEP 10 設定模型項次

按**模型項次**，在**來源/目的地**選擇**整個模型**，勾選**輸入項次至所有視圖**，在尺寸下方選擇**為工程圖標示、異型孔精靈位置、孔標註**和勾選**消除重複的尺寸**，如圖 3-69 所示，按**確定**。

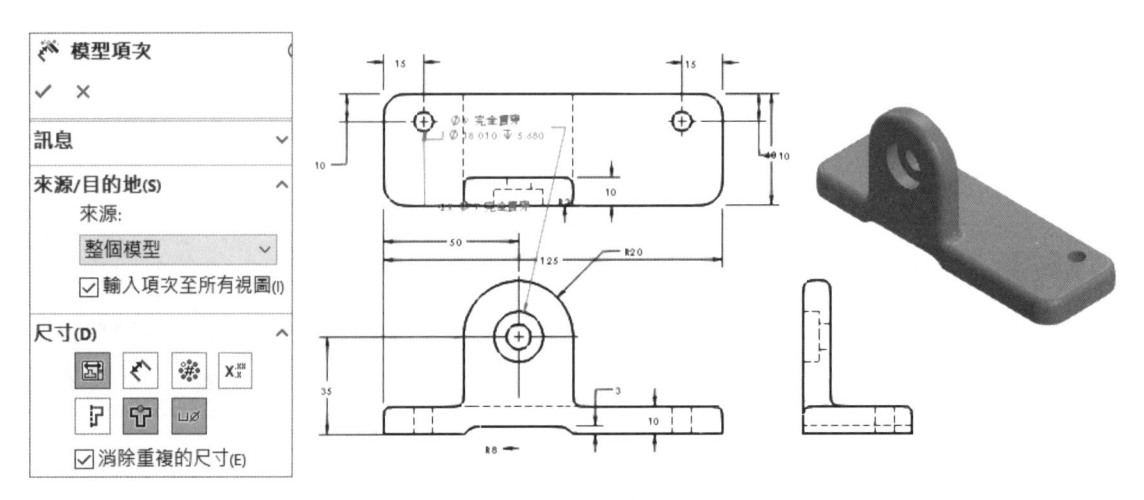

圖 3-69　設定模型項次

基本零件建模 **03**

> 💡 **注意** 模型項次插入尺寸的位置,取決於模型草圖尺寸放置的位置,您的結果可能會與上圖不同。

> **提示** 一旦尺寸被插入視圖,則尺寸會與視圖關聯並隨之移動,除非將其刪除或移動至其他視圖中。

3.16.3 巧妙的操控尺寸

尺寸被插入到視圖後,有以下幾種調整方式:

拖曳尺寸	拖曳尺寸文字至適當位置,使用推斷提示線對正尺寸以方便定位。
隱藏尺寸	在尺寸文字上按滑鼠右鍵,從快顯功能表中點選**隱藏**。
移動尺寸到另一視圖	通常尺寸可以在不用的視圖中使用,要移動尺寸時只要按住 **Shift** 鍵並**拖曳**尺寸,即可移動到另一視圖。
複製尺寸到另一視圖	要複製尺寸,只要按住 **Ctrl** 鍵並拖曳尺寸到另一視圖上放開即可。
刪除尺寸	按 **Delete** 鍵即可刪除不需要的尺寸。

STEP 11 拖曳尺寸

在視圖中拖曳尺寸以調整位置,如圖 3-70 所示。

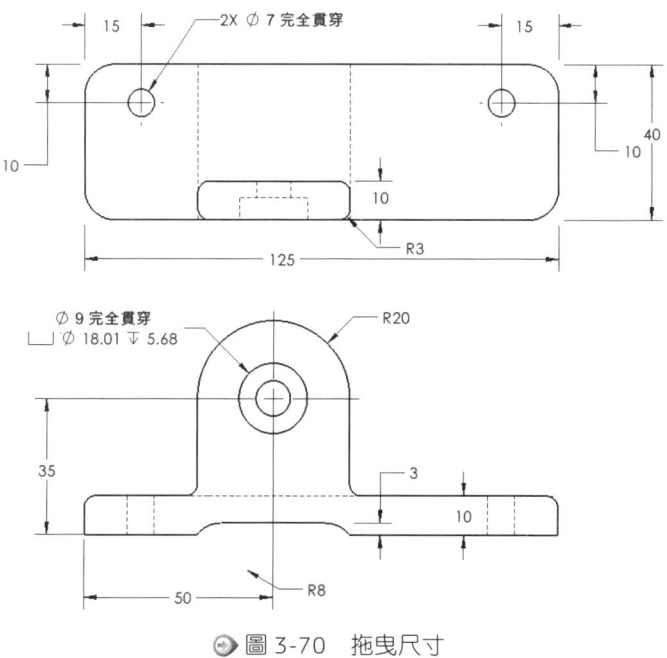

◉ 圖 3-70 拖曳尺寸

SOLIDWORKS 零件與組合件培訓教材

> **技巧**
> 對正尺寸文字的推斷提示線是黃色的。

> **注意** 尺寸 R8 將被移至另一視圖。

STEP 12 移動尺寸到另一視圖

按住 **Shift** 鍵並拖曳尺寸 **125mm** 到前視圖後,放開滑鼠以放置尺寸,如圖 3-71 所示。

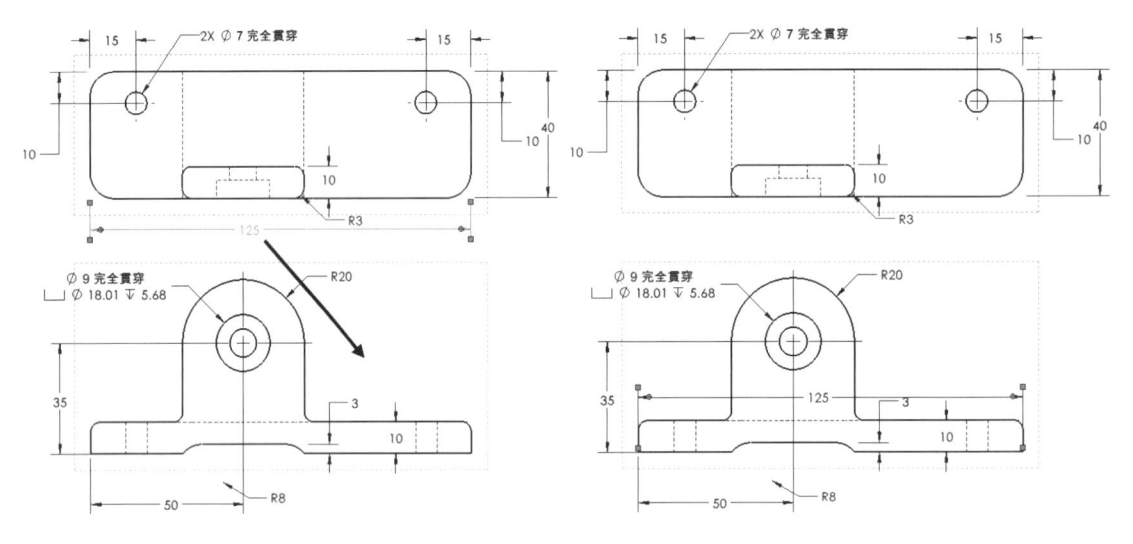

● 圖 3-71 移動尺寸到另一視圖

STEP 13 移動其餘尺寸

移動尺寸並重新定位,如圖 3-72 所示。

基本零件建模 **03**

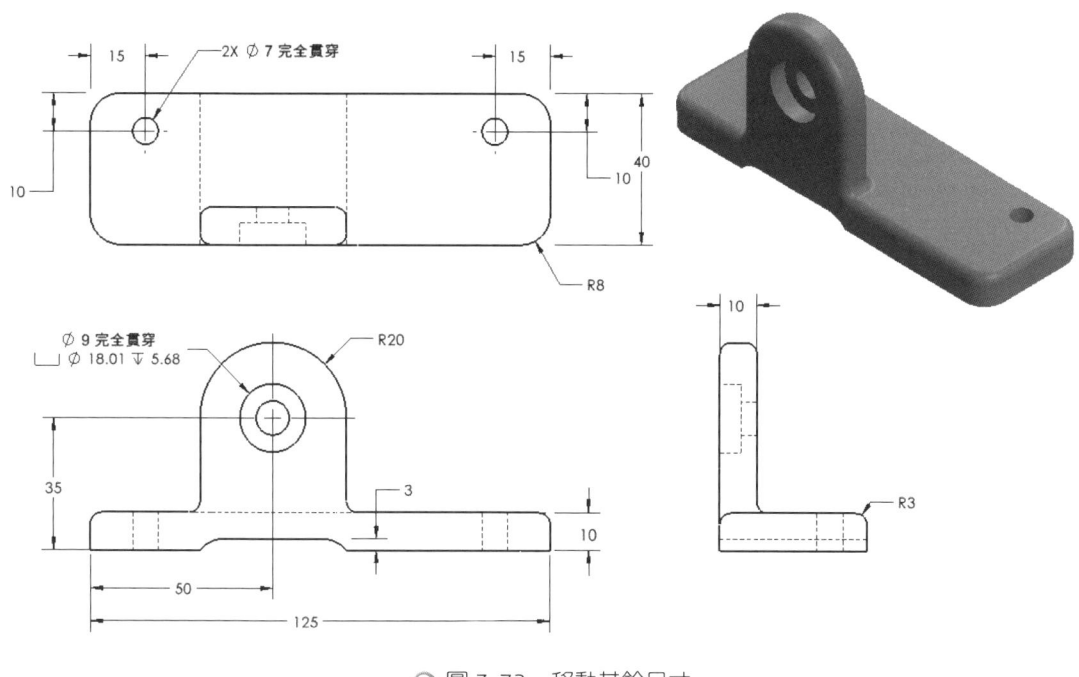

◉ 圖 3-72　移動其餘尺寸

◆ 尺寸調色盤

當新插入或選擇某尺寸時，系統會在游標旁即時顯示**尺寸調色盤**，讓您方便更改尺寸的屬性、格式、位置和對正。

指令TIPS　尺寸調色盤

- 選擇一個或多個尺寸，點選**尺寸調色盤**。

◆ 尺寸協助工具—智慧型尺寸標註

使用**智慧型尺寸**中的尺寸協助工具，可手動標註加入尺寸，這些尺寸會被視為從動尺寸。

STEP 14 排列尺寸

選擇上視圖中的所有尺寸,按 🔲 開啟**尺寸調色盤**,再點選**自動排列尺寸** 🔲,系統會自動排列較佳的間距並對齊尺寸,如圖 3-73 所示。

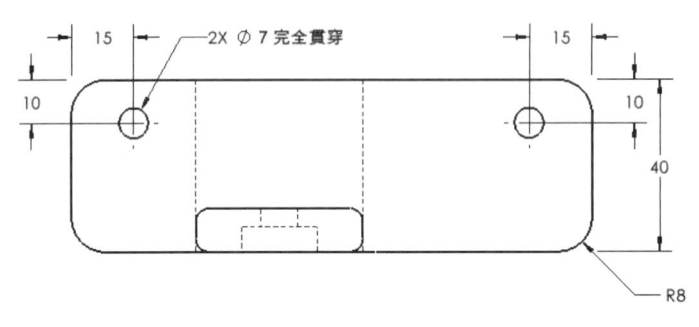

● 圖 3-73 排列尺寸

> **提示** 使用自動排列後,可以再微調尺寸。

STEP 15 智慧型尺寸標註

按**智慧型尺寸** ✎,選擇底部與頂部的頂點,將尺寸放置在視圖左側,按**確定**,如圖 3-74 所示。

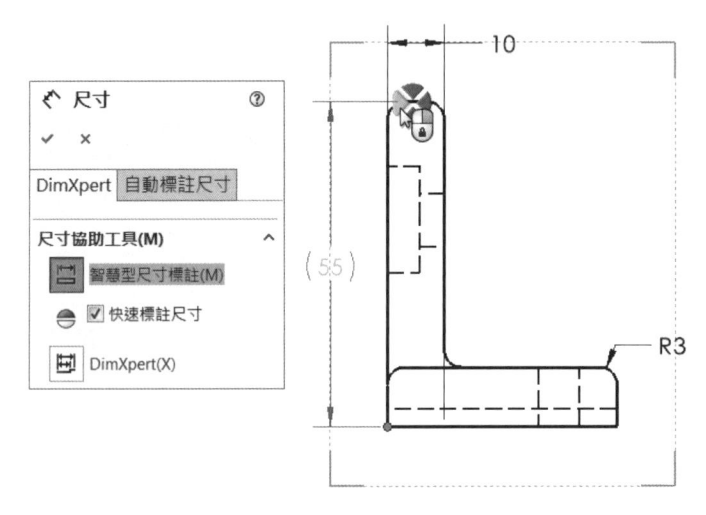

● 圖 3-74 智慧型尺寸標註

3.16.4 模型與工程圖的關聯性

在 SOLIDWORKS 設計環境中,所有東西都是相關聯的。假如您修改了單一零件,則參考該零件的工程圖和組合件都會一起跟著修改。

基本零件建模 **03**

STEP 16 切換視窗

按 **Ctrl+Tab** 鍵，於視窗中點選零件，切換至零件視窗，如圖 3-75 所示。

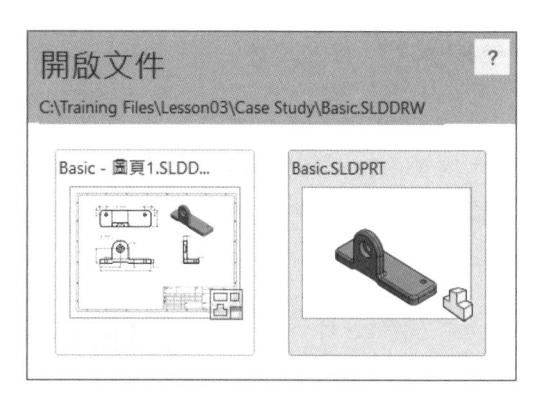

◉ 圖 3-75　切換視窗

3.17 修改參數

SOLIDWORKS 可以讓您輕易修改零件尺寸，易於編輯是參數式模型最主要的優點，這也是能正確掌握設計意圖的重要原因，如果不能正確掌握設計意圖，就逕行在零件中修改尺寸，可能會導致無法預期的結果發生。

3.17.1 重新計算模型

修改模型尺寸之後，必須重新計算模型讓改變生效。

◆ **重新計算符號**

在您修改草圖或零件後，零件需重新計算，**重新計算**符號 ❽ 不但會顯示在零件名稱前面，同時也會重疊圖示到需要重新計算的特徵上 ❽ BasePlate。您也可在狀態列中看到重建圖示。而當您編輯草圖時也會顯示重新計算符號，在結束草圖後，零件會自動重新計算。

指令TIPS　重新計算

重新計算會依所做的修改重新產生模型。

操作方法

- 標準工具列：**重新計算** ❽。
- 功能表：**編輯→重新計算模型**。
- 快速鍵：**Ctrl+B**。

提示　模型儲存時也會重新計算，若要重新計算整個模型可按 **Ctrl+Q**。

3-45

STEP 17 修改尺寸

在 FeatureManager（特徵管理員）或繪圖區域中的 BasePlate 特徵上快按滑鼠兩下，與特徵相關的參數將自動出現。接著在尺寸 125mm 上快按滑鼠兩下，出現**修改**對話方塊，輸入數值 150mm，按**確定**，如圖 3-76 所示。

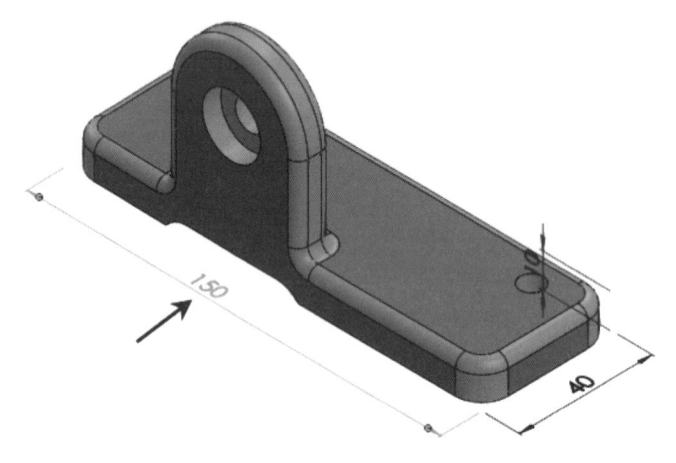

◉ 圖 3-76　修改尺寸

STEP 18 重新計算零件檢視結果

按標準工具列上的**重新計算** 以重新計算模型。如果使用**修改**對話方塊上的重新計算，那麼對話方塊會一直開啟著，方便您進行多次修改，如圖 3-77 所示。

◉ 圖 3-77　重新計算零件

基本零件建模 **03**

STEP 19 更新工程圖

按 **Ctrl+Tab** 切換回到工程圖，工程視圖會自動更新並反應修改後的尺寸到模型上。在更新的過程，尺寸可能會有所移動，如圖 3-78 所示。

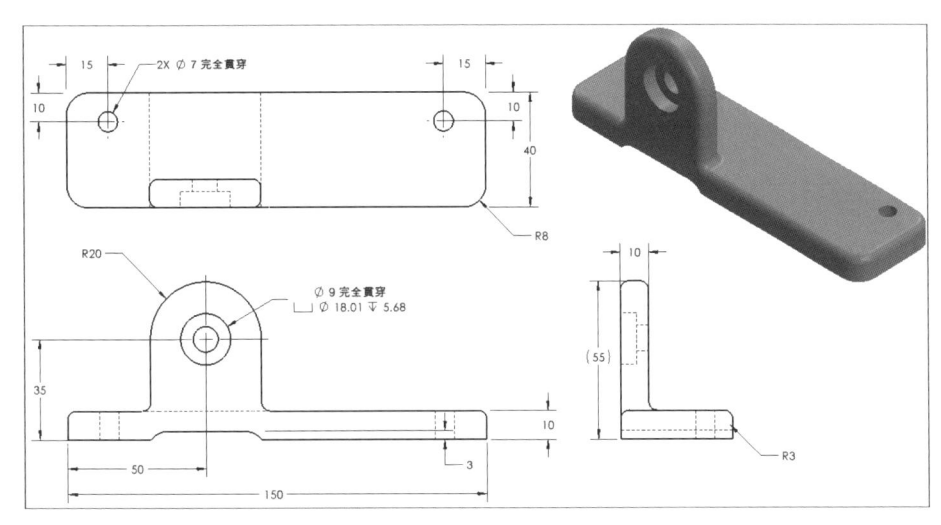

◉ 圖 3-78　更新工程圖

STEP 20 關閉工程圖

按**檔案**→**關閉檔案**來關閉工程圖，在對話方塊中按**儲存全部**，即可儲存工程圖和零件，如圖 3-79 所示。

◉ 圖 3-79　關閉工程圖

STEP 21 確認儲存

儲存工程圖前請按**確定**以更新工程視圖。將工程圖檔案儲存在和零件相同的資料夾中。

練習 3-1 Plate

請使用所提供的資訊和尺寸,繪製草圖建立零件,如圖 3-80 所示。此練習可增強以下技能:

- 選擇最佳輪廓
- 角落矩形
- 在平坦面繪製草圖
- 伸長填料特徵
- 使用異型孔精靈

單位:mm(毫米)

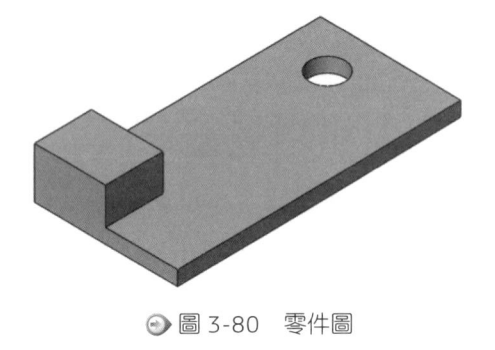

⊙ 圖 3-80 零件圖

操作步驟

建立單位為 mm(毫米)的新零件,並命名為 Plate,依下列步驟建立幾何。

STEP 1 繪製基材特徵草圖

在上基準面建立草圖並標註尺寸,如圖 3-81 所示。

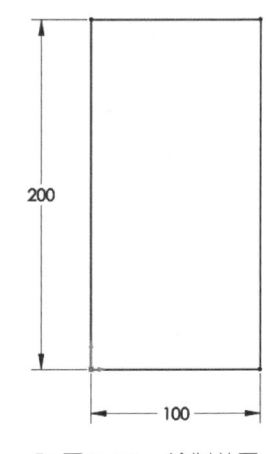

⊙ 圖 3-81 繪製草圖

STEP 2 伸長基材特徵

伸長草圖,深度 10mm,如圖 3-82 所示。

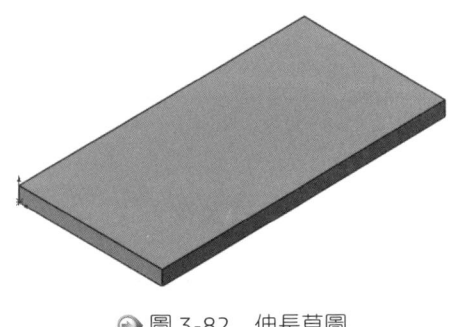

⊙ 圖 3-82 伸長草圖

STEP 3　填料

在實體上平面建立新草圖,伸長填料 25mm,如圖 3-83 所示。

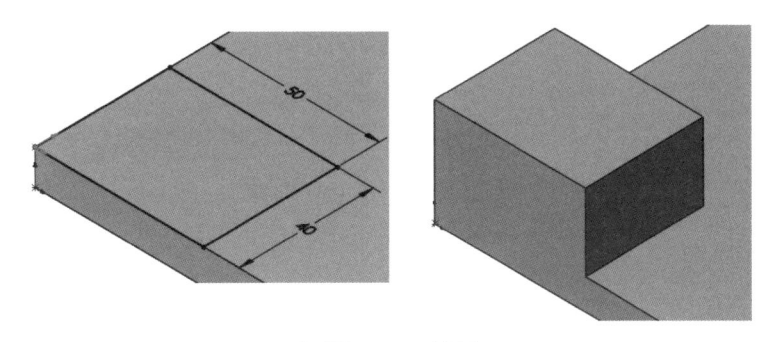

◉ 圖 3-83　填料

STEP 4　異型孔精靈

按**異型孔精靈**,設定鑽孔屬性如下:

- 鑽孔類型:鑽孔
- 標準:ANSI Metric
- 類型:鑽孔尺寸
- 大小:Ø25
- 終止型態:完全貫穿

按位置標籤,選擇如圖 3-84 所示平面,放置鑽孔中心點及標註尺寸。

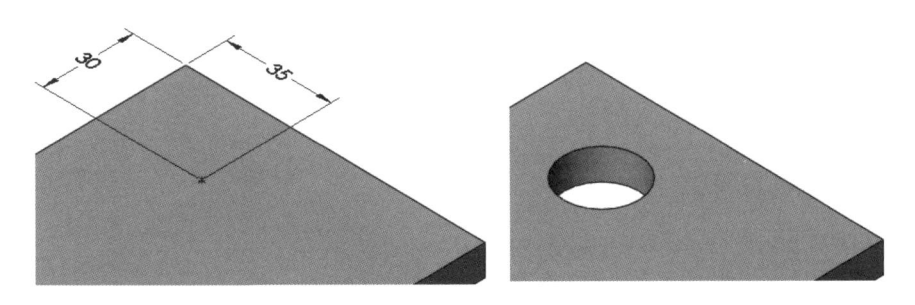

◉ 圖 3-84　建立異型孔

STEP 5　共用、儲存並關閉零件

練習 3-2 除料

請使用矩形、切線弧和除料特徵建立零件,如圖 3-85 所示。此練習可增強以下技能:

- 角落矩形
- 繪製切線弧
- 除料特徵
- 圓角特徵

單位:mm(毫米)

◎ 圖 3-85 除料

操作步驟

建立單位 mm(毫米)的新零件,並命名為 Cuts,依下列步驟建立幾何。

STEP 1 建立基材特徵草圖

在上基準面建立草圖,繪製幾何並加入尺寸標註,如圖 3-86 所示。

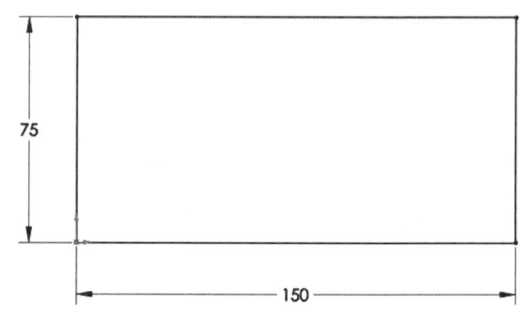

◎ 圖 3-86 建立草圖

STEP 2 伸長基材特徵

伸長草圖,深度 5mm,如圖 3-87 所示。

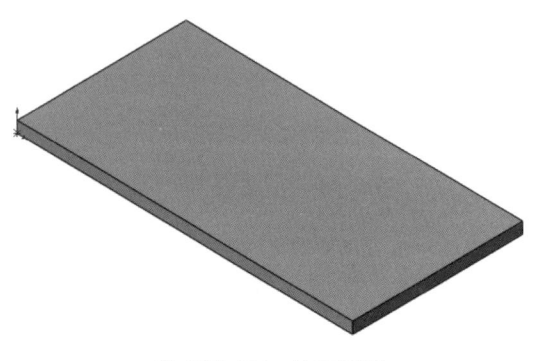

◎ 圖 3-87 伸長草圖

基本零件建模 **03**

STEP 3　除料狹槽

在實體上平面建立新草圖，繪製幾何及標註尺寸，使用**完全貫穿**建立伸長除料，如圖 3-88 所示。

> **技巧**
> 繪製草圖時，記得要加上底線封閉草圖輪廓。

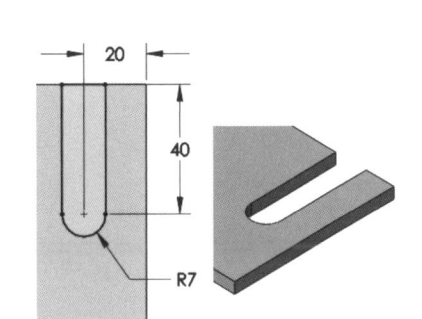

◉ 圖 3-88　除料狹槽

STEP 4　另一個除料狹槽

在同一平面建立新草圖，繪製幾何及標註尺寸，使用**完全貫穿**建立伸長除料，如圖 3-89 所示。

◉ 圖 3-89　另一個除料狹槽

STEP 5　矩形除料

在同一平面上建立新草圖，繪製幾何及標註尺寸，使用**完全貫穿**建立伸長除料，如圖 3-90 所示。

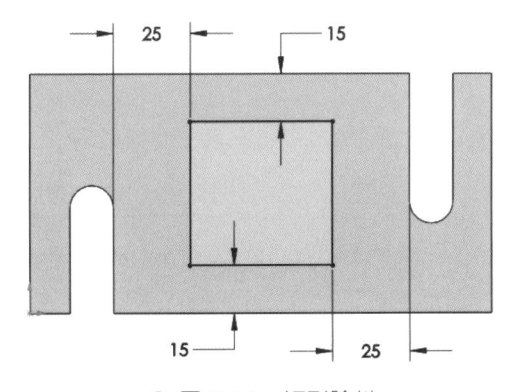

◉ 圖 3-90　矩形除料

STEP 6　建立圓角特徵

加入 R10mm 和 R8mm 的圓角至圖 3-91 所示的邊線上。

STEP 7　共用、儲存並關閉零件

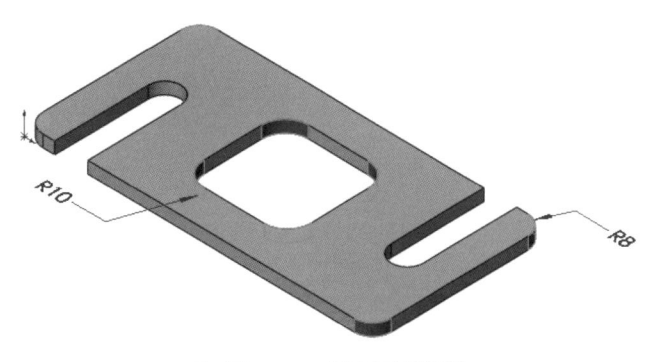

◉ 圖 3-91　建立圓角特徵

3-51

練習 3-3 Basic-Changes

請修改之前建立的零件,如圖 3-92 所示。此練習使用以下技能:

- 修改參數
- 重新計算模型

◉ 圖 3-92　修改零件

操作步驟

開啟範例實作檔中 Lesson03\Exercises 資料夾內的零件。

STEP 1　開啟零件 Basic-Changes

此零件將修改幾個尺寸大小,並檢查零件的設計意圖,如圖 3-93 所示。

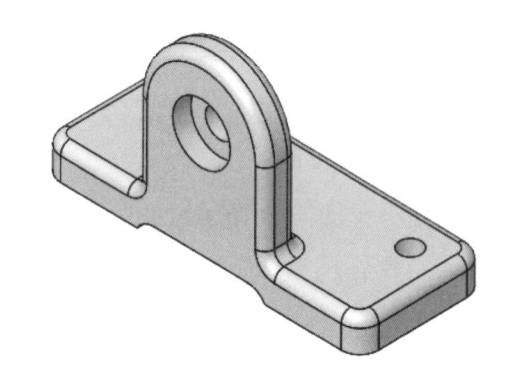

◉ 圖 3-93　零件 Basic-Changes

STEP 2　修改輪廓尺寸

在 FeatureManager(特徵管理員)或繪圖區域的 Base Plate 特徵上快按滑鼠兩下來顯示尺寸,修改長度為 150mm 並重新計算,結果如圖 3-94 所示。

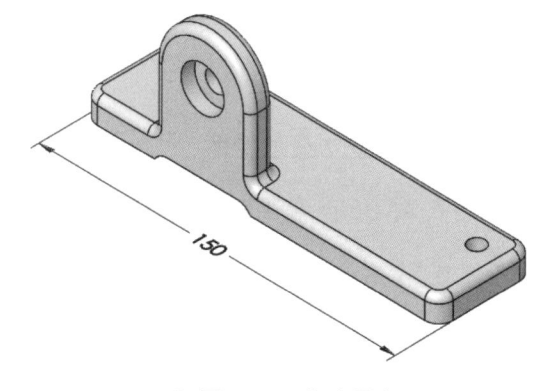

◉ 圖 3-94　修改長度

基本零件建模 **03**

STEP 3　修改填料尺寸

在 Vert Boss 特徵上快按滑鼠兩下，修改高度尺寸並重新計算，如圖 3-95 所示。

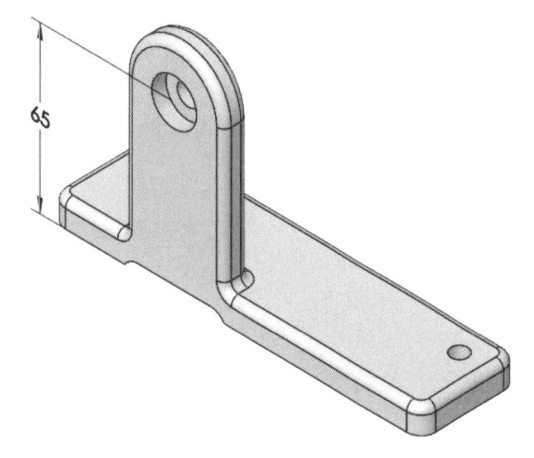

◉ 圖 3-95　修改高度

STEP 4　修改圓孔位置尺寸

在 **Ø7.0 (7) Diameter Hole1** 特徵上快按滑鼠兩下，將圓孔位置尺寸改為 **20mm**，並重新計算模型，如圖 3-96 所示。

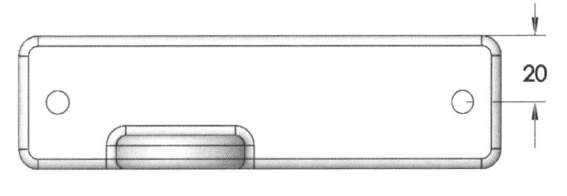

◉ 圖 3-96　修改圓孔位置尺寸

STEP 5　使 Vert Boss 置中

修改適當的尺寸值，使 Vert Boss 位於底板中間，如圖 3-97 所示。

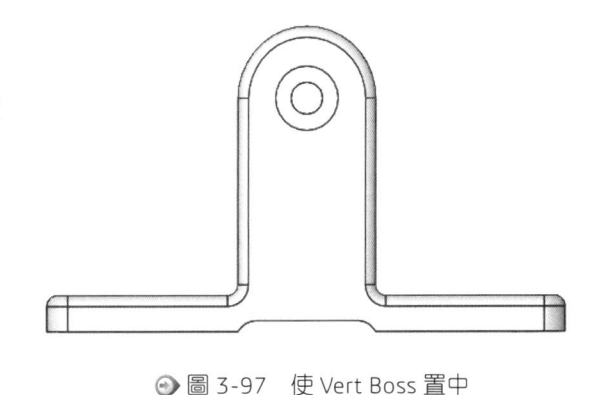

◉ 圖 3-97　使 Vert Boss 置中

STEP 6　共用、儲存並關閉零件

練習 3-4 托架

請建立如圖 3-98 所示的零件。此練習可增強以下技能：

- 選擇最佳輪廓
- 基材填料特徵
- 使用異型孔精靈
- 加入圓角特徵

單位：mm（毫米）

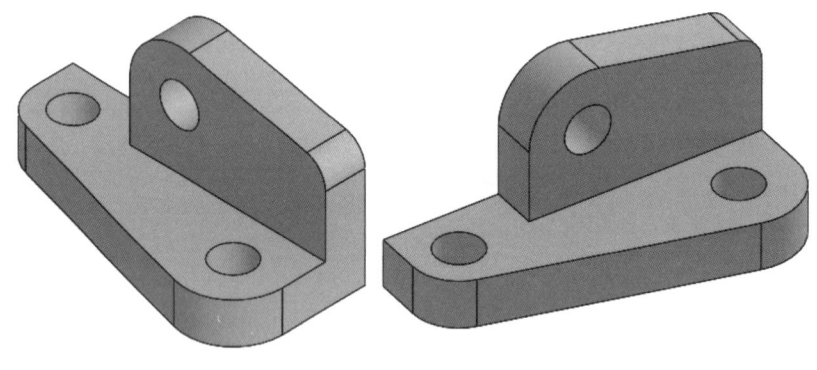

◉ 圖 3-98 托架

操作步驟

建立單位為 mm（毫米）的新零件，並命名為 Base_Bracket，依下列步驟建立幾何。

STEP 1 建立基材特徵草圖

在上基準面建立草圖，繪製幾何並加入尺寸標註，如圖 3-99 所示。

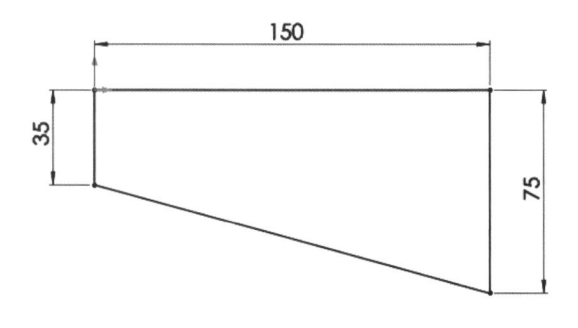

◉ 圖 3-99 建立草圖與尺寸

基本零件建模 03

STEP 2　伸長基材特徵

伸長草圖，深度 20mm，如圖 3-100 所示。

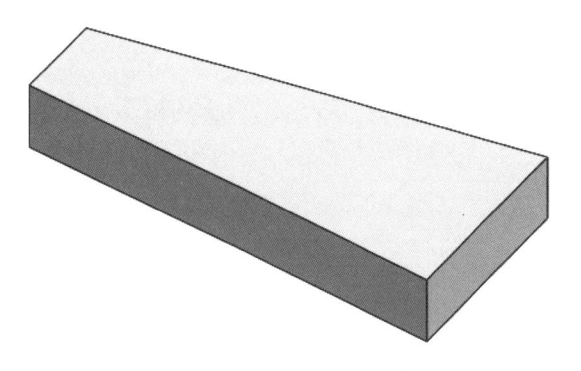

◉ 圖 3-100　伸長特徵

STEP 3　繪製填料草圖

切換視圖方向為**後視**，選擇如圖 3-101 所示的平面繪製草圖。

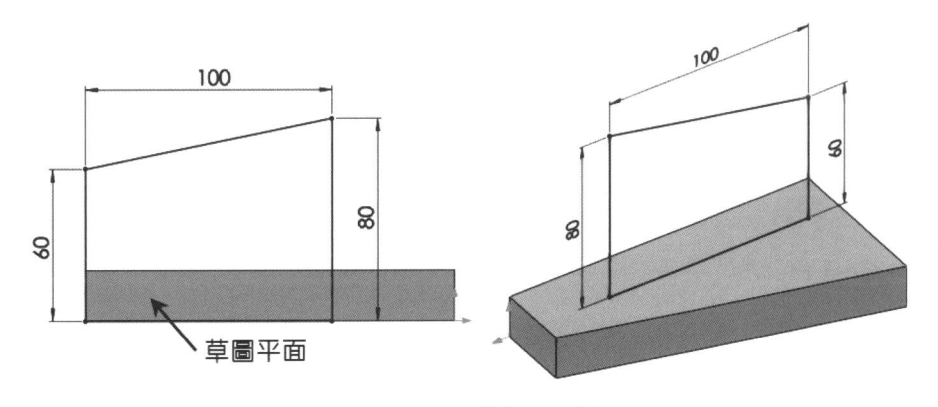

◉ 圖 3-101　繪製填料草圖

STEP 4　伸長填料

伸長草圖，深度 20mm，如圖 3-102 所示。

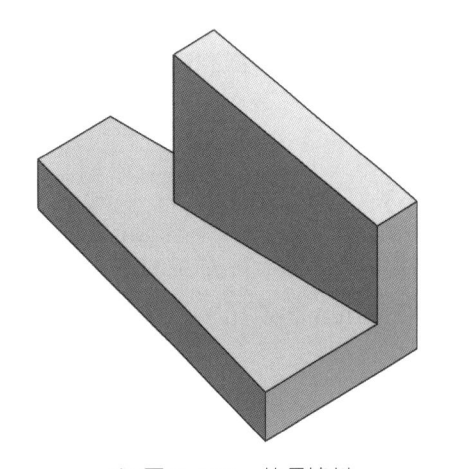

◉ 圖 3-102　伸長填料

STEP 5 建立圓角特徵

建立如圖 3-103 所示的圓角特徵。

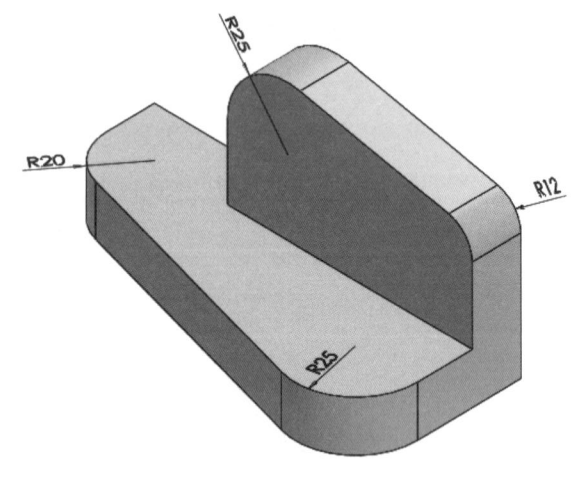

◉ 圖 3-103　建立圓角特徵

STEP 6 異型孔精靈

選擇圖 3-104 所示的平面，按**異型孔精靈** ，設定鑽孔屬性如下：

- 鑽孔類型：鑽孔
- 標準：Ansi Metric
- 類型：鑽孔尺寸
- 大小：Ø20
- 終止型態：完全貫穿

按**位置**標籤，選擇圓弧中心點為鑽孔中心點。

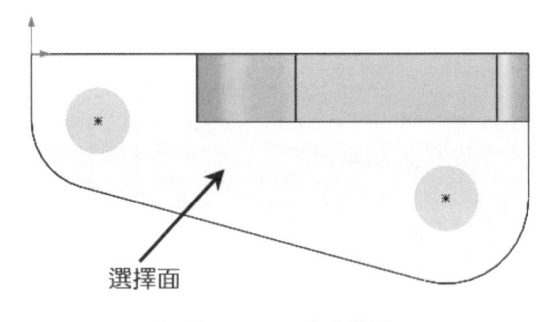

◉ 圖 3-104　建立鑽孔

STEP 7 第二個鑽孔

重複前面步驟，在圖 3-105 所示的平面建立 Ø18mm 的鑽孔。

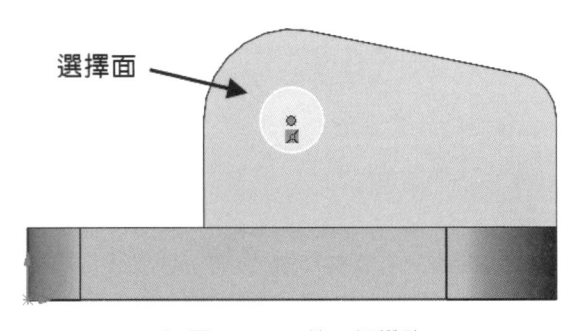

◉ 圖 3-105　第二個鑽孔

STEP 8 共用、儲存並關閉零件

練習 3-5 建立零件工程圖

請使用所提供的資訊建立零件工程圖,如圖 3-106 所示。此練習可增強以下技能:

- 新工程圖圖頁
- 工程視圖
- 中心符號線
- 尺寸標註

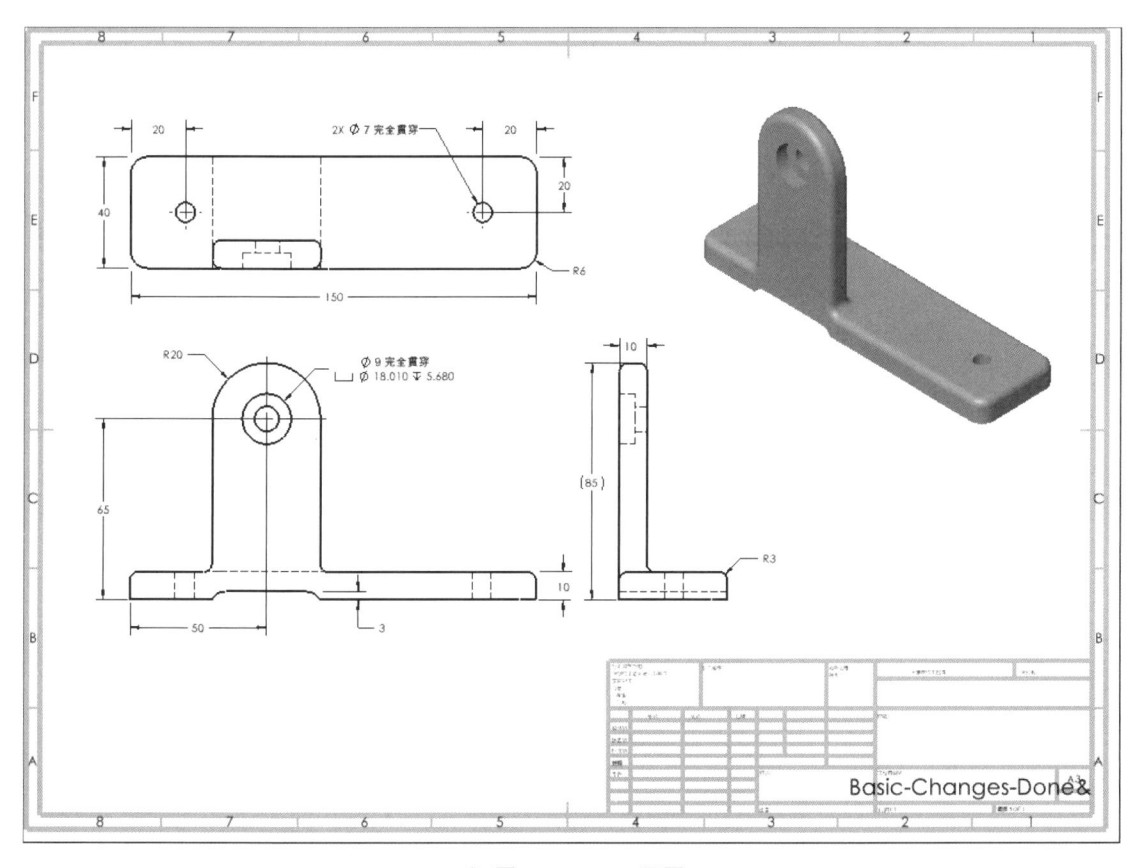

⬤ 圖 3-106　工程圖

操作步驟

建立一個新工程圖,依下列步驟加入視圖及尺寸。

STEP 1 開啟零件

從 Lesson03\Exercises 資料夾開啟零件 Basic-Changes-Done。

STEP 2 開新工程圖

使用**從零件產生工程圖**,並選擇 A3_ANSI_MM 範本。

STEP 3 加入尺寸和註記

加入尺寸和註記,如圖 3-107 所示。

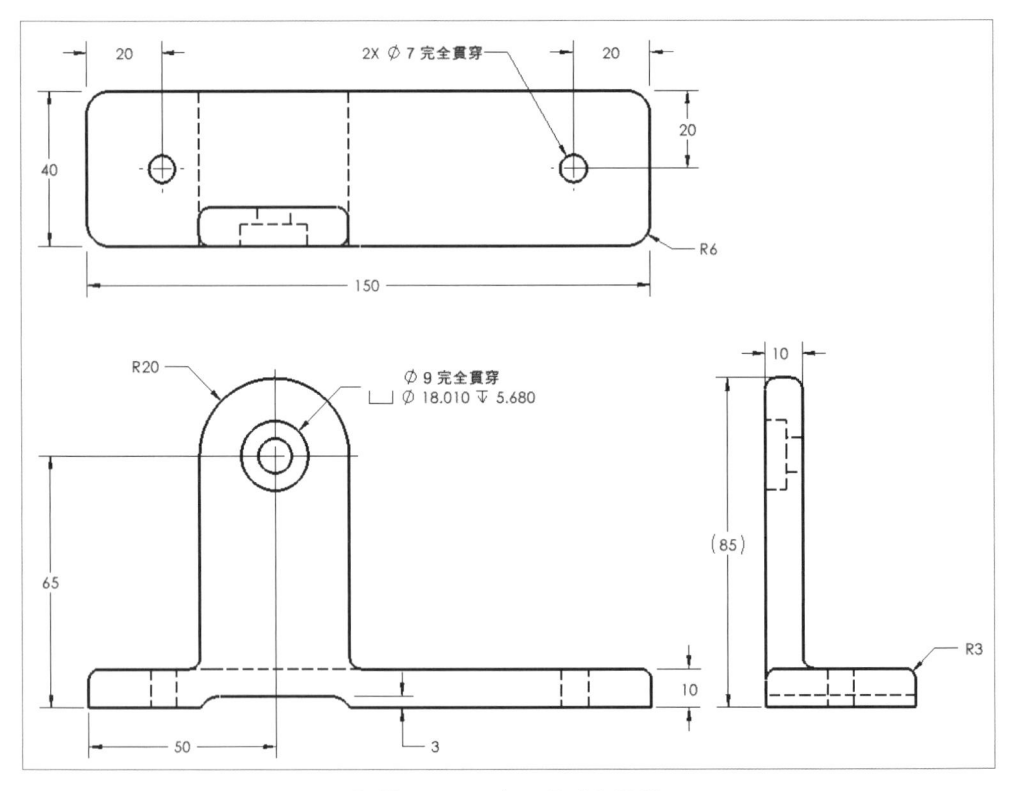

◉ 圖 3-107 加入尺寸和註記

STEP 4 共用、儲存並關閉所有檔案

04 對稱與拔模

順利完成本章課程後,您將學會:

- 使用視角顯示和修正指令
- 編輯特徵的定義與參數並重新計算模型
- 使用成形至下一面和兩側對稱的終止型態來抓取設計意圖
- 在草圖中使用對稱功能

4.1 實例研究：棘輪扳手

如圖 4-1 所示的棘輪扳手包含了許多在設計時經常會用到的特徵和操作步驟，像是填料、除料、圓角、草圖幾何和拔模等。

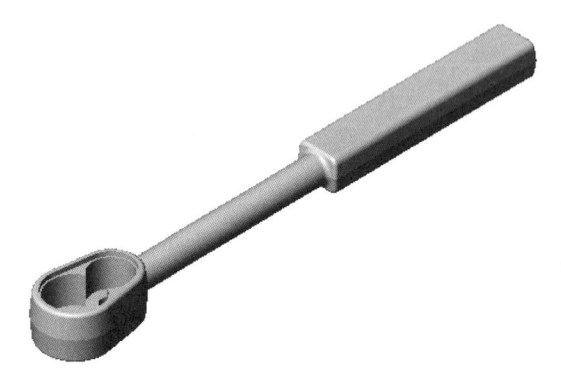

圖 4-1　棘輪扳手

4.1.1 過程中的關鍵階段

零件建模過程中的關鍵步驟如下：

● **設計意圖**

討論零件的整體設計意圖。

● **使用拔模斜度的伸長填料特徵**

此零件第一個部份是握柄，利用直線工具繪製握柄草圖，再將草圖朝兩個方向伸長拔模。這是第一個特徵，過程中亦將示範草圖中的鏡射應用。

● **終止型態：成形至下一面**

第二個特徵是延長柄，使用**成形至下一面**的終止型態，使特徵伸長連接到握柄表面。

● **在零件內繪製草圖**

第三個特徵是頭部，該特徵草圖是在延長柄的實體內繪製。

● **使用現有邊線建立除料特徵**

頭部凹處是此零件的第一個除料特徵，該特徵草圖需利用模型現有的邊線偏移，並伸長到給定的深度成形。

◆ 用修剪後的草圖幾何建立除料特徵

頭部孔穴是另一個除料特徵，此特徵草圖使用兩個相交的圓再修剪成為合適的形狀。

◆ 建立圓角

使用不同的技巧在模型中加入內圓角和外圓角。

◆ 編輯特徵的定義

現有的特徵可用**編輯特徵**來修改，例如：編輯圓角特徵。

4.2 設計意圖

圖 4-2 為棘輪扳手全部特徵，其中將分別討論各個部份的設計意圖。

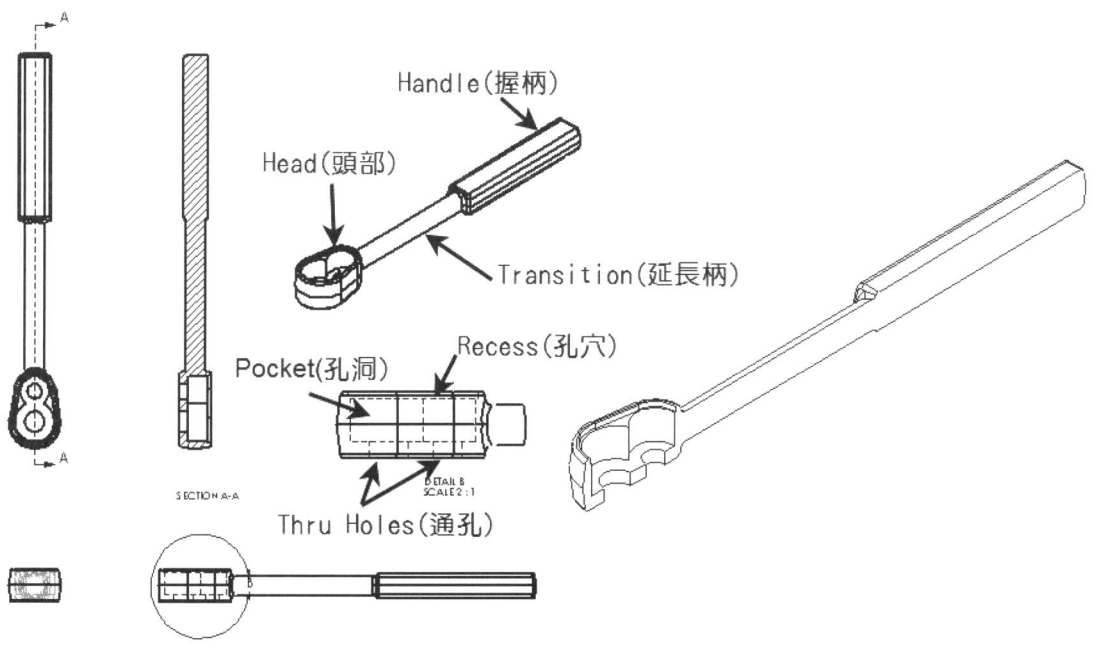

● 圖 4-2 設計意圖

- **對正中心**：頭部、握柄和延長柄特徵的中心位於同一軸線上。

- **對稱**：無論是相對垂直的中心線還是分模面，零件都是對稱的。

4.3 使用拔模斜度的填料特徵

握柄（Handle）是零件的第一個特徵，也稱為基材特徵，其他特徵都建立在此特徵之上。

4.3.1 建立握柄

握柄的剖面是矩形的，它將矩形草圖平面以相等的拔模斜度距離往兩個相反方向伸長填料，如圖 4-3 所示。

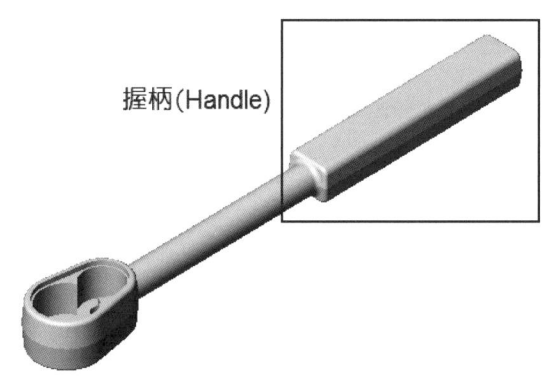

◉ 圖 4-3　握柄部分

4.3.2 握柄的設計意圖

握柄的設計意圖是採用直線和鏡射來建構矩形草圖輪廓，如圖 4-4 所示。

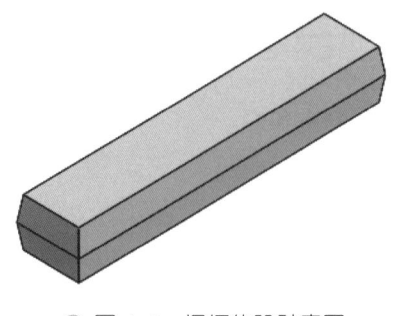

◉ 圖 4-4　握柄的設計意圖

- **拔模**：分模面兩側的拔模角度相等。
- **對稱**：特徵與中心軸線和分模面對稱。

對稱與拔模 **04**

作為參考幾何的中心線，在此將被用來定位與繪製握柄的草圖。中心線既代表握柄後端到最前面孔中心的距離，也被用於鏡射草圖幾何，如圖 4-5 所示。

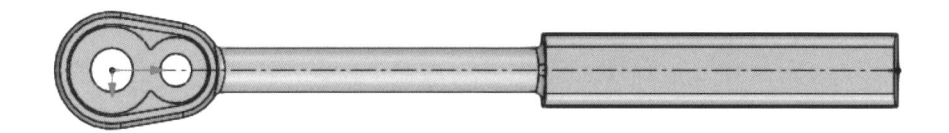

◉ 圖 4-5　中心線

操作步驟

依照下面步驟建立零件：

STEP 1　開新零件

使用 Part_MM 範本建立新零件，儲存並命名為 Ratchet（棘輪）。

STEP 2　新草圖

在上基準面建立新草圖。

指令TIPS　中心線

中心線在草圖中，可以是一條垂直、水平或任意角度的參考直線。由於中心線是參考幾何，所以不需要對中心線完全定義。

操作方法

- CommandManager：**草圖**→**直線**→**中心線**。
- 功能表：**工具**→**草圖圖元**→**中心線**。
- 快顯功能表：在繪圖區域上按滑鼠右鍵，點選**草圖圖元**→**中心線**。

提示　任何草圖圖元都可轉換為幾何建構線，反之亦然。切換方法是先選擇圖元，在 PropertyManager 中勾選**幾何建構線**，如圖 4-6 所示。

◉ 圖 4-6　轉換為幾何建構線

4-5

STEP 3 繪製中心線

從原點向上開始畫一條垂直中心線,長度不拘,如圖 4-7 所示。

● 圖 4-7　繪製中心線

STEP 4 隱藏草圖限制條件

按功能表**檢視**→**隱藏** / **顯示**→**草圖限制條件**,隱藏草圖限制條件符號。

> 提示　後面章節都假設**草圖限制條件**是關閉的。

4.4 對稱的草圖

草圖中的對稱幾何可由**鏡射**功能輕易建立,只要選擇已經繪製的幾何再鏡射即可。

鏡射過程會建立與原始幾何之間的**相互對稱**關係,在直線中相互對稱限制條件會應用於線段端點;在圓弧或圓則應用於圖元本身。

相互對稱限制條件也可加入到現有的幾何中,只需選擇中心線和位於中心線兩側的圖元即可。

4.4.1 繪製草圖後建立對稱

對稱關係必須先繪製幾何的一半,然後再用鏡射指令建立另一半。

指令TIPS　鏡射圖元

鏡射圖元指令是沿著一條對稱線,對在草圖中現有的圖元進行鏡像,此對稱線可以是繪製的直線或中心線、基準面、平面或模型的邊線。

操作方法

- CommandManager:**草圖**→**鏡射圖元**。
- 功能表:**工具**→**草圖工具**→**鏡射**。
- 快顯功能表:在繪圖區域上按滑鼠右鍵,點選**草圖工具**→**鏡射圖元**。

對稱與拔模 **04**

STEP 5 繪製直線

從中心線上端點往右畫一條水平直線,如圖 4-8 所示,再加入兩條直線,分別是垂直線和水平線。此時輪廓已完成一半。

> **技巧**
> 繪製幾何時不要跨過中心線,否則會產生重複的幾何。重合於中心線的線段在鏡射後將合併為一條直線。

圖 4-8　繪製直線

STEP 6 鏡射

點選**鏡射圖元**,選擇前面步驟繪製的三條直線,勾選**複製**選項,點選**鏡射相對於**並選擇中心線,按**確定**,如圖 4-9 所示。

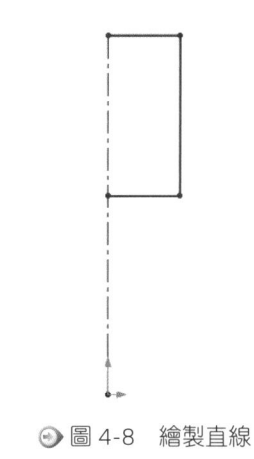

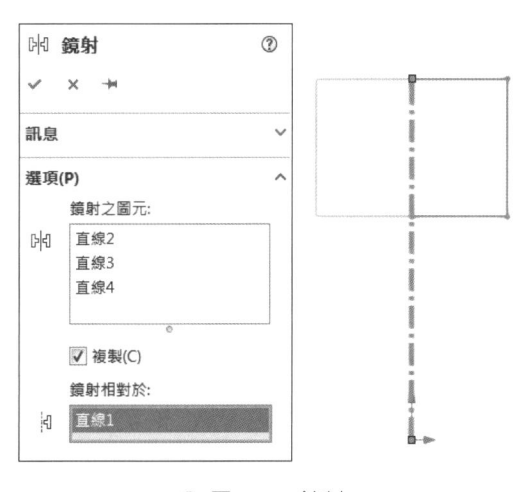

圖 4-9　鏡射

指令TIPS　預覽草圖尺寸

預覽草圖尺寸指令是直接加入草圖尺寸的另一種方法,它可以用來加入線性、半徑、直徑和角度尺寸到單一或成對的草圖圖元上。但您必須先啟用,才能使用**預覽草圖尺寸**。

例如單一草圖圖元:圓

1. 選擇草圖幾何以產生灰階的預覽尺寸。
2. 點選尺寸文字,輸入尺寸大小。
3. 在任意處按一下,或按 Enter 完成尺寸輸入。

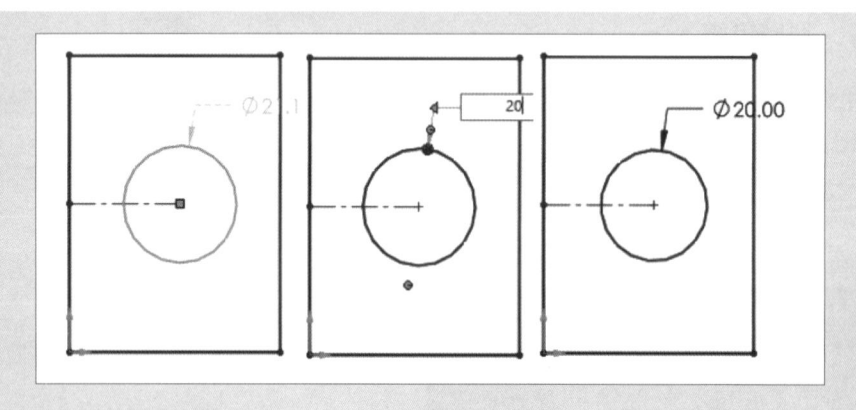

例如一對圖元，像是線與圓，按 Ctrl+ 選擇第二個圖元。

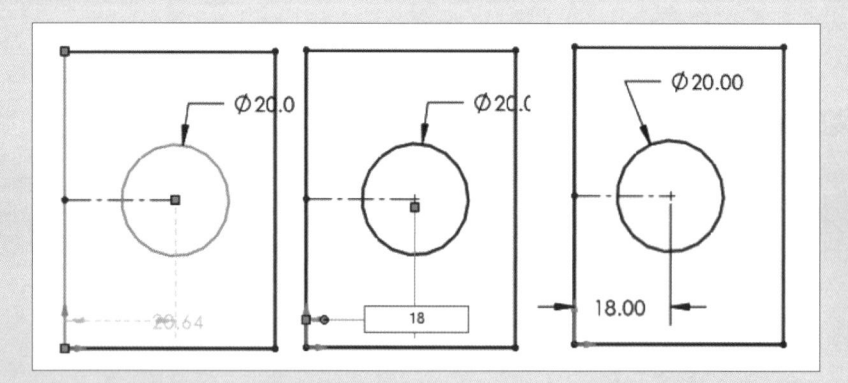

若是忽略預覽，它會自動消失。

操作方法

- 功能表：**工具**→**選項**→**系統選項**→**草圖**→**選取時預覽草圖尺寸**。
- 快顯功能表：在繪圖區域上按滑鼠右鍵，點選**草預覽草圖尺寸**。

STEP 7　用預覽尺寸

按**工具**→**選項**→**系統選項**→**草圖**，並選擇選取時預覽草圖尺寸。

STEP 8　選擇幾何

為了標註建構線，選擇建構線後，系統會以灰階顯示預覽尺寸，如圖 4-10 所示。

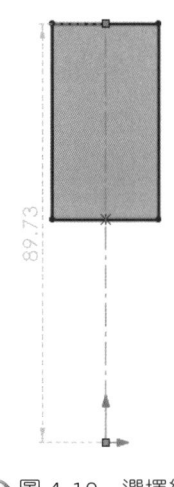

圖 4-10　選擇幾何

STEP 9 變更尺寸數值

按一下尺寸值,變更為 220,在模型外空白處按一下完成尺寸,如圖 4-11 所示。

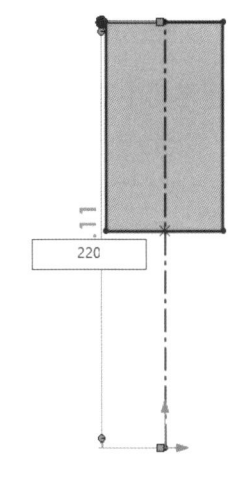

◉ 圖 4-11 變更尺寸數值

繼續以相同方式標註草圖尺寸,如圖 4-12 所示。

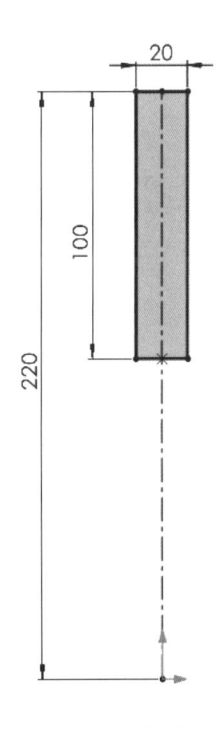

◉ 圖 4-12 標註尺寸

4.4.2 兩側對稱伸長

在此零件中，第一個特徵是使用**兩側對稱**的伸長，兩側對稱選項在伸長的時候兩側形狀一樣，深度為全部伸長距離，兩側均等。

◆ **拔模**

於伸長指令中點選**拔模**，可建立正垂於伸長方向的拔模。**拔模角度**與**拔模面外張**選項可以設定拔模角度值與拔模角的方向。

STEP 10 伸長基材 / 填料

按**伸長填料 / 基材**，終止型態選擇**兩側對稱**，輸入深度 15mm。

點選**拔模**，拔模角度 **8°**，取消勾選**拔模面外張**，按**確定**建立特徵，如圖 4-13 所示。

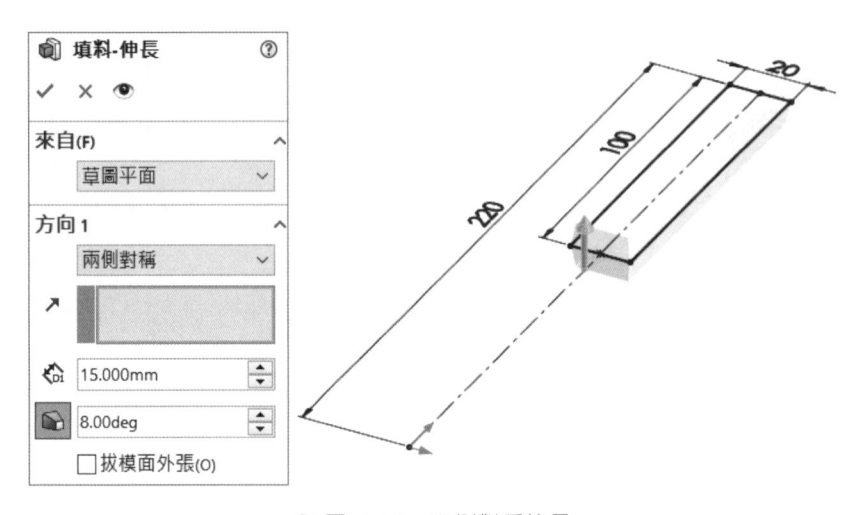

圖 4-13 兩側對稱伸長

STEP 11 完成特徵

完成後，將特徵命名為 Handle（握柄），如圖 4-14 所示。

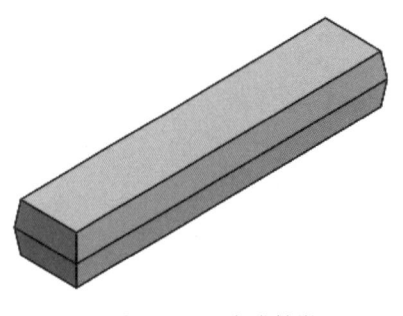

圖 4-14 完成特徵

4.5 模型內繪製草圖

此零件第二個特徵是延長柄（Transition），它是連接頭部與握柄的填料。該特徵草圖建立在標準基準面上，如圖 4-15 所示。

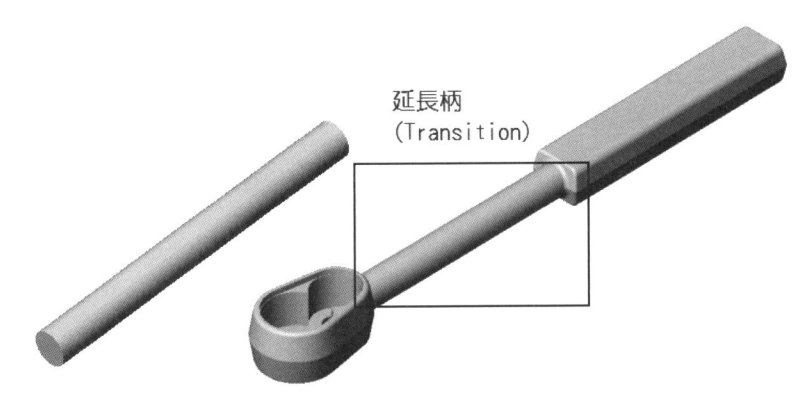

◉ 圖 4-15　連接特徵

4.5.1　延長柄的設計意圖

延長柄是由圓形輪廓伸長至握柄（Handle）特徵上，如圖 4-16 所示。

- **對正中心**：圓形輪廓與握柄特徵中心對正。
- **長度**：延長柄長度由現有的位置決定。

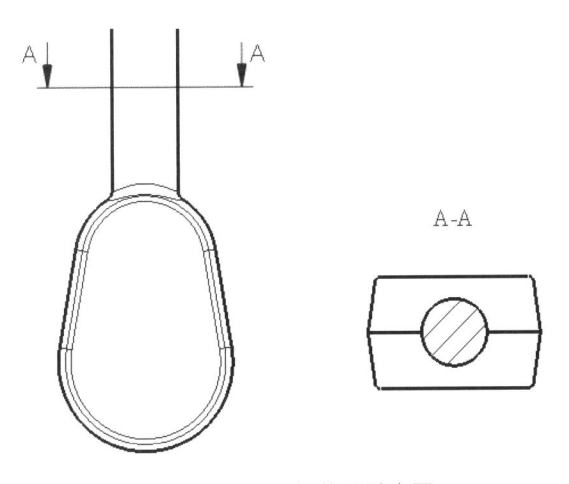

◉ 圖 4-16　延長柄的設計意圖

STEP 12 顯示前基準面

切換到等角視圖，從 FeatureManager（特徵管理員）中選擇前基準面，螢幕上會強調顯示該基準面。如果要保持顯示該基準面，則從 FeatureManager（特徵管理員）中選擇前基準面，再到文意感應工具列中選擇**顯示** ，該平面將顯示為半透明塗彩狀態，如圖 4-17 所示。

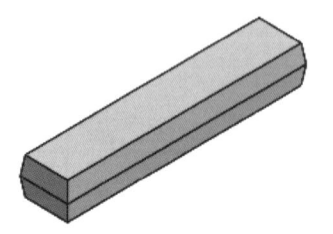

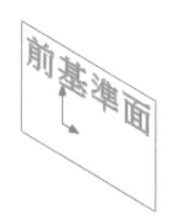

圖 4-17　顯示前基準面

STEP 13 設定和修改基準面

SOLIDWORKS 可設定基準面如何在螢幕上顯示，按**工具→選項→系統選項→顯示**，勾選**顯示塗彩基準面**；如果要設定基準面色彩，則使用**選項→文件屬性→基準面顯示**。

可以透過拖曳握柄來調整由系統或使用者建立的任一基準面的大小。修改後，可以將基準面自動調整至接近模型大小，只要在基準面上按滑鼠右鍵，選擇**自動調整大小**即可，如圖 4-18 所示。

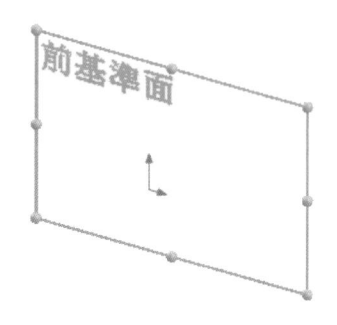

圖 4-18　調整基準面大小

4.5.2　繪製圓形輪廓

延長柄特徵的草圖只有非常簡單的幾何圖形和限制條件，只要畫一個圓與前一個特徵中心重合，確保延長柄在握柄特徵的中心。

STEP 14 建立新草圖

選擇前基準面，按**草圖** 以建立新草圖。

對稱與拔模 **04**

指令TIPS　正視於

正視於指令用在將視角方位改變為垂直於所選平面幾何的方向,這個幾何可以是基準面、草圖、平坦面或包含草圖的特徵。

操作方法

- 快顯功能表:在基準面或平坦面上按滑鼠右鍵,點選**正視於**。
- 立即檢視工具列:點選基準面或平坦面,按**視角方位**→**正視於**。
- 快速鍵:按**空白鍵**後,再從視角方位對話方塊點選**正視於**。

技巧

再次按**正視於**圖示,則視角方位會反轉方向到平面的另一邊。

提示

為了防止在建立或編輯草圖時,系統自動將視角變更為正視於視角方位,按**工具**→**選項**→**系統選項**→**草圖**,不勾選**產生及編輯草圖時自動旋轉視圖與草圖基準面垂直**。

STEP 15 正視於視角方位

按**空白鍵**,按一下**正視於**,該視角方位可得到基準面的真實大小和形狀,使得繪製草圖更加容易,如圖 4-19 所示。

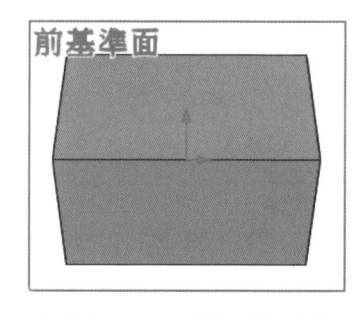

◉ 圖 4-19　正視於視角方位

指令TIPS　繪製圓

圓指令用於在草圖中建立圓。圓是由**圓心**或**圓周**來定義,圓心需要兩個點位置:圓心與圓周上一點;圓周需要圓周上的兩個或三個點位置。

操作方法

- CommandManager:**草圖**→**圓**。
- 功能表:**工具**→**草圖圖元**→**圓**。
- 快顯功能表:在繪圖區域上按滑鼠右鍵,點選**草圖圖元**→**圓**。

4.5.3 繪製圓

很多提示點可以用來定位圓,例如:其他圓的圓心、原點或其他定位點。本例使用原點為圓心繪製圓,讓系統自動抓取原點與圓心之間的重合關係。

STEP 16 加入圓並標註尺寸

使用圓 ⊙ 指令,以原點為圓心繪製一個圓形,使用您喜歡的標註方法,標註直徑 12mm 使草圖完全定義,如圖 4-20 所示。

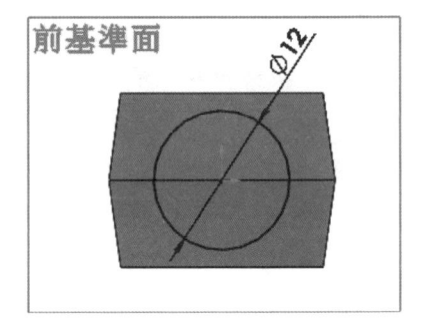

● 圖 4-20　加入圓並標註尺寸

4.5.4 修改尺寸外觀形式

當您標註完尺寸時,尺寸箭頭是顯示在圓外側的,您可以點選尺寸箭頭上的控制點,將尺寸箭頭調整於圓內側。

STEP 17 點選尺寸線

點選 Ø12,尺寸箭頭會出現兩個小圓點,也就是尺寸控制點,如圖 4-21 所示。

> 提示　強調顯示的圖元可以是任意顏色,取決於**所選項次 1** 的顏色設定。

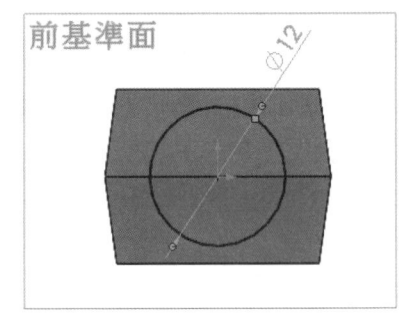

● 圖 4-21　點選尺寸線

STEP 18 切換箭頭方向

點選其中一個控制圓點,切換尺寸箭頭到圓的內部,如圖 4-22 所示。此操作可以用在所有尺寸,不侷限在直徑標註上。

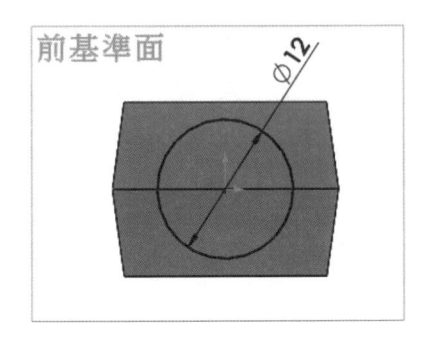

● 圖 4-22　切換箭頭方向

對稱與拔模 **04**

STEP 19 切換到等角視方位

這時不像建立第一個特徵那樣,系統不會為其他填料或除料而自動切換視角方位,您必須手動切換到等角視,如圖 4-23 所示。

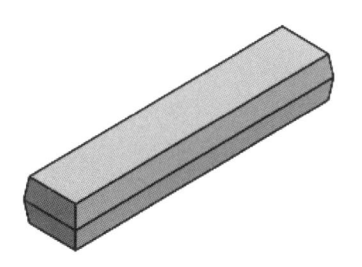

圖 4-23 等角視方位

4.5.5 成形至下一面

此草圖將伸長到下一個特徵表面,由預覽可知伸長填料方向是否正確,必要時可反轉方向。

STEP 20 成形至下一面的伸長

點選**伸長填料 / 基材**,查看伸長特徵的預覽顯示,改變伸長方向,使伸長朝向握柄特徵,如圖 4-24 所示。變更終止型態為**成形至下一面**,按**確定**,並將特徵重新命名為 Transition。

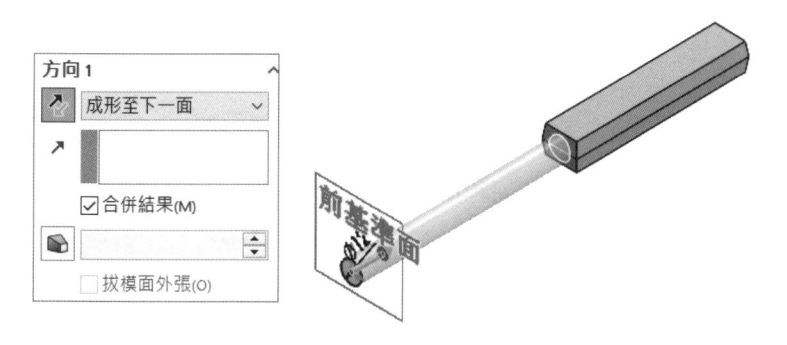

圖 4-24 成形至下一面

4-15

STEP 21 隱藏前基準面

在前基準面按滑鼠右鍵,點選**隱藏**,如圖 4-25 所示。

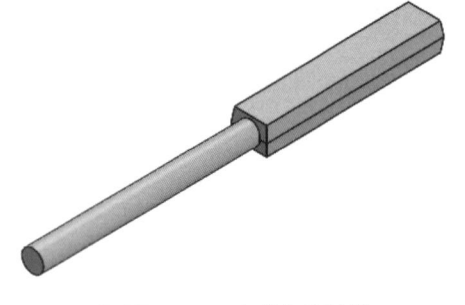

◉ 圖 4-25　完成後的特徵

◆ **成形至下一面與成形至某一面**

成形至下一面和成形至某一面的終止型態會有不同的結果。

- **成形至下一面**:伸長成形至所有面,如圖 4-26(a) 所示。
- **成形至某一面**:伸長成形至所選面,如圖 4-26(b) 所示。

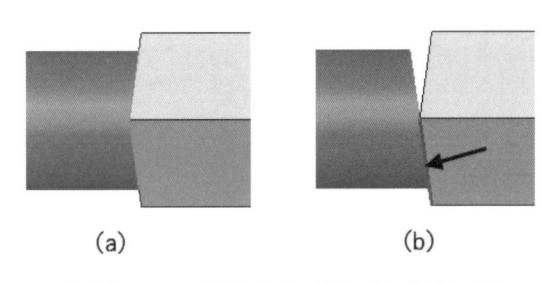

(a)　　　(b)

◉ 圖 4-26　成形至下一面與成形至某一面

4.5.6　頭部特徵的設計意圖

頭部特徵使用直線和切線弧來繪製草圖輪廓,該特徵向兩個方向伸長並拔模,拔模斜度和深度都設定兩側對稱。頭部是此零件的關鍵特徵,它包含其他零件定位用的孔穴和孔洞,如圖 4-27 所示。

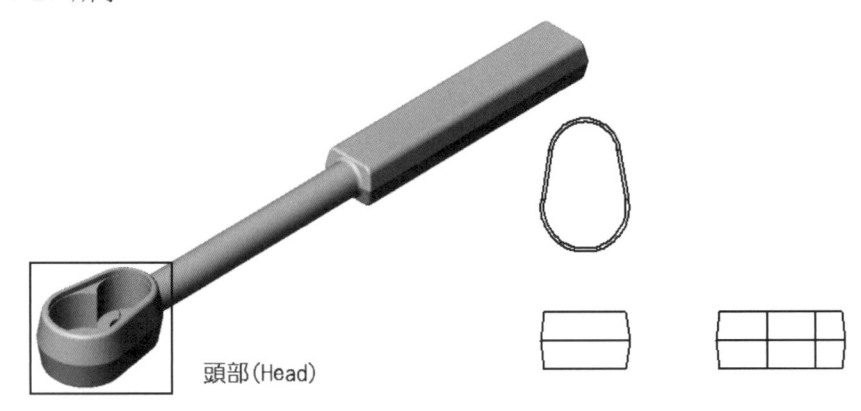

頭部(Head)

◉ 圖 4-27　頭部特徵

頭部特徵的設計意圖（圖 4-28）如下：

- **圓弧中心**：兩個圓弧的中心位於上視圖的一條垂直線上，它們半徑不相等，但可以任意改變。
- **輪廓位置**：草圖幾何落在零件的分模面上，大圓弧中心位於模型原點。
- **拔模角度**：分模線兩側的拔模斜度相等。
- **厚度**：分模線兩側厚度相等。

◉ 圖 4-28　設計意圖

STEP 22　繪製中心線

選擇上基準面作為草圖平面，切換至上視，繪製中心線，如圖 4-29 所示。

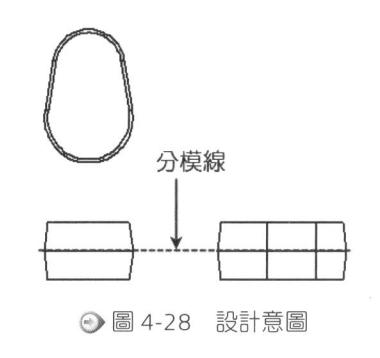

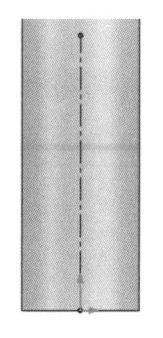

◉ 圖 4-29　繪製中心線

STEP 23　繪製直線和上圓弧

繪製直線後，以**直線轉圓弧**方式繪製弧，確定圓弧的右端點與左端點水平對齊，如圖 4-30 所示。

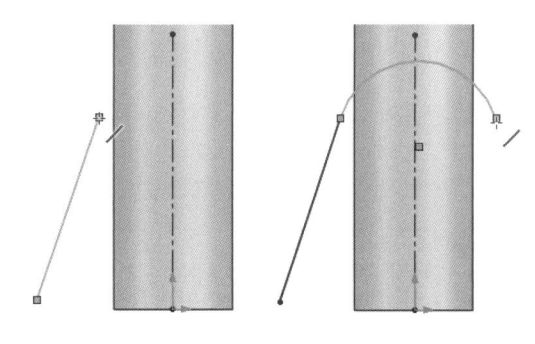

◉ 圖 4-30　繪製直線和上圓弧

STEP 24　回到直線繪製

完成圓弧後，自動切換回直線工具。由圓弧端點繼續繪製直線，透過推斷提示線繪製相切直線，直線端點需與前一條直線起點水平對齊，如圖 4-31 所示。

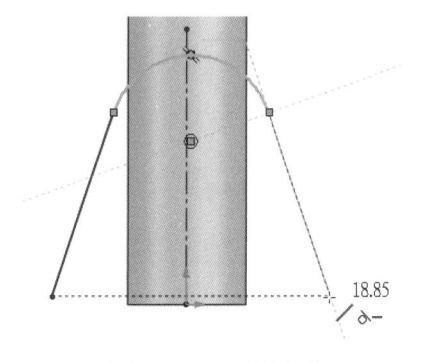

◉ 圖 4-31　繪製直線

STEP 25 繪製相切下圓弧

再用直線轉圓弧方式繪製相切圓弧,封閉整個輪廓,如圖 4-32 所示。

選擇箭頭所指交點,加入**相切**限制條件。

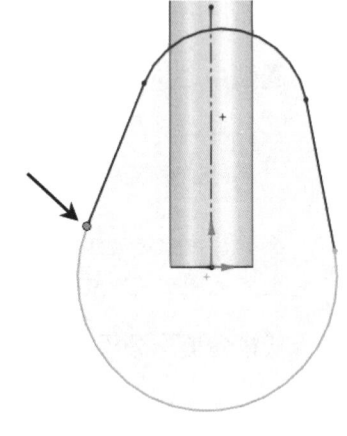

◉ 圖 4-32　繪製相切下圓弧

STEP 26 加入限制條件

加入上下圓弧圓心和中心線端點**合併** ✓ 的限制條件,如圖 4-33 所示。

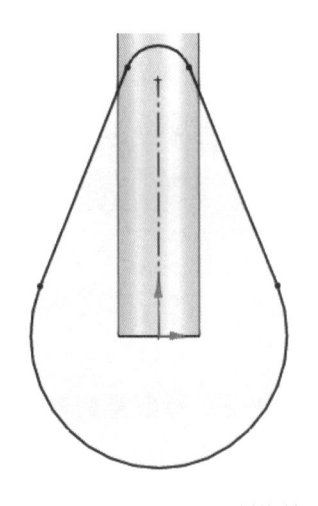

◉ 圖 4-33　加入限制條件

STEP 27 標註尺寸

標註尺寸,完全定義草圖,如圖 4-34 所示。

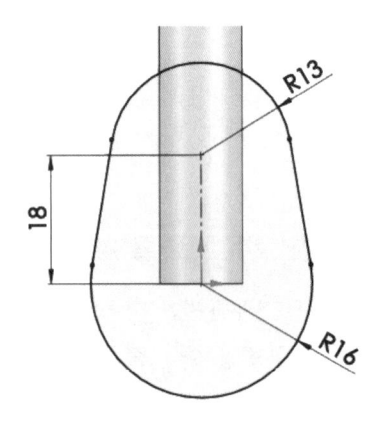

◉ 圖 4-34　標註尺寸

對稱與拔模 **04**

STEP 28 伸長

切換到等角視,按**伸長填料 / 基材**,終止型態為**兩側對稱**,深度 **20mm**,拔模角度 **8°**,將特徵重新命名為 Head,三個主要特徵已經建立完成,形成零件完整外形,如圖 4-35 所示。

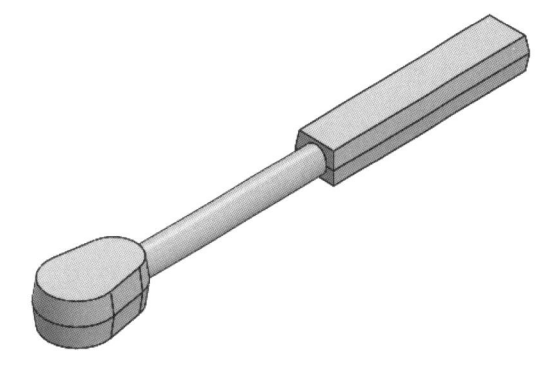

◉ 圖 4-35　零件的完整外形

4.6 視圖選項

SOLIDWORKS 提供很多選項,以控制模型在螢幕上的顯示方式,這些視圖顯示方式分為兩個群組:檢視功能表中的**顯示**和**修正**。

◆ 顯示選項

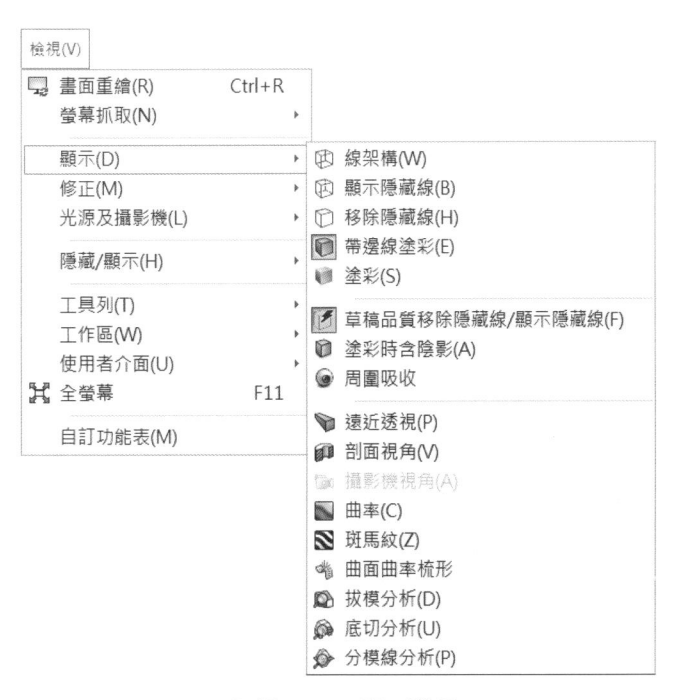

◉ 圖 4-36　顯示選項

4-19

◆ 修正選項

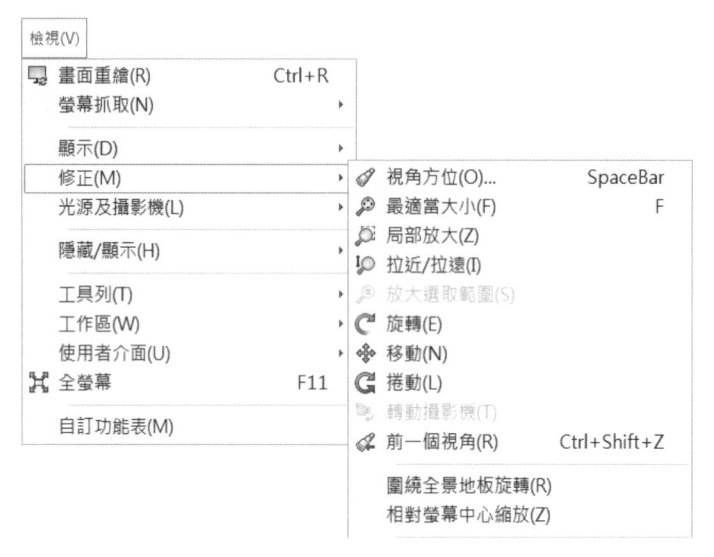

● 圖 4-37　修正選項

> **提示**　以上的下拉式功能表底部圖示有部分被省略。

4.6.1　顯示選項

圖 4-38 為零件棘輪使用的不同的顯示方式。

線架構　　　　顯示隱藏線　　　　移除隱藏線

塗彩　　　　透視圖　　　　剖面視角

斑馬紋　　　　塗彩時含陰影　　　　帶邊線塗彩

● 圖 4-38　顯示選項的不同的顯示方式

對稱與拔模 **04**

> **提示** 透視圖和剖面視角適用任何類型的視圖,例如:線架構、隱藏線或塗彩。**草稿品質移除隱藏線 / 顯示隱藏線** 可以更快速地顯示複雜零件和組合件,但只在**移除隱藏線**和**顯示隱藏線**中有作用。

4.6.2 修正選項

下表列出修正選項的工具按鈕及功能。

> **提示** 書籍中很難說明動態操作,例如:視圖旋轉。因此這裡只列出一些不同的視圖選項。

圖示	名稱	功能
🔍	最適當大小	拉近或拉遠看到整個模型、組合件或工程圖頁。
🔍	局部放大	用滑鼠在繪圖區域拖曳出邊界方塊以放大顯示。放大區域的中心被標以正號(+)作為標記。
🔍	拉近 / 縮小	按住滑鼠左鍵並拖曳,滑鼠向上為放大,向下為縮小。
🔍	放大選取範圍	縮放視窗至所選圖元的大小。
↻	旋轉視圖	按住滑鼠左鍵並拖曳,以旋轉視圖。
↺	捲動視角	按住滑鼠左鍵並拖曳,使視圖繞著垂直於螢幕的軸心旋轉。
✥	移動	按住滑鼠左鍵並拖曳,使模型移動。

4.6.3 滑鼠中鍵和滾輪功能

按住滑鼠中鍵或滾動滾輪可用於模型動態顯示,功能如下:

功能	按鍵	滾輪
旋轉視圖	按住滑鼠中鍵並拖曳,以自由旋轉視圖。	同左。
繞幾何圖形旋轉視圖	在幾何上按住滑鼠中鍵並拖曳,使模型依所選幾何旋轉。幾何可以是頂點、邊線、軸或暫存軸。	同左。
平移	同時按住 Ctrl 鍵 + 滑鼠中鍵並拖曳,以平移視圖。	同左。
縮放視圖	同時按住 Shift 鍵 + 滑鼠中鍵,向前拖曳則放大,向後拖曳則縮小視圖。	滾動滑鼠滾輪以縮放視圖:向前滾動為放大,向後滾動為縮小視圖。
最適當大小	在滑鼠中鍵上快按滑鼠兩下,縮放整個模型到合適大小。	同左。

4.6.4 三度空間參考的功能

三度空間參考（如圖 4-39）可以用來改變視角方向，只要選取一個軸，不需使用額外按鍵就能夠控制其旋轉，如下表所示。

◉ 圖 4-39 三度空間參考

選取	結果	選取	結果
選取不垂直於螢幕的軸	軸線方向將垂直於螢幕	**Shift**+ 選取軸	以 90°增量順時針旋轉視圖
選取垂直於螢幕的軸	軸線方向順時針旋轉 180°	**Alt**+ 選取軸	以**方向鍵**增量旋轉視圖

4.6.5 鍵盤快速鍵

視圖選項預設的鍵盤快速鍵，如下表所示。

方向鍵	旋轉視圖	Ctrl+2	後視
Shift+ 方向鍵	以 90°的增量來旋轉視圖	Ctrl+3	左視
Alt+ 左或右方向鍵	繞垂直於螢幕的軸線旋轉	Ctrl+4	右視
Ctrl+ 方向鍵	移動視圖	Ctrl+5	上視
Shift+Z	放大	Ctrl+6	下視
Z	縮小	Ctrl+7	等角視
F	最適當大小	Ctrl+8	正視於
G	放大鏡	空白鍵	視角方位對話方塊
Ctrl+1	前視		

> **技巧**
> 在工程圖中，只有**縮放**和**平移**功能可使用。

> **技巧**
> 在**工具→選項→系統選項→視角**中，不勾選**當變更為標準視角時變為最適當大小**，將可避免切換視角時縮放模型。

> **提示** 按**工具→自訂→鍵盤**標籤，可查看預設和自訂加入的快速鍵，如圖 4-40 所示。

對稱與拔模 **04**

◎ 圖 4-40　查看預設和自訂加入的快速鍵

4.7 在草圖中使用模型邊線

　　本零件的第一個除料特徵是孔穴（Recess），從頭部頂面向下除料，此特徵用於安裝覆蓋在棘輪的蓋板。由於蓋板零件與頭部上表面外形輪廓一致，所以在繪製孔穴草圖時，可以利用頭部特徵的邊線建立**偏移圖元**。

◆ **放大選取範圍**

　　放大所選擇的圖元，使圖形填滿整個螢幕。

指令TIPS　**放大選取範圍**

- 功能表：點選幾何或特徵，按**檢視**→**修正**→**放大所選範圍**。
- 快顯功能表：在幾何或特徵上按滑鼠右鍵，點選**放大所選範圍** 。

提示　可以同時選擇多個幾何，再按**放大所選範圍**。

4-23

◈ 新增視角

透過**視角方位**對話方塊,您可加入自訂名稱的視角,這樣在繪圖區域即可快速檢視視角中模型的放大倍數和旋轉角度。

> **指令TIPS　加入新視角**
>
> - 立即檢視工具列:**視角方位** → **新增視角**。
> - 快速鍵:按**空白鍵** → **新增視角**。

STEP 29　放大選取範圍

選擇棘輪的頭部頂面,按**放大所選範圍**,則所選擇的平面將填滿整個繪圖區域,如圖 4-41 所示。

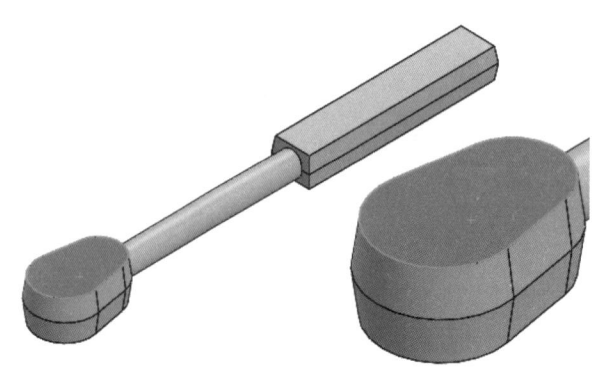

◉ 圖 4-41　放大選取範圍

STEP 30　新增視角

按一下**空白鍵**,在**視角方位**對話方塊中,點選**新增視角**,輸入視角名稱 Head,按**確定**,關閉**視角方位**對話方塊。

此視角名稱將出現在對話方塊以及視角方位功能表中,只要選擇此視角名稱即可切換至此視角中。

4.7.1　繪製偏移圖元

在草圖中建立偏移圖元皆有賴於模型邊線或其他草圖的圖元,這些邊線可以單獨選取或選擇面來取得面的邊界圖元。在本例中,我們將使用 Head 特徵的模型邊線。最佳情況是選擇表面,因為若之後修改或刪除面的某些邊線,草圖仍能夠重新計算產生。所選的邊線不管是否位於草圖平面上,仍可以投影到草圖平面上。

對稱與拔模 **04**

> **指令TIPS** 偏移圖元
>
> **偏移圖元**用於在草圖中複製模型的邊線,將從原始圖元偏移至指定的距離。
>
> **操作方法**
> - CommandManager:**草圖→偏移圖元**。
> - 功能表:**工具→草圖工具→偏移圖元**。
> - 快顯功能表:在繪圖區域上按滑鼠右鍵,點選**草圖工具→偏移圖元**。

STEP 31 偏移表面的邊線

選擇頂面,按**草圖**,在草圖面仍被選取下按**偏移圖元**,偏移距離為 2mm。如果偏移方向不對,應勾選**反轉**,使偏移圖元位於頭部輪廓內側,按**確定**,如圖 4-42 所示。

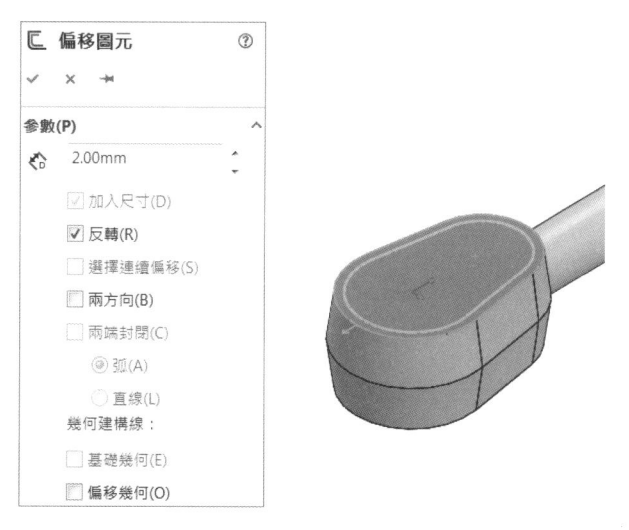

◉ 圖 4-42 偏移圖元

STEP 32 偏移結果

偏移建立了兩條直線和兩個圓弧,如圖 4-43 所示。偏移的幾何相依於頭部表面,並將隨特徵改變而改變。此草圖已自動完全定義,可用來建立除料特徵。

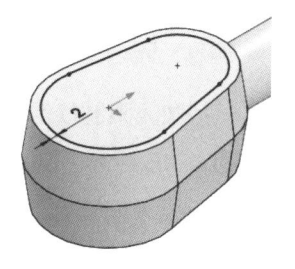

◉ 圖 4-43 偏移結果

STEP 33 設定除料特徵

建立**除料特徵**，設定除料深度 2mm，按**確定**，如圖 4-44 所示。

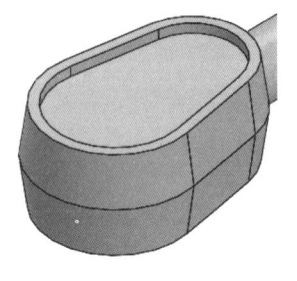

◉ 圖 4-44　除料特徵

STEP 34 重命名特徵

將此特徵重命名為 Recess。

4.8　修剪草圖圖元

棘輪零件第二除料特徵是孔洞（Pocket）。該特徵草圖將繪製兩個重疊圓，並使用修剪工具將圓修剪成單一輪廓。圓心與圓弧圓心需加入重合限制條件。

STEP 35 繪製草圖

選擇 Recess 特徵底面建立新草圖，點選**圓**，繪製與小圓弧同圓心的圓，然後繪製遠離第二個模型邊線的圓，如圖 4-45 所示。

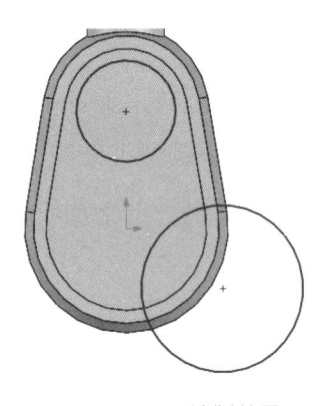

◉ 圖 4-45　繪製草圖

STEP 36 加入同心圓限制條件

按**加入限制條件**，開啟**加入限制條件** PropertyManager，如圖 4-46 所示，選擇第二個圓和除料孔特徵的邊線，選擇**同心圓 / 弧**，按**確定**。**同心圓 / 弧**將限制所選擇的圓（圓弧）需使用同一個圓心，並移動草圖圓至同心圓位置。

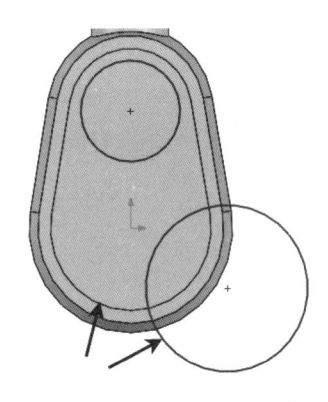

◉ 圖 4-46　加入同心圓限制條件

4.8.1 修剪與延伸

◆ **修剪**

　　草圖圖元可用**修剪**指令來剪掉多餘部份,本例要把兩個圓重疊的部分剪掉。修剪選項包括:**強力修剪、角落修剪、修剪掉內側、修剪掉外側**和**修剪至最近端**,不同的修剪選項功能如下表。

> **指令TIPS　修剪**
>
> **修剪**指令可用來修短草圖幾何。
>
> **操作方法**
>
> - 在 CommandManager:**草圖→修剪圖元**。
> - 功能表:**工具→草圖工具→修剪**。
> - 快顯功能表:在繪圖區域上按滑鼠右鍵,點選**草圖工具→修剪圖元**。

修剪選項	圖例(修剪前)	圖例(修剪後)
強力修剪: 按住滑鼠左鍵滑過圖元,圖元至相交點或端點部份被移除。		
角落修剪: 用來修剪所選草圖圖元,只保留圖元至最近相交點。		
修剪掉外側: 保留與邊界相交的幾何圖元內側部分。先選擇邊界線(B),再選擇要修剪的幾何(T)。		

修剪選項	圖例（修剪前）	圖例（修剪後）
修剪掉內側： 保留與邊界相交的幾何圖元外側部份。先選擇邊界線 (B)，再選擇要修剪的幾何 (T)。		
修剪至最近端： 修剪所選圖元至最近交點處，或是將邊界之間的部分幾何圖元修剪掉。		

> **提示** 您可以刪除被修剪的幾何圖元或保留作為建構線，另外，現有的建構線修剪時可以忽略。

● **延伸**

使用延伸工具加長草圖圖元。

指令TIPS　延伸

用來加長草圖幾何。

操作方法

- CommandManager：**草圖**→**修剪圖元**→**延伸圖元**。
- 功能表：**工具**→**草圖工具**→**延伸**。

操作說明	圖例（延伸前）	圖例（延伸後）
選擇最近的端點線段以延伸到下一個相交點。		
拖曳最近的端點至要相交的圖元上放開。		

4-28

對稱與拔模 **04**

STEP 37 修剪圓

點選**修剪圖元** → **強力修剪**，按滑鼠左鍵拖曳通過兩個圓的相交部份，凡是被游標接觸的線段皆自動被刪除至相交處，如圖 4-47 所示。

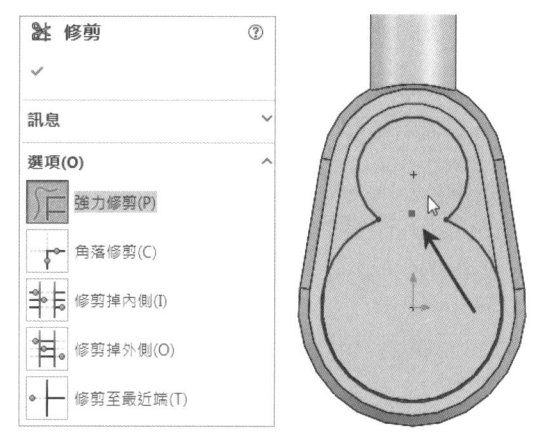

圖 4-47 修剪圓

STEP 38 加入尺寸標註

標註圓弧尺寸，使草圖完全定義，如圖 4-48 所示。

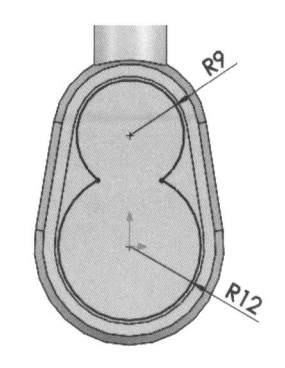

圖 4-48 加入尺寸標註

STEP 39 關閉尺寸標註工具

按 Esc 鍵，關閉尺寸標註。

4.8.2 修改尺寸

因為草圖圖元都是圓弧，系統會自動產生半徑尺寸，您也可以變更成顯示直徑尺寸。若要更深入修改更多的尺寸屬性，只要在尺寸上按滑鼠右鍵，點選**屬性**即可修改。

STEP 40 顯示為直徑尺寸

選擇尺寸，按滑鼠右鍵，並點選**顯示選項**→**顯示成直徑**，如圖 4-49 所示。

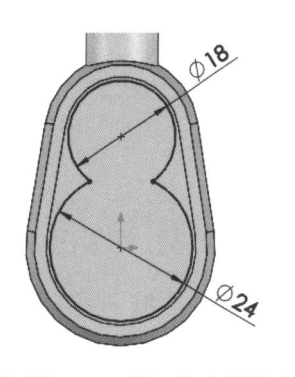

圖 4-49 顯示為直徑尺寸

4-29

◆ 至某面平移處

至某面平移處的終止型態是從一個基準面、面、曲面，或是特徵的草圖平面開始，測量到指定的距離來決定伸長的終止位置。在本例中，孔洞（Pocket）伸長的終止位置是從 Head 特徵的底面量測，距離 5mm，如圖 4-50 所示。

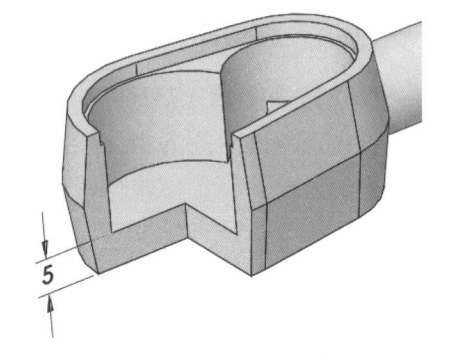

● 圖 4-50　至某面平移處

◆ 平移曲面選項

至某面平移處的**平移曲面**選項，預設是不勾選的。如圖 4-51 所示：兩個圓柱位於兩個相同半圓參考曲面下，兩個圓柱都是伸長至離曲面 35mm 的位置。左邊圓柱在伸長時勾選了**平移曲面**選項，而右邊的圓柱則在伸長時不勾選平移曲面選項。

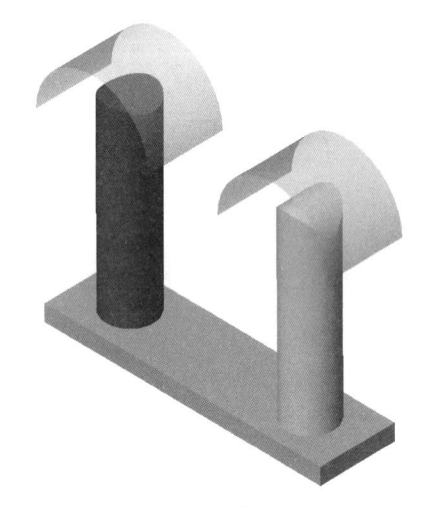

● 圖 4-51　平移曲面選項（一）

至某面平移處的**平移曲面**定義著曲面線性地平移複製到伸長方向的某個距離。若關閉選項，則將依曲面的法線（垂直）方向複製，因此會得到兩個不同結果，如圖 4-52 所示。

> **提示**　本例選擇面是平坦的，所以兩個選項都會得到相同結果。

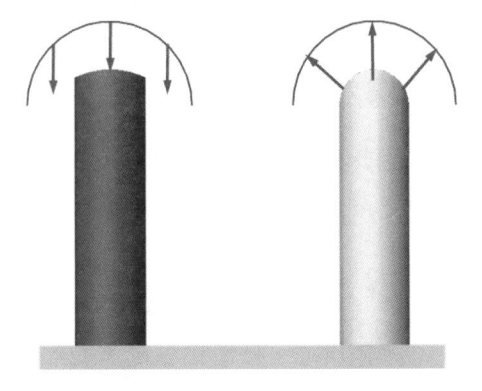

● 圖 4-52　平移曲面選項（二）

STEP 41　切換已命名視角

按**空白鍵**，開啟**視角方位**對話方塊，選擇 STEP30 中定義的 Head 視角。

對稱與拔模 **04**

STEP 42 至某面平移處

按伸長除料，終止型態為**至某面平移處**，偏移距離 **5mm**。

◆ **選擇其他指令**

為了選擇被隱藏或被遮住的面，您可以使用**選擇其他**指令。把滑鼠移到想要選擇的隱藏面上按滑鼠右鍵，快顯功能表會出現**選擇其他**，所有列表的面都是被隱藏的，當游標在選擇其他的面列表上移動時，相對應的面會在螢幕上強調顯示。

> **指令TIPS　選擇其他**
>
> **選擇其他**指令是在不轉動模型時，用來選擇被隱藏的面。
>
> 操作方法
> - 快顯功能表：在隱藏面上按滑鼠右鍵，點選**選擇其他**。

STEP 43 選擇面

在被隱藏的底面上按滑鼠右鍵，點選**選擇其他**，假如有多個選擇面，則在列表中上下移動滑鼠即可強調顯示可選擇的面，如圖 4-53 所示。用滑鼠左鍵直接選擇面或在列表上選擇面，按**確定**。

將此特徵重新命名為 Wheel Hole。

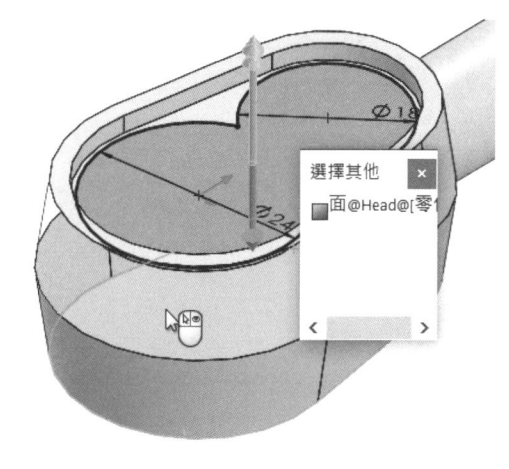

◉ 圖 4-53　選擇面

> **技巧**
>
> 在選擇過程中，其他的面也可以被加入到隱藏面列表中，只要按滑鼠右鍵點選要隱藏的面即可隱藏，而要解除隱藏，則再按 **Shift+ 右鍵**即可解除。

4.8.3　量測

量測選項可用在許多的測量工作上，包括單一圖元或兩圖元間的測量，圖元可以是面、邊線、頂點和點，量測預設單位與零件一致，但可以在**量測**對話方塊中更改，如圖 4-54 所示。在此我們將量測平面與邊線的最短距離。

SOLIDWORKS 零件與組合件培訓教材

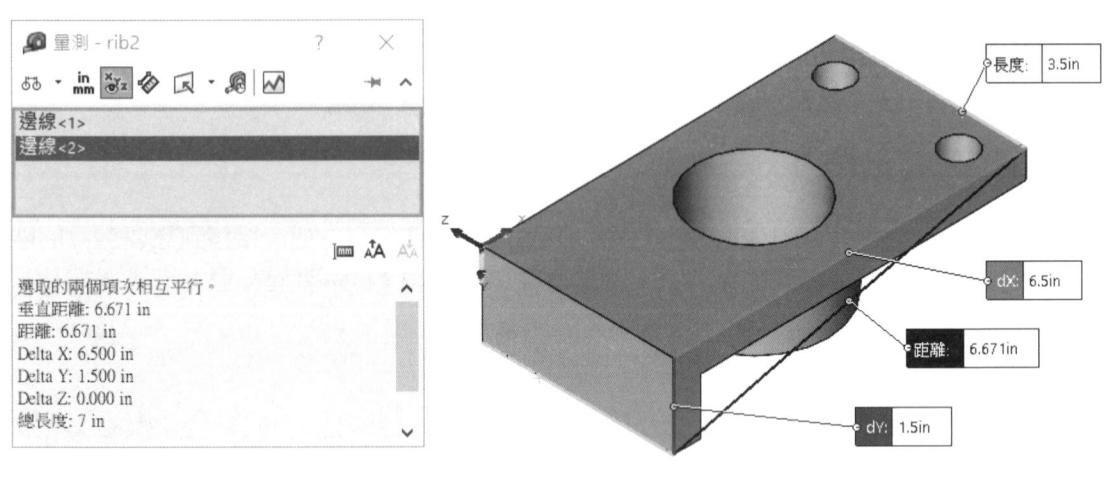

量測 - rib2

邊線<1>
邊線<2>

選取的兩個項次相互平行。
垂直距離: 6.671 in
距離: 6.671 in
Delta X: 6.500 in
Delta Y: 1.500 in
Delta Z: 0.000 in
總長度: 7 in

長度: 3.5in
dX: 6.5in
距離: 6.671in
dY: 1.5in

◉ 圖 4-54　量測單位

指令TIPS　量測

量測指令可以計算距離、長度、曲面面積、角度、圓周以及點的 X、Y、Z 座標。對圓和圓弧，可以顯示圓心、最大尺寸和最小尺寸，如下表。

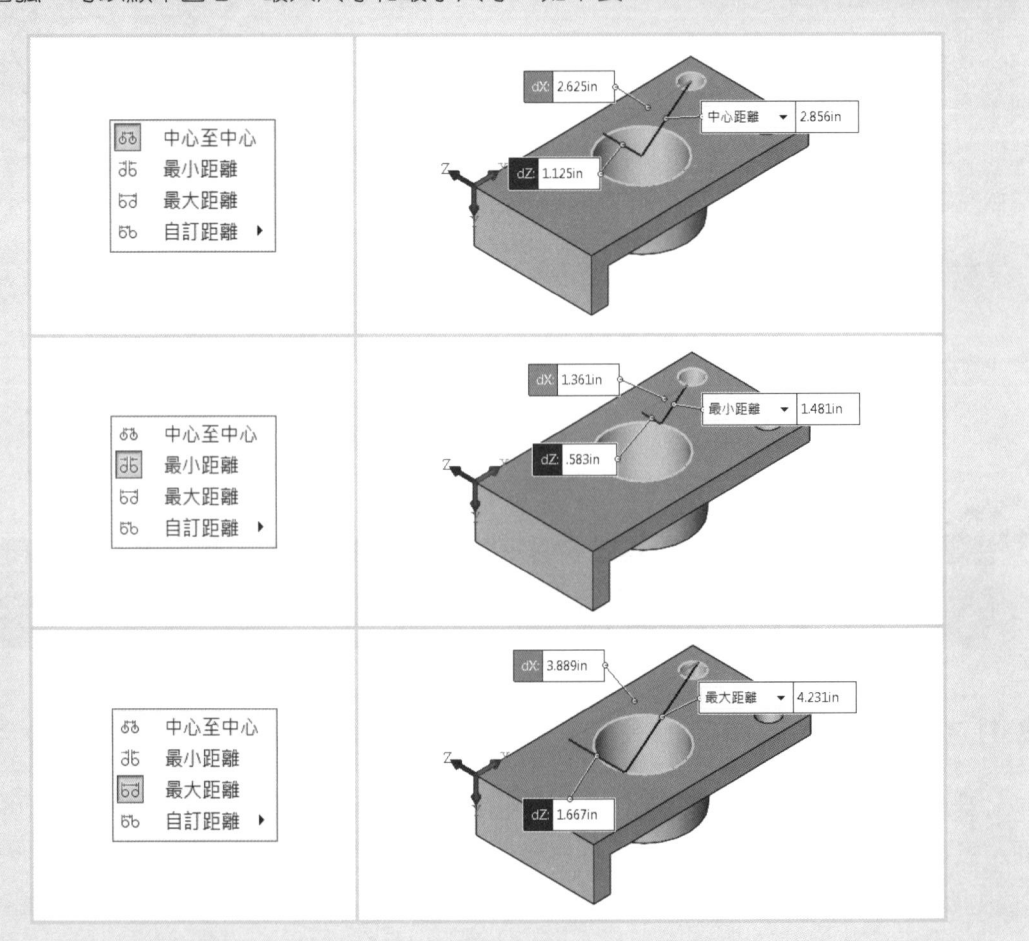

圖示	說明	圖例
⊙⊙	中心至中心 (選取)	dX: 2.625in, dZ: 1.125in, 中心距離 2.856in
⊙⊙	最小距離	
⊙⊙	最大距離	
⊙⊙	自訂距離 ▶	
⊙⊙	中心至中心	dX: 1.361in, dZ: .583in, 最小距離 1.481in
⊙⊙	最小距離 (選取)	
⊙⊙	最大距離	
⊙⊙	自訂距離 ▶	
⊙⊙	中心至中心	dX: 3.889in, dZ: 1.667in, 最大距離 4.231in
⊙⊙	最小距離	
⊙⊙	最大距離 (選取)	
⊙⊙	自訂距離 ▶	

對稱與拔模 **04**

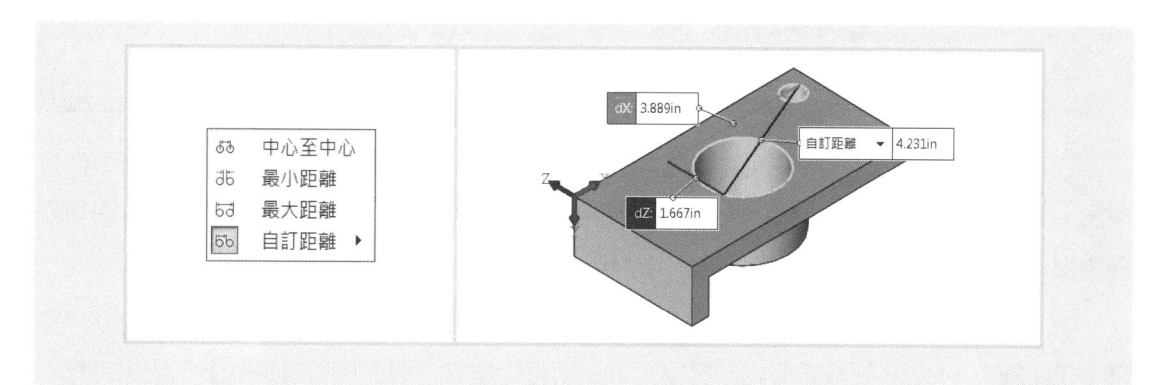

操作方法

- CommandManager：**評估**→**量測**。
- 功能表：**工具**→**評估**→**量測**。

STEP> 44 測量點與面之間的距離

按**量測**，點選如圖 4-55 所示的頂點和面，得知**垂直距離**和 **Delta Y** 都為 **5mm**，這個組合的相關資訊都會在對話方塊中顯示。

快速複製設定 可以用來複製數字、或數字和單位，再貼上至其他對話方塊中。

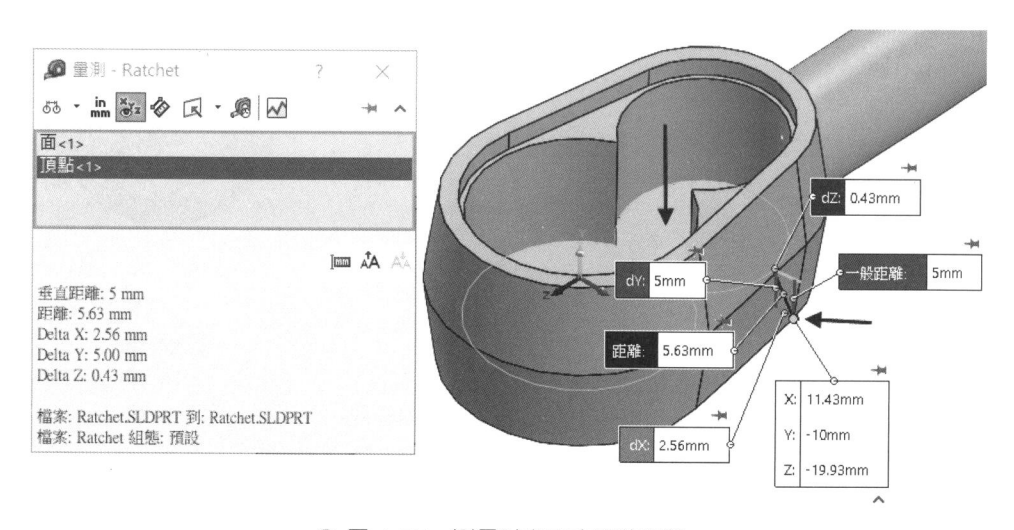

◉ 圖 4-55　測量點與面之間的距離

技巧

量測工具關閉時，SOLIDWORKS 視窗底部**狀態列**也會顯示類似的基本資訊。例如：選擇圓邊線時，狀態列會顯示半徑和中心；選擇直線時，狀態列顯示**長度**。

半徑: 9mm　中心: 0mm,-5mm,-18mm

4-33

4.9 複製與貼上特徵

簡單的草圖特徵和一些套用特徵可以複製並貼在一個平面上,而複雜的草圖特徵像是掃出、疊層拉伸則不能被複製,同樣地,特定套用特徵像是拔模也不能被複製,但圓角與導角則可以。

一旦貼上後,複製的特徵就與原始特徵沒有任何關聯性,草圖和特徵都可以獨立地編輯。在此例中,Head 特徵需要兩個貫穿孔,我們可以建立一個後再用複製貼上完成另一個。

指令TIPS　複製與貼上特徵

- 功能表:**編輯→複製** 或**編輯→貼上**。
- 快速鍵:**Ctrl+C** 與 **Ctrl+V**。
- 快速鍵:**Ctrl+ 拖曳**。

STEP 45 建立除料孔

插入草圖,與上端圓弧中心重合,繪製 Ø9 的圓,建立**完全貫穿**除料,如圖 4-56 所示。將特徵重新命名為 Wheel Hole。

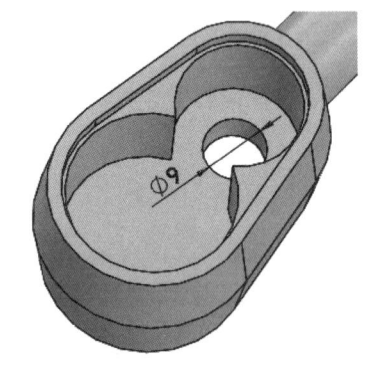

● 圖 4-56　除料孔

STEP 46 複製

被複製的特徵必須確認在 FeatureManager(特徵管理員)或繪圖區域中。例如:從 FeatureManager(特徵管理員)中選擇 Wheel Hole 特徵,如圖 4-57 所示,使用**複製** 指令複製到剪貼簿中。

● 圖 4-57　複製 Wheel Hole 特徵

對稱與拔模 **04**

STEP 47 選擇面

被複製的特徵必須貼在一個平面上,選擇與 Wheel Hole 特徵相同的草圖平面,按**貼上**。

STEP 48 複製確認

Wheel Hole 特徵與上端圓弧中心重合,複製時也會一併使用重合,但系統並不知該與哪條邊線重合,因此確認對話方塊中提供三個選項選擇,如圖 4-58 所示。

- 刪除限制條件
- 任其懸置
- 取消複製

按**刪除**。

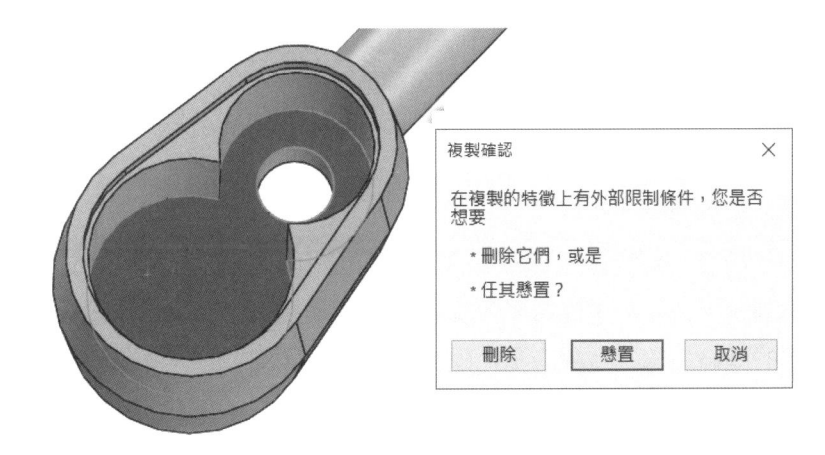

◉ 圖 4-58　複製確認

> **提示**　尺寸和限制條件有時會被刪除,或保留未解任其懸置,懸置的限制條件可以透過第 8 章的編輯技巧來修復。

STEP 49 編輯草圖

被複製的特徵包括特徵本身與草圖,因為原始限制條件已被刪除,所以草圖是不足定義的,按編輯草圖。

變更直徑為 12mm,並拖曳圓心至原點上,如圖 4-59 所示。離開草圖,並重新命名特徵為 Ratchet Hole。

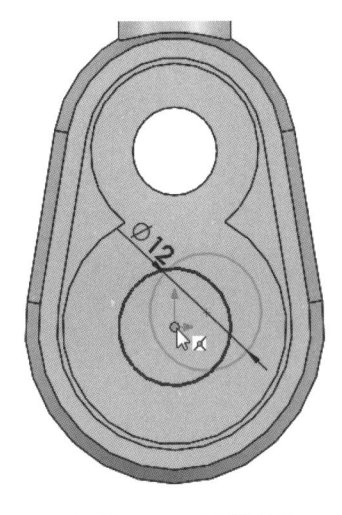

◉ 圖 4-59　編輯草圖

STEP 50 加入圓角

分別完成如下表要求的 3 個圓角特徵。

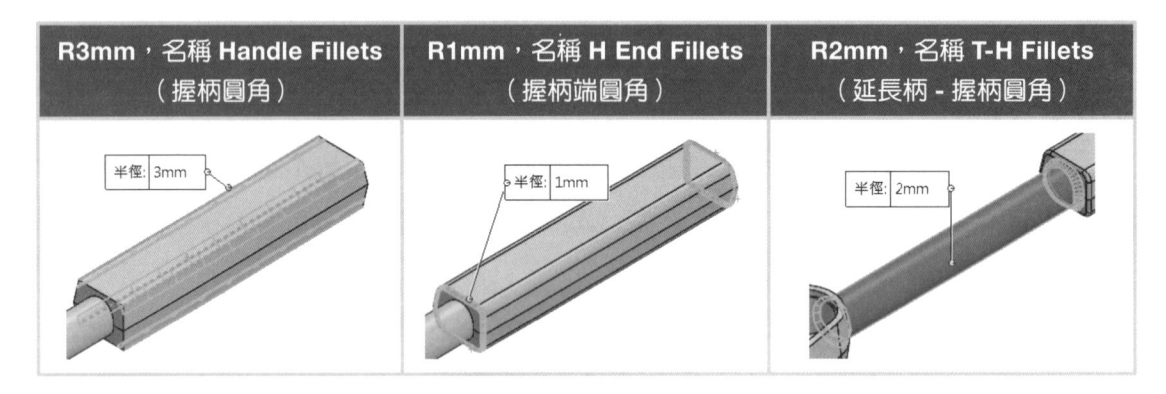

R3mm,名稱 Handle Fillets (握柄圓角)	R1mm,名稱 H End Fillets (握柄端圓角)	R2mm,名稱 T-H Fillets (延長柄 - 握柄圓角)
半徑:3mm	半徑:1mm	半徑:2mm

◆ 編輯圓角特徵

最後一個特徵是頭部（Head）上下兩條邊線的圓角。該邊線與握柄（Handle）兩端的圓角半徑相同,此時應先編輯握柄兩端的圓角特徵,再增加圓角邊線,使該特徵包括頭部的兩條邊線。這種方法比建立一個新圓角還要好,本例將編輯 H End Fillets（握柄端圓角）特徵。

STEP 51 選擇並編輯圓角

在 H End Fillets（握柄端圓角）特徵上按滑鼠右鍵,點選**編輯特徵**,使用視角 Head。選擇 Head 特徵的上下兩條外邊線形成迴圈（勾選**沿相切面進行**）,列表中的邊線應有 6 條,如圖 4-60 所示。按**確定**。

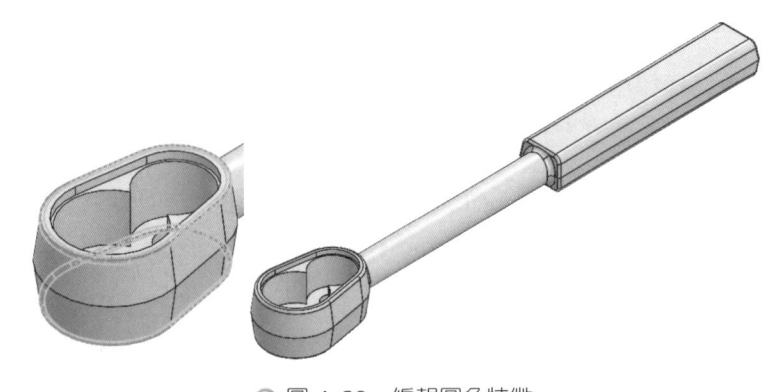

◉ 圖 4-60 編輯圓角特徵

STEP 52 共用、儲存並關閉零件

練習 4-1 滑輪

請使用所提供的尺寸完成零件,並使用可用的限制條件來維持設計意圖,如圖 4-61 所示。此練習使用下技能:

- 草圖中的對稱
- 兩側對稱伸長
- 切換拔模方向
- 繪製圓

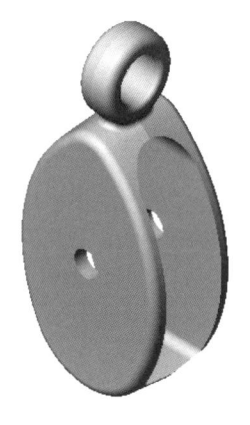

◉ 圖 4-61 滑輪

⬢ 可選草圖

如果您要使用現有的草圖,請直接跳到操作步驟。假如您想要自己建立新草圖,開新零件,單位 mm,並使用如圖 4-62 所示尺寸繪製草圖。本例共需三個草圖,第一個草圖繪於前基準面上,另兩個草圖繪於右基準面上。

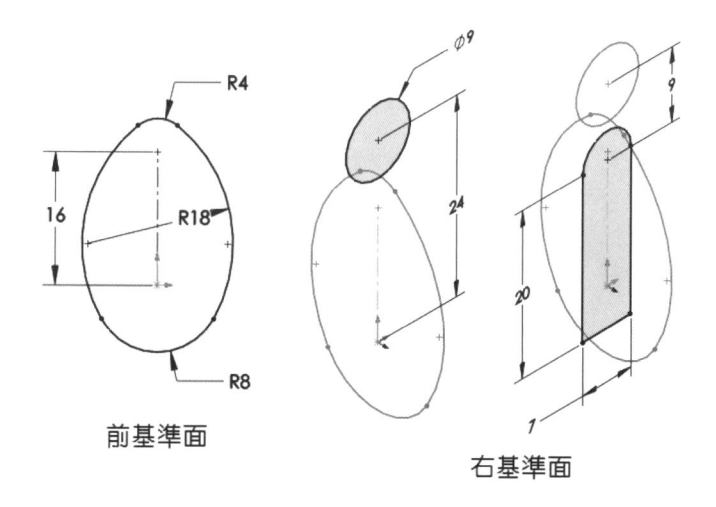

前基準面

右基準面

◉ 圖 4-62 繪製滑輪草圖尺寸

操作步驟

開啟現有零件 Pulley。

STEP 1　伸長與拔模

伸長 Base（紅色）草圖，終止型態為**兩側對稱**，給定深度 **10mm**，拔模角度 **6°**，如圖 4-63 所示。

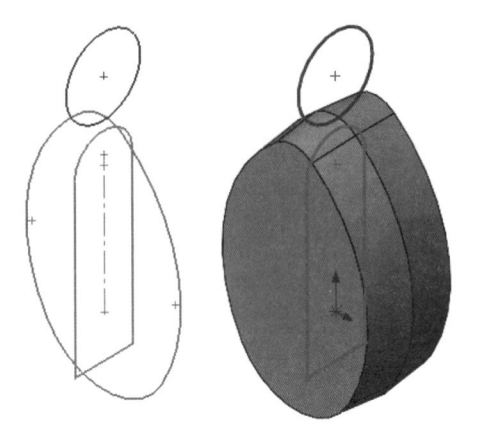

◉ 圖 4-63　伸長與拔模

STEP 2　伸長掛勾

伸長 Hanger 草圖（藍色），終止型態為**兩側對稱**，給定深度 **4mm**，拔模角度 **6°**，如圖 4-64 所示。

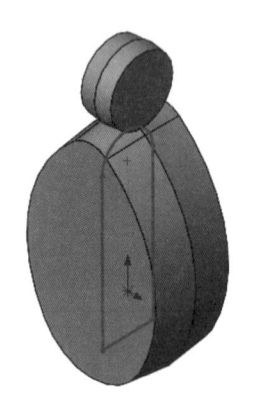

◉ 圖 4-64　伸長掛勾

STEP 3　除料和鑽孔

使用 Center Cut 草圖（綠色）建立除料特徵，使用**完全貫穿 - 兩者**。在上方掛勾加入 **Ø5** 的鑽孔，如圖 4-65 所示。

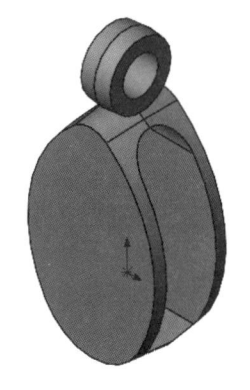

◉ 圖 4-65　建立除料特徵

對稱與拔模 **04**

另外在原點上方垂直位置，建立 **Ø3** 貫穿孔，如圖 4-66 所示。

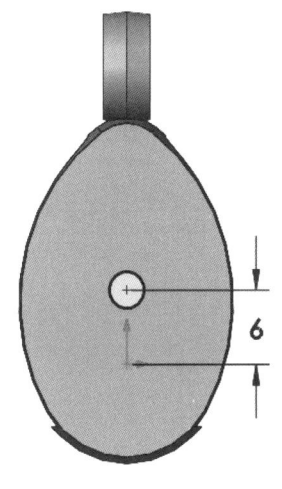

◉ 圖 4-66　建立孔特徵

STEP 4　加入圓角

加入 **R1** 和 **R0.5** 圓角，如圖 4-67 所示。

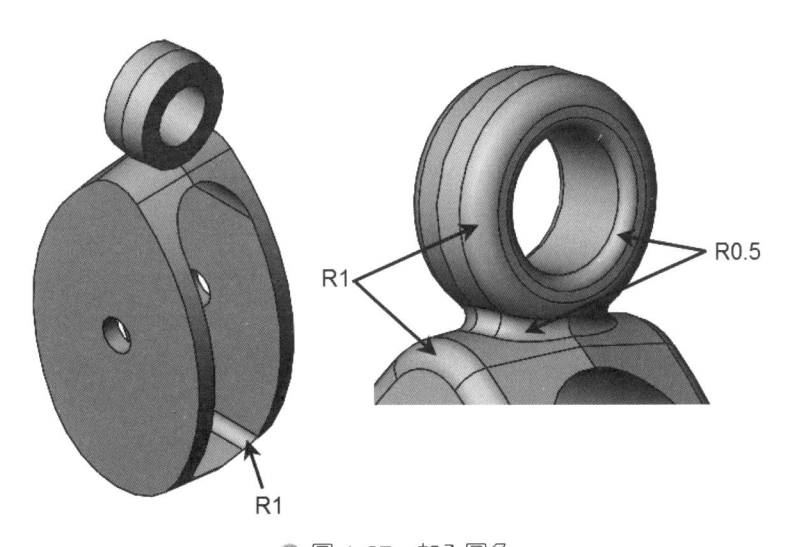

◉ 圖 4-67　加入圓角

提示　圓角特徵的順序很重要，圓角 R1 必須比 R0.5 先建立。

STEP 5　共用、儲存並關閉零件

4-39

練習 4-2 對稱和偏移圖元 1

請使用對稱和偏移來完成零件,如圖 4-68 所示。此練習可增強以下技能:

- 繪製中心線
- 繪製草圖後建立對稱
- 伸長兩側對稱
- 繪製偏移圖元

單位:mm(毫米)

◉ 圖 4-68 對稱和偏移圖元

◆ 視圖尺寸

按照圖 4-69 所示尺寸來建立零件。

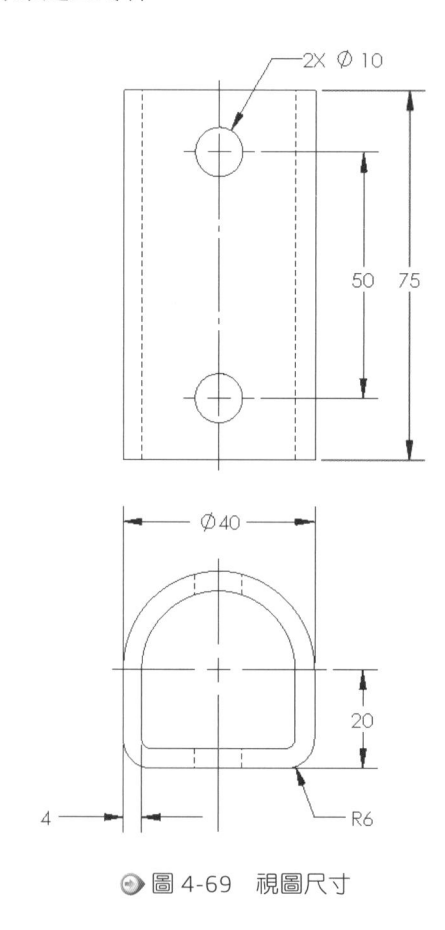

◉ 圖 4-69 視圖尺寸

對稱與拔模 **04**

練習 4-3 修改棘輪握柄

請修改之前建立的零件,如圖 4-70 所示。此練習可增強以下技能:

- 修剪與延伸

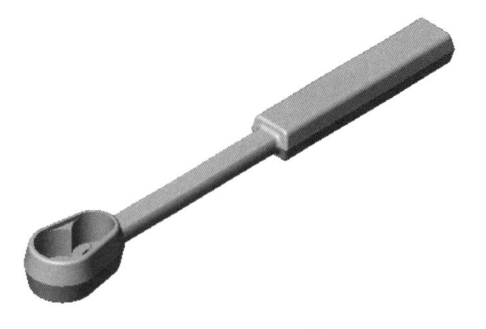

◉ 圖 4-70　棘輪

● **設計意圖（如圖 4-71）**

1. 零件必須保持對稱於右基準面。
2. 延長柄的剖面變更為平面,並由尺寸驅動。

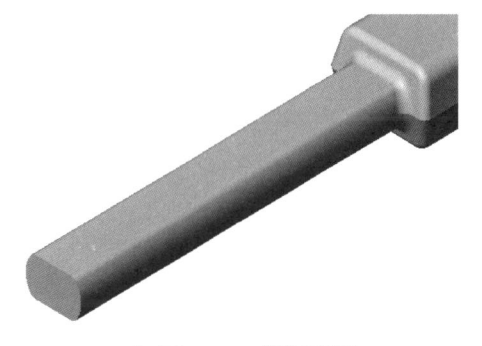

◉ 圖 4-71　設計意圖

|操作步驟|

開啟現有的零件進行修改。

STEP 1　開啟零件

開啟零件 Ratchet Handle Changes,修改的形狀將應用在如圖 4-72 所示的延長柄特徵。

延長柄 Transition

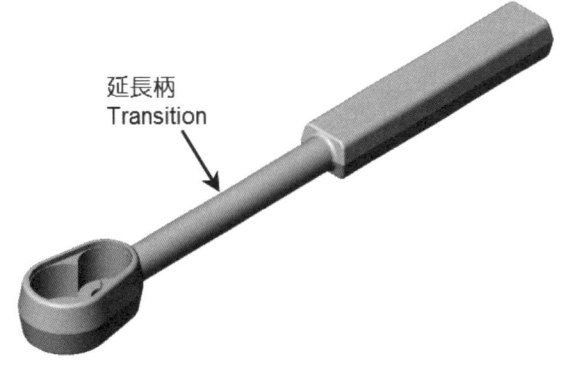

◉ 圖 4-72　修改延長柄

4-41

STEP 2　編輯草圖

在 Transition 特徵上按滑鼠右鍵，點選**編輯草圖**，於草圖中繪製等間距的水平線，標註尺寸後，結束草圖，如圖 4-73 所示。

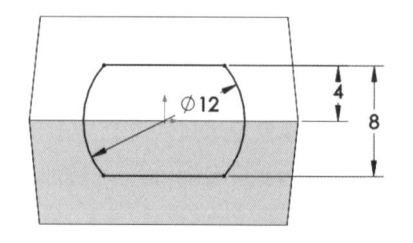

◉ 圖 4-73　編輯草圖

STEP 3　編輯特徵

編輯 H End Fillets（握柄端圓角）特徵，並加入 Transition 平面產生的四條邊線，按**確定**，如圖 4-74 所示。

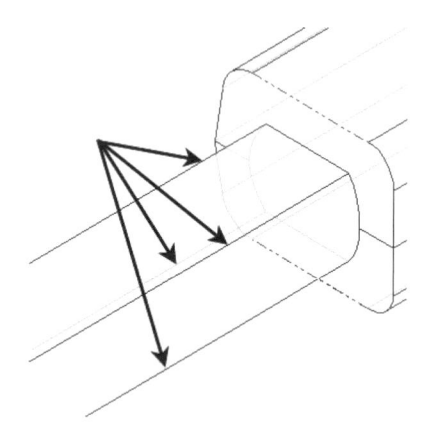

◉ 圖 4-74　編輯特徵

STEP 4　圓角修改結果

新加入的邊線成為握柄圓角特徵的一部分，如圖 4-75 所示。

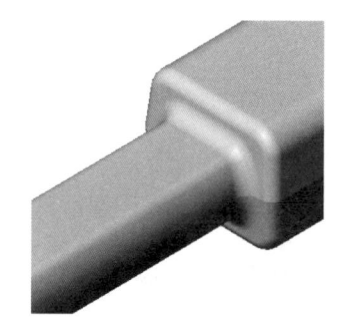

◉ 圖 4-75　圓角修改結果

STEP 5　共用、儲存並關閉零件

對稱與拔模 **04**

練習 4-4 對稱和偏移圖元 2

請使用對稱和偏移來完成零件,如圖 4-76 所示。此練習可增強以下技能:

- 繪製中心線
- 繪製草圖後建立對稱
- 正視於視角方位
- 繪製偏移圖元
- 伸長至某面平移處
- 量測

◉ 圖 4-76　Offset_Entities

操作步驟

開啟現有的零件 Offset_Entities,依以下步驟建立幾何。

STEP 1　偏移圖元

使用**偏移圖元**建立草圖幾何,如圖 4-77 所示。

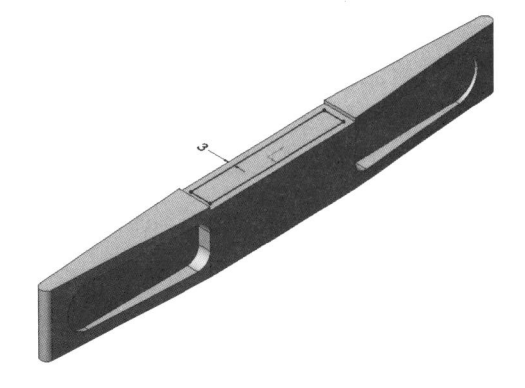

◉ 圖 4-77　偏移圖元

STEP 2　至某面平移處

使用**伸長除料**,終止型態選擇**至某面平移處**,偏移距離 10mm,偏移平面選擇零件底面,如圖 4-78 所示。

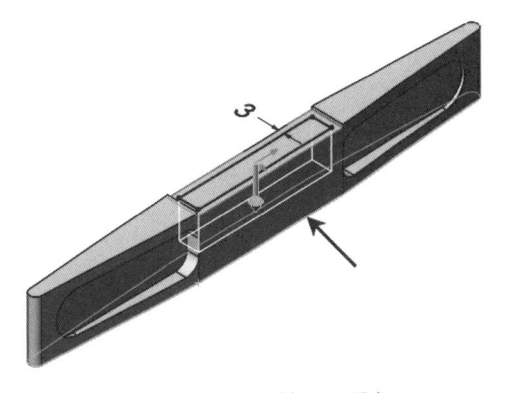

◉ 圖 4-78　至某面平移處

4-43

除料顯示**至某面平移處**選項的結果，您也可以用**量測**工具檢查這個數值，如圖 4-79 所示。

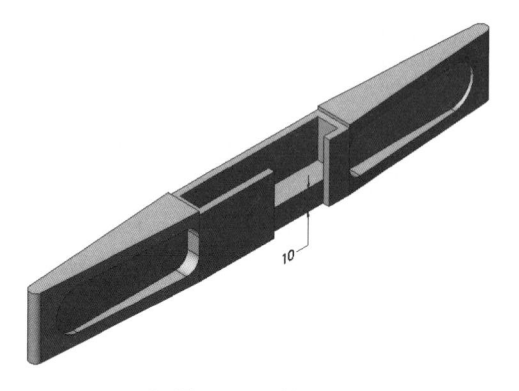

◉ 圖 4-79　結果顯示

STEP 3　偏移表面

建立一個草圖，繪製偏移面 2mm 的幾何，如圖 4-80 所示。

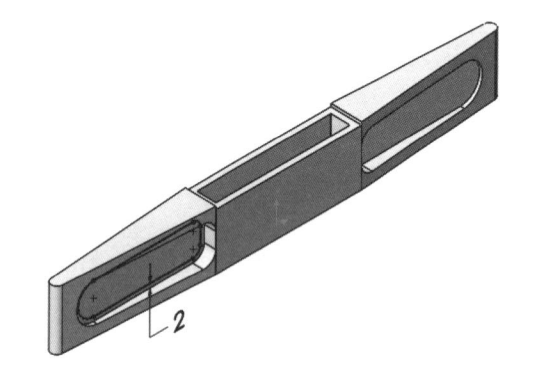

◉ 圖 4-80　偏移表面

STEP 4　偏移與對稱

正視於零件，繪製中心線鏡射前面的**偏移圖元**。建立伸長除料，使用**完全貫穿**，如圖 4-81 所示。

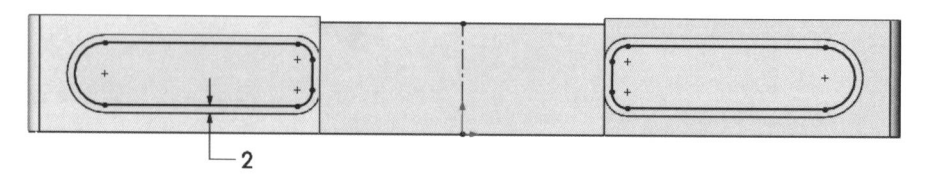

◉ 圖 4-81　偏移和對稱

STEP 5　共用、儲存與關閉零件

練習 4-5 工具夾持器

請建立如圖 4-82 所示的零件。此練習可增強以下技能：

- 草圖中的對稱
- 兩側對稱伸長
- 繪製圓
- 修剪和延伸

單位：mm（毫米）

◎ 圖 4-82 工具夾持器

設計意圖

本零件的設計意圖如下：

1. 圓角半徑皆為 R2mm。
2. 相等半徑或相等直徑的圓形邊線仍要保持相等。

視圖尺寸

使用圖 4-83 所示之圖形尺寸及設計意圖建立零件。

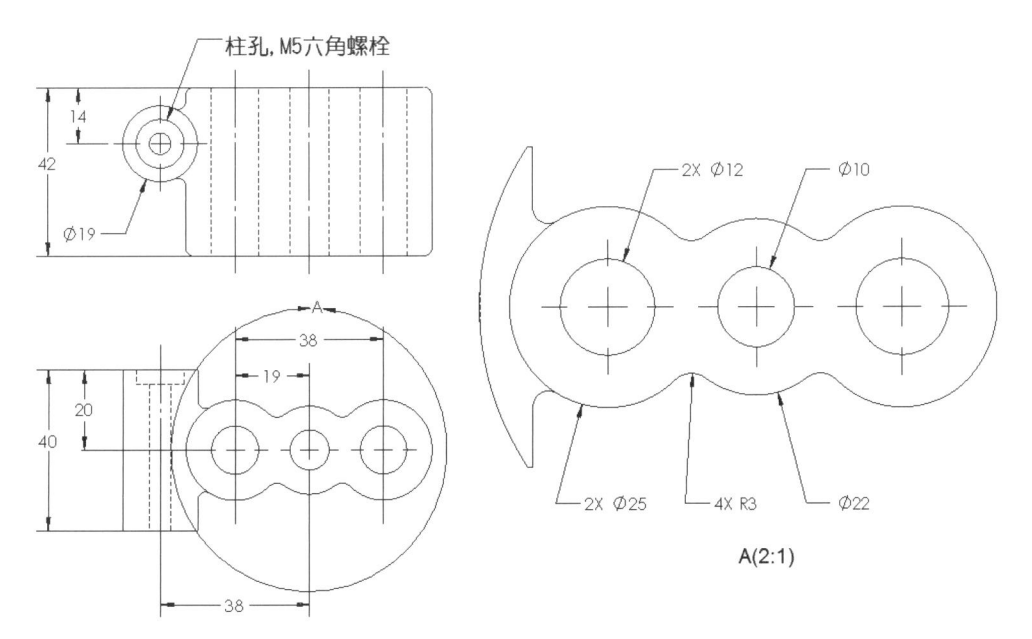

◎ 圖 4-83 視圖尺寸

練習 4-6 惰輪臂

請使用所提供的尺寸,建立如圖 4-84 所示的零件,並使用限制條件維持零件的設計意圖。請注意零件原點的最佳位置,建立此模型請使用上視、前視與右視基準面。此練習使用以下技能:

- 對稱草圖
- 兩側對稱伸長
- 伸長成形至下一面

單位:mm(毫米)

設計意圖

1. 零件是對稱的。
2. 前面的鑽孔均位於零件的中心線上。
3. 所有的圓角均為 R3(顏色較深部份)。
4. 前視和右視的孔中心均在同一直線上。

圖 4-84 惰輪臂

視圖尺寸

根據圖 4-85 視圖尺寸以及設計意圖建立零件。

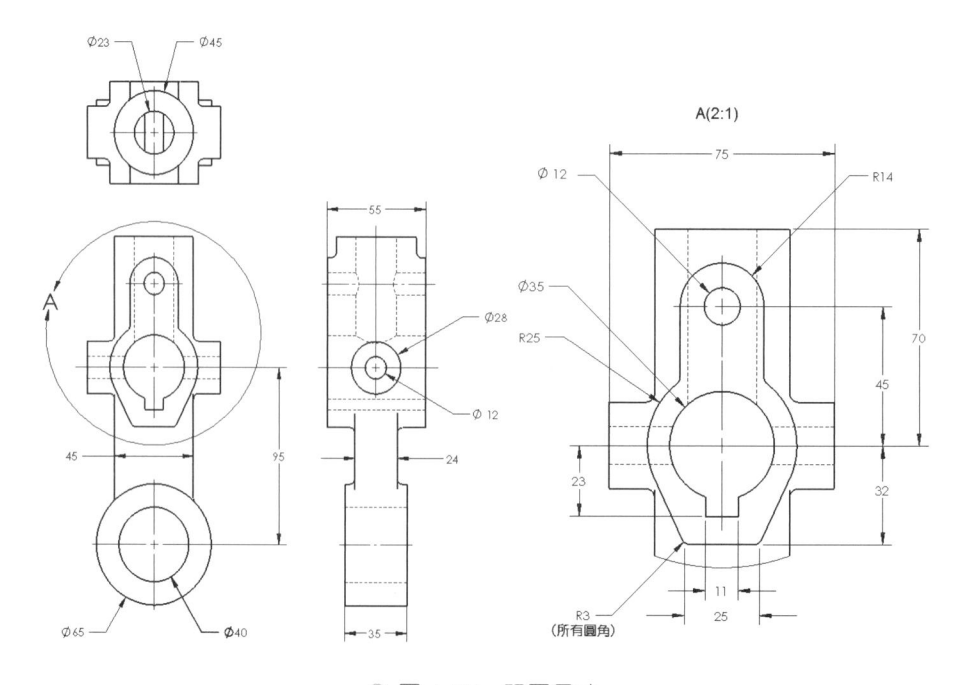

圖 4-85 視圖尺寸

對稱與拔模 **04**

練習 4-7 成形至某一面

請使用對稱與成形至某一面建立零件,如圖 4-86 所示。此練習可增強以下技能:

- 鏡射圖元
- 成形至下一面與成形至某一面

  單位:mm(毫米)

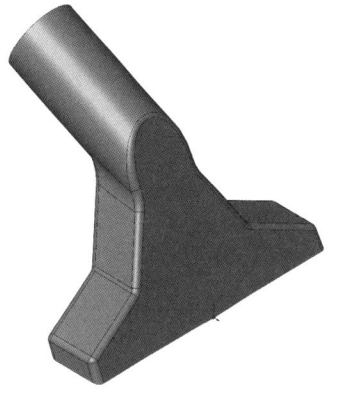

◉ 圖 4-86　成形至某一面

操作步驟

開啟現有的零件 Up_To_Surface,依以下步驟建立幾何。

STEP 1　草圖

在 Plane2 利用直線與對稱關係建立草圖幾何,如圖 4-87 所示。

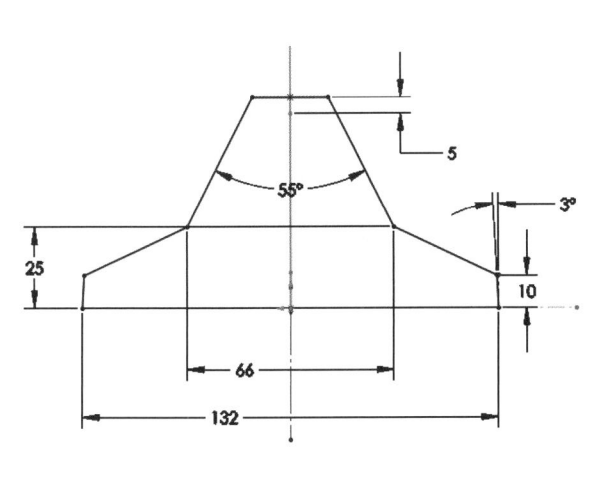

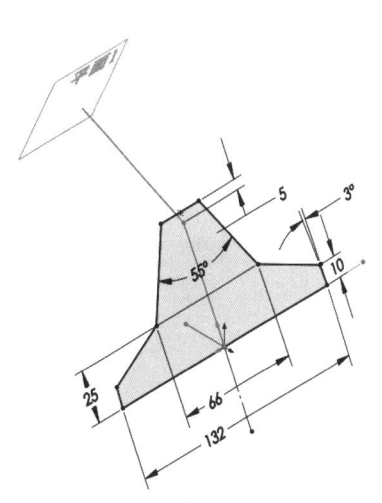

◉ 圖 4-87　草圖

◆ 使用伸長方向

預設的伸長方向是正垂於草圖平面,若沒有正垂於草圖平面,則需利用**伸長方向**選項,選擇一個向量伸長,向量可以是草圖線、邊線或軸線,如下表所示:

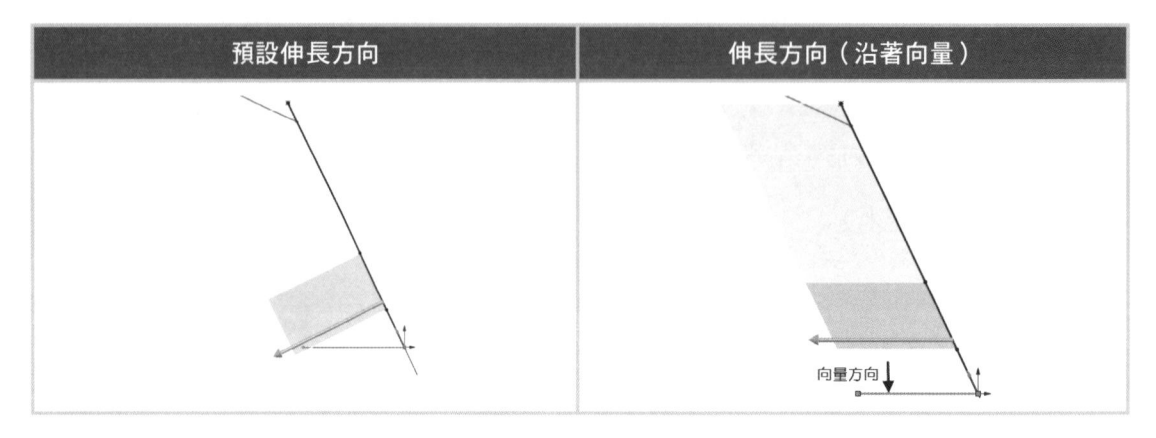

預設伸長方向	伸長方向(沿著向量)

STEP 2 伸長方向

伸長草圖,點選**伸長方向**框,並選擇箭頭所示的直線,**伸長深度** 28mm,如圖 4-88 所示。

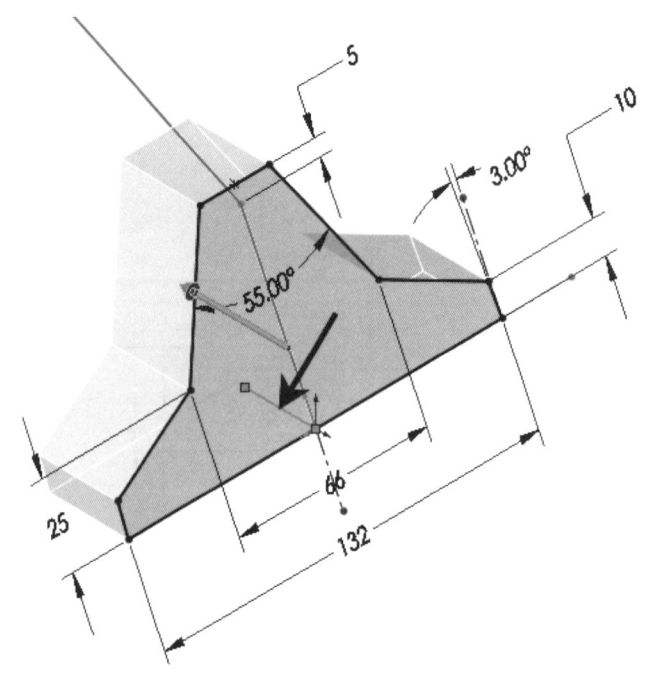

◉ 圖 4-88 伸長方向

對稱與拔模 04

STEP 3 成形至某一面

在 Plane1 繪製圓直徑 34mm，伸長草圖，終止型態選擇**成形至某一面**，並點選箭頭所指平面，如圖 4-89 所示。

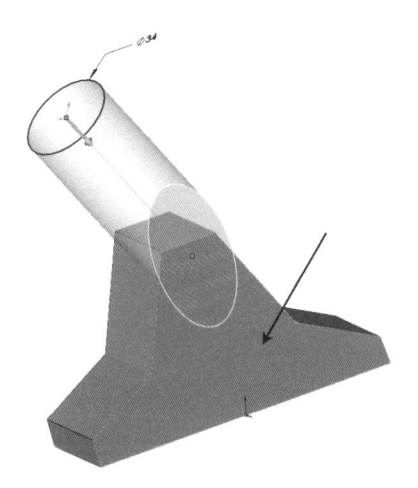

◉ 圖 4-89 成形至某一面

STEP 4 圓角

先加入 R12 圓角，再加入 R3 的圓角，如圖 4-90 所示。

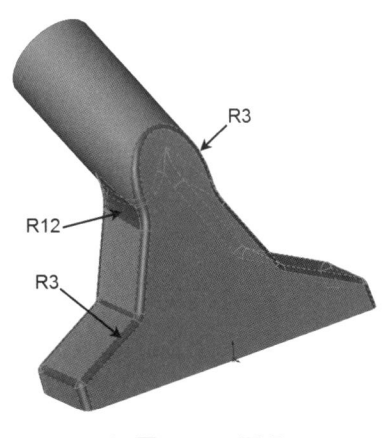

◉ 圖 4-90 圓角

STEP 5 共用、儲存並關閉檔案

NOTE

05 複製排列

順利完成本章課程後,您將學會:

- 建立直線與環狀複製排列
- 適當的使用幾何複製排列
- 建立並使用參考幾何類型軸線、基準面和座標系統
- 建立鏡射複製
- 在直線複製排列中使用只複製種子特徵
- 加入草圖導出複製排列
- 運用自動完全定義草圖

5.1 為何要使用複製排列

當要建立一個或多個相同特徵副本時,複製排列是最好的方法。優先選擇複製排列的原因有以下幾點:

⬢ 重複使用幾何

原始或**種子**特徵只要建立一次後,就可參考種子特徵,依序建立並放置**複製排列副本**。

⬢ 方便修改

由於種子和副本是相關聯的,若種子改變副本也會跟著改變。

⬢ 使用組合件零組件複製排列

在零件中建立的複製排列也可以在組合件中重複使用,例如: 複製排列導出零組件複製排列 。此複製排列可以用來放置零組件或次組合件。

⬢ 智慧型扣件(Smart Fasterner)

複製排列的另一個優勢是支援智慧型扣件,智慧型扣件用在組合件時可對每個鑽孔自動加入扣件,如圖 5-1 所示。

⬢ 複製排列術語

在使用複製排列上,您應該要了解何謂種子和複製排列副本。

- **種子特徵**:種子特徵是被複製的幾何,可以是一個或多個特徵、實體或面。

- **複製排列副本**:**複製排列副本**(或稱**副本**)是從種子特徵所建立的複製品,不稱為複製是它從種子衍生並且隨著種子變化而變化。

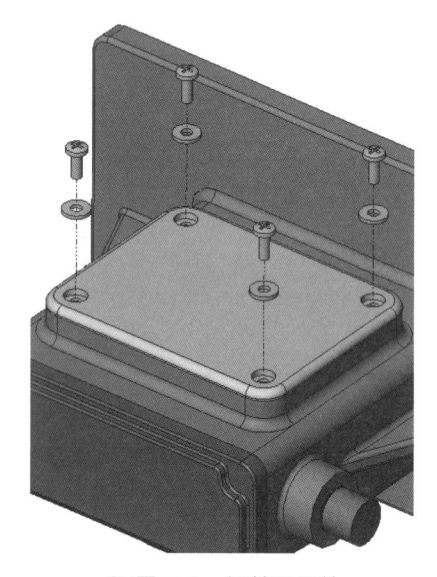

◉ 圖 5-1 智慧型扣件

⬢ 複製排列類型

SOLIDWORKS 提供多種複製排列類型,以下列出複製排列各種類型用法。

> 提示　下面列出了所有類型的複製排列,但本章僅用到其中的幾種。

複製排列 05

複製排列類型	用法	種子特徵 = / 複製副本 =
線性	單方向等距排列	
線性	雙方向等距排列	
線性	僅複製排列種子特徵的雙方向排列	
線性	跳過副本的單方向或雙方向排列	
線性	尺寸變化的單方向或雙方向排列	
環狀	對中心等距的環狀排列	
環狀	對中心等距的環狀排列。跳過副本或角度小於 360°	
環狀	對中心等距及對稱間距的環狀排列	
環狀	對所選尺寸變化的環狀排列	

複製排列類型	用法	種子特徵 = 複製副本 =
鏡射	對選擇的平面翻轉鏡射	
表格導出	指定座標系統,並沿表格中 XY 座標值的位置排列	
草圖導出	根據草圖定位點排列	
曲線導出	沿曲線幾何排列	
曲線導出	沿著全圓或部份圓的路徑排列	
曲線導出	沿著投影曲線幾何排列	
填入	在選擇面上複製排列副本 填入可以使用預設的形狀:圓、方形、菱形或多邊形	
變化	根據表格中所選的尺寸變化沿平面或曲面排列	

5.1.1 複製排列選項

複製排列特徵具有一些共同的選項,但各類型的複製排列又有獨特選項,如下表。

複製排列特徵	選擇特徵、實體或面	傳遞衍生視覺屬性	只複製種子特徵	跳過副本	幾何複製	變化草圖	副本變化
線性	✓	✓	✓	✓	✓	✓	✓
環狀	✓	✓		✓	✓		✓
鏡射	✓	✓			✓		
表格導出	✓	✓			✓		
草圖導出	✓	✓			✓		
曲線導出	✓	✓	✓	✓	✓	✓	
填入	✓	✓		✓	✓	✓	
變化	只針對特徵	✓					變化所有副本

> **提示** **直線草圖複製排列** 和**環狀草圖複製排列**，只能用來複製草圖幾何，不能建立複製排列特徵。

5.2 直線複製排列

直線複製排列可沿著一或兩個方向陣列建立副本，每個陣列都受到方向、距離和副本數量控制。可以複製排列的幾何包括：特徵、面、平面、基準軸和實體。方向是由邊線、軸線、暫存軸、線性尺寸、平坦面／曲面、同心面／曲面、圓形邊線、草圖圓／弧或參考平面所定義。

副本與原始特徵是相關聯的，只要修改原始特徵，副本特徵也會跟著改變。

指令TIPS 直線複製排列

直線複製排列可在一個方向或者兩個方向上建立多個副本，邊線、基準軸、暫存軸或線形尺寸都可以作為複製排列方向，副本的數量包含原始特徵或種子特徵。

操作方法

- CommandManager：**特徵**→**直線複製排列**。
- 功能表：**插入**→**特徵複製／鏡射**→**直線複製排列**。

操作步驟

STEP 1 開啟零件

開啟零件 Linear Pattern（圖 5-2），這個零件包含要建立複製排列的種子特徵。

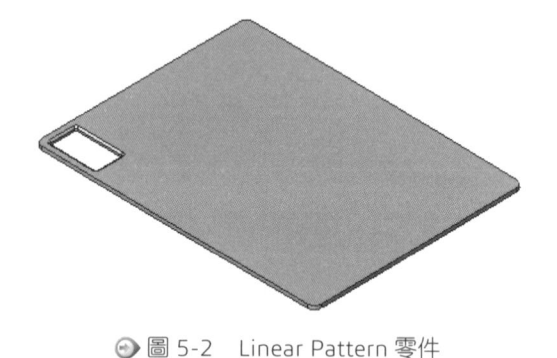

● 圖 5-2　Linear Pattern 零件

STEP 2 設定方向 1

按**直線複製排列**，選取零件的直線邊線，必要時點選**反轉方向** 以調整方向。點選**間距和副本**，設定**間距 50mm**，**副本數 5**，如圖 5-3 所示。

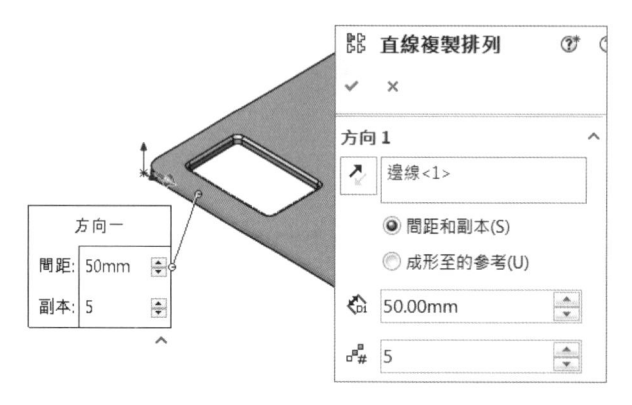

● 圖 5-3　設定方向

> **提示** 複製排列標註會貼附在所選參考旁，用來定義複製排列方向，標註內包含**間距**和**副本數**，點選值的儲存格可以修改設定，如圖 5-4 所示。

● 圖 5-4　複製排列標註修改

5.2.1 快顯 FeatureManager（特徵管理員）

使用快顯 FeatureManager（特徵管理員）能讓您同時查看 FeatureManager（特徵管理員）和 PropertyManager。當 PropertyManager 把 FeatureManager（特徵管理員）擋住時，可利用快顯 FeatureManager（特徵管理員），使其透明地重疊在繪圖區域上來選擇特徵，如圖 5-5 所示。

複製排列 **05**

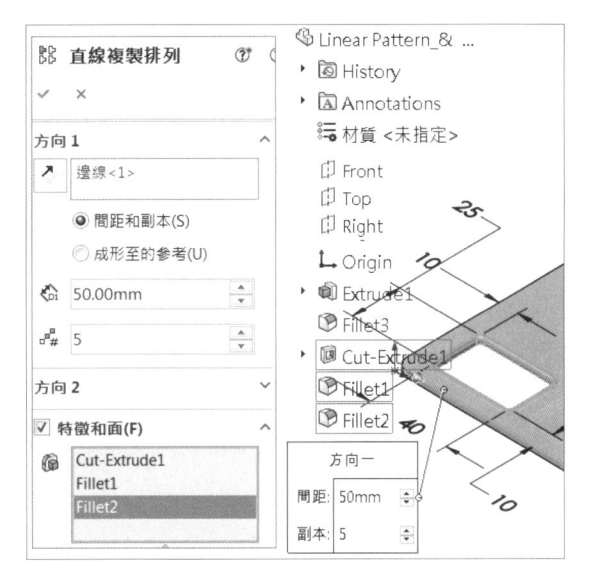

◉ 圖 5-5 快顯 FeatureManager（特徵管理員）

快顯 FeatureManager（特徵管理員）會與 PropertyManager 同時自動啟用，當它收摺時，按最上層特徵旁的箭頭即可展開列表。

STEP 3 選擇特徵

勾選**特徵和面**並點選**複製排列的特徵**列表，從快顯 FeatureManager（特徵管理員）選擇 Cut-Extrude1、Fillet1 和 Fillet2 特徵。

STEP 4 設定方向 2

展開**方向 2** 群組，選取另一條直線邊線。點選**間距和副本**，**間距 35mm**，**副本數 5**，如圖 5-6 所示。

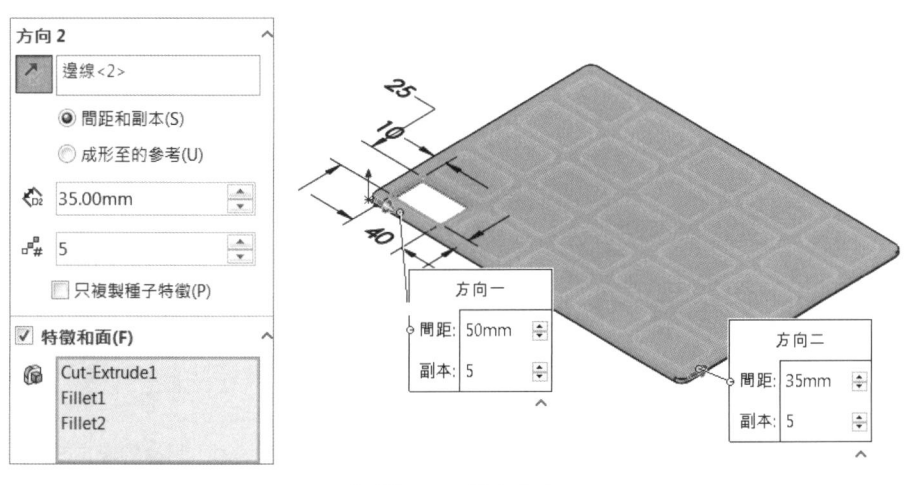

◉ 圖 5-6 設定方向 2

5-7

5.2.2 跳過副本

在複製排列所有副本預覽中,只要點選副本質心符號,即可跳過該副本,但種子特徵不能跳過,每個副本都用陣列格式(2,3)來識別其位置。

STEP 5　設定跳過之副本

展開**跳過之副本**群組,您可以拖曳框選在中間的 9 個副本質心符號。選取時該群組列表內會以陣列格式顯示該副本,拖曳列表下之底線可加大列表框,如圖 5-7 所示,按**確定**。

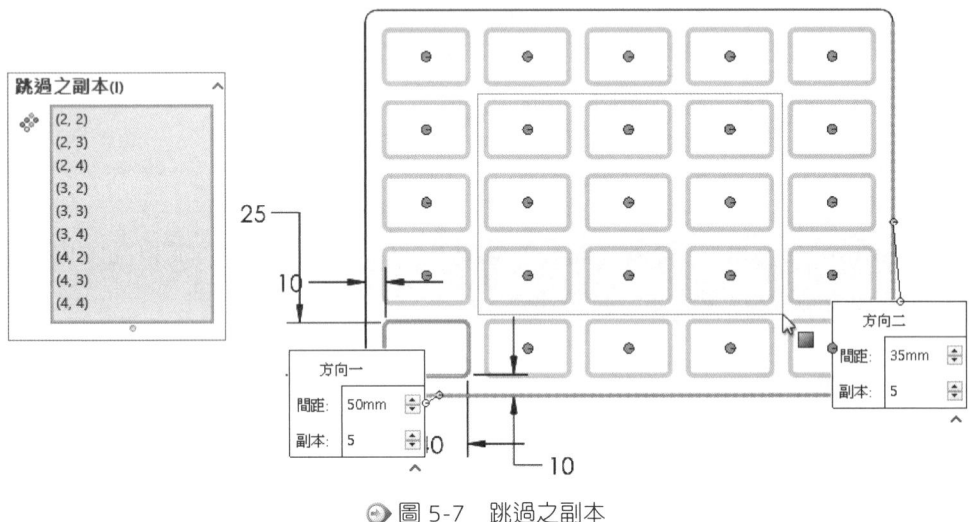

◎ 圖 5-7　跳過之副本

STEP 6　種子特徵和副本

從 FeatureManager(特徵管理員)點選複製排列特徵時,種子特徵和副本會各以不同顏色強調顯示,如圖 5-8 所示。複製排列特徵的提示工具包含相關的設定資訊,如圖 5-9 所示。

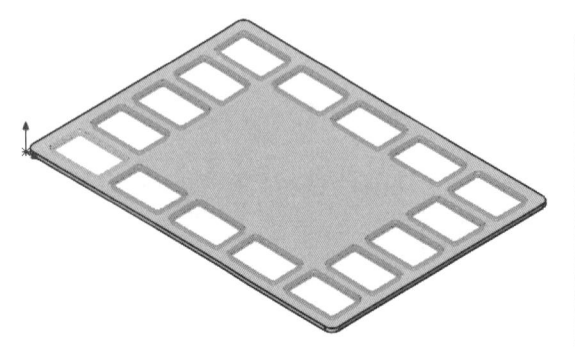

◎ 圖 5-8　強調顯示種子特徵和副本　　　◎ 圖 5-9　特徵的提示窗

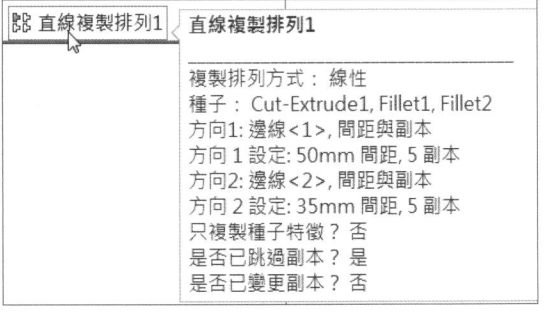

5.2.3 幾何複製

幾何複製選項能有效地縮短從種子特徵複製副本時,所需耗費的重新計算時間。只有種子和副本幾何相同或相似時,才能使用該選項。

⬢ 取消幾何複製

取消**幾何複製**選項勾選時,副本的終止型態會與種子相同。例如:右邊兩個副本和左邊種子特徵有著相同的終止型態:**至某面平移處**,如圖 5-10 所示。

◉ 圖 5-10　取消幾何複製

⬢ 使用幾何複製

勾選**幾何複製**選項,複製的副本會直接使用種子幾何來複製排列,並忽略此種子特徵的終止型態,如圖 5-11 所示。

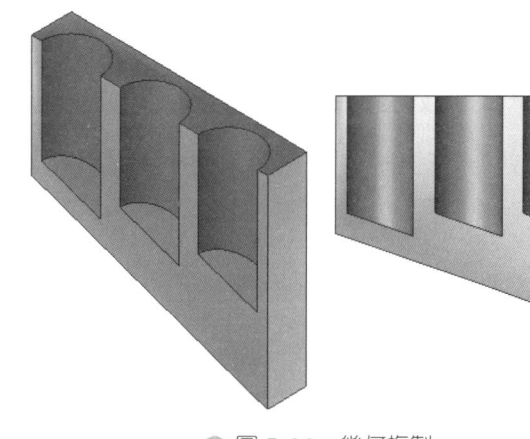

◉ 圖 5-11　幾何複製

STEP 7　幾何複製

在直線複製排列 1 特徵上按滑鼠右鍵,點選**編輯特徵**,勾選**幾何複製**後按**確定**。因為板子的厚度不變,因此複製排列後無法看出有何改變,如圖 5-12 所示。

◉ 圖 5-12　幾何複製選項

5.2.4 效能評估

效能評估工具會顯示零件中每個特徵重新計算的時間,使用此工具可發現重新計算時間較長的特徵,好讓您可以儘可能的修改或抑制這些特徵以提高效率。

> **指令TIPS** 效能評估
>
> **效能評估**對話方塊會顯示所有特徵重新計算的時間,並由長到短排序。
> - **特徵次序**:列出 FeatureManager(特徵管理員)中的每個項次:特徵、草圖和導出的平面,於項次中按滑鼠右鍵,點選**編輯特徵**或**抑制**等。
> - **時間長度** %:顯示重新產生每個特徵的時間佔零件重新計算總時間的百分比。
> - **時間**:以秒為單位,顯示每個特徵重新計算所需的時間。
>
> 操作方法
> - CommandManager:**評估→效能評估**。
> - 功能表:**工具→評估→效能評估**。

STEP 8 效能評估

按**效能評估**,在對話方塊中,特徵將依重新計算時間長短排序。可以看出直線複製排列 1 特徵佔用了大部分重新計算時間,如圖 5-13 所示,按**關閉**。

特徵次序	時間長度…	時間
直線複製排列1	50.00	0.01
Cut-Extrude1	50.00	0.01
Sketch1	0.00	0.00
Extrude1	0.00	0.00
Fillet3	0.00	0.00
Sketch2	0.00	0.00
Fillet1	0.00	0.00
Fillet2	0.00	0.00

Linear Pattern
特徵 8,實體 1,曲面 0
全部重新計算時間的秒數: 0.08

圖 5-13 效能評估 1

複製排列 **05**

STEP 9 關閉幾何複製

在直線複製排列 1 特徵上按滑鼠右鍵,點選**編輯特徵** ,取消勾選**幾何複製**,按**確定**。

STEP 10 重覆上一動作

再次點選**效能評估** ,取消勾選**幾何複製**後,直線複製排列 1 特徵增加了部份重新計算時間,如圖 5-14 所示。

◉ 圖 5-14 效能評估 2

STEP 11 共用、儲存並關閉零件

◆ **資料解析**

首先本模型重新計算的總時間不到 1 秒鐘,因此任何特徵修改不會有太大影響。其次,有效數字和四捨五入的誤差。例如:特徵 1 的重新計算時間可能是特徵 2 的兩倍,分別是 0.02s 和 0.01s,這並不能說明特徵 1 存在問題,有可能特徵 1 重新計算的時間是 0.0151s,而特徵 2 重新計算時間是 0.0149s,兩者僅僅相差 0.0002s 而已。

效能評估可以發現對重新計算時間影響較大的特徵,然後使用抑制或修改該特徵以提高效率。

◆ 影響模型重新計算時間的因素

分析特徵可以確認導致重新計算時間長的原因，根據特徵類型和使用方式不同，原因也不相同。例如：包含草圖的特徵，系統要搜尋草圖的外部限制條件和終止型態，以及維持與特徵的關係，這些都會影響重新計算時間，當然草圖平面也是如此。

技巧
一般而言，特徵的父特徵越多，其重新計算速度就越慢。

5.3 環狀複製排列

環狀複製排列指令可藉由旋轉中心、角度值和複製數量的控制，來建立複製數或副本數。複製排列的特徵會隨著原始特徵的改變而改變。

指令TIPS　環狀複製排列

環狀複製排列圍繞著旋轉軸，建立並排列一個或多個特徵的多重副本。圓形面、圓形邊線、基準軸、暫存軸或角度尺寸都可以作為旋轉軸。

操作方法
- CommandManager：**特徵→直線複製排列→環狀複製排列**。
- 功能表：**插入→特徵複製/鏡射→環狀複製排列**。

操作步驟

STEP 1　開啟零件 Circular_Pattern

STEP 2　複製排列軸

按**環狀複製排列**，點選**複製排列軸**選項並選擇模型的圓柱面，作為環狀複製排列的旋轉軸參考，如圖 5-15 所示。

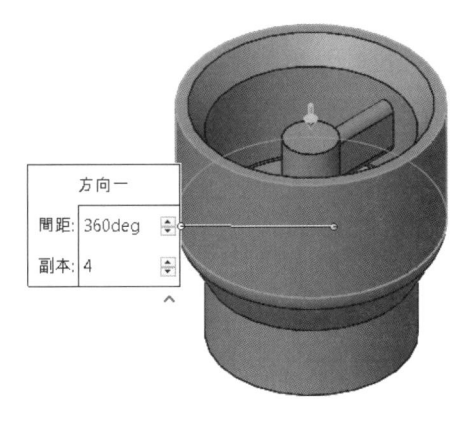

➲ 圖 5-15　複製排列軸

複製排列 **05**

STEP 3 設定環狀複製排列

勾選**特徵和面**，複製排列特徵選擇圖中所示的三個特徵，設定**角度 360°**，**副本數 4**，勾選**同等間距**和**幾何複製**選項，按**確定**，如圖 5-16 所示。

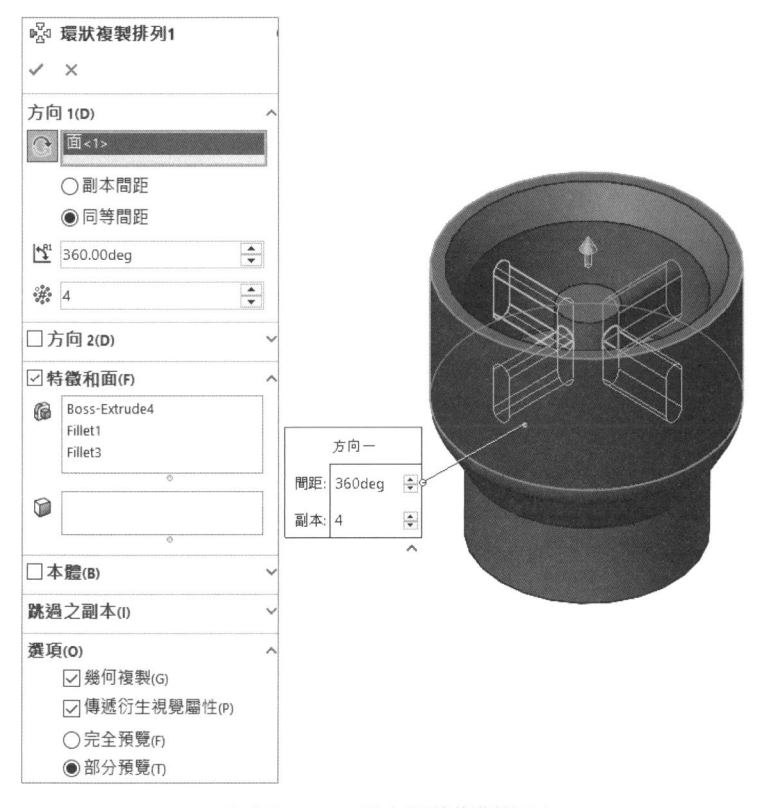

圖 5-16　設定環狀複製排列

> **提示**　**反轉方向** ↻ 和**對稱**選項只有使用角度小於 360°時才有作用，如圖 5-17 所示。

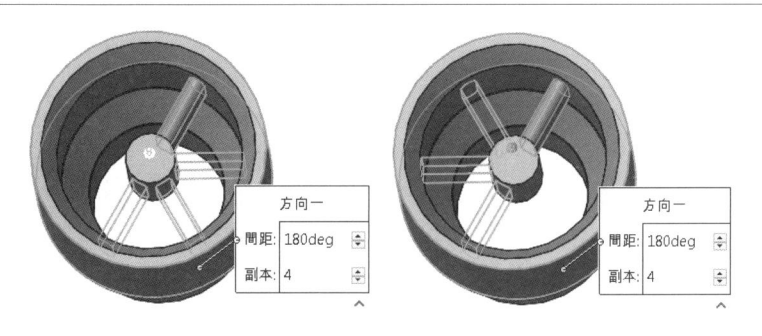

圖 5-17　反轉方向

STEP 4 共用、儲存並關閉零件

5.4 參考幾何

在建立複製排列過程中會使用到三種參考幾何：**暫存軸**、**基準軸**、**基準面**和**座標系統**。

5.4.1 基準軸

基準軸是特徵的一種，可由幾種方法建立，它的優點是可在 FeatureManager（特徵管理員）中重新命名和選取，並調整其大小。

◆ **暫存軸**

每個圓柱和圓錐面都有一個軸與其相關聯，只要移動游標至圓柱和圓錐面上，系統即會顯示此特殊的暫存軸。想要檢視模型內全部的暫存軸，可以按**檢視→隱藏／顯示→暫存軸**，模型的每一個圓形面都會顯示一條通過的軸線。

基準軸的建立方法如下表。

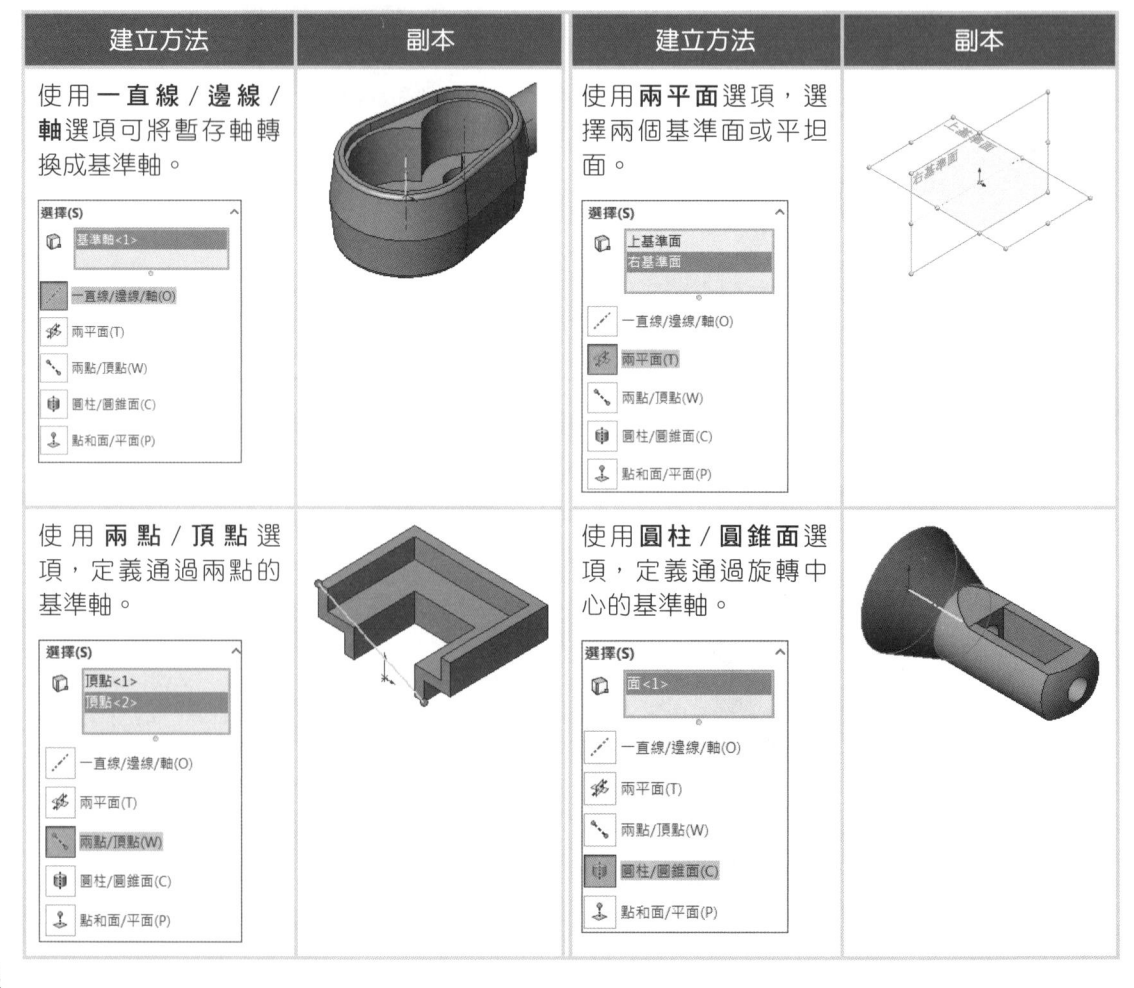

建立方法	副本	建立方法	副本
使用**一直線／邊線／軸**選項可將暫存軸轉換成基準軸。		使用**兩平面**選項，選擇兩個基準面或平坦面。	
使用**兩點／頂點**選項，定義通過兩點的基準軸。		使用**圓柱／圓錐面**選項，定義通過旋轉中心的基準軸。	

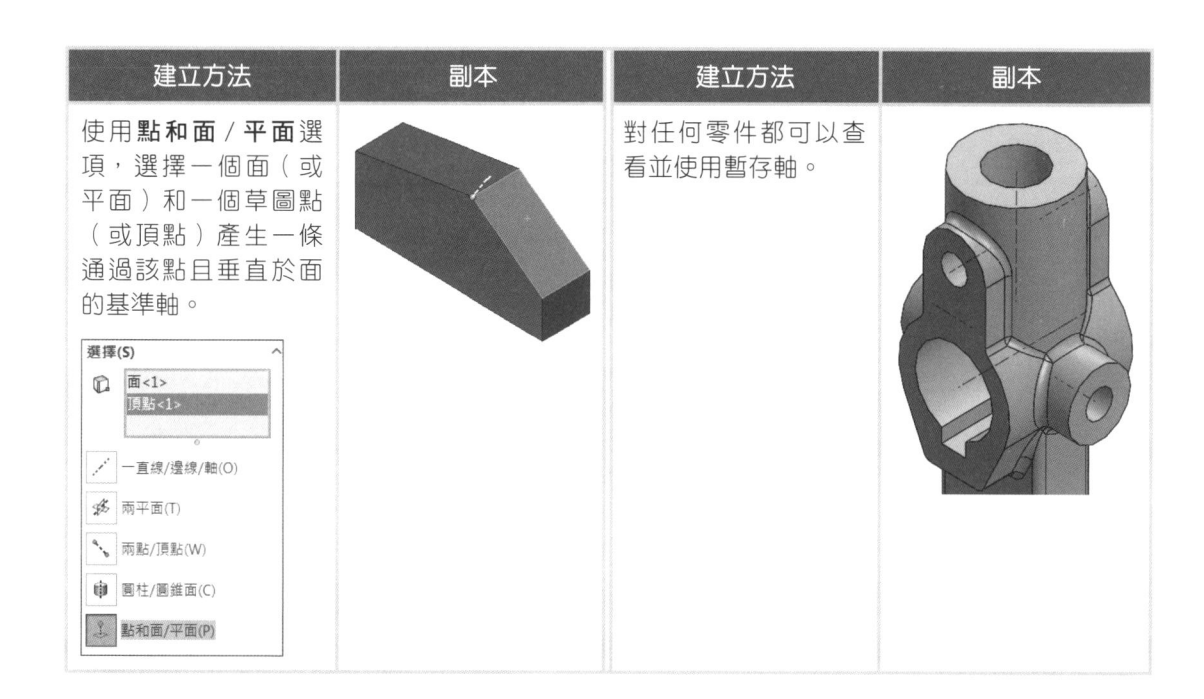

建立方法	副本	建立方法	副本
使用**點和面/平面**選項，選擇一個面（或平面）和一個草圖點（或頂點）產生一條通過該點且垂直於面的基準軸。		對任何零件都可以查看並使用暫存軸。	

指令TIPS 基準軸

- CommandManager：**特徵**→**參考幾何**→**基準軸**。
- 功能表：**插入**→**參考幾何**→**基準軸**。

指令TIPS 暫存軸

- 移動游標至圓柱和圓錐面上。
- 立即檢視工具列：**隱藏/顯示項次**→**檢視暫存軸**。
- 功能表：**檢視**→**隱藏/顯示**→**暫存軸**。

STEP 1 開啟零件 Circilar_Pattern with Axis

STEP 2 建立基準軸

按**基準軸**，選擇 Front Plane 和 Right Plane，**兩平面**選項將被自動選取，按**確定**加入基準軸 1，如圖 5-18 所示。

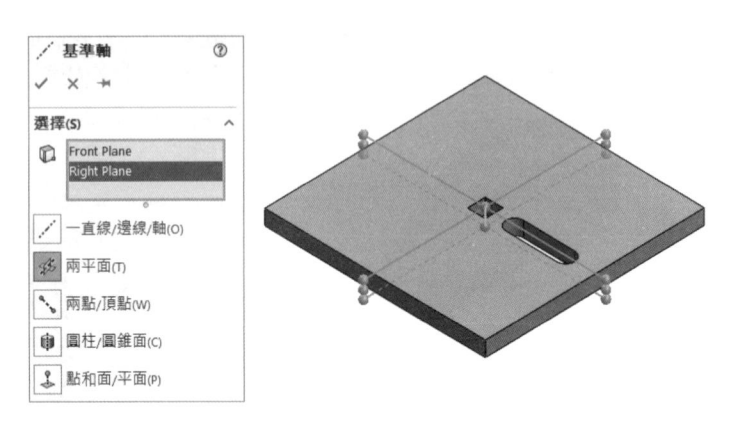

◉ 圖 5-18　建立基準軸

STEP 3　環狀複製排列特徵

按**環狀複製排列**，點選**複製排列軸**，選擇基準軸 1；點選**複製排列特徵**列表，選擇特徵 Cut-Extrude1，勾選**同等間距**，**副本數 4**，按**確定**，如圖 5-19 所示。

STEP 4　共用、儲存並關閉零件

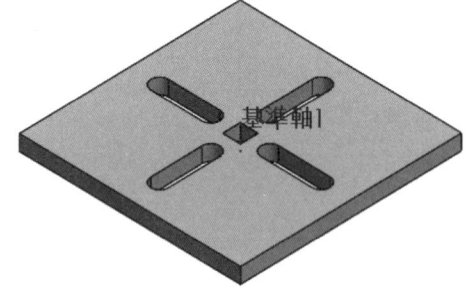

◉ 圖 5-19　環狀複製排列特徵

5.5　基準面

使用不同的幾何圖元，並透過**基準面**指令即可建立各種基準面，基準面、平面、邊、點、曲面和草圖幾何都能透過**第一參考**、**第二參考**或額外的**第三參考**來加入限制條件。當基準面的條件達成時，上方訊息會顯示**完全定義**。

要在零件或一個組合件的零組件中檢視及選擇被隱藏的平面，您可以按 Q，這在組合件中建立結合時，此功能特別有用。

技巧
如果所選條件不能夠形成一個有效的基準面，會顯示提示訊息，如圖 5-20 所示。

◉ 圖 5-20　提示訊息

◆ **快速鍵**

按住 **Ctrl** 鍵並拖曳已有的基準面來建立**偏移距離**的基準面。

下表為基準面的建立方法。

複製排列 05

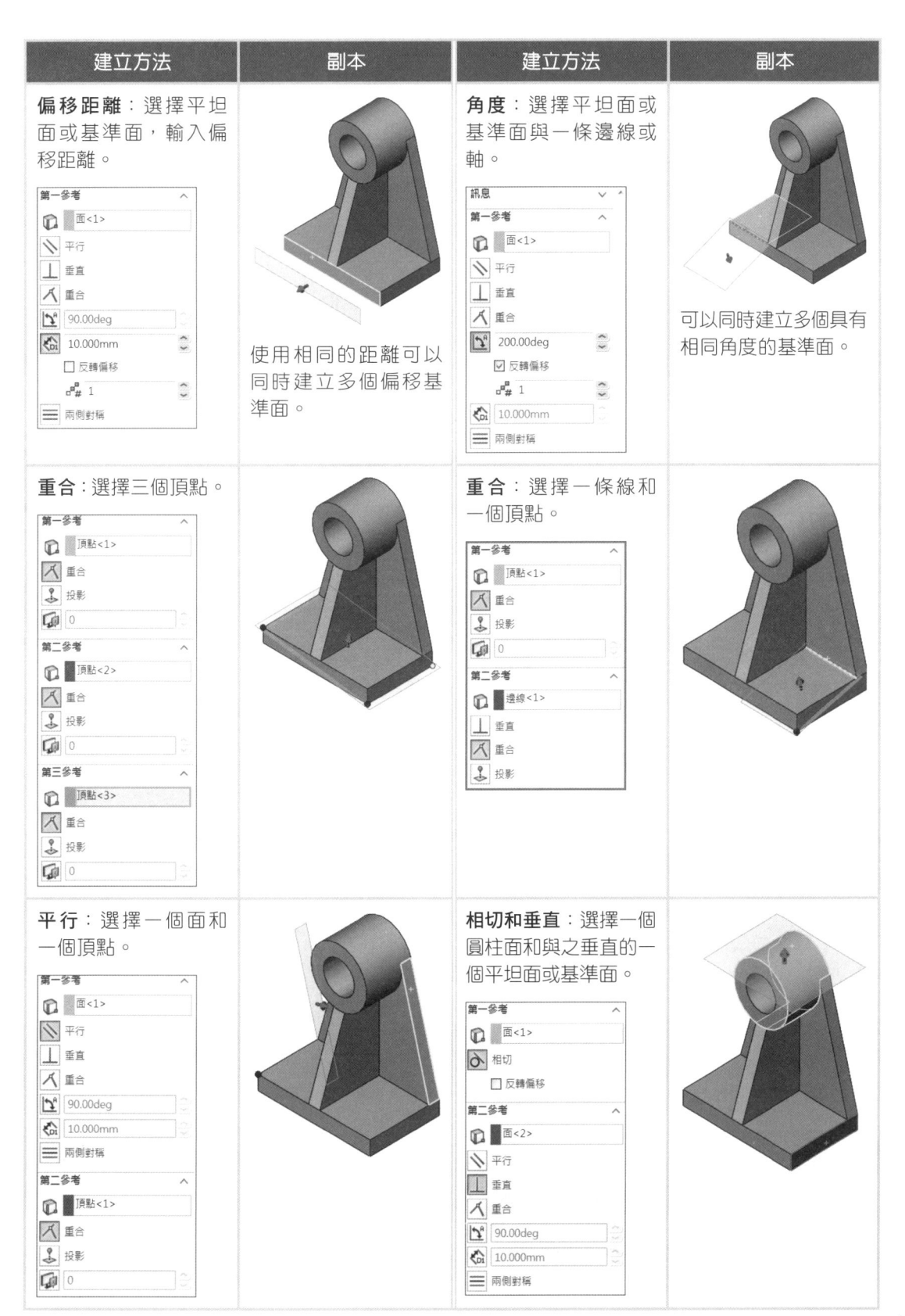

建立方法	副本	建立方法	副本
偏移距離：選擇平坦面或基準面，輸入偏移距離。		**角度**：選擇平坦面或基準面與一條邊線或軸。	
	使用相同的距離可以同時建立多個偏移基準面。		可以同時建立多個具有相同角度的基準面。
重合：選擇三個頂點。		**重合**：選擇一條線和一個頂點。	
平行：選擇一個面和一個頂點。		**相切和垂直**：選擇一個圓柱面和與之垂直的一個平坦面或基準面。	

5-17

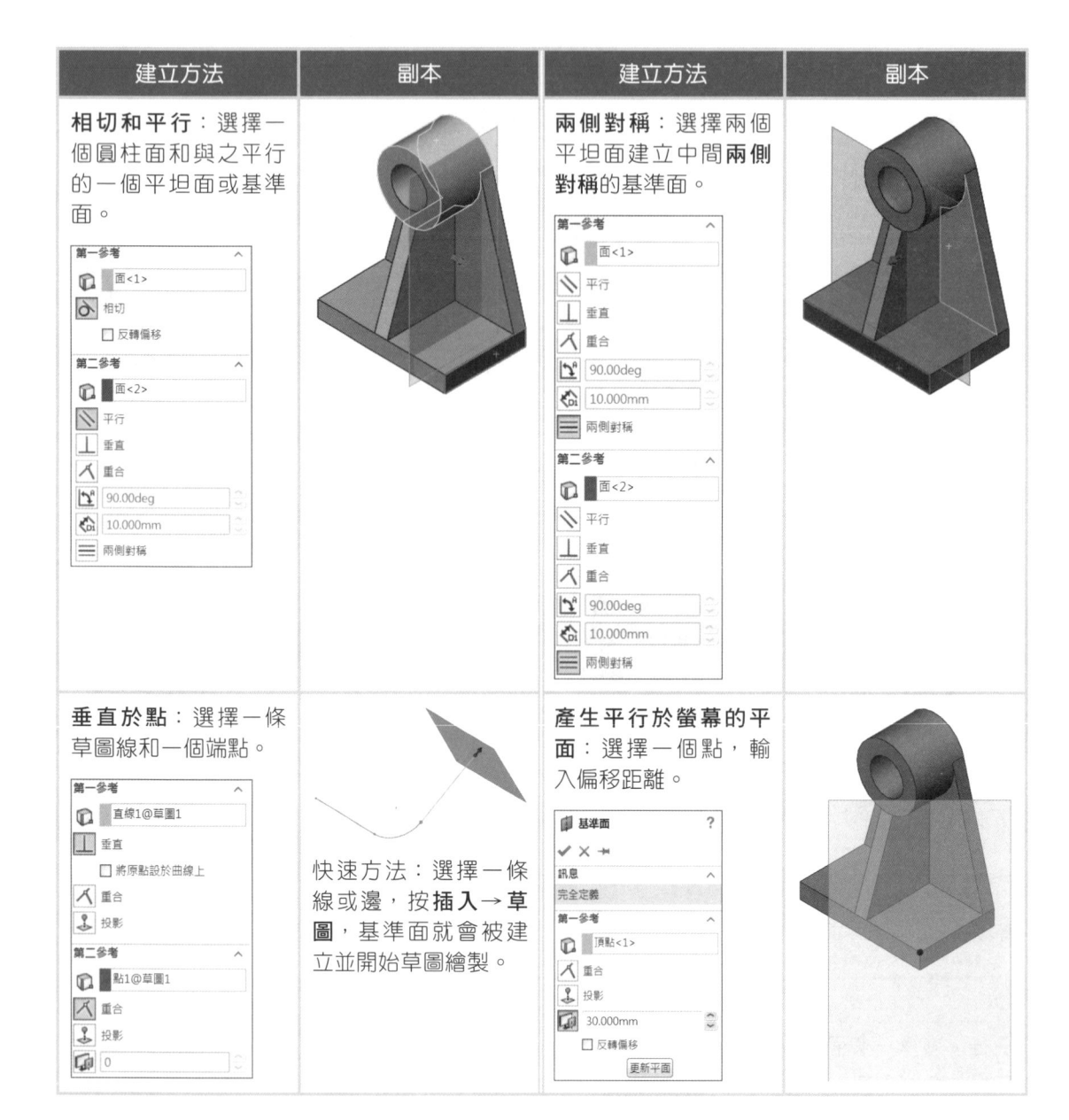

建立方法	副本	建立方法	副本
相切和平行：選擇一個圓柱面和與之平行的一個平坦面或基準面。 第一參考 面<1> 相切 □ 反轉偏移 第二參考 面<2> 平行 垂直 重合 90.00deg 10.000mm 兩側對稱		**兩側對稱**：選擇兩個平坦面建立中間**兩側對稱**的基準面。 第一參考 面<1> 平行 垂直 重合 90.00deg 10.000mm 兩側對稱 第二參考 面<2> 平行 垂直 重合 90.00deg 10.000mm 兩側對稱	
垂直於點：選擇一條草圖線和一個端點。 第一參考 直線1@草圖1 垂直 □ 將原點設於曲線上 重合 投影 第二參考 點1@草圖1 重合 投影 0		**快速方法**：選擇一條線或邊，按**插入**→**草圖**，基準面就會被建立並開始草圖繪製。	
		產生平行於螢幕的平面：選擇一個點，輸入偏移距離。 基準面 ✓ ✗ ↔ 訊息 完全定義 第一參考 頂點<1> 重合 投影 30.000mm □ 反轉偏移 更新平面	

> **提示** 功能表**檢視**→**隱藏／顯示**→**隱藏所有類型**，可以一次隱藏／顯示所有基準面、基準軸和草圖。

指令TIPS　基準面

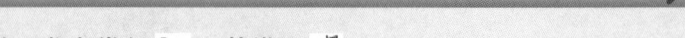

- CommandManager：**特徵**→**參考幾何**→**基準面**。
- 功能表：**插入**→**參考幾何**→**基準面**。

複製排列 **05**

操作步驟

STEP 1 開啟零件 Mirror_Pattern

STEP 2 選擇第一參考

點選**基準面**，選擇如圖 5-21 所示模型外側平面。

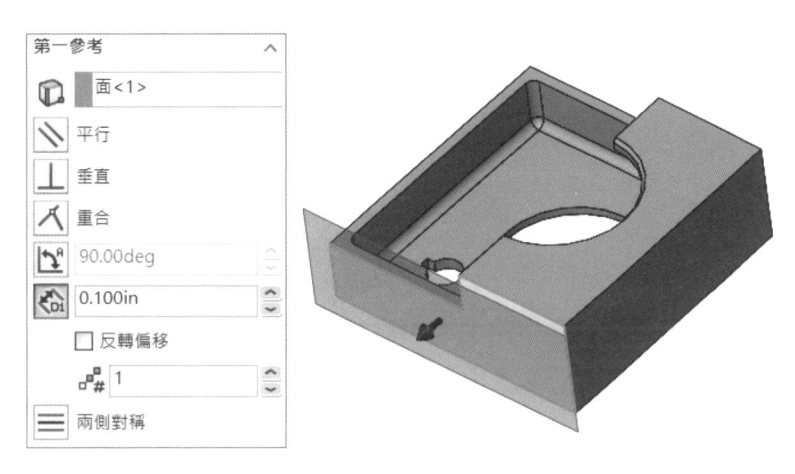

◉ 圖 5-21　選擇第一參考

STEP 3 選擇第二參考

變更視角，如圖 5-22 所示，選擇第二參考外側平面，新的基準面已出現在兩個基準面的中間，同時**兩側對稱**選項也被自動選取，按**確定**。

重新命名平面 1 名稱為 "vert_ctr"。

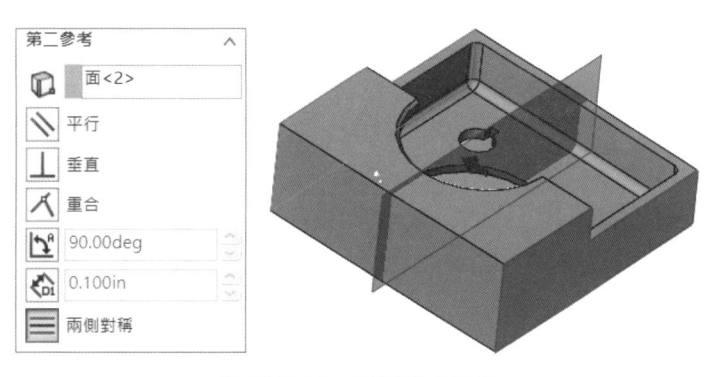

◉ 圖 5-22　選擇第二參考

STEP 4 第二個基準面

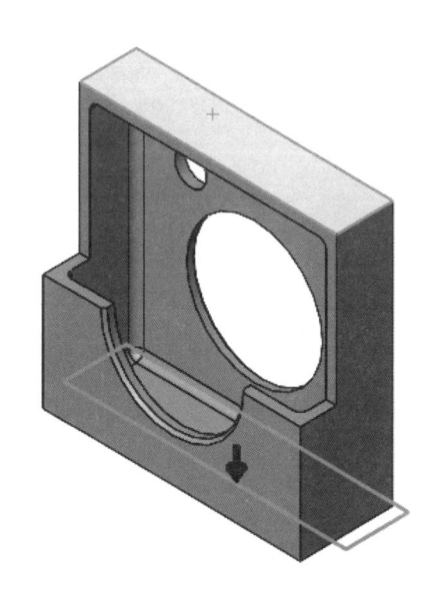

再一次點選**基準面**，並選擇如圖 5-23 所示模型上平面為**第一參考**，並點選**平行**。

圖 5-23 選擇上平面

STEP 5 暫存軸

移動游標至中間圓孔的圓柱面上，選擇浮現的暫存軸，按**確定**。此平面將平行於上平面，並通過圓孔的中心，如圖 5-24。重新命名平面 2 名稱為 "hor_ctr"。

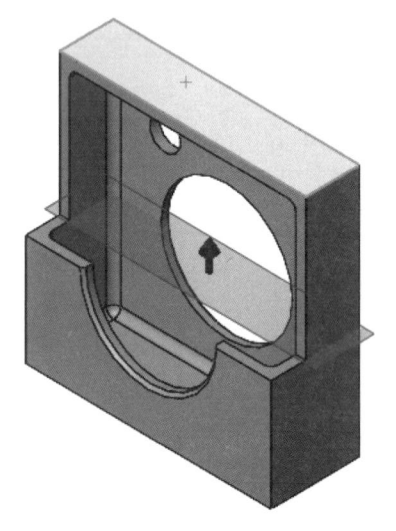

圖 5-24 選擇暫存軸

> **提示** 若要自動顯示暫存軸，確定有勾選**工具→選項→系統選項→顯示→游標停留於圓柱面時，顯示暫存軸**。

5.6 鏡射

鏡射指令可在基準面或平坦面的另一側建立一個複製或副本,副本與原始特徵相關聯,任何原始特徵的變更將直接反應到被鏡射的副本上。

> **指令TIPS　鏡射**
>
> **鏡射**指令可在基準面或平坦面的另一側鏡射複製一個(多個)特徵、本體的副本。
>
> 操作方法
> - CommandManager:**特徵→直線複製排列 → 鏡射**。
> - 功能表:**插入→特徵複製 / 鏡射→鏡射**。

STEP 6　鏡射

按**鏡射**,選擇平面 vert_ctr 做為**鏡射面 / 基準面**,**鏡射特徵**選擇 Keyed Hole 1,先不要按**確定**,如圖 5-25 所示。

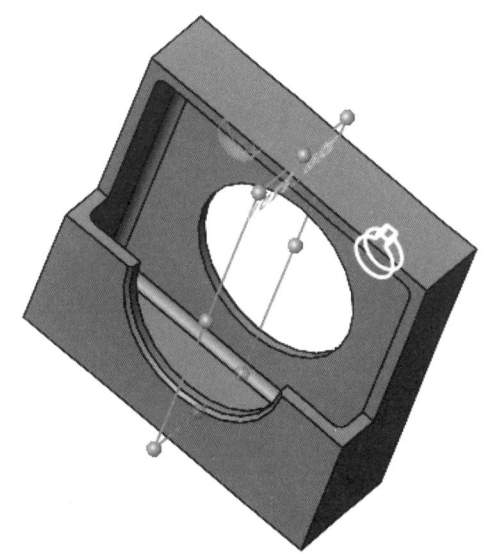

圖 5-25　鏡射

STEP 7　第二鏡射面

選擇平面 hor_ctr 做為**第二鏡射面 / 基準面**，如圖 5-26 所示。按**確定**。

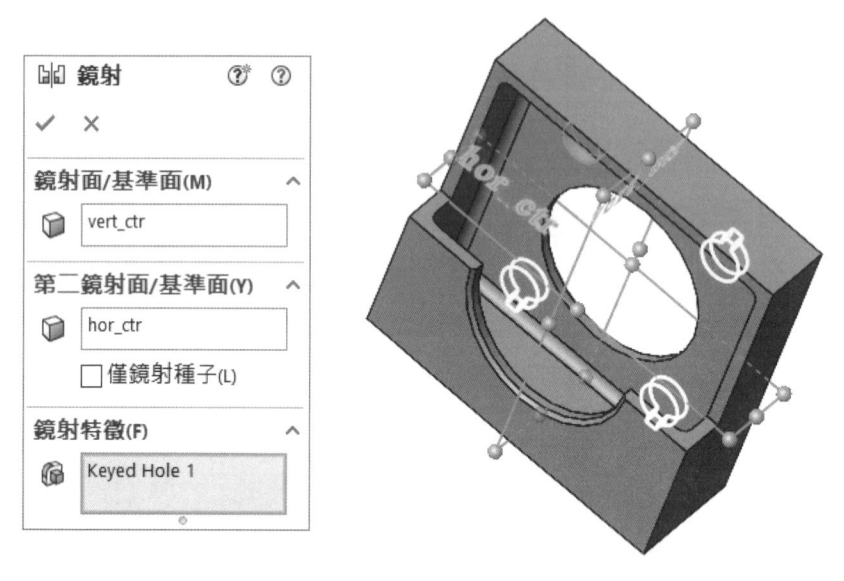

◉ 圖 5-26　第二鏡射面

STEP 8　除料貫穿零件

如圖 5-27 所示，複製排列的 Keyed Hole 1 特徵除料向前貫穿整個零件，並切除到圓角，只有修改特徵才能修復此問題。

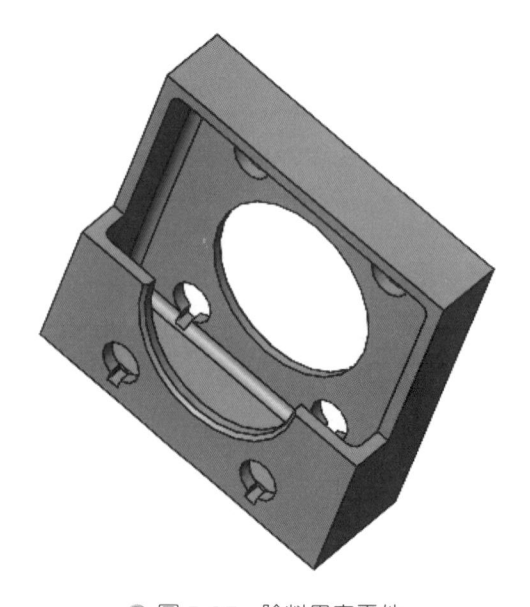

◉ 圖 5-27　除料貫穿零件

複製排列 **05**

STEP **9** 修改特徵

在特徵 Keyed Hole 1 上快按滑鼠左鍵兩下，變更邊線距離尺寸為 0.625，如圖 5-28 所示。另外，變更特徵終止型態為**成形至下一面**，按**確定**並重新計算。

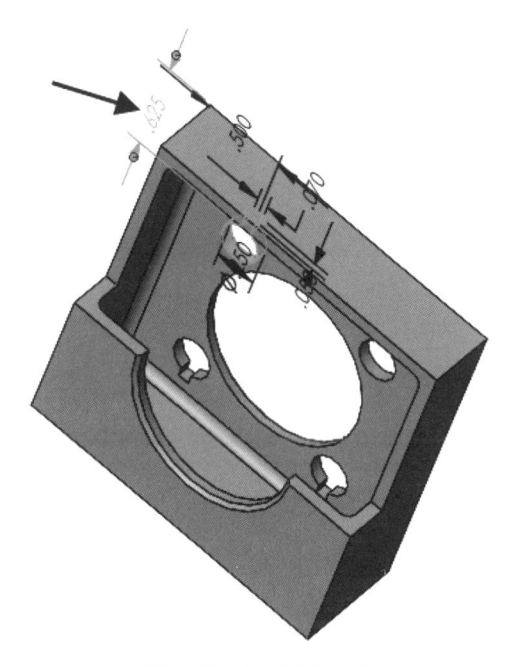

◉ 圖 5-28　修改特徵

STEP **10** 共用、儲存並關閉零件

5.6.1　鏡射本體

鏡射零件的全部幾何（實體）時，必須選擇零件的一個平坦面作為鏡射面。

> 提示　**鏡射面 / 基準面**必須是平坦面。

指令TIPS　鏡射並選擇本體

- 在**鏡射**的 PropertyManager 中，勾選**鏡射本體**。

操作步驟

STEP 1 開啟零件 Mirror_Body

STEP 2 選擇鏡射平面

按**鏡射**，點選**完全預覽**，並選擇如圖 5-29 所示的平面。

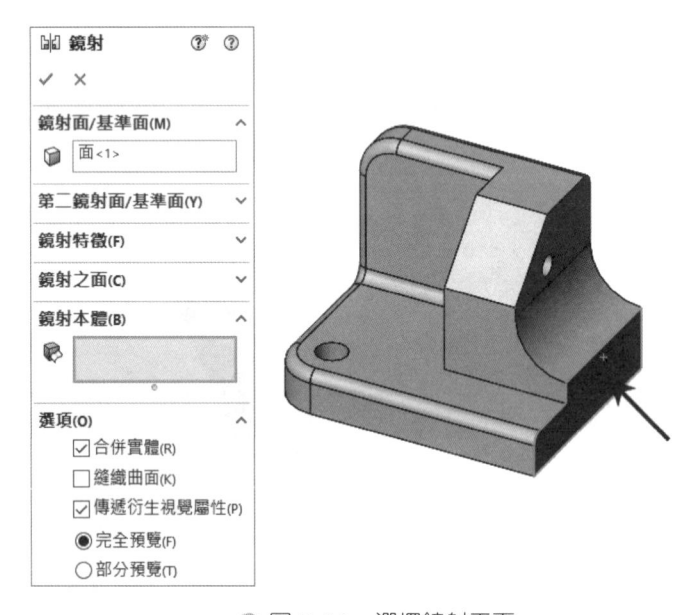

● 圖 5-29 選擇鏡射平面

STEP 3 選擇要鏡射的本體

點選**鏡射本體**，從繪圖區域選擇零件，按**確定**，如圖 5-30 所示。

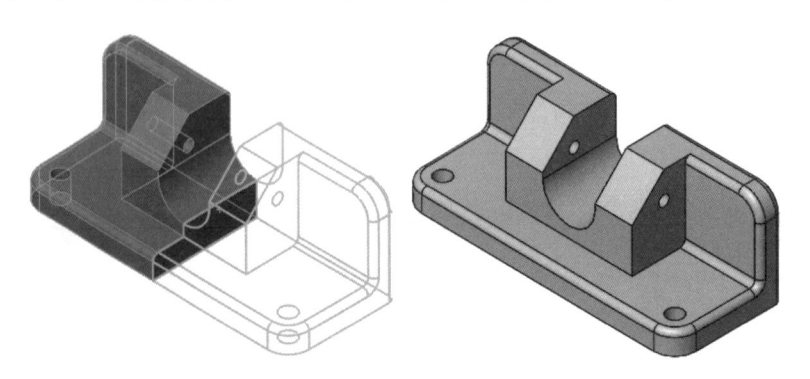

● 圖 5-30 選擇要鏡射的本體

STEP 4 共用、儲存並關閉零件

5.7 座標系統

座標系統指令可讓您在任何位置建立卡氏座標（笛卡兒座標），建立好的座標系統可以用在量測與物質特性指令上，並可以用作輸出 SOLIDWORKS 文件為其他格式、建立草圖，以及作為特徵與複製排列的方向。

座標系統特徵是唯一的，因為它包含幾個獨立且可選擇的組件：三個基準軸、三個基準面以及一個點，如圖 5-31 所示。

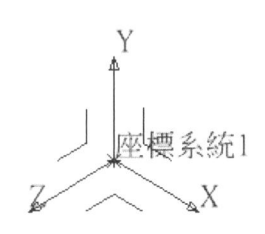

圖 5-31　座標系統

- **基準軸**可用來做為伸長與複製排列特徵的方向向量。

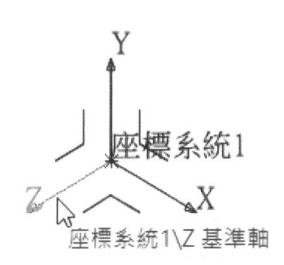

- **基準面**可用來做為 2D 草圖和複製排列的正垂方向。

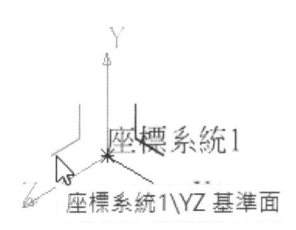

- **點**可用來做為草圖或結合位置。

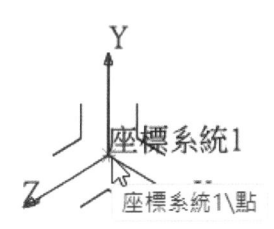

指令TIPS　座標系統

- CommandManager：**特徵→參考幾何→座標系統**。
- 功能表：**插入→參考幾何→座標系統**。

下面為建立座標系統的一些範例：

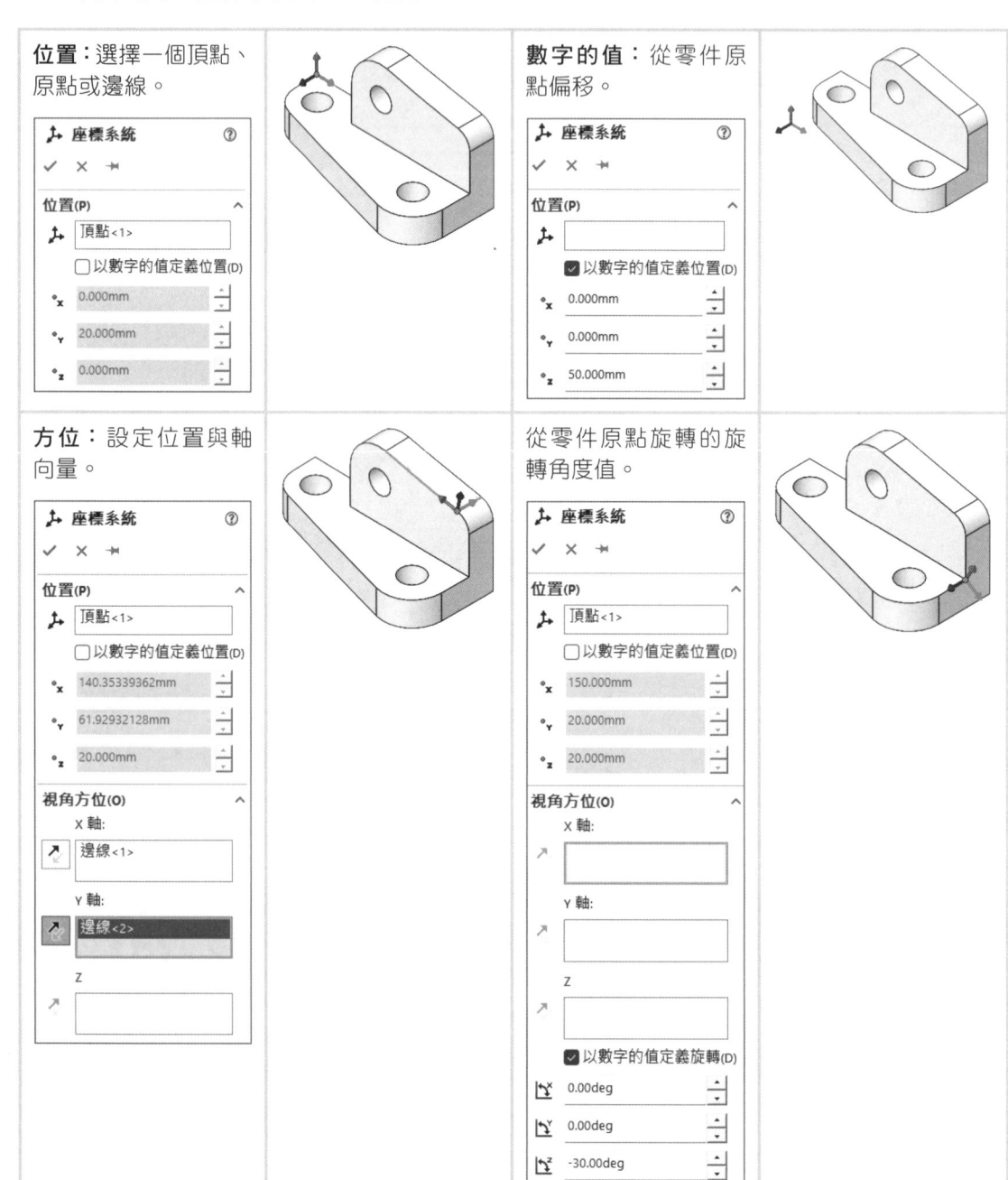

位置：選擇一個頂點、原點或邊線。

位置(P)	
頂點<1>	
□ 以數字的值定義位置(D)	
X	0.000mm
Y	20.000mm
Z	0.000mm

數字的值：從零件原點偏移。

位置(P)	
☑ 以數字的值定義位置(D)	
X	0.000mm
Y	0.000mm
Z	50.000mm

方位：設定位置與軸向量。

位置(P)	
頂點<1>	
□ 以數字的值定義位置(D)	
X	140.35339362mm
Y	61.92932128mm
Z	20.000mm

視角方位(O)
- X 軸：邊線<1>
- Y 軸：邊線<2>
- Z：

從零件原點旋轉的旋轉角度值。

位置(P)	
頂點<1>	
□ 以數字的值定義位置(D)	
X	150.000mm
Y	20.000mm
Z	20.000mm

視角方位(O)
- X 軸：
- Y 軸：
- Z：

☑ 以數字的值定義旋轉(D)
- 0.00deg
- 0.00deg
- -30.00deg

5.8 對稱複製排列

對稱複製排列只有在需要建立對稱兩方向複製排列時使用。

> **提示** 只複製種子特徵選項,可以在建立兩方向非對稱複製排列時使用。

指令TIPS 對稱複製排列

- 在**直線複製排列**的 PropertyManager 中,選擇**對稱**。

操作步驟

STEP 1 開啟零件 Symmetric Pattern

STEP 2 加入座標系統

這裡將使用座標系統定義複製排列方向,按**座標系統**,如圖 5-32,**位置**選擇原點,按**確定**。

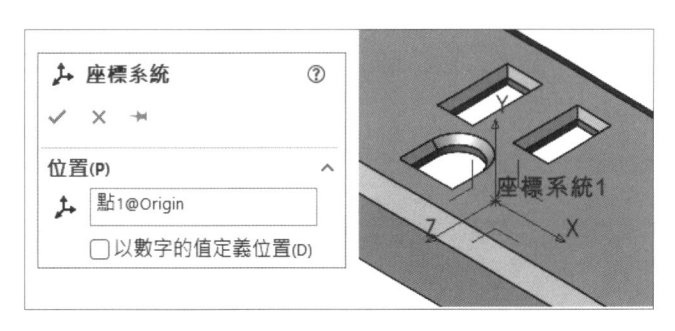

◉ 圖 5-32 加入座標系統

STEP 3 顯示座標系統

按檢視→隱藏/顯示→座標系統。

STEP 4 設定複製排列方向 1

按**直線複製排列**,選取座標系統的 **X 基準軸**做為**複製排列方向**;點選**間距和副本**,設定**間距 30mm**,**副本數 2**;在**特徵和面**選擇 "3_Prong_Plug2" 作為複製排列的特徵,如圖 5-33 所示。

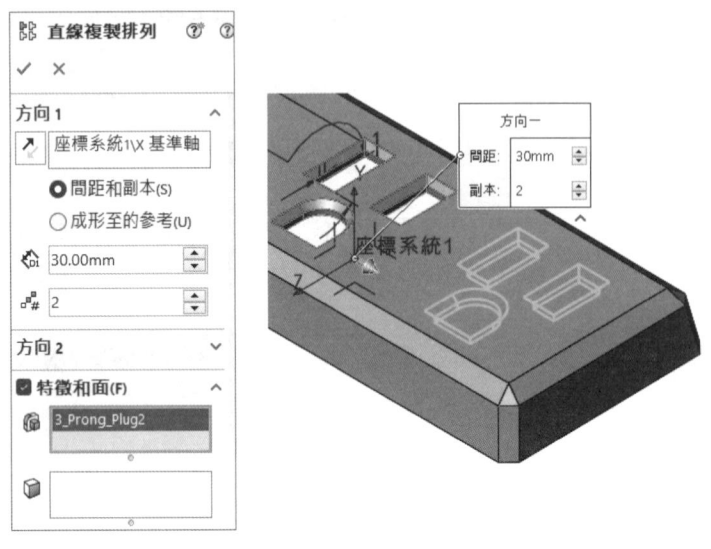

◉ 圖 5-33 設定複製排列方向 1

> **提示** 現有的複製排列特徵也可再次被用作**特徵和面**,也就是說您可以複製排列先前的複製排列。

STEP 5 設定複製排列方向 2

在方向 2 中勾選**對稱**,方向 2 對話框內的其餘選項會自動清除,如圖 5-34 所示,按**確定**。

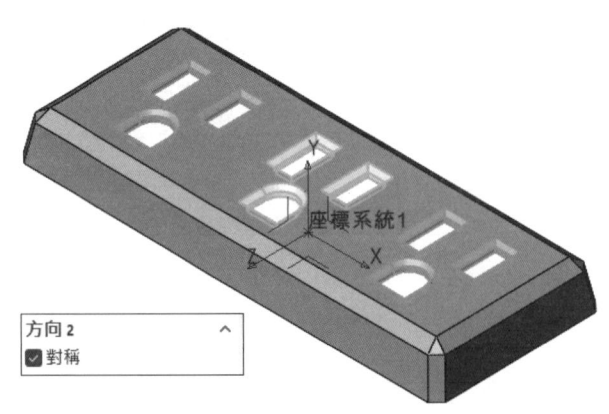

◉ 圖 5-34 設定方向 2

> **提示** 如預覽所顯示的,原始特徵在兩個方向做複製排列。

STEP 6 共用、儲存並關閉零件

5.9 成形至的參考

直線複製排列中的**成形至的參考**選項,是使用幾何控制複製排列,而不是副本數。它可以使用在間距已知,但副本數是由間距的空間所能填入的數量決定時。

選擇**成形至的參考**可設定界限,系統會比較來源特徵上的**所選參考**和界限,只有界限內的間距足夠時,特徵才會被複製,如圖 5-35 所示。所選參考可以是頂點、邊線、面或平面。

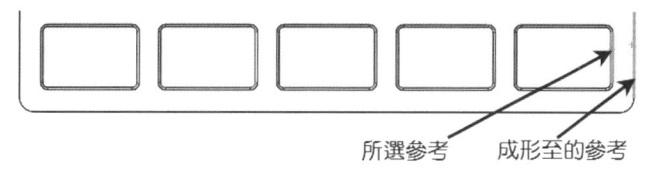

◉ 圖 5-35　成形至的參考

假如**成形至的參考**與**偏移距離**結合使用,偏移會從**所選參考**開始量起,如圖 5-36 所示。

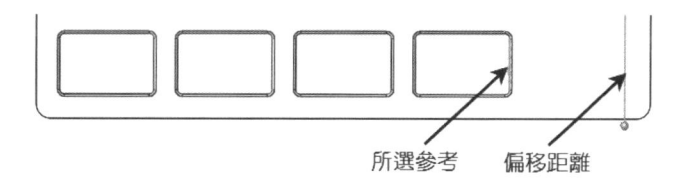

◉ 圖 5-36　成形至的參考與偏移

> **指令TIPS**　成形至的參考
>
> - 在**直線複製排列**的 PropertyManager 中,選擇**成形至的參考**。

STEP 1　開啟零件 Up_To_Reference

STEP 2　選擇參考

按直線複製排列,選取箭頭所指平坦面作為**複製排列方向**,設定**間距 30mm**,勾選**特徵和面**,選擇除料特徵和圓角作為複製排列的特徵,如圖 5-37 所示。

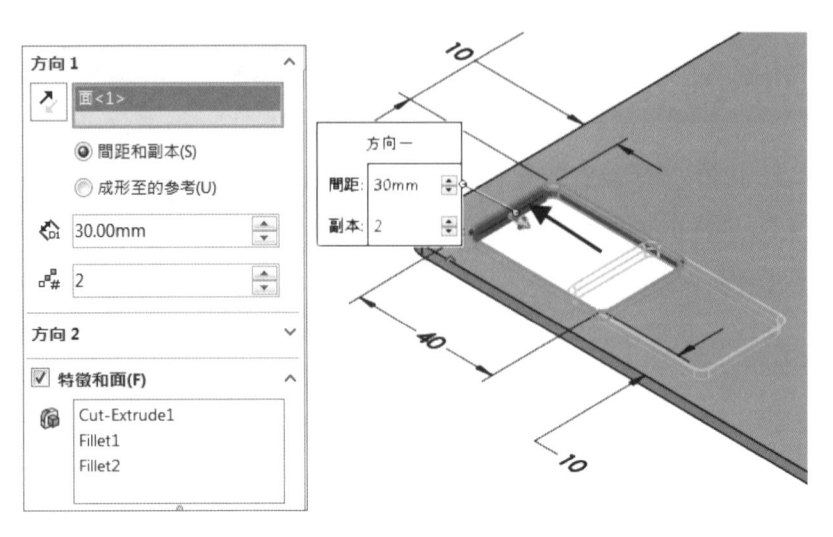

⊙ 圖 5-37 選擇參考

STEP 3 種子參考

點選**成形至的參考**並選擇箭頭所指的邊線，**所選參考**選取種子特徵中，箭頭所指的邊線（紫色），副本數取決於種子和參考邊線之間的距離，如圖 5-38 所示。

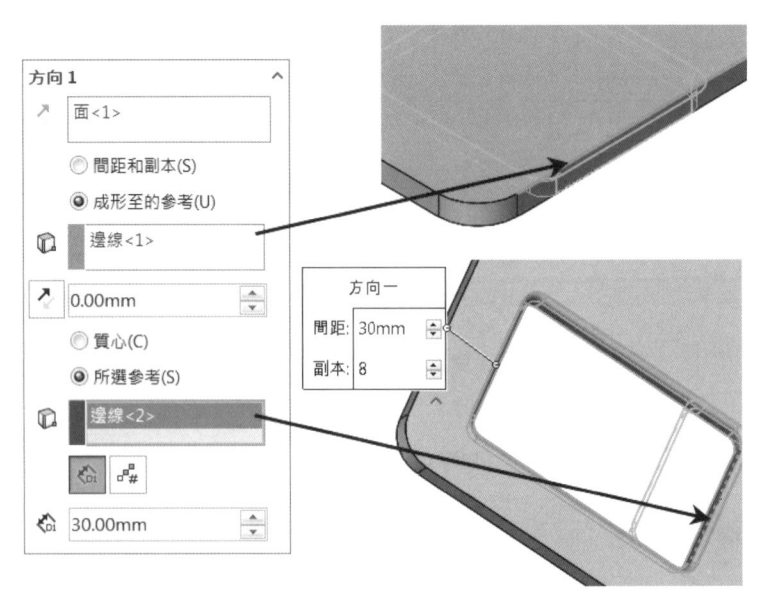

⊙ 圖 5-38 所選參考

注意 為了選擇邊線（紫色），零件視角方位已反轉。

複製排列 **05**

STEP 4 間距和副本

間距會控制副本的數量,變更間距為 **80mm** 時,只有 3 個副本數會填入空間中,因為第 4 個副本將超過界限,如圖 5-39 所示。

● 圖 5-39　變更間距 80mm

變更間距為 **70mm**,則有 4 個副本數會填入空間中,若是間距加大為 71mm,副本數又將變為 3 個,如圖 5-40 所示。

● 圖 5-40　變更間距 70mm

變更間距為 **50mm**,則如圖 5-41 所示。

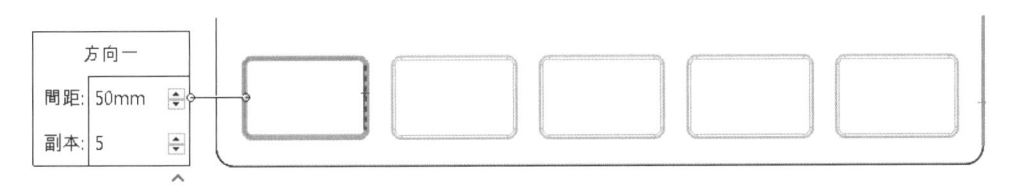

● 圖 5-41　變更間距 50mm

STEP 5 兩個方向

加入第二個方向,設定偏移距離 **35mm**、副本數 5 以及跳過之副本,如圖 5-42 所示。

STEP 6 共用、儲存並關閉零件

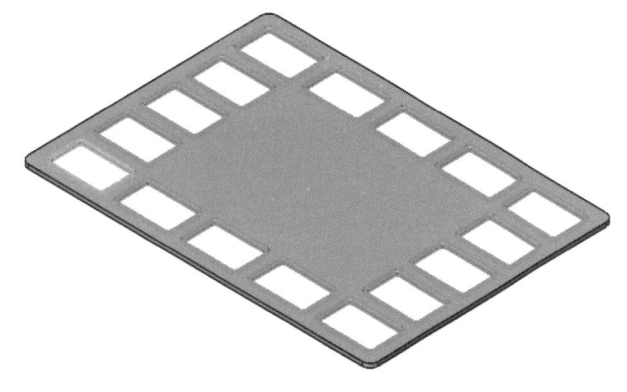

● 圖 5-42　兩個方向

5.10 草圖導出複製排列

草圖導出複製排列是由草圖點來控制建立複製排列的副本，複製排列是以種子的質心或指定點為基準，執行指令之前，必須先完成草圖，本例為結構鋼板的鑽孔，如圖 5-43 所示。

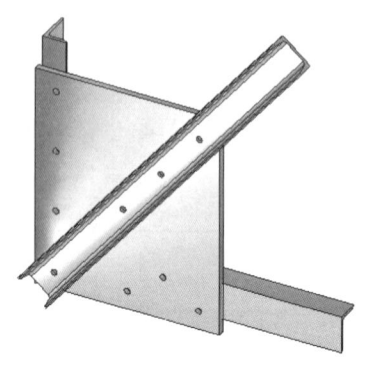

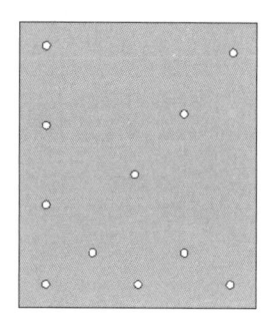

◉ 圖 5-43　結構鋼板上孔的排列

指令TIPS　草圖導出複製排列

草圖導出複製排列依草圖內的點建立多個副本，且複製排列前草圖必須是已經畫好的。

操作方法

- CommandManager：**特徵**→**直線複製排列**→**草圖導出複製排列**。
- 功能表：**插入**→**特徵複製 / 鏡射**→**草圖導出複製排列**。

技巧

草圖導出複製排列只使用**點**，建構線可以用來定位點，但複製排列時會自動忽略。

操作步驟

STEP 1　開啟零件 Sketch_Driven

這個零件已包含一個種子特徵（Hole）和一個已存在的標準直線複製排列（Standard Linear），如圖 5-44 所示。

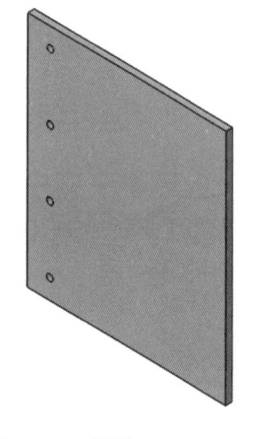

◉ 圖 5-44　零件 Sketch_Driven

5.10.1 點

點在草圖幾何中是一種很實用的類型,可用來定位異型孔精靈和草圖導出複製排列,它可以單獨建立或從幾何圖形上建立。

指令TIPS 點

點指令用在草圖中繪製點圖元,點圖元可用來定位,其他幾何圖元則不行,例如:不能使用端點。

操作方法

- CommandManager:**草圖→點**。
- 功能表:**工具→草圖圖元→點**。
- 快顯功能表:在繪圖區域上按滑鼠右鍵,點選**草圖圖元→點**。

◆ 等距

使用**線段**工具可沿著一條線或圓弧/圓,建立相等距離的點,每個點都會有一個**等距**的限制條件,如圖 5-45 所示。

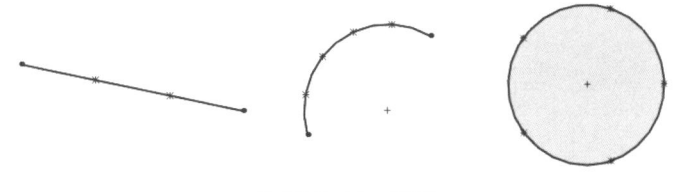

● 圖 5-45　等距

指令TIPS 線段

- 功能表:**工具→草圖工具→線段**。

STEP 2　繪製草圖點

在模型特徵 Plate 的前平面插入草圖,繪製一條中心線,並且加入一些點及其尺寸,如圖 5-46 所示。

離開草圖。

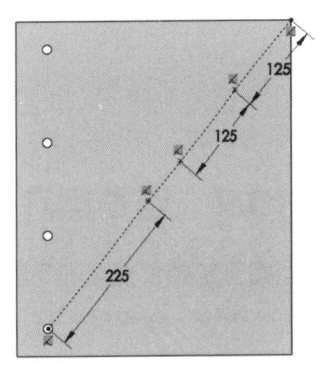

● 圖 5-46　草圖點

STEP 3 草圖導出複製排列

按**草圖導出複製排列**，選擇新草圖與**質心**選項，在**特徵和面**列表下選擇特徵 Hole，按**確定**，如圖 5-47 所示。

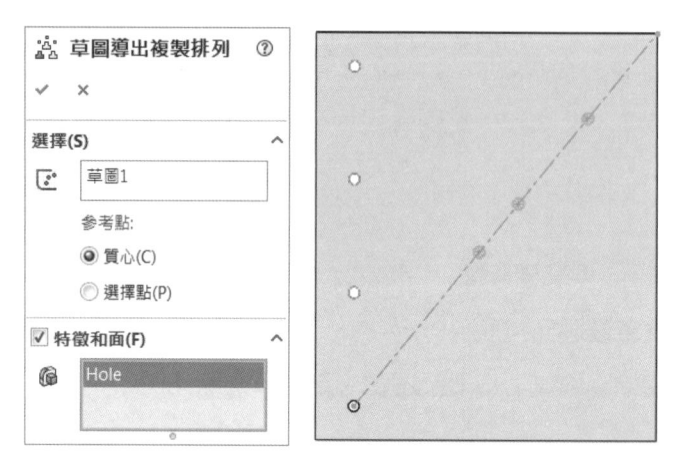

◉ 圖 5-47　草圖導出複製排列

STEP 4 加入點

插入另一個草圖並加入如圖 5-48 所示的點，使用推斷提示線使水平對齊。

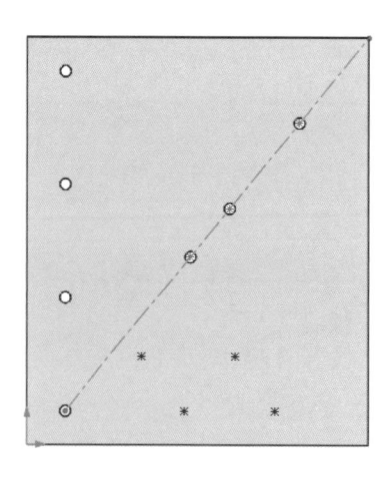

◉ 圖 5-48　加入點

5.10.2　自動標註草圖尺寸

完全定義草圖可在草圖中建立限制條件與尺寸。有幾種尺寸類型可用，像是連續、基準、座標等，水平或垂直尺寸的起點可以直接指定，如下表所示。

複製排列 **05**

指令TIPS　完全定義草圖

完全定義草圖的選項包括要加入的限制條件、尺寸類型、尺寸起始位置和尺寸位置。

操作說明	圖例
未定義的草圖與幾何限制條件。	
選擇**連續**，以原點為起始點。 **提示**　某些尺寸因圖面清晰考慮的原因，已經被移動。	
選擇**基準**，以原點為起始點。	
選擇**座標**，以原點為起始點。	

> **提示**　當中心線幾何被運用在草圖中時，將會出現**中心線**選項，標註時基準可以選擇中心線。

操作方法

- 功能表：**工具→標註尺寸→完全定義草圖**。
- CommandManager：**草圖→顯示 / 刪除限制條件 →完全定義草圖**。
- 快顯功能表：在繪圖區域上按滑鼠右鍵，點選**完全定義草圖**。

STEP 5 設定限制條件與尺寸

按完全定義草圖，限制條件保留預設為選擇全部。尺寸選項中，選擇中心線端點做為水平與垂直方向尺寸配置基準點，兩個配置選擇基準，如圖 5-49 所示，按計算與確定。

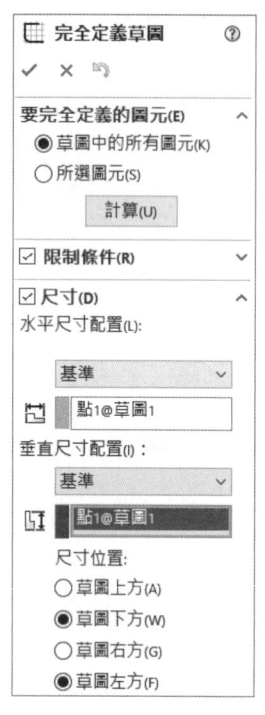

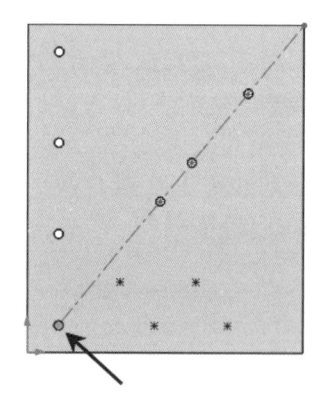

圖 5-49　完全定義草圖

STEP 6 限制條件與尺寸值

草圖水平方向的限制條件與尺寸已加入並完全定義，如圖 5-50 所示，設定如圖示的尺寸後，離開草圖。

> 提示：這個方法可以完全定義草圖尺寸，也可以編輯，例如：刪除或修改尺寸。

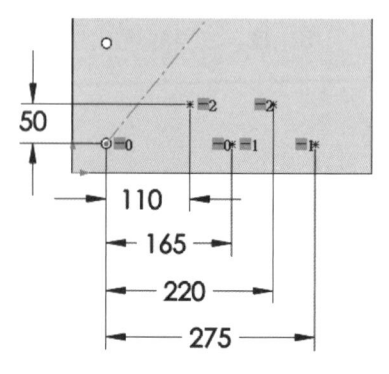

圖 5-50　完全定義後的草圖

STEP 7 建立複製排列

以新的草圖和特徵 Hole 為種子特徵，建立草圖導出複製排列，如圖 5-51 所示。

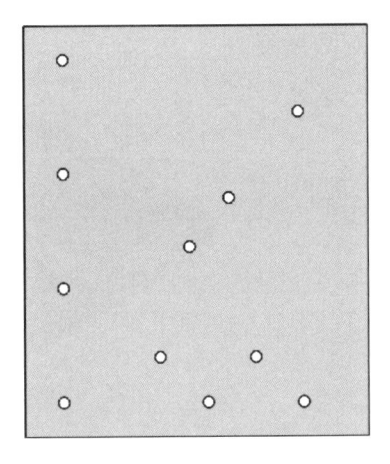

◉ 圖 5-51　草圖導出複製排列

STEP 8 共用、儲存並關閉零件

練習 5-1 直線複製排列

請使用具有間距與副本的直線複製排列，或成形至的參考，建立特徵複製排列的零件，如圖 5-52 所示。本練習使用以下技能：

- 直線複製排列
- 跳過之副本
- 成形至的參考

◉ 圖 5-52　直線複製排列

操作步驟

STEP 1　開啟零件

開啟零件 Linear，如圖 5-53 所示，該零件包含複製排列的種子特徵。

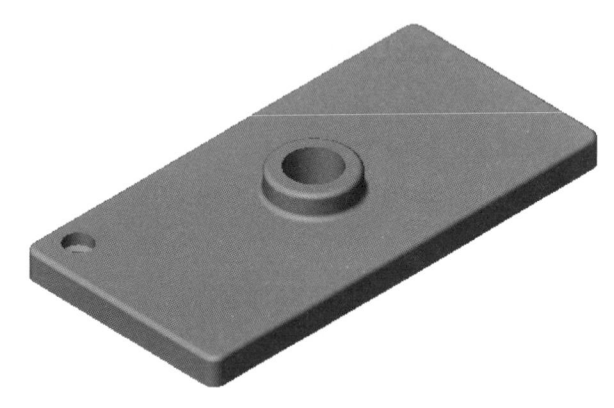

◉ 圖 5-53　零件 Linear

STEP 2　建立直線複製排列

使用種子特徵建立複製排列，如圖 5-54 所示。

STEP 3　共用、儲存並關閉零件

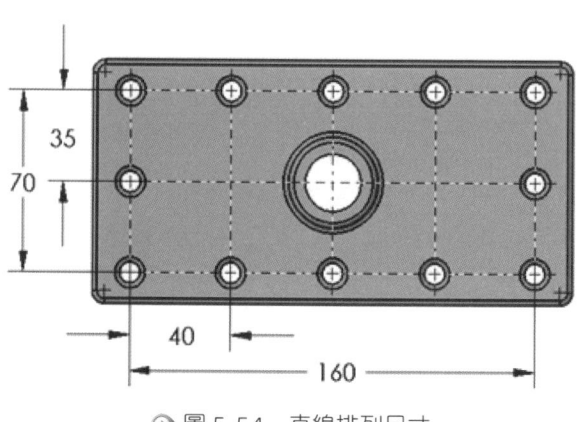

◉ 圖 5-54　直線排列尺寸

複製排列 **05**

練習 5-2 草圖導出複製排列

請使用草圖導出複製排列建立複製排列特徵，如圖 5-55 所示。此模型為一電梯平面。此練習使用以下技能：

- 草圖導出複製排列

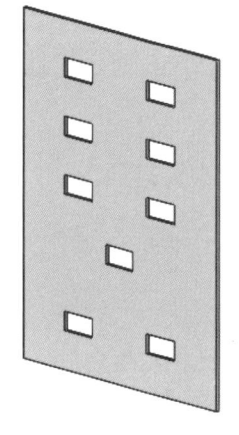

◉ 圖 5-55　草圖導出複製排列零件

操作步驟

STEP 1　開啟零件

開啟零件 Sketch Driven Pattern，如圖 5-56 所示，該零件包含用於複製排列的種子特徵。

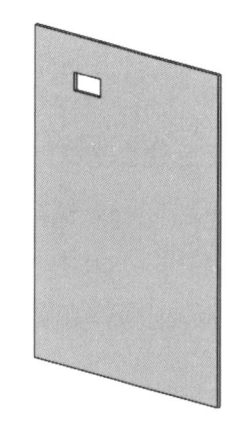

◉ 圖 5-56　零件 Sketch Driven Pattern

STEP 2　建立草圖導出複製排列

使用如圖 5-57 所示的尺寸定義草圖，並建立草圖導出複製排列。

STEP 3　共用、儲存並關閉零件

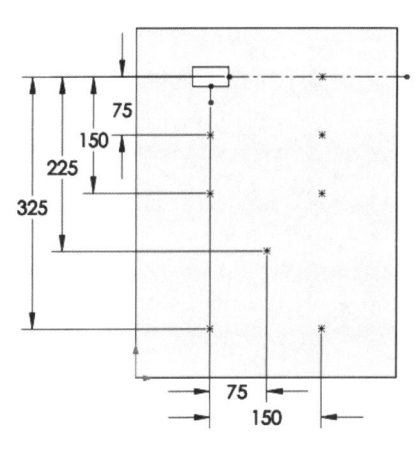

◉ 圖 5-57　尺寸訊息

5-39

練習 5-3 跳過副本

請使用提供的資訊和尺寸完成零件，如圖 5-58 所示。此練習可增強以下技能：

- 直線複製排列
- 跳過之副本
- 鏡射

單位：mm（毫米）

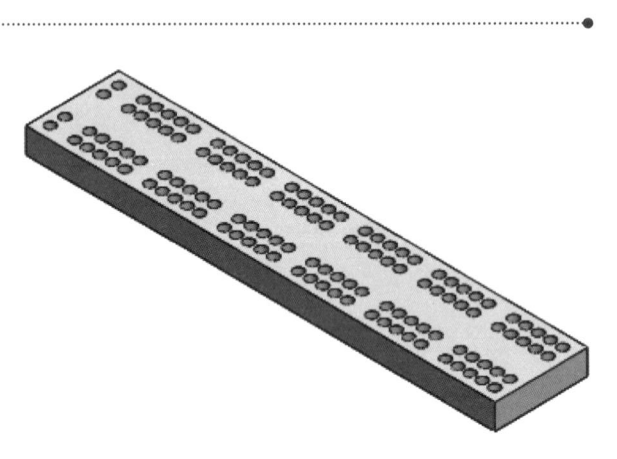

◉ 圖 5-58 跳過副本零件

操作步驟

STEP 1　建立新零件

開啟一個新的零件，單位 mm（毫米）。

STEP 2　建立基材特徵

建立尺寸為 75mm×380mm×20mm 的板塊，其中應有一個基準面在長方向的板塊中間，如圖 5-59 所示。

◉ 圖 5-59 基材特徵

STEP 3　種子特徵

使用異型孔精靈建立 ANSI Metric 的鑽孔，Ø8mm，深度 12mm，建立複製排列種子特徵，如圖 5-60 所示。

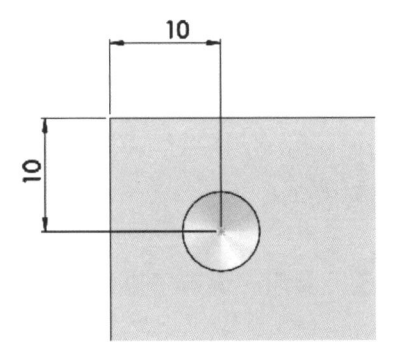

◉ 圖 5-60 建立種子特徵

STEP 4 複製鑽孔

建立鑽孔的直線複製排列，跳過如圖 5-61 所示之副本。

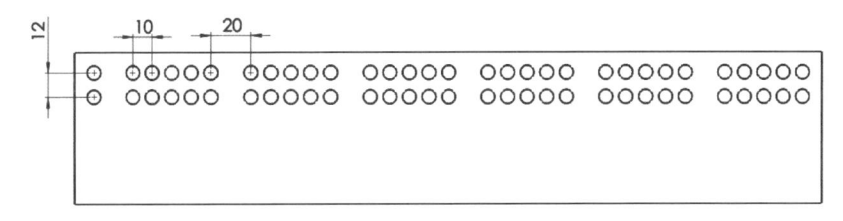

● 圖 5-61　直線複製排列

STEP 5 複製特徵的副本

鏡射複製排列特徵，建立一個對稱排列的鑽孔零件，如圖 5-62 所示。

● 圖 5-62　複製特徵的副本

STEP 6 修改鑽孔直徑

將鑽孔直徑改為 4mm，按重新計算。

STEP 7 共用、儲存並關閉零件

練習 5-4 直線複製排列和鏡射複製

請使用提供的資訊和尺寸完成零件，如圖 5-63 所示。此練習可增強以下技能：

- 直線複製排列
- 鏡射特徵
- 鏡射本體

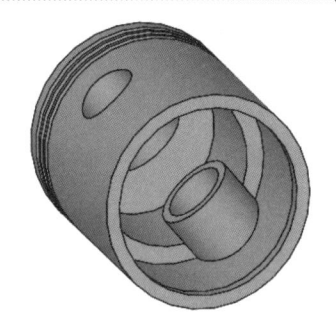

● 圖 5-63　直線複製排列和鏡射

操作步驟

STEP 1 開啟零件 Linear & Mirror

STEP 2 建立直線複製排列

使用現有特徵建立**直線複製排列**，3 個溝槽間距為 **0.2in**，如圖 5-64 所示。

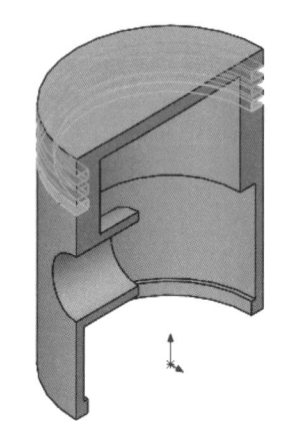

◉ 圖 5-64　建立直線複製排列

STEP 3 鏡射特徵

鏡射填料和除料特徵，如圖 5-65 所示。

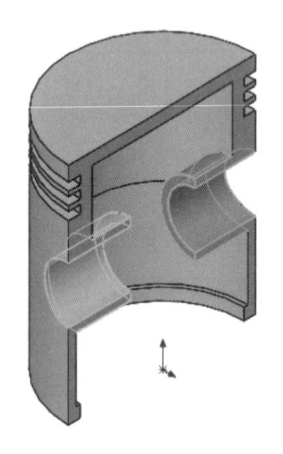

◉ 圖 5-65　鏡射特徵

STEP 4 建立對稱

使用**鏡射本體**，鏡射模型的一半成整個模型，如圖 5-66 所示。

STEP 5 共用、儲存並關閉零件

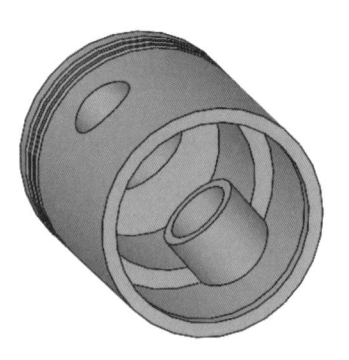

◉ 圖 5-66　完成模型

練習 5-5 鏡射本體

請使用提供的資訊和尺寸完成零件,如圖 5-67 所示,此練習可增強以下技能:

- 鏡射複製排列
- 複製排列本體

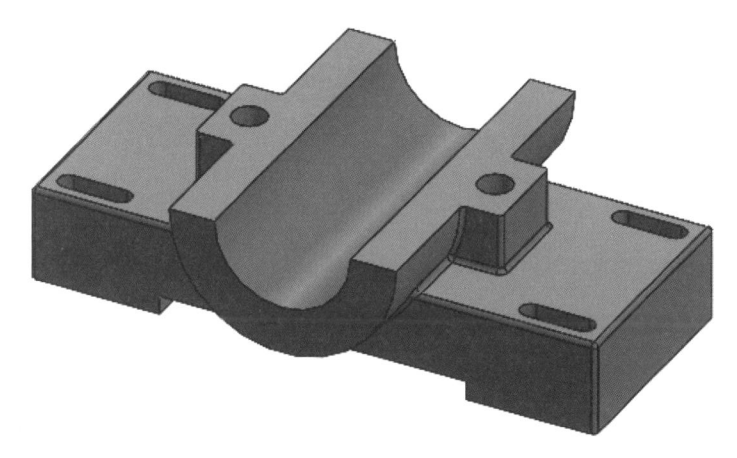

◎ 圖 5-67 Mirror Body 零件

操作步驟

STEP 1 開啟零件 Mirror Body

開啟零件,如圖 5-68,在特徵辨識訊息框中按否。

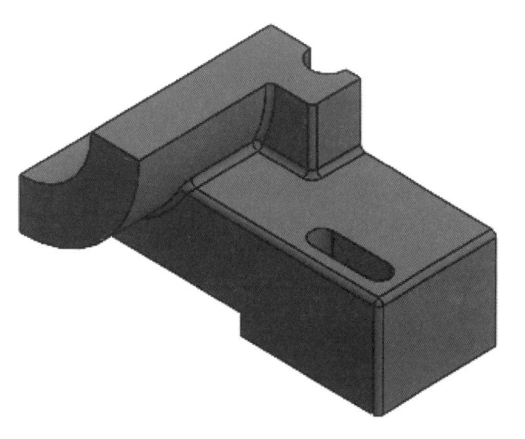

◎ 圖 5-68 Mirror Body 零件

STEP 2 鏡射本體

使用現有實體零件，選擇模型的兩個平面為第一鏡射面及第二鏡射面建立鏡射特徵，如圖 5-69。

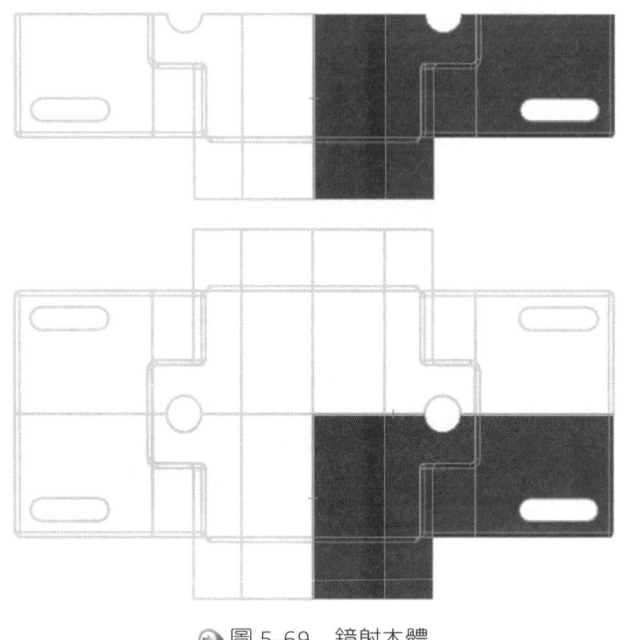

◉ 圖 5-69 鏡射本體

STEP 3 共用、儲存並關閉零件

練習 5-6 環狀複製排列

請使用提供的資訊和尺寸完成零件，如圖 5-70 所示。此練習可增強以下技能：

- 環狀複製排列

◉ 圖 5-70 環狀複製排列

操作步驟

開啟現有的零件 Circular,如圖 5-71 所示,使用同等間距環狀複製排列,建立種子特徵為 Cut-Revolve1 和 Fillet2 的 12 個副本,完成模型如圖 5-72 所示。

◉ 圖 5-71　零件 Circular

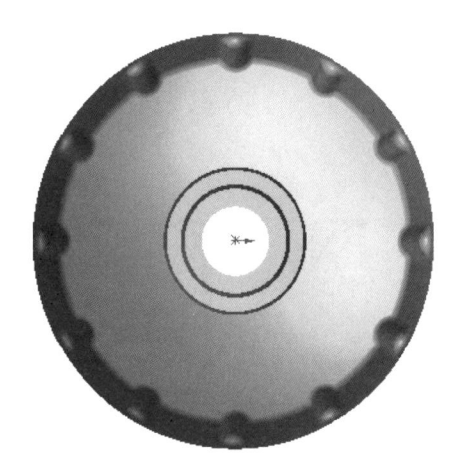

◉ 圖 5-72　完成模型

練習 5-7 基準軸與多重複製排列

請使用提供的資訊和尺寸完成零件,如圖 5-73 所示。
此練習可增強以下技能:

- 基準軸
- 直線複製排列
- 環狀複製排列
- 草圖導出複製排列

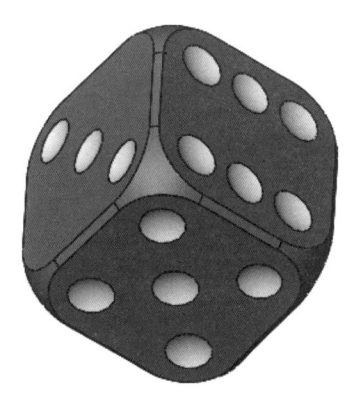

◉ 圖 5-73　多重複製排列

操作步驟

開啟現有零件檔案 Single Die,使用圖 5-74 所示的尺寸複製排列 Dot 特徵至表面上。零件上的顏色可用來協助區分表面。

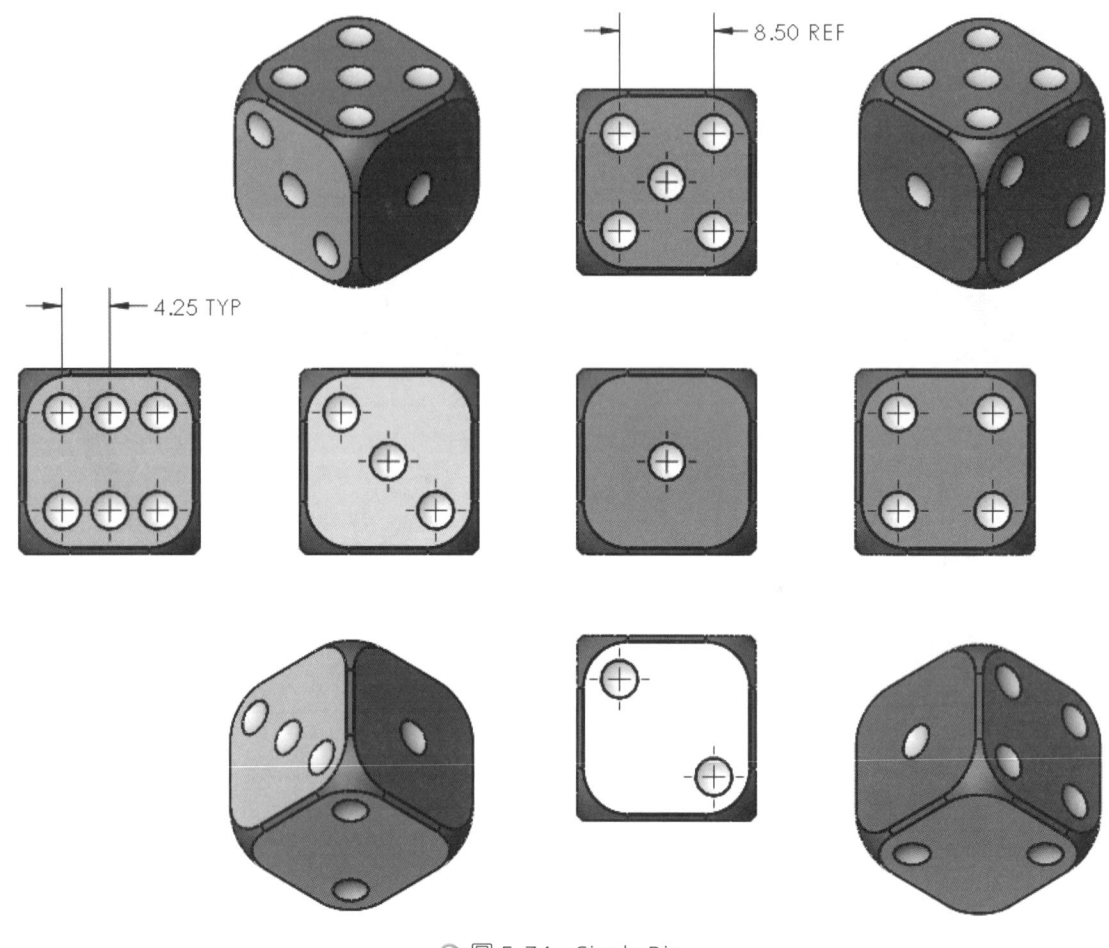

● 圖 5-74　Single Die

STEP 1　基準軸

使用前基準面（Front Plane）與右基準面（Right Plane）建立基準軸，一樣使用上基準面（Top Plane）與前基準面、右基準面與上基準面建立另外兩個基準軸。

三個基準軸都通過方塊中心。如圖 5-75 所示。

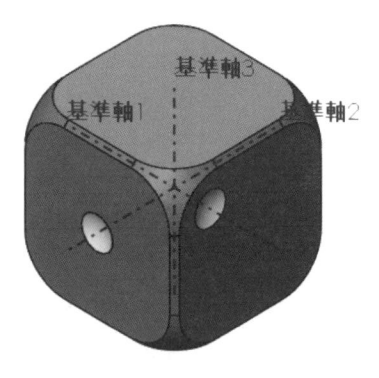

● 圖 5-75　基準軸

複製排列 **05**

STEP 2　兩點側面

使用**直線複製排列**及**跳過之副本**，建立黃色面的兩點。如圖 5-76 所示。

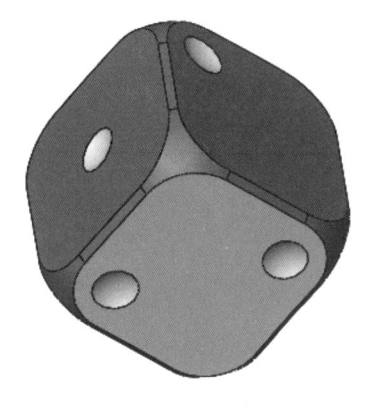

圖 5-76　兩點側面

STEP 3　剩餘的側面

依每個操作說明，完成剩餘的側面點數複製排列。

◆ **三點側面（藍色面）**

使用**環狀複製排列**及基準軸，建立面中心的除料。

建立草圖，並使用**草圖導出複製排列**及**複製排列面**選項建立其餘的兩個除料。如圖 5-77 所示。

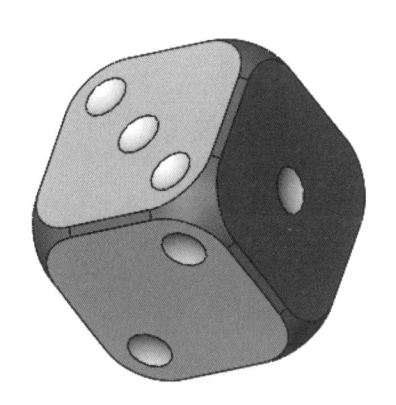

圖 5-77　三點側面

◆ **四點側面（綠色面）**

使用**環狀複製排列**及基準軸，建立其餘的除料。如圖 5-78 所示。

圖 5-78　四點側面

- **五點側面（洋紅色面）**

  利用三點側面步驟建立，如圖 5-79 所示。

  ◉ 圖 5-79　五點側面

- **六點側面（灰色面）**

  使用**環狀複製排列**及基準軸，建立面角落的除料。

  使用**直線複製排列**建立其餘除料。如圖 5-80 所示。

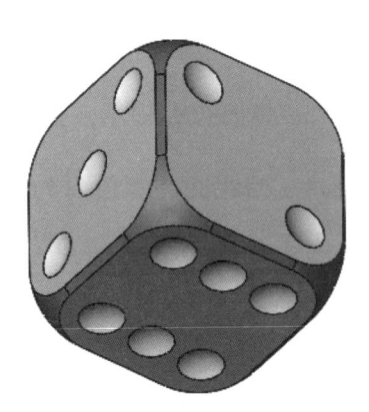

  ◉ 圖 5-80　六點側面

STEP 4 （可選步驟）移除面顏色

模型中各個表面使用不同的顏色是為了方便辨識，待模型完成後即可移除顏色，如圖 5-81 所示。

依下列步驟：

1. 在立即檢視工具列選**編輯外觀**。
2. 在**所選幾何**列表中按滑鼠**右鍵**，點選**清除選擇**。
3. 按**選擇面**，並選擇所有非紅色的 4 個面。
4. 按**移除外觀**，再按**確定**。

◉ 圖 5-81　移除面顏色

STEP 5　共用、儲存並關閉零件

06

旋轉特徵

順利完成本章課程後,您將學會:

- 建立旋轉特徵
- 應用特殊尺寸標註技巧繪製旋轉特徵草圖
- 使用多本體技術
- 建立掃出特徵
- 計算零件的物質特性
- 對零件進行初步的應力分析

6.1 實例研究：方向盤

本例的方向盤需要建立旋轉、環狀複製排列和掃出特徵，如圖 6-1 所示。此外本章也包括了一些基本分析工具的應用。

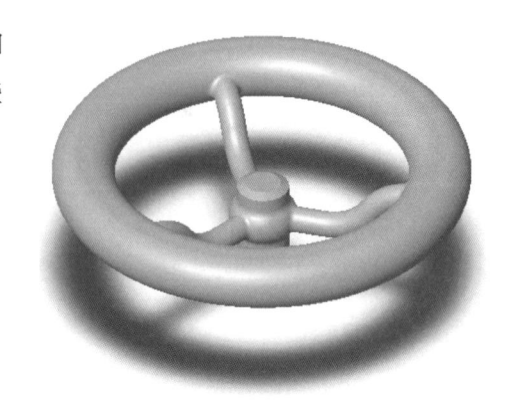

圖 6-1 方向盤

6.1.1 過程中的關鍵階段

製作本零件的主要過程階段如下：

● **設計意圖**

繪製輪廓並解釋零件的設計意圖。

● **旋轉特徵**

零件的中心是旋轉特徵產生的輪軸（Hub），這個特徵是以草圖畫建構線作為旋轉軸建立而成。

● **多本體實體**

先建立分離的輪軸（Hub）和輪圈（Rim）兩個實體，再用第三個實體輪輻（Spoke）把它們連接起來。

● **掃出特徵**

輪輻（Spoke）使用掃出特徵建立，它由兩個草圖組成：輪廓掃出草圖與掃出路徑草圖。

● **分析**

使用 SOLIDWORKS 內建的分析工具，您可以執行基本分析功能，例如：物質特性計算和初步應力分析，您可以根據分析結果來修改零件設計。

6.2 設計意圖

本零件的設計意圖，如圖 6-2 所示：

- 輪輻間距必須相等。
- 方向盤的輪圈中心位於輪輻的端點上。
- 輪軸和輪圈共用一個中心。
- 輪輻通過輪軸的中心。

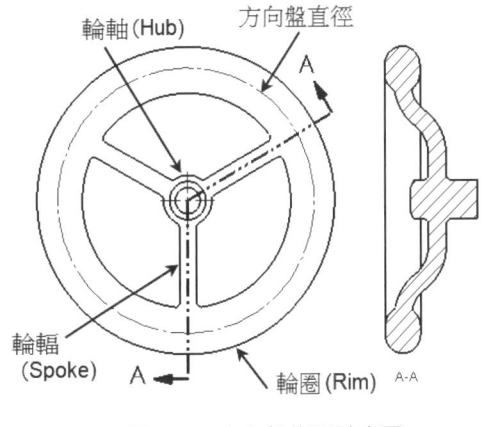

◉ 圖 6-2　方向盤的設計意圖

6.3 旋轉特徵

　　輪軸是繞著軸心旋轉幾何圖形而建立的旋轉特徵，是此零件的第一個特徵。旋轉特徵的草圖包含一條中心線（作為軸心）和對稱軸心的幾何。在正確的情況下，草圖直線或邊線也可用來當作中心線。

操作步驟

STEP 1　用 Part_MM 範本開啟新零件

將零件儲存命名為 Handwheel。

6.3.1　旋轉特徵的草圖幾何

　　旋轉特徵使用的幾何工具與伸長特徵相同，本例將使用直線與圓弧來建立外形，並使用中心線作為旋轉軸。

STEP 2 繪製矩形

在右基準面插入**草圖**，從原點建立矩形，如圖 6-3 所示。

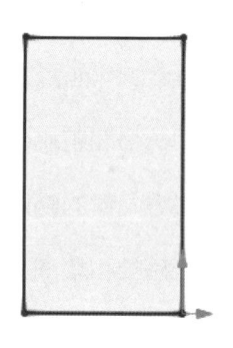

◉ 圖 6-3　繪製矩形

STEP 3 轉成建構線

選擇垂直線，點選**幾何建構線**，將垂直線轉換為建構線，如圖 6-4 所示。由於幾何已不再是封閉輪廓，原先的塗彩自動被移除。

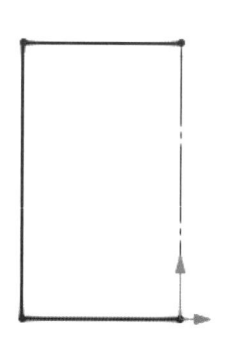

◉ 圖 6-4　轉成建構線

指令TIPS　三點定弧

三點定弧可根據兩個端點和弧上一點來繪製圓弧。

操作方法

- CommandManager：**草圖→圓心 / 起 / 終點畫弧 → 三點定弧**。
- 功能表：**工具→草圖圖元→三點定弧**。
- 快顯功能表：在繪圖區域按滑鼠右鍵，點選**草圖圖元→三點定弧**。

旋轉特徵 **06**

STEP 4 插入三點定弧

按**三點定弧**，把游標置於左側的垂直線上，沿著邊線向下拖曳一定距離後鬆開滑鼠按鍵，然後選擇並拖曳圓弧的曲線點位置放置，如圖 6-5 置於直線左側。

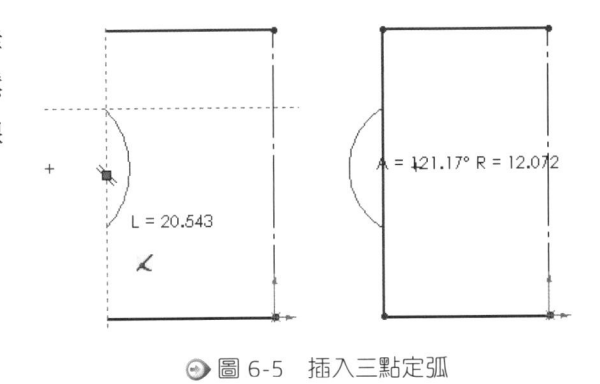

圖 6-5 插入三點定弧

STEP 5 修剪草圖

使用**修剪**指令中的**強力修剪**選項，修剪掉圓弧內側的直線，如圖 6-6 所示。

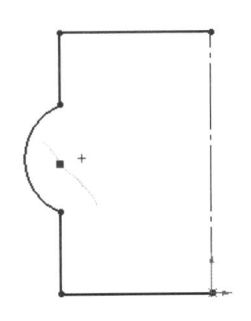

圖 6-6 修剪掉圓弧內側直線

6.3.2 控制旋轉特徵的草圖規則

除了第 2 章介紹的一般草圖規則外，旋轉特徵的草圖（如圖 6-7）還需要一些特殊規則，包括：

- 必須指定一條中心線、軸、草圖線或邊線作為旋轉軸。
- 草圖不能越過旋轉軸。

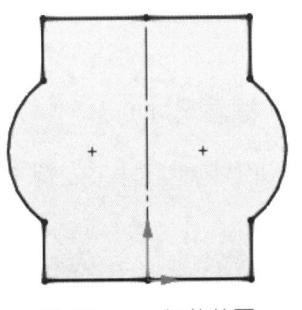

圖 6-7 無效草圖

6.3.3 特殊標註技巧

用於旋轉特徵的草圖，其尺寸標註方法和其他草圖相同，唯一不同是在建立旋轉特徵後，線性標註才會被轉換成直徑尺寸。

在此將標註圓弧的圓周距離，而不是預設的圓心點。

STEP 6　標註圓弧尺寸

如圖 6-8 所示，要標註圓弧尺寸時，請按 **Shift** 鍵，選擇垂直線與圓弧線，再點選標註位置。標註的尺寸為圓弧切線到直線間的距離。

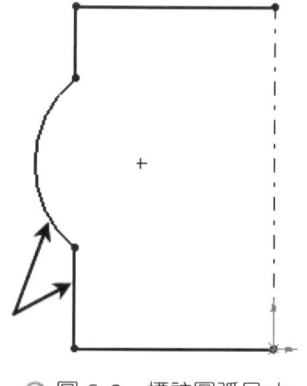

圖 6-8　標註圓弧尺寸

STEP 7　完成尺寸

修改尺寸**值**為 4mm，如圖 6-9 所示。

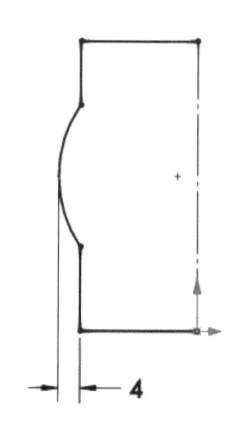

圖 6-9　修改標註尺寸

STEP 8　標註尺寸

標註草圖中其他尺寸，如圖 6-10 所示。

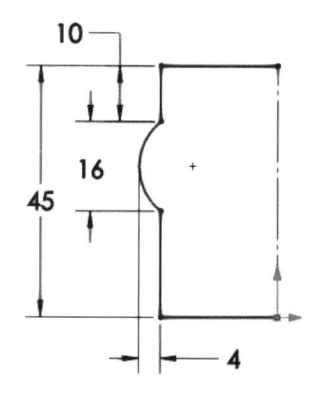

圖 6-10　標註其他尺寸

6.3.4 標註直徑

旋轉特徵的某些尺寸應該標註成直徑尺寸，而要標註這類尺寸時需要選取中心線，再根據放置尺寸位置來決定加入直徑或半徑尺寸。如果沒有選取中心線，則無法將尺寸標註為直徑。

> **提示** 標註直徑只有點選中心線時才有作用，直徑尺寸不限於在旋轉特徵上使用。

STEP 9　中心線對稱標註

在中心線和外側垂直邊線之間加入一個水平線性尺寸。

先不要放置尺寸，檢視預覽尺寸後再放置尺寸將會得到半徑尺寸標註，如圖 6-11 所示。

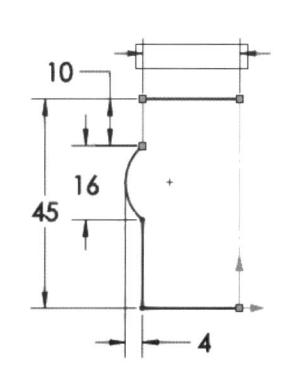

◉ 圖 6-11　中心線對稱標註

STEP 10　轉換為直徑尺寸標註

將游標移動至中心線右側，預覽標註會變為直徑尺寸，點選尺寸位置，變更尺寸數值為 25mm，按 Enter，結果如圖 6-12 所示。

正常狀況下，直徑尺寸前面要有直徑符號 Ø，像是 Ø25。這裡只有在建立旋轉特徵後，系統才會自動在 25 前加入直徑符號。

> **提示** 操作過程中若不小心放錯尺寸位置，則只能得到半徑尺寸。若要變更為直徑尺寸，則請點選半徑尺寸，在尺寸 PropertyManager 中開啟**導線**標籤，點選**直徑** ⌀ 按鈕即可。

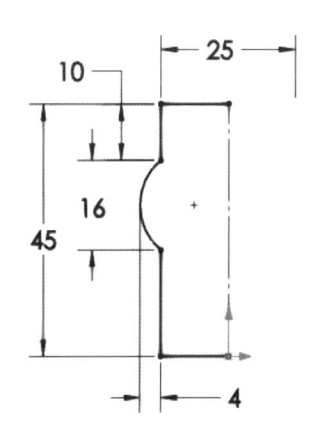

◉ 圖 6-12　轉換為直徑尺寸標註

6.3.5 建立旋轉特徵

草圖繪製完成後,即可建立旋轉特徵,此步驟很簡單,完全(360°)旋轉幾乎是自動產生的。

> **指令TIPS** 旋轉特徵
>
> **旋轉**指令是利用軸向對稱草圖與一條軸線建立而成,此特徵可以是填料或除料。旋轉軸線可以是中心線、直線、線性邊線、基準軸或暫存軸,如果草圖只有一條中心線,系統會自動選定其為旋轉軸;如果有兩條以上,則必須自行從中選取一條。
>
> **操作方法**
> - CommandManager:**特徵→旋轉填料 / 基材** 。
> - 功能表:**插入→填料 / 基材→旋轉**。

STEP 11 建立特徵

點選**旋轉填料 / 基材** ,訊息方塊會指出草圖是開放輪廓,並詢問是否要自動將此草圖封閉,按是。

設定條件如下:**方向 1 = 給定深度,旋轉角度 = 360°**,按確定 ,如圖 6-13 所示。

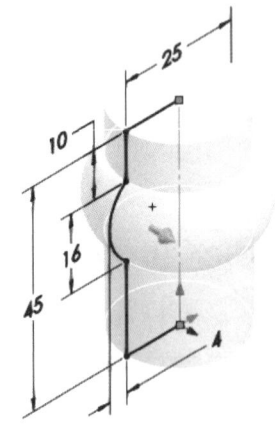

圖 6-13 建立特徵

STEP 12 完成特徵

此旋轉特徵將作為零件的第一個特徵,重新命名為 Hub,如圖 6-14 所示。

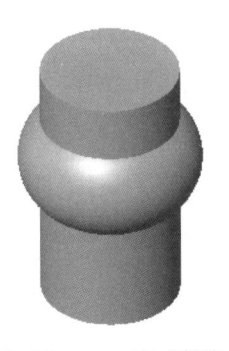

圖 6-14 完成特徵

旋轉特徵 **06**

STEP 13 編輯草圖

按一下 Hub 特徵的任一面，從**階層連結**中點選草圖 1，再點選**編輯草圖**，如圖 6-15 所示。

◉ 圖 6-15　編輯草圖

> **提示**　也可以在 FeatureManager（特徵管理員）的特徵上按滑鼠右鍵，點選編輯草圖，效果一樣。

STEP 14 正視於

按**正視於**來變更視角正垂於草圖，以便檢視草圖的真實大小與形狀。

指令TIPS　草圖圓角

草圖圓角可只用一個步驟來修剪並加入切線弧。如果邊角需被修剪，只要選擇修改的角落頂點，即可加入圓角。

操作方法

- CommandManager：**草圖**→**草圖圓角**。
- 功能表：**工具**→**草圖工具**→**圓角**。
- 快顯功能表：在繪圖區域按滑鼠右鍵，點選**草圖工具**→**草圖圓角**。

STEP 15 繪製草圖圓角

按**草圖圓角**，設定圓角半徑為 5mm，勾選**維持轉角處限制**，如圖 6-16 所示。

◉ 圖 6-16　繪製草圖圓角

STEP 16 選擇端點

選擇圓弧的兩個端點，如圖 6-17 所示，按**確定**。尺寸會驅動兩個圓角，但只出現在最後選擇的位置，且只有一個。

虛擬交角符號會在圓角的角落出現，用來表示修剪掉的尖角，此符號可用在標註尺寸或加入限制條件。

> 提示　將游標滑至角點上，即可顯示圓角預覽。

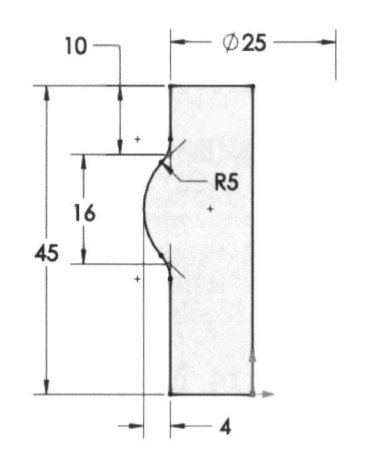

● 圖 6-17　選擇端點

STEP 17 重新計算模型

離開草圖使模型變更生效，如圖 6-18 所示。

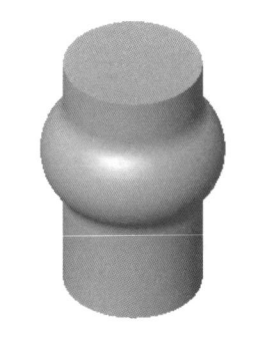

● 圖 6-18　重新計算模型

6.4 建立輪圈

方向盤的輪圈也是旋轉特徵，它是由槽形輪廓旋轉 360° 產生，輪圈的輪廓是一個直狹槽，如圖 6-19 所示。建立後的輪圈與輪軸將先不合併，為分離實體。

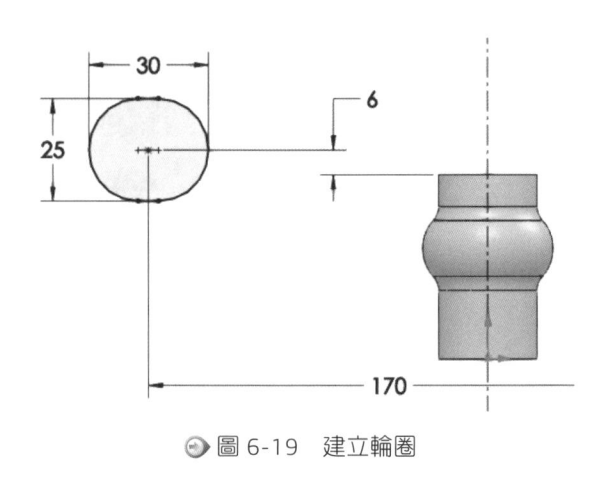

● 圖 6-19　建立輪圈

6.4.1 狹槽

直狹槽和弧狹槽都是由直線和圓弧繪製，如圖 6-20 所示。**狹槽**是由直線、圓弧、幾何建構線和點所組合的單一圖元。

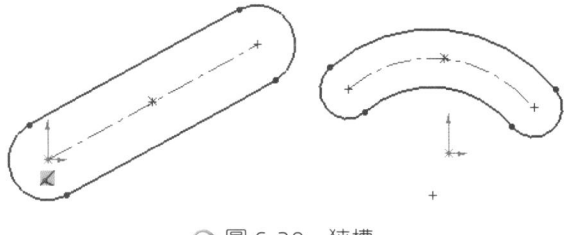

● 圖 6-20　狹槽

指令TIPS　狹槽

狹槽工具可依據不同條件建立直狹槽和弧狹槽，包含兩種直線類型和兩種圓弧類型。所有狹槽類型都有是否要加入尺寸的選項。

狹槽類型	結果
直狹槽	點選放置兩圓弧的中心點，然後向外拖曳建立狹槽寬度。
圓心 / 起 / 終點直狹槽	點選狹槽中心和其中一個圓弧的中心點，然後向外拖曳建立狹槽寬度。
三點定弧狹槽	類似於建立**三點定弧**，然後向外拖曳建立狹槽寬度。
圓心 / 起 / 終點弧狹槽	類似於建立**圓心 / 起 / 終點畫弧**，然後向外拖曳建立狹槽寬度。

操作方法

- CommandManager：**草圖**→**直狹槽**→**圓心 / 起 / 終點直狹槽**。
- 功能表：**工具**→**草圖圖元**→**圓心 / 起 / 終點直狹槽**。
- 快顯功能表：在繪圖區域按滑鼠右鍵，點選**草圖圖元**→**圓心 / 起 / 終點直狹槽**。

STEP 18 繪製草圖

於右基準面插入草圖，切換至**右視**。

STEP 19 圓心 / 起 / 終點直狹槽

點選**圓心 / 起 / 終點直狹槽**，選擇**加入尺寸**和**整體長度**。在繪圖區域點選要放置的中心點，向右點選水平放置點，再拖曳狹槽寬度放置點，按**確定**，修改狹槽尺寸，如圖 6-21 所示。

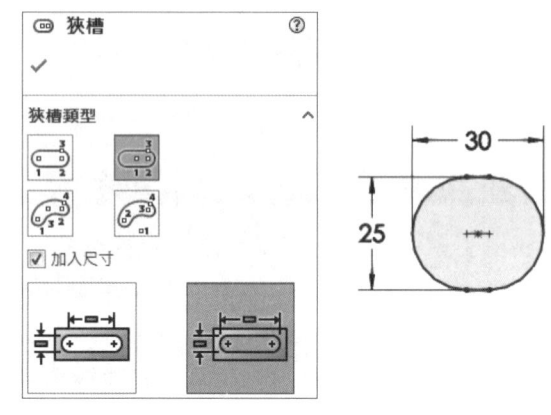

> **技巧**
> 勾選**加入尺寸**，狹槽才會自動加入尺寸。

◉ 圖 6-21 圓心 / 起 / 終點直狹槽

STEP 20 繪製旋轉軸

在輪軸加入一條**中心線**，並設定**垂直**和**無限長度**，該中心線將作為旋轉特徵的旋轉軸，如圖 6-22 所示。再加入狹槽中心到中心線直徑距離 170，輪軸邊線與弧心距離 6，使草圖完全定義，如圖 6-23 所示。

◉ 圖 6-22 繪製旋轉軸   ◉ 圖 6-23 標註尺寸

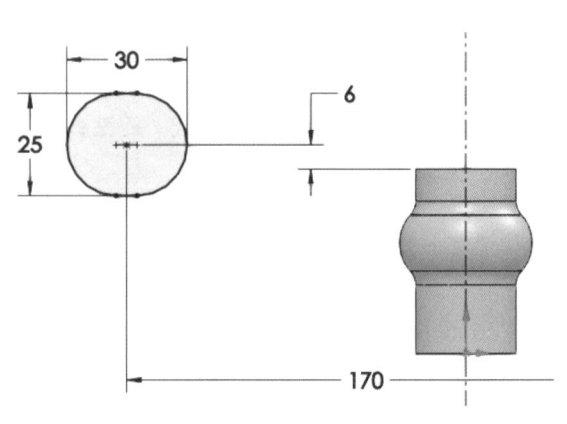

⬢ 模糊涵義

假如草圖含有兩條中心線，系統會無法區分哪一條是旋轉軸，這時需在**旋轉**特徵前或後自行選擇中心線。

旋轉特徵 **06**

STEP 21 完成特徵

選擇垂直中心線，按**填料 / 基材→旋轉**，定義旋轉角度為 360°，如圖 6-24 所示，將特徵重新命名為 Rim。

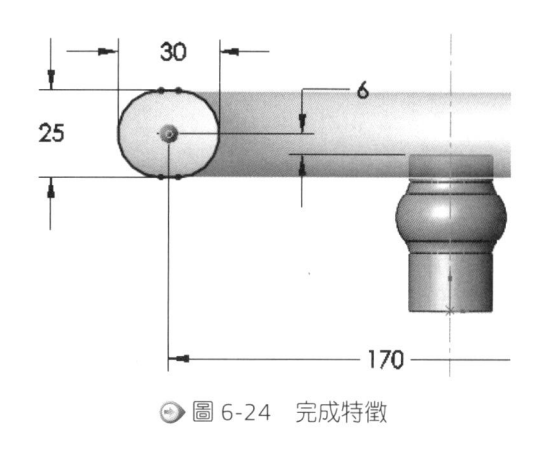

◉ 圖 6-24　完成特徵

6.4.2　多本體實體

當零件不只有一個實體時即為多本體實體，如圖 6-25 所示。在一般例子中，建立分離的個別特徵即是設計多本體零件最有效的方法。

如圖 6-26 所示，實體資料夾列出了實體 (2)，代表資料夾中的實體數目，這些實體可以透過合併或結合形成單一實體。

◉ 圖 6-25　多本體　　　　　◉ 圖 6-26　實體資料夾

6.5 建立輪輻

輪輻是使用**掃出**特徵所建立，掃出需要兩個草圖：輪廓與路徑，且掃出特徵會將封閉輪廓沿著路徑推動。這裡的路徑是使用直線與切線弧繪製而成，輪廓是一個橢圓。掃出特徵會將現有的 Hub 和 Rim 特徵連結起來，並形成單一實體。

輪輻可透過複製排列建立一系列等距的特徵。

6-13

STEP 22 使用隱藏顯示窗格

在 FeatureManager（特徵管理員）中點選 > 展開**顯示窗格**。它包含幾個欄位，用於改變顯示屬性。

STEP 23 搜尋

利用 FeatureManager（特徵管理員）上方的搜尋過濾器 ▽，可搜尋 FeatureManager（特徵管理員）中的特徵或草圖名稱。如圖 6-27 所示，在搜尋欄位中輸入完整或部分名稱，例如：輸入"草"，系統顯示 Hub 和 Rim 特徵的草圖。如箭頭所示，點選 Hub 特徵與 Rim 特徵的草圖圖示，即會顯示其草圖。

◉ 圖 6-27 顯示特徵草圖

STEP 24 設定草圖

在右基準面建立一個新的草圖，檢視方式為**顯示隱藏線**。

STEP 25 繪製直線

從輪軸內部的中心線，由右向左繪製一條水平直線，如圖 6-28 所示。

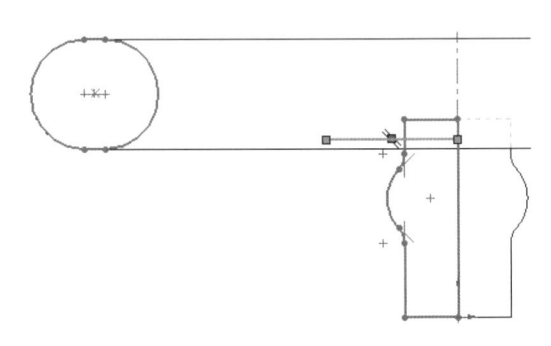

◉ 圖 6-28 繪製直線

STEP 26 繪製切線弧

從直線端點起繪製一條**切線弧**，實際大小將在稍後加入尺寸定義，如圖 6-29 所示。

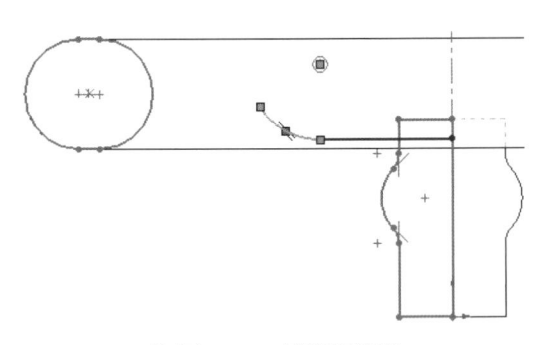

◉ 圖 6-29 繪製切線弧

STEP 27 連續繪製切線弧

維持在**切線弧**狀態，使用上一個圓弧的端點作為起點，繼續繪製弧，使這個圓弧與上一個圓弧相切，並使圓弧的終點保持水平相切放置，如圖 6-30 所示。

> **技巧**
> 當垂直提示線與第二個圓弧中心重合時，第二個圓弧切線會是水平放置。

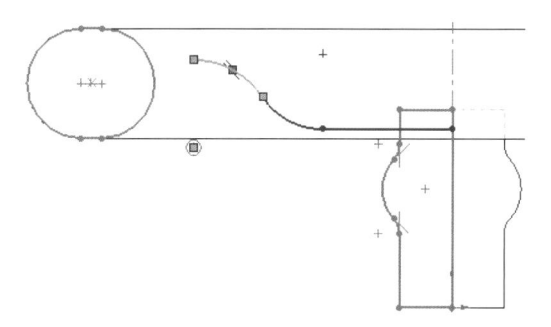

◉ 圖 6-30 連續繪製切線弧

STEP 28 繪製水平線

繪製最後一條水平直線，如圖 6-31 所示。

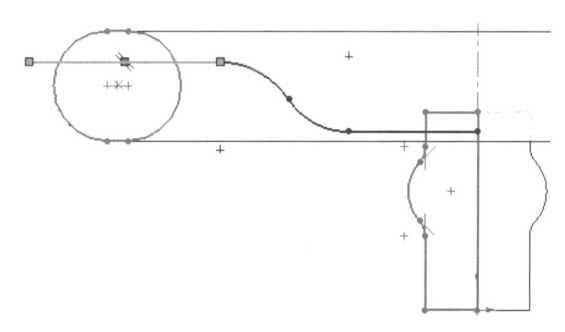

◉ 圖 6-31 繪製水平直線

STEP 29 加入限制條件

拖曳直線的左端點，使其與輪圈草圖上的中心點重合，**重合**限制條件即自動加入。加入另一直線和圓弧中心**重合**限制條件，如圖 6-32 所示。

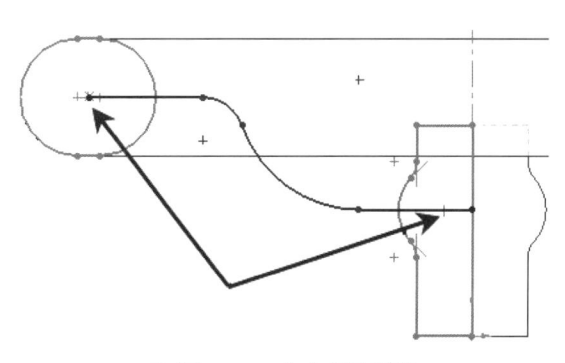

◉ 圖 6-32 加入限制條件

STEP 30 回到塗彩模式

按**塗彩**改變其顯示。

STEP 31 完全定義草圖

將 2 圓弧加入**等徑**限制條件,並標註尺寸,如圖 6-33 所示。

> **技巧**
> 建立尺寸的時候,點選端點與中心點會有更多的選項。

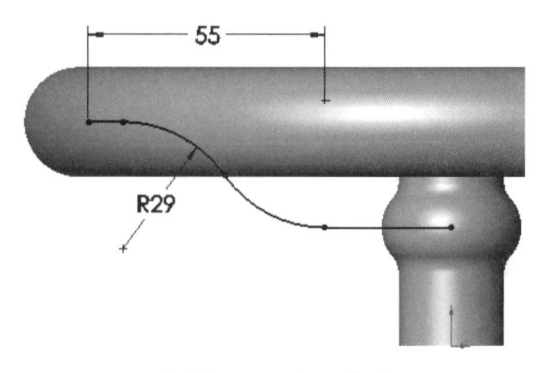

◎ 圖 6-33 加入尺寸

STEP 32 結束草圖

在不使用此草圖建立特徵下,即按**結束草圖**來關閉。

隱藏 Hub 和 Rim 草圖。

指令TIPS　插入橢圓

繪製橢圓與繪製圓相似,先用游標點選中心位置,拖曳滑鼠點選長軸的長度後,再拖曳橢圓來建立短軸的長度。

操作方法

- CommandManager:**草圖→橢圓**。
- 功能表:**工具→草圖圖元→橢圓**。
- 快顯功能表:在繪圖區域按滑鼠右鍵,點選**草圖圖元→橢圓**。

> **注意** 為了完全定義橢圓,必須標註尺寸或限制長軸和短軸的長度,並且限制其中一軸的方向,常見的方法是在主軸兩端點和橢圓中心加入**水平放置**限制條件。

STEP 33 繪製橢圓

在前基準面插入草圖,點選**橢圓**,將中心點重合於直線端點上,再將滑鼠從圓心移開,並確定長短軸的位置,如圖 6-34 所示。

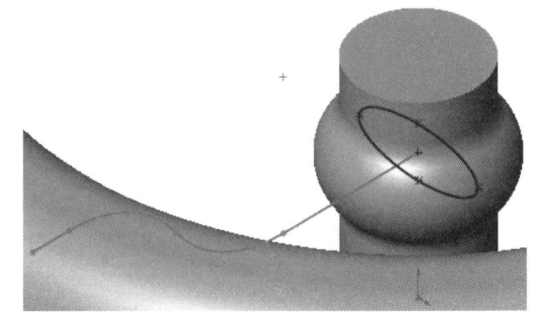

◎ 圖 6-34 繪製橢圓

旋轉特徵 **06**

STEP 34 加入尺寸和限制條件

加入限制條件,使圓心與長軸端點**水平放置**,並標註如圖 6-35 所示的尺寸,離開草圖。

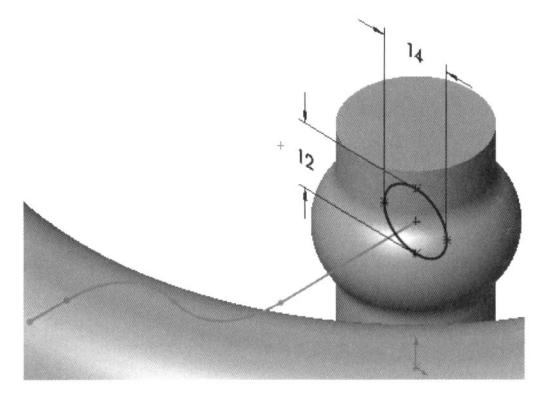

◉ 圖 6-35　加入尺寸

指令TIPS　掃出

掃出特徵需使用兩個草圖建立,即輪廓草圖和路徑草圖,輪廓沿著路徑移動以建立特徵。

操作方法
- CommandManager:**特徵→掃出填料 / 基材**。
- 功能表:**插入→填料 / 基材→掃出**。

提示　掃出特徵的**圓形輪廓**選項使用路徑草圖與一個圓直徑。

STEP 35 掃出

點選**掃出填料 / 基材**,選擇橢圓作為**輪廓**,線段草圖作為**路徑**,按**確定**,如圖 6-36 所示。

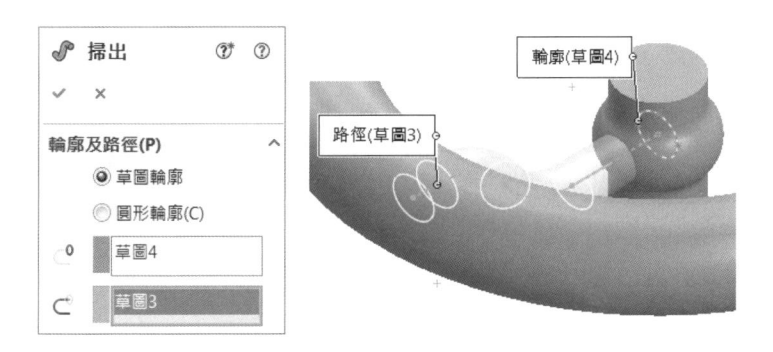

◉ 圖 6-36　掃出

STEP 36 查看結果

將特徵命名為 Spoke。因為特徵結合後，實體已合併為一個，如圖 6-37 所示。

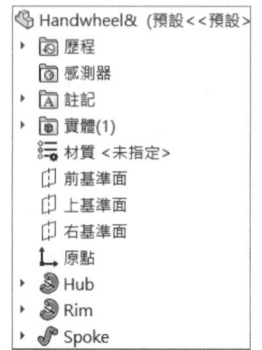

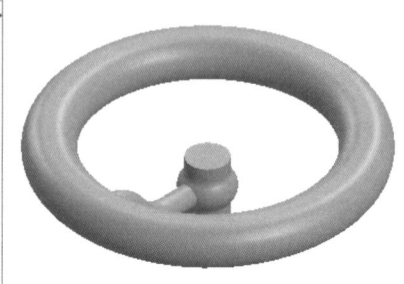

◉ 圖 6-37　合併實體

STEP 37 複製排列輪輻（Spoke）

按**環狀複製排列**，點選輪軸圓柱面作為複製排列軸，使用特徵 Spoke，設定**副本數 3** 與**同等間距**，如圖 6-38 所示。

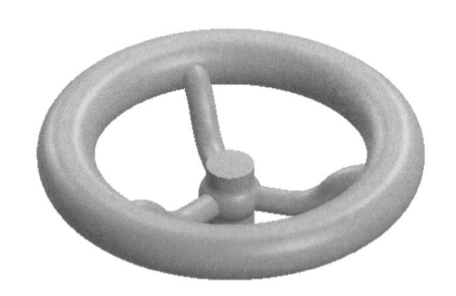

◉ 圖 6-38　複製排列輪輻

◆ 旋轉檢視

使用**旋轉**可自由旋轉模型視角，也可以選擇軸、直線、邊、頂點或平面來限制視角的旋轉方向，例如：點選**旋轉**再選擇模型的中心線。同樣的，使用滑鼠中鍵選擇圖元，再拖曳滑鼠中鍵，也能獲得同樣的旋轉效果。

STEP 38 旋轉檢視

用滑鼠中鍵點選輪軸上圓邊線，按住中鍵拖曳繞著方向盤的中心軸轉動，如圖 6-39 所示。

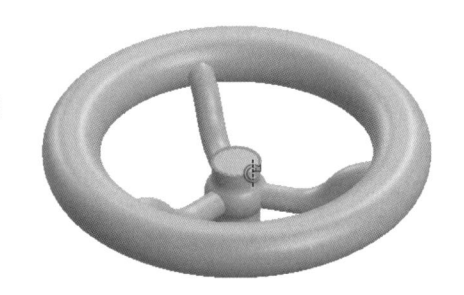

◉ 圖 6-39　旋轉檢視

6.5.1 邊線選擇

邊線工具列是一個多重邊線選擇方式，依所選邊線產生邊線的組合選擇，並可跟其他選擇方法結合使用。

旋轉特徵 **06**

例如：選擇單一條邊線，系統提供了七種不同的邊線組合方式，每個都有不同圖示和名稱。如圖 6-40。

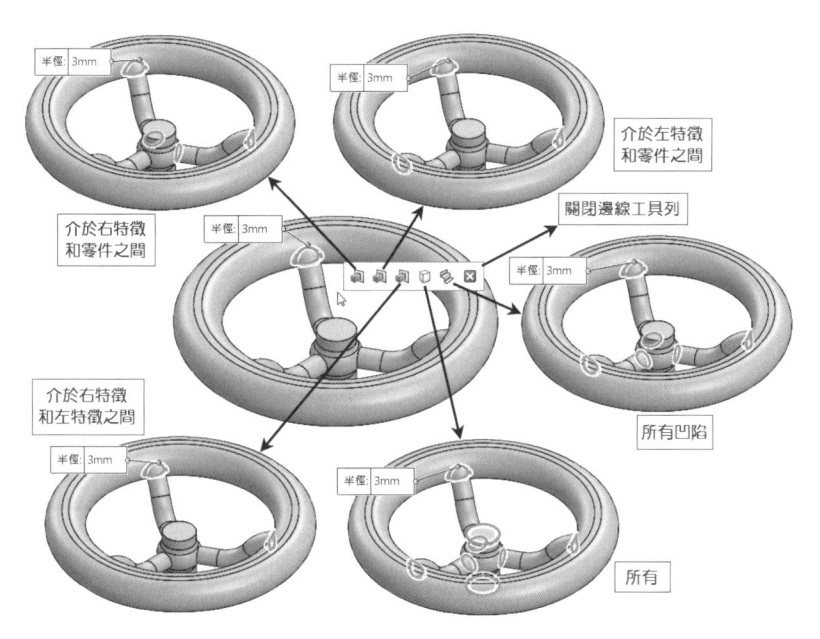

◉ 圖 6-40　邊線選擇

> **提示**　可用邊線組合的數量，以及名稱和圖示，都和所選邊線相關。例如：在模型上選擇一條弧形的邊線，將產生不同版本的工具列。您也可以直接選擇而不理會工具列。

⬢ **直接選擇**

直接選擇 6 條邊線或選兩個面都會得到相同的選擇結果。選擇一個面會選擇此面上的全部邊線。如圖 6-41 所示。

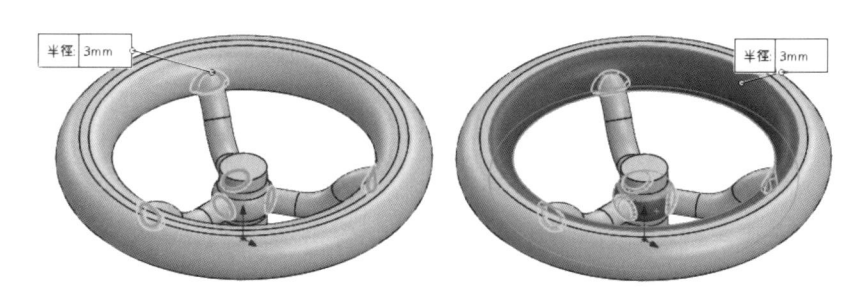

◉ 圖 6-41　直接選擇

> **提示**　選擇面會使得模型更容易承受尺寸的變更。

STEP 39 加入圓角

按**圓角**,勾選**顯示已選項目工具列**,選擇一條邊線後,從工具列中選擇**所有凹陷**,加入半徑 **3mm** 圓角完成模型,如圖 6-42 所示。

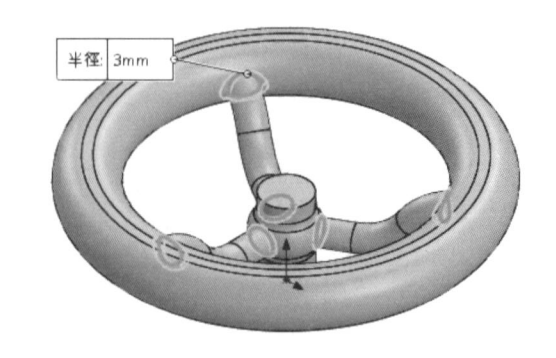

◉ 圖 6-42 加入圓角

⬢ 其他選擇選項

您也可以使用拖曳視窗,或使用快速鍵的方式來選擇邊線:

- 由左至右拖曳視窗,在視窗內的全部邊線都會被選取,如圖 6-43 所示。
- 按 **Ctrl+A** 可選擇所有邊線。

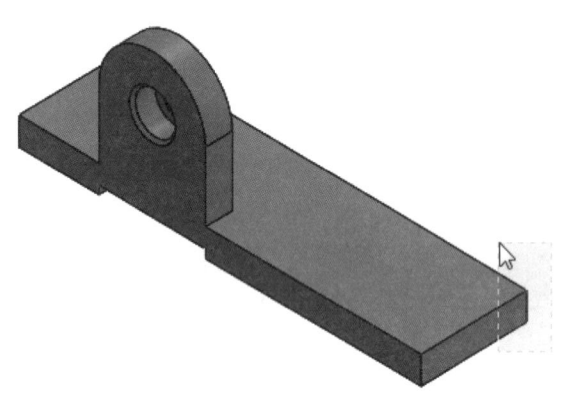

◉ 圖 6-43 框選邊線

6.5.2 導角

導角會在模型頂點或邊線上建立斜角特徵,形狀可由兩個距離或一個距離加一個角度來定義。導角的邊線選擇方式與圓角相似。

> **指令TIPS** 導角
>
> - CommandManager:**特徵**→**圓角**→**導角**。
> - 功能表:**插入**→**特徵**→**導角**。
> - 快顯功能表:在一個平面或邊線按滑鼠右鍵,點選**導角**。

STEP 40 加入導角

在 Hub 特徵頂邊上加入**導角**特徵,**導角類型**選擇**距離 - 距離**,**導角參數**選擇**不對稱**,並設定如圖 6-44 所示的尺寸。

旋轉特徵 **06**

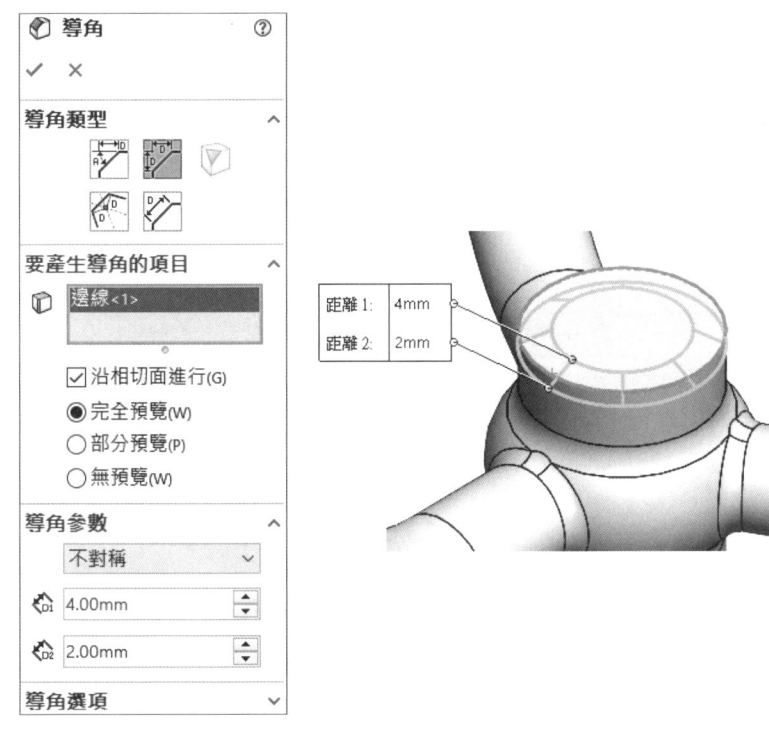

◉ 圖 6-44　加入導角特徵

> **指令TIPS　圓角轉換為導角**
>
> 另一個建立導角的方式是將現有的圓角轉換為導角,這可以用編輯特徵或用快顯功能表處理。
> - 快顯功能表:在現有圓角的邊或面上按滑鼠右鍵,從快顯功能表中點選**從圓角轉換為導角** 。

6.5.3　RealView Graphics

假如你有認證過的圖形加速卡,就能使用 **RealView Graphics** 功能,它提供高品質的即時材質紋路與彩現。

> **指令TIPS　RealView Graphics**
>
> - 功能表:檢視→顯示→ **RealView Graphics**。
> - 立即檢視工具列:**檢視設定** → **RealView Graphics** 。

> **提示** 若您無法使用 RealView Graphics，直接跳到 STEP 45。

> **技巧**
> 如果 **RealView Graphics** 無法使用，🔘 圖示即顯示為灰階，如圖 6-45 所示。

RealView 開啟　　　　　　　　　　RealView 關閉

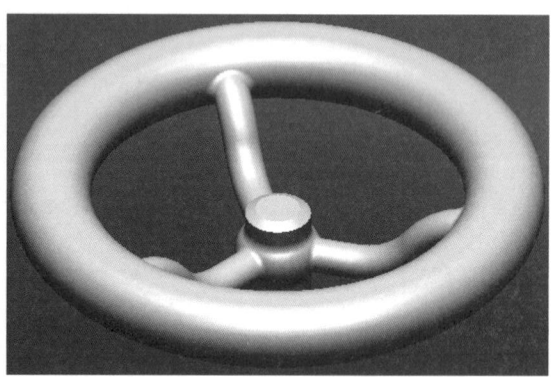

● 圖 6-45　使用 RealView Graphics 後的效果比較

◆ 外觀、全景、及移畫印花

在工作窗格的「**外觀、全景及移畫印花**」標籤中，包含有三個主要資料夾：**外觀、全景**與**移畫印花**，如圖 6-46 所示。

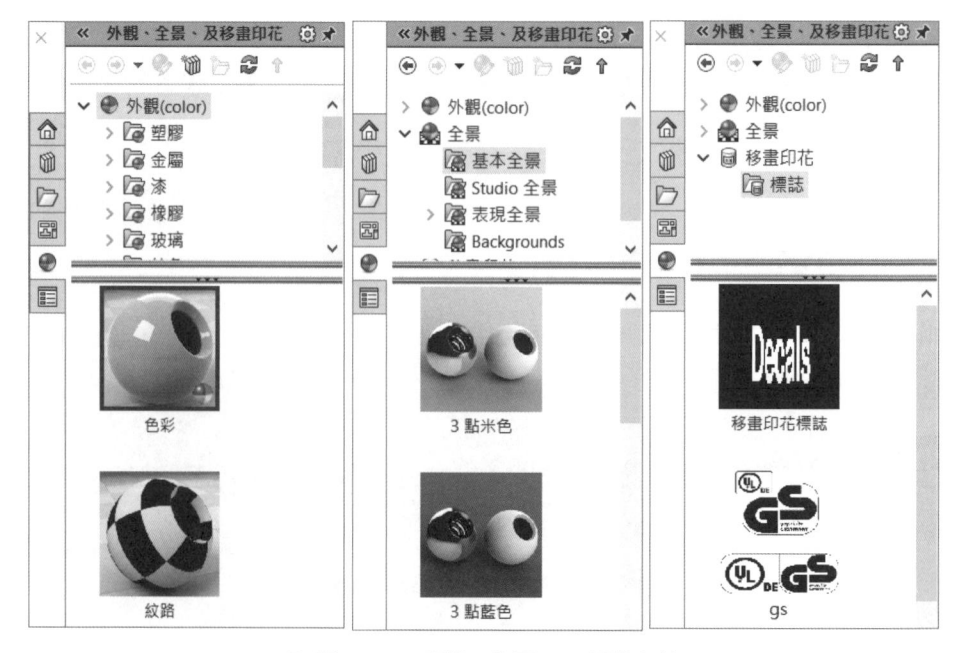

● 圖 6-46　外觀、全景、及移畫印花

旋轉特徵 **06**

STEP 41 開啟 RealView 功能

點選 **RealView** ，啟動真實預覽功能。

STEP 42 設定外觀與全景

從**外觀**→**漆**→**粉末塗料**資料夾中，拖曳**鋁粉末塗料**至繪圖視窗中。從**全景**→ **Studio 全景**資料夾中，拖曳**反射性的黑色地板**至繪圖視窗中，這時可以看到模型與背景有 RealView Graphics，如圖 6-47 所示。

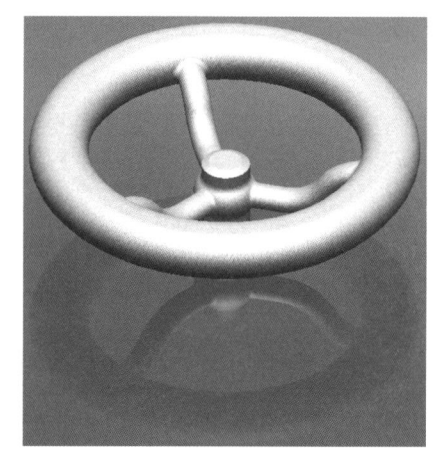

◉ 圖 6-47　效果圖

技巧

您也可以在**立即檢視**工具列的**套用全景**列表中，選擇所需的全景效果，如圖 6-48 所示。

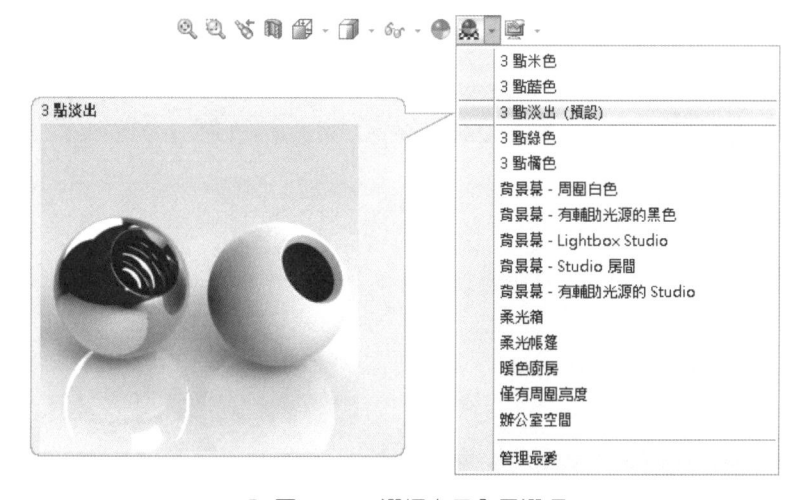

◉ 圖 6-48　選擇套用全景選項

◆ **外觀**

外觀可以編輯顏色和材質選項，功能包括**色彩 / 影像**和**貼圖**選項。

- **色彩**：從**外觀**資料夾中選擇更多的色彩。
- **貼圖**：從**外觀**資料夾中選擇更多的貼圖樣式。

STEP 43 設定色彩

按**編輯外觀**，變更色樣為**灰階**，在色塊中點選白色或淺灰色，按**確定**，如圖 6-49 所示。

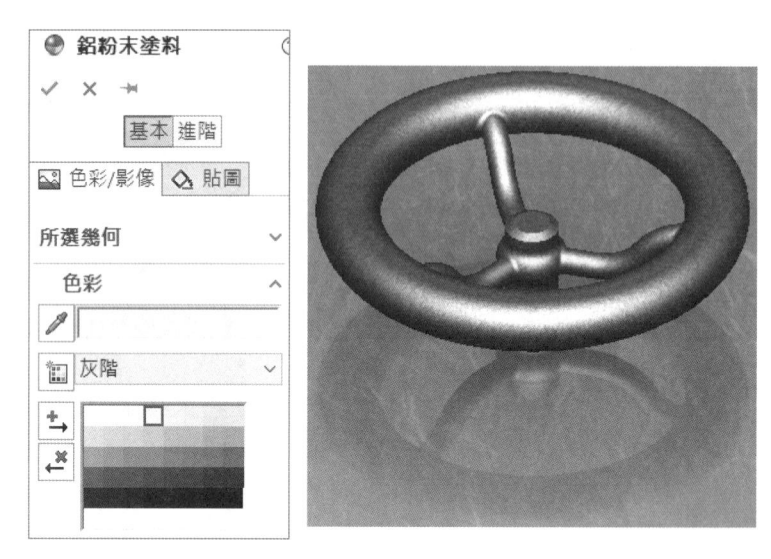

◉ 圖 6-49 設定色彩

> 提示　套用外觀並不會對零件指定材質屬性。

> 技巧
> 點選**檢視**→**顯示**→**周圍吸收**，可對著色模型增添真實感。

STEP 44 關閉 RealView 功能

點選 **RealView**，關閉真實預覽功能。

STEP 45 共用、儲存並關閉零件

6.6　編輯材質

編輯材質對話方塊是用來加入和修改零件的材質。根據零件材料屬性可以進行計算，包括**物質特性**和 **SimulationXpress**。不同的零件模型組態可以設定不同材質，詳細內容請參閱〈第 10 章 模型組態〉。

旋轉特徵 **06**

加入外觀和定義零件材質是不同的觀念。外觀只能控制模型顯示,材質則會加入材質屬性,用於計算質量和密度,多數材質會影響到外觀。

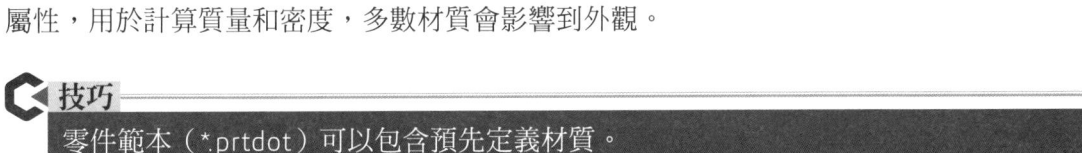

> **技巧**
> 零件範本(*.prtdot)可以包含預先定義材質。

指令TIPS　編輯材質

- 快顯功能表:在**材質**上按滑鼠右鍵,點選**編輯材質**。

操作步驟

STEP 1　開啟零件 HW_Analysis

此零件已加入一些特徵,以用於本例的分析。

STEP 2　編輯材質

在 FeatureManager(特徵管理員)的**材質**上按滑鼠右鍵,點選**編輯材質**,於材質視窗展開 **SOLIDWORKS Materials**,選擇**紅銅合金→鋁青銅**,如圖 6-50 所示。

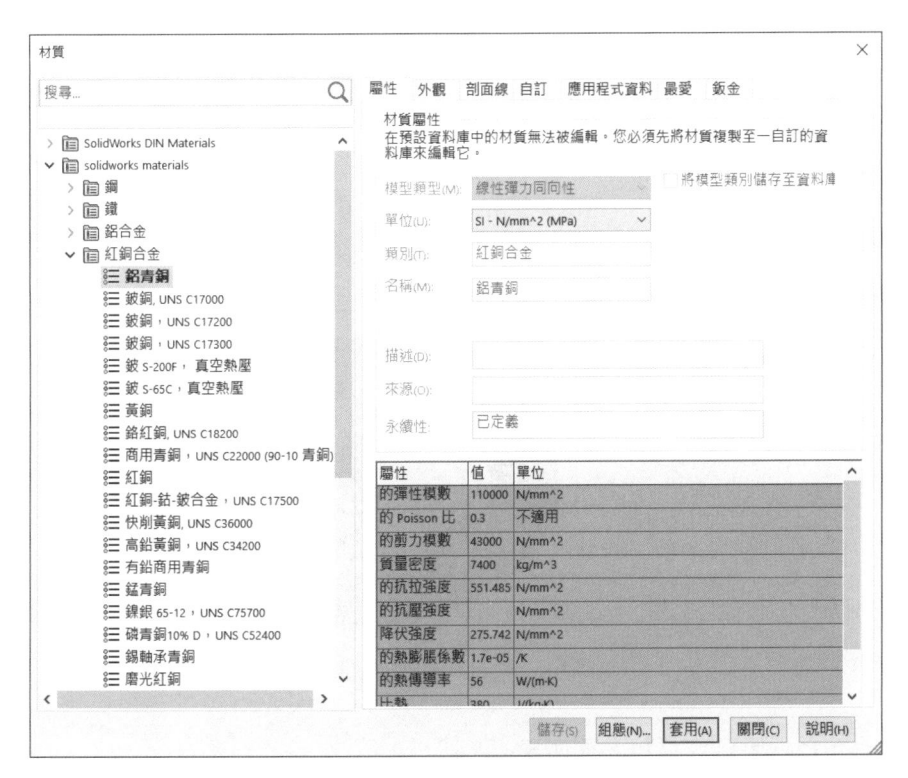

⊙ 圖 6-50　編輯材質

6-25

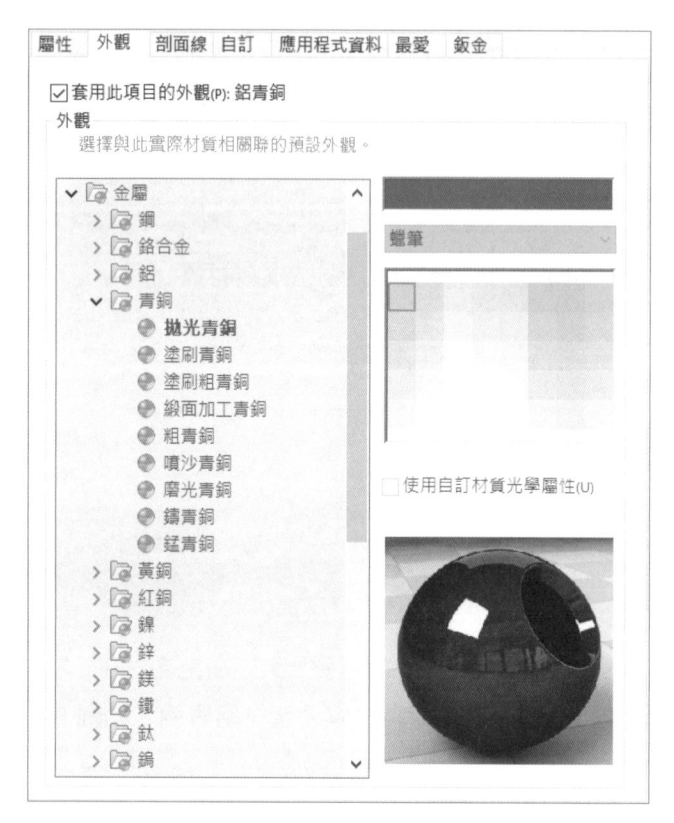

> **提示** 屬性、外觀、剖面線都已經被所選材質指定,如圖 6-51 所示。

● 圖 6-51 所選材質外觀

STEP 3 色彩

點選**套用**並**關閉**,FeatureManager(特徵管理員)將自動更新零件材質名稱以及顯示結果,如圖 6-52 所示。

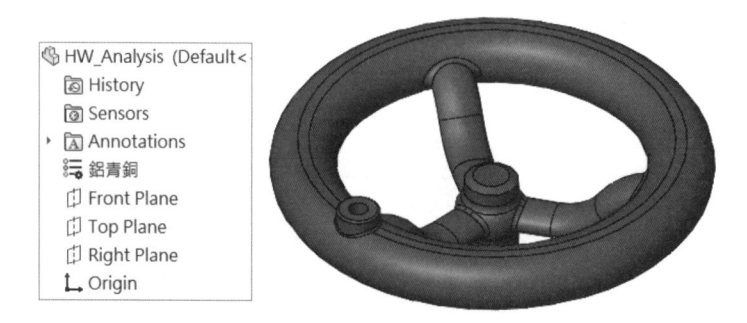

● 圖 6-52 更新顯示與材質名稱

> **提示** 也可以快點兩下材料名稱加入。

6.7 物質特性

使用實體建模的好處之一就是方便對模型執行工程計算,例如:計算質量、質心和慣性矩。

> **提示** 剖面屬性可以根據模型的平面或草圖產生。您也可以加入**質量中心**(COM)特徵,在質心和其他圖元之間測量距離。透過**插入→參考幾何→質量中心**或**物質特性**對話方塊加入**質量中心**點。

指令TIPS 物質特性

物質特性用於計算整個實體的質量屬性,包括:質量、體積與暫時顯示慣性主軸。

操作方法

- CommandManager:**評估→物質特性**。
- 功能表:**工具→評估→物質特性**。

STEP 4 計算物質特性

點選**物質特性**,模型的**密度**性質直接套用鋁青銅,並顯示計算結果,如圖 6-53 所示。

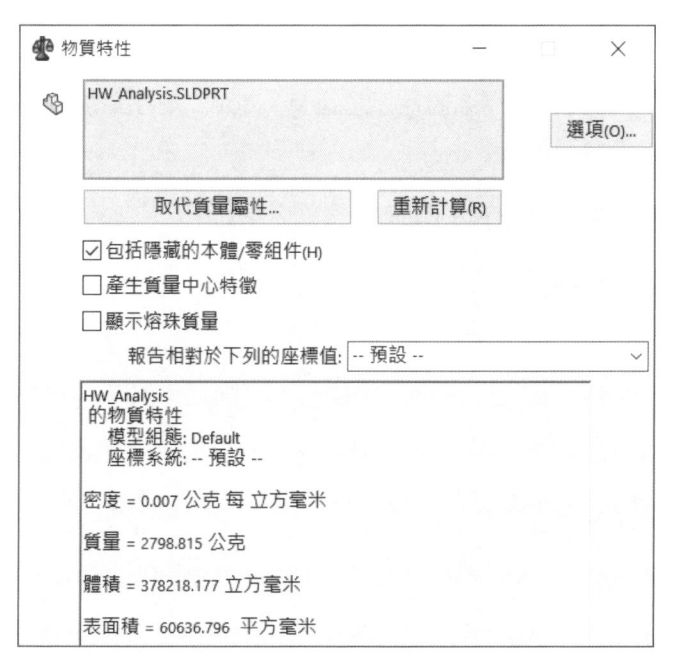

◉ 圖 6-53 物質特性

> **提示** 針對不具有實質屬性的零件,您可以使用**取代質量屬性**選項,取代質量、質量中心和慣性矩以助您簡化模型。要設定單位、密度和精準度,可以按**選項→使用自訂設定**,如圖 6-54 所示。

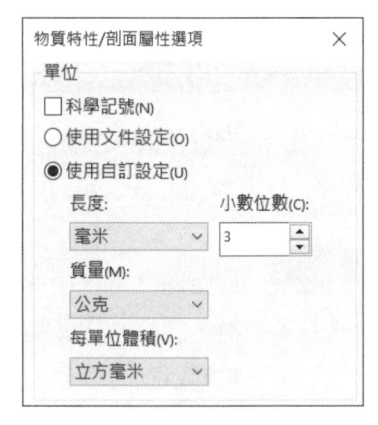

圖 6-54 設置物質特性

6.7.1 質量屬性與自訂屬性

零組件中零件的**質量屬性**也可以透過**自訂屬性**來指定,這些資料都可以在零件表中取得。

6.8 檔案屬性

檔案屬性描述了文件的詳細訊息,有助於識別文件,例如:標題、作者名字和主題,或其他重要訊息的關鍵字。文件屬性可以用來顯示檔案訊息,或使文件組織化,使它們能被容易搜尋到。

SOLIDWORKS 具有獨特的檔案屬性,它比 Windows 屬性更加適合在工程中應用,並可依使用者需求加入額外屬性。

檔案屬性和性質有時也被稱為中繼資料。

6.8.1 檔案屬性的分類

檔案屬性可分為以下幾類:

● **自動屬性**

由建立該屬性的應用程式來維護,包括檔案建立日期、修改日期和檔案大小。

● **預設屬性**

預設屬性已經存在,但使用者必須自行填入文字資料。預設屬性儲存於 Property.txt 中,此檔可以編輯,以便加入或刪除預設屬性。

● 自訂屬性

自訂屬性可自行定義並應用於整個文件。

● 模型組態指定屬性

只應用在指定的模型組態。

● SOLIDWORKS 自訂屬性

有幾個自訂屬性可自動地從 SOLIDWORKS 中更新，例如：零件的質量和材質。

> **指令TIPS　檔案屬性**
>
> - 功能表：**檔案→屬性**。

6.8.2　建立檔案屬性

檔案屬性可直接在文件中或透過其他方法建立。

● 直接方式

檔案屬性由使用者直接加入檔案中。

● 設計表格

透過欄位表頭 $PRP@property 建立自訂屬性，其中 **property** 是被建立的屬性名稱，該屬性內容包含設計表格訊息。

● 自訂屬性標籤

加入屬性的表單範本可以使用 **SOLIDWORKS 屬性標籤產生器**建立，這些表單也可以從工作窗格中的**自訂屬性**標籤中建立。

● SOLIDWORKS PDM

SOLIDWORKS PDM 將加入一些自訂屬性到檔案中以檢核零件資料庫，包括：數字、狀態、描述、項目和版本訊息，也可加入由資料庫管理員定義的附加屬性。

6.8.3　檔案屬性的用途

檔案屬性可用於多種操作。

● 零件、組合件和工程圖

檔案屬性可建立由變數控制的註解，連結至檔案屬性的註記可隨屬性變化而更新。

● **組合件**

進階選擇和**進階顯示/隱藏**,可以依特定檔案屬性,由系統自行選擇零組件。

● **工程圖**

檔案屬性資料可以填入標題欄、BOM 表和註記等。

STEP 5 設定檔案屬性

點選**檔案→屬性**,選擇**自訂**標籤,在**屬性名稱**儲存格中使用下拉式箭頭選擇 **Description**(描述),在**值/文字表達方式**輸入"Hand wheel for Globe Value",如圖 6-55 所示。

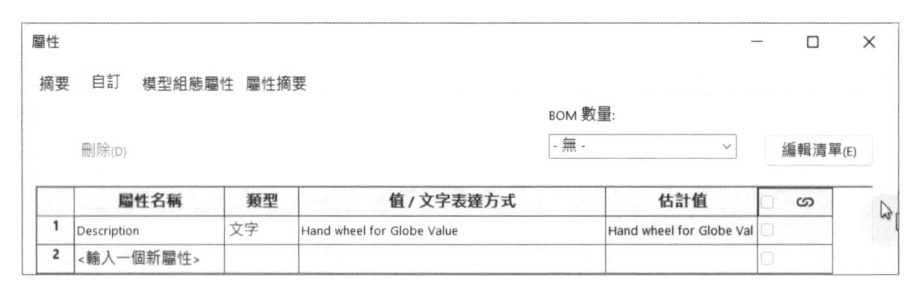

◉ 圖 6-55 設定檔案屬性

注意 若要升級舊版的零件和組合件至此對話方塊的最新版,可以在零組件名稱上按滑鼠右鍵,並點選**升級自訂屬性**。

STEP 6 新建自訂屬性

在**屬性名稱**儲存格輸入"質量",在**值/文字表達方式**下拉式箭頭選擇**質量**(**SW-Mass**),**估計值**將顯示目前的質量,如圖 6-56 所示。關閉此對話方塊。

◉ 圖 6-56 自訂屬性

提示 您也可以使用**模型組態指定**標籤,表格內的屬性將隨模型組態的不同而變化。

旋轉特徵 **06**

6.9 SOLIDWORKS SimulationXpress

當方向盤的 3D 幾何和材質都已建立並定義後，零件已有足夠的資訊來模擬應力分析。這裡我們將使用 SimulationXpress 分析精靈工具來測試。

SOLIDWORKS SimulationXpress 是第一個提供 SOLIDWORKS 使用者分析應力的工具，幫助判斷目前設計的零件是否能夠承受實際工作環境中的負載。

SOLIDWORKS SimulationXpress 工具是 SOLIDWORKS Simulation 產品的子功能。

6.9.1 總覽

SimulationXpress 分析精靈將為您提供簡易的使用說明，並一步步地完成設計分析。精靈要求您提供資訊以分析零件，例如：固定物、外部負載和材質。這些資訊代表零件的實際應用情況。例如：當方向盤被轉動時會出現什麼情況。

● **固定物**

將輪軸安裝在某物件上，以限制方向盤轉動，此物件對方向盤來說是固定物，有時也稱為限制。

● **負載**

當作用於握把上，企圖使方向盤轉動的施力稱為負載。在有負載情況下，會對輪輻造成什麼影響？輪輻是否彎曲或折斷？這將視方向盤採用的材質強度、輪輻形狀、大小以及負載大小而定，如圖 6-57 所示。

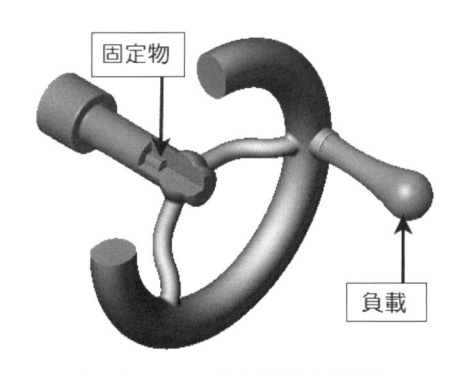

◉ 圖 6-57 方向盤的負載情況

6.9.2 網格

為了對模型進行分析，系統會自動對模型網格化，將整個模型細分為更小、更容易分析的片段，這些片段稱為元素。儘管您看不到模型中劃分的元素，但可以在分析零件之前設定網格劃分的精細程度，如圖 6-58 所示。

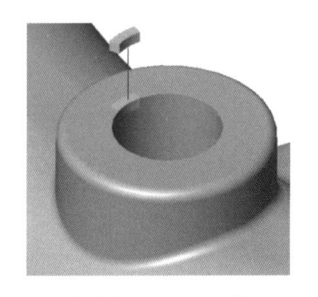

◉ 圖 6-58 網格

6.10 SimulationXpress 使用方法

SimulationXpress 分析精靈將引導您從**選項**到**最佳化**,一步步地完成分析步驟,這些步驟如下所示:

● **選項**

設定材料、負載和結果使用的單位。

● **固定物**

選擇固定面,指定分析過程中零件的固定位置。

● **負載**

指定導致零件受力和變形的外部負載,例如:外力或壓力。

● **材料**

從標準零件庫或自訂零件庫中選擇零件所採用的材料。

● **分析**

執行分析程序,可選擇性的自訂零件網格劃分的精細程度。

● **結果**

顯示分析結果,包括安全係數(FOS)、應力和變形,這步驟有時也稱後處理。

● **最佳化**

選擇尺寸得到最佳化後的結果值。

指令TIPS SimulationXpress

- CommandManager:**評估**→**SimulationXpress 分析精靈**。
- 功能表:**工具**→**Xpress 產品**→**SimulationXpress**。

旋轉特徵 **06**

操作步驟

STEP 1　啟動 SimulationXpress

按 **SimulationXpress 分析精靈** ，分析精靈會出現在工作窗格中，如圖 6-59 所示。

提示　第一次使用 **SimulationXpress 分析精靈**時，系統會要求您輸入**產品序號**方可使用。

◉ 圖 6-59　SimulationXpress 分析精靈

6.11　SimulationXpress 介面

SOLIDWORKS SimulationXpress 標籤顯示於工作窗格，選取的選項和 SimulationXpress Study 皆顯示在 PropertyManager 中，如圖 6-60 所示。

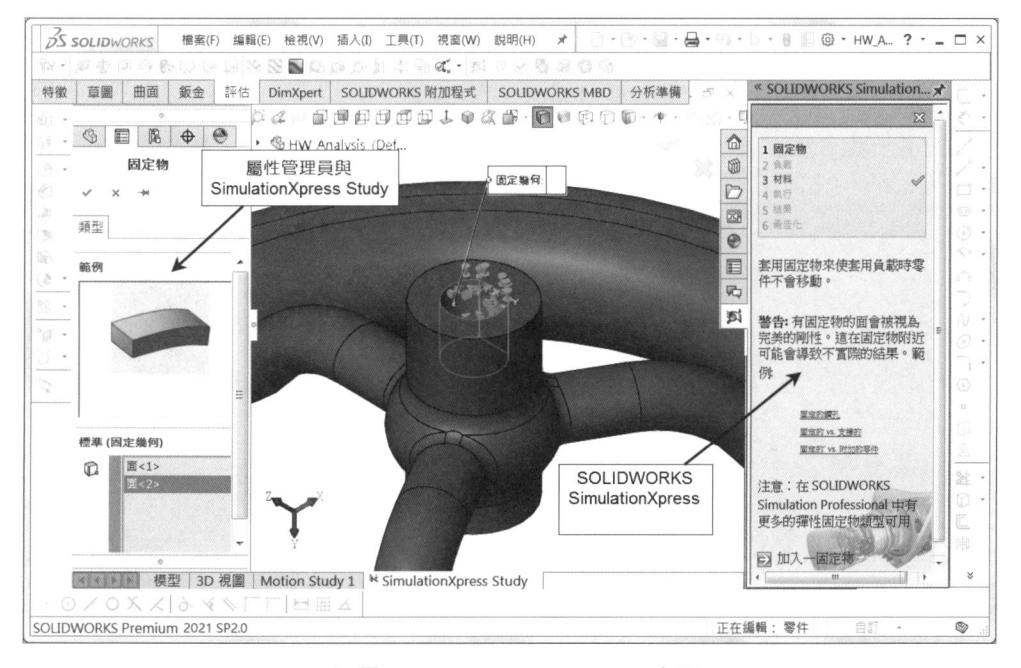

◉ 圖 6-60　SimulationXpress 介面

6-33

6.11.1 選項

在**選項**對話方塊中可設定**單位系統**和**結果位置**。

STEP 2 按選項

設定單位為 **SI**，並使用預設的**結果位置**，勾選**在結果繪圖中顯示最大值及最小值的註記**，按**確定**，再按 → **下一步**。

6.11.2 第 1 步：固定物

固定物用於固定零件的面，使零件在分析過程中保持不動。您至少需要限制零件的一個面，以防止剛性體運動的分析失敗。當您正確完成每個步驟，設計分析精靈會顯示一個綠色的 ✓。

STEP 3 固定物畫面

按 → 加入一固定物。

> **技巧**
> 按藍色的超連結（例如：固定的鑽孔）可查看範例。

STEP 4 選擇固定面

選擇 D-Hold 特徵內的圓柱面和平坦面，按**確定**，再按**下一步**，如圖 6-61 所示。

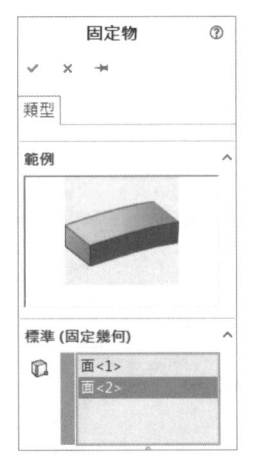

● 圖 6-61　選擇固定面

● **SimulationXpress Study**

SimulationXpress Study 是分析精靈完成後產生的，如圖 6-62 所示，它位於 FeatureManager（特徵管理員）下方。分析完成後，SimulationXpress 中會包含固定物、負載、網格和分析結果。

● 圖 6-62　SimulationXpress Study

6.11.3 第 2 步：負載

負載頁面可讓使用者將外部力和壓力加入至零件表面上。

● **力**

是指作用力的總和,例如:200lbs,作用於表面的特定方向。

● **壓力**

是指平均分布到某個平面上的力,例如:300psi,垂直作用於此表面上。

> **提示** 作用力將施加到每個平面上。例如:您選擇 3 個面,並指定作用力為 50lbs,那麼 SimulationXpress 的總作用力大小會是 150lbs(每個面是 50lbs)。

STEP 5　負載頁面

在本例中,選擇**力**作為負載的類型,按 → **加入一個力**。

STEP 6　選擇受力表面

如圖 6-63 所示,選擇圓柱面作為受力表面,點選**所選方向**,選擇基準面 Right Plane。設定**力**為 3000N,按**確定**,再按**下一步**。

◉ 圖 6-63　選擇受力表面

6.11.4 第 3 步：選擇材料

選擇零件**材料**，您可以從標準材料庫中選擇材料，或加入自訂的材料。

STEP 7 材料頁面

之前已選擇預設材料是**鋁青銅**，在頁面中按**變更材料**來取代目前材料，這個列表和**編輯材質**指令彈出的列表相同，按**下一步**維持鋁青銅為材質，如圖 6-64 所示。

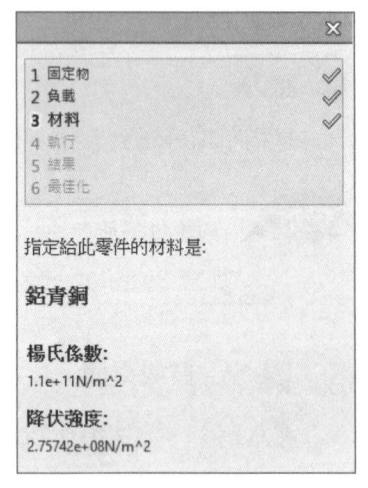

圖 6-64 材料標籤

6.11.5 第 4 步：執行

經過上述步驟以後，SimulationXpress 已經收集到進行零件分析所需的資訊，現在可以建立網格，計算位移、應變和應力。

STEP 8 開啟執行標籤

進行所需的資訊已設定完畢，按 ➡ **執行模擬**。

6.11.6 第 5 步：結果

分析結果會顯示在**結果**標籤，如圖 6-65 所示，SimulationXpress Study 設計樹顯示在分割的 FeatureManager（特徵管理員）中，包括所有工作的輸入和輸出。

> **技巧**
> 可以在任一結果特徵上快按滑鼠兩下來查看結果，例如：Stress（-vonMises-）。

圖 6-65 SimulationXpress Study 標籤

旋轉特徵 **06**

STEP 9　查看結果

變形繪圖的預覽畫面將出現在螢幕中，變形經由一定比例的放大，將更容易檢視。如果變形符合預期，按 → 是，**繼續**查看下一個結果。

● **查看安全係數**

SimulationXpress 使用最大 von Mises 應力準則來計算安全係數分布。此準則顯示，當等量應力（von Mises 應力）達到延展性材料的降伏強度時，材料開始降伏。降伏強度（SIGYLD）定義為材料屬性。安全係數＝降伏強度／這個點的等量應力，任何位置上的安全係數表示如下：

- 安全係數小於 1，表示這個位置的材料已經開始降伏，設計不安全。
- 安全係數等於 1，表示這個位置的材料剛開始降伏。
- 安全係數大於 1，表示這個位置的材料尚未降伏。

STEP 10　查看安全係數

如圖 6-66 所示，**安全係數（FOS）**小於 1，顯示零件的這個區域應力過大，設計不安全。紅色的區域表示安全係數小於 1，工作窗格中也會顯示實際的安全係數。

點選 → **已檢視完結果**，→ **下一步**。

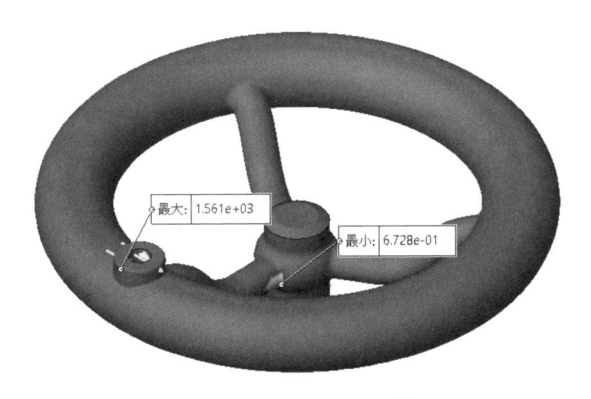

◉ 圖 6-66　安全係數

6.11.7　第 6 步：最佳化

最佳化標籤可用來重複變化某一個尺寸的值並依次進行校驗，進而將**安全係數**、**最大應力**和**最大位移**限定在可接受範圍內。最佳化是在給定的邊界條件數值內隨以上限制進行的。

STEP 11 最佳化模型

在**是否要最佳化您的模型？按是**，→**下一步**。

STEP 12 選擇要更改的尺寸值

選擇尺寸 14mm（橢圓長軸的長度）作為要更改的尺寸，按**確定**，如圖 6-67 所示。

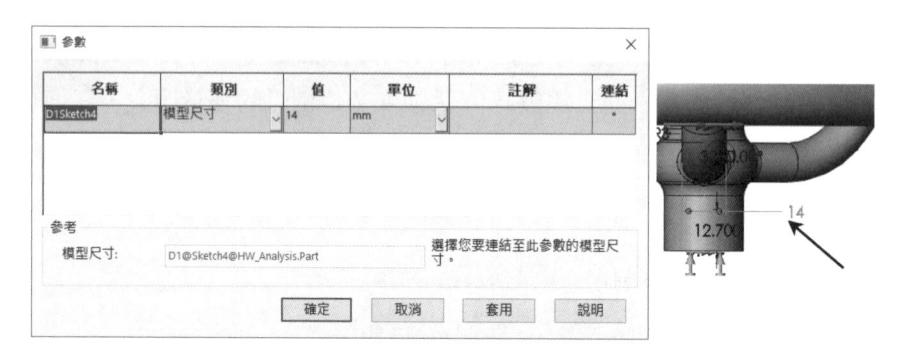

● 圖 6-67　更改尺寸

STEP 13 變數和限制

設定**最小**和**最大變數值**為 **18mm** 和 **22mm**，如圖 6-68 所示。在**限制**欄中選擇**安全係數**，並設定最小值為 1，按左上角的**執行**。

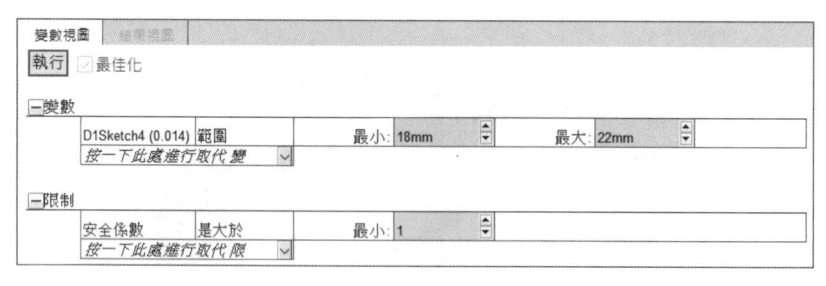

● 圖 6-68　變數和限制

STEP 14 查看結果

經過若干次的反覆計算之後，最佳化完成。點選**結果視圖**標籤，如圖 6-69 所示，最終的更改結果在稍微增加質量的條件下達到了安全係數的預期要求。

	初始	最佳化
D1Sketch4 (0.019501)	14mm	19.50097mm
安全係數	0.672816	1.050286
質量	2.7988 kg	2.872 kg

● 圖 6-69　查看結果

STEP 15 最佳化結果

點選**最佳值**選項,按 → **下一步**。點選 **4 執行**和**執行模擬**。

6.11.8 更新模型

在 SOLIDWORKS 中做的更動和分析最佳化能自動反應到 SimulationXpress,變更包括:模型、材料、固定物和負載,透過重新分析可得到最新結果。

STEP 16 儲存檔案資料

在 SimulationXpress 視窗按**關閉**,按**確定**儲存檔案。

STEP 17 改變模型

最佳化過程已經改變了所選尺寸的數值。在繪圖區域底部點選**模型**標籤,回到模型環境,修改尺寸為 20,重新計算模型,如圖 6-70 所示。

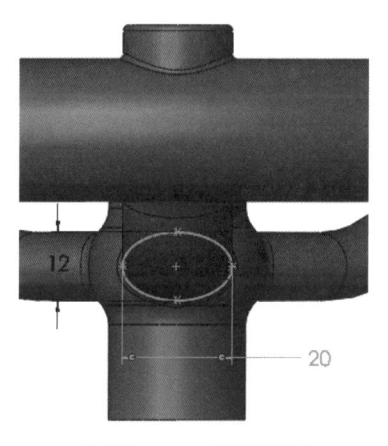

◎ 圖 6-70 改變模型

STEP 18 修正結果

再次啟動 SimulationXpress,執行模擬,並更新結果。

STEP 19 共用、儲存並關閉

在 SimulationXpress 視窗按**關閉**,按**確定**儲存檔案。

STEP 20 共用、儲存並關閉零件

6.11.9 結果、報告和 eDrawings

以下是不同類型分析輸出的例子,包括分析結果、報告和 eDrawings。

> **提示** 一些顯示結果在變形比例上做了誇大處理。

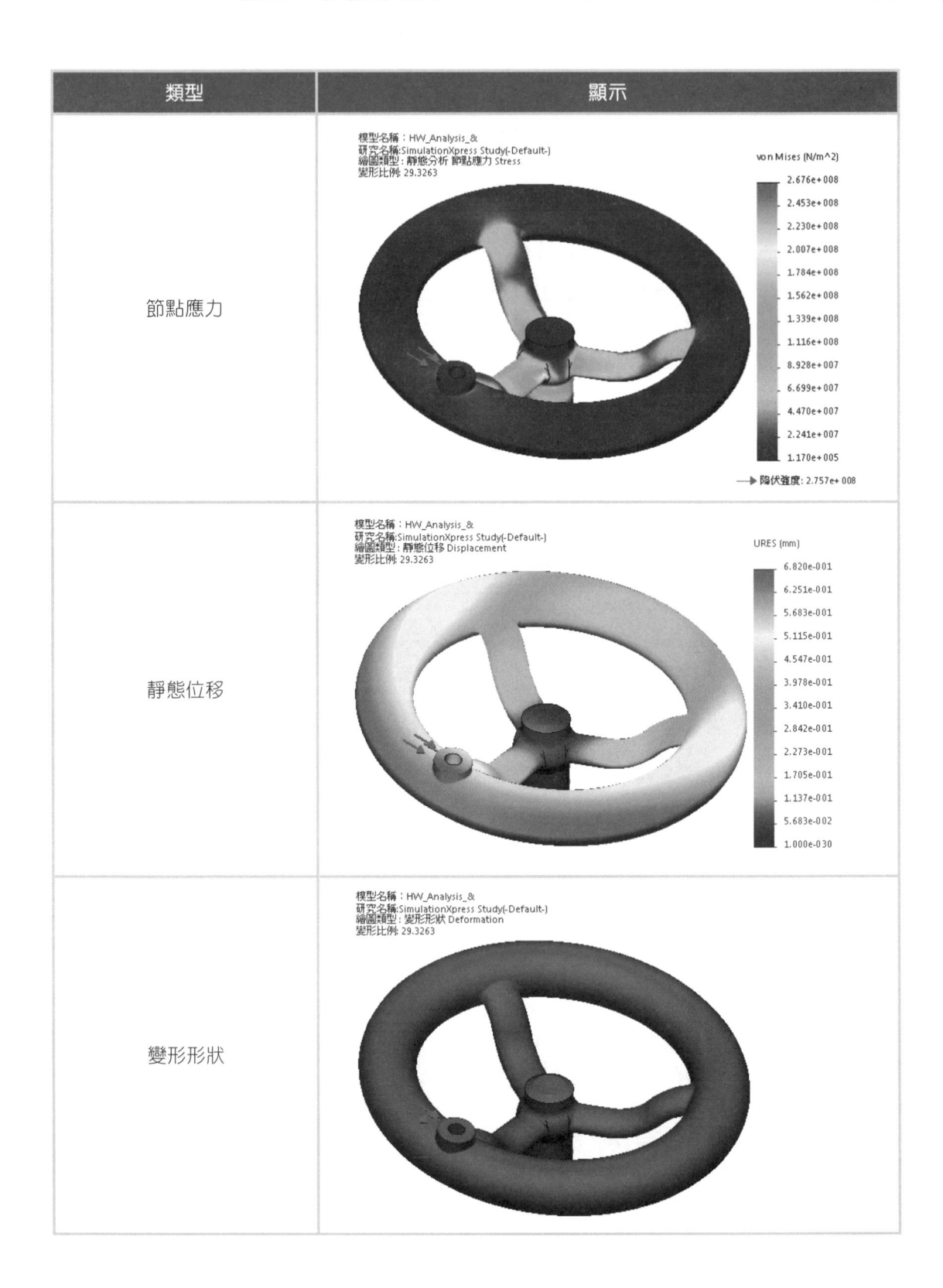

類型	顯示
節點應力	
靜態位移	
變形形狀	

類型	顯示
安全係數 (- 最大 vonMises 應力 -)	
Word 報告	
eDrawings 檔案	

練習 6-1 法蘭

請使用所提供的尺寸建立零件，靈活地使用限制條件維持設計意圖，如圖 6-71 所示。此練習使用以下技能：

- 旋轉特徵

  單位：mm（毫米）

◆ **設計意圖**

此零件的設計意圖如下：

1. 複製排列孔的間距相等。
2. 鑽孔的直徑相等。
3. 所有圓角的尺寸皆為 R6mm。

⊙ 圖 6-71　法蘭

> **注意**　圓建構線可以從**屬性**變更。

◆ **尺寸視圖**

根據圖 6-72 所示的尺寸，並結合設計意圖建立零件。

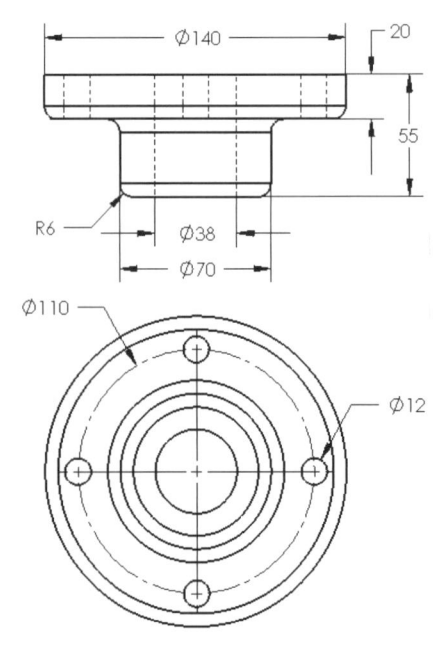

⊙ 圖 6-72　法蘭的尺寸資訊

練習 6-2 輪子

請使用所提供的尺寸建立零件，靈活地使用限制條件維持設計意圖，如圖 6-73 所示。此練習使用以下技能：

- 旋轉特徵

  單位：mm（毫米）

● **設計意圖**

此零件的設計意圖如下：

1. 零件對輪軸中心線對稱。

2. 輪軸特徵應用拔模。

⊙ 圖 6-73　輪子

● **尺寸視圖**

根據圖 6-74 所示的尺寸，並結合設計意圖建立零件。

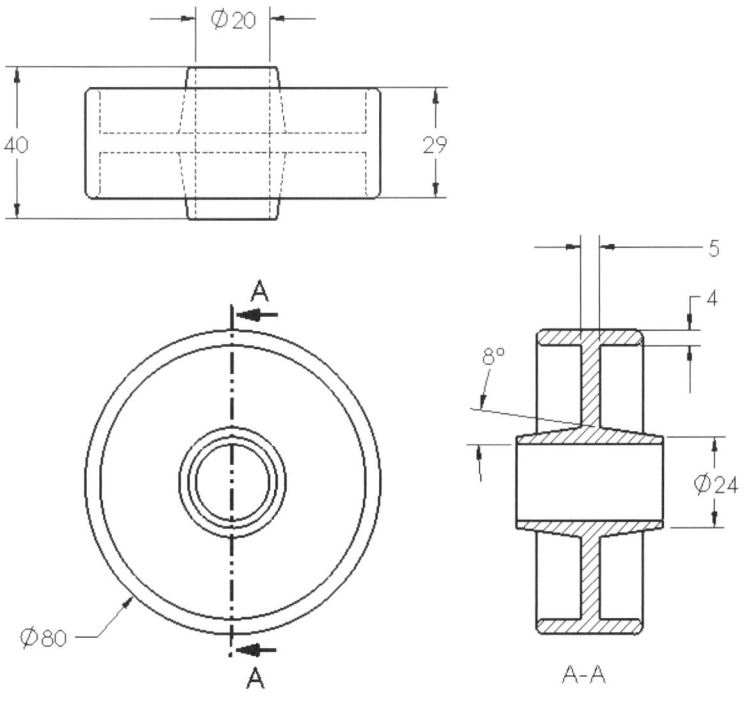

⊙ 圖 6-74　輪子的尺寸資訊

◆ **草圖插入文字**

草圖中可以插入文字，並用來建立伸長填料或伸長除料。文字可以自由放置，並使用尺寸或幾何限制條件定義位置，也可以使文字沿草圖幾何曲線或模型邊線分布。

指令TIPS 文字

- CommandManager：**草圖→文字** A。
- 功能表：**工具→草圖圖元→文字**。
- 快顯功能表：在繪圖區域按滑鼠右鍵，點選**草圖圖元→文字** A。

操作步驟

STEP 1　繪製幾何

在草圖前基準面上繪製建構線和圓弧建構線，並選擇圓弧端點和垂直中心線加入**對稱**限制條件。

STEP 2　建立曲線上的文字

建立兩段文字，分別貼附在兩個圓弧上，如圖 6-75 所示。

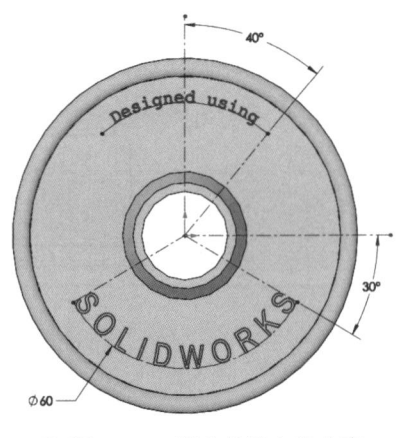

● 圖 6-75　建立曲線上的文字

第一段文字	第二段文字
• 文字：Designed using • 字型：Courier New，11pt • 對正：中心對齊 • 寬度係數：100% • 間距：100%	• 文字：SOLIDWORKS • 字型：Arial，20pt • 對正：兩端對齊 • 寬度係數：100% • 間距：兩端對齊的情況下不可用

旋轉特徵 **06**

STEP 3　伸長特徵

建立伸長填料特徵，設定深度為 1mm，拔模角度 1°，如圖 6-76 所示。

> **提示**　伸長文字比較耗時間。

STEP 4　共用、儲存並關閉零件

◉ 圖 6-76　伸長特徵

練習 6-3 導向器

請使用所提供的資訊和尺寸建立零件，如圖 6-77 所示。此練習可增強以下技能：

- 狹槽

　單位：mm（毫米）

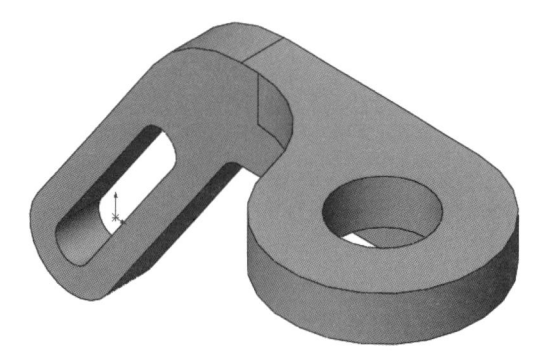

◉ 圖 6-77　導向器

操作步驟

建立一個新零件，命名為 Guide。

> **提示**　以下各圖皆顯示草圖限制條件（檢視→隱藏 / 顯示→草圖限制條件）。

STEP 1　直線和繪製圓角

在前基準面建立草圖，繪製直線與圓角，並標註角度，如圖 6-78 所示。

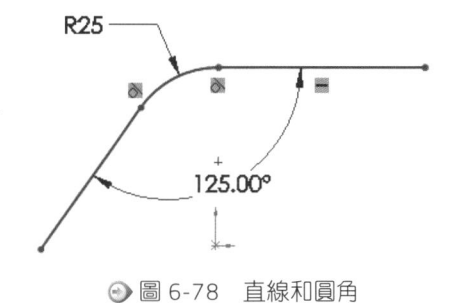

R25

125.00°

◉ 圖 6-78　直線和圓角

6-45

STEP 2　偏移圖元

用偏移圖元指令偏移 20mm，如圖 6-79 所示。

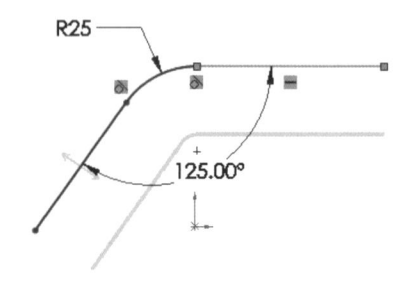

◎ 圖 6-79　偏移圖元

STEP 3　封閉兩端

用切線弧與直線封閉兩端，如圖 6-80 所示。

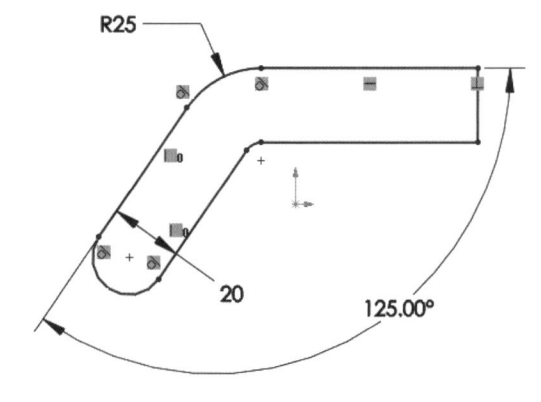

◎ 圖 6-80　封閉兩端

STEP 4　拖曳到原點

拖曳圓弧中心點到原點放置，建立與原點重合條件，如圖 6-81 所示。

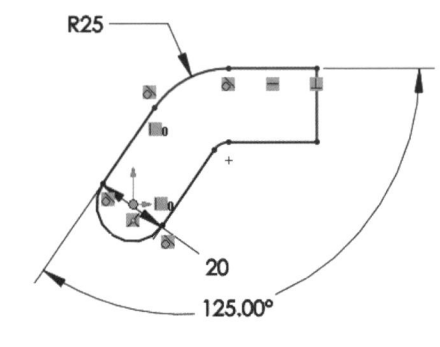

◎ 圖 6-81　拖曳到原點

STEP 5　虛擬交角

虛擬交角是用來表示兩條直接相遇的虛擬角落，只要選擇兩條直線後，如圖 6-82 所示，再按點 。，即可加入虛擬交角。

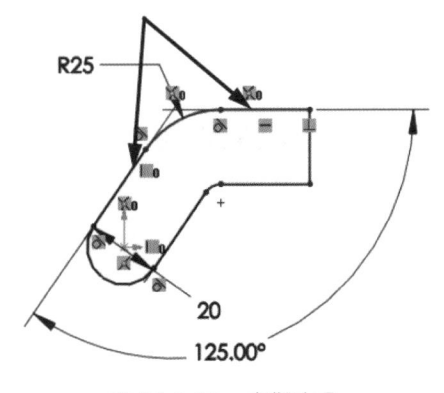

◎ 圖 6-82　虛擬交角

旋轉特徵 **06**

STEP 6　完全定義

加入尺寸使草圖完全定義,如圖 6-83 所示。

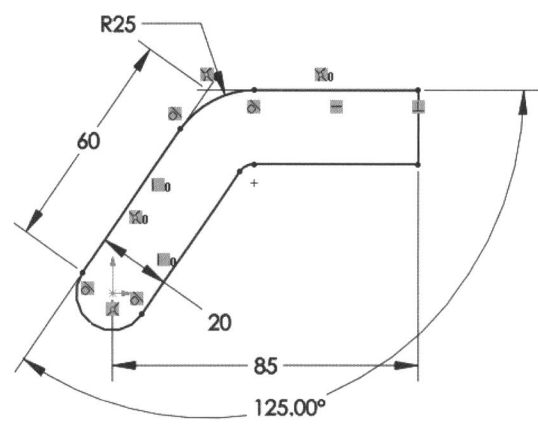

◉ 圖 6-83　完全定義

STEP 7　伸長特徵

建立伸長特徵,深度 10mm,如圖 6-84 所示。

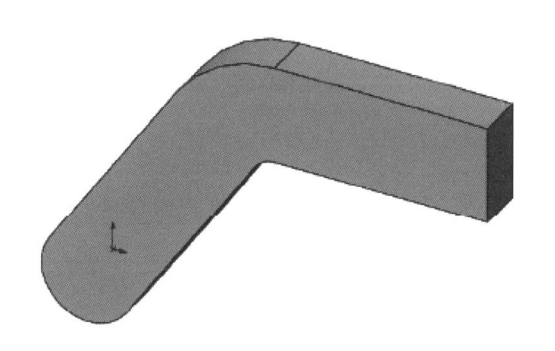

◉ 圖 6-84　伸長特徵

STEP 8　加入圓形填料

在模型頂面插入草圖,繪製一個圓。加入圓弧與上邊線**相切**;中心點與右邊線**重合**限制條件,完全定義並伸長草圖,深度 10mm,如圖 6-85 所示。

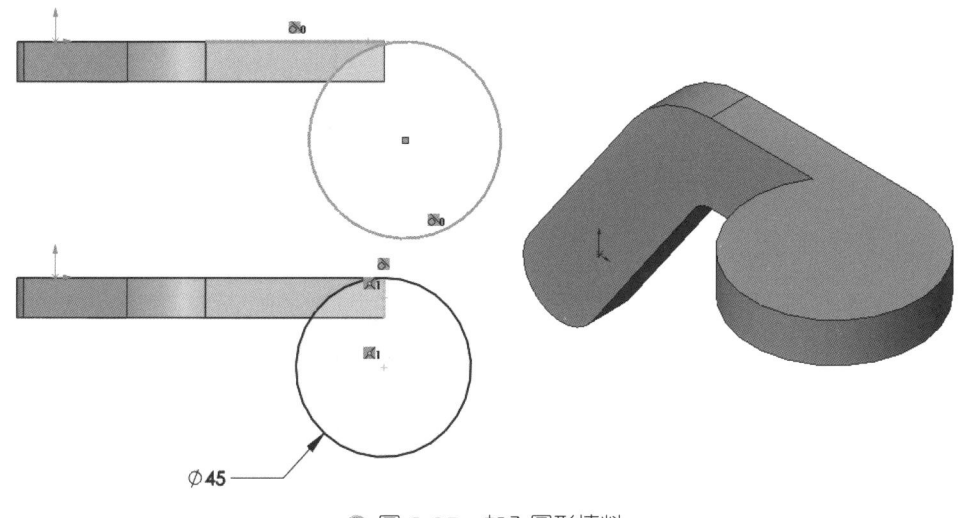

◉ 圖 6-85　加入圓形填料

STEP 9 圓角

加入圓角 R20mm，如圖 6-86 所示。

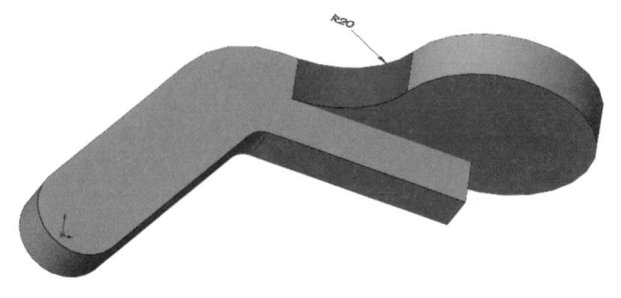

◉ 圖 6-86 加入圓角

STEP 10 狹槽

使用**直狹槽**建立完全貫穿除料特徵，在狹槽選項選擇**加入尺寸**和**整體長度**，如圖 6-87 所示。

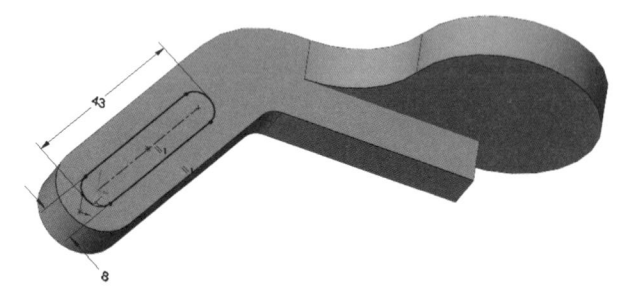

◉ 圖 6-87 狹槽

> **技巧**
> 狹槽草圖應該加入一個**平行**關係才能完全定義。

STEP 11 加入貫穿孔

加入直徑為 20mm 貫穿孔，如圖 6-88 所示。

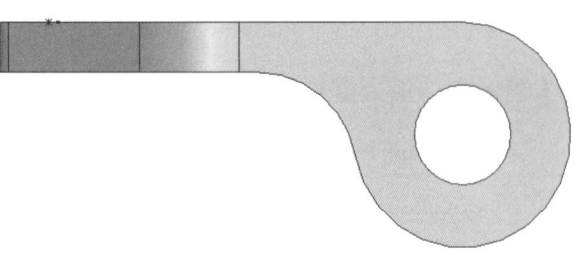

◉ 圖 6-88 加入鑽孔

STEP 12 共用、儲存並關閉零件

練習 6-4 橢圓

請使用橢圓來建立零件,如圖 6-89 所示。此練習可增強以下技能:

- 插入橢圓

  單位:mm(毫米)

◉ 圖 6-89　橢圓

操作步驟

根據如圖 6-90 所示的尺寸,建立橢圓零件。

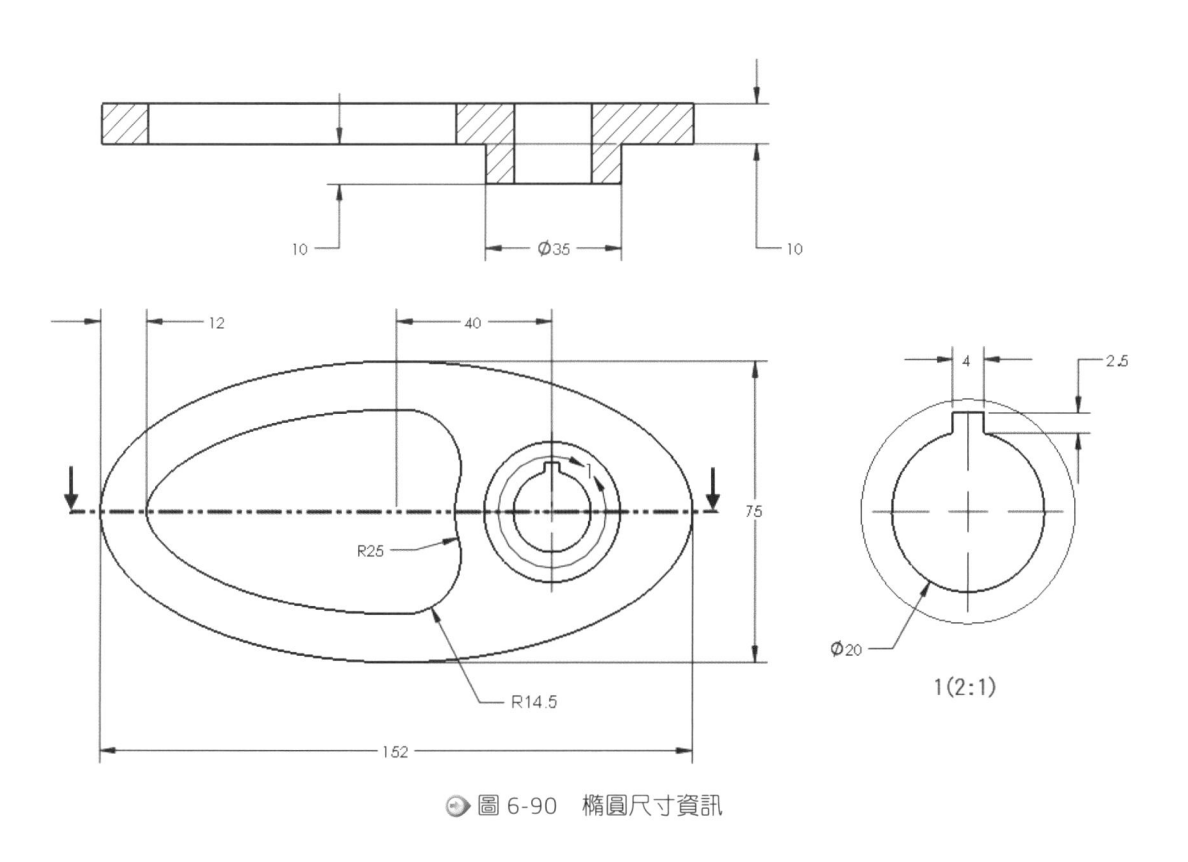

◉ 圖 6-90　橢圓尺寸資訊

練習 6-5 掃出

請使用掃出特徵建立以下零件,如圖 6-91 所示。它們都需要路徑和剖面,或路徑和**圓形輪廓**。此練習使用以下技能:

- 掃出

單位:mm(毫米)

◆ Slide Stop

定義中心線為 Slide Stop 的掃出路徑。

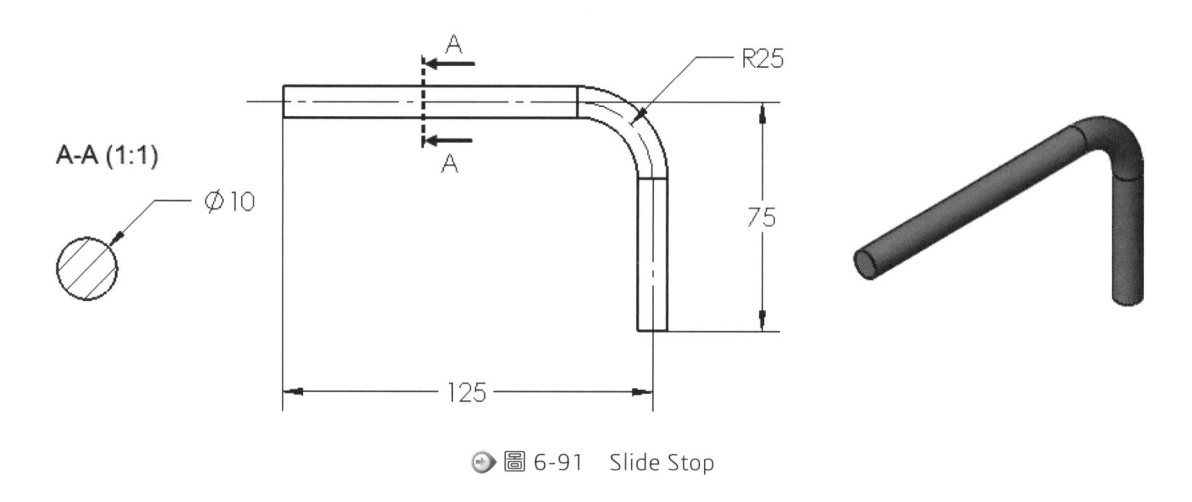

圖 6-91　Slide Stop

旋轉特徵 06

◆ **Cotter Pin**

定義內側邊線為 Cotter Pin 零件的掃出路徑，如圖 6-92 所示。

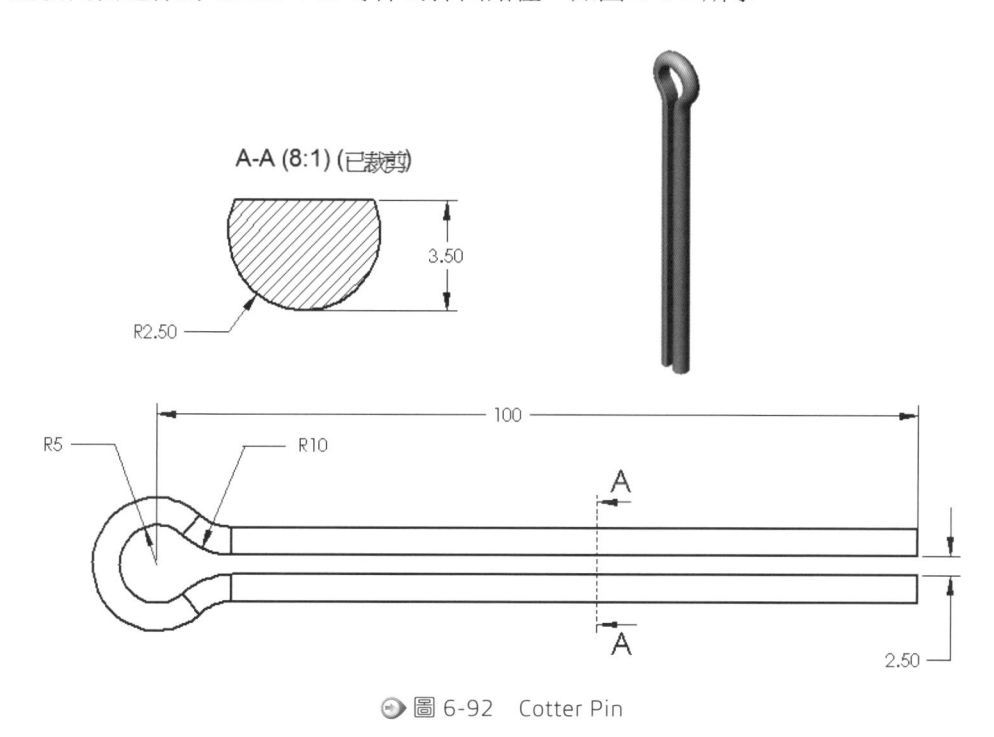

◉ 圖 6-92　Cotter Pin

◆ **Paper Clip**

定義中心線為 Paper Clip 零件的掃出路徑，並使用**圓形輪廓**選項，如圖 6-93 所示。

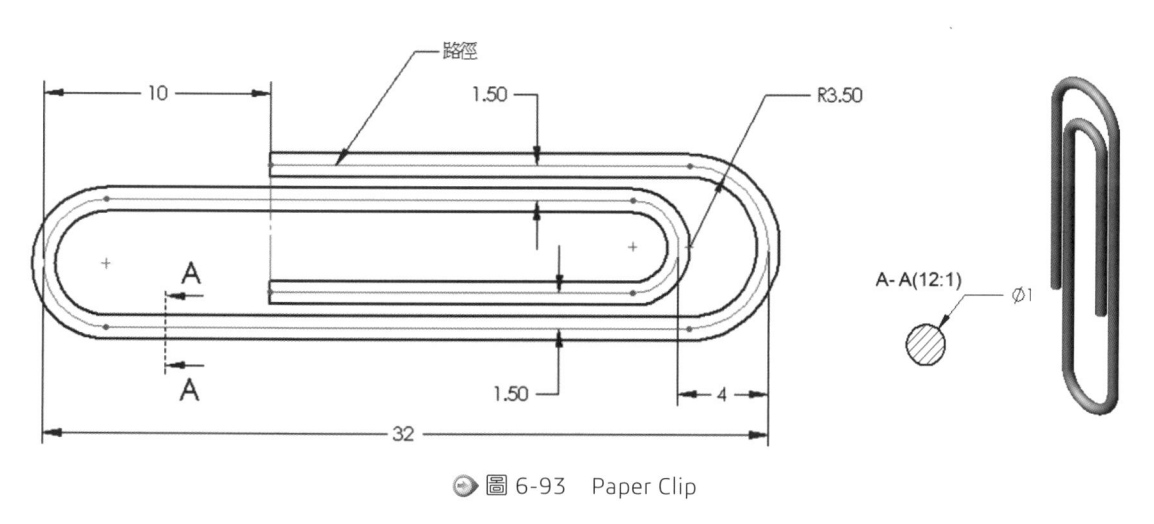

◉ 圖 6-93　Paper Clip

⬢ Mitered Sweep

定義外側邊線為 Mitered Sweep 零件的掃出路徑,如圖 6-94 所示。

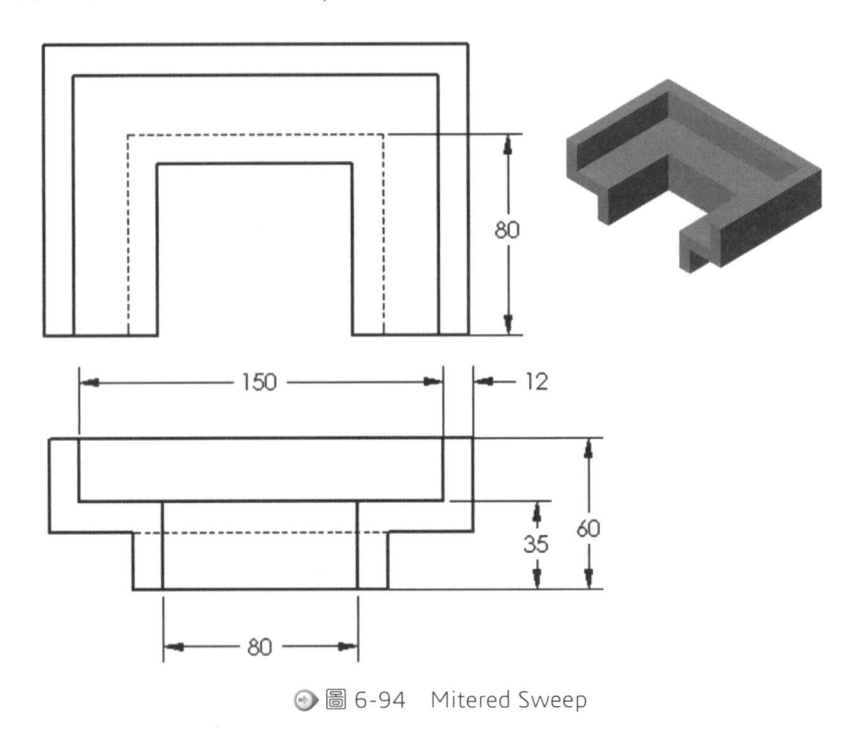

◉ 圖 6-94　Mitered Sweep

練習 6-6 SimulationXpress 應力分析

請對零件進行初步的應力分析,如圖 6-95 所示。此練習使用下列 SimulationXpress 技能:

- 設定固定物
- 設定負載
- 設定材料
- 進行分析
- 顯示分析結果

單位:mm(毫米)

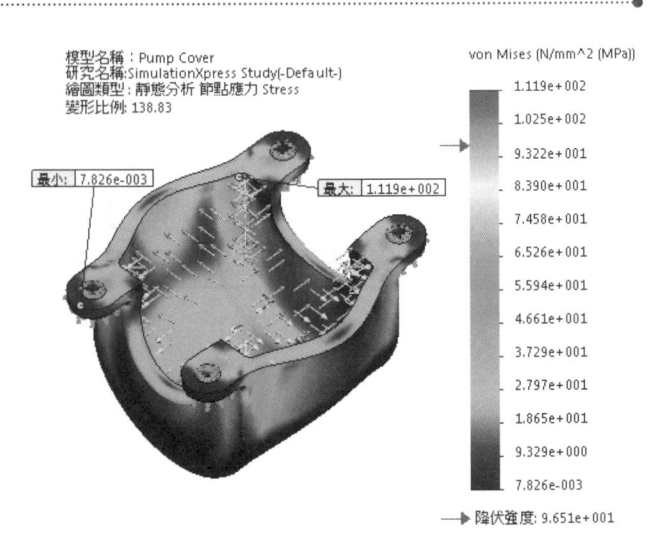

◉ 圖 6-95　應力分析

旋轉特徵 06

STEP 1　開啟零件 Pump Cover

這個零件是高壓油罐的上蓋,啟動 SimulationXpress 精靈。

STEP 2　設定單位

點選**選項**設定單位體系為 **SI**,同時選擇**在結果繪圖中顯示最大值及最小值的註記**。

STEP 3　設定固定物

選擇 4 個耳的頂面和 4 個螺栓孔的內圓柱面,如圖 6-96 所示。

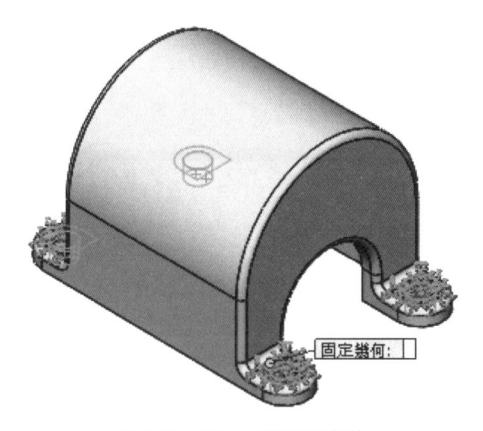

◎ 圖 6-96　設定固定物

STEP 4　設定負載

選擇**壓力**作為負載的類型,在零件 Pump Cover 的內表面上按滑鼠右鍵,從快顯功能表點選**選擇相切**,如圖 6-97 所示。

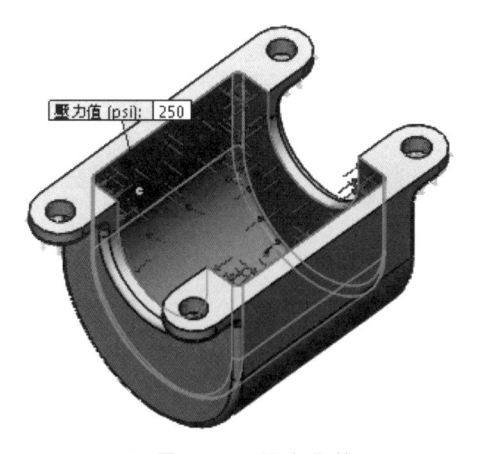

◎ 圖 6-97　設定負載

6-53

STEP 5　設定壓力值

設定壓力值為 250psi。

STEP 6　指定材料

從列表中選擇鋁合金→**2014** 合金。

STEP 7　執行模擬

STEP 8　結果

分析結果顯示安全係數小於 1，說明零件應力過大，順便查看一下應力和位移圖，如圖 6-98 所示。

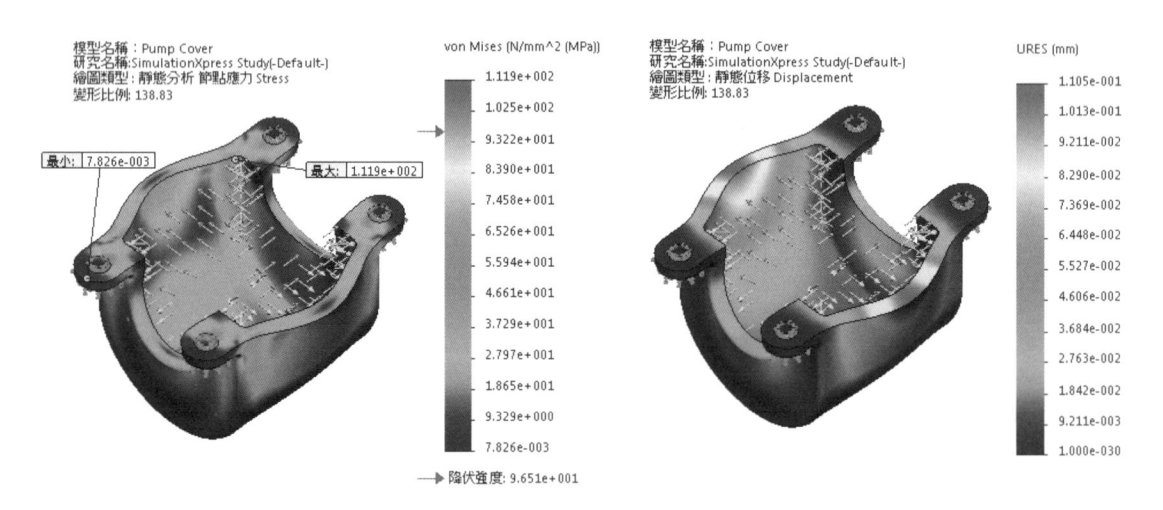

圖 6-98　分析結果

STEP 9　變更材料

在 SimulationXpress Study 中的 Pump Cover（2014 合金）圖示按滑鼠右鍵，選擇**變更材料**，設定材料為**其他合金→Monel(R)400**。

STEP 10　更新套用

執行模擬，利用新材料再次進行分析，安全係數應大於 1。

STEP 11　共用、儲存並關閉零件

07

薄殼和肋材

順利完成本章課程後,您將學會:

- 將拔模應用至模型表面
- 應用薄殼挖空零件
- 使用肋材工具
- 建立薄件特徵

7.1 概述

對於薄殼零件（如圖 7-1 所示），不管是鑄造還是射出成形，都包括一些共同的步驟和操作，例如：薄殼、拔模及肋材。本章的例子將完成加入拔模、建立基準面、薄殼和建立肋材的步驟。

◉ 圖 7-1 薄殼零件

7.1.1 過程中的關鍵階段

製作本零件的主要過程階段如下：

◆ **用參考平面拔模**

可定義相對於參考平面、基準面和給定方向拔模。

◆ **薄殼**

薄殼是挖空零件的過程，您可以選擇去除零件的一或多個表面。薄殼是屬於套用型特徵。

◆ **肋材**

肋材特徵可用來快速建立一個或多個肋材。它利用最少的草圖圖元，在模型邊界面之間建立肋材特徵。

◆ **薄件特徵**

在旋轉、伸長、掃出和疊層拉伸過程中，可選擇薄件特徵選項來建立指定厚度的實體。

操作步驟

STEP 1 開啟零件 Shelling&Ribs，如圖 7-2 所示

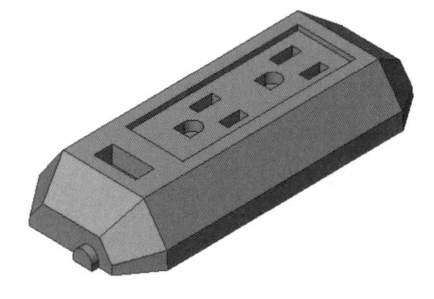

◉ 圖 7-2 零件 Shelling&Ribs

7.1.2 選擇組

選擇組可以建立包含一個或數個需要被多次選取的幾何物件組，每一組都可以包含一個或數個幾何。

選擇組也可以用來建立在零件中要使用的頂點、邊線、面或特徵，在組合件中也可加入零組件。本例將加入一個面至選擇組中。

指令TIPS　選擇組

- 要儲存一個頂點、邊線或面時，只要在頂點、邊線或面上按滑鼠右鍵，再點選**選擇工具→儲存選擇**。
- 要儲存一個特徵時，只要在面上按滑鼠右鍵，在**特徵（特徵名稱）**下點選**儲存選擇**。
- 要儲存一個零組件時，只要在面上按滑鼠右鍵，在**零組件（零組件名稱）**下點選**儲存選擇**。
- 選擇組可以加入備註。

操作方法

- 快顯功能表：在平面上按滑鼠右鍵，點選**選擇工具→儲存選擇→新選擇組**。

> **提示**　現有的選擇組也可以更新。

STEP 2　選擇組

在底面上按滑鼠右鍵，點選**選擇工具→儲存選擇→新選擇組**，儲存在「選擇組 4(1)」資料夾裡，如圖 7-3 所示。

> **提示**　選擇組也可以重新命名。

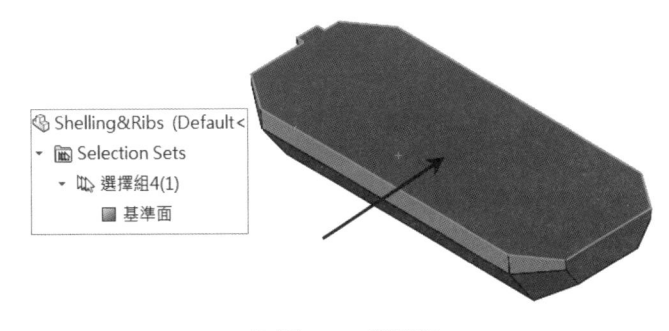

◉ 圖 7-3　選擇組

7.2　分析和加入拔模

鑄造和射出成形的零件都需要拔模，由於建立拔模有很多種方法，因此能夠在零件上檢查拔模並加入拔模角度就很重要了。

7.2.1 拔模分析

拔模分析能夠用來確認已經給定拔模角度的零件是否能成功脫模。

> **指令TIPS** 拔模分析
> - CommandManager：**評估→拔模分析**。
> - 功能表：**檢視→顯示→拔模分析**。

STEP 3 點選拔模分析

STEP 4 設定起模方向

從快顯 FeatureManager（特徵管理員）中點選「選擇組 4(1)」，作為**起模方向**，如圖 7-4 所示。

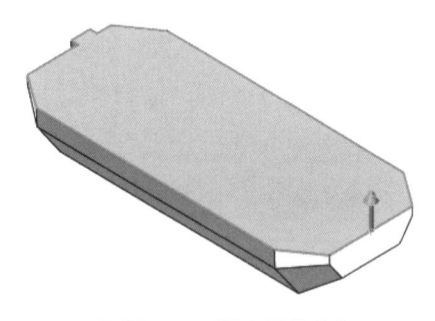

◉ 圖 7-4　設定起模方向

STEP 5 查看拔模結果

按**反轉方向**，使起模方向如圖 7-5 箭頭所示。設定**角度 2°**，依照拔模種類，表面被分配不同顏色。其中 3 個顯示黃色的面需要拔模處理，**按確定**完成指令，面的顏色保留顯示狀態。

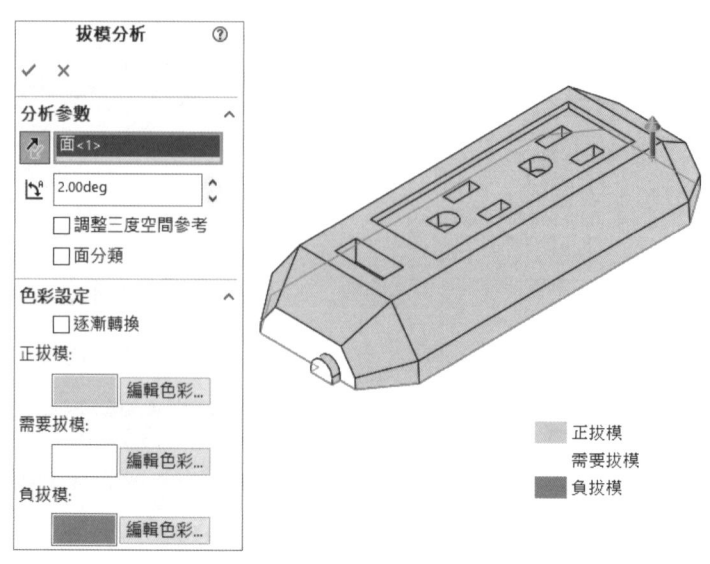

◉ 圖 7-5　拔模分析

薄殼和肋材 **07**

7.3 拔模的其他選項

到目前為止,我們已經從**伸長**指令中學到使用**拔模**選項,但有時這個方法無法處理具體情況,例如:特徵上沒有加入任何拔模,這時我們就得加入拔模角度到模型面上。

> **指令TIPS　插入拔模**
>
> **拔模**特徵能夠在模型表面,相對於一個中立面或一條分模線加入拔模。
>
> **操作方法**
> - CommandManager:**特徵→拔模**。
> - 功能表:**插入→特徵→拔模**。

STEP 6　中立面拔模

按**拔模**,點選**手動**,在**拔模類型**選擇**中立面**。使用選擇組選擇底面作為中立面,**拔模角度**為 **2°**。於拔模面中選擇 3 個黃色面作為拔模面,按**確定**,結果如圖 7-6 所示。

> **提示**　必要時點選**反轉方向**,使箭頭方向與圖中所示方向一致。

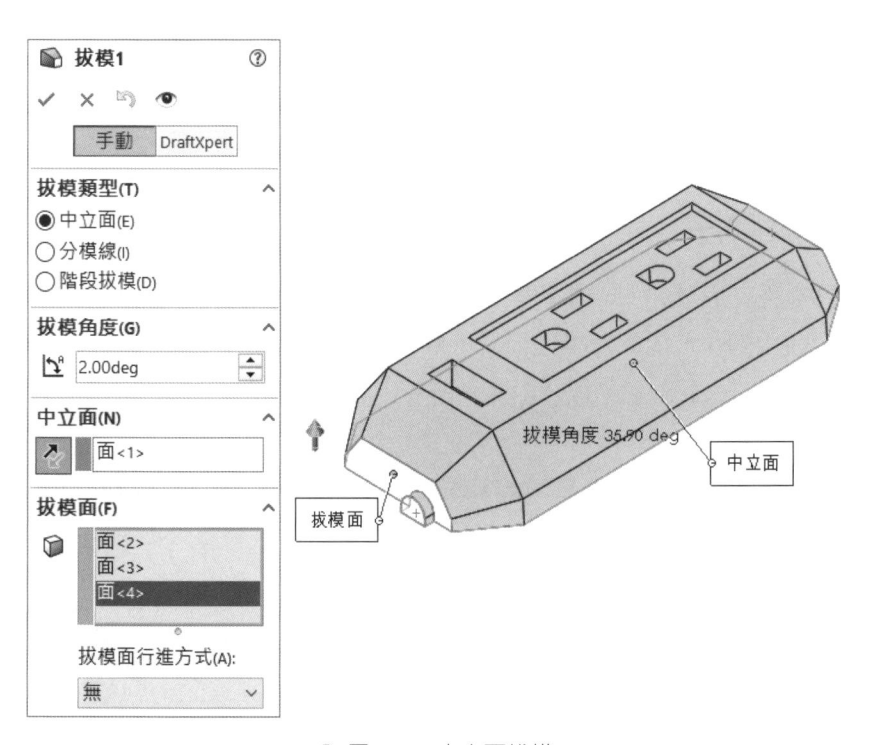

圖 7-6　中立面拔模

STEP 7 查看分析結果

注意所選面顏色的變化,現在這些面已經符合拔模分析邊界設定的正拔模。再按**拔模分析**,關閉顏色顯示,如圖 7-7 所示。

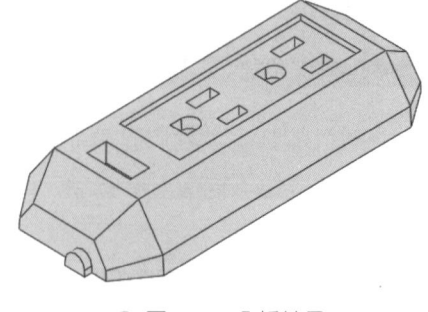

◎ 圖 7-7 分析結果

> **技巧**
> 放大上視圖可以顯示被拔模面,如圖 7-8 所示。

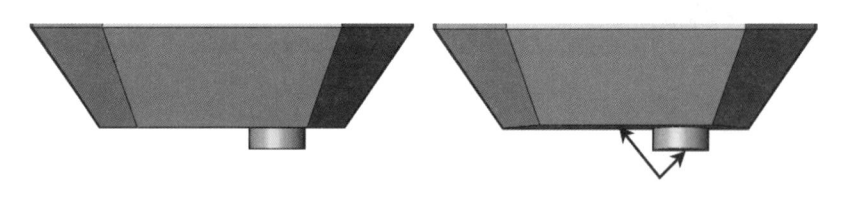

◎ 圖 7-8 局部放大的拔模面

7.4 薄殼

薄殼操作是用來挖空實體的,您可以指定不同的殼厚套用到所選的表面,以及選擇被移除面,本例所有零件殼厚都是相等的。

7.4.1 薄殼順序

多數塑膠零件都有圓角,若在薄殼前對邊線加入圓角且圓角半徑大於殼厚時,零件內側就會自動形成內圓角,內圓角半徑等於外圓角半徑減去殼厚。利用這優點可省去繁瑣內圓角工作,如果殼厚大於圓角半徑,內部角落將不會產生圓角。

> **指令TIPS** 插入薄殼
>
> **薄殼**指令移除所選面並對剩餘的表面建立相等厚度,同一個薄殼指令也可以建立多個厚度。
>
> **操作方法**
> - CommandManager:**特徵→薄殼**。
> - 功能表:**插入→特徵→薄殼**。

薄殼和肋材 **07**

> **技巧**
> 選擇面之前關閉**顯示預覽**,否則每次選擇系統將自動更新預覽,而降低了操作速度。

7.4.2 選擇表面

薄殼指令可以移除模型的一個或多個表面,也可以形成中空的密封體。

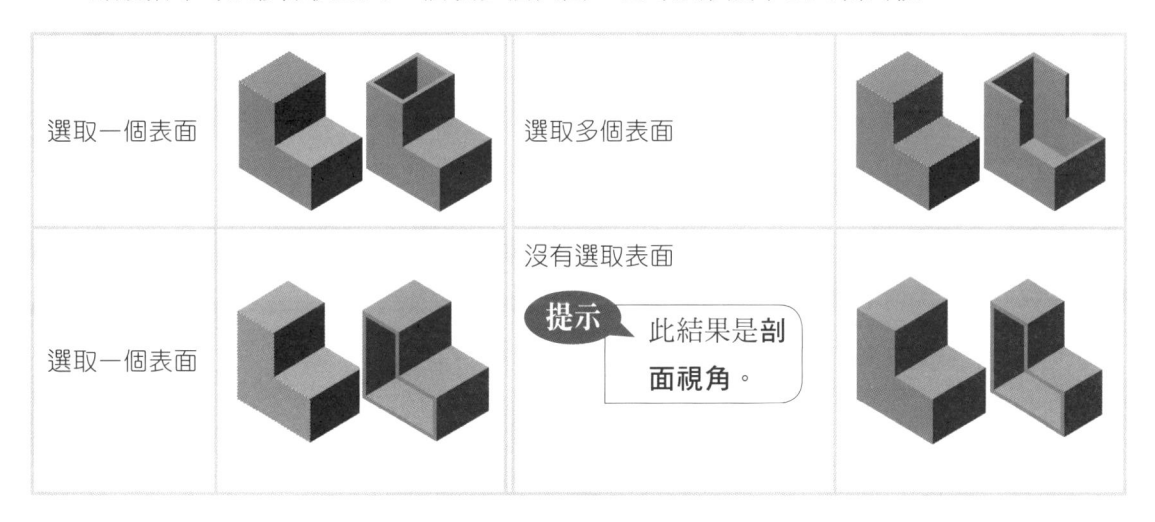

選取一個表面		選取多個表面	
選取一個表面		沒有選取表面 **提示** 此結果是**剖面視角**。	

STEP 8 薄殼

按薄殼,設定**厚度 1.5mm**。關閉**顯示預覽**,如圖 7-9 所示,選擇 9 個表面(包含隱藏的底面和左邊圓柱平面)作為**移除的面**,按**確定**。

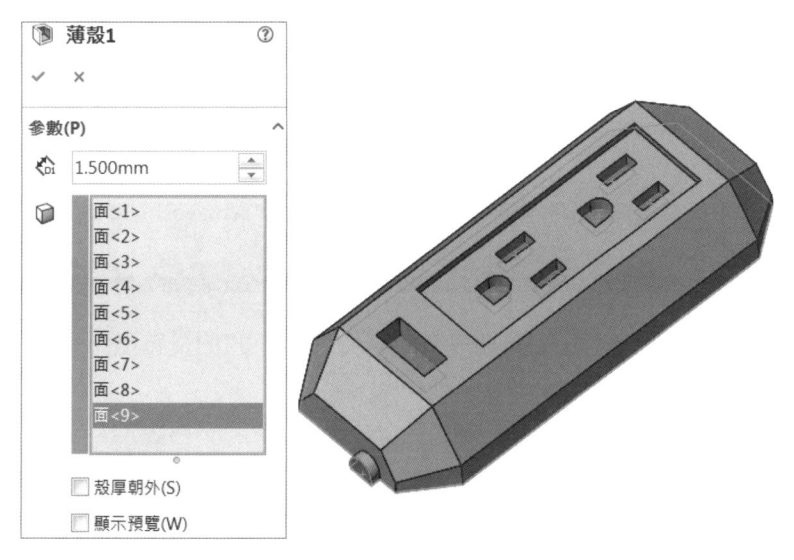

● 圖 7-9 薄殼

除了移除面之外，所有殼厚都是相等的，如圖 7-10 所示。

◉ 圖 7-10　薄殼結果

STEP 9 建立偏移距離平面

按**基準面**，如圖 7-11 所示，點選選擇組的厚度面，設定**偏移距離 10mm**，方向向內（與模型相交），按**確定**。

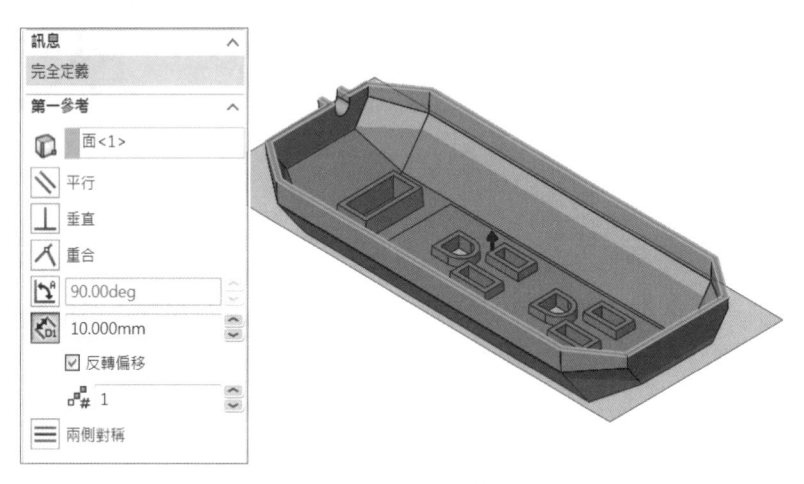

◉ 圖 7-11　偏移距離平面

7.5　肋材

肋材指令是讓您使用最少的草圖幾何來建立特殊型態的伸長特徵。

7.5.1　肋材草圖

與其他草圖不同，肋材草圖不需要完全與肋材特徵長度相同，因為肋材特徵會自動延伸草圖的兩端到下一特徵。

薄殼和肋材 **07**

　　肋材草圖可以簡單也可以複雜。亦即可以簡單到只有一條草圖線來形成肋材的中心，也可以複雜到詳細描述肋材的外形輪廓。簡單的肋材草圖可以垂直也可以平行於草圖平面伸長，而複雜的肋材草圖只能垂直於草圖平面伸長。下表為一些範例：

伸長方向	圖例
簡單草圖，伸長方向與草圖平面平行	
簡單草圖，伸長方向與草圖平面垂直	
複雜草圖，伸長方向與草圖平面垂直	

指令TIPS　插入肋材

肋材特徵可建立一個指定厚度的肋材，也可加入拔模角度。肋材的頂面由草圖輪廓所定義。

操作方法

- CommandManager：**特徵→肋材**。
- 功能表：**插入→特徵→肋材**。

STEP 10 繪製直線

在平面 1 插入草圖,按**線**,在選項中點選**中點線**,靠近中心處開始畫線,再繪製第二條直線,如圖 7-12 所示。

> **提示** 直線可以是不足定義的,因為直線端點與模型邊線不需重合。**肋材**特徵會延長實體幾何與模型壁面相交。即使草圖直線穿過模型,肋材特徵仍然只會成形到壁面內部。目前的草圖只是定義肋材在上方的位置以及方向。

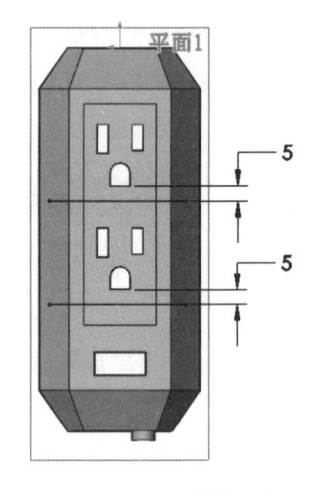

◉ 圖 7-12 繪製直線

STEP 11 建立肋材

按**肋材**,並按圖 7-13 所示設定參數:

- **厚度:1.5mm**,選擇**兩邊**,向草圖兩側建立肋材。
- **伸長方向:垂直於草圖**。
- **拔模角度:3°**,勾選**拔模面外張**。

按**確定**。

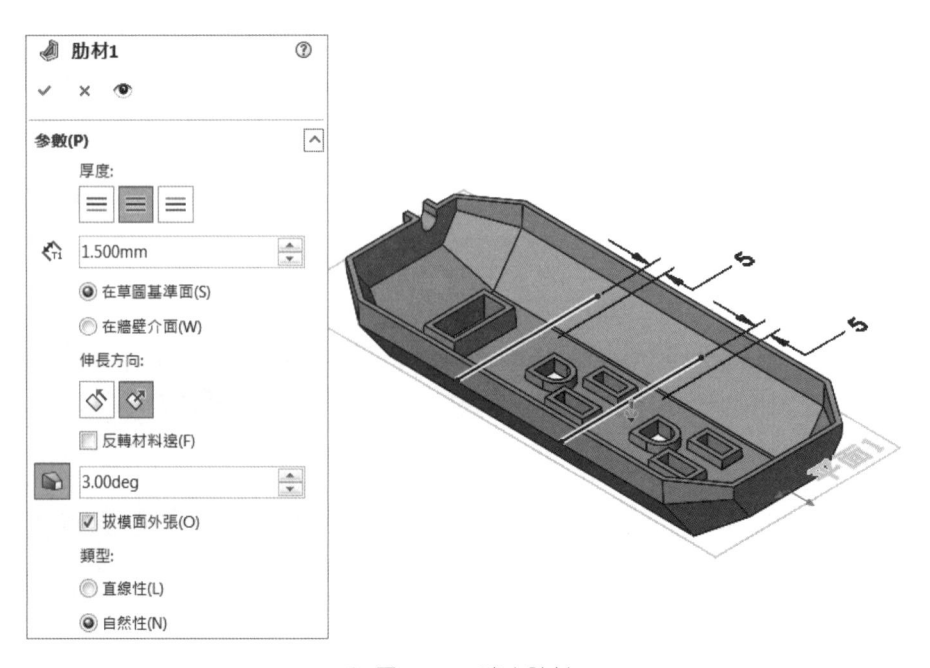

◉ 圖 7-13 建立肋材

薄殼和肋材 **07**

> **技巧**
> 預覽伸長方向,如果肋材伸長方向向外,則勾選**反轉材料邊**。

STEP 12 肋材草圖

選擇 Right Plane 建立新草圖,更改顯示方式為**顯示隱藏線**。

STEP 13 建立草圖線

從頂點到肋材之間建立一條水平直線,保留草圖的不足定義狀態,如圖 7-14 所示。

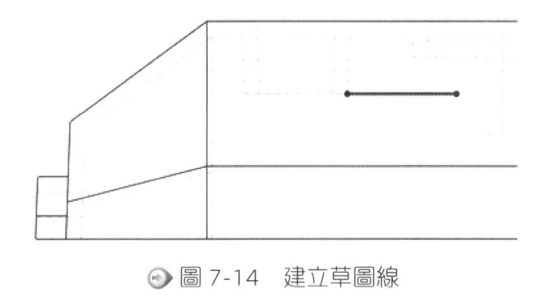

◉ 圖 7-14　建立草圖線

STEP 14 產生肋材

按**肋材**,點選**平行於草圖**,其他設定與前面的肋材特徵相同,按**確定**。

7.5.2 剖面視角

剖面視角使用一個或多個平面剖切視角,平面可以動態地平移與旋轉,其中剖面方法選項可以使用**平坦**或**區域**。

● 平坦

平坦選項使用平面切除模型,如圖 7-15 所示。

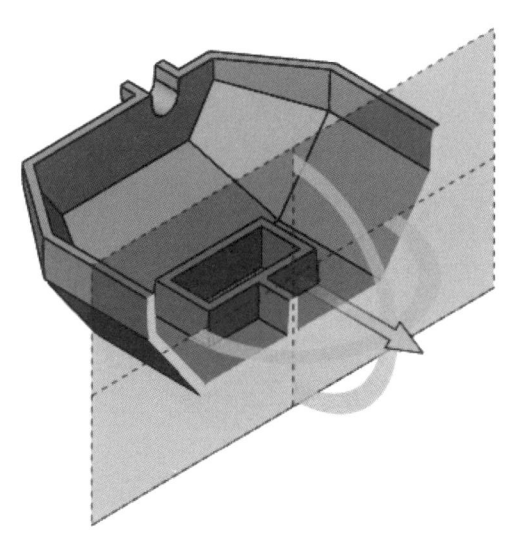

◉ 圖 7-15　平坦剖面

◆ 區域

區域選項使用相交的區域剖切部份模型,此區域是由平面所定義,並允許多重剖切,如圖 7-16 所示。

> **提示** 按確定後可以建立工程剖面視圖,並儲存為**工程圖註記視角**,系統會自動加入到視圖調色盤中。

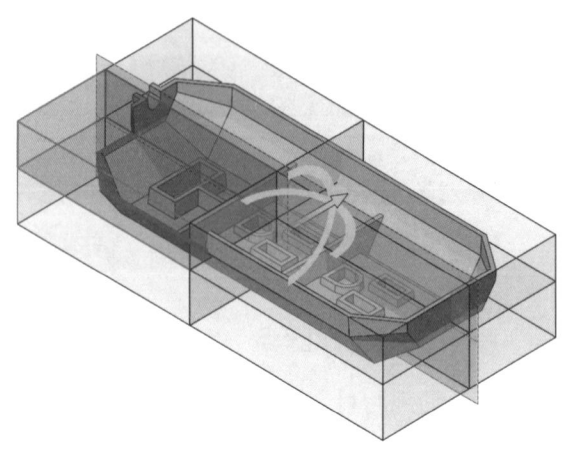

◉ 圖 7-16 區域剖面

指令TIPS 剖面視角

- 功能表:**檢視**→**顯示**→**剖面視角**。
- 立即檢視工具列:**剖面視角**。

STEP 15 剖面視圖

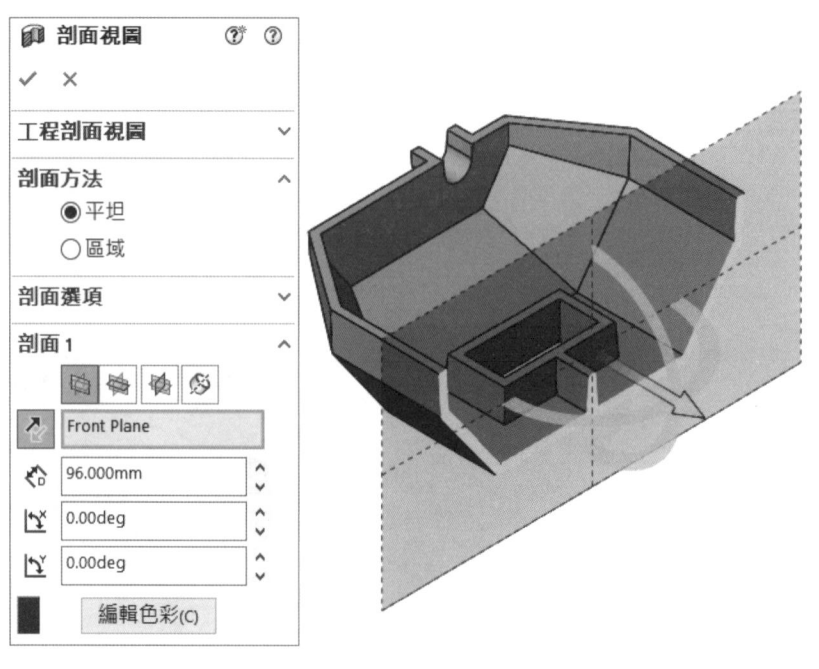

按**剖面視圖**與 Front Plane,點選**平坦**選項,並拖曳箭頭至圖 7-17 所示區域。

◉ 圖 7-17 剖面視圖

薄殼和肋材 **07**

STEP 16 插入草圖

在 Right Plane 插入草圖,如圖 7-18 所示。

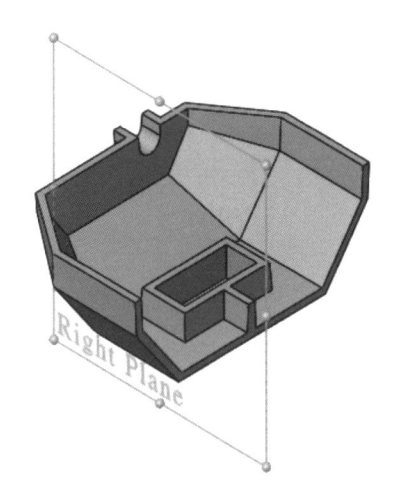

◉ 圖 7-18 插入草圖

7.5.3 參考圖元

在草圖中,**參考圖元**可用來複製現有的模型邊線,邊線會被投影到草圖平面,但這些邊線不一定需要在這個草圖平面上。

指令TIPS 參考圖元

參考圖元可用來複製現有的模型邊線到啟用的草圖中。

操作方法

- CommandManager:**草圖→參考圖元**。
- 功能表:**工具→草圖工具→參考圖元**。
- 快顯功能表:在繪圖區域按滑鼠右鍵,點選**草圖工具→參考圖元**。

幾何圖形的選取方式如下表：

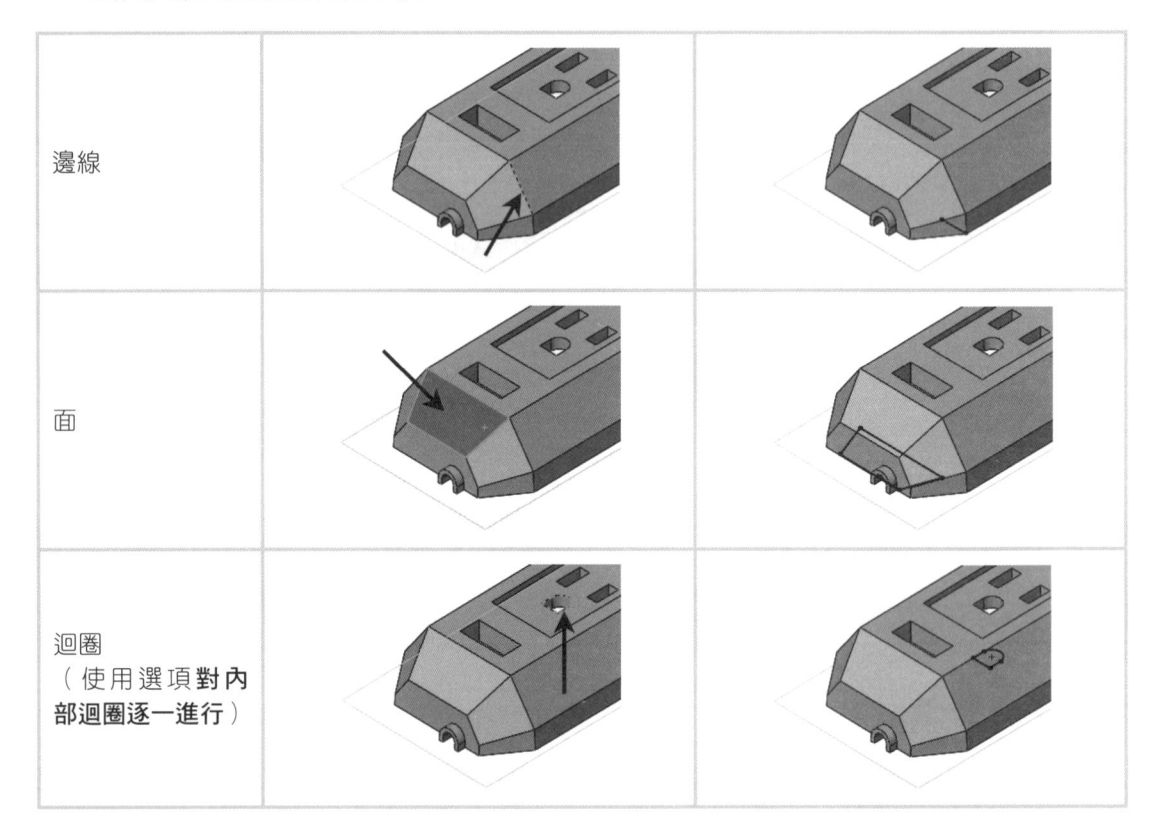

邊線		
面		
迴圈 （使用選項**對內部迴圈逐一進行**）		

STEP 17　參考圖元

按**參考圖元**，選擇前面肋材特徵的直線邊線，如圖 7-19 所示，按**確定**。

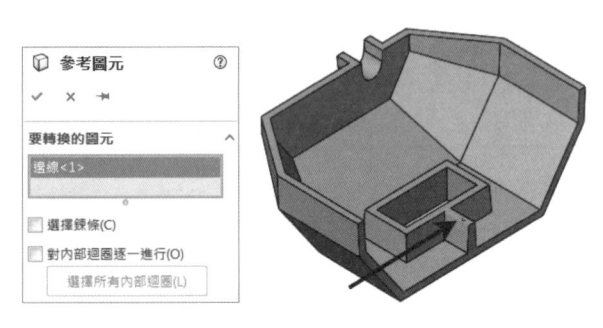

● 圖 7-19　參考圖元

STEP 18　拖曳端點

拖曳參考圖元的兩邊端點至圖 7-20 所示的位置。

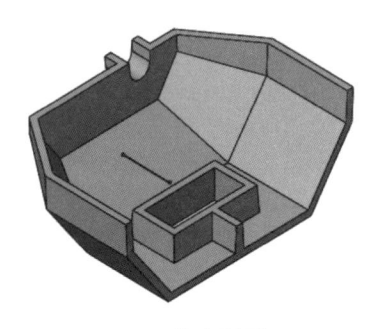

● 圖 7-20　拖曳端點

薄殼和肋材 **07**

STEP 19 完成肋材

參考前面做法完成另一肋材特徵,並關閉**剖面視圖**,如圖 7-21 所示。

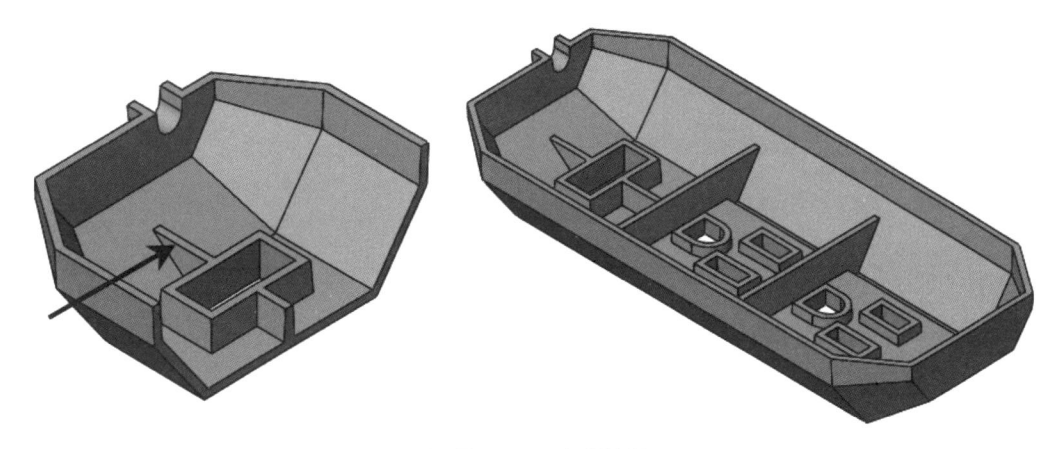

◉ 圖 7-21　完成肋材

7.6　全周圓角

全周圓角是在相鄰的 3 個面上建立相切圓角特徵,每一組可以包括一個以上的面,但同一組的每個面必須是相鄰的,如圖 7-22 所示。

◉ 圖 7-22　全周圓角

指令TIPS　全周圓角

全周圓角不需要設定半徑值,半徑大小在選擇面組時,系統會自動計算。

操作方法

- **圓角** PropertyManager:**全周圓角**。

STEP 20 全周圓角

按**圓角**→**全周圓角**，在**圓角項次**中，選擇如圖 7-23 所示的肋材上方 3 個面。

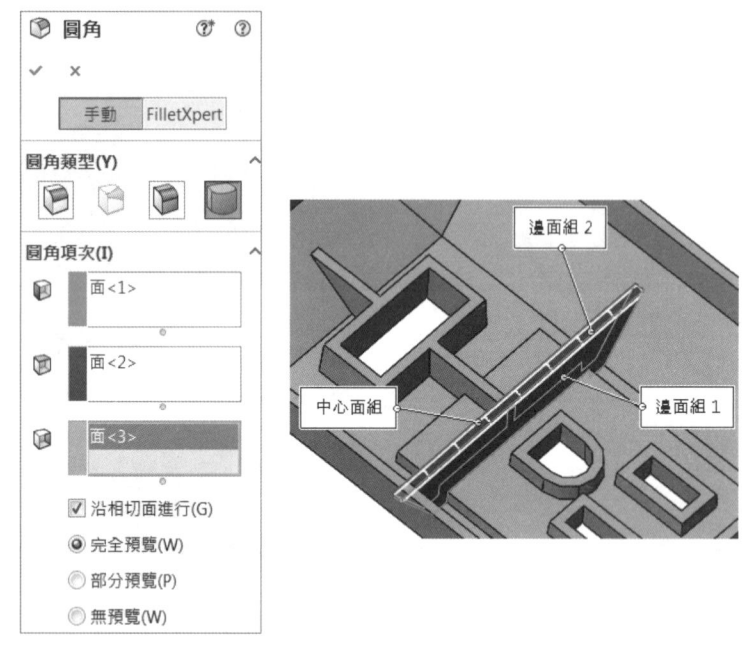

◎ 圖 7-23 全周圓角選項

> **提示** 按滑鼠右鍵可以移動至下一個面組。

STEP 21 完成全周圓角

使用前面的方法建立另一個全周圓角，如圖 7-24 所示。

◎ 圖 7-24 全周圓角結果

STEP 22 共用、儲存並關閉檔案

7.7 薄件特徵

另一個建立薄殼零件的方法是使用**薄件特徵**，當建立一個開放輪廓的草圖特徵時，薄件特徵自動啟用。

特徵產生方向可以是單向、兩側對稱或是雙向。開放的草圖輪廓在建立伸長或旋轉指令時，**薄件特徵**會自動開啟。

薄件特徵可以用來建立伸長、旋轉、掃出和疊層拉伸。

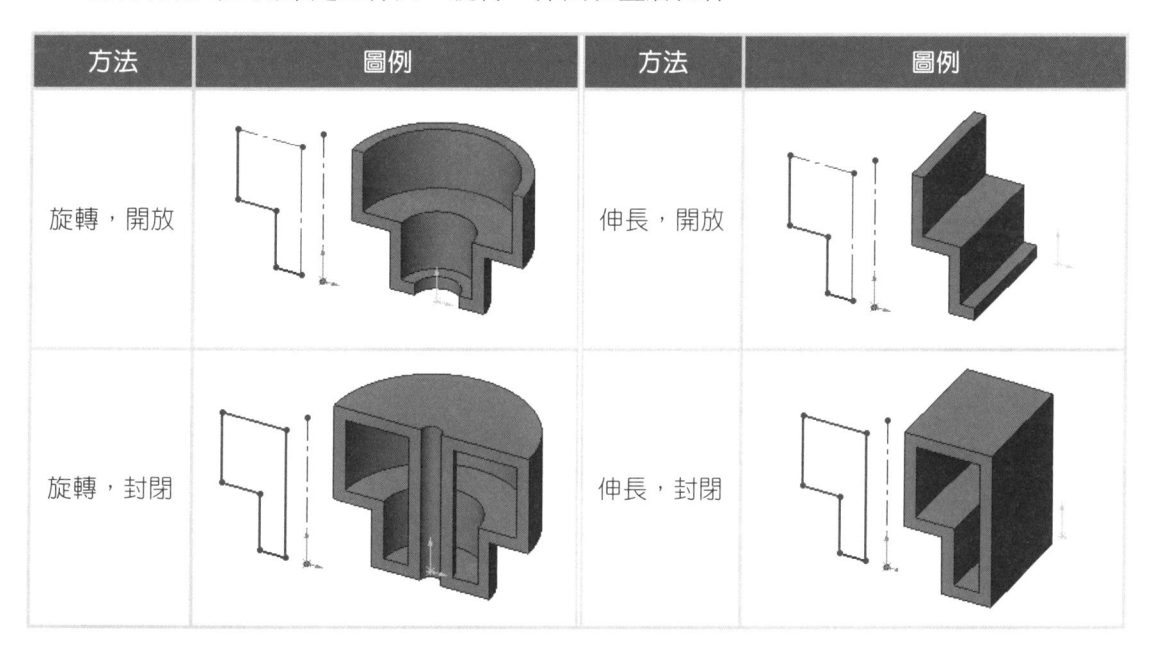

方法	圖例	方法	圖例
旋轉，開放		伸長，開放	
旋轉，封閉		伸長，封閉	

指令TIPS　薄件特徵

- **旋轉** PropertyManager：**薄件特徵**。
- **伸長** PropertyManager：**薄件特徵**。

操作步驟

STEP 1 開啟零件 Thin_Features

STEP 2 旋轉薄件

選擇草圖 strainer，按**旋轉特徵** ，系統會詢問草圖是否需要被自動封閉時，按**否**。勾選**薄件特徵**，設定**厚度 5mm**，方向向外，按**確定**，如圖 7-25 所示。

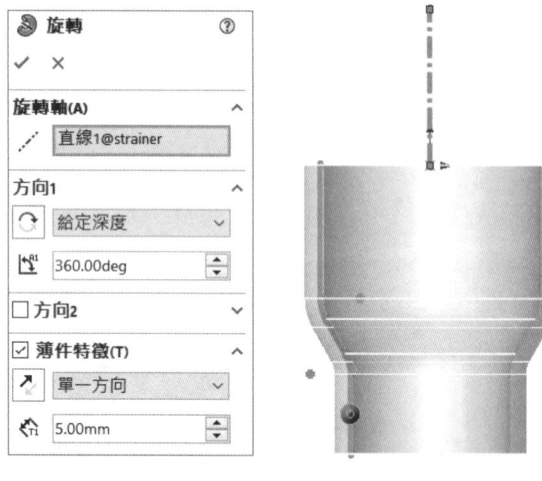

◉ 圖 7-25　旋轉薄件

STEP 3 伸長薄件

選擇草圖 bracket，按**伸長填料 / 基材** ，薄件特徵為**對稱中間面**，設定**厚度 5mm**，勾選**自動圓化邊角**選項，設定**圓角半徑 3mm**，如圖 7-26 所示。

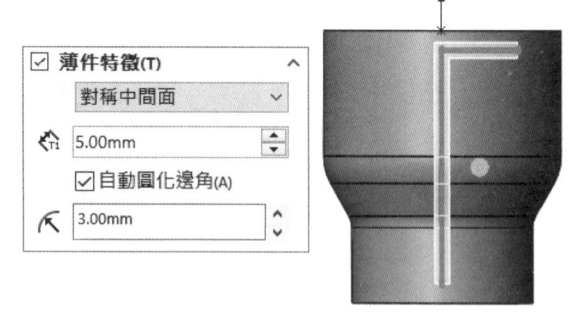

◉ 圖 7-26　伸長薄件

STEP 4 選擇伸長方向

設定伸長方向朝向旋轉特徵，類型為**成形至下一面**，按**確定**，如圖 7-27 所示。

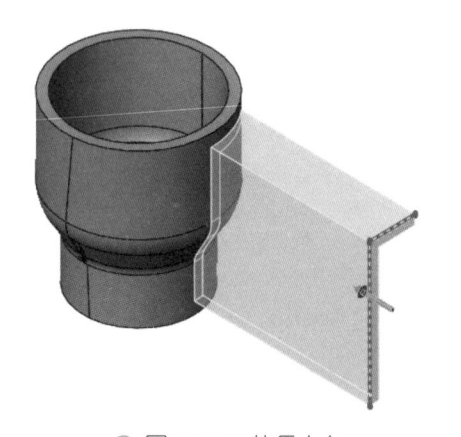

◉ 圖 7-27　伸長方向

薄殼和肋材 **07**

> **提示** 本例提供了以下兩種伸長方式的對照：**成形至某一面（左）**和**成形至下一面（右）**，如圖 7-28 所示。

成形至某一面　　　　　　成形至下一面

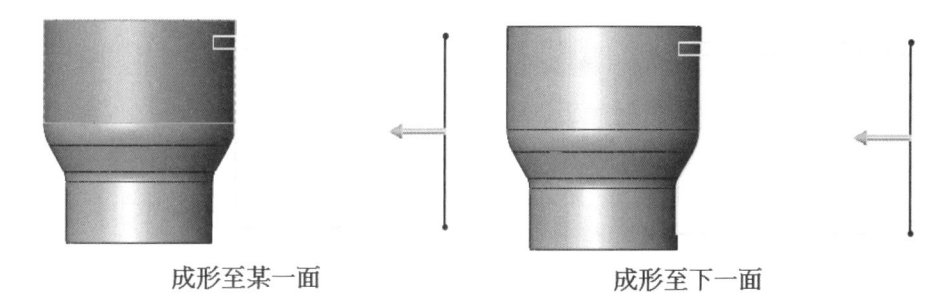

● 圖 7-28　伸長方式對照

STEP 5　參考圖元

反轉模型，點選模型底面插入草圖，按**參考圖元**，選擇箭頭所指圓邊線，如圖 7-29 所示。

按**確定**並**離開草圖**。

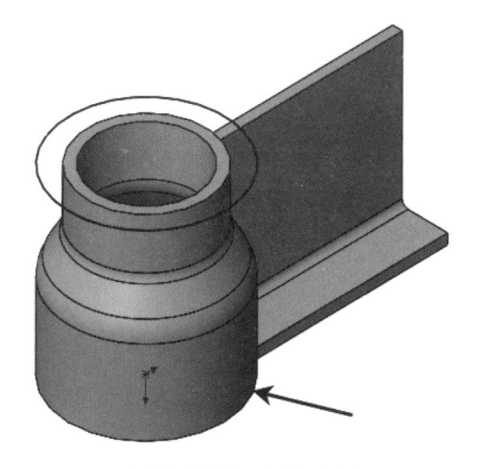

● 圖 7-29　參考圖元

技巧
如果您提前選擇邊線，則不會出現參考圖元對話方塊。

7-19

指令TIPS　捷徑列

捷徑列或**快速鍵** S 是一種使用者可自訂的功能表列,當您在草圖、零件、組合件或工程圖模式中工作時,該功能表列都會顯示出適當的圖示。

此功能表列並非文意感應式的,意即顯示的圖示不受選擇項的限制,而且您可以使用**工具→自訂→捷徑列**,將任何指令加入功能表列中。

- 快速鍵:S。

草圖捷徑工具列

零件捷徑工具列

組合件捷徑工具列

工程圖捷徑工具列

STEP 6　伸長特徵

按 S,選擇**伸長填料/基材**。

選擇草圖的幾何圖元,並將草圖伸長 5mm,方向朝向模型外側,如圖 7-30 所示。

顯示 Right Plane。

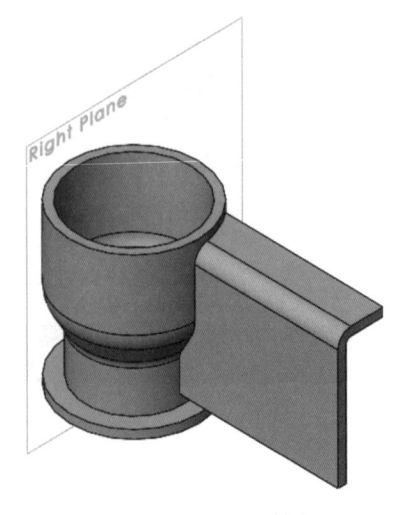

◉ 圖 7-30　伸長特徵

薄殼和肋材 **07**

STEP 7　建立新基準面

按 **Ctrl** 鍵並拖曳 Right Plane 向左 **75mm**，建立平面 1，如圖 7-31 所示。

隱藏 Right Plane。

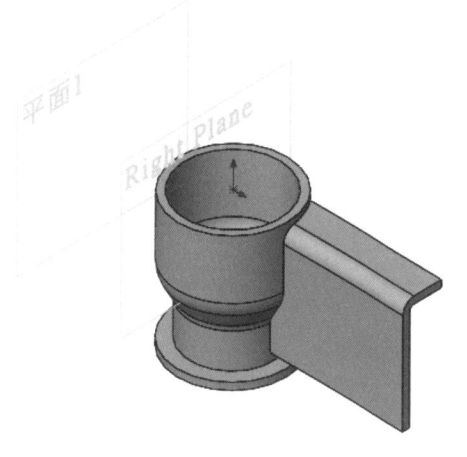

◉ 圖 7-31　建立新基準面

STEP 8　轉換平面

在平面 1 插入草圖，選擇伸長 - 薄件 1 特徵的端面，按**參考圖元**，如圖 7-32 所示。

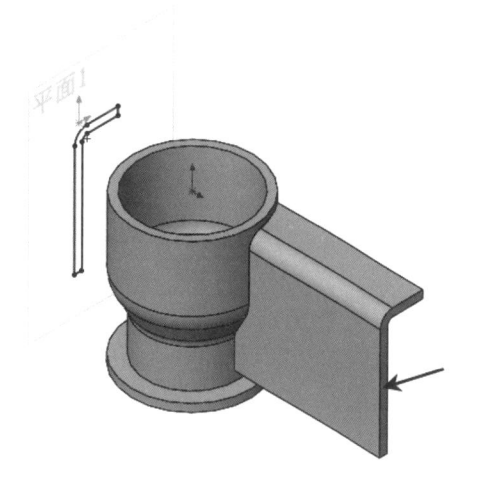

◉ 圖 7-32　轉換平面

STEP 9　伸長草圖

使用**成形至下一面**伸長草圖，按**確定**，如圖 7-33 所示。

STEP 10　共用、儲存並關閉檔案

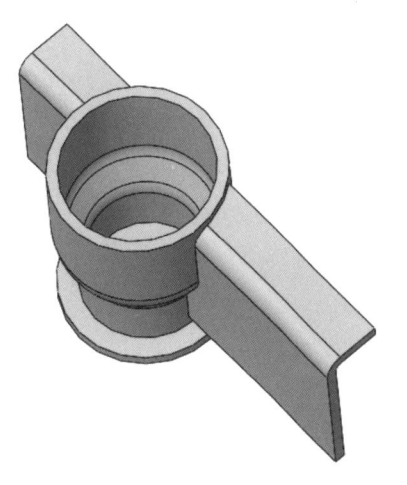

◉ 圖 7-33　伸長草圖

7-21

練習 7-1 幫浦外殼

請使用所提供的尺寸建立零件，靈活地使用限制條件維持設計意圖，如圖 7-34 所示。此練習使用以下技能：

- 薄殼

單位：mm（毫米）

設計意圖

此零件的設計意圖如下：

1. 零件凸出耳的尺寸和形狀完全相同。
2. 耳的鑽孔尺寸相同。
3. 所有圓角半徑均為 R3mm。
4. 零件厚度一致。
5. 溝槽置中於邊線。
6. 除了溝槽，零件對稱於兩個基準面。

圖 7-34 幫浦外殼

尺寸視圖

根據圖 7-35 所示的尺寸，結合設計意圖建立零件。

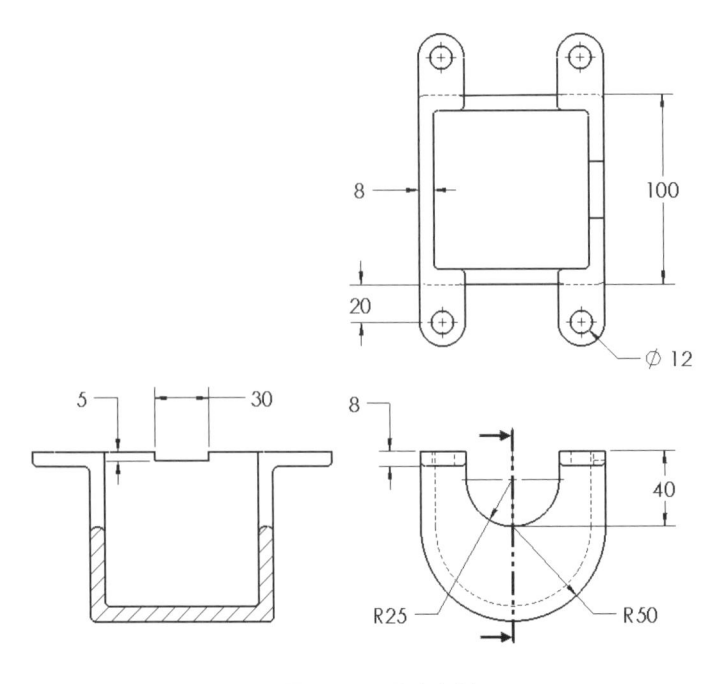

圖 7-35 尺寸資料

練習 7-2 工具桿

請使用所提供的資訊和尺寸建立零件,如圖 7-36 所示。此練習可增強以下技能:

- 薄殼特徵
- 剖面視角
- 參考圖元

單位:mm(毫米)

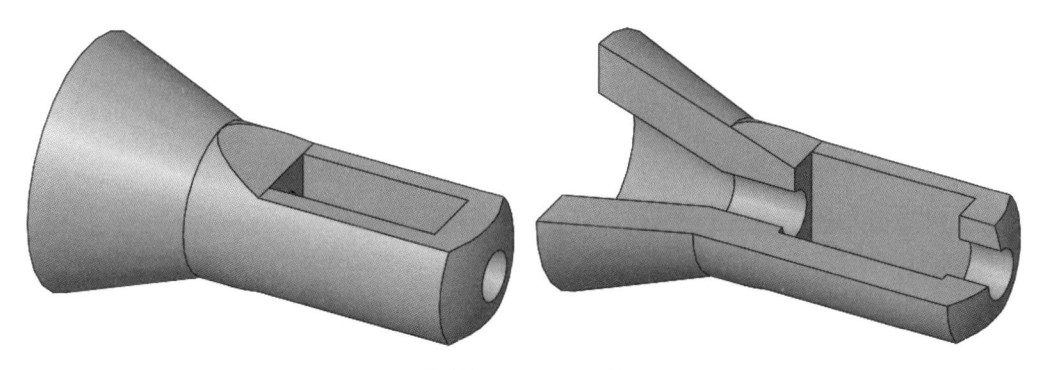

● 圖 7-36 工具桿

操作步驟

建立一個單位 mm(毫米)的新零件,並命名為 Tool Post,依下列步驟建立幾何,為清楚顯示,本例草圖顯示限制條件。

STEP 1 輪廓

在上基準面建立草圖,繪製如圖 7-37 所示的線、弧和尺寸。

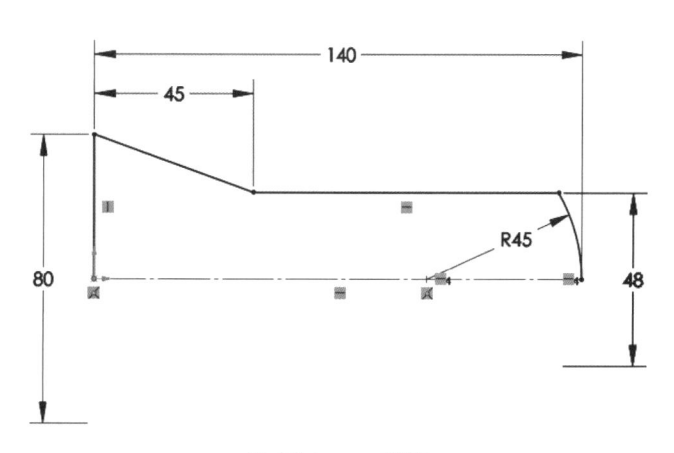

● 圖 7-37 輪廓

STEP 2 旋轉特徵

旋轉草圖建立基材特徵，草圖弧會形成球形面，如圖 7-38 所示。

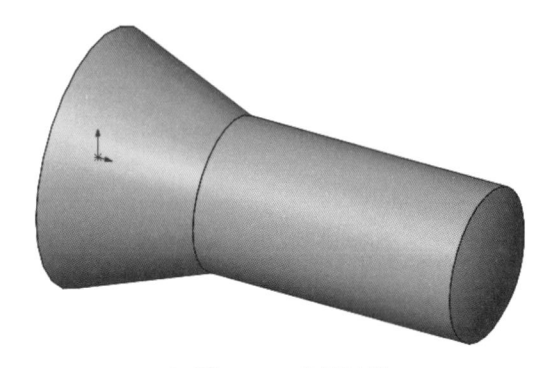

◉ 圖 7-38 旋轉特徵

STEP 3 薄殼

建立薄殼特徵，厚度 16mm，兩個移除面如圖 7-39 所示。

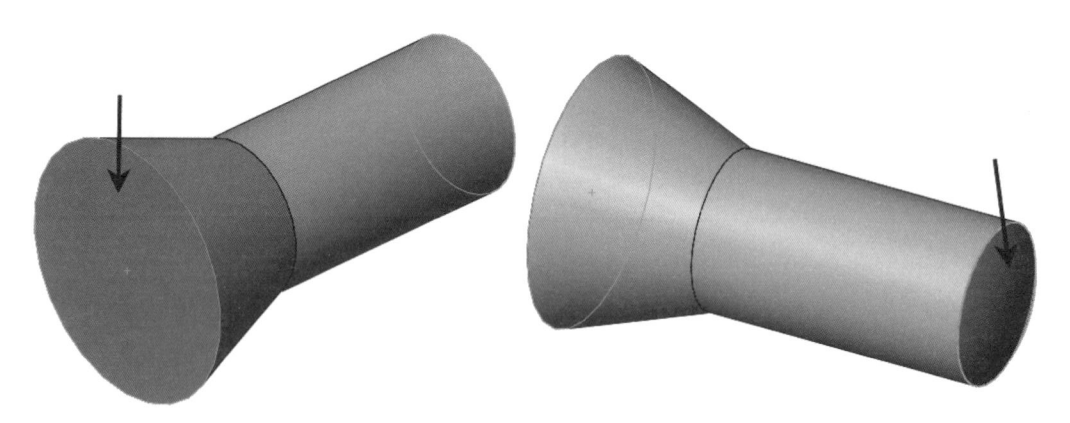

◉ 圖 7-39 薄殼

STEP 4 剖面視角

建立**剖面視角**，剖面方法選擇**區域**，利用前基準面與上基準面來顯示內部結構，如圖 7-40 所示。

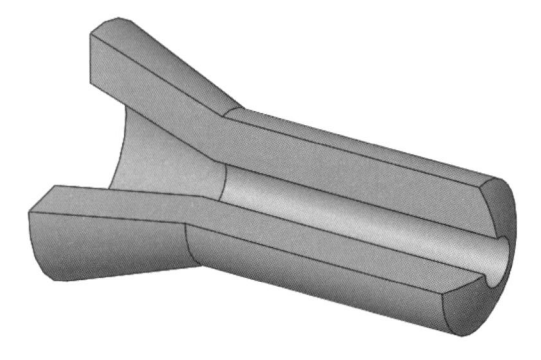

◉ 圖 7-40 剖面視角

薄殼和肋材 **07**

STEP 5　完全貫穿 - 兩者除料

在前基準面建立開放輪廓草圖，使用參考圖元並繪製幾何，圖 7-41 所示的直徑尺寸用於非旋轉草圖。

如下所示，伸長除料選擇**完全貫穿 - 兩者**，以去除外側材料。

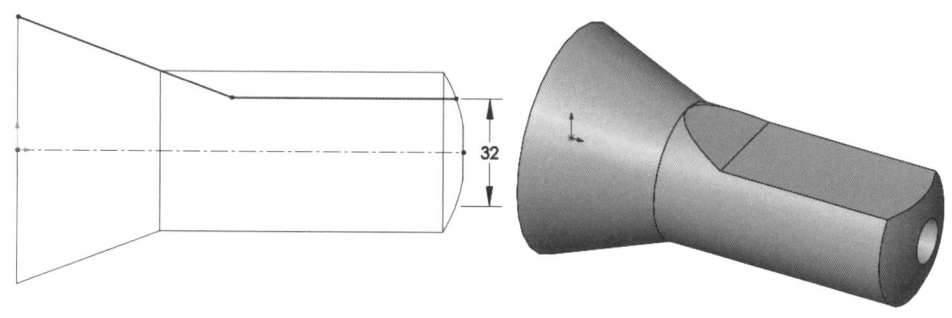

◉ 圖 7-41　完全貫穿 - 兩者

STEP 6　鏡射

使用上基準面鏡射除料特徵，如圖 7-42 所示。

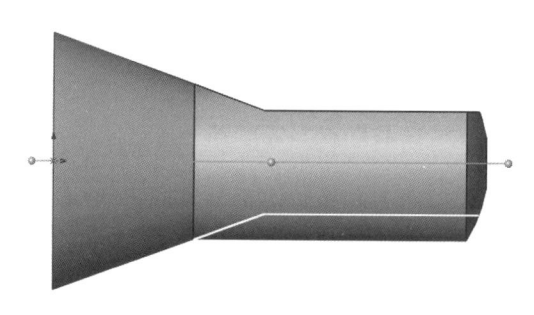

◉ 圖 7-42　鏡射

STEP 7　完全貫穿除料

使用幾何建構線建立草圖，伸長除料選擇**完全貫穿**，如圖 7-43 所示，回到**剖面視角**顯示內部結構。

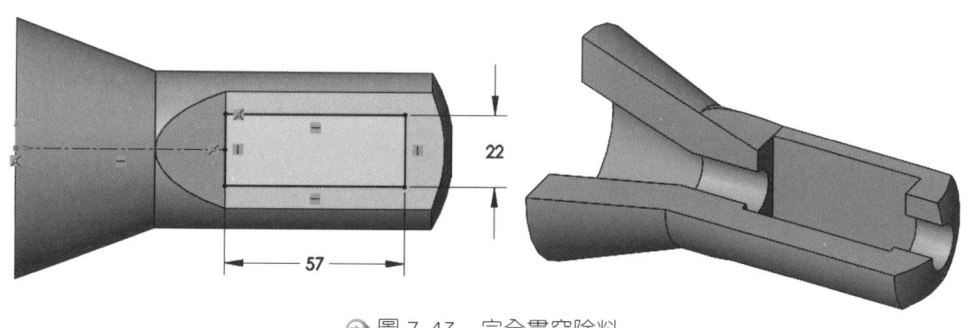

◉ 圖 7-43　完全貫穿除料

STEP 8　共用、儲存並關閉檔案

練習 7-3 壓縮板

請使用所提供的尺寸建立零件，靈活地使用限制條件維持設計意圖，如圖 7-44 所示。此練習使用以下技能：

- 薄殼
- 肋材工具
- 參考圖元

單位：mm（毫米）

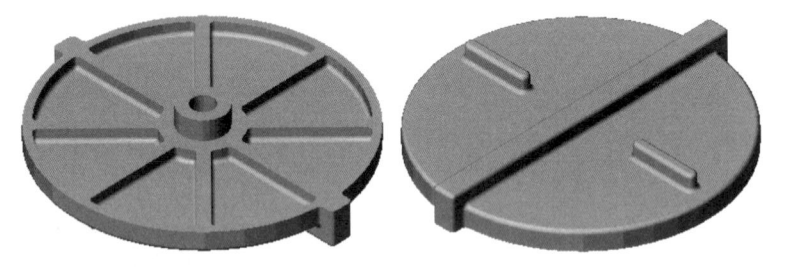

◉ 圖 7-44　壓縮板

設計意圖

此零件的設計意圖如下：

1. 零件是對稱的。
2. 所有肋材為等間距。
3. 所有圓角半徑均為 R1mm。

尺寸視圖

根據圖 7-45 所示的尺寸，結合設計意圖建立零件。

上視圖

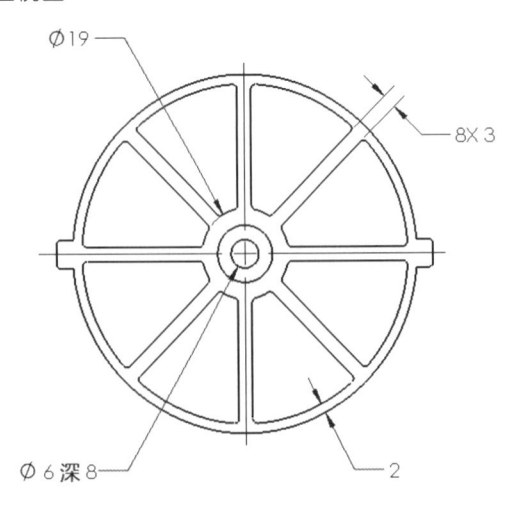

Ø19
8X 3
Ø6 深 8
2

前視圖

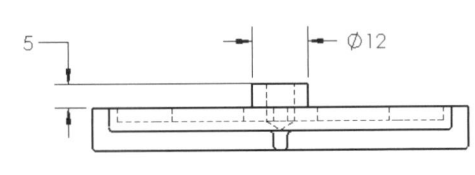

5
Ø12

薄殼和肋材 **07**

下視圖

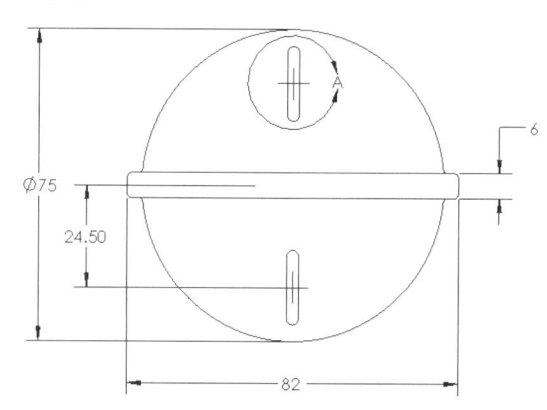

右視圖

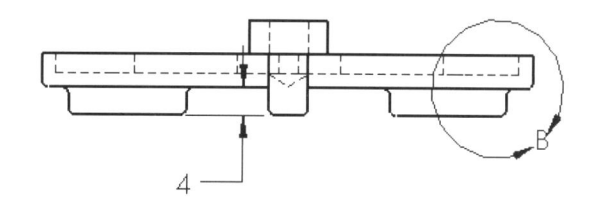

細部放大圖 A

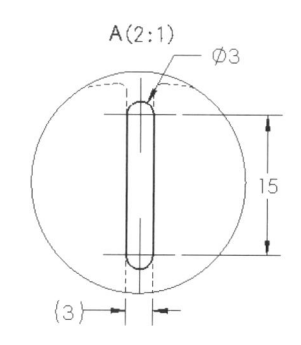

細部放大圖 B

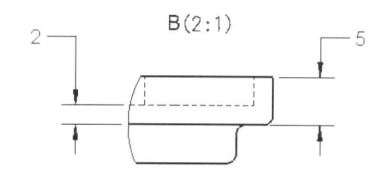

● 圖 7-45　尺寸資料

練習 7-4 吹風機外殼

請依下列步驟建立零件，如圖 7-46 所示。此練習使用以下技能：

- 拔模分析及加入拔模特徵
- 薄殼
- 肋材工具
- 全周圓角

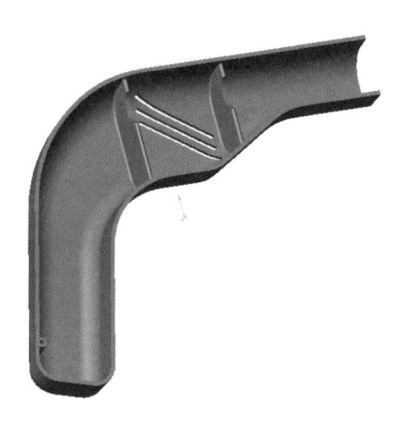

● 圖 7-46　吹風機外殼

7-27

● **草圖（選擇性繪製）**

您可以選擇使用現有的草圖，也可以自己建立草圖。新草圖單位 mm（毫米），草圖平面選擇右基準面，如圖 7-47 所示。

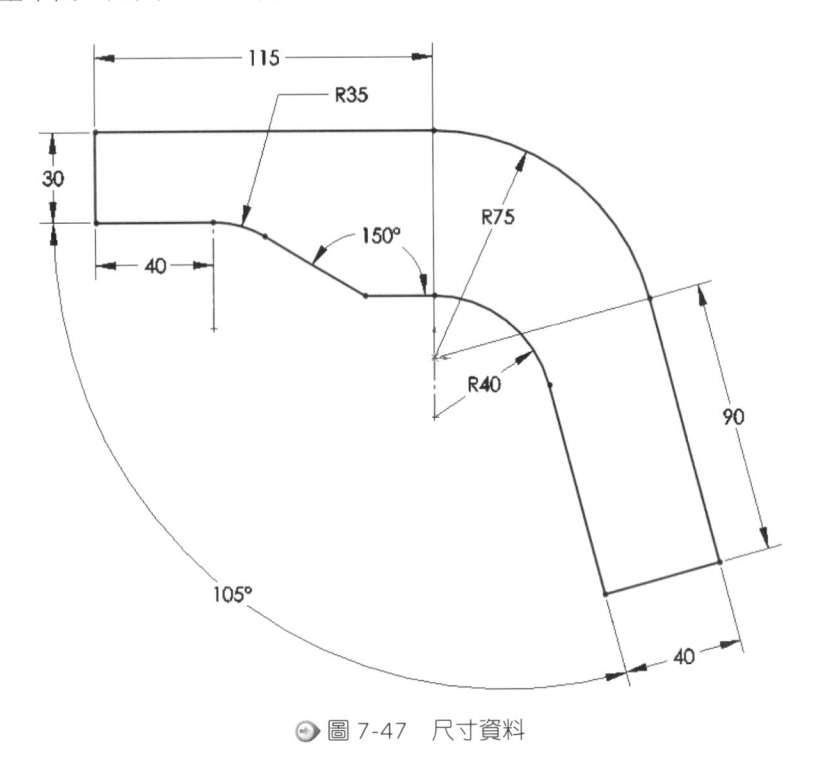

◉ 圖 7-47　尺寸資料

操作步驟

從 Lesson07\Exercises 資料夾中開啟現有的零件。

STEP 1　開啟零件 Blow Dryer

零件中已內含一個輪廓草圖。

STEP 2　伸長

伸長草圖 25mm，如圖 7-48 所示。

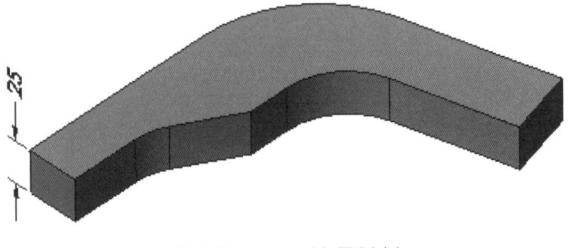

◉ 圖 7-48　伸長基材

薄殼和肋材 **07**

STEP 3　拔模

使用模型的背面作為中立面，除了出風口外，所有側面皆加入拔模角度 2°，圖 7-49 顯示部分前視圖，從出風口方向觀察。

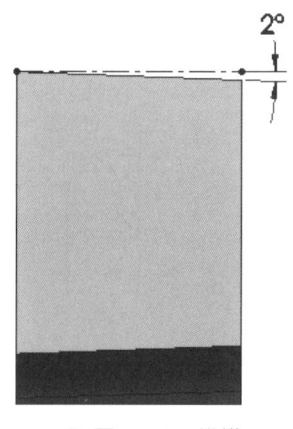

◉ 圖 7-49　拔模

STEP 4　建立圓角

依序建立 R16 和 R11 的圓角特徵，如圖 7-50 所示。

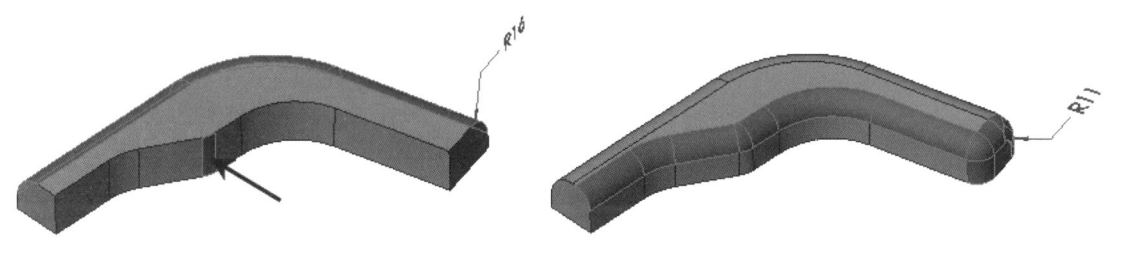

◉ 圖 7-50　建立圓角

STEP 5　檢查拔模

使用**拔模分析**，起模方向選擇 Right Plane，拔模角度為 2°。

STEP 6　完成零件

根據圖 7-51 所示的尺寸資訊完成此零件。

- 薄殼厚度是相等的。
- 排氣孔與肋材的尺寸是相等的。
- 所有填料均需要 2°的拔模角度。
- 除了肋材採用全周圓角外，其餘圓角半徑均為 R1mm。

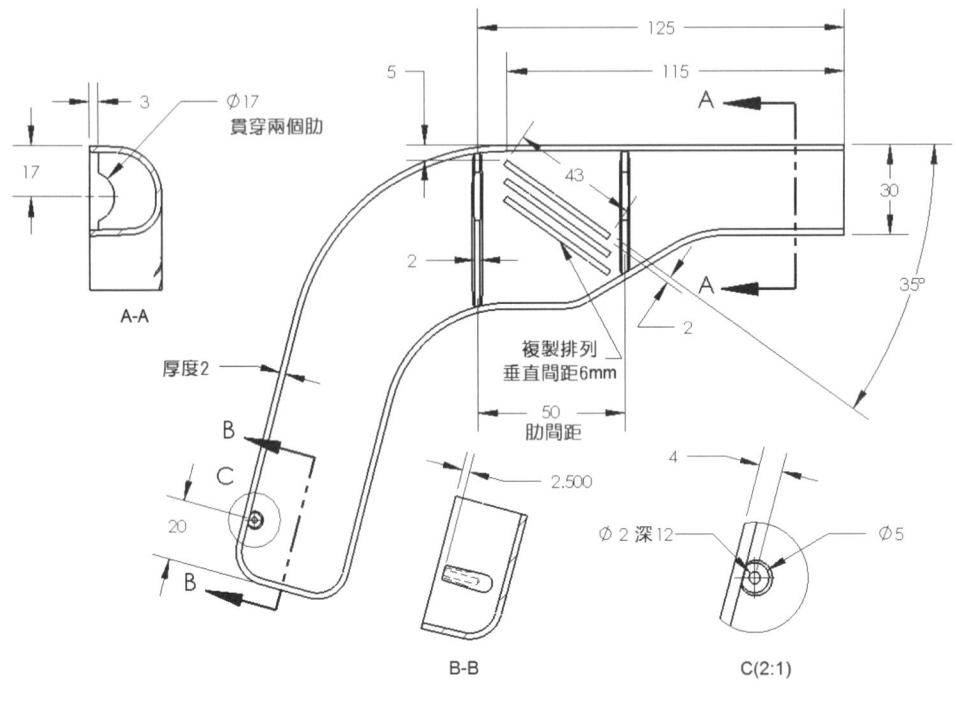

◉ 圖 7-51　尺寸資料

STEP 7　共用、儲存並關閉零件

練習 7-5　角件

請使用所提供的尺寸建立零件，靈活地使用限制條件維持設計意圖，如圖 7-52 所示。此練習使用以下技能：

- 參考圖元
- 薄件特徵

單位：mm（毫米）

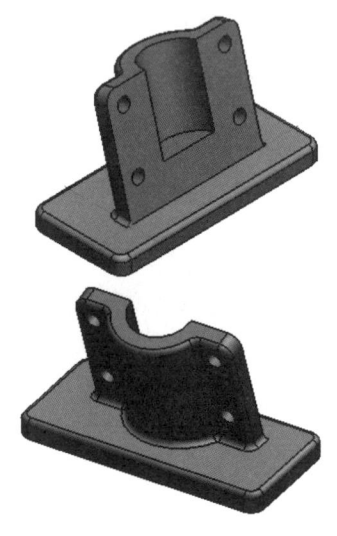

◉ 圖 7-52　角件

薄殼和肋材 07

◆ **設計意圖**

1. 零件是對稱的。

2. 除非有特別說明，所有內外圓角半徑為 R1mm。

◆ **尺寸視圖**

根據圖 7-53 所示的尺寸，結合設計意圖建立零件。

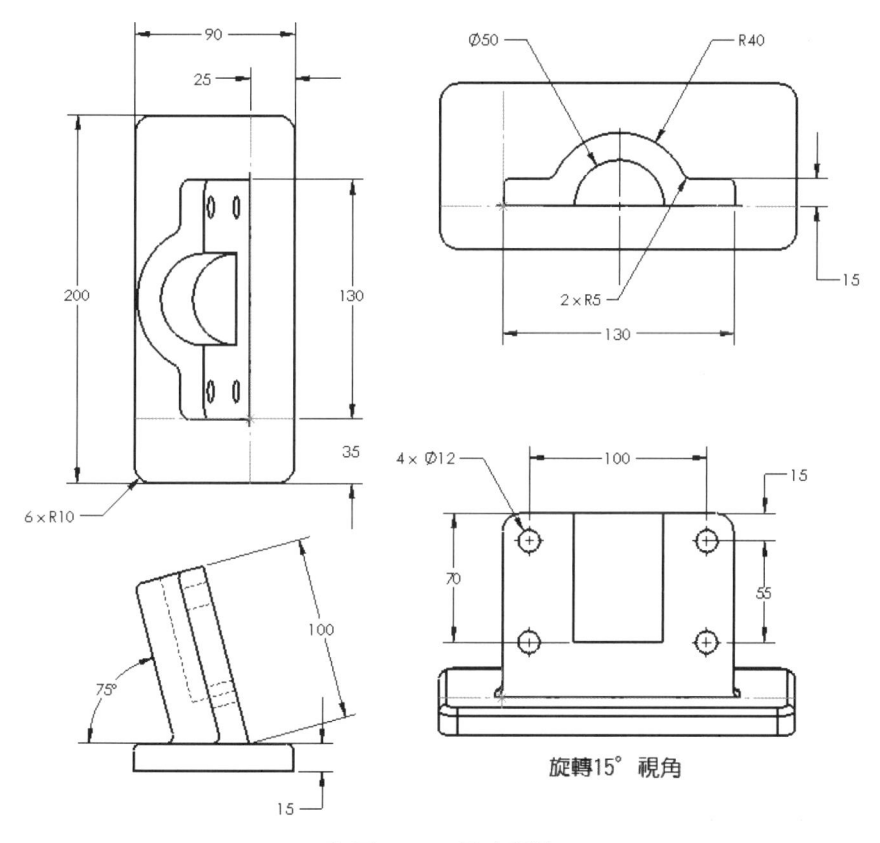

◉ 圖 7-53　尺寸資料

練習 7-6 回轉臂

請使用所提供的尺寸建立零件,靈活地使用限制條件維持設計意圖,如圖 7-54 所示。此練習使用以下技能:

- 參考圖元
- 全周圓角
- 薄件特徵

單位:mm(毫米)

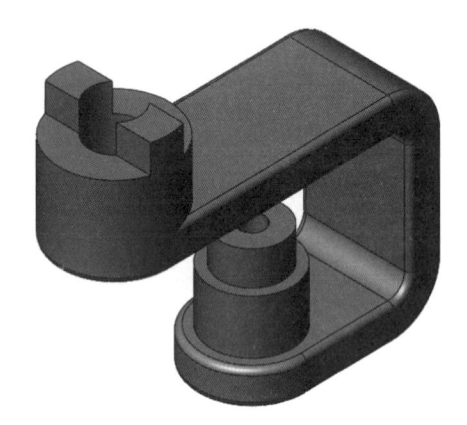

● 圖 7-54　回轉臂

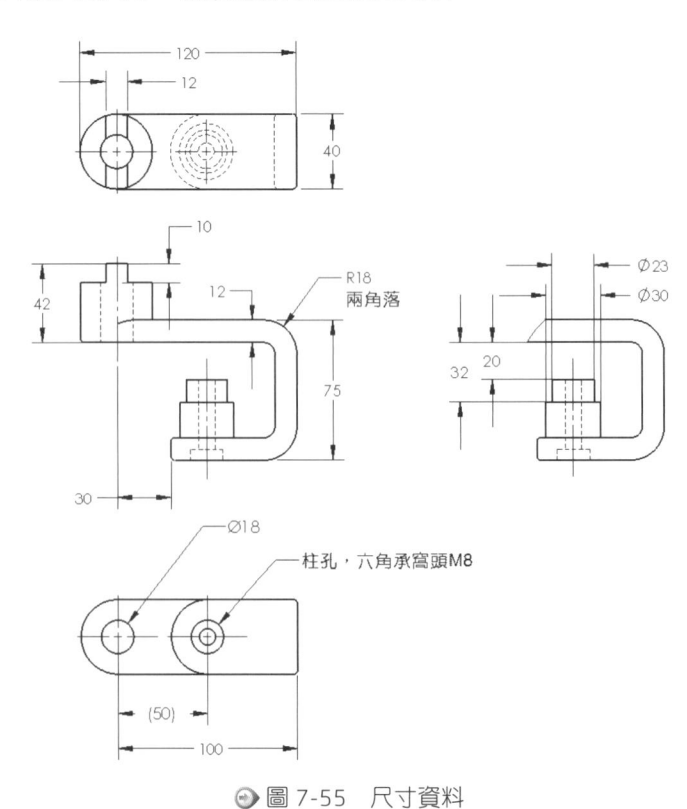

設計意圖

1. 零件是對稱的。

2. 所有內外圓角半徑為 R2mm。

尺寸視圖

根據圖 7-55 所示的尺寸,結合設計意圖建立零件。

● 圖 7-55　尺寸資料

練習 7-7 平槳器

請使用所提供的資訊和尺寸建立零件，如圖 7-56 所示。此練習可增強以下技能：

- 全周圓角
- 薄件特徵

   單位：mm（毫米）

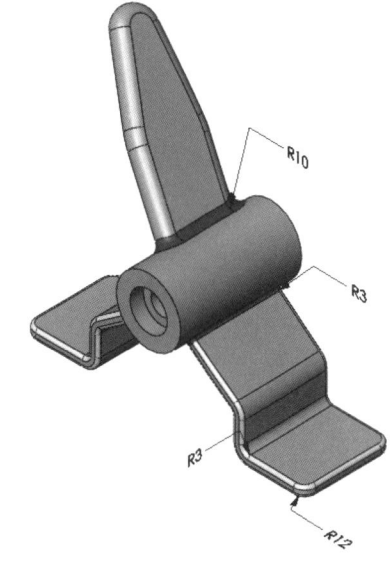

◉ 圖 7-56　平槳器

操作步驟

建立一個新零件，根據圖 7-57 所示的尺寸建立模型。

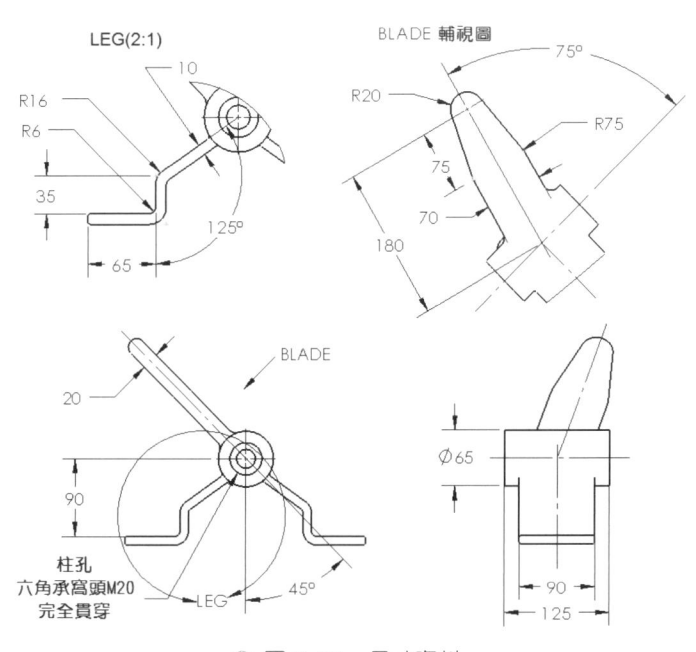

◉ 圖 7-57　尺寸資料

NOTE

08

編輯：修復

順利完成本章課程後，您將學會：

- 診斷零件中的各種問題
- 修復草圖幾何問題
- 使用回溯控制棒
- 修復懸置的限制條件和尺寸
- 使用 FeatureXpert 修復圓角問題

8.1 編輯零件

SOLIDWORKS 提供您可以在任何時間編輯內容,這可讓您在模型的歷程中檢視與修復任何草圖或特徵。

8.1.1 過程中的關鍵階段

修復零件的主要過程階段如下,因此本章中的每一節都是單獨的主題。

- **新增和刪除限制條件**
  有時候為了設計變更,必須要刪除或修改草圖限制條件。

- **錯誤為何?**
  建模過程出現錯誤,可以用**錯誤為何**來查明錯誤原因。

- **編輯草圖**
  透過**編輯草圖**可以修改任何幾何和限制條件。

- **為特徵檢查草圖**
  為特徵檢查草圖可以用來檢測草圖問題,驗證特徵內草圖的適當性,但是檢查前必須先**編輯草圖**。

- **編輯特徵**
  透過**編輯特徵**可以改變特徵建立方式,其中編輯與建立特徵所用的對話方塊相同。

8.2 編輯主題

對零件(如圖 8-1)進行編輯的內容非常廣泛,修補損壞的草圖或重新排序特徵都屬於編輯內容。這些內容可歸納為三類:查看模型資訊、修復模型錯誤和零件設計修改。

圖 8-1 編輯主題

編輯：修復 **08**

8.2.1 查看模型的資訊

對模型進行非破壞檢測可得到許多重要資訊，例如：模型如何建立、如何加入限制條件、可以對模型進行什麼樣的改變等，本節將集中討論使用編輯工具和回溯來查看模型資訊。

8.2.2 尋找和修復問題

在建模過程中找到問題並修復是一項重要技巧，修改零件的方法有很多，例如：**編輯特徵**、**編輯草圖**和**重新排序**等，都有可能使特徵出現錯誤，在此將討論如何找到錯誤並採取相應的解決辦法。

問題可能出現在草圖或特徵中，儘管錯誤種類很多，但某些錯誤型態是較常發生的，例如：懸置尺寸和限制條件，還有無關的草圖幾何。

開啟有錯誤的零件可能會導致令人困惑的局面，建模開始處的錯誤經常使後續特徵失敗，只要修復了最初錯誤，其他錯誤也可能會解決，在改變模型之前，應該先對有錯誤的部分進行修復。

8.2.3 設定

在**選項**對話方塊中有兩處設定將會影響錯誤的處理方式。

- **每次重新計算時顯示錯誤的地方**：亦即在每次重新計算後都會顯示錯誤對話方塊。
- **計算錯誤時**：下拉式選單會顯示當有錯誤的零件被開啟時可以採取的措施，您可選擇：錯誤時停止、繼續或提示。

⬢ **強制重新計算**

對已變更的尺寸可以用重新計算，但強制重新計算將對模型內的所有特徵做一個完整的計算。按 **Ctrl+Q** 即可強制完整的重新計算。

接著就開始來調整這些設定。

操作步驟

STEP 1 錯誤訊息設定

在**工具**→**選項**→**系統選項**→**訊息 / 錯誤 / 警告**中，點選**每次重新計算時顯示錯誤的地方**，以及在**顯示 FeatureManager（特徵管理員）樹狀結構警告**下拉選單中選擇**永遠**，按**確定**。

STEP 2 開啟零件 Editing CS

此零件有很多錯誤。

STEP 3 特徵失敗

開啟零件之後，系統顯示**錯誤為何**對話方塊，每個錯誤按照特徵名稱列於對話方塊中，此時模型不可見，因為錯誤導致許多特徵失敗。

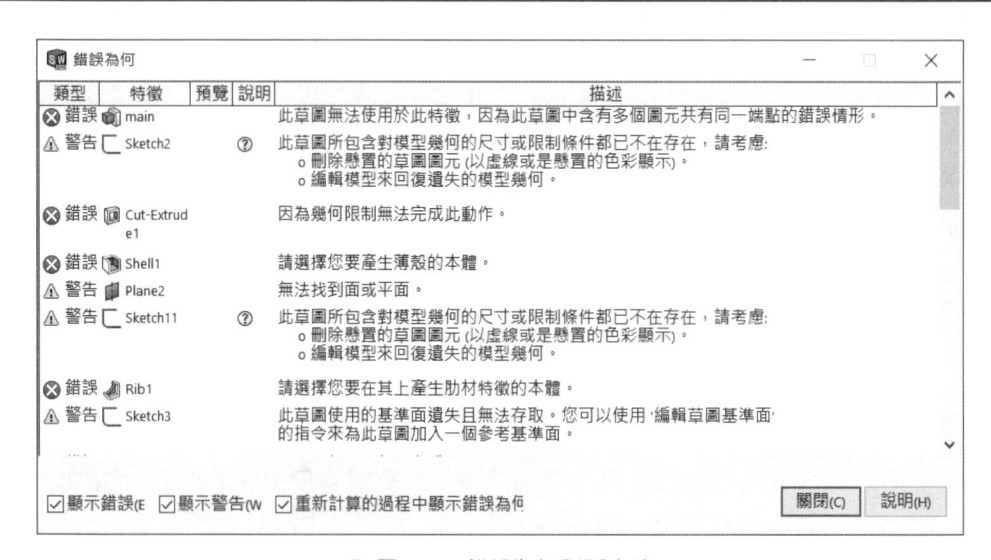

8.2.4 錯誤為何對話方塊

錯誤為何對話方塊列出零件中所有錯誤，如圖 8-2 所示，這些錯誤分為**錯誤**和**警告**兩類，錯誤會導致特徵建立失敗；而警告不會，兩者都會列出診斷描述，包括某些情況的預覽。

> **技巧**
> 可以點選問號 ? 開啟線上說明查看錯誤類型。

◉ 圖 8-2 錯誤為何對話方塊

> **技巧**
> 點選**類型**標題，資訊將按照**錯誤**和**警告**類型排序，如圖 8-3 所示。

編輯：修復 **08**

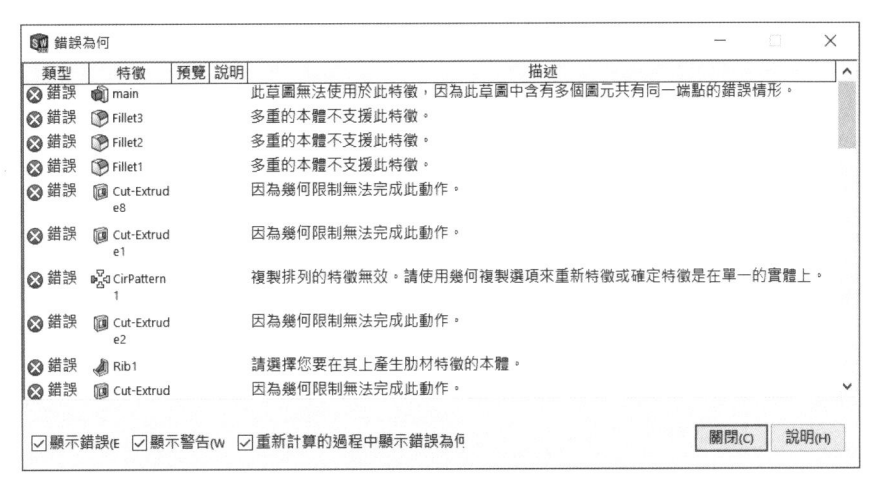

◉ 圖 8-3　按類型排序

> **提示**
> 錯誤為何對話方塊的顯示，是由**工具→選項→系統選項→訊息/錯誤/警告→每次重新計算時顯示錯誤的地方**選項控制，此外，還可以用其他方法控制：
> - 透過**工具→選項**對話方塊。
> - 錯誤為何對話方塊：**重新計算的過程中顯示錯誤為何**。
> - 錯誤為何對話方塊：只顯示錯誤（**顯示錯誤**）、只顯示警告（**顯示警告**），或兩者皆顯示。

STEP 4　查看 FeatureManager（特徵管理員）

關閉**錯誤為何**對話方塊，FeatureManager（特徵管理員）列出許多有標記的錯誤，記號位於特徵右邊（如圖 8-4），各自有特殊意義：

- **最上層錯誤** ⬇：此標記位於零件名稱旁，表示 FeatureManager（特徵管理員）內有錯誤。若在組合件和工程圖中，則能即時看出是哪個零件有錯誤。

- **錯誤** ❌：此標記位於特徵名稱旁，表示此特徵有問題，無法建立幾何。特徵名稱以紅色表示。

- **警告** ⚠：此標記位於特徵名稱旁，表示此特徵有問題，但可建立幾何。懸置的尺寸和限制條件通常會出現這種情況，特徵名稱以黃色表示。

- **正常特徵**：沒有警告記號也沒有錯誤記號，特徵名稱用黑色表示。

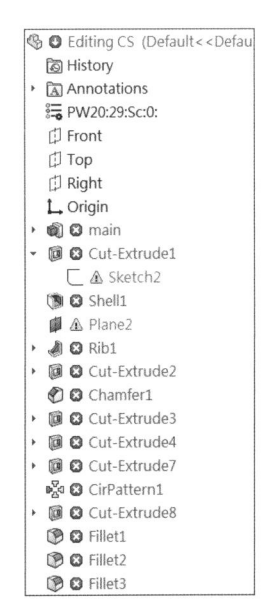

◉ 圖 8-4　FeatureManager（特徵管理員）列出的標記錯誤

◆ **搜尋 FeatureManager（特徵管理員）**

使用 FeatureManager（特徵管理員）上方濾器 ▽　　　　　　，可以搜尋需要的特徵內容。例如：輸入 sk、fill 和 pa 的搜尋結果，按 ✕ 清除搜尋內容，如圖 8-5 所示。

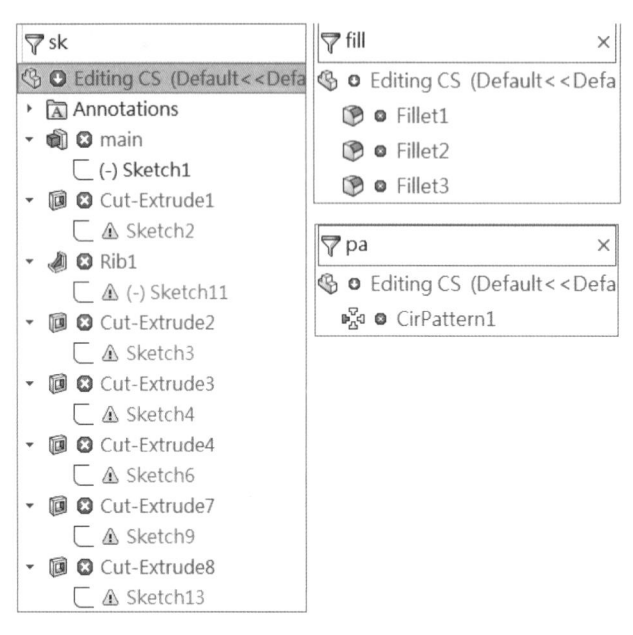

● 圖 8-5　搜尋 FeatureManager（特徵管理員）

8.2.5 平坦的樹狀結構視圖

在零件檔案中，您可以將 FeatureManager（特徵管理員）顯示設定為**平坦的樹狀結構視圖**，以特徵產生時的順序顯示，而非依階層顯示。例如：曲線、2D 草圖和 3D 草圖不會被納入到參考的特徵中，而是按建立先後順序顯示。

指令TIPS　平坦的樹狀結構視圖

以 FeatureManager（特徵管理員）顯示時，有助於檢視零件的錯誤，尤其是與草圖相關的錯誤。而平坦的樹狀結構視圖則更易於在 FeatureManager（特徵管理員）中檢視草圖。

操作方法

- 在 FeatureManager（特徵管理員）頂部零件名稱圖示上按滑鼠右鍵：**樹狀結構顯示→顯示平坦的樹狀結構視圖**。
- 快速鍵：**Ctrl+T**。

編輯：修復 08

STEP 5 顯示平坦的樹狀結構視圖

使用快速鍵 **Ctrl+T** 顯示平坦的樹狀結構視圖。草圖 Sketch1 位於特徵 Main 上面，表示草圖被特徵使用，所有草圖和特徵都按照建立的先後順序排列顯示，如圖 8-6 所示。

● 圖 8-6　顯示平坦的樹狀結構

8.2.6 從哪裡開始

特徵會依 FeatureManager（特徵管理員）從上到下的順序重新計算，修改錯誤最好從第一個有錯誤的特徵開始，本例為 main 特徵。基礎特徵錯誤會導致一系列子特徵（紫色）錯誤，如圖 8-7 所示。

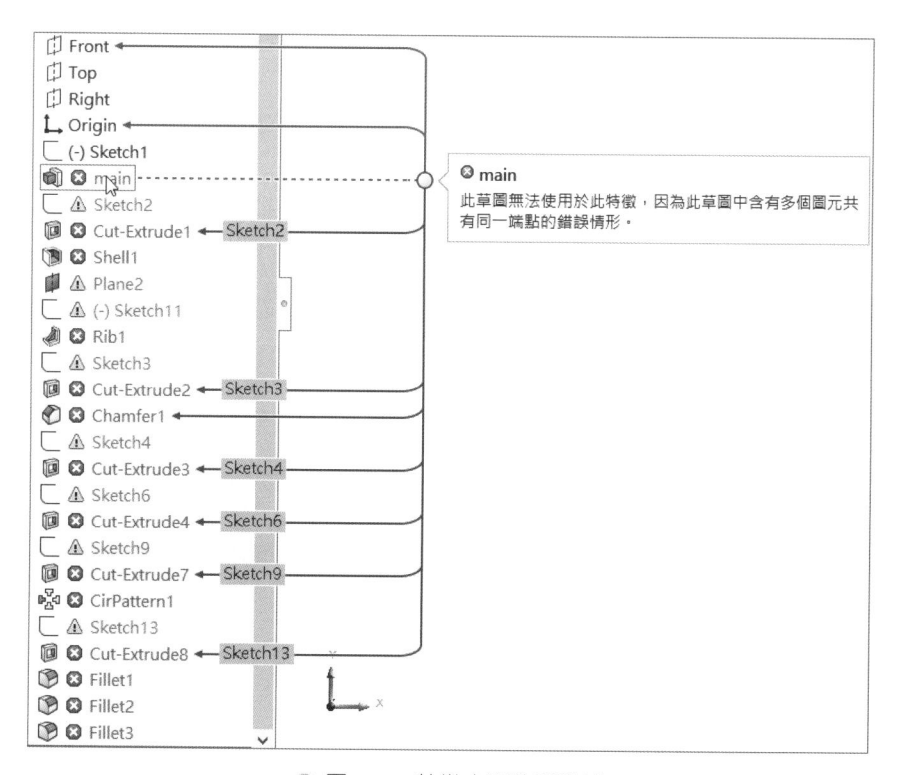

● 圖 8-7　特徵之間的關聯性

STEP 6　顯示錯誤為何

錯誤為何選項可用來強調所選特徵的錯誤訊息。在 main 特徵按滑鼠右鍵，點選**錯誤為何**。錯誤訊息指出 "此草圖無法使用於此特徵，因為此草圖中含有多個圖元共有同一端點的錯誤情形"，如圖 8-8 所示。

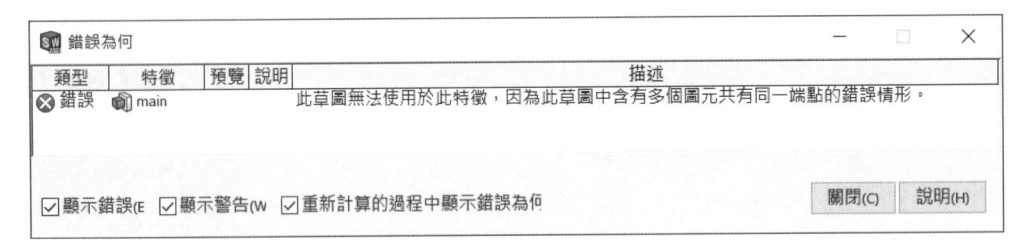

◉ 圖 8-8　顯示錯誤為何

技巧

將游標滑到 FeatureManager（特徵管理員）中的 main 特徵上，系統彈出錯誤訊息，其訊息與錯誤為何對話方塊中的訊息描述相同，如圖 8-9 所示。若**動態參考視覺化功能**有開啟，則會顯示如圖 8-7 的關聯線條。

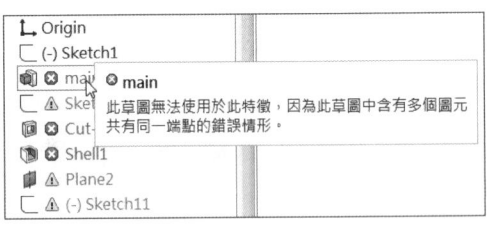

◉ 圖 8-9　從 FeatureManager（特徵管理員）上顯示錯誤為何

STEP 7　編輯草圖

錯誤為何訊息已指出是草圖 Sketch1 問題，關閉對話方塊並編輯草圖 Sketch1。

提示　按**工具**→**選項**→**系統選項**→**草圖**，勾選**產生及編輯草圖時自動旋轉視圖與草圖基準面垂直**，在編輯和建立草圖時能自動旋轉草圖平行於螢幕，並與眼睛視角垂直。

8.3　草圖問題

雖然草圖包含幾何、限制條件或尺寸，但它們不能被重新計算是有原因的，可能是因為多餘的直線連接在已有的端點上，或共用了一些多餘的圖元，如圖 8-10 所示。

提示　在連續輪廓中，存在個別縫隙是可以接受的。

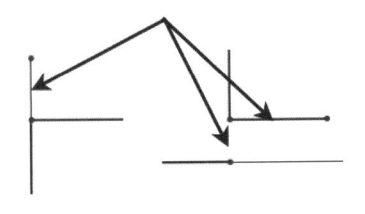

◉ 圖 8-10　草圖問題

編輯：修復 **08**

STEP 8　最適當大小

有些離想要的輪廓幾何很遠，不經意繪製的幾何也會導致草圖問題。

按**最適當大小** 🔍，草圖所有的幾何都會被顯示，例如：發現一小段沒關聯的幾何，如圖 8-11 所示。

> **提示**　舊版本的檔案不會有塗彩草圖。

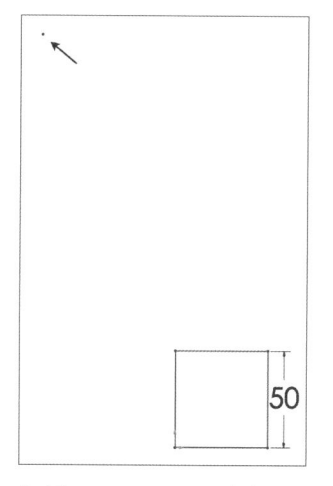

◉ 圖 8-11　顯示最適當大小

8.3.1　方塊選擇

方塊選擇是利用拖曳矩形框選取多個草圖圖元，如圖 8-12。圖元是否被選取由拖曳方向決定，尺寸也會被選取。

- **從左至右**：只有在框選線內部的完整圖元會被選中。
- **從右至左**：在框選線內部或跨越的圖元都會被選中。

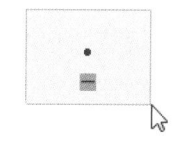

◉ 圖 8-12　利用方塊選擇選取圖元

> **技巧**
> 方塊選擇時配合 **Shift** 鍵可以將選取的物件加入到選擇組中；用 **Ctrl** 鍵框選，會將原先未選中的物件加入到選擇組，而原先已選中的物件將轉換為未選中。

8.3.2　套索選擇

套索是利用自由拖曳游標，選取多個草圖圖元，如圖 8-13 所示。

- **順時針**：只有完全位於套索內的圖元才會被選中。
- **逆時針**：在套索內部或跨越套索的圖元都會被選中。

◉ 圖 8-13　利用套索選擇選取圖元

> **指令TIPS**　選擇工具 🔍
>
> - 快顯功能表：在繪圖區域按滑鼠右鍵，點選**選擇工具**→**方塊選擇（套索選擇）**。
> - 功能表：**工具**→**方塊選擇（套索選擇）**。

8-9

STEP 9　框選多餘的線

從左到右框選多餘的線段後刪除，如圖 8-14 所示，再放大剩下的幾何。

如果出現**草圖圖元刪除確認**對話方塊，按是，後面的選擇刪除也是如此。

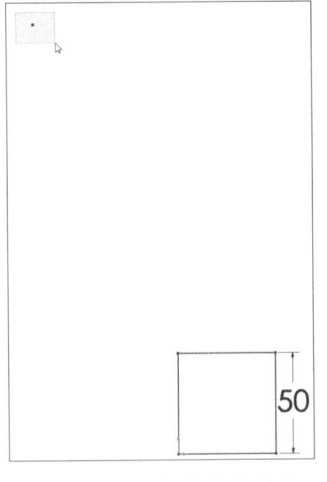

◉ 圖 8-14　框選多餘的線

8.3.3 為特徵檢查草圖

為特徵檢查草圖讓您能夠檢查草圖在特徵中是否有效，因為不同的特徵需要不同草圖（例如：旋轉特徵必須要有旋轉軸），因此選擇的特徵類型會決定系統對草圖的檢查結果。任何妨礙特徵建立的圖元都被強調顯示，此指令也可用於檢查遺失或不恰當的幾何。

指令TIPS　為特徵檢查草圖

- 功能表：**工具→草圖工具→為特徵檢查草圖**。

◉ **註解**

若**為特徵檢查草圖**檢查出草圖有問題，系統會自動從**修復草圖**開始。假如您離開草圖時仍有問題阻礙特徵重新計算，系統會提示使用**為特徵檢查草圖**。

◉ **搜尋指令**

當您要使用不常用的指令時，**搜尋**功能即變得很有用。只要在搜尋框中輸入部份指令名稱，相關的指令就會即時顯現，不可用的指令會以灰階顯示，此時點選想要的指令執行即可，如圖 8-15。

指令TIPS　搜尋指令

- 功能表：**說明→搜尋→指令**。

圖 8-15　搜尋指令

> **提示**　想要知道指令位於何處，可以按**顯示指令位置** 👁。

編輯：修復 **08**

STEP 10 檢查草圖

使用**搜尋**指令啟用**為特徵用法檢查草圖**，此指令會檢查草圖中的錯誤幾何，並比較所需的**輪廓類型**。在此例中：**特徵用法**自動被設定為**基材伸長**，因為此草圖屬於此特徵類型，**輪廓類型**則是由特徵類型所決定，如圖 8-16 所示。按**檢查**，再由訊息框按**確定**，系統出現**修復草圖**對話方塊。

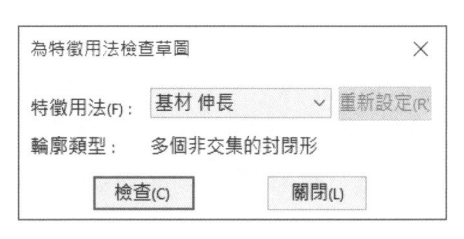

◉ 圖 8-16 為特徵用法檢查草圖

8.3.4 修復草圖

修復草圖工具用在尋找草圖的錯誤並讓您修復這些錯誤，修復草圖會組織、描述這些錯誤，並使用放大鏡顯示錯誤的位置。

> **指令TIPS** 修復草圖
>
> - CommandManager：**草圖**→**修復草圖**。
> - 功能表：**工具**→**草圖工具**→**修復草圖**。

> **指令TIPS** 放大鏡
>
> **放大鏡**工具適用於在零件或組合件中尋找和選擇較小的邊或面。
> - 快速鍵：**G**。
>
> 放大鏡常配合下面相關操作功能使用：
> - 滑鼠中鍵：在放大鏡內部使用滾輪縮放。
> - **Alt**+ 滑鼠中鍵 / 滾輪：顯示與螢幕平行的剖面視圖。
> - **Ctrl**+ 滑鼠中鍵 / 滾輪：拖曳放大鏡。

STEP 11 修復草圖

修復草圖自動開啟，設定**縫隙**為 0.01mm，按**重新整理**。這時顯示有三個錯誤，放大鏡裡顯示第一個問題，如圖 8-17 所示。

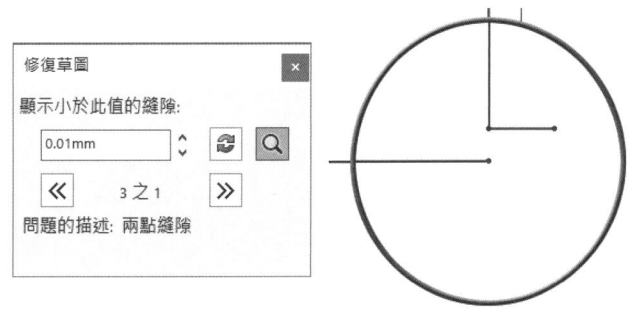

◉ 圖 8-17 修復草圖

STEP 12 查看錯誤

點選**下一步**，由於兩個問題在同一區域，所以放大鏡也出現在同一地方。轉動滾輪放大有問題的區域，會看到問題描述如下：「一個小的圖元。這是刻意的嗎？」，如圖 8-18，因不是刻意的，這時應點選較短的直線將其刪除，再按**重新整理**。

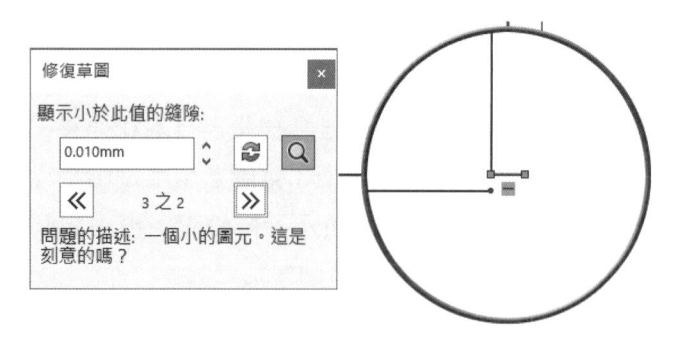

圖 8-18 查看錯誤

STEP 13 查看兩點縫隙

下一個問題是兩點縫隙。放大鏡顯示，兩端點之間有一小段縫隙，選擇這兩個端點，加入**合併**限制條件，如圖 8-19 所示。

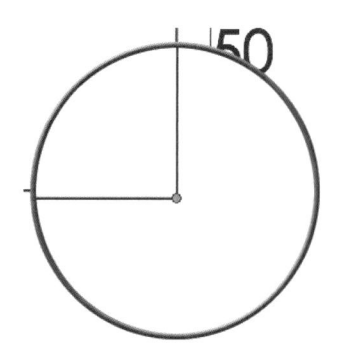

圖 8-19 查看兩點縫隙

STEP 14 最後的問題

按**重新整理**，顯示最後的問題，選取線並刪除，按**重新整理**確定沒有發現錯誤，關閉**修復草圖**對話方塊，如圖 8-20 所示。

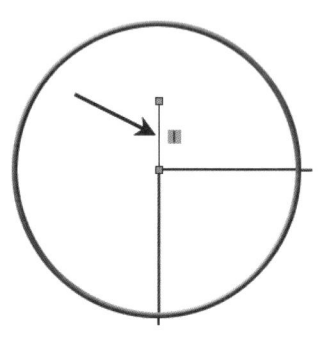

圖 8-20 最後的問題

編輯：修復 **08**

STEP 15 加入等長限制條件

加入兩條直線**等長**限制條件，完成草圖，如圖 8-21 所示。

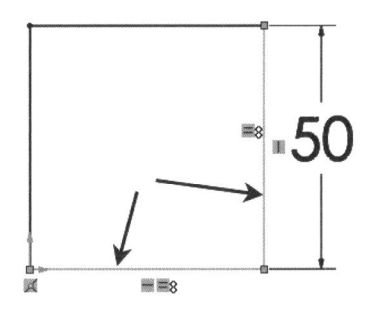

◉ 圖 8-21 加入等長限制條件

STEP 16 離開草圖

◆ **重新計算**

在修復完第一個錯誤後，系統提示另一個錯誤訊息："特徵 Sketch2 有一個警告，這可能導致之後特徵的失敗。您是否要在 SOLIDWORKS 重新計算之後的特徵之前修復 Sketch2？"，訊息提供兩種選擇：

- **繼續（忽略錯誤）**：重新計算模型，並允許選擇下一步編輯。
- **停止並修復**：停止在下一個錯誤特徵，回溯控制棒放置在該特徵後面。

STEP 17 停止並修復

在訊息框按**停止並修復**。

STEP 18 下一個錯誤

最上端錯誤於 Cut-Extrude1 特徵的 Sketch2 草圖中，錯誤訊息顯示是懸置的草圖圖元。當尺寸或限制條件參考不存在時，就會出現類似的錯誤訊息。

> **提示** 懸置尺寸和限制條件可以在視圖裡隱藏，**隱藏懸置的尺寸與註記**選項在**工具→選項→文件屬性→尺寸細目**中，如圖 8-22 所示。

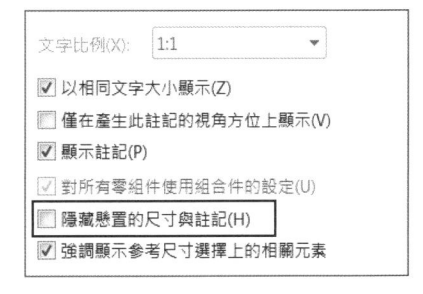

◉ 圖 8-22 隱藏懸置的尺寸與註記

◆ **重新附加限制關係**

懸置的限制條件，可以透過重新附加到類似的參考上，即可得到快速修復。

STEP 19 編輯草圖

按一下草圖 Sketch2，並從錯誤為何訊息上方點選**編輯草圖**，如圖 8-23。

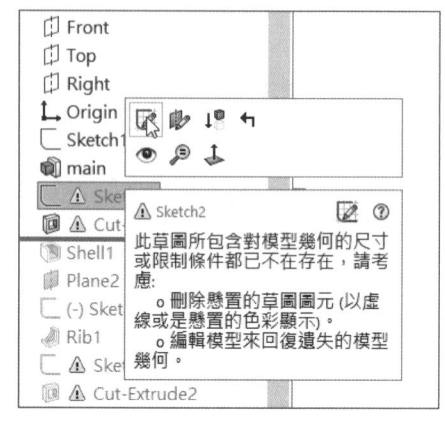

圖 8-23　編輯草圖

STEP 20 懸置的限制條件

草圖有一條直線顯示為懸置顏色，點選該直線，以顯示紅色拖曳控制點，該點可用拖曳後放置來進行修復。

選擇這條直線時，在 PropertyManager 中，懸置的限制條件顏色和繪圖區域中草圖圖元的顏色相同，如圖 8-24 所示。

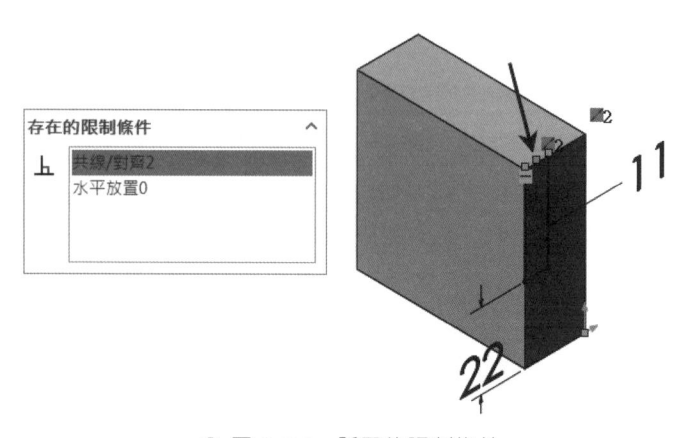

圖 8-24　懸置的限制條件

編輯：修復 **08**

STEP 21 重新附加限制關係

拖曳紅色的控制點到基材特徵的最上方水平邊線上。系統將遺失圖元的共線／對齊限制條件轉換到新的模型邊線上，此時草圖不再懸置，如圖 8-25 所示。

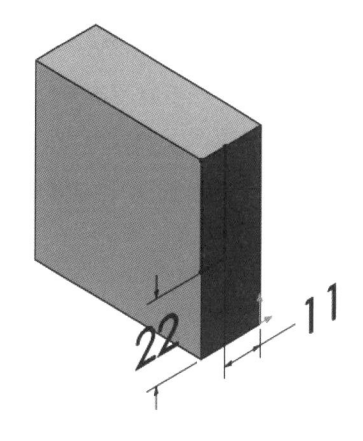

◉ 圖 8-25　重新附加限制條件

◆ **使用顯示／刪除限制條件修復限制條件**

另一個修復限制條件的選項是使用**顯示／刪除限制條件**指令取代限制參考。該指令可以顯示草圖中所有限制條件，也可以使用下拉式功能表依準則過濾顯示進行分類，例如：懸置的或過多定義的限制條件等。

STEP 22 復原操作

按**復原**，取消前一步操作的修改懸置限制條件。

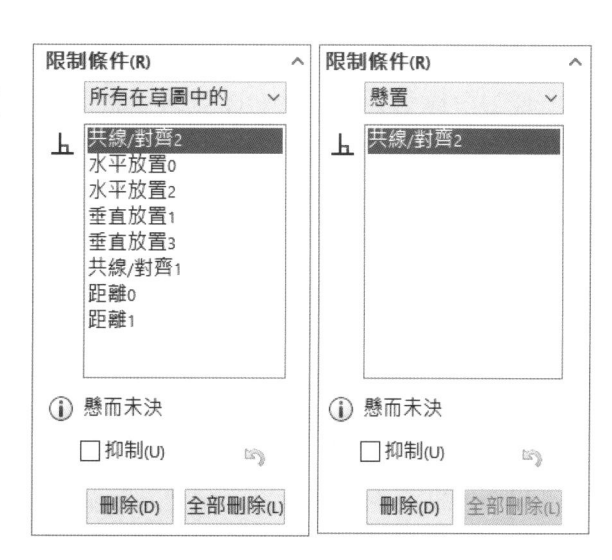

STEP 23 顯示／刪除限制條件

按**顯示／刪除限制條件**，從**濾器**下拉選單中選擇**懸置**，該對話方塊只顯示懸置的限制條件，選擇**共線／對齊 2**限制條件，如圖 8-26 所示。

◉ 圖 8-26　顯示／刪除限制條件

STEP 24 查看圖元群組

檢視 PropertyManager 中下方欄位的圖元群組，表列為選擇的限制條件所參考的圖元。其中一個圖元為**完全定義**狀態；而另一個為**懸而未決**，如圖 8-27 所示。

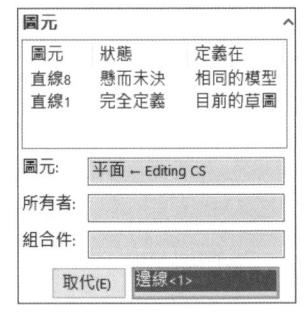

> 圖 8-27 查看圖元群組

STEP 25 取代錯誤圖元

在列表中選擇**懸而未決**的圖元，並選擇（STEP 21）基材特徵最上方的水平邊線。所選擇的邊線顯示在取代按鈕旁清單中，**按取代**後按**確定**。

STEP 26 離開草圖

STEP 27 向前回溯

在 FeatureManager（特徵管理員）中按滑鼠右鍵，點選**移至最後**，系統偵測到錯誤出現訊息框，**按停止並修復**後，回溯控制棒自動停止在有問題的區域並停止重新計算。

STEP 28 查看訊息

移動游標至草圖 Sketch3 上，系統自動顯示草圖基準面遺失的錯誤訊息，並指示您可以使用**編輯草圖基準面**來修復錯誤，如圖 8-28 所示。

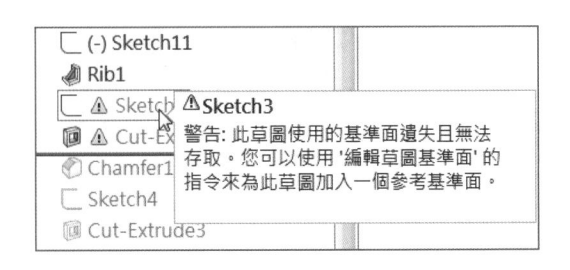

> 圖 8-28 錯誤訊息

8.3.5 修復草圖基準面問題

另一個常發生的錯誤是，當作為草圖平面的基準面或是特徵的平面被移除。在本例中，草圖因有錯誤，故需要指定新的草圖基準面。

編輯：修復 **08**

> **指令TIPS** 編輯草圖平面
>
> **編輯草圖平面**讓您能夠將草圖平面變換成其他平面，新的草圖平面不必與原始平面平行。
>
> **操作方法**
> - 快顯功能表：在草圖名稱上按滑鼠右鍵，點選**編輯草圖平面**。
> - 功能表：選擇草圖後，按**編輯→草圖平面**。

STEP 29 編輯草圖平面

按一下 Sketch3，選擇**編輯草圖平面**，PropertyManager 列示"** 遺失 ** 平面"，同時在繪圖區域顯示遺失平面的虛線，如圖 8-29 所示。

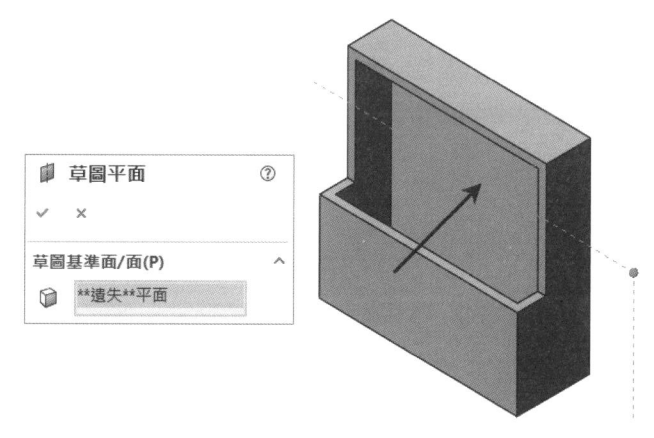

◎ 圖 8-29　顯示遺失平面的虛線

STEP 30 選擇取代平面

選擇零件前平面為取代面，如圖 8-30 所示，**按確定**。特徵已被修復。

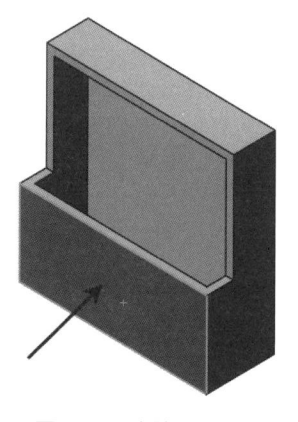

◎ 圖 8-30　選擇取代平面

STEP 31 向前回溯

拖曳回溯控制棒到 Cut-Extrude4 特徵之後,將游標滑至 Sketch6 上方以檢視錯誤資訊。

◆ **重新附加尺寸**

懸置的尺寸可拖曳重新附加至模型的邊線或頂點以便快速修復,尺寸數值將反映為新距離值。此修復工具包括自動與手動兩種方法。

修復所有懸置會自動觸發對每個懸置的尺寸嘗試尋找可取代的貼附點,而手動則只能用拖曳放置方式一次修復一個尺寸。

指令TIPS

- CommandManager：**草圖**→**顯示 / 刪除限制條件**。
- 快顯功能表：在尺寸上按滑鼠右鍵,並點選**自動修復草圖限制條件和尺寸**。

STEP 32 編輯草圖

按 Sketch6,編輯 Cut-Extrude4 特徵的草圖,注意尺寸 9mm 的顏色與懸置顏色相同,該尺寸曾經依附的幾何已不存在,因此也被認為是懸置尺寸,如圖 8-31 所示。

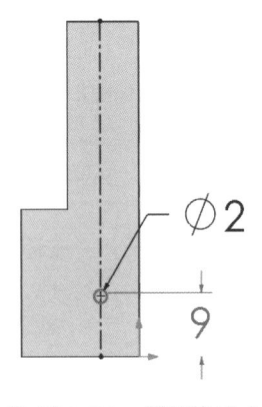

◉ 圖 8-31　懸置的尺寸

STEP 33 修復所有懸置

要自動地修復所有懸置尺寸,如圖 8-32 所示,按**顯示 / 刪除限制條件**,以及**修復所有懸置**。

編輯：修復 **08**

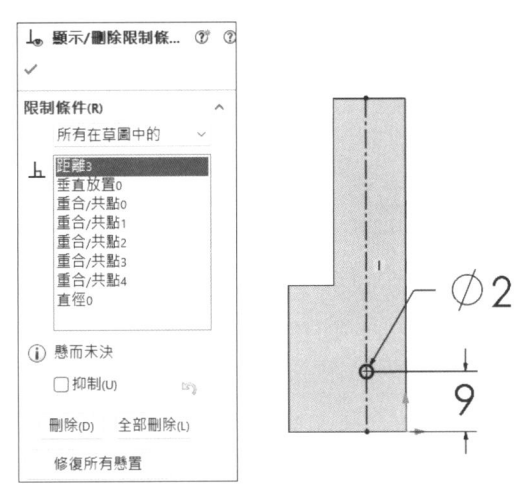

◉ 圖 8-32　修復所有懸置

> **注意**　自動的方法並不適用於所有例子，因此了解手動方法也是重要的。

◆ **手動修復**

手動方法可用拖曳及放置控制點方式，重新貼附尺寸。

1. 點選尺寸以出現控制點，出現紅方形控制點即為尺寸懸置端，類似懸置的限制條件。
2. 拖曳方形控制點並放置於零件的底部邊線（出現與邊線重合符號），如圖 8-33 所示，如果放置位置不適當，游標會顯示為 ⊘ 符號。

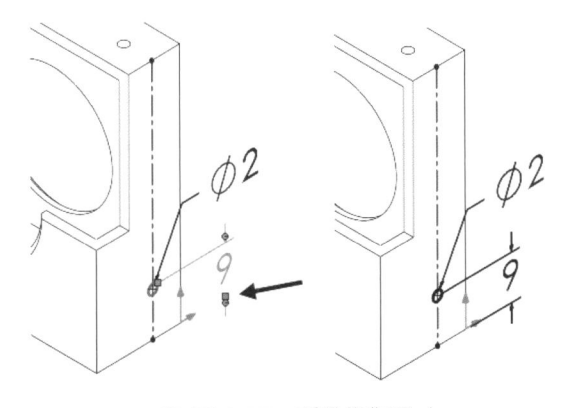

◉ 圖 8-33　手動修復尺寸

技巧
不管尺寸是否懸置，都可以使用拖曳重新附加來修復。

STEP 34 離開草圖

8-19

◆ **重新附加同軸心和等徑限制條件**

懸置的同軸心和等徑限制條件,可透過將其重新附加到模型中一個類似的圓弧邊線上,以快速得到修復。

像尺寸、限制條件一樣,也可以使用自動或手動的方式修復。

STEP 35　向前回溯

回溯至特徵 Cut-Extrude8 之後。

STEP 36　編輯草圖

按 Sketch13,編輯 Cut-Extrude8 特徵的草圖,點選最右下角懸置的圓弧(同心)以顯示紅色拖曳控制點,拖曳該點到後面的小圓弧邊線上,對左下角懸置的圓弧也重複同樣的步驟(同心共徑),如圖 8-34 所示。

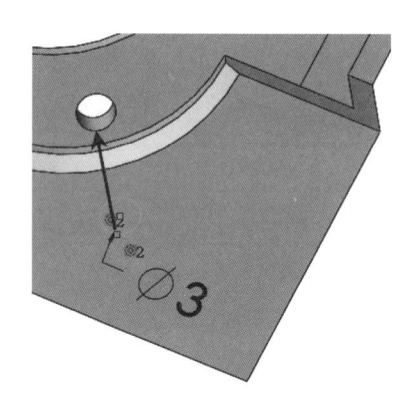

◉ 圖 8-34　編輯草圖

STEP 37　結束草圖

STEP 38　移至最後

在 FeatureManager(特徵管理員)中按滑鼠右鍵,點選**移至最後**,因圓角特徵 Fillet2 仍有錯誤,在出現的訊息中按**繼續(忽略錯誤)**,使回溯控制棒移到最後。

◆ **強調顯示有問題的區域**

有些錯誤訊息含有預覽圖示 ◉。若點選該圖示,系統會強調顯示有問題的區域。如果直接在特徵上使用**錯誤為何**,也將自動強調顯示問題區域。

編輯：修復 **08**

STEP 39 強調顯示有問題的資訊

在錯誤為何訊息中點選預覽圖示，檢視發生問題區域，如圖 8-35 所示。

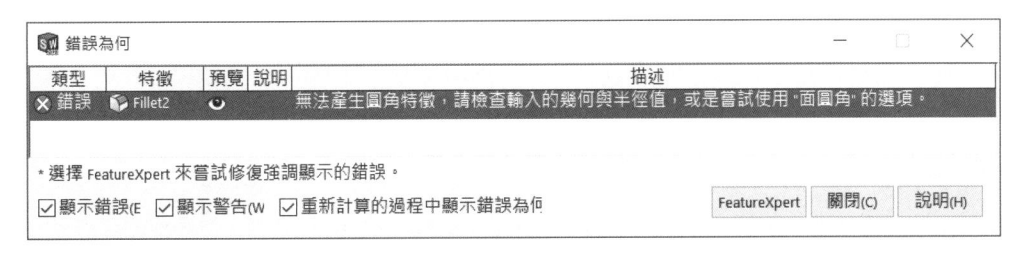

◉ 圖 8-35　強調顯示有問題的資訊

繪圖區域強調顯示錯誤發生的邊線，即造成圓角錯誤的虛線，如圖 8-36。

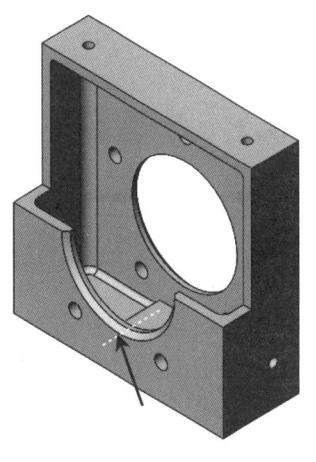

◉ 圖 8-36　強調顯示的虛線

8.3.6　FeatureXpert

FeatureXpert 只在圓角和拔模失敗的特殊情況下才可使用。本例中的 Fillet2 特徵失敗，如圖 8-37 所示。FeatureXpert 將利用所有相鄰圓角建立解決方案。這種自動產生的解決方案，也許會將某組已有的圓角集合再次拆分成不同的圓角特徵，並重新排列順序。FeatureXpert 是 SOLIDWORKS SWIFT 技術中的一項功能。

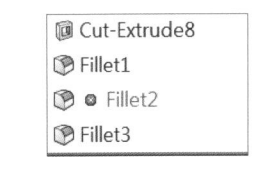

◉ 圖 8-37　錯誤的 Fillet2 特徵

> **提示**　您可以在**選項**→**系統選項**→**一般**，勾選**啟用 FeatureXpert**。

STEP 40 FeatureXpert

按**錯誤為何**對話方塊上的 **FeatureXpert**，注意到原來的圓角已被拆分為三個圓角特徵。

STEP 41 重新計算模型

此時重新計算模型不會出現任何錯誤和警告,如圖 8-38 所示。

STEP 42 共用、儲存並關閉檔案

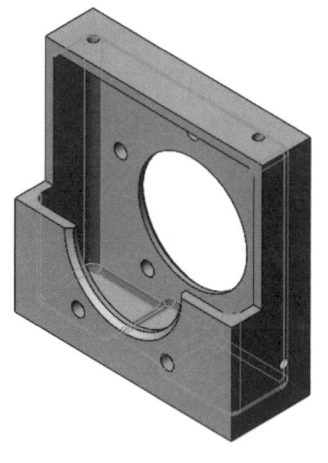

◉ 圖 8-38　重新計算模型

8.3.7 修復圓角

在圓角和導角特徵中所遺失的邊線於繪圖區域中會以虛線顯示,如圖 8-39。

修復時,請在**編輯特徵**的**要產生圓角的項目**方塊中按滑鼠右鍵,點選**修復所有遺失的參考**;若要清除遺失邊線的標記,點選**清除全部遺失的參考**。

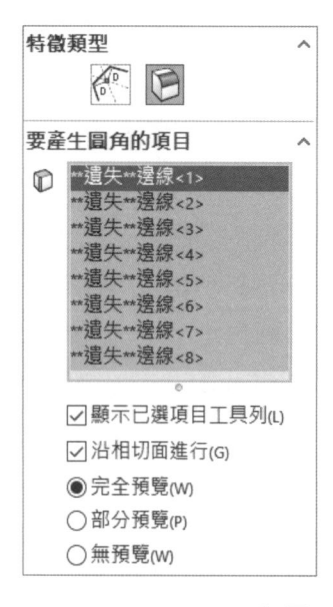

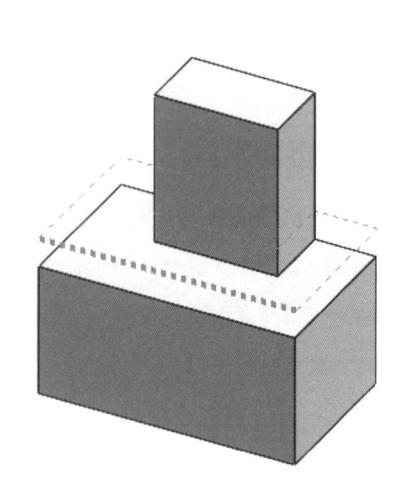

◉ 圖 8-39　修復圓角

8.3.8 凍結特徵

凍結棒可用來凍結特徵，被凍結的特徵無法重新計算也不能被編輯，這些特徵前面都有一個鎖住符號 🔒，如圖 8-40 所示。

當您想要稍後重新計算或防止某些特徵變更時，您就可以使用凍結棒。

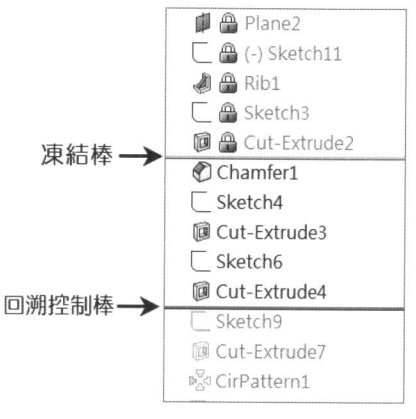

◉ 圖 8-40　凍結棒

◆ 封鎖編輯特徵

凍結棒可用來封鎖編輯特徵，如果嘗試更改凍結特徵的尺寸時，會得到下面訊息：停用了對尺寸的修改，因為與尺寸相關的特徵被凍結。

◆ 啟用凍結棒

1. 按**工具**→**選項**→**系統選項**→**一般**，勾選**啟用凍結棒**。
2. 開啟零件。
3. 拖曳凍結棒到 FeatureManager（特徵管理員）想要的位置。

◆ 可編輯的特徵

在凍結棒上方的特徵皆無法編輯或重新計算，加入的新特徵會列示於凍結棒之後，都是可編輯的，如圖 8-41 所示。

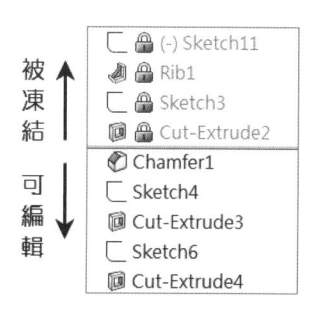

◉ 圖 8-41　凍結特徵

◆ 停用凍結棒

1. 拖曳**凍結棒**到 FeatureManager（特徵管理員）最上端（零件名稱之下）。
2. 按**工具**→**選項**→**系統選項**→**一般**，不勾選**啟用凍結棒**。

練習 8-1 錯誤 1

請使用所提供的資訊和尺寸編輯零件、修正錯誤和警告，並完成零件，如圖 8-42 所示。此練習可增強以下技能：

- 使用錯誤為何對話方塊
- 為特徵檢查草圖
- 重新附加限制條件
- 重新附加尺寸
- 強調顯示出錯區域

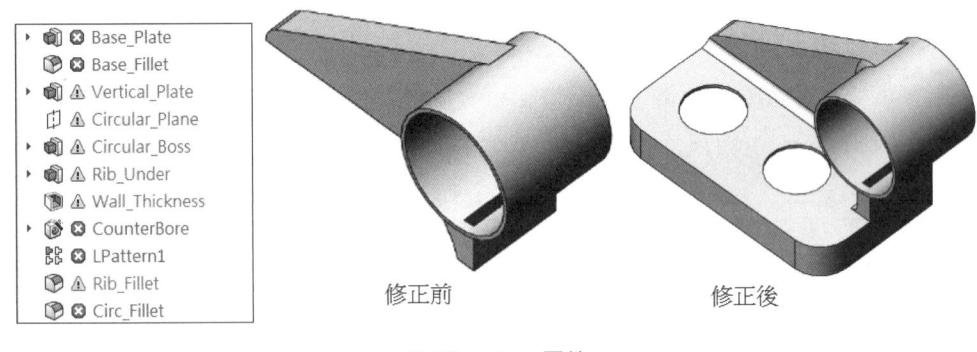

圖 8-42 零件

操作步驟

開啟零件 Errors1 進行編輯，去除錯誤和警告，利用圖 8-43 工程圖作為修改依據。

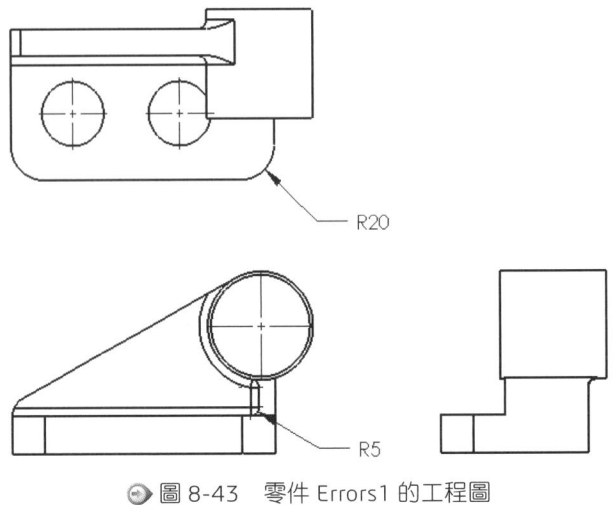

圖 8-43 零件 Errors1 的工程圖

編輯：修復 **08**

練習 8-2 錯誤 2

請使用所提供的資訊和尺寸編輯零件、修正錯誤和警告，並完成零件，如圖 8-44 所示。此練習可增強以下技能：

- 使用錯誤為何對話方塊
- 發現並修復問題
- 為特徵檢查草圖

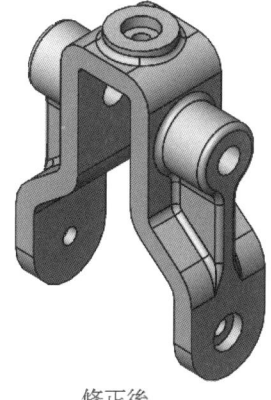

修正前　　　　　　　　　　修正後

◉ 圖 8-44　零件

操作步驟

開啟零件 Errors2 進行編輯，去除錯誤和警告，利用圖 8-45 工程圖作為修改依據。

▲ 技巧

在 Mirror1 特徵中使用**合併結果**選項，完成的零件必須是一個單一實體。

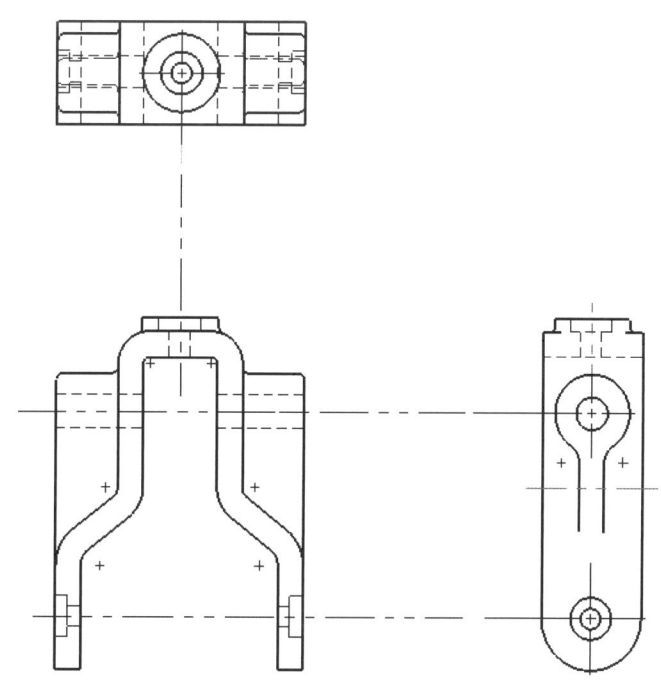

◉ 圖 8-45　零件 Errors2 的工程圖

8-25

練習 8-3 錯誤 3

請使用所提供的資訊和尺寸編輯零件、修正錯誤和警告,並完成零件,如圖 8-46 所示。此練習可增強以下技能:

- 使用錯誤為何對話方塊
- 為特徵檢查草圖
- 使用**顯示 / 刪除限制條件**修復限制關係
- 重新附加尺寸
- 強調顯示出錯區域

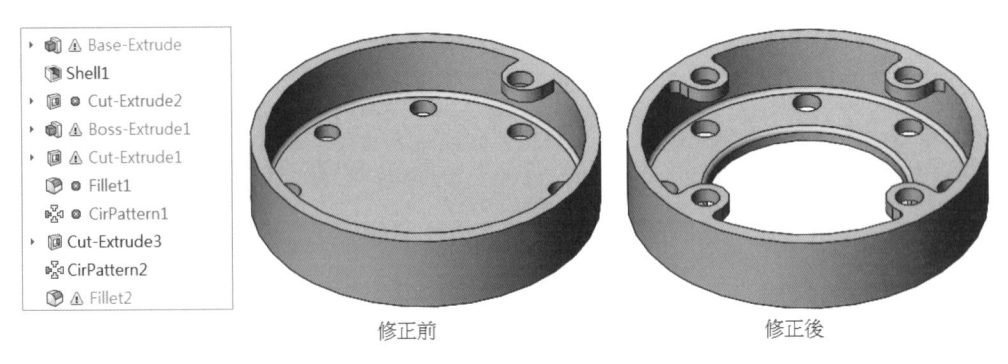

圖 8-46 零件

操作步驟

開啟零件 Errors3 進行編輯,以去除錯誤和警告,利用圖 8-47 工程圖作為修改依據。

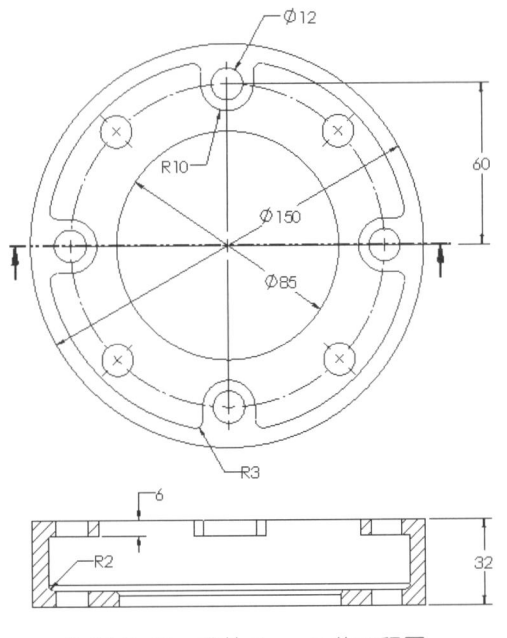

圖 8-47 零件 Errors3 的工程圖

練習 8-4 加入拔模斜度

請利用所提供的資訊和尺寸編輯零件,如圖 8-48 所示,使用編輯技巧保持設計意圖,此練習可增強以下技能:

- 編輯草圖平面

● 圖 8-48　加入拔模斜度

操作步驟

開啟現有零件 Add Draft,並對模型編輯修改,修改後如圖 8-49 所示,使之具有 5°的拔模斜度。

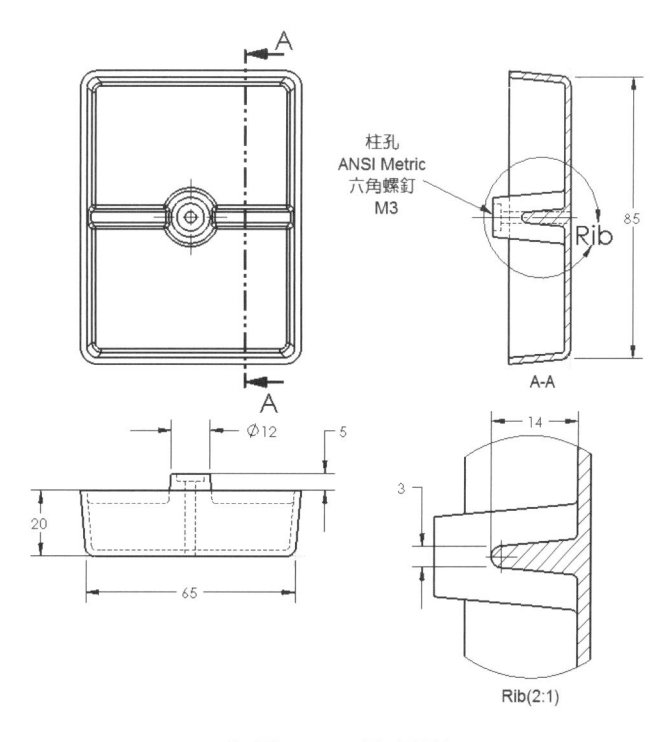

● 圖 8-49　尺寸資料

NOTE

09 編輯：設計變更

順利完成本章課程後，您將學會：

- 理解建模技術如何影響修改零件的能力
- 使用各種可用的編輯工具來變更零件
- 利用草圖輪廓定義特徵形狀

9.1 零件編輯

SOLIDWORKS 提供檢視模型建立的方式，重新定義設計意圖時，變更即可很容易應用到模型上。為了強調這一點，本章將使用零件編輯工具變更零件，如圖 9-1 所示，下面列出變更零件的關鍵階段。

◎ 圖 9-1 零件編輯

9.1.1 過程中的關鍵階段

修復零件的主要過程階段如下，因此本章中的每一節都是單獨的主題。

◆ **模型訊息**

使用 Part Reviewer 評估模型如何建立。

◆ **編輯模型**

使用編輯工具修改幾何和設計意圖，大部份的指令為編輯草圖、編輯特徵、編輯草圖平面、重新排序、回溯與變更尺寸值等。

◆ **草圖輪廓**

在草圖中使用所選輪廓可建立多個特徵。

9.2 設計變更

對模型進行變更時，有時會變更零件結構，有時僅變更尺寸值。這些變更可能如同改變尺寸值一樣簡單，但也可能像移除外部參考一樣困難，本節將逐一講解編輯特徵，而不是刪除和重新插入特徵。編輯特徵可讓您保留工程圖、組合件或其他模型參考，當您刪除特徵時，參考也會隨之消失。

9.2.1 修正版

假如設計已經進入製造階段，若模型外型、大小或功能有變更，您可能需要建立一個修正版，或建立新零件。

捕捉設計歷程與修正管理都已內建在 SOLIDWORKS 的雲端服務中。

編輯：設計變更 **09**

操作步驟

STEP 1 開啟零件 Editing_Design_Changes

這個零件重新計算時沒有錯誤，但不代表它都沒有問題。此模型沒有依設計意圖和需求變化，這裡將回顧建模順序後做出相應的修改。

9.2.2 所需的變更

此模型需被編修的設計意圖如下，而且零件設計的一些規格也要修改，如圖 9-2 所示：

- 只有底座需要薄殼。
- 圓形填料要與右邊線相切。
- 肋材的末端需加入圓角。
- 圓形填料與肋材置中對齊。
- 圓形填料背後與垂直平板切齊。
- 底座上要建立一個帶孔的方槽。

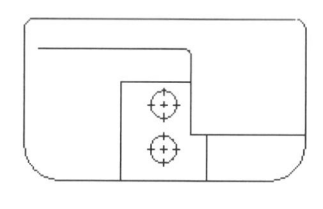

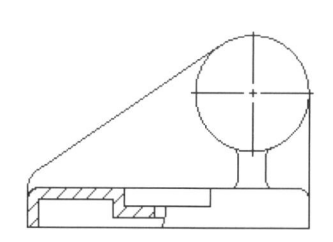

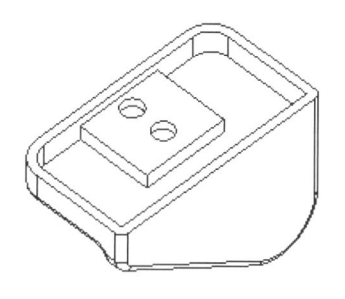

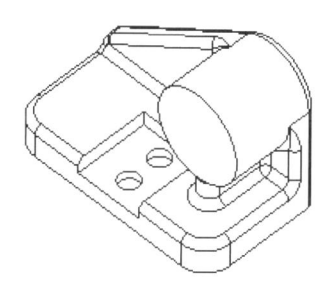

圖 9-2 所需的變更

9.3 模型訊息

如圖 9-3 所示，零件中有一些因特徵順序不當引起的模型錯誤。當進行設計變更時，這些錯誤就變得更加明顯。為了了解該零件建構過程，下面將逐步瀏覽此零件的建立過程。在檢視特徵時，同時也能揭示零件的設計意圖。

圖 9-3 模型訊息

9-3

9.3.1 Part Reviewer

您可以用 Part Reviewer 來瀏覽零件特徵的建立過程和步驟。使用工作窗格面板上的箭頭，將引導您逐步穿過模型的草圖和特徵，瀏覽的同時可以加入註記訊息，方便您與他人溝通。

> **指令TIPS** Part Reviewer
>
> - CommandManager：評估→Part Reviewer。
> - 功能表：工具→SOLIDWORKS 應用程式→Part Reviewer。

STEP 2 開啟 Part Reviewer

按 Part Reviewer，工作窗格顯示 Part Reviewer 標籤，如圖 9-4 所示，我們將用控制面板上的按鈕，逐步檢視零件建立過程。

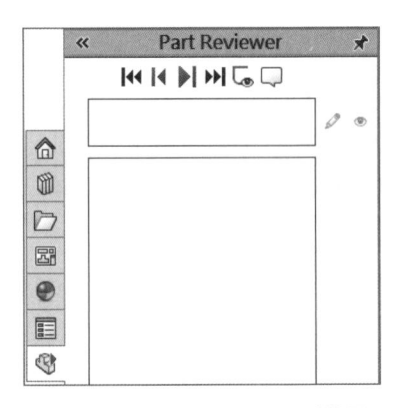

圖 9-4　Part Reviewer 選項

STEP 3 顯示草圖

在 Part Reviewer 面板上，按顯示草圖細節。在瀏覽零件特徵時，系統將顯示產生特徵所參考的草圖。

STEP 4 查看 Base_Plate 特徵

按跳至開始處按鈕，得知 Base_Plate 特徵是從矩形伸長特徵所建立的，如圖 9-5 所示。

圖 9-5　Base_Plate 特徵

編輯：設計變更 **09**

STEP 5 編輯 Sketch1 草圖

按**前進**▶按鈕，打開草圖 Sketch1 進行編輯，草圖由固定在原點的矩形與兩個尺寸所組成，如圖 9-6 所示。

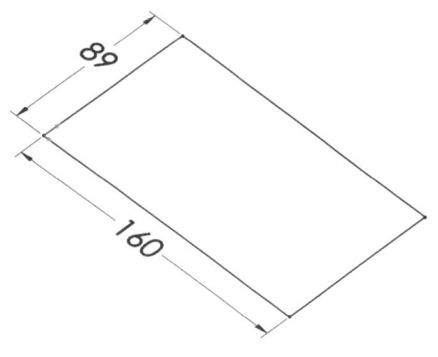

● 圖 9-6 Sketch1 草圖

STEP 6 查看 Base_Fillet 特徵

按**前進**▶按鈕，在前進到下一個特徵前，不必關閉之前的 Sketch1 草圖。

等徑圓角 Base_Fillet 特徵建立在前面角落的邊緣，如圖 9-7 所示。

● 圖 9-7 Base_Fillet 特徵

STEP 7 查看 Vertical_Plate 特徵

按**前進**▶按鈕，此特徵的草圖位於模型後方平面，然後向前伸長，如圖 9-8 所示。

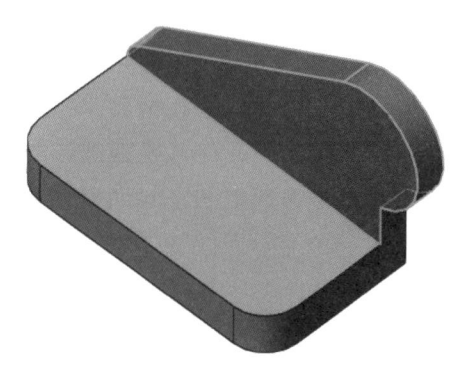

● 圖 9-8 Vertical_Plate 特徵

STEP 8 預覽註記訊息

在 Vertical_Plate 特徵上有一個備註：請仔細檢查這個特徵的厚度。在 FeatureManager（特徵管理員）的備註（Comments）資料夾，亦會同步顯示訊息內容，如圖 9-9 所示。

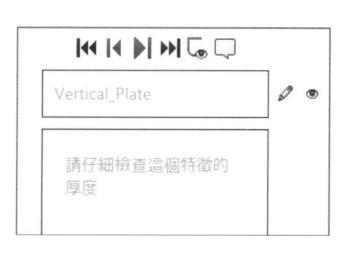

● 圖 9-9 預覽備註訊息

> **技巧**
> 若要從 Part Reviewer 之外加入備註，只要在特徵上按滑鼠右鍵，點選**備註→加入備註**。要在 FeatureManager（特徵管理員）上面檢視備註指標，則在最上層的零件名稱上按滑鼠右鍵，點選**樹狀結構顯示→顯示備註指標**。

STEP 9　刪除註記

按**編輯特徵名稱及附註** 按鈕，然後按**刪除**，或者您也可以編輯註記內容。

STEP 10　編輯 Sketch2 草圖

按**前進** 按鈕，打開草圖 Sketch2 進行編輯，注意幾何之間的連接點，如圖 9-10 所示。

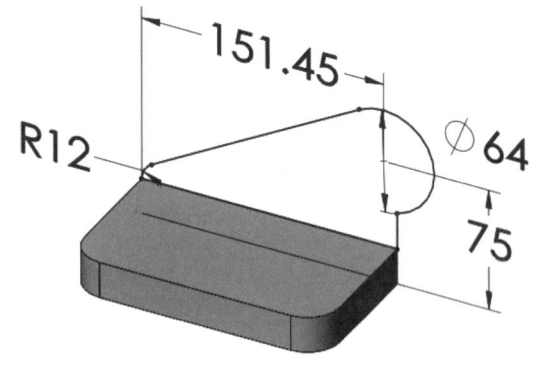

圖 9-10　編輯草圖

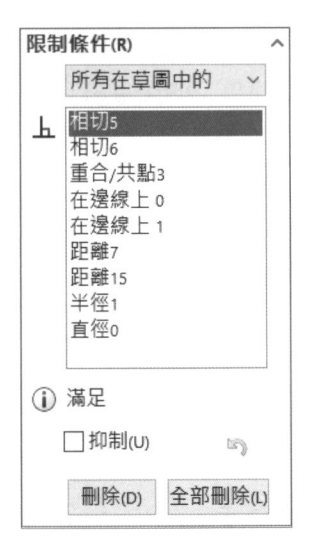

STEP 11　顯示 / 刪除限制條件

按**顯示 / 刪除限制條件** ，在 PropertyManager 中設定**濾器**為**所有在草圖中的**，再至限制條件列表點選每個限制條件，並查看草圖圖元限制條件，如圖 9-11 所示，這些限制條件說明了圖元之間如何相互連接，以及圖元與模型其他部份是如何連接在一起的。

圖 9-11　顯示 / 刪除限制條件

編輯：設計變更 **09**

STEP 12 Circular_Plane

按**前進** ▶ 按鈕，此基準面是為了下一個圓形填料特徵建立草圖用的，它位於 Sketch2 草圖後面，如圖 9-12 所示。

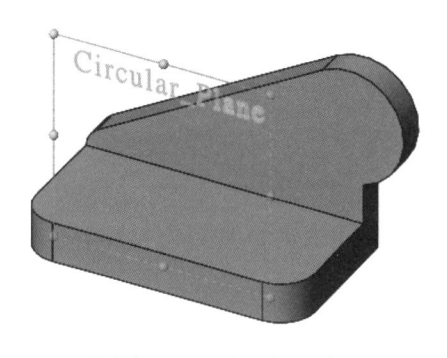

● 圖 9-12　Circular_Plane

9.3.2 父子關係

父子關係是 FeatureManager（特徵管理員）內特徵之間的關聯。這在編輯特徵、刪除特徵或特徵重新排序時是非常重要的。

- **父特徵**：目的特徵所依賴的特徵。
- **子特徵**：特徵建構於目的特徵之上。

◆ **動態參考視覺化**

藉著移動游標至 FeatureManager（特徵管理員）中的特徵時，會以圖形化方式即時顯示特徵的父和子關係。

> **指令TIPS** 動態參考視覺化
>
> - 快顯功能表：在最上層零件圖示按滑鼠右鍵，點選**動態參考視覺化（父項次）**與**（子項次）**。

◆ **父 / 子關係**

父子關係是用來顯示特徵之間的依存關係，它會顯示特徵的父和子關係，如圖 9-13。

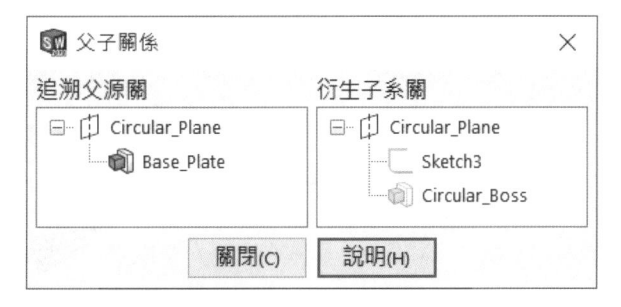

● 圖 9-13　父子關係

> **指令TIPS**　父子關係
>
> - 快顯功能表：在特徵上按滑鼠右鍵，點選**父子關係**。

STEP 13 動態參考視覺化

啟用**動態參考視覺化（父項次）**與（**子項次**），移動游標停在 Circular_Plane 基準面上，可看到此基準面只有一個父特徵 Base_Plate，及一個子特徵 Circular_Boss 的草圖 Sketch3，如圖 9-14 所示。

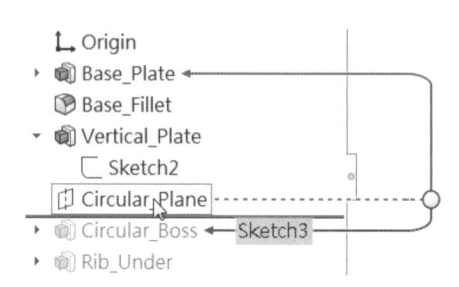

圖 9-14　Circular_Plane 父子關係

STEP 14 隱藏草圖

關閉**顯示草圖細節**，在您逐步瀏覽此零件特徵時，特徵草圖將持續隱藏。

STEP 15 查看 Circular_Boss 特徵

按**前進**按鈕，Circular_Boss 特徵使用 Circular_Plane 作為草圖平面，然後從後面向前伸長穿過零件，如圖 9-15 所示。

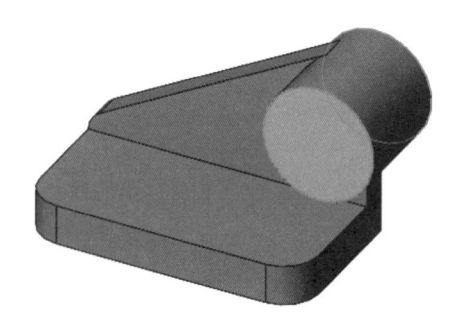

圖 9-15　Circular_Boss 特徵

STEP 16 查看 Rib_Under 特徵

按**前進**按鈕，Rib_Under 特徵草圖使用矩形向上伸長到 Circular_Boss 特徵，如圖 9-16 所示。

> **提示**　因為在 STEP 14 已關閉**顯示草圖細節**，Circular_Boss 特徵的草圖 Sketch3 並未顯示。

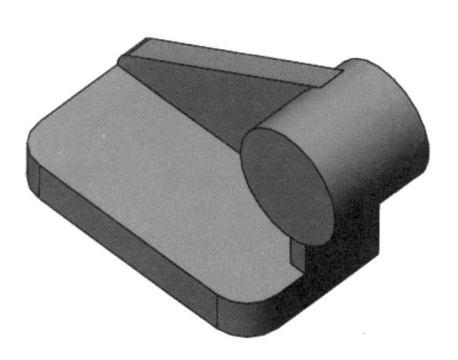

圖 9-16　Rib_Under 特徵

編輯：設計變更 **09**

STEP 17 查看 Wall_Thickness 特徵

按**前進**▶按鈕，零件建立薄殼時只選擇圓柱的面和開放的底面，如圖 9-17 所示，右圖為剖面視圖。

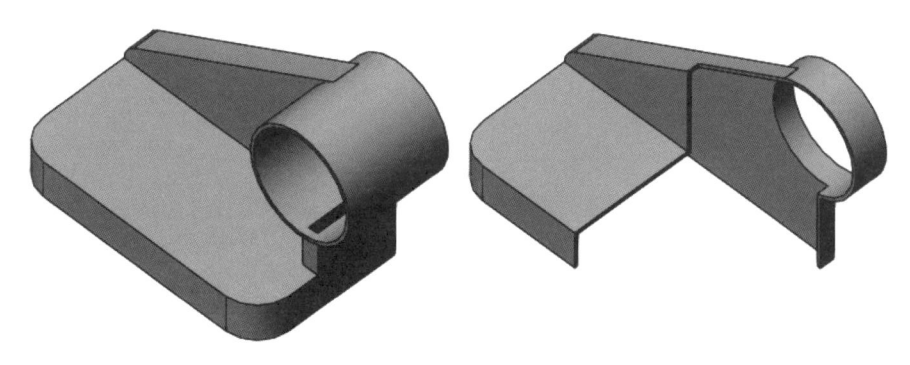

圖 9-17　Wall_Thickness 特徵

STEP 18 查看 CounterBore 特徵

按**前進**▶按鈕，**異型孔精靈**已在上平坦面建立 CounterBore 特徵。因為薄殼的影響，該孔看起來像普通除料特徵，如圖 9-18 所示。

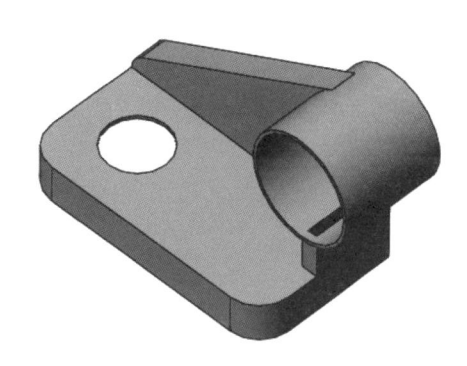

圖 9-18　CounterBore 特徵

STEP 19 查看複製排列 LPattern1 特徵

按**前進**▶按鈕，LPattern1 特徵是 CounterBore 特徵的直線複製排列，如圖 9-19 所示。

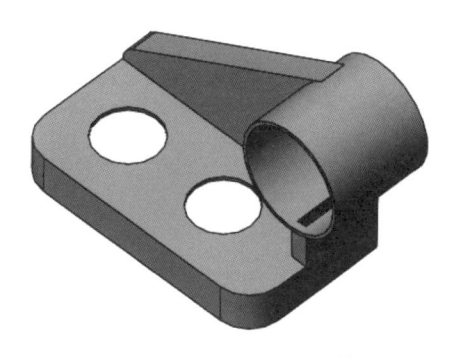

圖 9-19　LPattern1 特徵

STEP 20 查看 Rib_Fillet 特徵

按**前進** ▶ 按鈕，Rib_Fillet 圓角特徵連接 Circular_Boss 和 Base_Plate 特徵，如圖 9-20 所示。

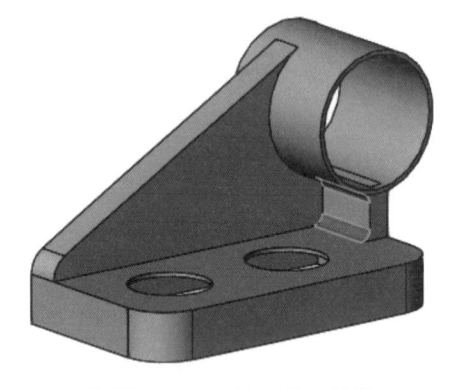

圖 9-20　Rib_Fillet 特徵

STEP 21 查看 Circ_Fillet 特徵

按**跳至結束處** ▶▶ 按鈕，Circ_Fillet 特徵在 Vertical_Plate 特徵兩側建立圓角，如圖 9-21 所示。

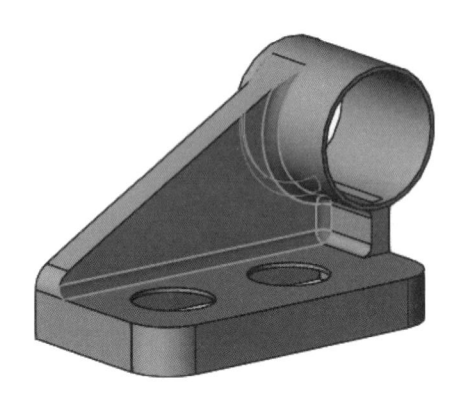

圖 9-21　Circ_Fillet 特徵

STEP 22 關閉 Part Reviewer

在 Part Reviewer 按**關閉** ×，並關閉工作窗格。

9.4 重新計算

對模型重新計算可以顯現對模型做的修改,如果重新計算時間很長,會降低建模效率,您可以透過本節介紹的工具減少重新計算模型時間。

9.4.1 回溯特徵

回溯可用來減少模型重新計算時間,例如:對 Vertical_Plate 特徵進行修改,可以回溯到該特徵之後的位置,如圖 9-22 所示。修改特徵後,零件會被重新計算。根據回溯控制棒位置,只有回溯控制棒之前的特徵會被重新計算,至於其他特徵則在回溯控制棒移動或儲存零件時才會重新計算。

◉ 圖 9-22 回溯特徵

9.4.2 凍結棒

凍結棒也可以用來凍結上方的特徵,被凍結的特徵不會重新計算。

9.4.3 重新計算進度和中斷

模型重新計算時,SOLIDWORKS 視窗下方的狀態列會顯示進度,按 **Esc 鍵**可中斷正進行的重新計算。

9.4.4 抑制特徵

抑制特徵是減少重新計算時間常用的方法,抑制的特徵不會被重新計算,使用模型組態可以設定抑制特徵的組合,如圖 9-23 所示。

◉ 圖 9-23 抑制特徵

9.4.5 常用工具

修改特徵可以使用以下 4 個工具：**編輯特徵**、**編輯草圖**、**編輯草圖平面**、**刪除特徵**。

9.4.6 刪除特徵

任何特徵都可以從零件中刪除，但必須考慮它是否有被其他特徵參考，避免被參考的特徵也將隨之刪除。在**確認刪除**對話方塊中，會列出所有隨著此特徵一起被刪除**依存的項次**，大部分特徵的草圖不會被自動刪除，但以**異型孔精靈**建立的草圖會隨著特徵而刪除。同時，對具依存關係的特徵，若刪除父特徵，則子特徵也將被刪除。

STEP 1 刪除特徵

選擇並刪除 CounterBore 特徵，按**進階**檢視細項。

如圖 9-24 所示，內含的特徵、草圖 Sketch5 以及子特徵 LPattern1 也將被一起刪除。

按**是**確認刪除。

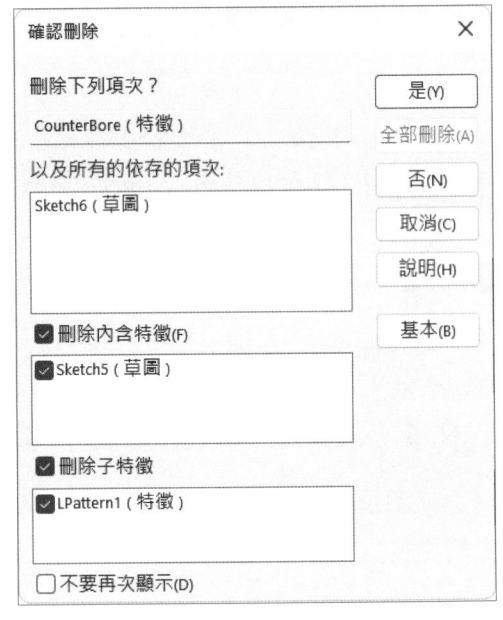

圖 9-24 刪除特徵

9.4.7 重新排序

重新排序允許在模型中變更特徵的順序。但順序的改變受限於父 / 子特徵依存關聯，可做的改變有限。重新排序是在 FeatureManager（特徵管理員）中拖曳特徵到其他特徵上，該特徵放置在目標特徵的後面。

> **提示** 子特徵不能排列到父特徵前面。

編輯：設計變更 09

STEP 2 嘗試重新排序

試著把薄殼特徵 Wall_Thickness 放在 Base_Fillet 特徵之後。拖曳過程游標顯示不能移動 ⊘，提示您不能在此位置放置。

STEP 3 父關係

使用**動態參考視覺化**，確定 Wall_Thickness 特徵的依存關係，如圖 9-25 所示。為了重新排序特徵，需要按順序刪除 Circular_Boss 特徵的參考。

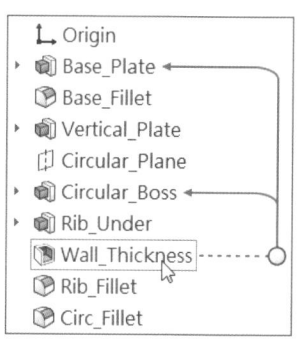

● 圖 9-25　父子關係

STEP 4 編輯定義

在 Wall_Thickness 特徵按滑鼠右鍵，點選**編輯特徵**。在繪圖區域選擇兩圓柱面，使**移除的面**列表中只留下一個已選擇的底面，按**確定**，如圖 9-26 所示。

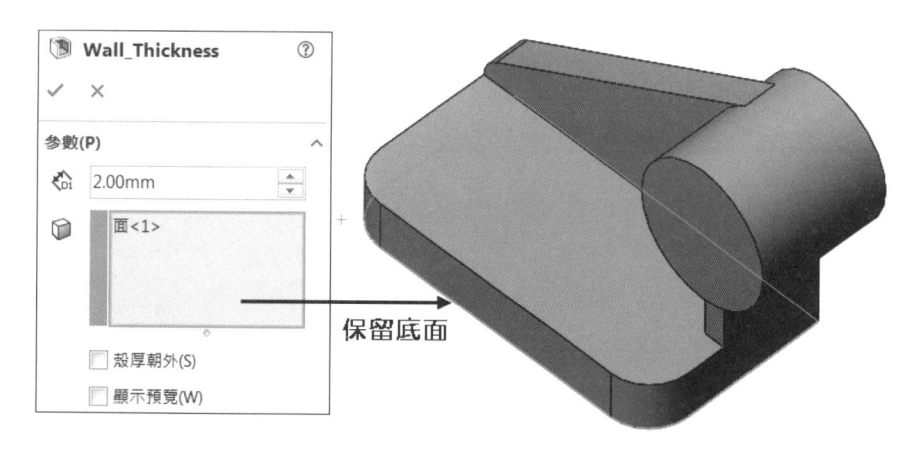

● 圖 9-26　編輯定義

> **提示**　當再次選取被選中的物件時，將取消選擇。另一方面，也可以在列表中選取一個項目後，按 Delete 刪除選取物件。但是刪除可能會造成一些混亂，因為您可能不清楚面 <2> 究竟代表哪個面。

STEP 5 查看動態參考視覺化

編輯 Wall_Thickness 特徵會變更依存關係，在動態參考視覺化中指出父特徵為 Base_Plate，現在特徵已可以進行重新排序，如圖 9-27 所示。

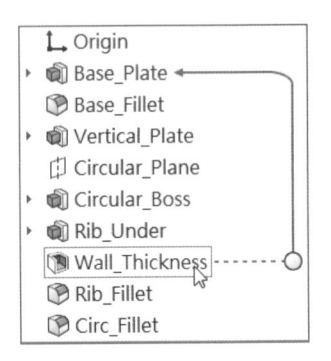

● 圖 9-27 查看動態參考視覺化

STEP 6 重排順序

拖曳 Wall_Thickness 特徵至 Base_Fillet 特徵上面放開，它會被排到 Base_Fillet 特徵之後，如圖 9-28 所示。

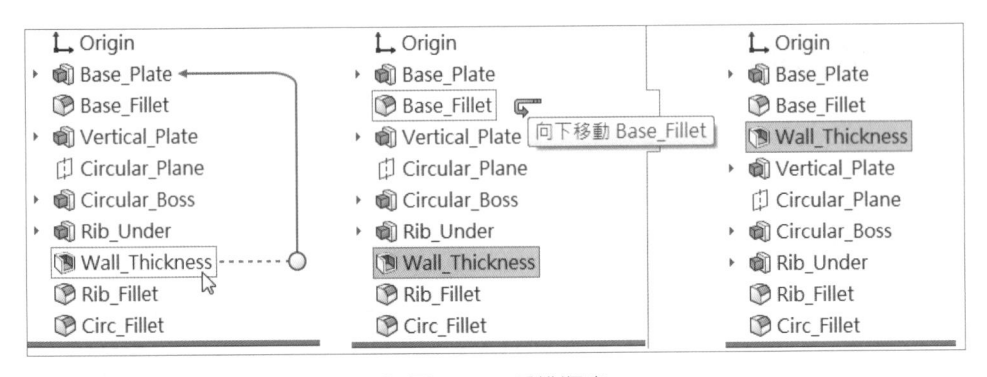

● 圖 9-28 重排順序

STEP 7 查看結果

結果薄殼特徵只受零件的第一個和第二個特徵影響，如圖 9-29 所示。

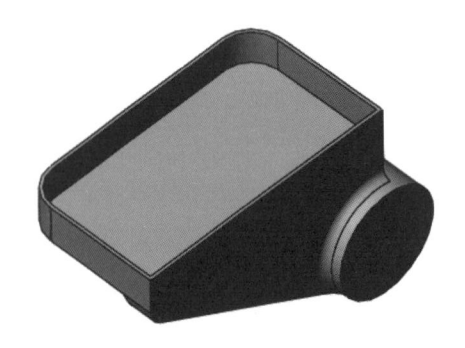

● 圖 9-29 查看結果

編輯：設計變更 **09**

STEP 8 編輯草圖

編輯 Vertical_Plate 特徵的草圖。

STEP 9 加入新的限制條件

選擇最右邊的垂直線和圓弧的交點，從文意感應工具列中選擇**使互為相切**，加入兩個圖元的**相切**限制條件，如圖 9-30 所示。

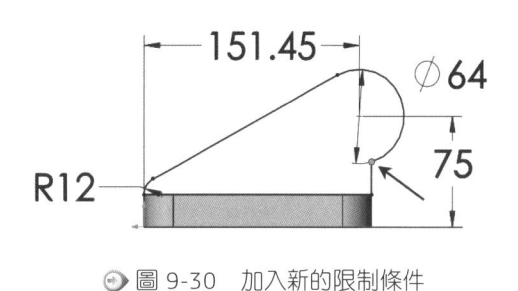

◉ 圖 9-30　加入新的限制條件

STEP 10 過多的定義

新加入的限制條件使草圖出錯了，現在此草圖處於過多定義的狀態，如圖 9-31 所示。

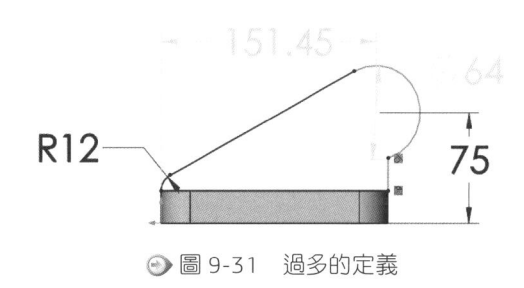

◉ 圖 9-31　過多的定義

◆ **過多定義草圖**

當草圖狀態由完全定義變為過多定義時，將出現修正草圖工具，可修復所有不合理的狀態。

9.4.8　SketchXpert

SketchXpert 選項用來自動修正草圖的過多定義、無法解出或衝突狀態。

> 提示：對於零件的一般性編輯、修改已在第 8 章中介紹。

指令TIPS　過多的定義

- 快顯功能表：在繪圖區域按滑鼠右鍵，點選 **SketchXpert**。
- 狀態列：**過多的定義** ⚠過多的定義。

STEP 11 過多的定義

當草圖過多定義時,可在螢幕右下角狀態列**過多的定義**文字上按一下,則系統會出現 SketchXpert 訊息,如圖 9-32 所示。

◉ 圖 9-32　SketchXpert 訊息

STEP 12 診斷

按**診斷**按鈕,並點選 >> 按鈕以顯示各種可能的解決方案,每種方案包含不同的限制條件與尺寸組合。被標記有紅色斜線的尺寸和限制條件將被取消,它們將被列在**詳細資訊/選項**列表中。

可能的解決方案 1~4	預期結果

編輯：設計變更 **09**

可能的解決方案 1~4	預期結果
151.45 ⌀64 R12 75	151.45 ⌀64 R12 75

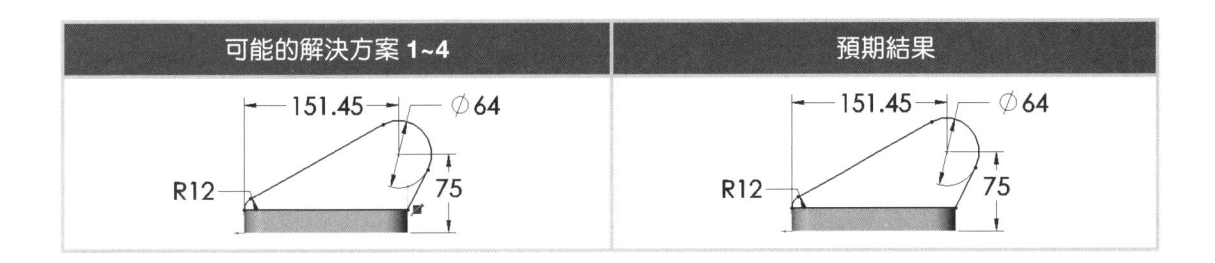

STEP 13 選取方案

確認刪除水平線性尺寸的解決方案，按**接受**及**確認**，如圖 9-33 所示。

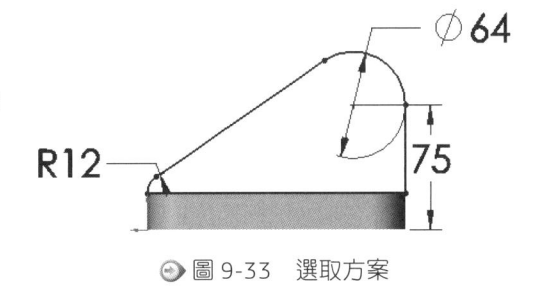

● 圖 9-33　選取方案

◆ **手動修復**

手動修復選項也可用於修復過多定義草圖，用此選項可以選取並刪除相互衝突的限制條件或尺寸，如圖 9-34 所示。

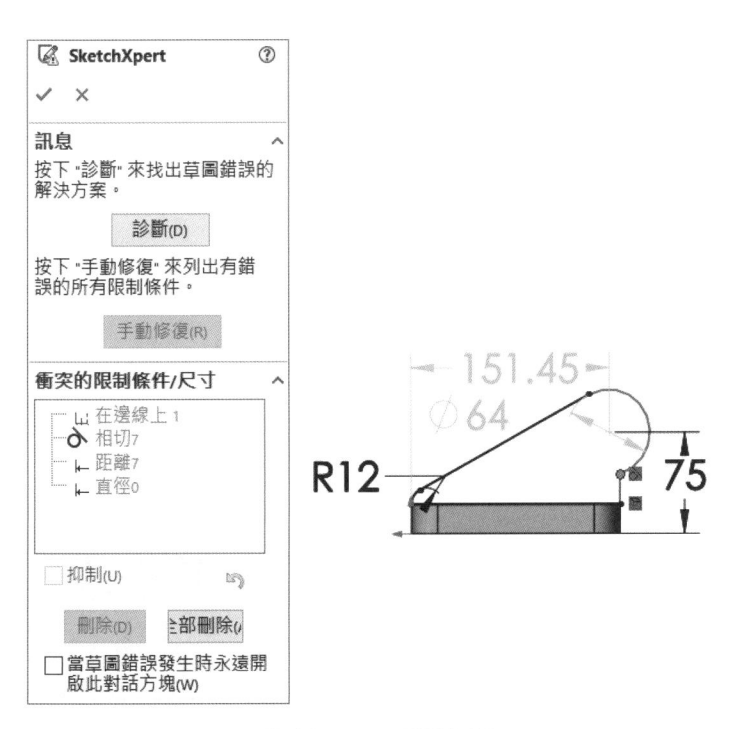

● 圖 9-34　手動修復

STEP 14 結束草圖

9-17

STEP 15 查看重新計算模型結果

重新計算將移動 Circular_Boss，使其圓柱面與 Base_Plate 的外側邊線相切，圓角也移動到了新位置，如圖 9-35 所示。

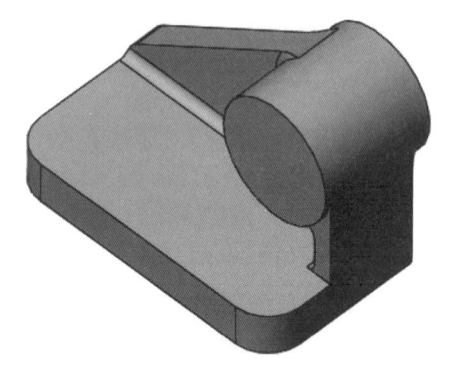

圖 9-35 查看重新計算模型結果

STEP 16 編輯 Rib_Under 特徵草圖

Rib_Under 特徵的草圖仍然與 Base_Plate 特徵的外側邊線重合，按**檢視→隱藏/顯示→草圖限制條件**來檢查限制條件，如圖 9-36 所示。

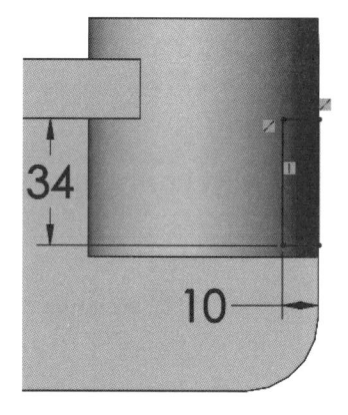

圖 9-36 編輯 Rib_Under 特徵草圖

STEP 17 刪除限制條件

刪除和模型右側垂直邊線的**共線**關係與尺寸，如圖 9-37 所示。

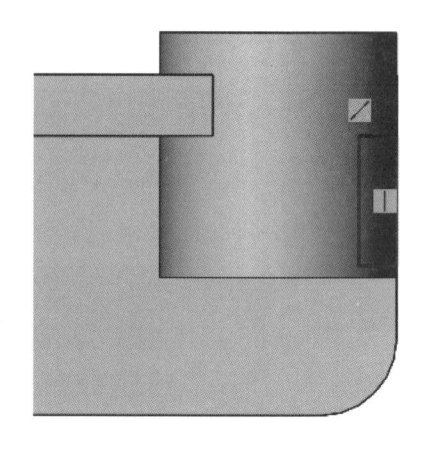

圖 9-37 刪除限制條件

編輯：設計變更 **09**

STEP 18 繪製新幾何圖形

拖曳矩形靠近圓形填料底部的中間下方位置，加入右邊線**垂直放置**限制條件。

編修幾何及標註尺寸，如圖 9-38 所示。

> 提示：可暫時切換至等角視圖，從填料的圓形邊線最小圓弧條件中選擇尺寸。

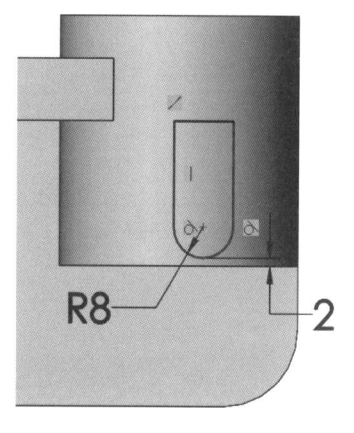

◉ 圖 9-38　繪製新幾何圖形

STEP 19 顯示暫存軸

開啟顯示暫存軸，建立圓弧的圓心與暫存軸間的重合限制條件，這將限制肋材位於圓形填料中心，如圖 9-39 所示。

離開草圖並關閉顯示暫存軸。

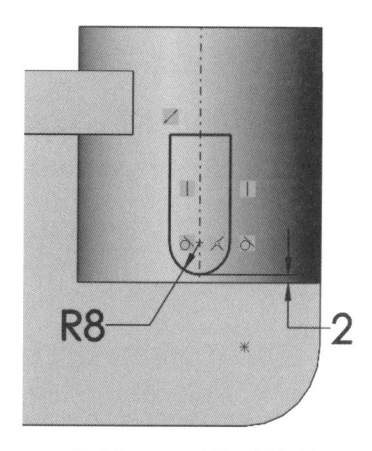

◉ 圖 9-39　顯示暫存軸

STEP 20 編輯草圖平面

展開 Circular_Boss 特徵，在該特徵的草圖上按滑鼠右鍵，並點選**編輯草圖平面**，這裡不需要編輯草圖內容，如圖 9-40 所示。

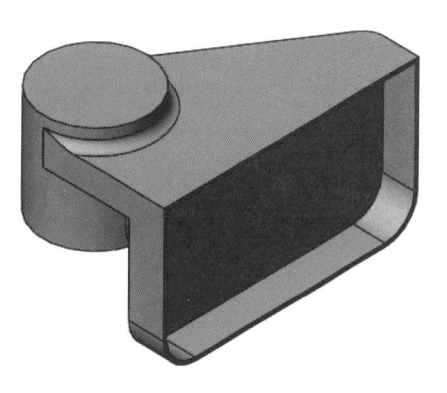

◉ 圖 9-40　編輯草圖平面

STEP 21 選擇平面或基準面

目前草圖平面已強調顯示，您可選擇新草圖平面。選擇模型的後表面，按**確定**。特徵 Circular_Boss 已經被編輯過，草圖現在參考至模型表面而不是基準面，如圖 9-41 所示。

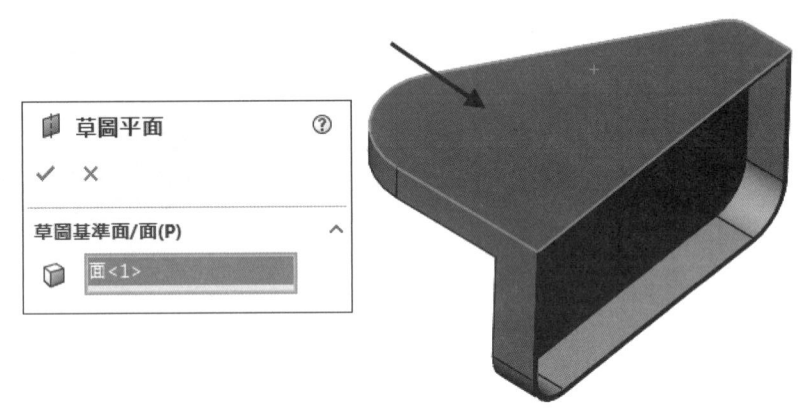

● 圖 9-41　選擇平面或基準面

STEP 22 子特徵

查看 Circular_Plane 基準面的父子關係，現在 Circular_Plane 已經沒有子特徵，如圖 9-42 所示。

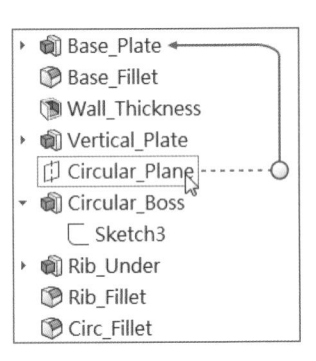

● 圖 9-42　子特徵

指令TIPS　清除未使用的特徵

使用**清除未使用的特徵**指令可自動尋找，並可選擇性的刪除模型未使用到的所有特徵，這些特徵包括在所有模型組態中被抑制的，以及未有子特徵的特徵。

在本例中只有一個單一特徵，但此指令可以尋得更多的未使用特徵，並能自動移除。

操作方法

- 快顯功能表：在**最上層零件**名稱上按滑鼠右鍵，點選**清除未使用特徵**。

編輯：設計變更 **09**

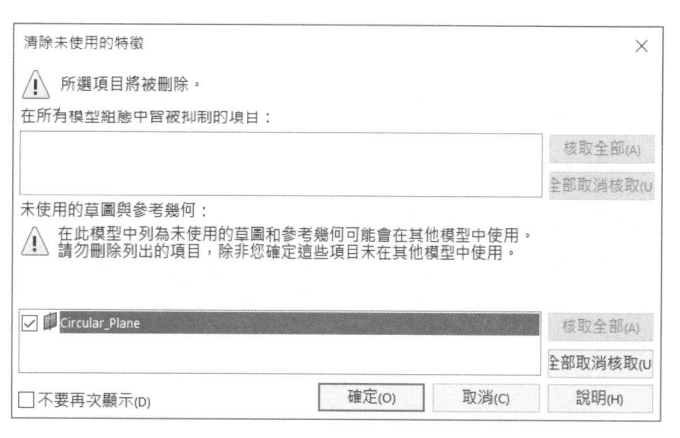

STEP 23 清除未使用的特徵

點選**清除未使用的特徵**，並選擇尋找到的單個特徵：Circular_Plane。如圖 9-43 所示，按**確定**刪除特徵。

◉ 圖 9-43　清除未使用的特徵

STEP 24 編輯特徵

編輯 Circ_Fillet 特徵，加入如圖 9-44 所示的邊線，按**確定**。

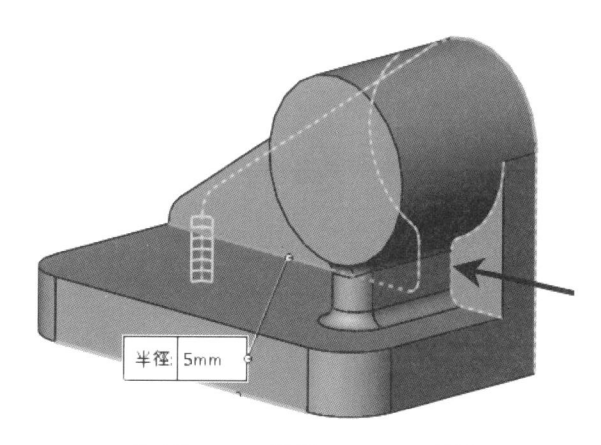

◉ 圖 9-44　編輯 Circ_Fillet 特徵

STEP 25 查看結果

如圖 9-45 所示，加入的圓角已成為 Circ_Fillet 特徵的一部份。

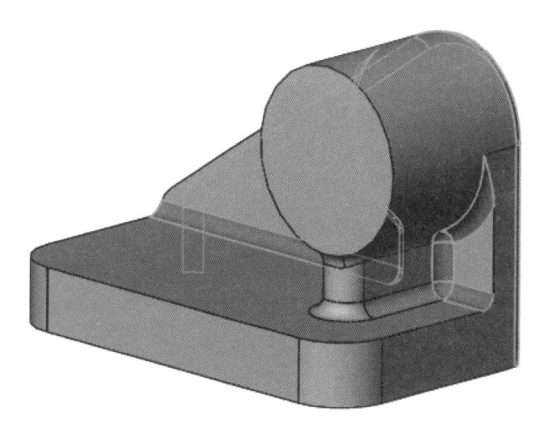

◉ 圖 9-45　查看結果

STEP 26 共用、儲存並關閉檔案

9.5 草圖輪廓

草圖輪廓允許您選擇因相交幾何形成的部分草圖,並利用此部份草圖建立特徵。利用所選輪廓的另一項優點是草圖可再次利用,使用草圖的不同部份建立特徵。**選擇輪廓工具**和**結束選擇輪廓**兩個指令可用來做草圖輪廓選擇。

9.5.1 可用的草圖輪廓

在單一草圖中常包括多個可用的**草圖輪廓**,任何草圖幾何因相交而形成的邊界,都可以單獨或與其他輪廓組合使用,下圖列出獨立區域輪廓和輪廓的組合。

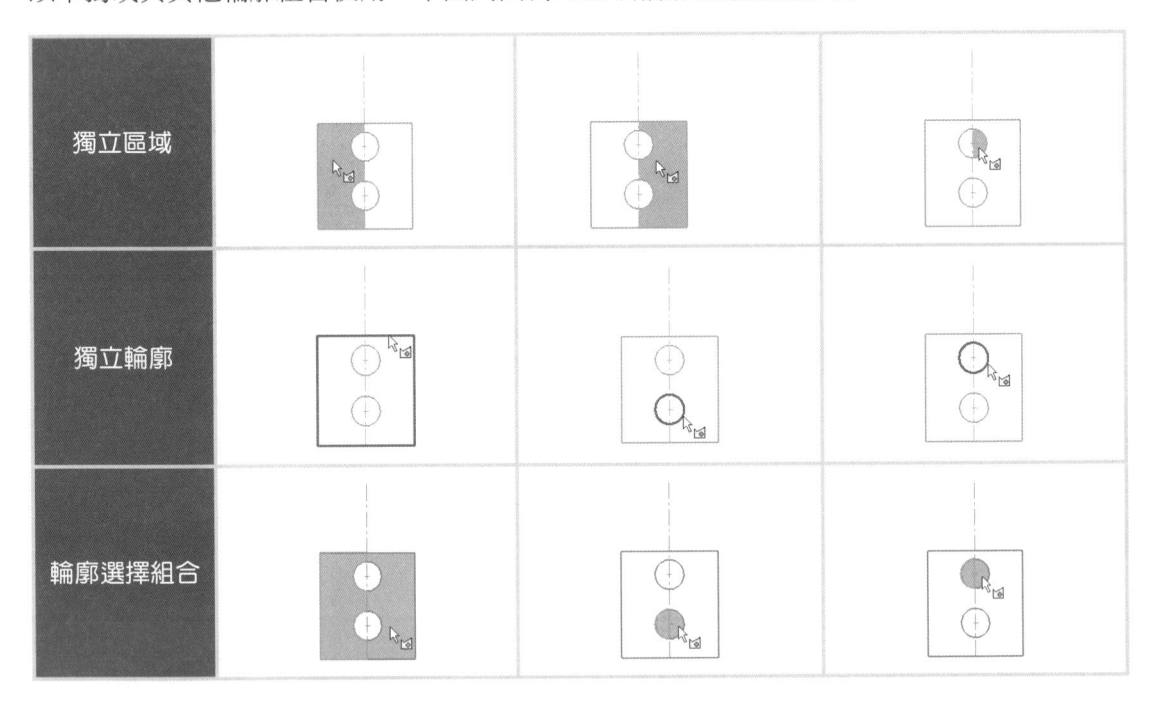

獨立區域			
獨立輪廓			
輪廓選擇組合			

> **提示** 多個開放和封閉草圖輪廓可以用來建立伸長薄件特徵,如圖 9-46 所示。

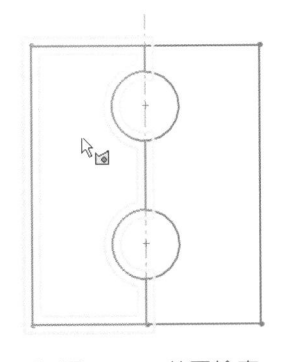

◎ 圖 9-46 草圖輪廓

編輯：設計變更 **09**

STEP 1　開啟零件 Partial_Editing CS

開啟現有的零件，除了額外的草圖 Contour Selection 之外，與上一個零件是相同的，其中草圖 Contour Selection 包括封閉矩形中的兩個圓。

STEP 2　重新排序和回溯

重新排序移動 Counter Selection 草圖至 Base Fillet 和 Wall_Thickness 特徵之間。

回溯到 Counter Selection 草圖和 Wall_Thickness 特徵之間位置，如圖 9-47 所示。

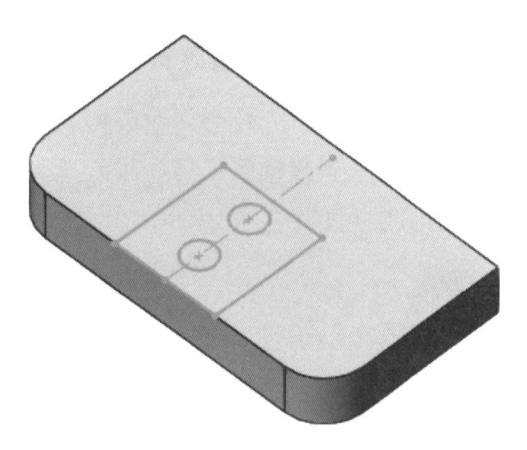

◉ 圖 9-47　重新排序和回溯

STEP 3　建立除料特徵

按**伸長除料**，展開**所選輪廓**，點選矩形輪廓邊線，建立一個除料特徵，給定深度 10mm，重新命名特徵為 Hole_Mtg，如圖 9-48 所示。

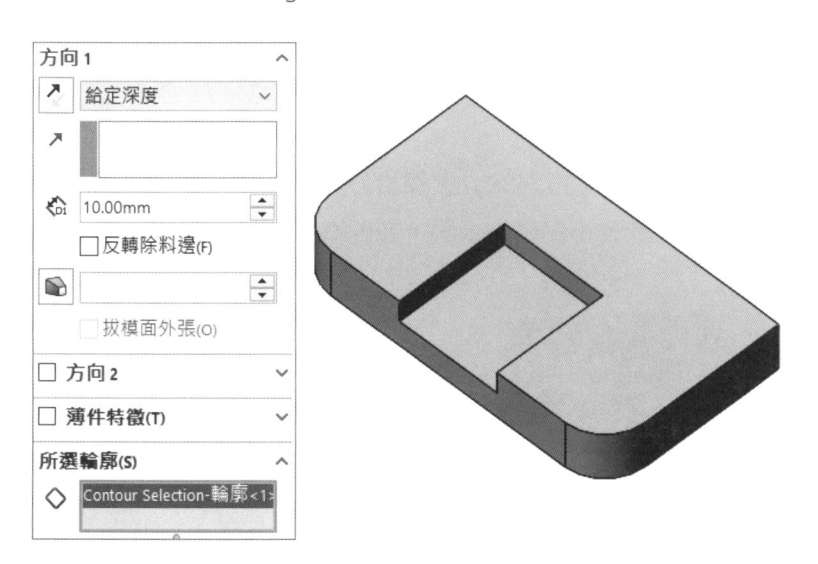

◉ 圖 9-48　建立除料特徵

9.5.2 共享草圖

共享草圖可對同一個草圖使用多次,並建立多個特徵。特徵建立後,使用的草圖將形成特徵的一部分,並且草圖會自動隱藏。

STEP 4 再建立一個除料特徵

展開 Hole_Mtg 特徵,在草圖上按滑鼠右鍵,點選**選擇輪廓工具**,並選擇草圖內的兩個圓,如圖 9-49 所示。

> **提示** 多重選擇可按 **Ctrl** 鍵。

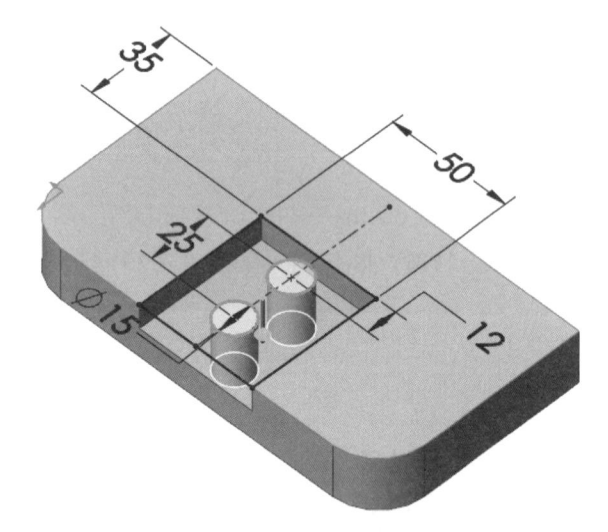

◉ 圖 9-49 再建立一個除料特徵

STEP 5 除料完全貫穿

按**伸長除料**建立**完全貫穿**特徵,將此特徵命名為 Thru_Holes。

STEP 6 移至最後

在 FeatureManager(特徵管理員)上按滑鼠右鍵,選擇**移至最後**指令。這兩個除料孔在薄殼操作中建立了額外且不需要的表面,如圖 9-50 所示。

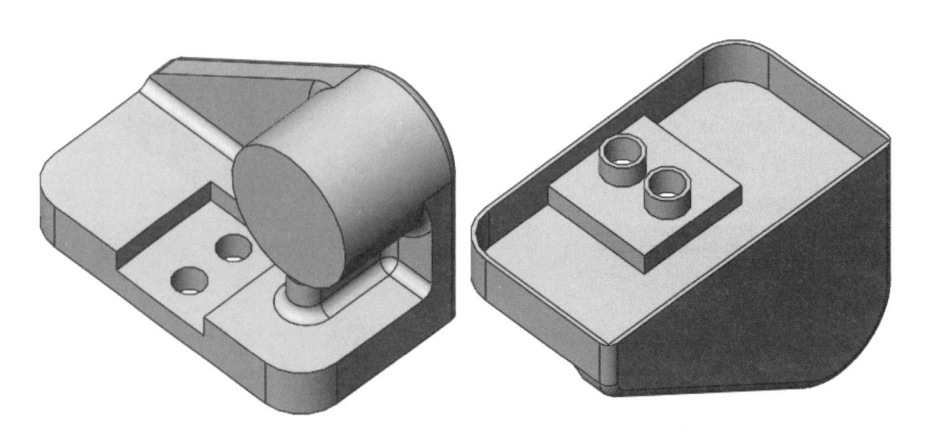

◉ 圖 9-50 移至最後

編輯：設計變更 **09**

STEP 7　重排特徵順序

將 Thru_Holes 拖曳到 Wall_Thickness 特徵之後，此時 Thru_Holes 特徵就不會受薄殼影響，如圖 9-51 所示。

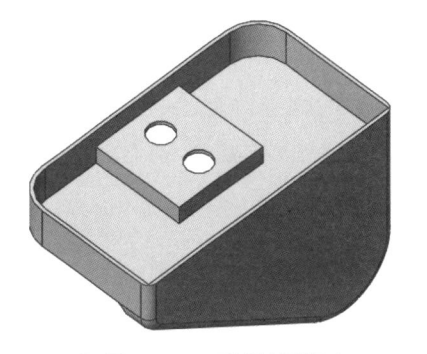

◉ 圖 9-51　重排特徵順序

STEP 8　修改零件厚度

修改薄殼特徵厚度為 6mm 並重新計算，結果如圖 9-52 所示。

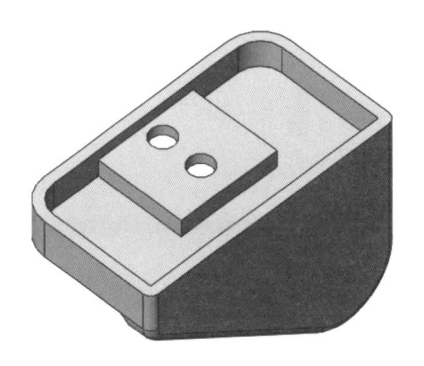

◉ 圖 9-52　修改零件厚度

9.5.3　複製圓角

建立新圓角的另一種方法是從現有特徵進行複製，新圓角和原始圓角特徵形狀和類型相同，但兩者間沒有關聯。

STEP 9　複製圓角

按住 **Ctrl** 鍵，並拖曳 Circ_Fillet 圓角特徵到模型邊線上，放開按鍵複製圓角。

您也可以在 FeatureManager（特徵管理員）中按住 Ctrl 鍵選擇圓角特徵，並拖曳至模型邊線上複製圓角，如圖 9-53 所示。

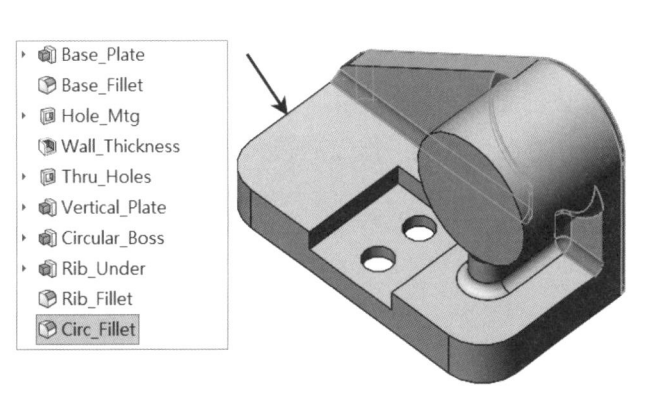

◉ 圖 9-53　複製圓角

技巧

導角特徵也可使用相同方法進行複製。

STEP 10 建立新的圓角特徵

新圓角特徵已建立在邊線上，**編輯**此圓角特徵，加入另一側的邊線，並將圓角半徑改成 3mm，如圖 9-54 所示。

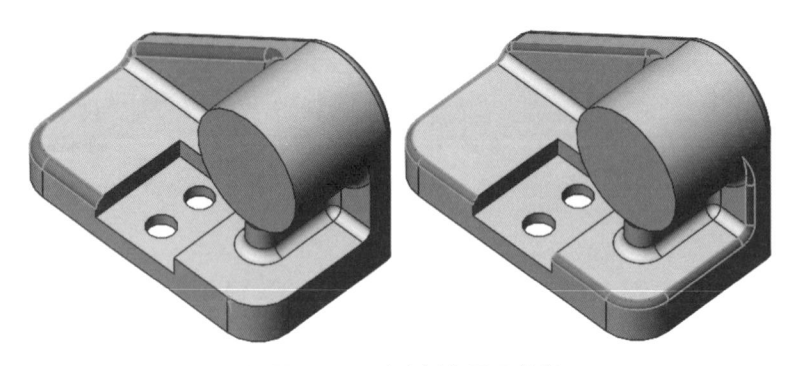

圖 9-54 建立新的圓角特徵

STEP 11 選擇面

將視角方向改為不等角視圖，選擇如圖 9-55 所示的平坦面，此面將用來定義剖面視角。

> **提示** 您不必預先選擇剖切平面。如果沒有進行任何選擇，系統將使用預設的基準面為剖切平面。

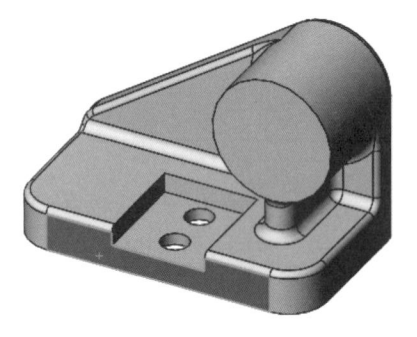

圖 9-55 選擇面

STEP 12 剖面視角

按**剖面視角**，剖面方法選擇**平坦**，使用選擇的平面作為剖切平面，拖曳箭頭到如圖 9-56 所示的剖切位置。

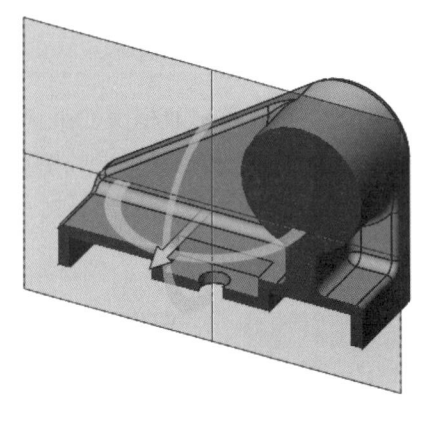

圖 9-56 剖面視角

STEP 13 共用、儲存並關閉零件

09 編輯：設計變更

9.6 建立設計修正版

以下的例子中，我們將檢視如何使用 SOLIDWORKS 中的雲端服務，建立一個新的設計修正版。

從工作窗格中的 3DEXPERIENCE 標籤中，您可以在 3DEXPERIENCE 平台上完成檔案的產品生命週期管理（PLM）。

如圖 9-57，**MySession** 面板顯示著啟用中檔案的樹狀檢視，和您可以透過動作列與文意感應功能表存取的一系列動作。

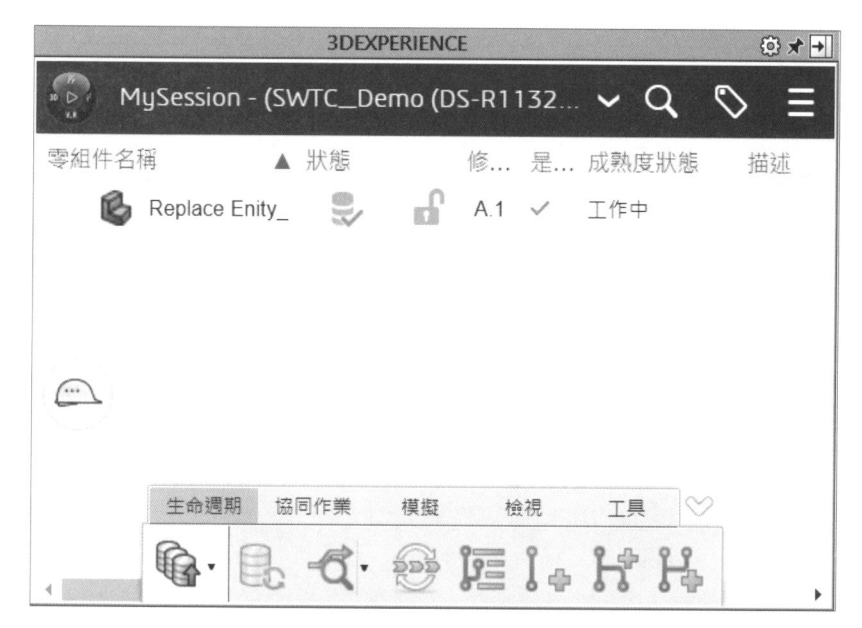

圖 9-57　MySession 面板

STEP 1 開啟零件 Replace Enity（圖 9-58）

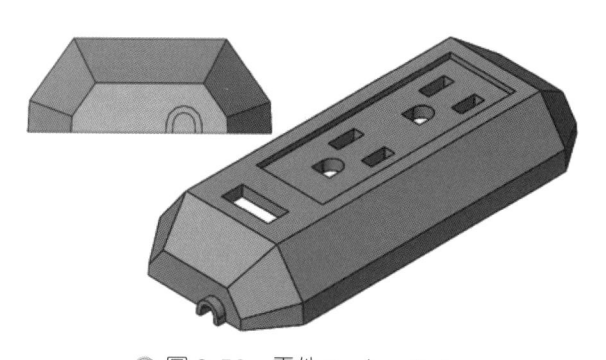

圖 9-58　零件 Replace Enity

9-27

SOLIDWORKS 零件與組合件培訓教材

STEP 2 儲存至平台

按**檔案**→**儲存到 3DEXPERIENCE**，按儲存，如圖 9-59 所示。

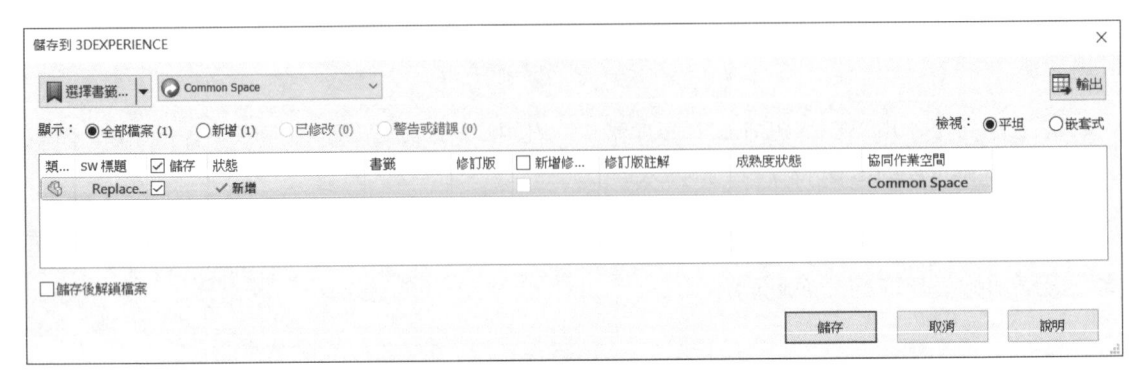

◉ 圖 9-59　儲存至 3DEXPERIENCE

STEP 3 發佈零件

在工作窗格中的 **MySession** 標籤，選擇此零件，然後從動作列的**生命週期**標籤中，按**成熟度**，如圖 9-60 所示。

◉ 圖 9-60　成熟度

9-28

編輯：設計變更 09

在**成熟度**圖表出現後，按**發佈**，如圖 9-61 所示。

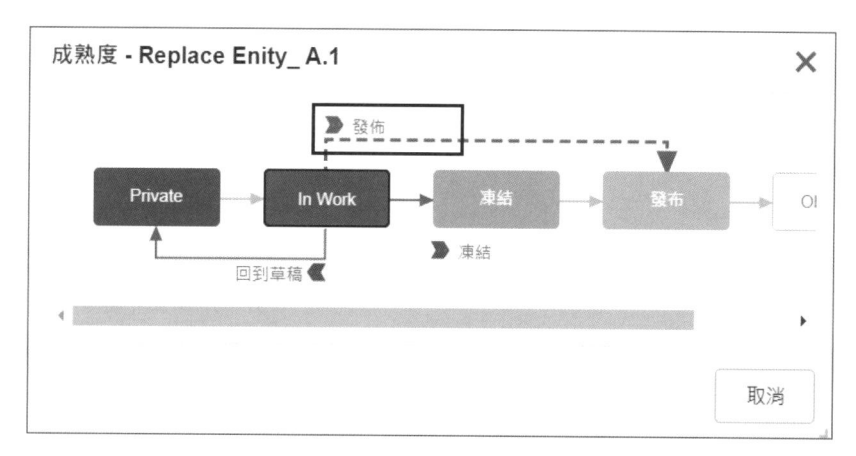

● 圖 9-61　成熟度圖表

注意零件目前的**成熟度狀態**是已發佈，如圖 9-62 所示。

● 圖 9-62　零件成熟度狀態

STEP 4　修訂零件

在工作窗格中的 **MySession** 標籤，選擇此零件，然後從動作列的生命週期標籤中，按**新修訂版**，如圖 9-63 所示。

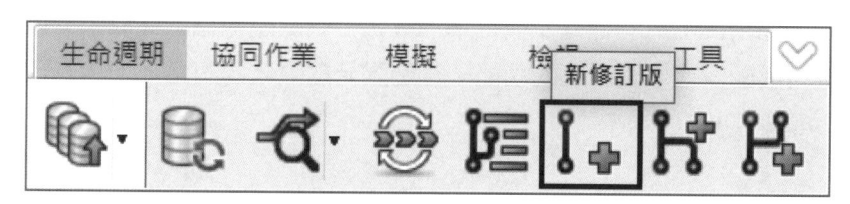

● 圖 9-63　新修訂版

在對話方塊出現後，輸入**修訂版評論**後，再按**修訂**，如圖 9-64 所示。

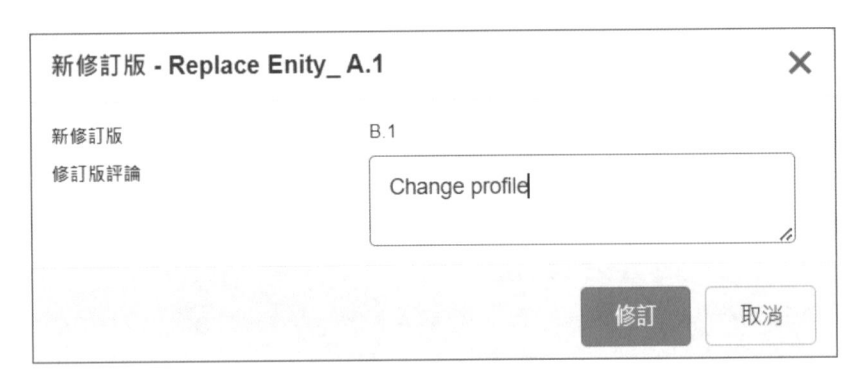

◉ 圖 9-64　修訂版評論

注意零件目前是**修訂版 B**，**成熟度狀態**為工作中，如圖 9-65 所示。

◉ 圖 9-65　零件修訂狀態

當您儲存零件時，只更新了零件的修訂版 B，而修訂版 A 則保持不變，並在有需要時可被開啟。

9.7 取代草圖圖元

取代草圖圖元是使用另一個圖元取代單一圖元，同時還保持與此圖元的關聯。當圖元被刪除時，也會啟動取代草圖圖元的功能。**草圖圖元刪除確認**對話方塊將為此目的提供**取代圖元**選項，如圖 9-66 所示。

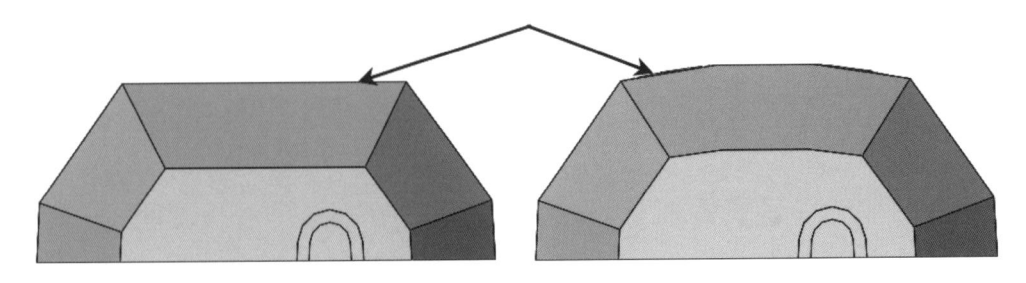

◉ 圖 9-66　取代草圖圖元

編輯：設計變更 **09**

指令TIPS 取代草圖圖元

- 功能表：**工具**→**草圖工具**→**取代圖元**。
- 快顯功能表：在草圖幾何上按滑鼠右鍵，點選**取代圖元**。

STEP 1 確定零件 Replace Enity 是開啟的（圖 9-67）

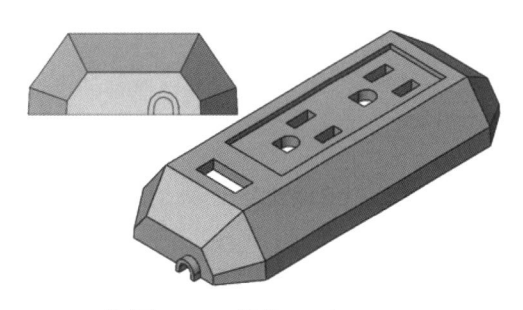

◉ 圖 9-67　零件 Replace Enity

STEP 2 加入圓弧

編輯草圖 Sketch1，加入**三點定弧**並標註尺寸，如圖 9-68 所示。

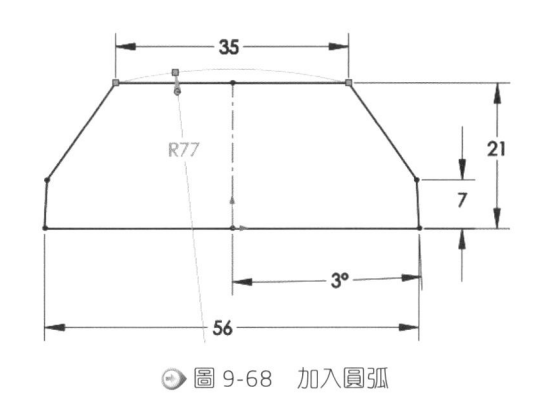

◉ 圖 9-68　加入圓弧

STEP 3 刪除

刪除原始直線，從對話方塊中按**取代圖元**，如圖 9-69 所示。

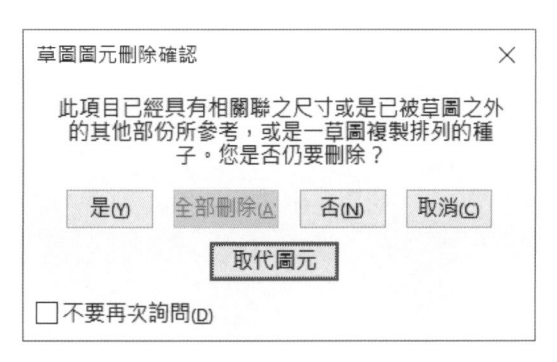

◉ 圖 9-69　刪除

STEP 4 取代圖元

點選**製作建構線**，並選擇圓弧線作為取代圖元，按**確定**，如圖 9-70 所示。

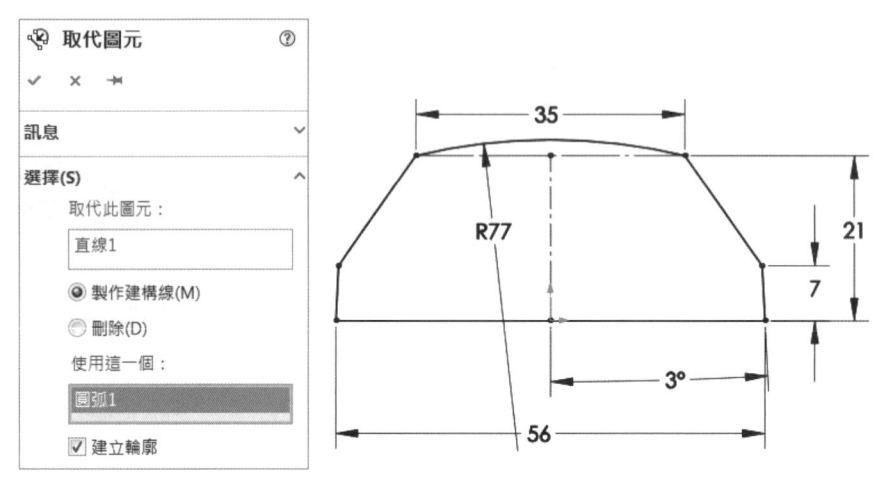

◉ 圖 9-70 取代圖元

STEP 5 重新計算模型

結束草圖，對模型進行重新計算，結果如圖 9-71 所示。

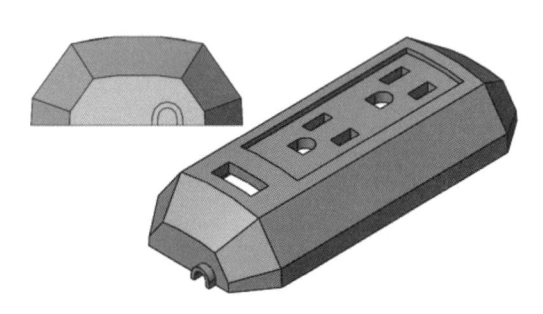

◉ 圖 9-71 重新計算模型

STEP 6 共用、儲存並關閉檔案

編輯：設計變更 **09**

練習 9-1 設計變更

請修改之前建立的零件，如圖 9-72 所示。此練習使用以下技能：

- 父子關係
- 刪除特徵
- 重新排列特徵順序
- 複製圓角

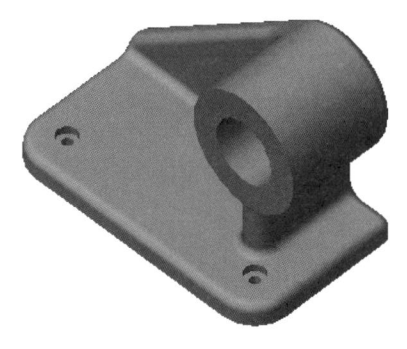

◉ 圖 9-72　設計變更零件

操作步驟

STEP 1　開啟零件

開啟現有零件 Changes，這裡需要對這個零件進行幾處變更，如圖 9-73 所示。

◉ 圖 9-73　開啟零件 Changes

STEP 2　刪除特徵

刪除 Cut-Extrude1、Wall_Thickness 和 Cut-Extrude2 特徵以及相關聯的特徵，如圖 9-74 所示。

◉ 圖 9-74　刪除特徵

9-33

STEP 3　修改厚度

將 Base_Plate 和 Vertical_Plate 特徵的厚度設定為 12mm，如圖 9-75 所示。

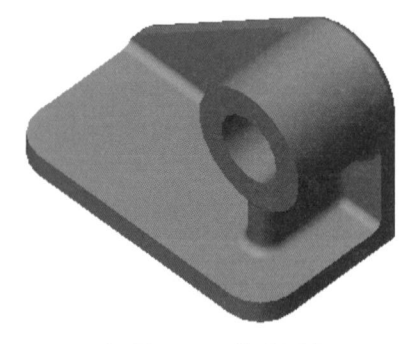

◉ 圖 9-75　修改厚度

STEP 4　除料特徵

移除 Vert_Plate 特徵位於 Circular_Boss 右側和 Rib_Under 之間的部分。為了保持圓角特徵，必要情況下可以使用**編輯**、**回溯**和**重新排序**特徵，如圖 9-76 所示。

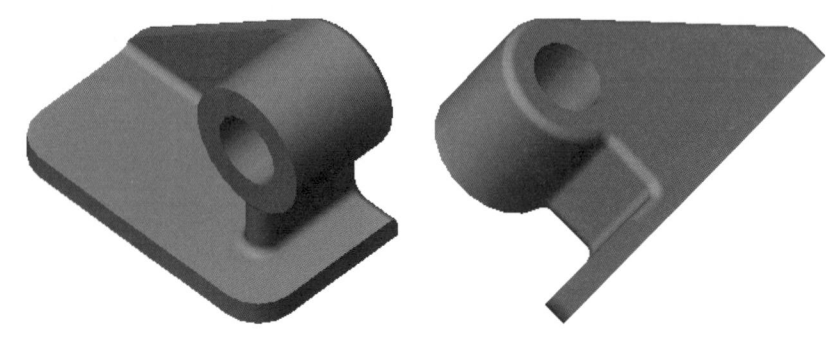

◉ 圖 9-76　除料特徵

STEP 5　建立圓角

建立另一個和 Circ_Fillet 相等半徑的圓角，如圖 9-77 所示。

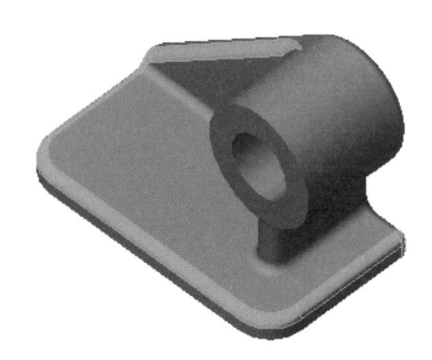

◉ 圖 9-77　建立圓角

編輯：設計變更 09

STEP 6 建立柱孔

使用以下尺寸建立兩個柱孔，如圖 9-78 所示：

- 標準：ANSI Metric
- 類型：六角頭螺釘
- 大小：M6
- 終止條件：完全貫穿

必要時**重新排序**特徵以避免過切。

◉ 圖 9-78　建立柱孔

STEP 7 共用、儲存並關閉零件

練習 9-2 編輯零件

請使用所提供的資訊和尺寸，對現有零件進行修改，並使用限制條件、以及成形至下一面的終止型態以維持設計意圖，如圖 9-79 所示。此練習可增強以下技能：

- 父子關係
- 重新排列特徵順序

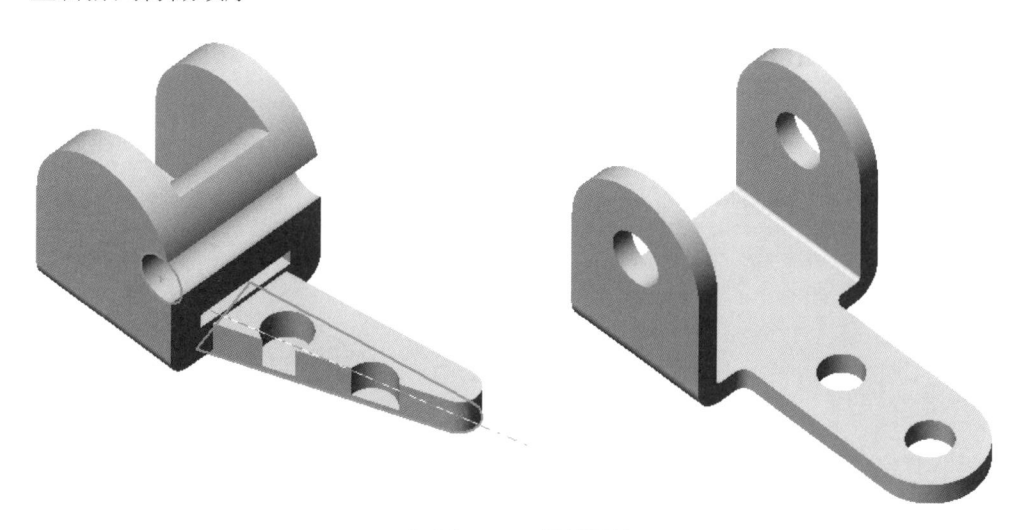

◉ 圖 9-79　編輯零件

操作步驟

開啟現有的 EDITING 零件進行修改,編輯並加入幾何與限制條件,以符合如圖 9-80 所示的版本。

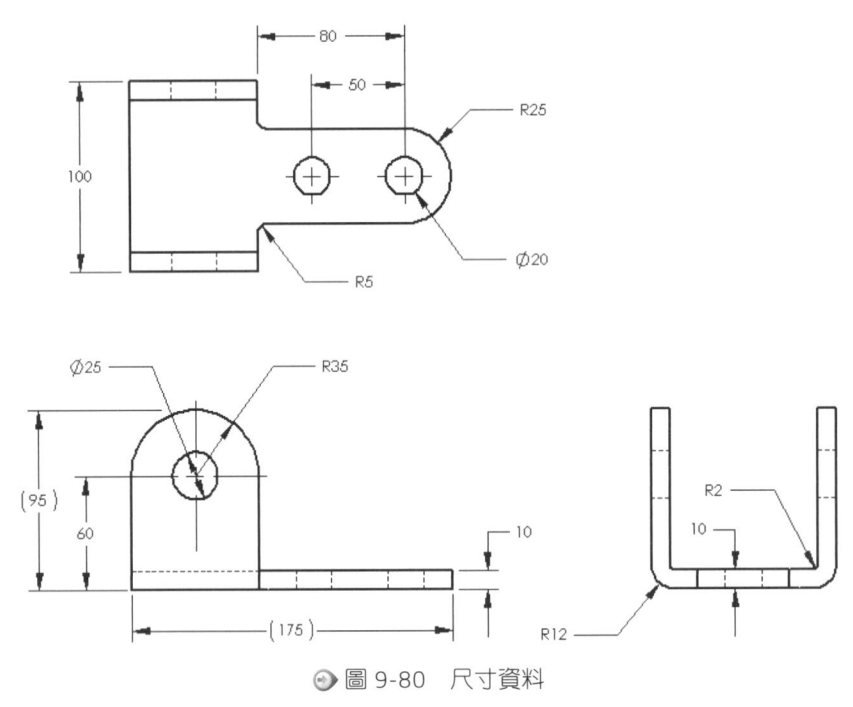

● 圖 9-80　尺寸資料

練習 9-3 SketchXpert

請使用 SketchXpert 修復零件,如圖 9-81 所示。此練習可增強以下技能:

- SketchXpert

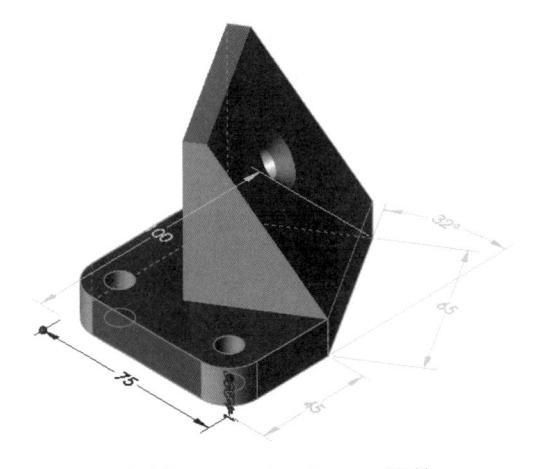

● 圖 9-81　SketchXpert 零件

編輯:設計變更 **09**

操作步驟

開啟零件 SketchXpert,並按照下面步驟修改草圖。

STEP 1　編輯 Sketch1

展開特徵 Base-Extrude,編輯草圖 Sketch1,如圖 9-82 所示。

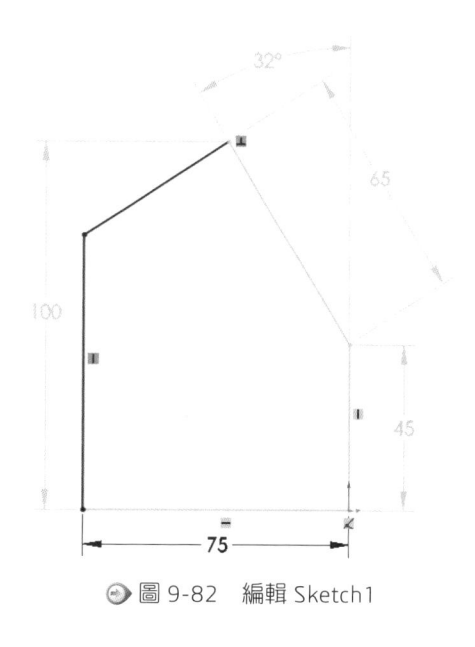

◉ 圖 9-82　編輯 Sketch1

STEP 2　解決方案

啟動 **SketchXpert** 功能,按**診斷**,選擇如圖 9-83 所示的解決方案。

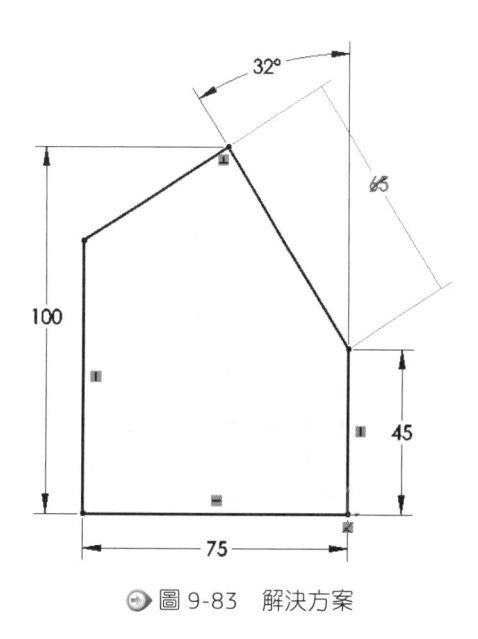

◉ 圖 9-83　解決方案

STEP 3 修復其他草圖

使用 SketchXpert 修復剩餘兩個草圖,編輯 Cut-Extrude1 特徵內的 Sketch3,選擇圖 9-84 所示的解決方案。

編輯 Ø10,Diameter Hole1 特徵內的 Sketch9,選擇圖 9-85 所示的解決方案,刪除限制條件**重合 / 共點** 2 與**重合 / 共點** 3。

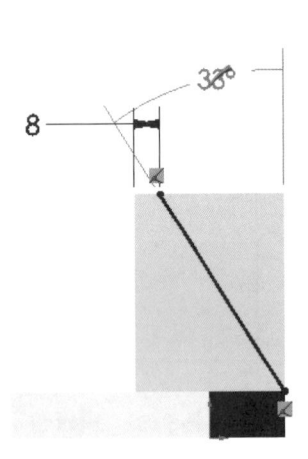

● 圖 9-84 修復其他草圖　　● 圖 9-85 手動修復

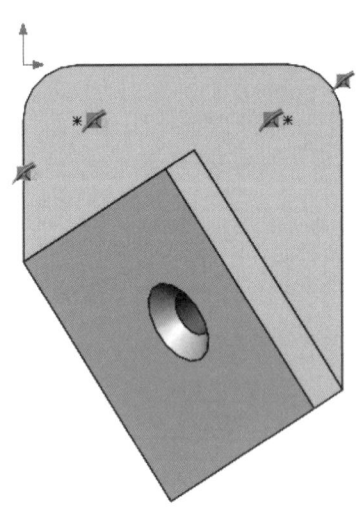

STEP 4 共用、儲存並關閉零件

練習 9-4 草圖輪廓

請使用所提供的資訊和尺寸編輯以下零件,透過伸長輪廓建立特徵。此練習可增強以下技能:

- 草圖輪廓
- 共享草圖

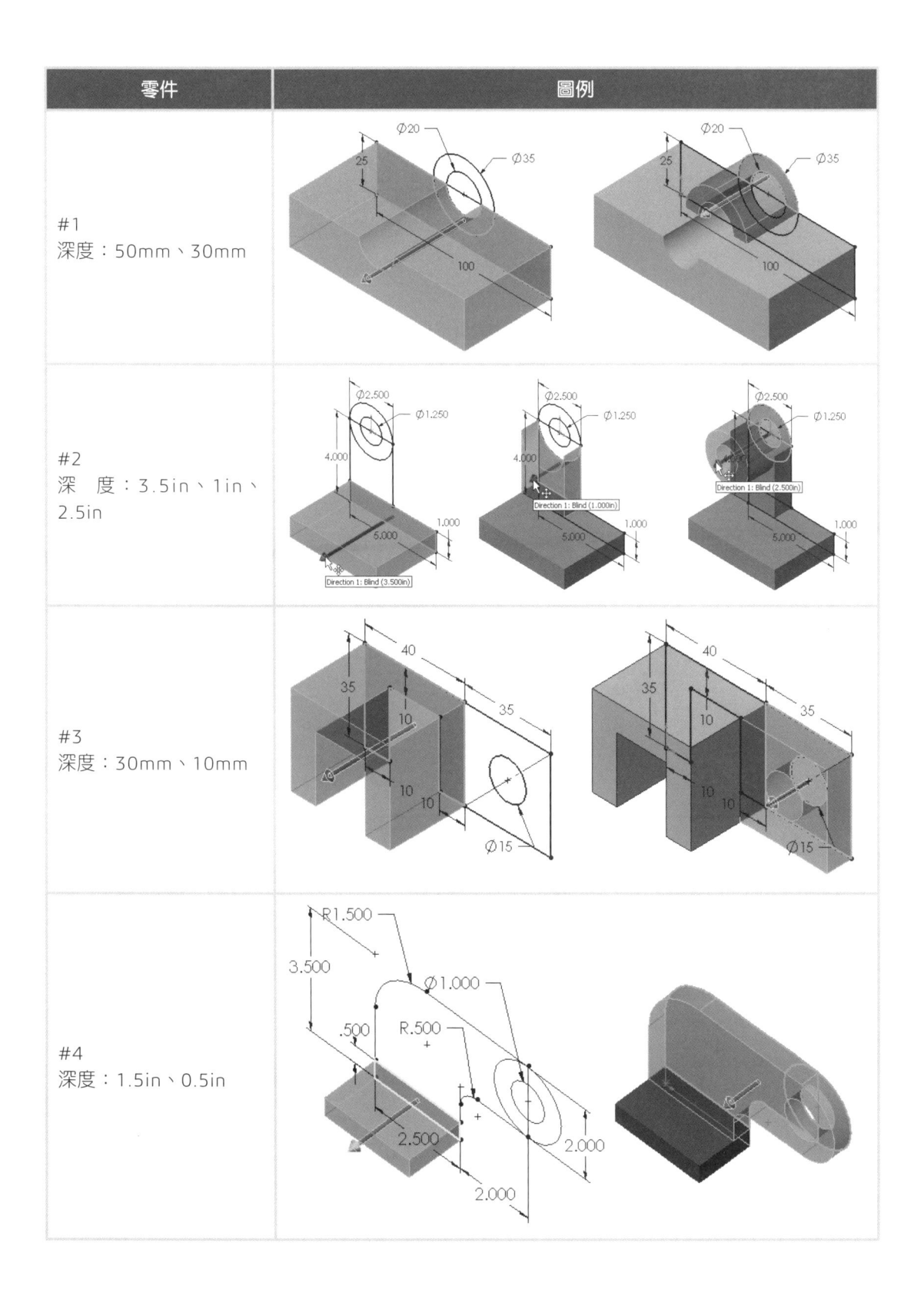

零件	圖例
#1 深度：50mm、30mm	
#2 深度：3.5in、1in、2.5in	
#3 深度：30mm、10mm	
#4 深度：1.5in、0.5in	

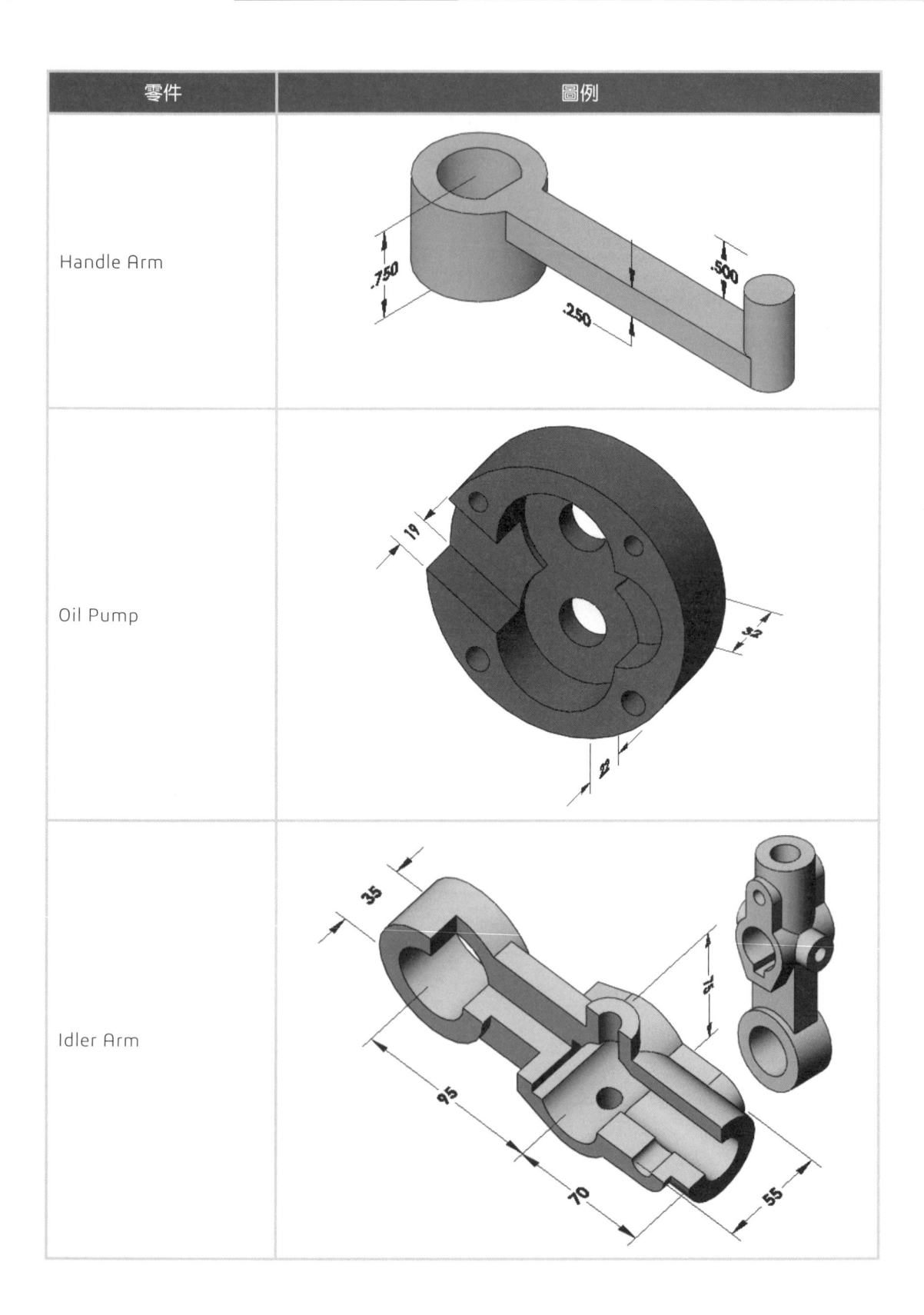

零件	圖例
Handle Arm	.750 .250 .500
Oil Pump	19 32 2
Idler Arm	35 75 95 70 55

10

模型組態

順利完成本章課程後,您將學會:

- 在單個 SOLIDWORKS 檔案中使用模型組態來表示零件的不同版本
- 抑制與恢復抑制特徵
- 利用模型組態改變尺寸值
- 利用模型組態抑制特徵
- 了解在對具有模型組態的零件進行變更時會衍生的問題
- 使用 Design Library 插入特徵到零件中

10.1 概述

模型組態允許您在單一檔案內呈現不同版本的零件,例如:抑制鑽孔、導角、凹口等加工特徵和尺寸,如圖 10-1 所示,也可以用來展示粗鍛造件。

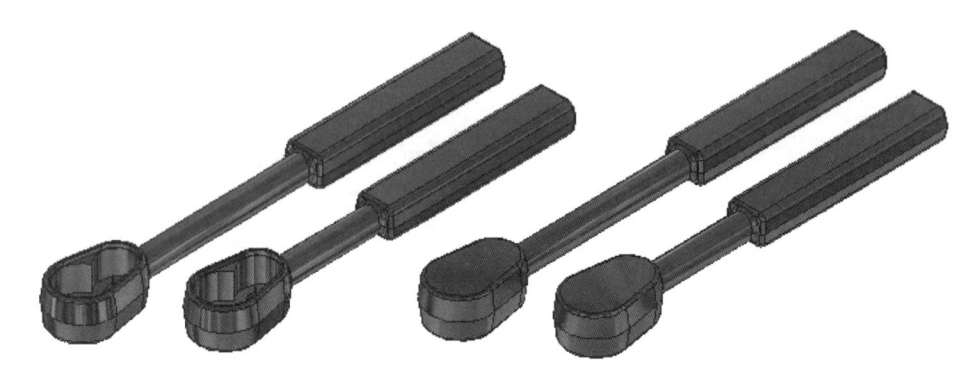

⊙ 圖 10-1 模型組態

10.1.1 有關模型組態的專業術語

本章學習使用模型組態,以下為常用術語。

- **模型組態名稱**

    組態名稱顯示於 ConfigurationManager(模型組態管理員)中,它是用來區分在相同零件中,以及組合件在零件、組合件或工程圖階層中的模型組態。

- **抑制 / 恢復抑制**

    抑制用於暫時移除特徵。當特徵被抑制後,系統會當它不存在,這意味與其相依的特徵(子特徵)也會被抑制。此外,系統從記憶體移除被抑制特徵時,將釋放系統資源,抑制後的特徵也可隨時恢復抑制。

- **其他可用的模型組態項目**

    此外還可以被模型組態所控制的項目有:數學關係式、草圖限制條件、外部草圖參考、草圖尺寸、草圖平面、終止型態、色彩。

10.2 如何使用模型組態

零件和組合件都可以建立模型組態,工程圖則沒有,但可以在工程視圖針對檔案參考的各個模型組態作顯示設定。

操作步驟

本章將講解如何在零件檔案中使用模型組態,第 13 章則探討組合件如何使用零件建立模型組態。

STEP 1 開啟零件 Ratchet Body

此零件是前面章節所建立的副本。

10.2.1 啟用 ConfigurationManager

ConfigurationManager 和 FeatureManager(特徵管理員)共用相同位置,由視窗上的 圖示來切換顯示模型組態,預設模型組態名稱為 "**預設**",表示該組態是原始的沒有任何改變。欲切換回 FeatureManager(特徵管理員)時,按 圖示,如圖 10-2 所示。

◉ 圖 10-2 預設模型組態

> **提示** ConfigurationManager 同時包含**模型組態**及**顯示狀態**兩個標籤。

◆ **分割 FeatureManager(特徵管理員)視窗**

有時一起顯示 FeatureManager(特徵管理員)和 ConfigurationManager 能提高工作效率,您不必分別切換視窗頂部標籤來顯示內容,而是將 FeatureManager(特徵管理員)視窗分割為兩部分,例如:上半部顯示 FeatureManager(特徵管理員),下半部顯示 ConfigurationManager。

從視窗頂部向下拖曳分割棒,即可將視窗分為兩部分,並由視窗標籤來控制上下視窗的顯示內容,如圖 10-3 所示。

◉ 圖 10-3 分割 FeatureManager(特徵管理員)視窗

10.2.2　建立新模型組態

每一個零件或組合件都至少有一個模型組態（預設），同時也可以有多個組態。在模型組態名稱底下您可以設定一些選項。

● **零件表選項**

當零件用於組合件時，作為組態零件號碼的零件表名稱，就是由**零件表選項**所控制。

● **進階選項**

進階選項包含建立新特徵和色彩設定時的規則，父 / 子關係選項只有在組合件才有。

- **抑制特徵**：當其他模型組態處於啟用狀態，但該模型組態處於非啟用狀態時，此選項將控制新建立的特徵的狀態為何。若勾選，則新加入至其他啟用中模型組態的特徵將在此組態中被抑制。

- **使用模型組態指定色彩**：使用色彩調色盤為每個模型組態設定不同顏色，不同材料也可以產生不同的顏色。

- **加入儲存時重新計算的標記**：儲存零件時，系統自動重新計算組態並儲存模型組態資料。

> **指令TIPS　加入模型組態**
>
> - 快顯功能表：在模型組態零件名稱上按滑鼠右鍵，點選**加入模型組態**。

STEP 2　建立新模型組態

按加入模型組態。

STEP 3　建立模型組態

在**加入模型組態** PropertyManager 中，輸入名稱為 Forged,Long，您也可以加入描述等選項，如圖 10-4 所示，按**確定**。

加入模型組態後，新組態會自動處於啟用狀態。後續的零件變更，例如：抑制特徵，都會儲存在目前模型組態中。

> **技巧**
> 特殊字元，像是斜線（/）是不允許使用在組態名稱中。

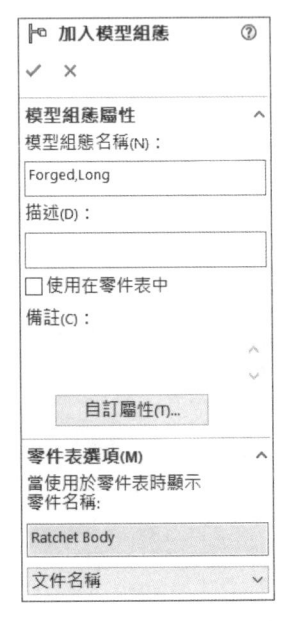

● 圖 10-4　加入模型組態

模型組態 **10**

STEP> 4　查看模型組態列表

新的模型組態已加到列表中，並自動處於啟用狀態。啟用的組態名稱會自動附加到最上層零件名稱後面的括號中，如圖 10-5 所示。

> ⓒ Ratchet Body 模型組態 (Forged,Long)
> 　預設 [Ratchet Body]
> 　✓ Forged,Long [Ratchet Body]

◉ 圖 10-5　模型組態列表

技巧

位於後方括號的名稱將出現在 BOM（零件表）上。您可以到**模型組態屬性**對話方塊，於選項**當使用於零件表時顯示零件名稱**內修改。

10.2.3　定義模型組態

模型組態中最常用的方法是抑制特徵。當特徵被抑制後，它仍會出現在 FeatureManager（特徵管理員）中，但特徵圖示會變灰階，該狀態會被儲存在目前啟用的模型組態中。您可以在零件中建立多種不同的模型組態，也可以使用 **ConfigurationManager** 在不同的組態之間切換。

指令TIPS　抑制

抑制用於從記憶體中移除所選特徵，就像在模型中刪除特徵一樣，以獲得不同版本的模型，被抑制特徵的所有子特徵也被抑制。

恢復抑制和**恢復從屬抑制**可用來解除一個或多個特徵（具父子關係）的抑制。

操作方法

- 快顯功能表：選擇一個特徵按滑鼠右鍵，點選**抑制↓**。

STEP> 5　查看子關係

點選 Recess 特徵，如圖 10-6 所示，從**動態參考視覺化**中可看出 Pocket 與 Ratchet Hole 都是 Recess 特徵的子關係。

另外也可以查看 Pocket、Ratchet Hole 的父特徵都有 Recess，Wheel Hole 則為 Pocket 的子特徵。

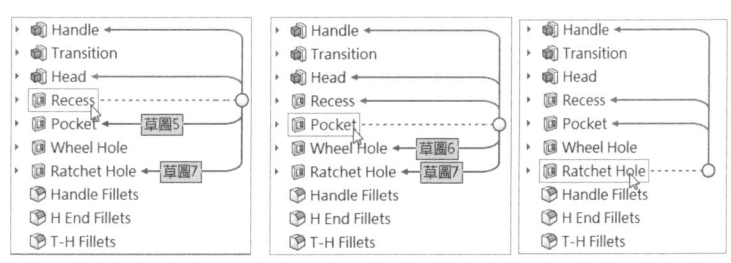

◉ 圖 10-6　查看子關係

STEP 6　抑制 Recess 特徵

於 Recess 特徵上按滑鼠右鍵，選擇**抑制**，如圖 10-7 所示。系統不僅抑制特徵 Recess，也抑制特徵 Pocket、Wheel Hole 和 Ratchet Hole。為什麼呢？

因為特徵 Pocket 草圖繪製在 Recess 的底面、兩個孔草圖繪製在 Pocket 底面，所以這三個都是 Recess 的子特徵。

● 圖 10-7　抑制 Recess 特徵

◆ 規則

抑制特徵時系統會自動抑制子特徵。

當特徵在 FeatureManager（特徵管理員）中被抑制時，它們相對應的幾何特徵在模型中也會一併被抑制，如圖 10-8 所示。

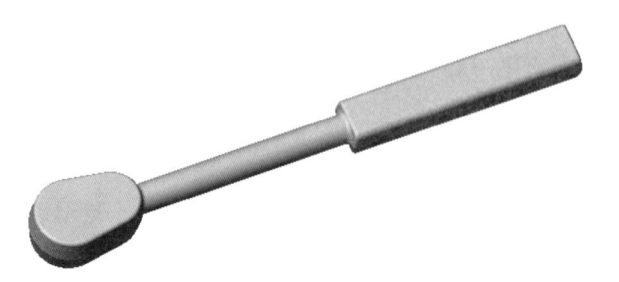

● 圖 10-8　抑制後的模型

> **提示**　在特徵的**屬性**中，您也可以選擇此模型組態、指定的模型組態、所有模型組態，抑制或不抑制特徵。
> 在特徵上按滑鼠右鍵，點選**特徵屬性**，勾選或不勾選**抑制**，並選擇下拉選單中的模型組態選項即可，如圖 10-9 所示。

● 圖 10-9　特徵屬性

10.2.4 變更作用中模型組態

在需要啟用的模型組態上快按滑鼠兩下即可啟用,其將成為作用中的模型組態。

STEP 7 回到預設模型組態

在預設組態上快按滑鼠兩下,啟用預設模型組態。Recess、Pocket、Wheel Hole 和 Ratchet Hole 特徵皆未被抑制,因此在 FeatureManager(特徵管理員)和圖形視窗中均可看見,如圖 10-10 所示。

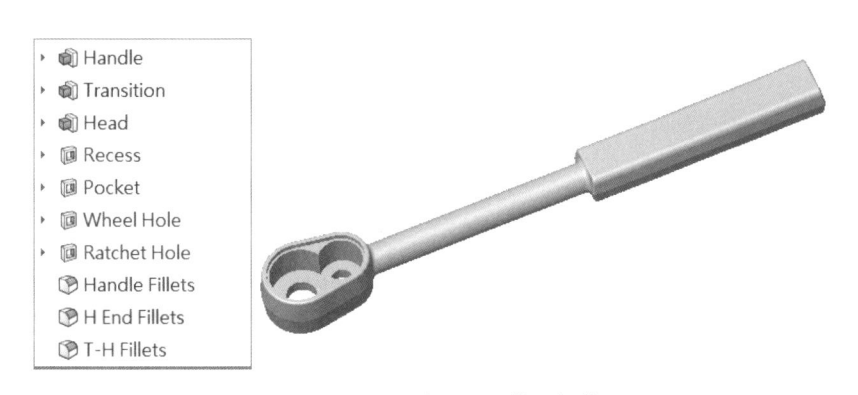

圖 10-10 啟用預設模型組態

10.2.5 重新命名和複製模型組態

模型已有兩個模型組態:預設和 Forged,Long。預設組態代表的是零件加工後狀態,但是"預設"組態的名稱在此不太有意義。

模型組態可以像特徵一樣被重新命名,如果模型組態被另一個文件參考,重新命名組態名稱將會導致參考失敗問題。所以最佳方式不是重新命名,而是複製模型組態,再重新命名新複製的模型組態。

STEP 8 複製預設模型組態

用標準指令 **Ctrl+C**、**編輯→複製**、**複製**,選擇並複製預設模型組態;貼上模型組態用 **Ctrl+V**、**編輯→貼上**、**貼上**。

被複製的模型組態為 Copy of 預設,重新命名為 Machined,Long。現在零件已經有了 Forged 與 Machined 兩種代表鍛造與切削的模型組態,如圖 10-11 所示。

圖 10-11 複製與貼上模型組態

● **模型組態符號**

在 ConfigurationManager 中的組態圖示都被標記符號，這些符號都是用來指示組態的重新計算以及儲存狀態。

符號	說明
┣▣ ✓	表示模型組態是最新的，由完整的特徵資料組成。
┣▣ ✓	
┣▣ —	表示模型組態是過時的，未被重新計算。
┣▣ 💾	模型組態已被標記為在零件儲存時自動重新計算並儲存。

> 提示　組態符號取決於建立組態的方式，其他建立組態的方法會在後續章節介紹。

10.2.6 管理模型組態資料

下面有幾個選項可用來產生最新模型組態或清除模型組態資料。

● **單一模型組態資料**

要產生單一組態的完整資料，請在模型組態名稱上按滑鼠右鍵，點選**加入儲存時重新計算的標記**。標記的模型組態會在檔案每次開啟時，都是最新資料。

● **多重模型組態資料**

要產生多重組態的完整資料，在 ConfigurationManager 最上層名稱上按滑鼠右鍵，點選**儲存時重新計算的標記**，並選擇包括此模型組態、指定模型組態及所有模型組態的選項。按**重新計算所有模型組態**則會一次重新計算所有模型組態。

● **清除模型組態資料**

要清除所有模型組態資料，在 ConfigurationManager 最上層名稱上按滑鼠右鍵，點選**儲存時重新計算的標記→移除所有模型組態的標記並清除資料**。

> 提示　自動產生是比較方便，但會增加檔案大小與重新計算時間，因此最好只標記要重新計算的所選模型組態。

模型組態 **10**

STEP 9 建立更多模型組態

- 複製→貼上 Forged,Long 模型組態,重新命名為 Forged,Short。
- 複製→貼上 Machined,Long 模型組態,重新命名為 Machined,Short。

◆ **變更尺寸值**

模型組態還可用來控制尺寸數值,每個組態可用來改變不同尺寸值。修改尺寸時,可以指定:此模型組態、所有模型組態或指定模型組態,本例 Short 模型組態用於修改短握柄長度。

STEP 10 啟用模型組態

在 ConfigurationManager 的最上層名稱上按滑鼠右鍵,點選**重新計算所有模型組態**。

快按滑鼠兩下 Machined,Short 以啟用模型組態,如圖 10-12 所示。

● 圖 10-12　啟用模型組態

指令TIPS　模型組態樹狀結構順序

模型組態名稱可以列示在**樹狀結構順序**內的選項作排序,這些選項有**數值**、**實際順序**、**手動(拖放)**和**根據歷程記錄**,預設排序選項為**根據歷程記錄**。

操作方法

- 快顯功能表:在 ConfigurationManager 最上層名稱上按滑鼠右鍵,按**樹狀結構順序**,並選擇選項。

樹狀結構順序選項如下表:

數值	實際順序
004C、12A、Default、keyseat、ports、Simplified	004C、12A、Default、Simplified、keyseat、ports

手動(拖放)	根據歷程記錄
keyseat、ports、12A、Simplified、004C、Default	Default、keyseat、ports、12A、Simplified、004C

STEP 11 變更順序

在 ConfigurationManager 最上層名稱上按滑鼠右鍵，點選**樹狀結構順序**，並選擇**實際順序**，如圖 10-13 所示。

◉ 圖 10-13　實際順序

STEP 12 展示尺寸

在 Handle 特徵上快按滑鼠兩下，展示草圖尺寸，如圖 10-14 所示。

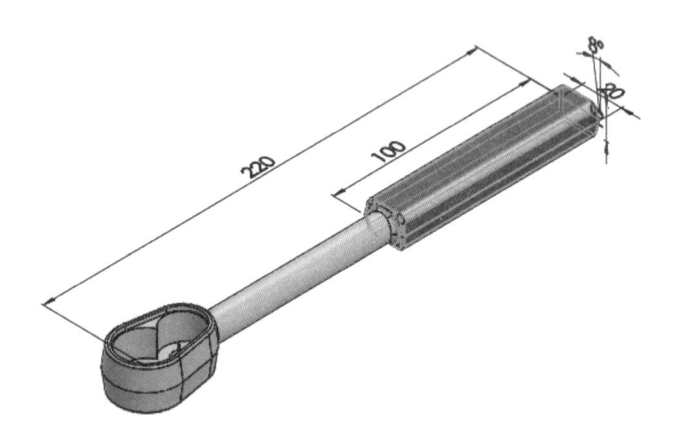

◉ 圖 10-14　展示尺寸

STEP 13 模型組態

將組態尺寸從 220mm 修改為 180mm。於修改視窗模型組態中選擇**指定模型組態**，在模型組態列表中選擇 Forged,Short 和 Machined,Short，按**確定**，如圖 10-15 所示。

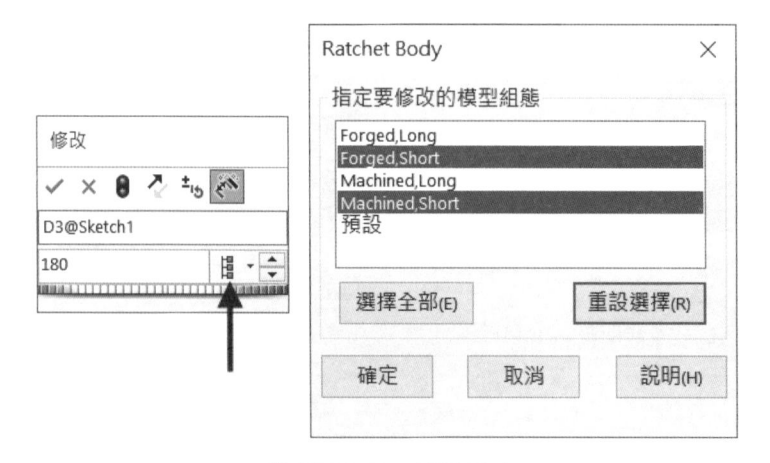

◉ 圖 10-15　顯示尺寸

> **提示**　其他可應用到變更的選項還包括**此模型組態**與**所有模型組態**。

模型組態 **10**

STEP 14 特徵於模型組態的變化

重新計算模型，檢視目前模型組態的變更狀態。

STEP 15 測試模型組態

使用**模型組態**工具列測試完成的模型組態，圖 10-16 為 Machined, Short 模型組態。

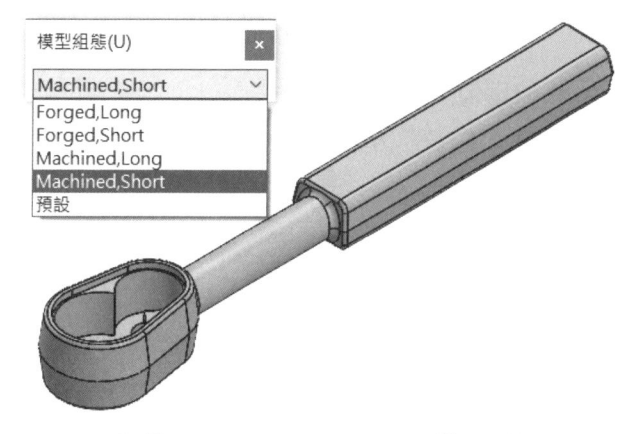

● 圖 10-16　Machined,Short 模型組態

STEP 16 共用、儲存並關閉檔案

10.3 建立模型組態的其他方法

有幾種方法可以建立模型組態，產生的結果也都一樣，都是在 ConfigurationManager，加入模型組態名稱，再變化特徵狀態和尺寸數值。

使用下面所述的不同工具和研究方法也可得到等效的模型組態。

10.3.1 模型組態表格

模型組態表格會列舉所有模型組態項次，不管是使用哪種方法建立，他們都會被排列在單一表格中，並可加入或變更，如圖 10-17 所示。

● 圖 10-17　模型組態表格

在**工具→選項→系統選項**中，若有勾選**開啟時產生模型組態表格**，則在開啟內含第二個模型組態的零件或組合件時，系統會自動建立表格。

10.3.2 修改模型組態

修改模型組態藉著控制特徵的抑制狀態、設定尺寸數值與為每個模型組態選擇材質時，被用來建立模型組態。

修改模型組態對話方塊為表格形式，用來設定與顯示每個組態的狀態，在您執行**組態特徵**、**組態尺寸**與**組態材料**時，系統即會顯示此對話方塊，如圖 10-18 所示。

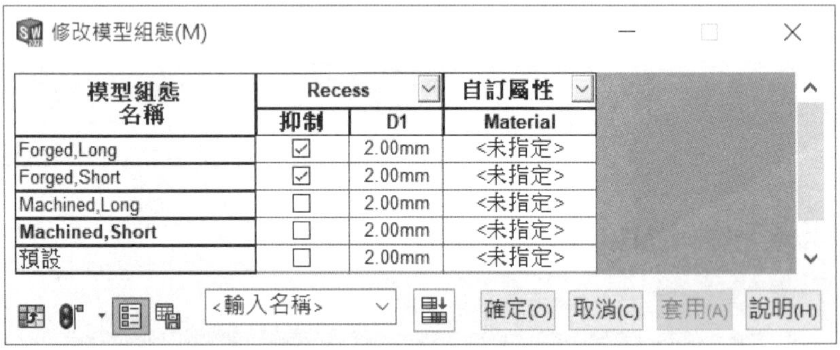

圖 10-18 修改模型組態

若有儲存的表格，它會建立在**表格**資料夾之下，每個零件可以有多種不同表格，如圖 10-19 所示。

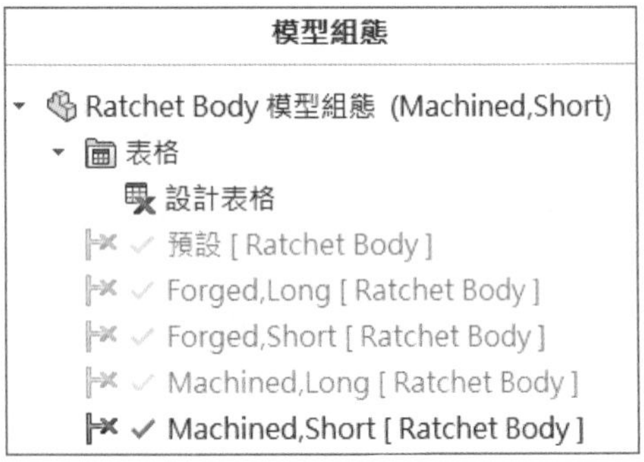

圖 10-19 表格資料夾

10.3.3 設計表格

設計表格為建立模型組態方法之一，不同的是它使用 Microsoft Excel 儲存格、列和欄來建立模型組態，如圖 10-20 所示。

模型組態 **10**

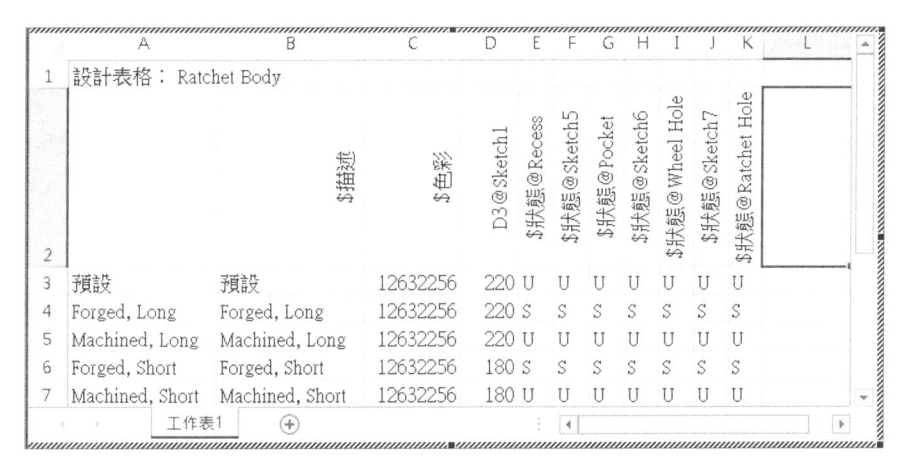

◉ 圖 10-20　使用 Excel 建立模型組態

設計表格會儲存在 ConfigurationManager 的表格資料夾中，每個零件只能有一個設計表格，如圖 10-21 所示。

◉ 圖 10-21　設計表格

> **提示**　修改模型組態使用表格的格式來簡化模型組態項目的輸入和結果檢視。

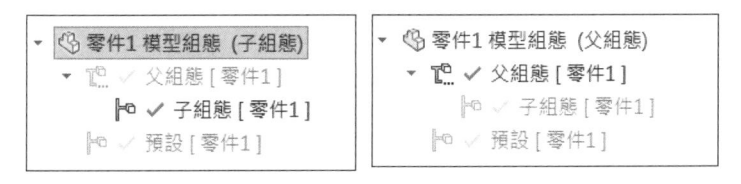

10.3.4　導出的模型組態

導出的模型組態是從父組態中建立一個子組態，子組態會繼承父組態所有的參數。導出的模型組態會置於父組態下方，如圖 10-22 所示。

加入時可以在標準模型組態按滑鼠右鍵，點選**加入導出的模型組態**。

◉ 圖 10-22　導出的模型組態

10.3.5　模型組態的其他用途

零件模型組態有很多的用途。建立不同模型組態原因包括：滿足特殊要求、不同的產品版本零件，如軍用和民用、性能和組合件的考量。

◆ 滿足特殊要求

有時零件包含細微的細節，像是圓角。要對零件做有限元素分析（FEA）之類的場合時，零件需儘量簡單。這時可以抑制不必要的細節特徵，建立符合 FEA 的模型組態，如圖 10-23 所示。

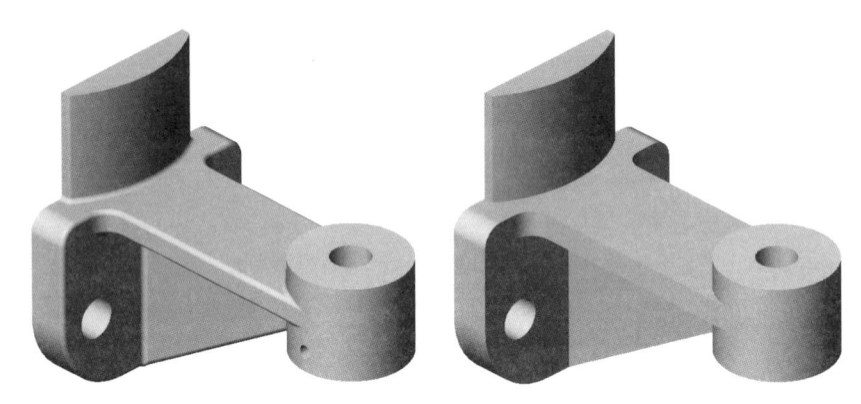

圖 10-23 抑制前與抑制後的零件

◆ 性能的考慮

零件若包含複雜幾何特徵，例如：掃出、疊層拉伸、變化半徑的圓角和不等殼厚面的薄殼等都比較消耗系統資源。您可以定義抑制某些特徵的模型組態，進行模型設計時，以提高系統的性能。執行抑制過程，一定要考慮到父子關係，抑制的特徵不能被參考，而且受抑制的特徵不能作為父特徵。

◆ 組合件的考慮

當設計包含大量零件的複雜組合件時，簡化零件將提高系統的性能，您可以抑制不必要的細節 (例如圓角)，只保留用於配合、干涉檢查和定義模型組態與數學關係式所需的關鍵幾何。

在加入模型到組合件時，可使用**插入→零組件→現有的零件／組合件**，瀏覽器允許您可選擇零件的模型組態，為了使用此特點，您必須在建立模型時就計畫好模型組態定義。

具有相同形狀的相似模型，可以被定義成不同的模型組態，並在同一組合件中使用。如圖 10-24 所示的零件有兩個模型組態。

如何在組合件使用一個零件的兩種不同組態，請參閱本書 13 章在組合件中使用零件模型組態。

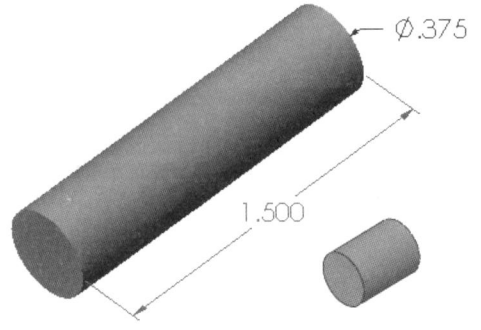

圖 10-24 一個零件兩種不同組態

模型組態 **10**

10.4 針對模型組態的建模策略

建立模型組態的零件時,無論是否使用設計表格來驅動模型組態,都要充分考慮如何控制模型組態。例如:建立零件時,先繪製輪廓草圖,再使用簡單的旋轉特徵,如圖 10-25 所示。

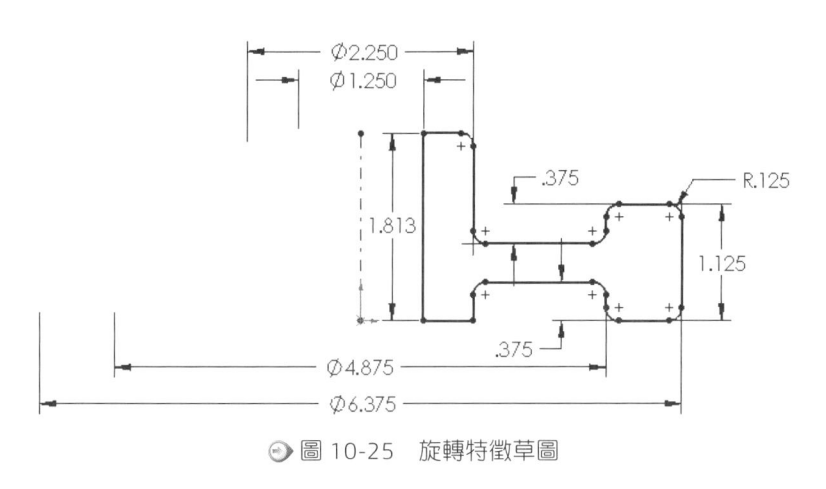

◎ 圖 10-25　旋轉特徵草圖

> **提示** 此方法看來非常有效率,單一特徵包含了所有資料,但單一特徵也限制了零件靈活性。如果將這個零件分解成更小、更獨立的特徵,那麼這個零件就具有了抑制特徵的靈活性,例如:可以抑制圓角、除料等特徵。

10.5 編輯含有模型組態的零件

如果在零件中加入其他模型組態,有些特徵可能會被自動抑制,相關對話方塊會出現更多關於模型組態的選項。您還有可能遇到其他的訊息,本節將說明編輯模型組態時會發生哪些變化。

> **提示** 終止型態、色彩和材質也可在組態中設定。

操作步驟

STEP 1　開啟零件

開啟零件 WorkingConfigs。這個零件只有一個模型組態：Default，新模型組態和新特徵將加入到這個零件中，如圖 10-26 所示。

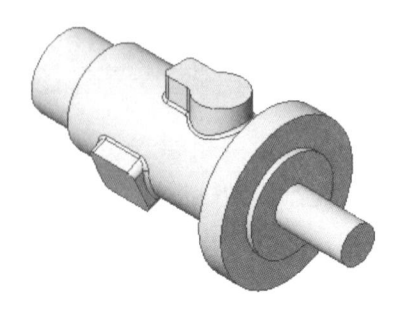

◉ 圖 10-26　零件 WorkingConfigs

STEP 2　建立新模型組態

按 ConfigurationManager 標籤，在最上層零件名稱按滑鼠右鍵，點選**加入模型組態**，在屬性對話方塊中輸入新組態名稱"keyseat"，按**確定**，如圖 10-27 所示。

◉ 圖 10-27　建立新模型組態

STEP 3　加入另一個模型組態

新建另一個模型組態"ports"，並啟用此模型組態。

> **提示**　預設選項**抑制特徵**是選取的，這意味著當加入新特徵到零件其他的模型組態時，它們在此模型組態中都會被自動抑制。

模型組態 **10**

10.6 Design Library

在**工作窗格**中，**Design Library** 包含特徵、零件和組合件檔案。這些檔案都可用來插入到 SOLIDWORKS 零件和零組件中，以供重複使用，本例將使用特徵資料夾的資料庫。

10.6.1 預設設定

下面將插入三個資料庫特徵，第一個特徵用預設的設定來確定位置和大小。

> **指令TIPS** 資料庫特徵
>
> - 工作窗格：**Design Library**，將資料庫特徵拖曳至模型上。

STEP 4 展開資料夾

點選 Design Library 和固定圖釘，展開 features 及 inch 資料夾，點選 fluid power ports 資料夾，如圖 10-28 所示。

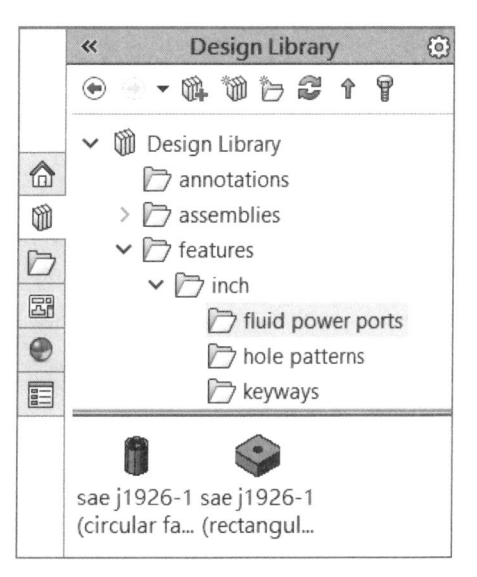

◉ 圖 10-28　展開資料夾

STEP 5 拖曳資料庫特徵

將特徵 saej1926-1（circular face）拖曳到如圖 10-29 所示的模型平面上，該平面就是特徵的**放置基準面**。

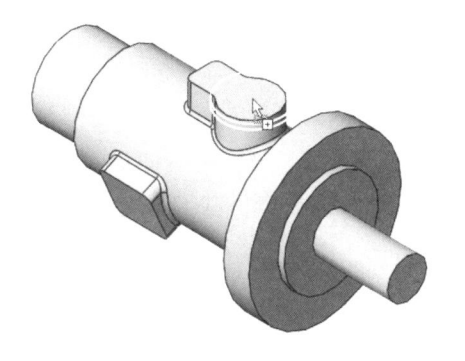

◉ 圖 10-29　拖曳資料庫特徵

10-17

STEP 6 選擇模型組態

在列表中選擇模型組態 516-24，如圖 10-30 所示。

> **提示** 連結至資料庫零件選項，會建立與原來資料庫特徵的連結，當資料庫特徵變更時，零件也會跟著變更。

> **技巧** 勾選重置尺寸值選項將允許修改特徵內部尺寸。

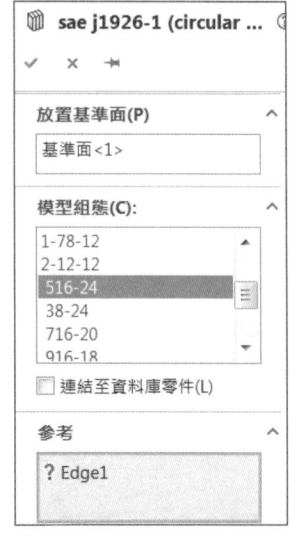

● 圖 10-30 選擇模型組態

STEP 7 選擇邊線

資料庫特徵零件會在獨立視窗中預覽顯示，選擇圖 10-31 所示的邊線作為預覽視窗顯示的 Edge1（圓邊線）參考，按確定。

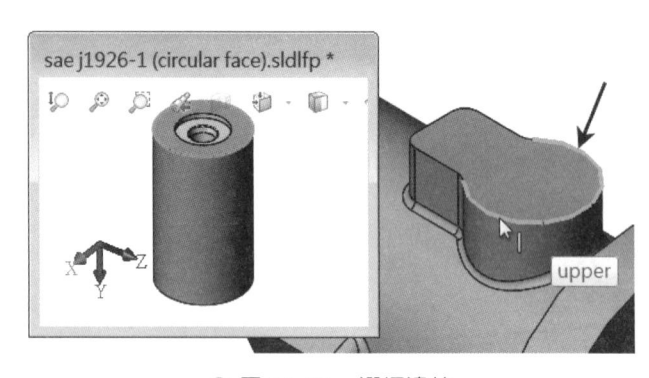

● 圖 10-31 選擇邊線

STEP 8 加入資料庫特徵

資料庫特徵已被加入到 FeatureManager（特徵管理員）中，並包含草圖、基準面和除料特徵，如圖 10-32 所示。

> **提示** 特徵前面的 "L" 標記，指出這是一個資料庫特徵。

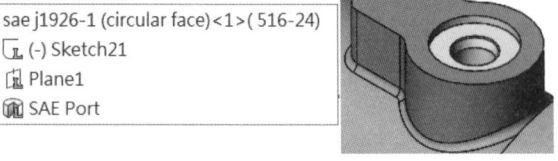

● 圖 10-32 加入資料庫特徵

10.6.2 多重參考

許多資料庫特徵都包含多重參考,像是面、邊線或平面等。這些參考可用來附加尺寸或設定限制條件的關係,如果參考沒有正確附加到模型上,將會變成懸置。

STEP 9 選擇參考

將特徵 saej1926-1(rectangular face)拖曳到模型平面上。選擇模型組態 716-20,在**參考**列表下,依預覽視窗提示選擇如圖 10-33 所示模型的兩條邊線作為參考(先選右下再選右上)。

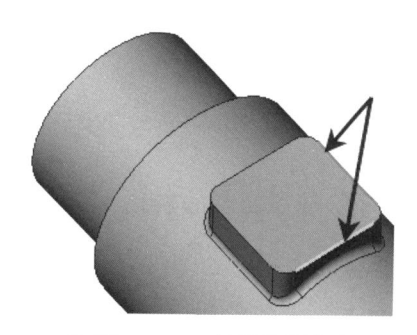

圖 10-33 特徵放置參考

STEP 10 設定尺寸數值

點選**定位尺寸**的兩個儲存格,輸入值 0.5in,按**確定**,如圖 10-34 所示。

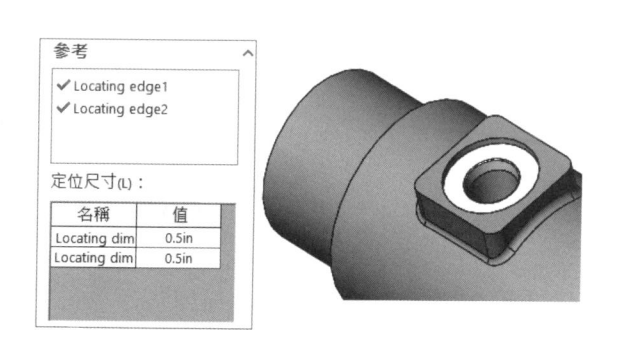

圖 10-34 設定尺寸數值

STEP 11 檢查模型組態

在啟用的模型組態(ports)中,新特徵未受抑制,但是在其他組態還是抑制的,如圖 10-35 所示。

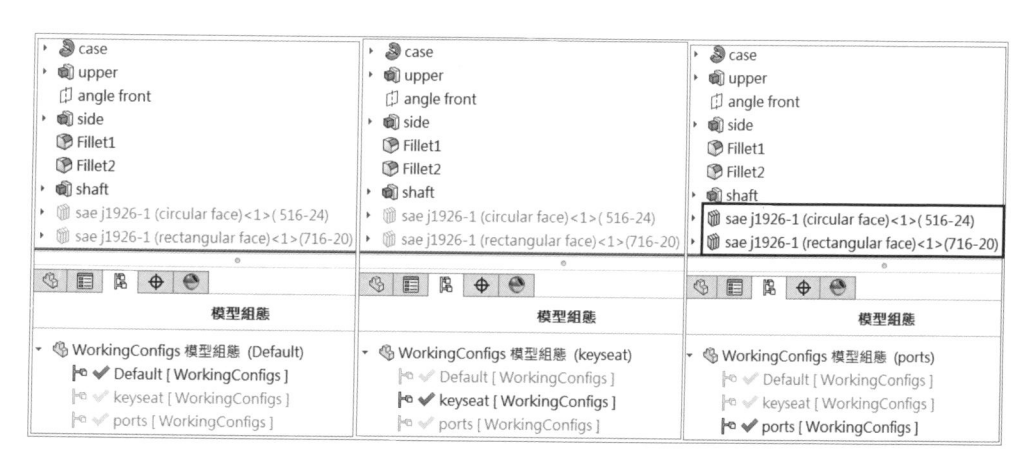

圖 10-35 檢查模型組態

10.6.3 放置在圓弧面上

有些特徵需要附加到模型的平面上,而且第一次拖曳資料庫特徵放置的面就是這個面,例如:特徵庫放置**模型基準面**,是在拖曳放置後再選擇的。

STEP 12 啟用模型組態

啟用模型組態 keyseat。

STEP 13 放置資料庫特徵

在 Design Library 中開啟 keyways 資料夾。拖曳特徵 rectangular keyseat 到軸的圓軸端面上。選擇模型組態 Ø0.6875W=0.1875,選擇圓軸端面作為**放置基準面**,如圖 10-36 所示。

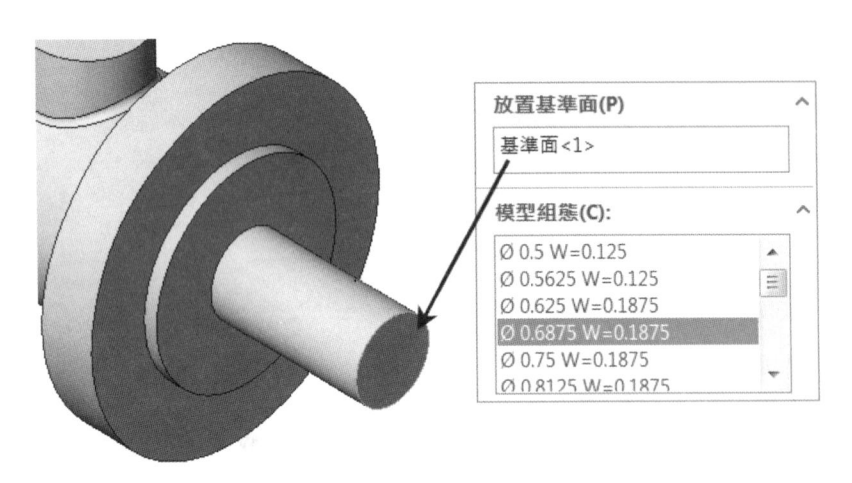

圖 10-36 放置資料庫特徵

STEP 14 選擇參考

選擇端面的圓軸邊線作為**參考**,如圖 10-37 所示。

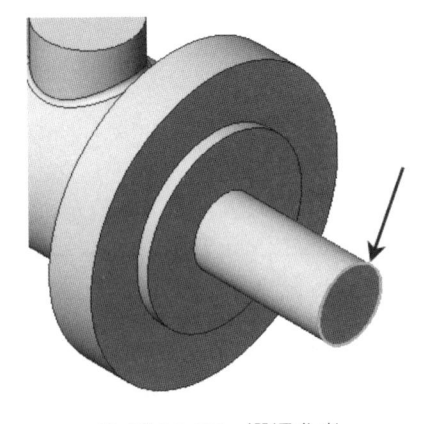

圖 10-37 選擇參考

STEP 15 定位尺寸

設定圖 10-38 所示的**定位尺寸**值，按確定。

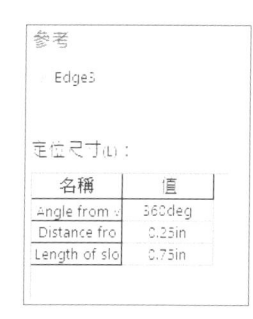

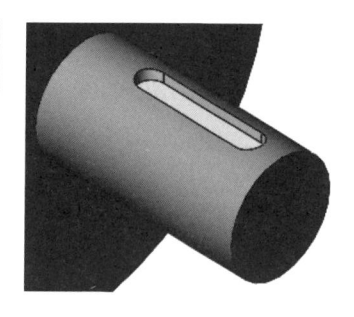

◎ 圖 10-38　定位尺寸

STEP 16 檢查模型組態

在啟用的模型組態（keyseat）中，新特徵是未受到抑制的，但是在其他模型組態當中是抑制的，如圖 10-39 所示。

◎ 圖 10-39　檢查模型組態

> **提示**　假如特徵在所有組態中皆受到抑制，只要在零件名稱上按滑鼠右鍵，點選**清除未使用的特徵**即可刪除。

STEP 17 共用、儲存並關閉檔案

10.7 關於模型組態的進階課程

在 SOLIDWORKS 進階課程中，**模型組態**的概念將延伸到組合件中，如圖 10-40 所示。組合件可以手動建立模型組態，零件模型組態集中處理特徵，而組合件模型組態則集中處理零組件、結合或組合件特徵。

利用組合件模型組態，可以控制：零組件模型組態、零組件抑制狀態、結合尺寸、結合抑制狀態和組合件特徵。組合件有更多關於控制一個或多個零組件的選項。

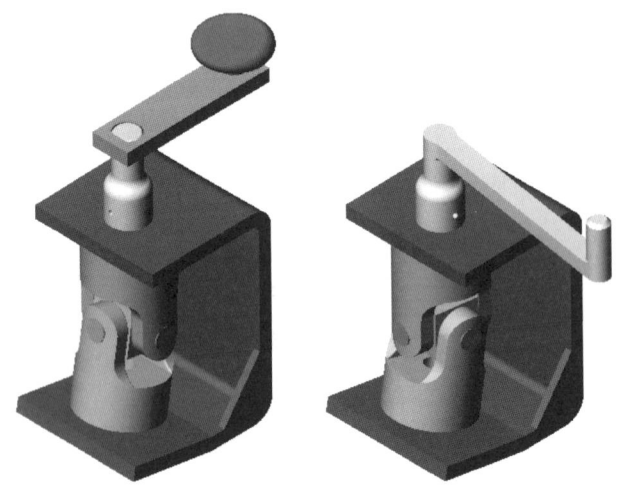

圖 10-40 組合件的模型組態

模型組態 **10**

練習 10-1 模型組態 1

請使用現有零件,在 4 個系列中建立 8 個新模型組態,如圖 10-41 所示。此練習可增強以下技能:

- 加入新模型組態
- 變更模型組態
- 複製與重新命名模型組態

單位:mm(毫米)

◉ 圖 10-41　零件模型組態

操作步驟

開啟零件檔 Speaker。

◆ **100 和 200 系列模型組態**

抑制或恢復抑制特徵可建立以下的模型組態。有關 200 系列的尺寸細目,參閱圖 10-42。

100 系列		200 系列	
100C	100S	200C	200S

10-23

● **300 和 400 系列組態**

抑制、恢復抑制或修改特徵的尺寸可建立以下模型組態。

300 系列		400 系列	
300C	300S	400C	400S

● **不同的 Tweeter 模型組態**

左 200 和右 300 系列中不同的 Tweeter 與 Rectangular 特徵尺寸，如圖 10-42 所示。

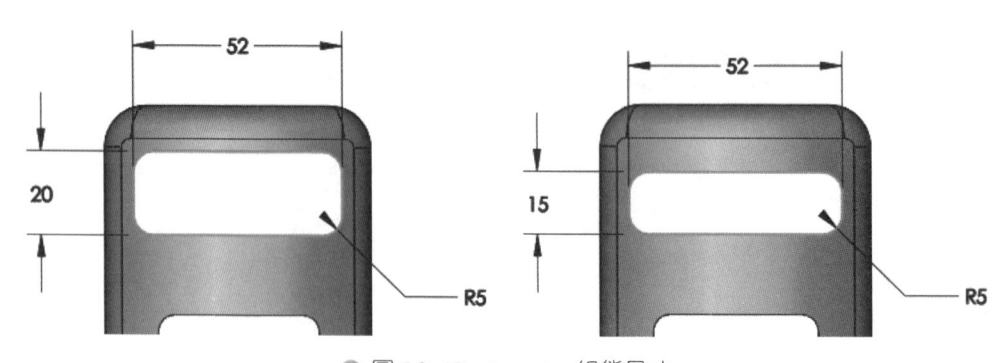

圖 10-42　tweeter 組態尺寸

練習 10-2 模型組態 2

請使用具有模型組態尺寸和特徵的現有零件,建立新模型組態,如圖 10-43 所示。此練習可增強以下技能:

- 加入新模型組態
- 變更模型組態

單位:mm(毫米)

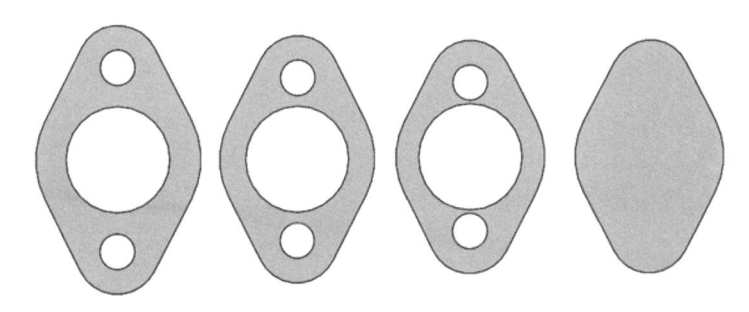

◉ 圖 10-43　零件模型組態

操作步驟

開啟零件 Using Configure Feature。

STEP 1　組態尺寸和特徵

使用組態尺寸值 CtoC@Sketch1、組態特徵 Holes 和組態名稱建立如下模型組態。需要顯示尺寸名稱時,可以按**檢視→隱藏／顯示→尺寸名稱**,如圖 10-44 所示。

模型組態參數如下所示。

- Size1,130mm,恢復抑制
- Size2,115mm,恢復抑制
- Size3,105mm,恢復抑制
- Size4,105mm,抑制

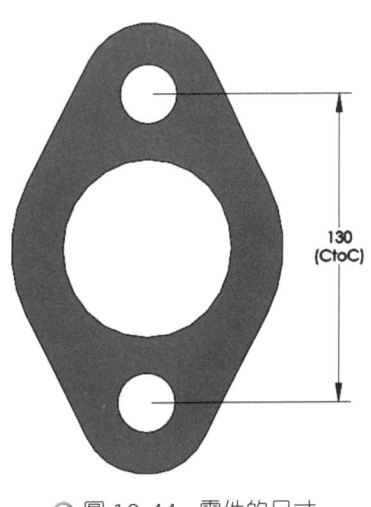

◉ 圖 10-44　零件的尺寸

STEP 2　共用、儲存並關閉零件

練習 10-3 模型組態 3

請使用現有零件,建立一系列模型組態,如圖 10-45 所示。透過在不同的模型組態抑制不同的特徵,建立零件的不同版本。此練習可增強以下技能:

- 加入新模型組態
- 複製與重新命名模型組態
- 變更模型組態

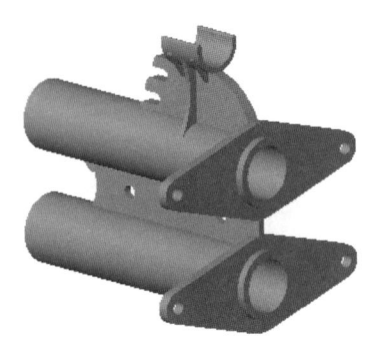

圖 10-45 零件模型組態

模型組態

開啟零件 config part,依表列的說明和給定的名稱建立模型組態,必要情況下加入某些特徵。

> **提示** 剖面模型組態是利用除料特徵建立的。要建立除料特徵,需先啟用 Standard 模型組態,按**插入→除料→使用曲面**,使用前基準面建立除料特徵,以顯示內部結構。

Best		Better	
包含 ammo holder 和 sight		只包含 sight	
Standard		**Section**	
不包含 ammo holder 和 sight		顯示 Standard 的剖面狀態	

11 整體變數與數學關係式

順利完成本章課程後,您將學會:

- 對尺寸、草圖與特徵重新命名
- 使用整體變數綁定尺寸數值
- 建立數學關係式

11.1 使用整體變數與數學關係式

本節介紹在尺寸之間建立數學關係的工具：**整體變數**與**數學關係式**。**整體變數**是獨立的變數，可以指定任何值。**數學關係式**則是用來建立尺寸之間的數學關係。

11.2 重新命名特徵和尺寸

在建立**整體變數**與**數學關係式**之前，應重新命名尺寸讓尺寸變得有意義及容易辨識，例如：Inside_Radius 就比預設的 D1 和 D3 清楚，如圖 11-1。

完整的名稱包括尺寸和特徵或草圖名稱，例如：Inside_Radius@Fillet1。若是尺寸和特徵或草圖都重新命名過，則在使用整體變數與數學關係式時，有完整的尺寸名稱會比較容易辨識。

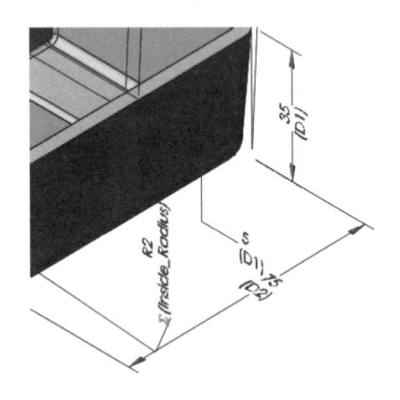

◉ 圖 11-1 重新命名尺寸

11.2.1 尺寸名稱格式

尺寸名稱是由系統自動產生，並依照 Name@FeatureName（名稱 @ 特徵名稱）格式建立的，例如：D3@ 草圖 1、D1@ 圓角 2。

- 在每個草圖或特徵中，預設尺寸名稱以 D1 開頭，並依數字編排。
- 預設草圖名稱以"草圖 1"開頭，並依數字編排。
- 預設特徵是以特徵名稱編排，像"填料伸長 1"、"除料伸長 1"或"圓角 1"，並依數字編排。

◆ **尺寸名稱**

尺寸名稱位於 @ 符號前，要變更名稱，可以按照下面方法進行修改，如圖 11-2：

1. 點選尺寸，在**尺寸屬性**視窗中的**主要值**下輸入新名稱。
2. 快點兩下任一尺寸，在**修改**對話方塊的尺寸名稱欄位中，輸入新名稱。

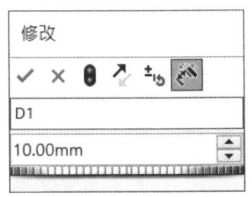

◉ 圖 11-2 尺寸名稱

整體變數與數學關係式 11

◆ 草圖或特徵名稱

草圖或特徵名稱位於 @ 符號之後，兩者都可以在 FeatureManager（特徵管理員）中修改，可用按滑鼠兩下或按 **F2** 的方式修改。

另外，也可以在特徵上按滑鼠右鍵，選擇**特徵屬性**，於名稱欄中修改草圖或特徵名稱，如圖 11-3 所示。

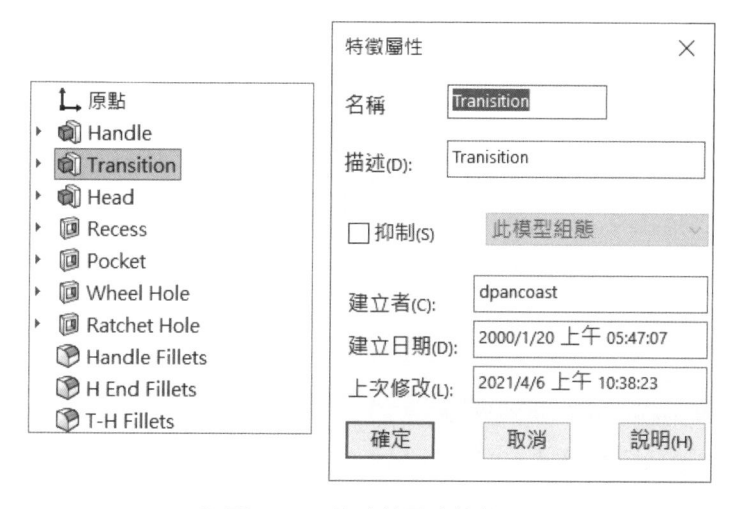

◉ 圖 11-3　修改草圖或特徵名稱

STEP 1　開啟零件 Equations

開啟零件 Equations。您也可以開啟已重新命名特徵和尺寸的零件檔：Equations, Renamed。

STEP 2　重新命名特徵

如圖 11-4 所示，重新命名特徵。

舊名稱	新名稱
Base-Extrude	Base
Base-Extrude1	Cylinder Boss

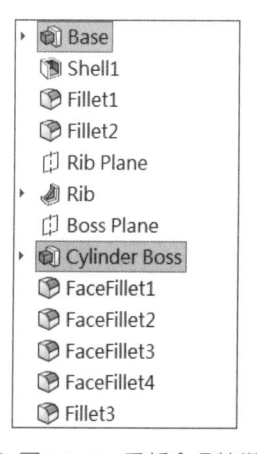

◉ 圖 11-4　重新命名特徵

11-3

STEP 3　重新命名尺寸

重新命名尺寸名稱，如右表：

舊名稱	新名稱
D1@Shell1	Wall_Thickness@Shell1
D3@Base	Draft_Angle@Base
D3@Rib	Draft_Angle@Rib
D3@Cylinder Boss	Draft_Angle@Cylinder Boss
D1@Fillet1	Inside_Radius@Fillet1
D1@Fillet2	Outside_Radius@Fillet2
D1@Rib	Rib_Thickness@Rib
D1@Fillet3	Rib_Fillet@Fillet3

STEP 4　顯示

在 Annotations（註記）資料夾上按滑鼠右鍵，點選**顯示特徵尺寸**。

按檢視→隱藏/顯示→尺寸名稱，如圖 11-5 所示。

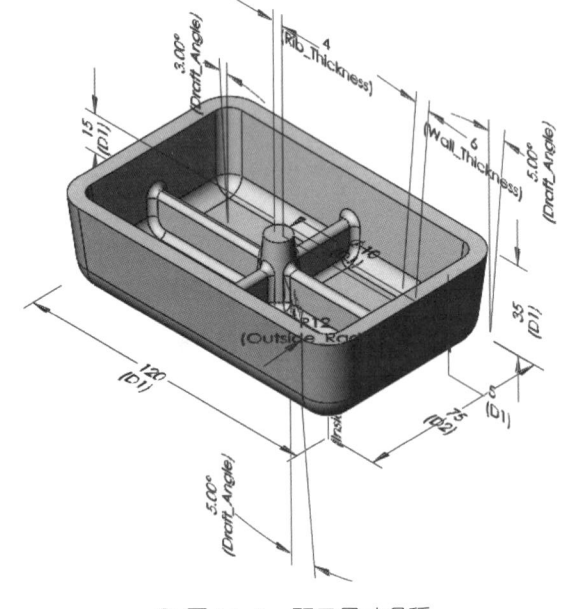

◉ 圖 11-5　顯示尺寸名稱

11.3　使用整體變數和數學關係式的設計準則

在使用整體變數和數學關係式時有幾個設計準則，此準則和射出成形的零件類似，有兩個關鍵：拔模角度與薄殼厚度（殼厚）。如圖 11-6 所示。

◉ 圖 11-6　設計準則

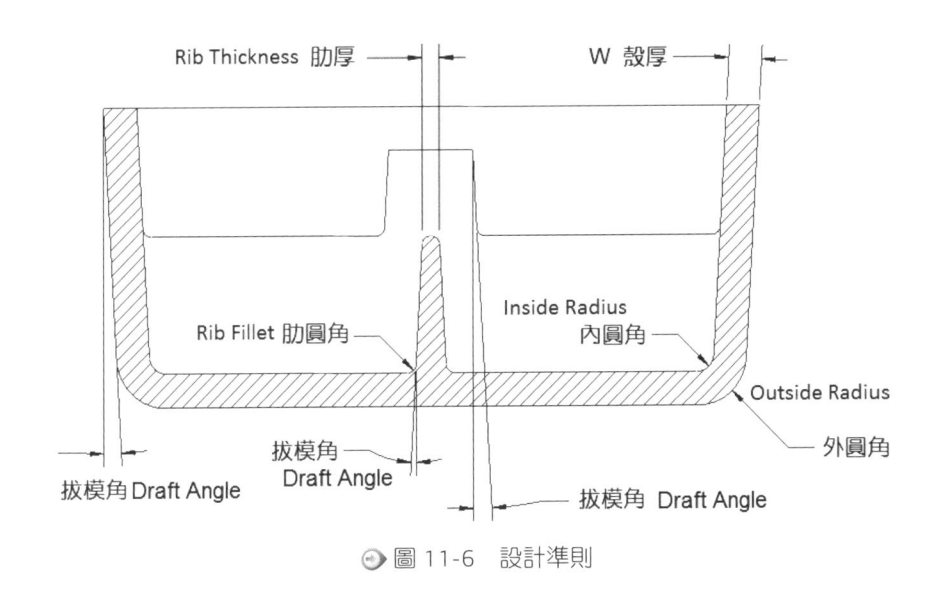

11.3.1　薄殼厚度

薄殼或薄殼厚度可以從 4mm 至 6mm 變化。

11.3.2　拔模角度

所有拔模面的拔模角度都是一樣的,可以從 1 到 5 度變化。

11.3.3　肋材厚度

肋材厚度為薄殼厚度的 2/3。

11.3.4　圓角

內圓角半徑為薄殼厚度的 1/2 倍,外圓角半徑為薄殼厚度的 1.5 倍,肋材圓角半徑為薄殼厚度的 1/4 倍。

11.4　整體變數

整體變數是使用者定義的名稱並指定數值,您可用它們來驅動尺寸作為獨立的數值,或直接為尺寸所應用。它們也可以使用在**數學關係式**中,被用來設定使多個尺寸相等。

提示　您可以在**數學關係式**、**整體變數**、及尺寸對話方塊中建立**整體變數**和**數學關係式**,或在**尺寸**的**修改**對話方塊中完成。

11.4.1 建立整體變數

整體變數可以在數學關係式中建立或指定數值,整體變數需要一個獨立的名稱與數值。

◆ 拔模角度數值

零件中的拔模角度應該都是相同的,這裡將建立一個**整體變數**來控制所有拔模角度。

> **指令TIPS** 數學關係式
>
> 在**數學關係式、整體變數、及尺寸**對話方塊中,可以加入、編輯和刪除整體變數及數學關係式,它也可以用於設定零件中的任何尺寸。
>
> 操作方法
> - 功能表:**工具→數學關係式**。
> - 快顯功能表:在數學關係式資料夾上按滑鼠右鍵,點選**管理數學關係式**。
> - 快顯功能表:在已建立數學關係式的尺寸上按滑鼠右鍵,點選**編輯數學關係式**。

STEP 5 建立 DA 變數

按**工具→數學關係式**,點選**整體變數**下方儲存格,輸入 "DA",點選**值 / 數學關係式**儲存格,在等號後面輸入 "3",在**備註**儲存格中輸入"拔模角",如圖 11-7 所示,按**確定**。

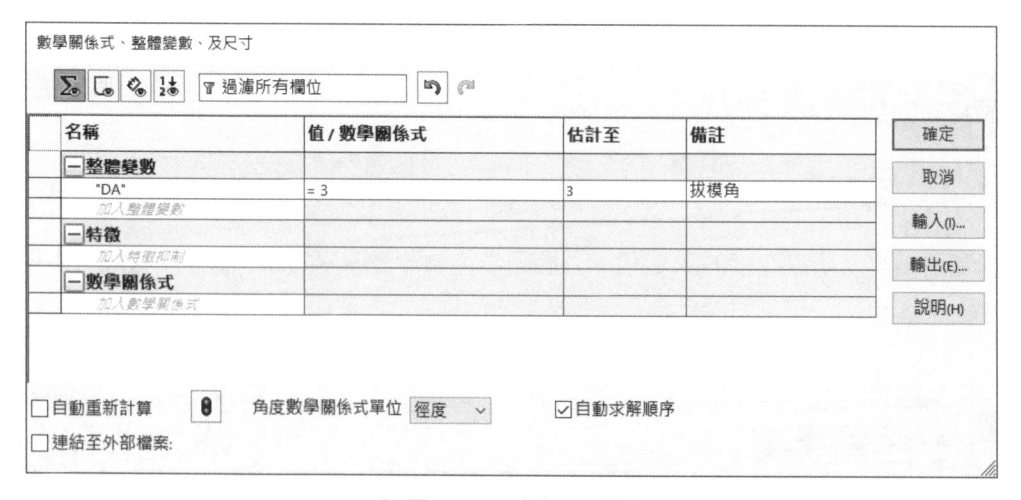

● 圖 11-7 建立 DA 變數

> **提示** 建立整體變數名稱之後,數學關係式資料夾會自動出現在 FeatureManager(特徵管理員)中,您可以在資料夾上按滑鼠右鍵,點選**管理數學關係式**進行編修。

整體變數與數學關係式 11

STEP 6 展開資料夾

展開數學關係式資料夾檢視整體變數,如圖 11-8 所示。

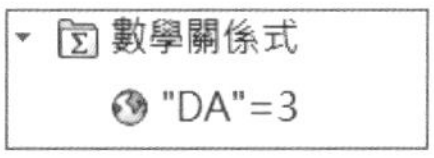

○ 圖 11-8 數學關係式資料夾

> 提示 所有整體變數都會顯示在數學關係式資料夾中,但不會顯示數學關係式。

STEP 7 隱藏特徵尺寸

在 Annotations(註記)資料夾上按滑鼠右鍵,清除**顯示特徵尺寸**。

11.5 數學關係式

當您需要在參數之間建立關聯,可是該關聯卻無法透過幾何限制條件或建模技巧來實現時,您可以使用數學關係式建立模型中尺寸之間的數學關係。

● **從動與驅動的關係**

數學關係式的格式為:從動 = 驅動,例如:數學關係式 A=B 中,系統由數值 B 解出 A,所以可以直接修改 B。一旦數學關係式寫好並應用到模型後,A 就不能直接修改。因此,在開始編寫數學關係式之前,應該決定哪個參數驅動數學關係式,哪個參數被數學關係式所驅動。

> 提示 **整體變數**在數學關係式中可以當作尺寸。

● **數學關係式範例**

下列為一些範例式子:

D1@Sketch4=D1@Rib Plane+10

Inside_Radius@Fillet1=W/2

Rib_Thickness@Rib=int(W*2/3)

> 提示 這裡的單位與零件單位相同。

● **停用與使用數學關係式**

數學關係式可以利用**停用**與**使用數學關係式**指令切換,當數學關係式被停用後,它不再被用來解析相依的變數。只要在數學關係式上按滑鼠右鍵,點選**停用數學關係式**或**使用數學關係式**,若要完全移除數學關係式,只要按滑鼠右鍵,並點選**刪除數學關係式**即可。

11.5.1 建立等式

要設定一系列的尺寸使之相等,可以利用相同的**整體變數**,故可建立多個**數學關係式**,將尺寸數值都設定為相同的整體變數。變更整體變數的值,也會更新所有關聯的尺寸。

◆ **連結數值**

另一個方法是不使用數學關係式,而是與連結尺寸使用**相同的數值**。

1. 選擇相同型態的一個或多個尺寸;

2. 按滑鼠右鍵選擇**連結數值**;

3. 輸入一個獨特的連結數值名稱,按**確定**。

這些尺寸數值將與連結數值共用一個名稱及數值,改變一個尺寸,其他共享的尺寸也會跟著一起改變。

STEP 8 開啟數學關係式對話方塊

開啟**數學關係式**對話方塊,並點選**數學關係式**儲存格。

STEP 9 檢視尺寸

在 Base 特徵的外側面快按滑鼠兩下以檢視尺寸。

在對話方塊中,點選**數學關係式**,並選擇 **5°** 的拔模角度以開始新的數學方程式,如圖 11-9 所示。

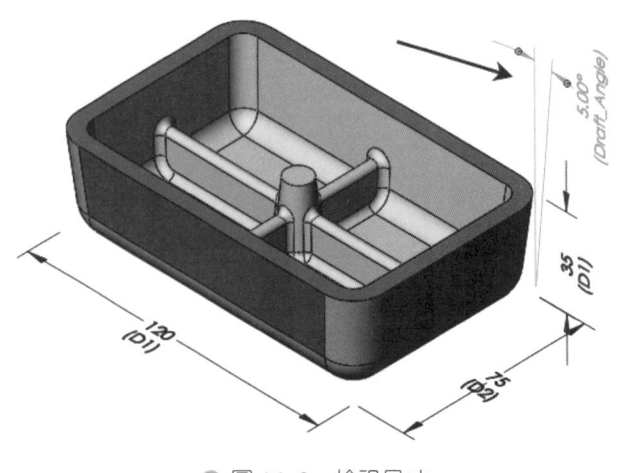

● 圖 11-9 檢視尺寸

STEP 10 寫入數學關係式

點選等號右方,並選擇**整體變數→DA(3)**,在**備註**儲存格中輸入"基材拔模",勾選**自動重新計算**,如圖 11-10 所示。按**確定**。

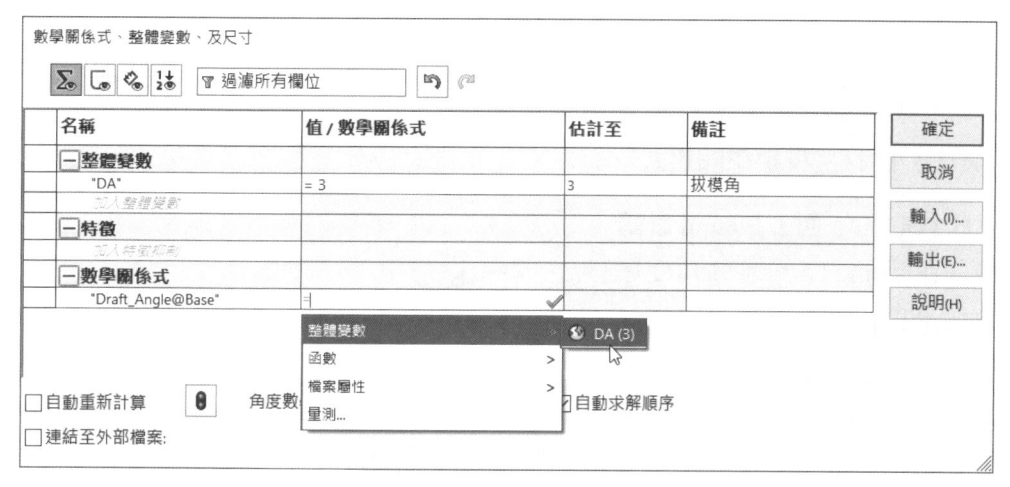

◉ 圖 11-10 新的數學關係式

> **提示** 數學關係式中標記尺寸名稱的引號是自動建立的,不需輸入。

STEP 11 測試

在 Base 特徵外側面快按滑鼠兩下,可以看到拔模角度已受到數學關係式 (Σ) 的值所驅動,如圖 11-11 所示。

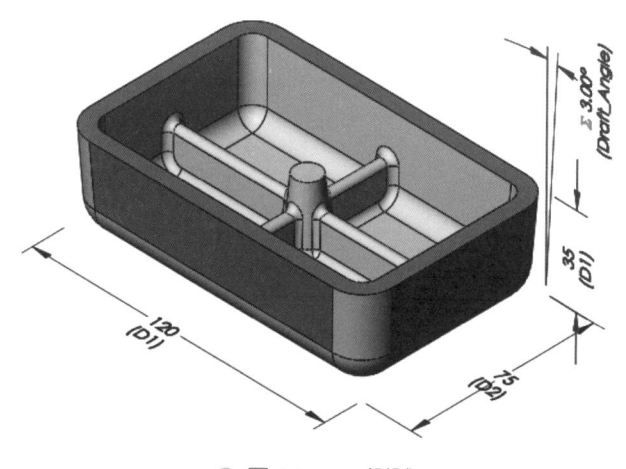

◉ 圖 11-11 測試

11.5.2 使用修改對話方塊

數學關係式也可以直接在**修改**對話方塊中建立，修改對話方塊中的選項與數學關係式中一樣，也可以使用整體變數、函數、檔案屬性和量測選項等。

> **提示** 整體變數也可以直接在**修改**對話方塊中建立及使用。

STEP 12 肋材拔模數學關係式

在肋材的平坦面上快按滑鼠兩下，接著在圖 11-12 所示的角度尺寸上快按滑鼠兩下，並在出現的修改對話方塊中，清除原始數值並輸入等號 =，在下拉選單中選擇**整體變數**→**DA(3)**，按確定。

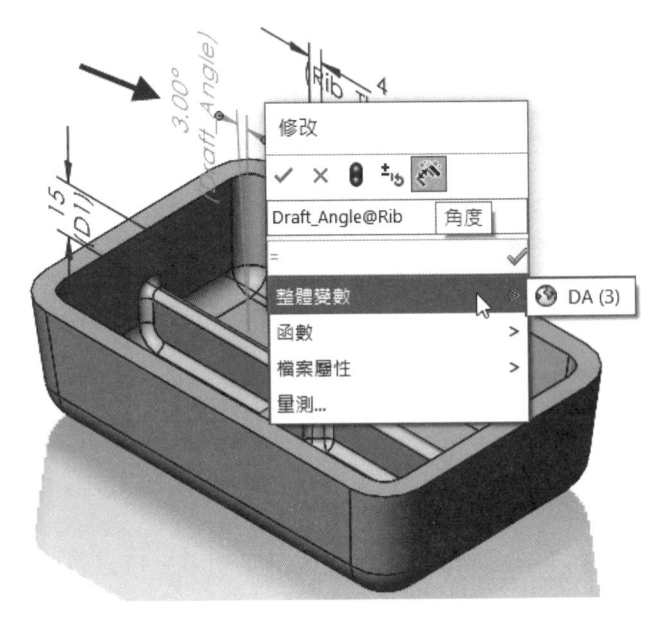

圖 11-12　完成數學關係式

STEP 13 Boss 拔模數學關係式

在 Boss 圓柱面上快按滑鼠兩下，接著在圖 11-13 所示的拔模角度尺寸上快按滑鼠兩下，並在出現的修改對話方塊中，清除原始數值並輸入等號 =，在下拉選單中選擇**整體變數**→**DA(3)**，按確定檢視零件變化。

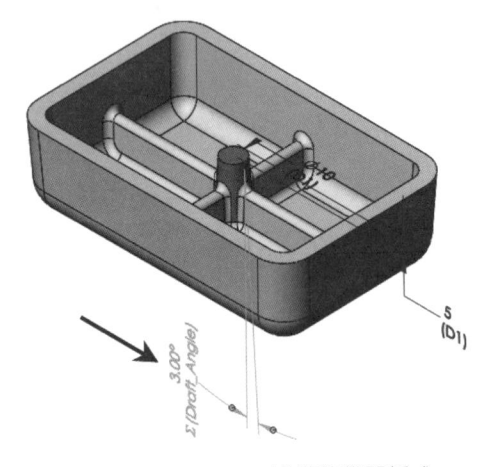

圖 11-13　Boss 拔模數學關係式

整體變數與數學關係式 11

STEP 14 變更拔模角度

在數學關係式資料夾按滑鼠右鍵,並點選**管理數學關係式**。可以看到三個角度尺寸的數學關係式已由一個整體變數 DA 所控制。

設定 DA 值為 4,如圖 11-14 所示,按**確定**。

名稱	值 / 數學關係式	估計至	備註
□ 整體變數			
"DA"	= 4	4	拔模角
加入整體變數			
□ 特徵			
加入特徵抑制			
□ 數學關係式			
"Draft_Angle@Base"	= "DA"	4deg	基材拔模
"Draft_Angle@Rib"	= "DA"	4deg	
"Draft_Angle@Cylinder Bo	= "DA"	4deg	
加入數學關係式			

● 圖 11-14 變更拔模角度

◆ 薄殼厚度值

以下將建立第二個整體變數來代表薄殼厚度,此整體變數也將被用在稍後的數學關係式以控制圓角大小,這裡的整體變數將從修改對話方塊中建立。

STEP 15 建立整體變數

在薄殼的內側面上快按滑鼠兩下,接著在厚度尺寸上快按滑鼠兩下,並在出現的修改對話方塊中,清除原始數值後輸入"=W",選擇**建立整體變數**,如圖 11-15 所示,**整體變數**已被建立並應用到尺寸上,按**確定**。

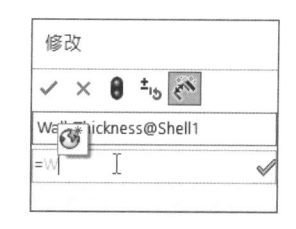

● 圖 11-15 整體變數

> **提示** 最初的黃色文字表示整體變數尚未被建立。對話方塊可切換為顯示或不顯示整體變數,如圖 11-16 所示。

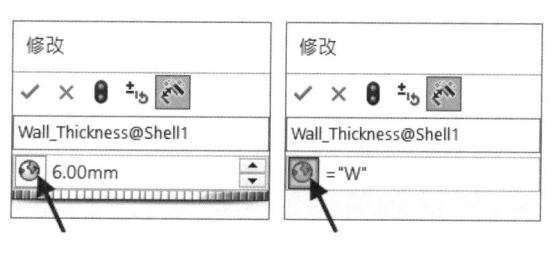

● 圖 11-16 顯示整體變數

STEP 16 數學關係式

在薄殼厚度尺寸上按滑鼠右鍵，點選**編輯數學關係式**，如圖 11-17 所示，整體變數 "W" 及數學關係式 "Wall_Thickness@Shell" 都已被加入。點選**備註**儲存格，輸入"薄殼"，按確定。

名稱	值 / 數學關係式	估計至	備註
"DA"	= 4	4	拔模角
"W"	= 6	6	薄殼
加入整體變數			
─ 特徵			
加入特徵抑制			
─ 數學關係式			
"Draft_Angle@Base"	= "DA"	4deg	基材拔模
"Draft_Angle@Rib"	= "DA"	4deg	
"Draft_Angle@Cylinder Bo	= "DA"	4deg	
"Wall_Thickness@Shell1"	= "W"	6mm	
加入數學關係式			

◎ 圖 11-17 數學關係式

> **提示**　"厚度（thickness）"在這裡保留給鈑金件使用，不可用在整體變數與數學關係式中。

11.6 使用運算子與函數

標準運算子與函數都可用來建立數學關係式。運算子遵循運算順序，函數則依數學關係式中的變數運作，檔案屬性與量測都可以用在數學關係式中。

例如：運算子與函數的運用："Rib_Thickness@Rib"=int("W"*2/3)。

11.6.1　運算子

標準運算子可用來建立數學關係式，像是

- 加號 +
- 減號 –
- 乘號 *
- 除號 /
- 次方 ^

運算子順序

1. 指數與根號
2. 乘號與除號
3. 加號與減號

> **提示** 括號的使用會改變順序，若有括號，括號內要優先運算。例如：
> 5+3/2=5+1.5= 6.5，(5+3)/2=8/2=4。

11.6.2 函數

數學和特定的函數都可結合到數學關係式中，例如：基本運算子、三角函數，如 f_x **sin()** 以及邏輯敘述 **if()**。

sin()	cotan()	arccotan()	int()
cos()	arcsin()	abs()	sgn()
tan()	arcos()	exp()	If() （可以使用 =，<= 或 => 進行比較）
sec()	atn()	log()	
cosec()	arcsec()	sqr()	

11.6.3 檔案屬性

檔案屬性也可用在數學關係式中，包含物質特性，像是 SW-Mass 和 SW-Volume。

SW-Mass	SW-CenterofMassX	SW-Pz	SW-Lyy
SW-Flattenedmass	SW-CenterofMassY	SW-Lxx	SW-Lyz
SW-Density	SW-CenterofMassZ	SW-Lxy	SW-Lzx
SW-Volume	SW-Px	SW-Lxz	SW-Lzy
SW-SurfaceArea	SW-Py	SW-Lyx	SW-Lzz

11.6.4 量測

量測選項讓您建立並使用數學關係式中參考的尺寸值。

11.6.5 數學關係式的求解順序

數學關係式按照**排序的視圖**，列出的順序進行求解。如果勾選**自動求解順序**，數學關係式的順序將被自動檢測，避免無限循環的求解問題，如圖 11-18 所示。

> **提示** 停用的數學關係式只能在**排序的視圖**檢視。

名稱	值 / 數學關係式	估計至	備註
1 "DA"	= 4	4	拔模角
2 "Draft_Angle@Base"	= "DA"	4deg	基材拔模
3 "Draft_Angle@Rib"	= "DA"	4deg	
4 "Draft_Angle@Cylinder Boss"	= "DA"	4deg	
5 "W"	= 6	6	薄殼
6 "Wall_Thickness@Shell1"	= "W"	6mm	

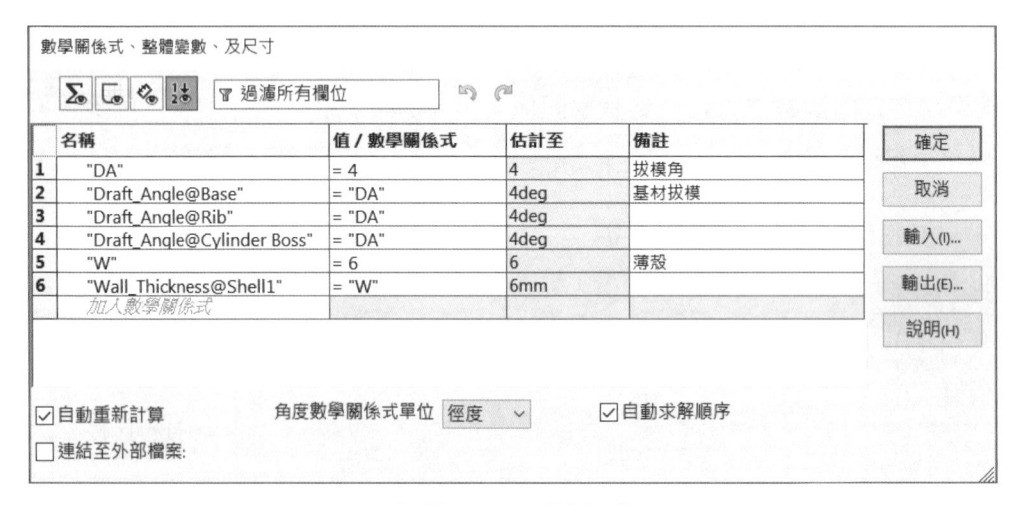

圖 11-18　求解順序

11.6.6 直接輸入數學關係式

數學關係式可以直接在 PropertyManager 數值欄位中輸入等號，像 STEP 10 一樣，包括常見的：伸長、旋轉、圓角、鏡射等特徵，直接輸入的數學關係式會在**數學關係式、整體變數、及尺寸**對話方塊中顯示，如圖 11-19 所示。

圖 11-19　直接輸入數學關係式

整體變數與數學關係式 **11**

例如：下表一些圓角大小的設計規則可以被寫入數學關係式中，它們都受薄殼厚度控制，目前以整體變數 W 表示，如圖 11-20。

數學關係式	
Rib Thickness=W*2/3	Outside Radius=W*1.5
Inside Radius=W*0.5 或 W/2	Rib Fillet=W*0.25 或 W/4

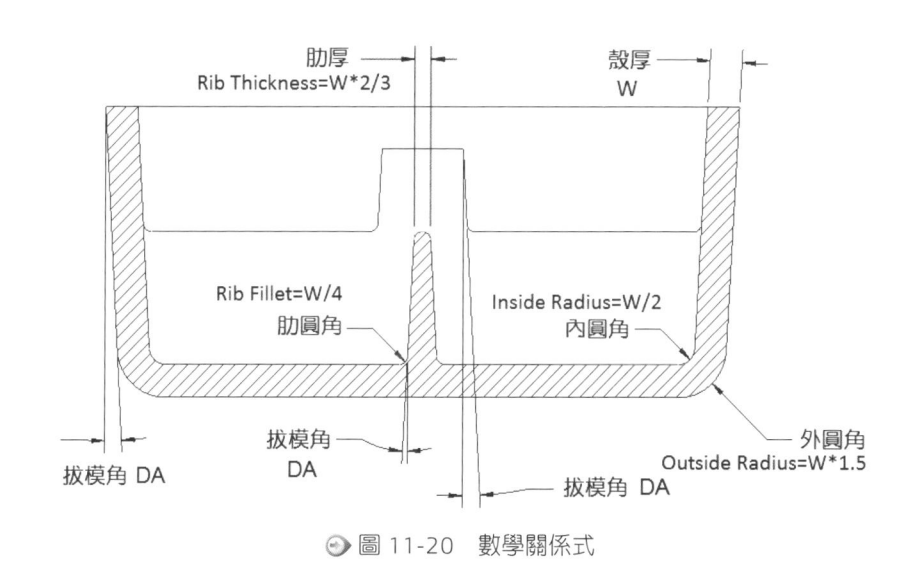

● 圖 11-20　數學關係式

STEP 1　內圓角數學關係式

在 Fillet1 特徵上快按滑鼠兩下，接著在尺寸上快按滑鼠兩下，輸入 "="，並點選**整體變數→W(6)**，再輸入 "/2" 按**確定**，如圖 11-21 所示。

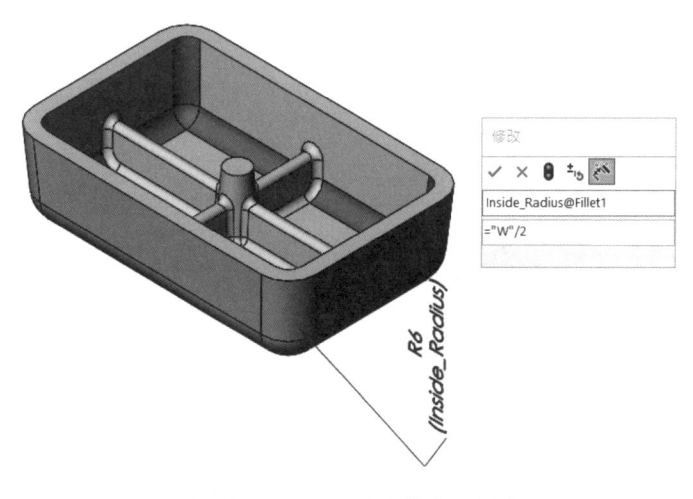

● 圖 11-21　內圓角數學關係式

11-15

STEP 2　重新計算

按**重新計算**檢查模型變化,如圖 11-22 所示。

> **提示**　在任何被數學關係式 (Σ) 驅動的尺寸上按滑鼠右鍵,點選**編輯數學關係式**可編輯整體變數與數學關係式。

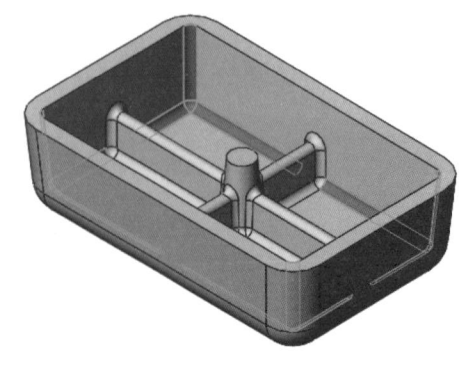

◉ 圖 11-22　重新計算

STEP 3　外圓角數學關係式

在 Fillet2 特徵上快按滑鼠兩下,接著在尺寸上快按滑鼠兩下,輸入數學關係式 ="W"*1.5,按**確定**重新計算模型,如圖 11-23 所示。

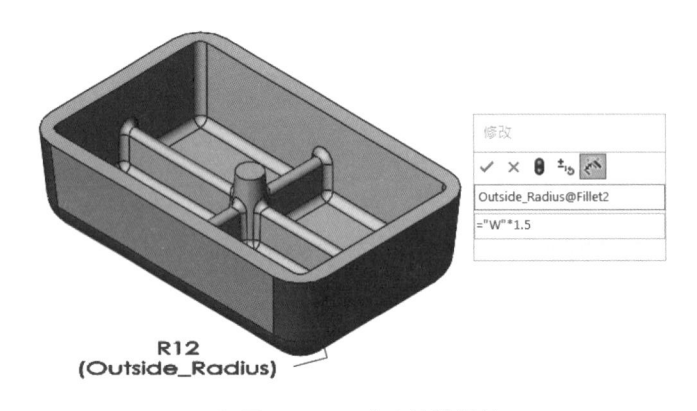

◉ 圖 11-23　建立整體變數

STEP 4　肋材圓角數學關係式

在 Fillet3 特徵上快按滑鼠兩下,接著在尺寸上快按滑鼠兩下,輸入數學關係式 ="W"/4,按**確定**,如圖 11-24 所示。

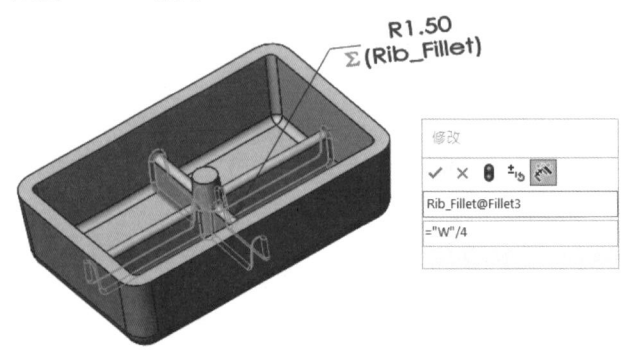

◉ 圖 11-24　肋材圓角數學關係式

整體變數與數學關係式 **11**

STEP 5 數學關係式

在尺寸上按滑鼠右鍵,點選**編輯數學關係式**,所有的數學關係式都已經加入到列表中,按**確定**,如圖 11-25 所示。

數學關係式			
"Draft_Angle@Base"	= "DA"	4deg	基材拔模
"Draft_Angle@Rib"	= "DA"	4deg	
"Draft_Angle@Cylinder Boss"	= "DA"	4deg	
"Wall_Thickness@Shell1"	= "W"	6mm	
"Inside_Radius@Fillet1"	= "W" / 2	3mm	
"Outside_Radius@Fillet2"	= "W" * 1.5	9mm	
"Rib_Fillet@Fillet3"	= "W" / 4	1.5mm	

◉ 圖 11-25 數學關係式

STEP 6 肋材厚度數學關係式

在 Rib 特徵上快按滑鼠兩下,接著在厚度尺寸上快按滑鼠兩下,輸入數學關係式 ="W"*2/3,按**確定**,重新計算零件,如圖 11-26 所示。

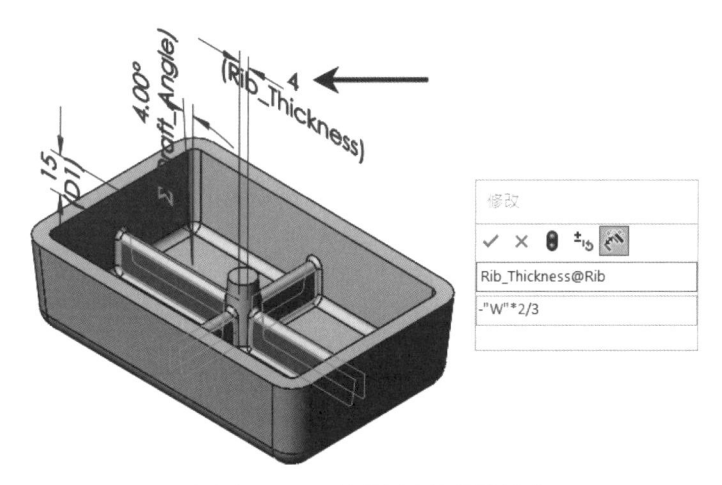

◉ 圖 11-26 薄殼厚度數學關係式

STEP 7 值

按**數學關係式**並設定薄殼 W 為 5,半徑值同時改變但已不再是整數,如圖 11-27 所示。保留對話方塊開啟。

名稱	值 / 數學關係式	估計至	備註
"DA"	= 4	4	拔模角
"W"	= 5	5	薄殼
加入整體變數			
□ 特徵			
加入特徵抑制			
□ 數學關係式			
"Draft_Angle@Base"	= "DA"	4deg	基材拔模
"Draft_Angle@Rib"	= "DA"	4deg	
"Draft_Angle@Cylinder Boss"	= "DA"	4deg	
"Wall_Thickness@Shell1"	= "W"	5mm	
"Inside_Radius@Fillet1"	= "W" / 2	2.5mm	
"Outside_Radius@Fillet2"	= "W" * 1.5	7.5mm	
"Rib_Fillet@Fillet3"	= "W" / 4	1.25mm	
"Rib_Thickness@Rib"	= "W" * 2 / 3	3.33mm	
加入數學關係式			

◉ 圖 11-27　變數值

11.6.7　編輯數學關係式

數學關係式和整體變數都可以編輯，以改變數學關係式本身的數值。在此例中**整數**函數 **int()** 將被加入至某些數學關係式，以維持圓角和肋材厚度的整數值。

> **提示**　整體函數並不是四捨五入，而是直接去除掉小數。例如：int(5.25)=5, int(2.97)=2，假如數值小於 1 則將產生 0 的結果，並會造成系統錯誤。

STEP 8　函數

在 "Inside_Radius@Fillet1"="W"/2 的等號點一下，選擇**函數**中的 **int()** 加入至數學關係式中，如圖 11-28 所示。

◉ 圖 11-28　函數

整體變數與數學關係式 11

STEP 9 重設數學關係式

刪除第二個括號,再到最右邊加入括號,使關係式為 =int("W"/2)。

按 ✓ 或**估計至**檢視變更,值已從 2.5 變為 2。

> **提示** 函數也可以直接輸入至數學關係式中。

STEP 10 編輯更多數學關係式

在其他兩個數學關係式中加入同樣的 int() 函數,如圖 11-29 所示。

數學關係式			
"Draft_Angle@Base"	= "DA"	4deg	基材拔模
"Draft_Angle@Rib"	= "DA"	4deg	
"Draft_Angle@Cylinder Boss"	= "DA"	4deg	
"Wall_Thickness@Shell1"	= "W"	5mm	
"Inside_Radius@Fillet1"	= int ("W" / 2)	2mm	
"Outside_Radius@Fillet2"	= int ("W" * 1.5)	7mm	
"Rib_Fillet@Fillet3"	= int ("W" / 4)	1mm	
"Rib_Thickness@Rib"	= "W" * 2 / 3	3.33mm	

◉ 圖 11-29 數學關係式

> **提示** 肋材厚度不使用 **int()** 函數,因為會造成肋材太薄。

STEP 11 最後變更

最後變更整體變數為 DA=3、W=4,如圖 11-30 所示,按**確定**。

名稱	值 / 數學關係式	估計至	備註
"DA"	= 3	3	拔模角
"W"	= 4	4	薄殼
加入整體變數			
特徵			
加入特徵抑制			
數學關係式			
"Draft_Angle@Base"	= "DA"	3deg	基材拔模
"Draft_Angle@Rib"	= "DA"	3deg	
"Draft_Angle@Cylinder Boss"	= "DA"	3deg	
"Wall_Thickness@Shell1"	= "W"	4mm	
"Inside_Radius@Fillet1"	= int ("W" / 2)	2mm	
"Outside_Radius@Fillet2"	= int ("W" * 1.5)	6mm	
"Rib_Fillet@Fillet3"	= int ("W" / 4)	1mm	
"Rib_Thickness@Rib"	= "W" * 2 / 3	2.67mm	

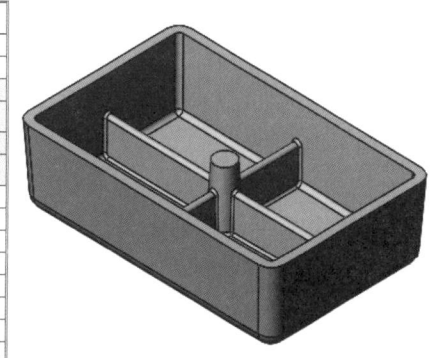

◉ 圖 11-30 最後變更

變化 DA 與 W 值從最小到最大，如圖 11-31 所示。

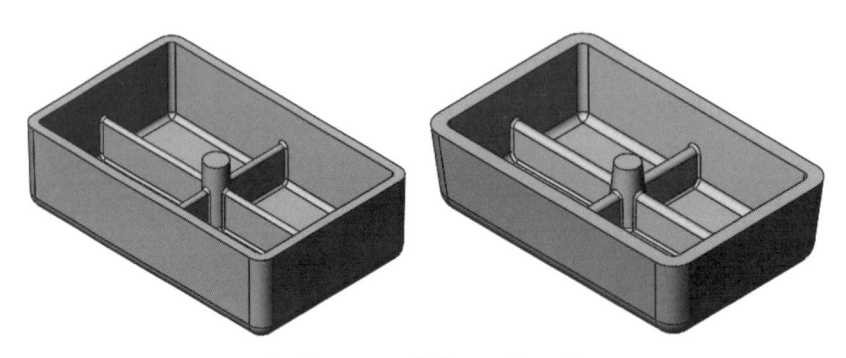

◉ 圖 11-31　變化 DA 與 W 值

STEP 12 共用、儲存並關閉零件

練習 11-1 使用整體變數與數學關係式

請重新命名尺寸名稱、建立整體變數與數學關係式和進行測試,如圖 11-32 所示。此練習可增強以下技能:

- 重新命名特徵和尺寸名稱
- 整體變數
- 建立數學關係式

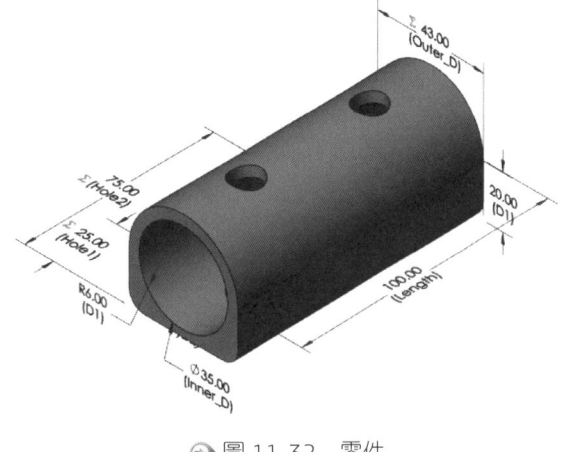

單位:mm(毫米)

◉ 圖 11-32 零件

操作步驟

開啟零件 Using Global Variables and Equations,這裡將利用長度 Length,建立兩個數學關係式來控制兩個除料孔圓心位置。

而整體變數則用來控制圓孔與外側壁厚,因此零件的外徑將受內孔直徑與壁厚控制,如圖 11-33 所示。

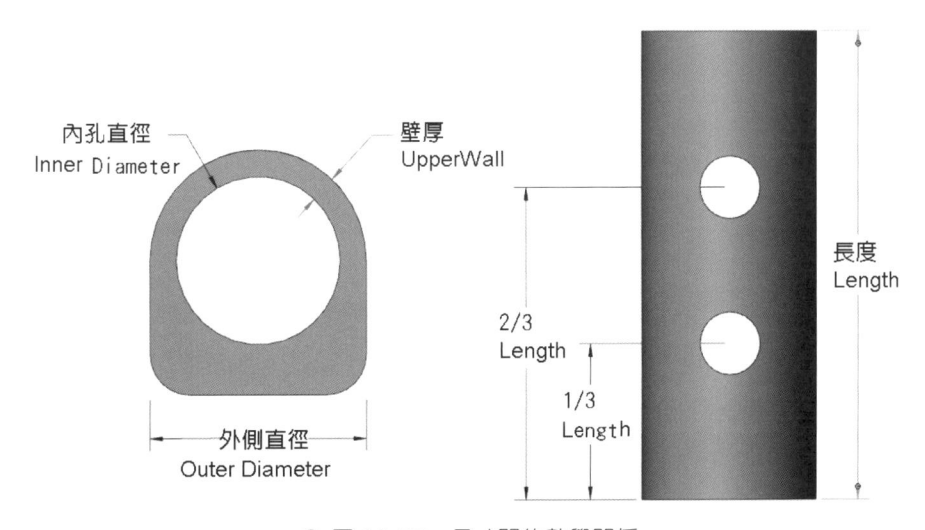

◉ 圖 11-33 尺寸間的數學關係

> **提示** 本練習第一步為變更尺寸名稱,您也可以直接開啟零件 With Names,直接跳到**除料孔位置**處。

變更尺寸名稱

STEP 1　變更尺寸名稱

如圖 11-34 所示，**顯示特徵尺寸**與**尺寸名稱**，重新命名所選尺寸。

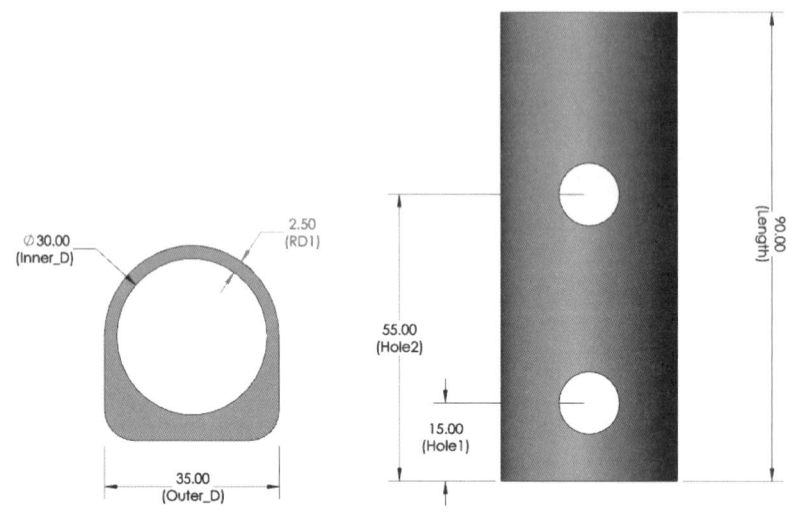

● 圖 11-34　尺寸間的數學關係

> 提示　量測同心圓半徑距離的參考尺寸壁厚也可以變更名稱為 RD1。

除料孔位置

兩個除料孔目前以相同的基準標註位置尺寸，但數值是隨意的，寫出一個數學關係式，限制其尺寸為總長度 1/3 與 2/3 的距離。

STEP 2　建立 Hole1 數學關係式

如圖 11-35 所示，在 Hole1 特徵尺寸上快按滑鼠兩下，並設定其尺寸為 Length 的 1/3。

完成的數學關係式為
"Hole1@Sketch3"="Length @Base-Extrude"/3。

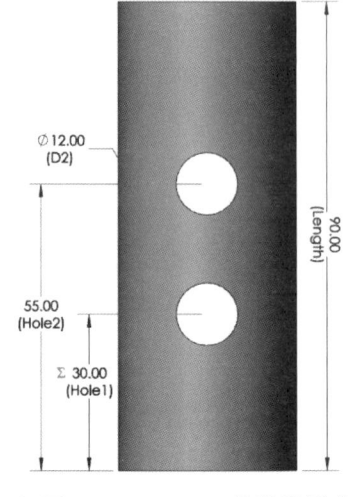

● 圖 11-35　Hole1 數學關係式

整體變數與數學關係式 11

STEP 3　建立 Hole2 數學關係式

如圖 11-36 所示，在 Hole2 特徵尺寸上快按滑鼠兩下，並設定其尺寸為 Length 的 2/3。

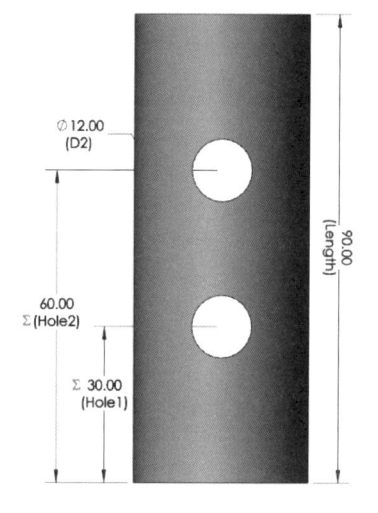

◉ 圖 11-36　Hole2 數學關係式

STEP 4　數學關係式對話方塊

如圖 11-37 所示，開啟數學關係式對話方塊以查看完整的數學關係式，並加入備註。

名稱	值/數學關係式	估計至	備註
□ 整體變數			
加入整體變數			
□ 特徵			
加入特徵抑制			
□ 數學關係式			
"Hole1@Sketch3"	= "Length@Base-Extrude" / 3	30mm	Hole1 placement
"Hole2@Sketch3"	= "Length@Base-Extrude" * 2 / 3	60mm	Hole2 placement
加入數學關係式			

◉ 圖 11-37　數學關係式對話方塊

⬢ 整體變數

建立**整體變數**來控制零件上方最薄的薄殼厚度，亦即薄殼厚度為兩圓直徑差值的一半。

STEP 5　整體變數

建立**整體變數**，命名為 ThinnestWall，設定值為 2mm，如圖 11-38 所示。

◉ 圖 11-38　整體變數

STEP 6 建立 Outer_D 數學關係式

建立數學關係式來驅動 Outer_D@Sketch1 尺寸。

數學關係式為 "Outer_D@Sketch1"="Inner_D@Sketch2"+"ThinnestWall"*2。

> **提示** 此參考尺寸只是用來顯示目前的薄殼厚度數值,不是用來驅動它的。

STEP 7 變更

變更尺寸 Inner_D=35mm 與整體變數 ThinnestWall=4mm,檢視剖面的變化,如圖 11-39 所示。

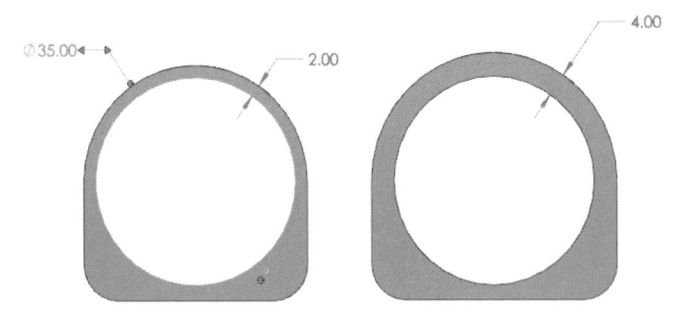

◉ 圖 11-39 檢視剖面變化

變更除料孔的數學關係式為 Length 的 1/4 與 3/4,Length 長 100mm,檢視零件的變化,如圖 11-40 所示。

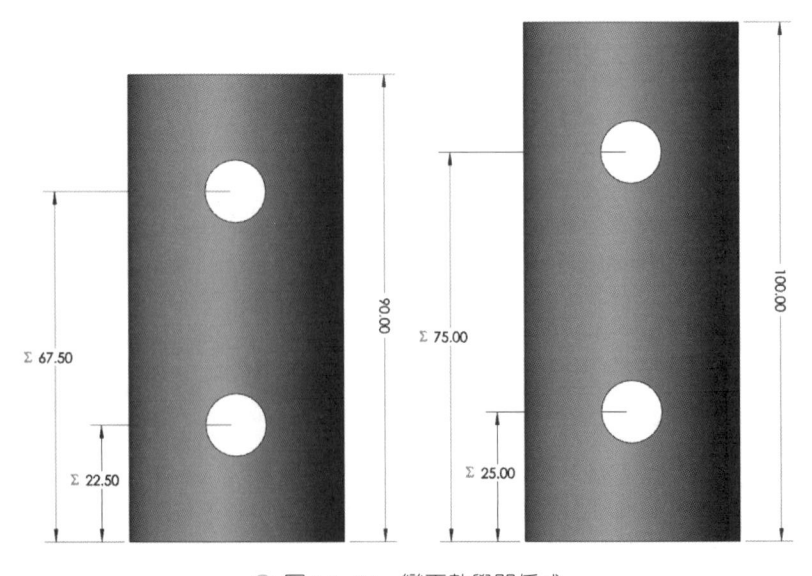

◉ 圖 11-40 變更數學關係式

STEP 8 變更尺寸名稱

變更 Inner_D@Sketch2 尺寸名稱為 Hole_Diameter@Sketch2，開啟數學關係式，如圖 11-41 所示，尺寸名稱亦自動變更。

名稱	值 / 數學關係式	估計至	備註
⊟ 整體變數			
"ThinnestWall"	= 4	4	
加入整體變數			
⊟ 特徵			
加入特徵抑制			
⊟ 數學關係式			
"Hole1@Sketch3"	= "Length@Base-Extrude" / 4	25mm	Hole1 placement
"Hole2@Sketch3"	= "Length@Base-Extrude" * 3 / 4	75mm	Hole2 placement
"Outer_D@Sketch1"	= "Hole_Diameter@Sketch2" + "ThinnestWall" * 2	43mm	
加入數學關係式			

◉ 圖 11-41　變更尺寸名稱

STEP 9 共用、儲存並關閉檔案

練習 11-2 建立整體變數

本練習主要任務是在現有零件（如圖 11-42）中建立整體變數和連結數值，並進行測試，本練習應用以下技術：

- 整體變數
- 建立數學關係式
- 連結數值

　單位：mm（毫米）

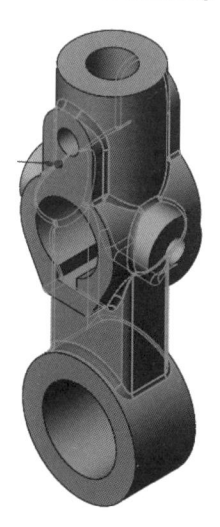

◉ 圖 11-42　零件

操作步驟

開啟零件 Global Variables,建立整體變數使所有圓角特徵尺寸相等。

STEP 1 建立整體變數

建立名為 AllFillets 的整體變數,並設定為 2mm,應用這個整體變數到所有圓角特徵尺寸上,如圖 11-43 所示。

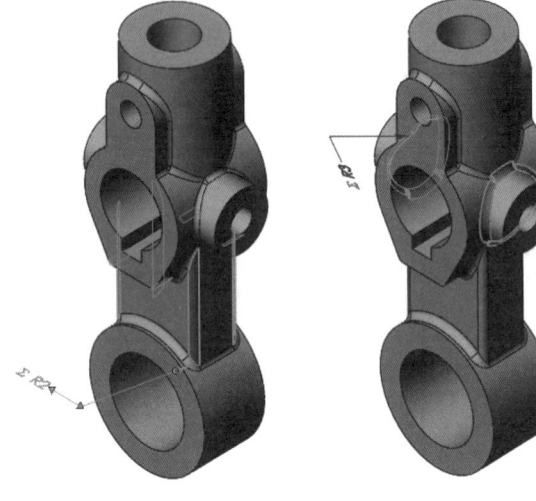

● 圖 11-43 建立整體變數

STEP 2 測試

修改整體變數的值到 3mm 並重新計算,以測試它們之間連結關係。

STEP 3 共用、儲存並關閉零件

接著請使用現有零件 Link Values 內建的連結數值使所有圓角特徵等徑。

操作步驟

STEP 1 建立連結數值

利用**顯示特徵尺寸**檢視所有尺寸,如圖 11-44 所示。

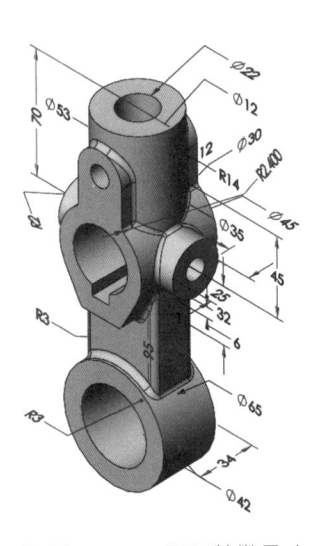

● 圖 11-44 顯示特徵尺寸

整體變數與數學關係式 **11**

STEP 2 選擇圓角

選擇 4 個圓角尺寸（特徵 Rounds, Fillets.1, Fillets.2, Fillets.3），按滑鼠右鍵，點選**連結數值**，如圖 11-45 所示。

◉ 圖 11-45 選擇圓角

STEP 3 連結數值

輸入名稱為"Linked_Fillets"，如圖 11-46 所示，按**確定**。

◉ 圖 11-46 連結數值

STEP 4 測試連結數值

在特徵 Fillets.2 上快按滑鼠兩下，輸入新的連結數值 1mm 並重新計算。注意對話方塊中的連結符號，所有被連結的尺寸都已變更，如圖 11-47 所示。

> **提示** 連結數值並不會建立數學關係式，但是它們會像整體變數一樣列示在數學關係式資料夾與對話方塊中，連結數值的名稱變為尺寸名稱。(Linked_Fillets@Fillets.2)

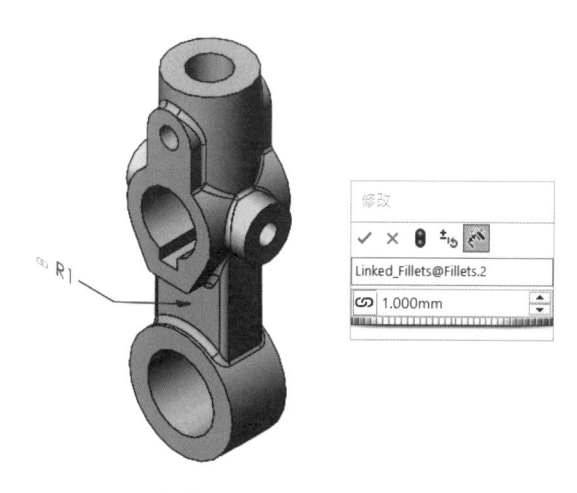

◉ 圖 11-47 測試連結數值

STEP 5 共用、儲存並關閉零件

11-27

練習 11-3 建立數學關係式

請在現有的零件（如圖 11-48）中建立數學關係式和進行測試。此練習可增強以下技能：

- 建立數學關係式

單位：mm（毫米）

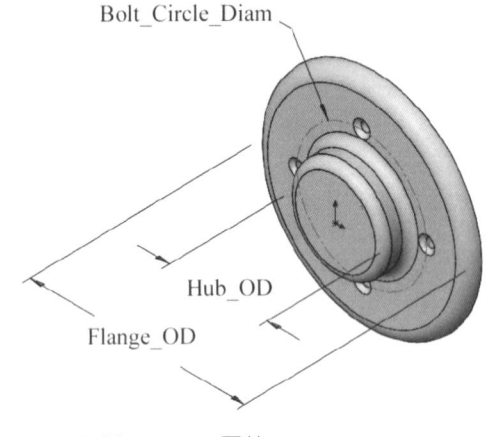

● 圖 11-48　零件 Using Equations

操作步驟

開啟零件 Using Equations，圖中的尺寸將用來定義數學關係式。

STEP 1　建立數學關係式

建立一個數學關係式，使 Bolt_Circle_Diam 置於 Hud_OD 與 Flange_OD 中間。

Bolt_Circle_Diam 尺寸應該被驅動，如圖 11-49 所示。

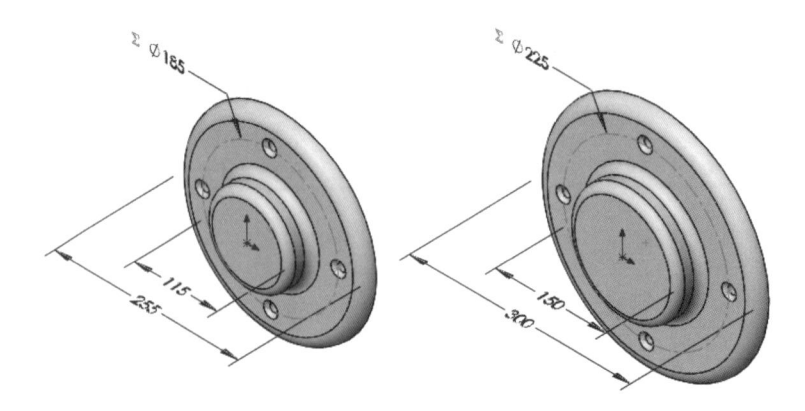

● 圖 11-49　建立數學關係式

> **提示**　此數學關係式為 Bolt_Circle_Diam=(Hub_OD+Flange_OD)/2

STEP 2　共用、儲存並關閉檔案

12 使用工程圖

順利完成本章課程後,您將學會:

- 建立不同類型的工程圖視圖
- 修改視圖比例與相切面交線顯示狀態
- 在工程圖中加入註記

12.1 有關產生工程圖的更多訊息

在〈第 3 章 基本零件建模〉中已介紹過工程圖，本章將繼續介紹與工程圖相關的細節，其中包括：**模型視角**、**剖面視圖**、**細部放大圖**和一些**註記**。此外，還會使用多張圖頁分別表述零件的 Forged 和 Machined 組態，如圖 12-1 所示。

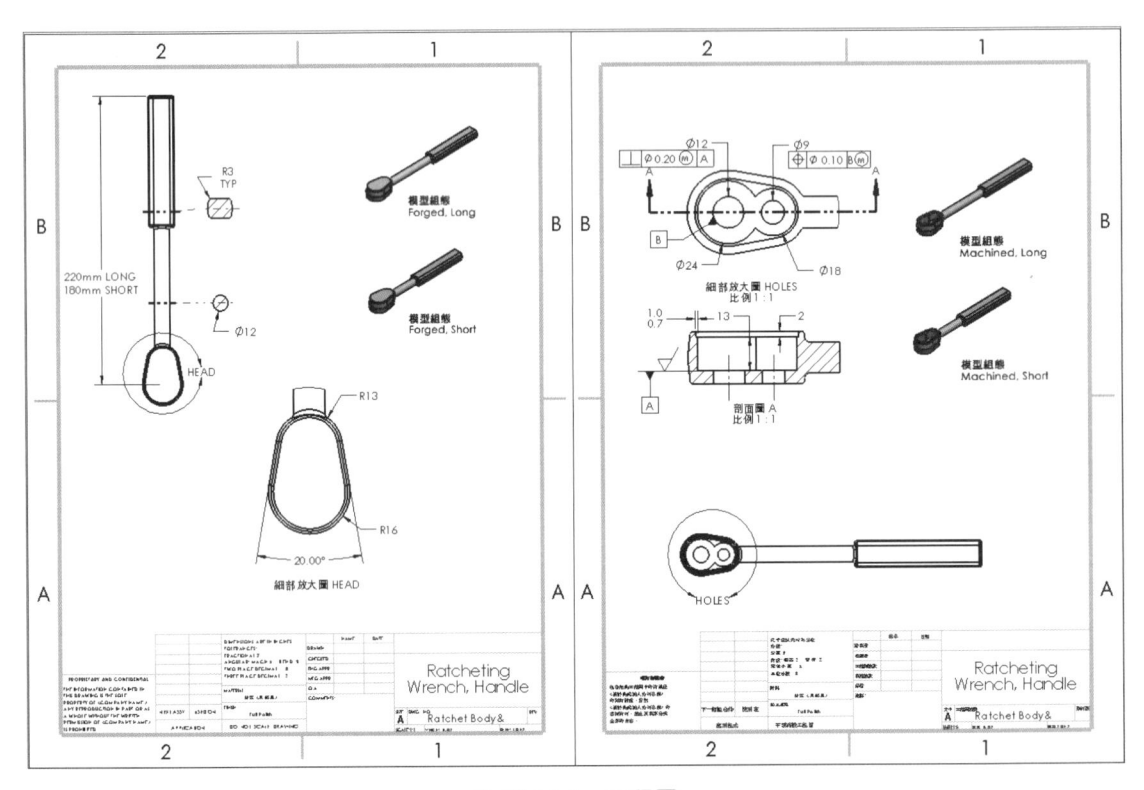

● 圖 12-1 工程圖

12.1.1 過程中的關鍵階段

工程圖的設計、產生包括下列幾個部分：

⬢ **工程視圖**

介紹常用於工程圖視圖的剖面視圖、移轉視圖和模型視圖。

⬢ **註記**

使用註記為工程圖加入註解和相關符號。

使用工程圖 12

操作步驟

STEP 1 設定選項

按**工具→選項→系統選項→工程圖**，將預設的**顯示樣式**設定為**移除隱藏線**，並將**相切面交線**設定為顯示。

STEP 2 開啟工程圖檔案

開啟名為 Ratchet Body 的工程圖檔案，這是 A(ANSI) 縱向圖頁，內含一個工程視圖。在空白區域按滑鼠右鍵，點選**屬性**，設定**投影類型**為**第三角法**、**比例 1:1**，如圖 12-2 所示。

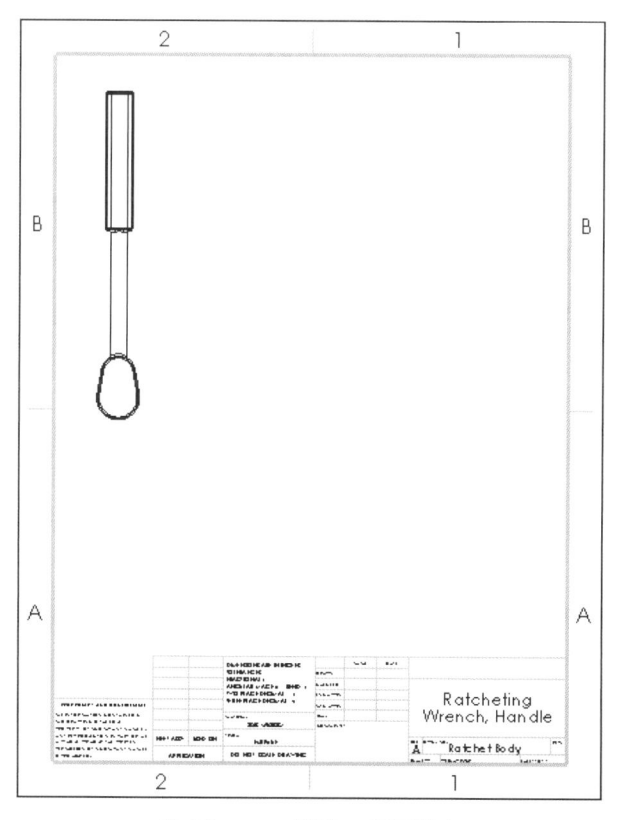

◉ 圖 12-2　開啟工程圖檔案

12.2 移轉剖面

移轉剖面視圖是依工程視圖在所選位置顯示模型的切片。模型切片的方向主要是建立於所選的一雙對置模型的邊線，邊線可以是線、弧或曲線。

12-3

12.2.1 自動

自動的除料線放置，切除時會正垂於兩條平行線，或正垂於非平行線的其中一條，如圖 12-3。

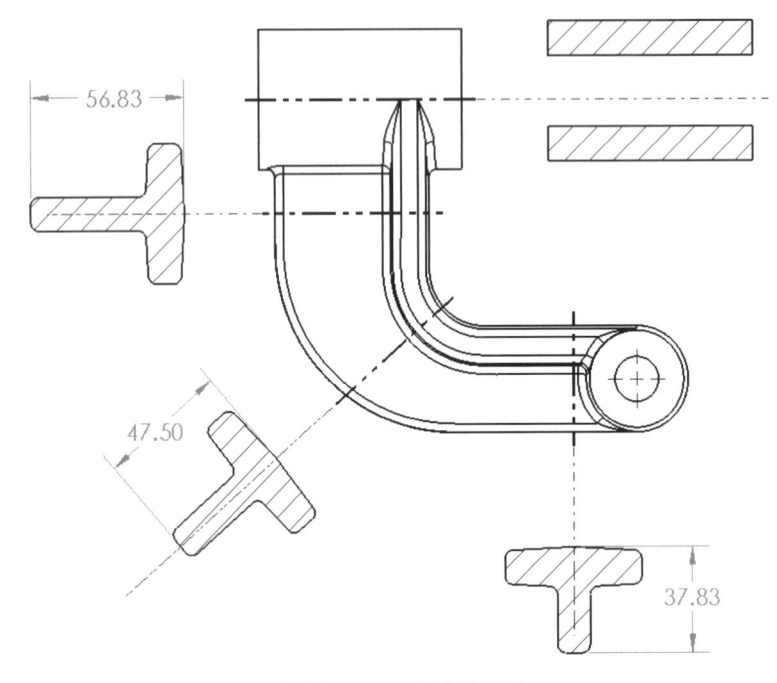

● 圖 12-3 自動除料線

12.2.2 手動

手動的除料線，會沿著一條使用者定義的角度線放置，如圖 12-4 所示。

> **指令TIPS**　移轉剖面
>
> - CommandManager：**工程圖**→**移轉剖面**。
> - 功能表：**插入**→**工程視圖**→**移轉剖面**。
> - 快顯功能表：在繪圖區域按滑鼠右鍵，並點選**工程視圖**→**移轉剖面**。

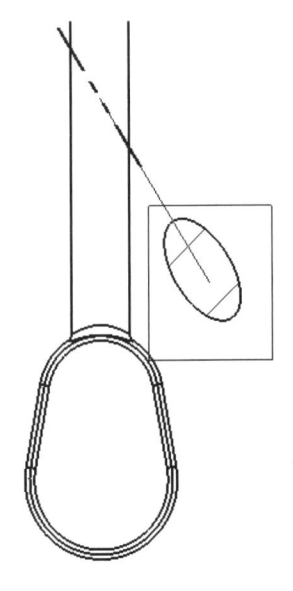

● 圖 12-4 手動除料線

使用工程圖 **12**

STEP 3　選擇邊線

按**移轉剖面** ，選擇來源視圖中模型的平行側影輪廓邊線，如圖 12-5 所示。

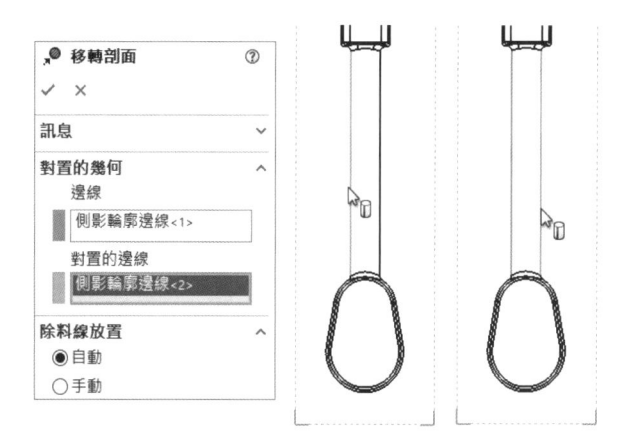

● 圖 12-5　選擇平行側影輪廓邊線

STEP 4　放置移轉剖面

使用預設的**除料線放置**→**自動**，在視圖的右方按一下確定剖切位置，再按一下放置剖面圖，如圖 12-6 所示，按**確定**。

> **提示**　預設會輸入**設計註記**，所以視圖中將包括直徑尺寸。

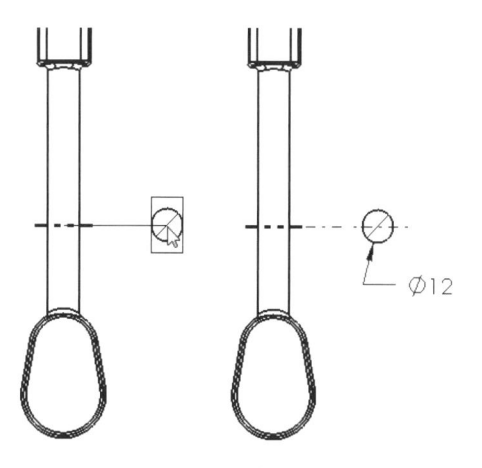

● 圖 12-6　放置剖面圖

STEP 5　建立另一個移轉剖面

使用相同步驟，建立另一個**移轉剖面**視圖，沿著握柄處剖切。

視圖只包含圓角尺寸，如圖 12-7 所示。

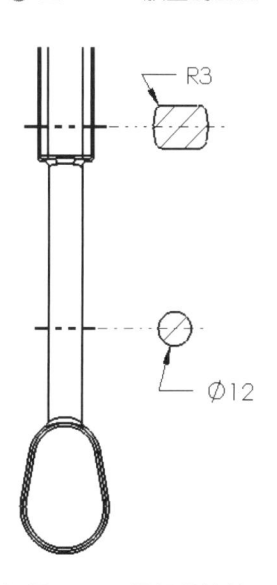

● 圖 12-7　握柄移轉剖面

12-5

> **提示** 有時想將尺寸標記移至另一個圓角邊線,可選擇尺寸的箭頭指標拖曳至另一條圓角邊線放開即可,如圖 12-8 所示。

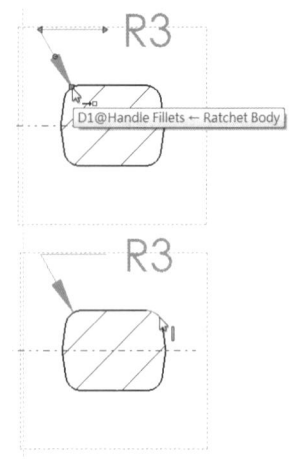

◉ 圖 12-8 移動圓角尺寸

12.2.3 視圖對正

對正是藉著限制移動使對正至另一視圖,並保持工程視圖間的對正關係,如圖 12-9 所示,對正也可以解除。

指令TIPS 視圖對正

- 快顯功能表:在視圖上按滑鼠右鍵,點選**工程視圖對正**→**水平對正中心(原點)**或**垂直對正中心(原點)**。

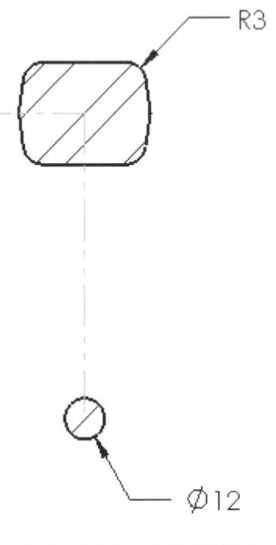

◉ 圖 12-9 工程圖對正

STEP 6 對正

在**移轉剖面 1** 視圖上按滑鼠右鍵,點選**工程視圖對正**→**垂直對正原點**,再點選**移轉剖面 2**,視圖垂直對正,如圖 12-10 所示。

使用工程圖 **12**

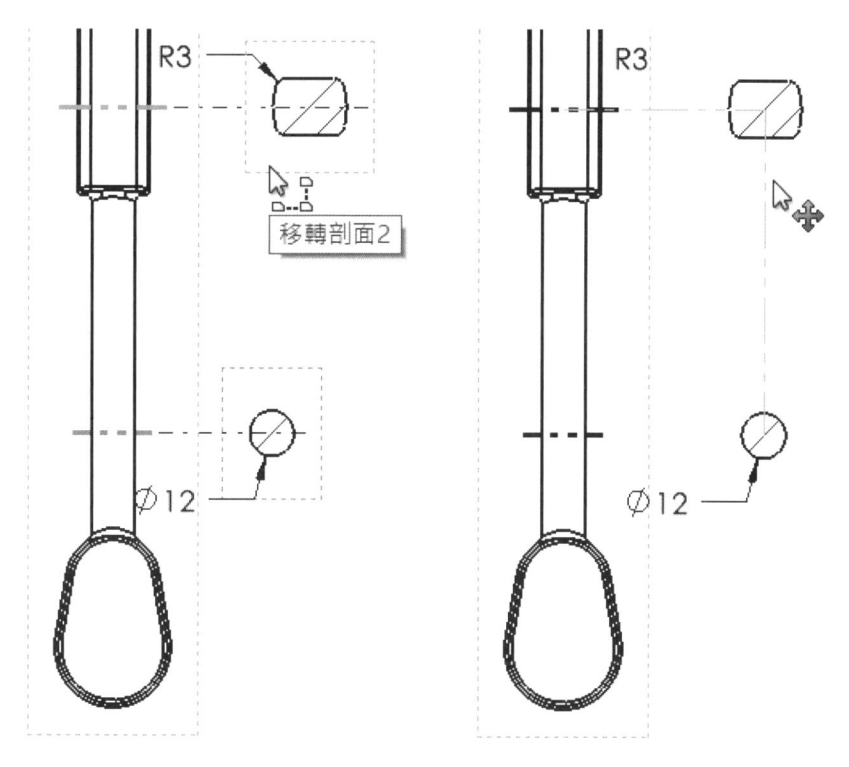

⊙ 圖 12-10　對正剖面視圖

> **提示**　**移轉剖面 1** 視圖的水平移動已受**移轉剖面 2** 的移動所控制。

12.3　細部放大圖

　　細部放大圖是在啟用的來源視圖上建立封閉的草圖輪廓，再設定比例，放大顯示圈選的區域。

指令TIPS　細部放大圖

- CommandManager：**工程圖→細部放大圖** 🅐。
- 功能表：**插入→工程視圖→細部放大圖**。
- 快顯功能表：在繪圖區域按滑鼠右鍵，點選**工程視圖→細部放大圖**。

STEP 7 建立細部放大圖

按**細部放大圖** ⒶA，在圖 12-11 所示的視圖上繪製圓，命名視圖為 HEAD，選擇**使用圖頁比例**，並放置視圖。

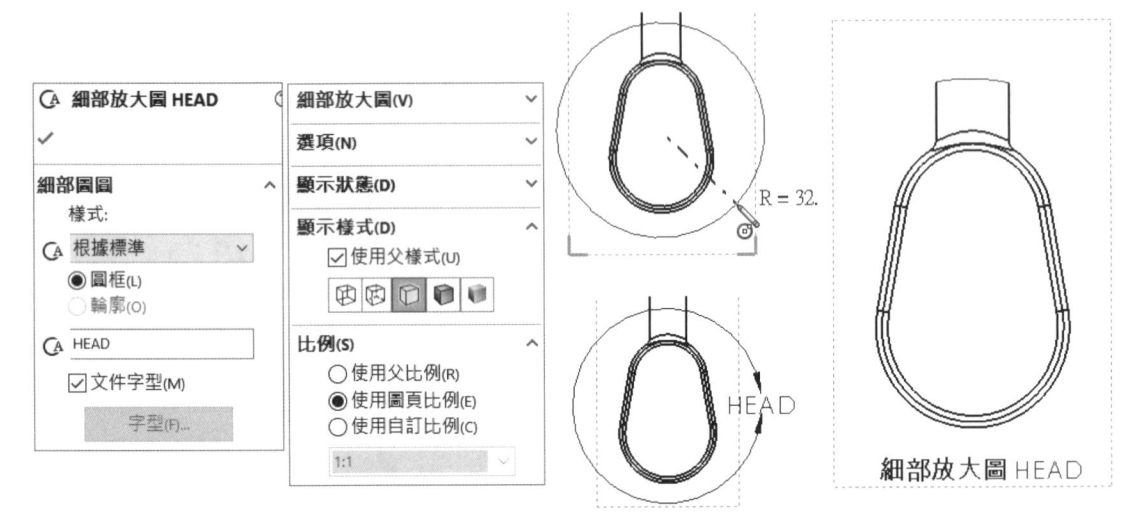

● 圖 12-11　建立細部放大圖

> **技巧**
> 要移動視圖，請拖曳邊框或在視圖內按 **Alt+ 拖曳**即可。

12.4 工程圖頁與圖頁格式

工程圖頁就像一張工程圖紙，工程圖頁裡面放置視圖、尺寸和註記等；而包含在工程圖頁內部的則是圖頁格式，圖頁格式包含圖頁邊框、標題欄及相對應文字。

指令TIPS　工程圖頁與圖頁格式

- 功能表：**編輯**→**圖頁格式**。
- 功能表：**編輯**→**圖頁**。
- 快顯功能表：在工程圖頁按滑鼠右鍵，點選**編輯圖頁格式**。
- 快顯功能表：在圖頁格式頁面上按滑鼠右鍵，點選**編輯圖頁**。

12.4.1 加入工程圖頁

在工程圖檔案中可以建立多張圖頁,一張圖頁可包含多個視圖。而包含了機械加工零件視圖的第二張圖頁,將加入至本章的工程圖檔案中。

> **指令TIPS** 加入工程圖頁
>
> - 點選工程圖頁底部標籤,按**加入圖頁** 圖頁1 。
> - 功能表:**插入→圖頁**。
> - 快顯功能表:在工程圖頁按滑鼠右鍵,點選**新增圖頁**。

STEP 8 加入圖頁

按**加入圖頁** ,增加一張新的工程圖頁,選擇 A(ANSI) 縱向格式。

STEP 9 重新命名

在新圖頁標籤上按滑鼠右鍵,點選**重新命名**,命名為 MACHINED,並重新命名 Sheet1 為 FORGED,如圖 12-12 所示,啟用圖頁 MACHINED。

◎ 圖 12-12 圖頁名稱

12.5 模型視角

模型視角是根據預先設定的視圖方向建立工程視圖,例如:上視圖、前視圖、等角視圖等,**視圖調色盤**僅可用於建立標準視圖。

> **指令TIPS** 模型視角
>
> - CommandManager:**工程圖→模型視角** 。
> - 功能表:**插入→工程視圖→模型**。
> - 快顯功能表:在繪圖區域按滑鼠右鍵,點選**工程視圖→模型**。

STEP 10 模型視角

使用 Ratchet Body 建立**模型視角**。從**參考模型組態**列表中選擇 Machined, Long "Machined"，方位點選 *** 上視**，**使用自訂比例**為 **1:2**，如圖 12-13 所示，按一下放置視圖後按**確定**。

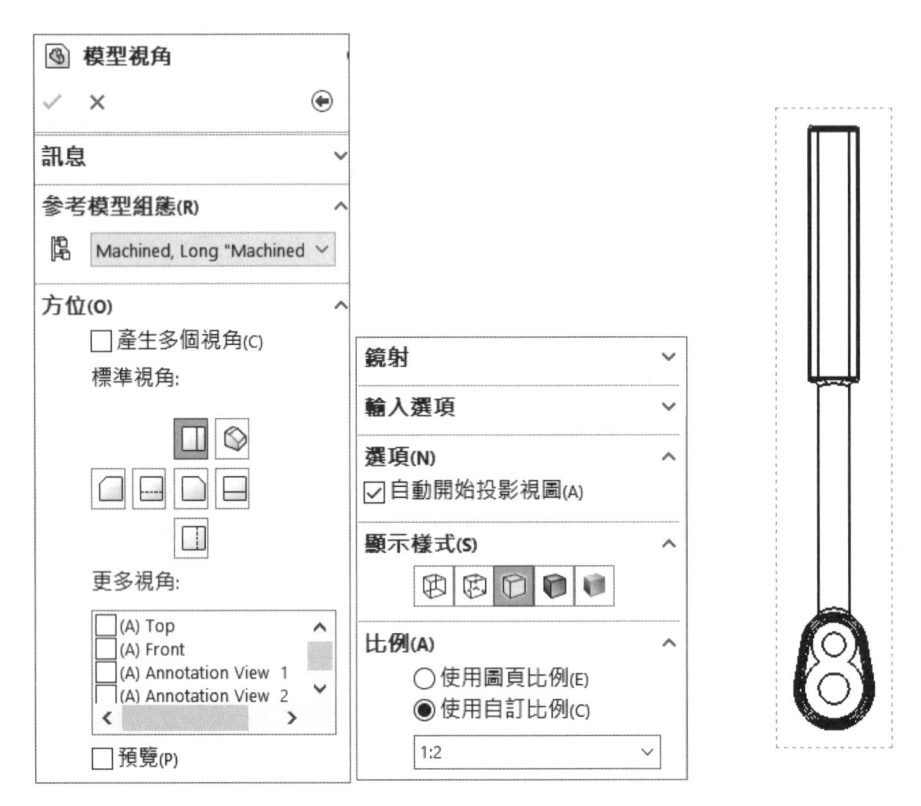

◉ 圖 12-13　模型視角

◆ 旋轉模型視角

旋轉模型視角指令可用來旋轉單一視角，並輸入旋轉角度。

指令TIPS　旋轉模型視角

- 立即檢視工具列：**旋轉模型視角** ↻。

STEP 11 旋轉模型視角

選擇視圖，按**旋轉模型視角** ↻，輸入工程視圖角度 -90，按**套用**，如圖 12-14 所示，確定旋轉後，按**關閉**。

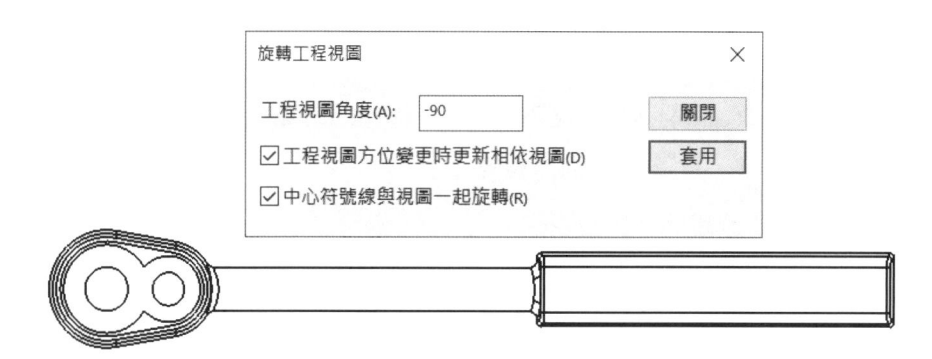

◉ 圖 12-14 旋轉模型視角

STEP 12 加入細部放大圖

加入細部放大圖，命名為 HOLES，如圖 12-15 所示。

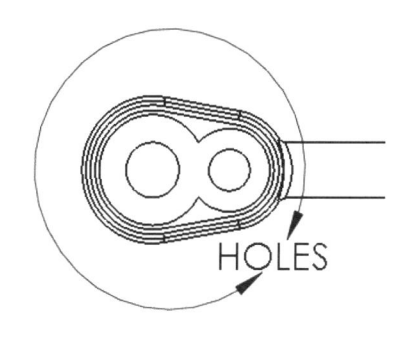

◉ 圖 12-15 加入細部放大圖

STEP 13 移除相切面交線

在細部放大圖按滑鼠右鍵，點選**相切面交線→移除相切面交線**，如圖 12-16 所示。

細部放大圖 HOLES

◉ 圖 12-16 移除相切面交線

12.6 剖面視圖

剖面視圖是用來表現從現有視圖被剖開後，帶有剖面線的新工程視圖，並與父視圖自動對正。剖面視圖可清楚檢視模型內部結構，以及隱藏線所不能清楚表達的部份。

指令TIPS 剖面視圖

- CommandManager：**工程圖→剖面視圖**。
- 功能表：**插入→工程視圖→剖面視圖**。
- 快顯功能表：在繪圖區域按滑鼠右鍵，點選**工程視圖→剖面視圖**。

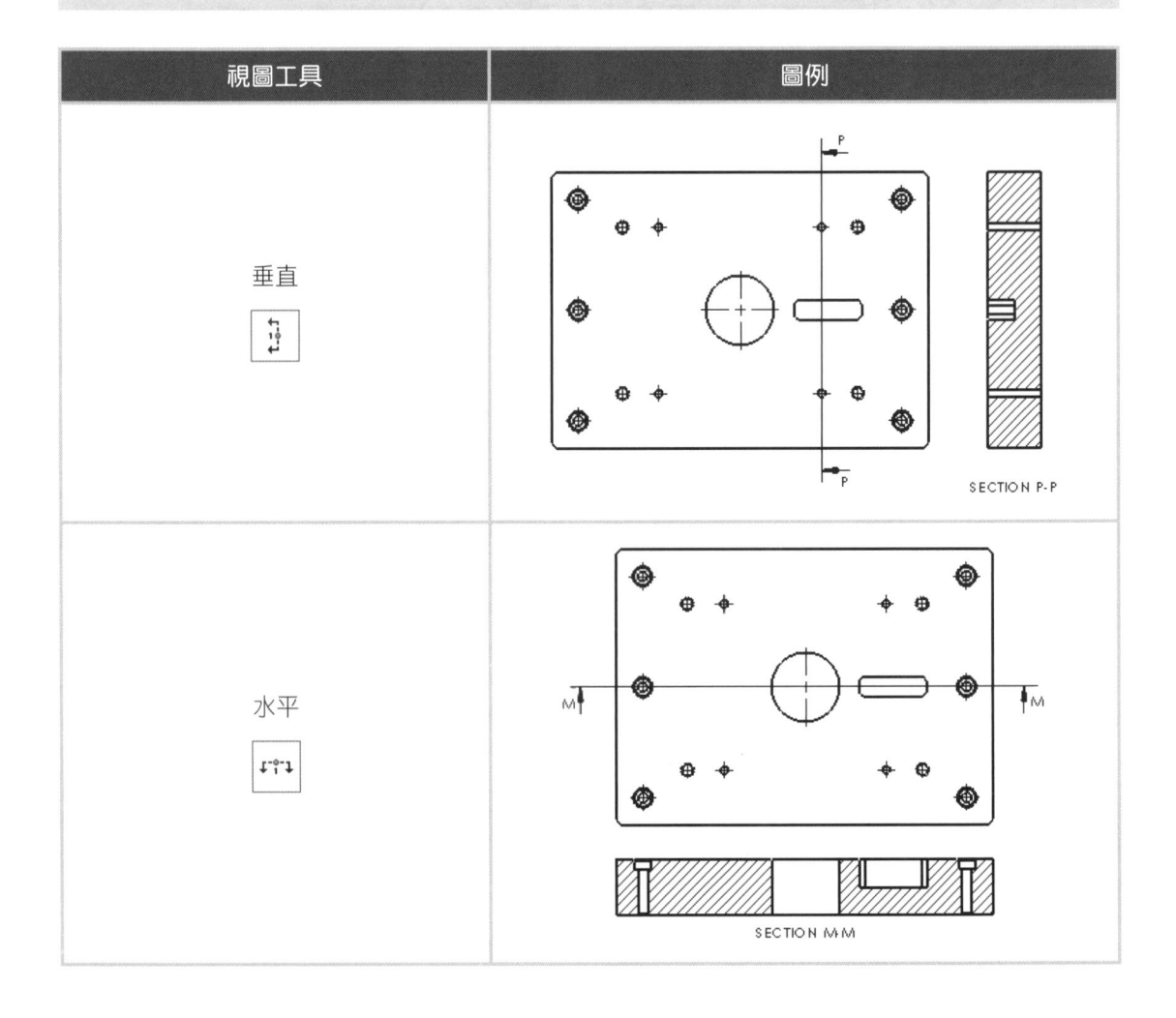

視圖工具	圖例
垂直	SECTION P-P
水平	SECTION M-M

使用工程圖 12

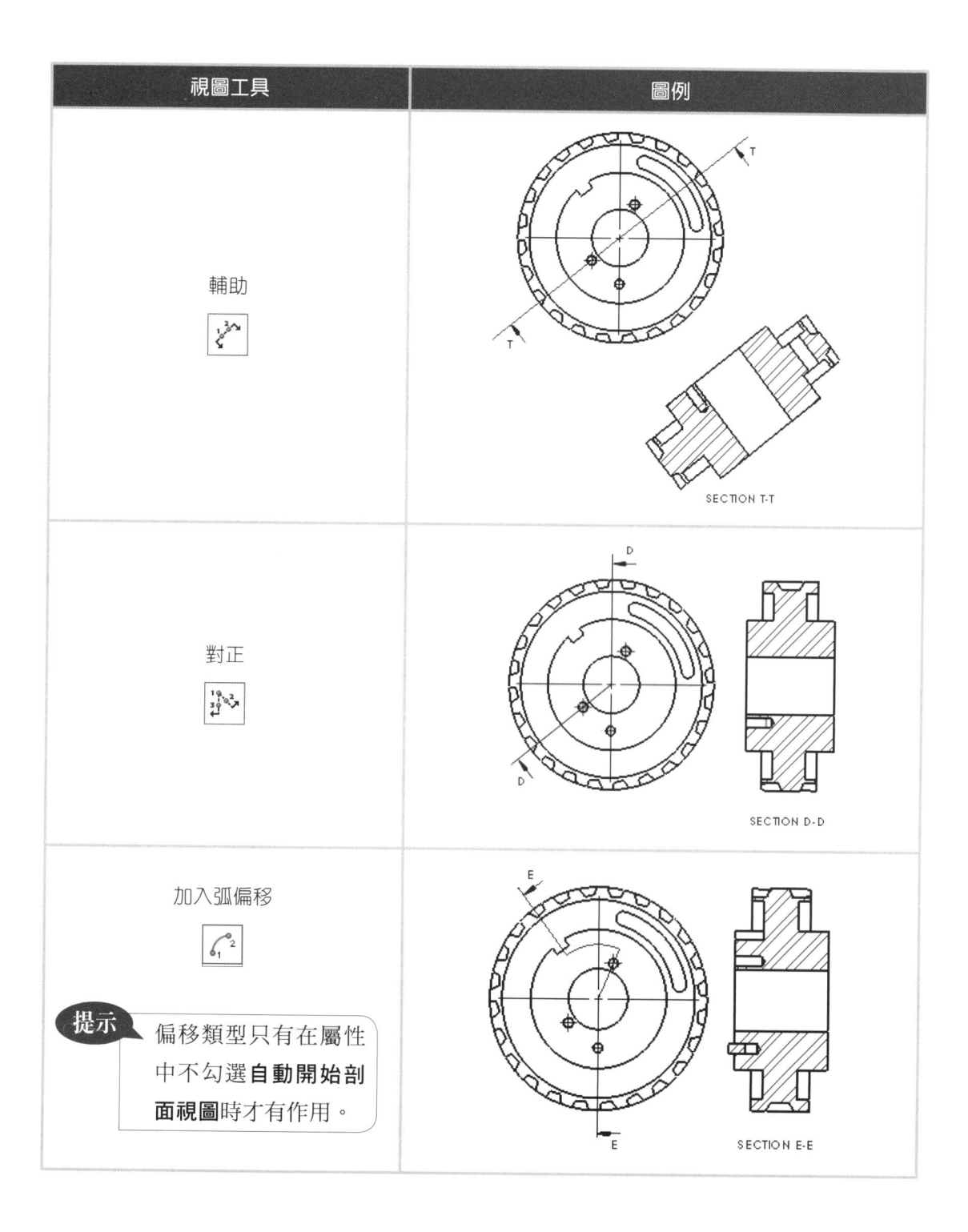

視圖工具	圖例
輔助	SECTION T-T
對正	SECTION D-D
加入弧偏移	SECTION E-E

> **提示**：偏移類型只有在屬性中不勾選**自動開始剖面視圖**時才有作用。

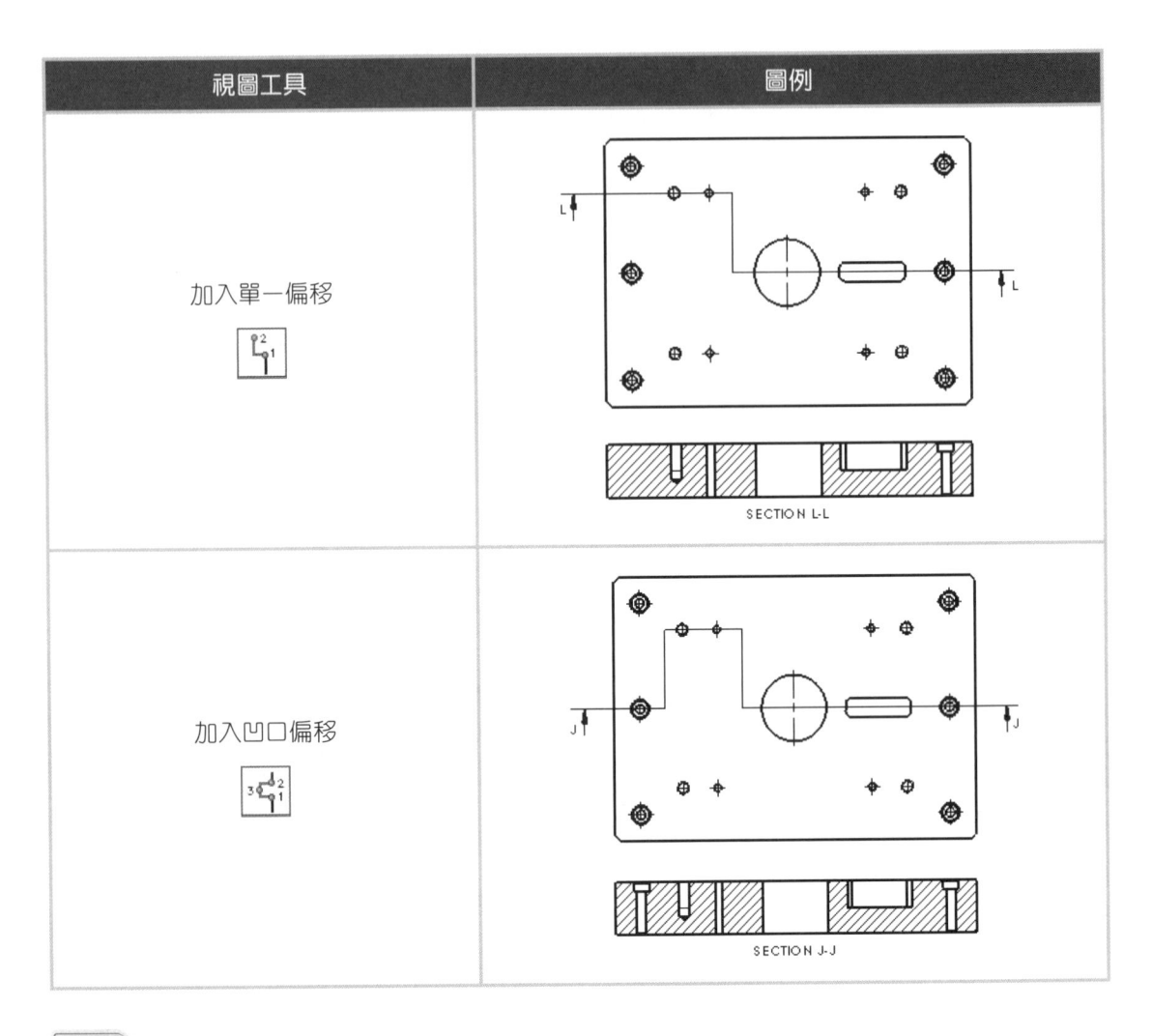

視圖工具	圖例
加入單一偏移	SECTION L-L
加入凹口偏移	SECTION J-J

STEP 14 建立細部放大圖的剖面視圖

按**剖面視圖**，使用**水平除料線**與**自動開始剖面視圖**，選擇中心點建立細部放大圖的剖面圖，如圖 12-17 所示。

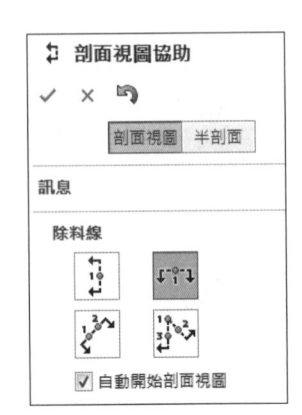

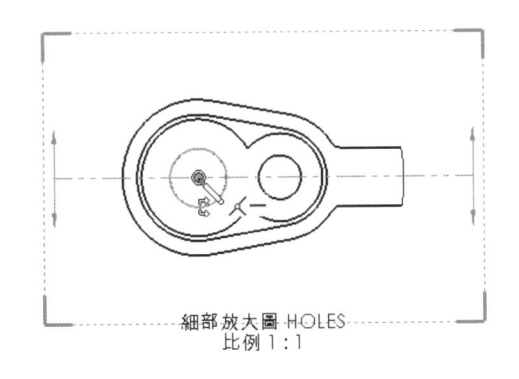

圖 12-17 建立細部放大圖的剖面圖

使用工程圖 **12**

STEP 15 放置視圖

設定下列視圖屬性,並命名為 A:

- **輸入註記來源**:清除**輸入註記**。
- **顯示樣式**:勾選**使用父樣式**。
- **比例**:勾選**使用父比例**。

在視圖下方放置剖面視圖,如圖 12-18 所示,按**確定**。

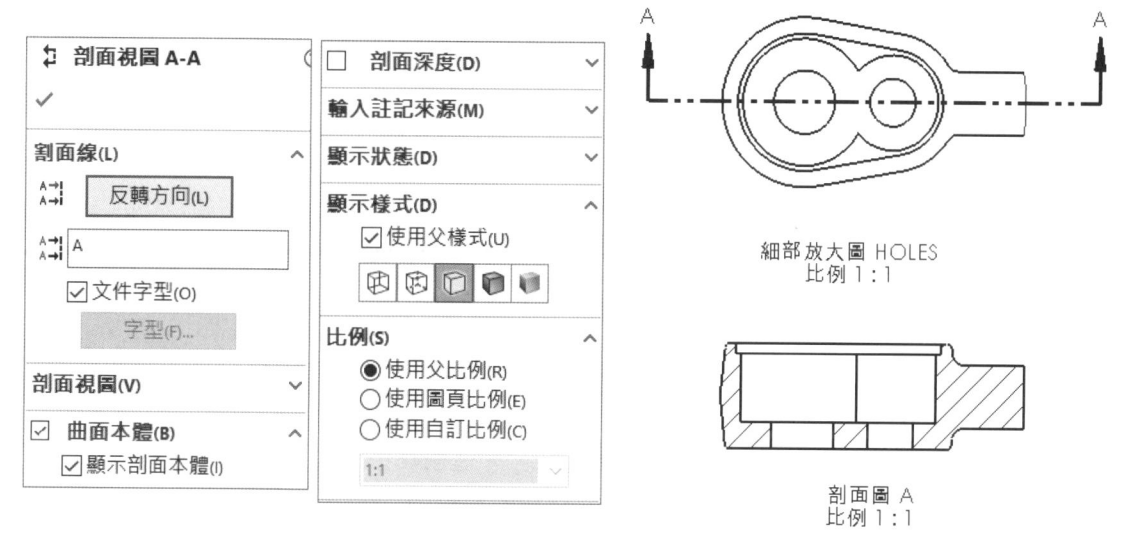

● 圖 12-18　放置剖面視圖

STEP 16 加入模型視角

加入模型視角,選擇 Machined, Long "Machined" 模型組態產生等角視圖。**使用自訂比例 1:4**,顯示樣式**帶邊線塗彩**,視圖放在圖頁右上角,如圖 12-19 所示。

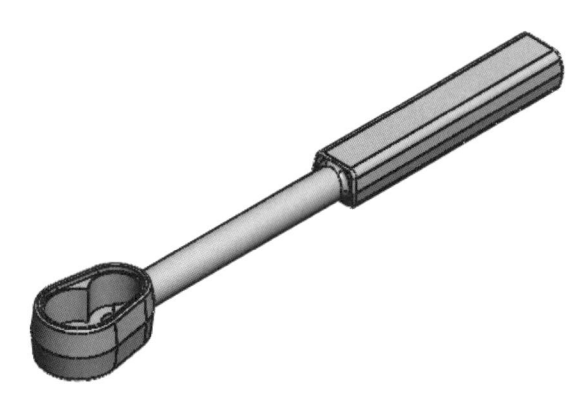

● 圖 12-19　加入模型視角

12-15

12.7 註記

註記是以符號形式顯示在工程圖上,用來加強表達零件加工、組裝訊息。工程圖提供多種註記類型,其中又以文字表達的**註解**最普遍。

12.7.1 工程圖屬性

工程圖具有以下系統定義的屬性。

屬性名稱	數值
SW- 目前的圖頁(Current Sheet)	啟用中的圖頁編號
SW- 圖頁格式大小(Sheet Format Size)	啟用中的圖頁大小
SW- 圖頁名稱(Sheet Name)	啟用中的圖頁名稱
SW- 圖頁比例(Sheet Scale)	啟用中的圖頁比例
SW- 範本大小(Template Size)	工程圖範本大小
SW- 圖頁總和(Total Sheets)	啟用中的圖頁總張數

此外,您可存取在工程視圖中顯示的模型屬性。這些屬性都可連結至註解中。

12.7.2 註解

註解指令可以加入文字備註至工程圖或模型中。建立註解時,可以選擇帶導線或不帶導線。其他選項包括:是否使用符號、插入超連結以及連結至屬性。

指令TIPS 註解

- CommandManager:**註記**→**註解 A**。
- 功能表:**插入**→**註記**→**註解**。
- 快顯功能表:在繪圖區域按滑鼠右鍵,點選**註記**→**註解**。

操作步驟

STEP 1 視圖中加入註解

按**註解 A**,點選模型視圖,輸入"模型組態",按 **Enter**,如圖 12-20 所示。

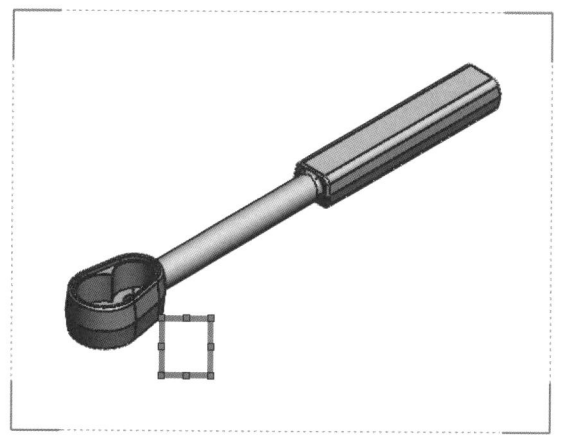

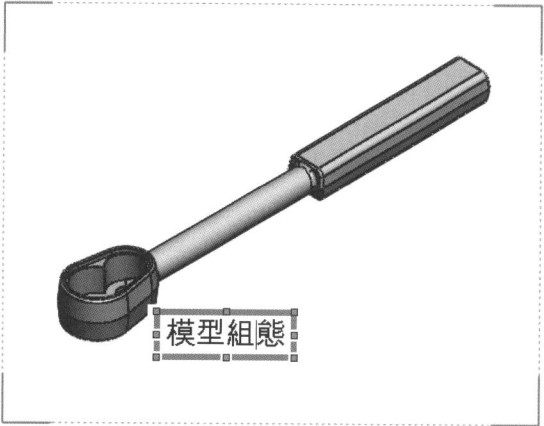

使用工程圖 **12**

◉ 圖 12-20　視圖中加入註解

> **技巧**
> 在視圖框內放置註解，註解將連結到視圖並會隨著視圖移動，您還可以連結模型屬性至註解，以呈現在視圖中。

STEP▶ 2　連結至屬性

按**連結至屬性**，選取**這裡找到的模型**→**目前的工程視圖**，從屬性名稱下拉列表中選取「SW- 組態名稱（Configuration Name）」，按**確定**，如圖 12-21 所示。

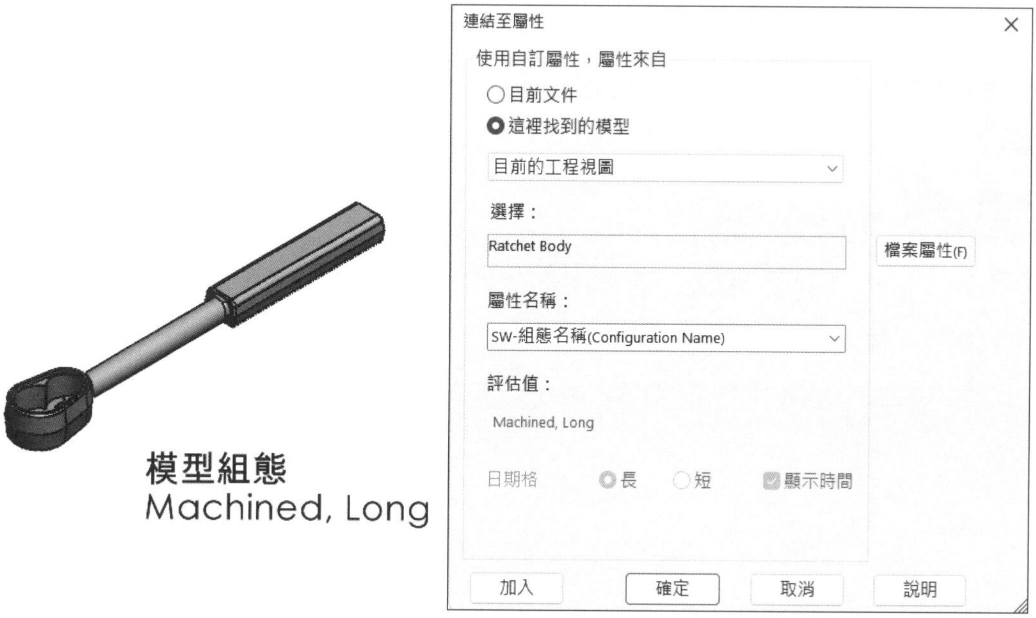

◉ 圖 12-21　連結至屬性

12-17

12.7.3 複製視圖

您可以在相同圖頁、不同圖頁、兩個工程圖之間複製和貼上視圖。

STEP 3 複製貼上

點選視圖按 **Ctrl+C** 複製，再點選工程圖空白處，按 **Ctrl+V** 貼上，如圖 12-22 所示。在新工程視圖屬性中，改變模型組態為 Machined, Short。

模型組態
Machined, Long

模型組態
Machined, Short

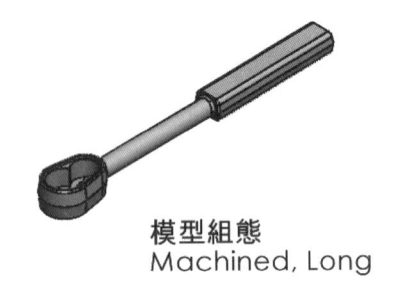

◉ 圖 12-22 複製貼上

12.7.4 基準特徵符號

基準特徵符號可以加入到工程視圖的面投影邊線上（包含輪廓線），以定義零件的基準面。

指令TIPS 基準特徵符號

- CommandManager：**註記→基準特徵** 🅰 。
- 功能表：**插入→註記→基準特徵符號**。
- 快顯功能表：在繪圖區域按滑鼠右鍵，點選**註記→基準特徵符號**。

使用工程圖 12

STEP 4 加入基準特徵符號

按**基準特徵符號**，選取剖面圖 A 的水平直線，移動游標到左下方，放置基準特徵符號 A。再至細部放大圖的圓弧上放置另一個基準 B，如圖 12-23 所示。

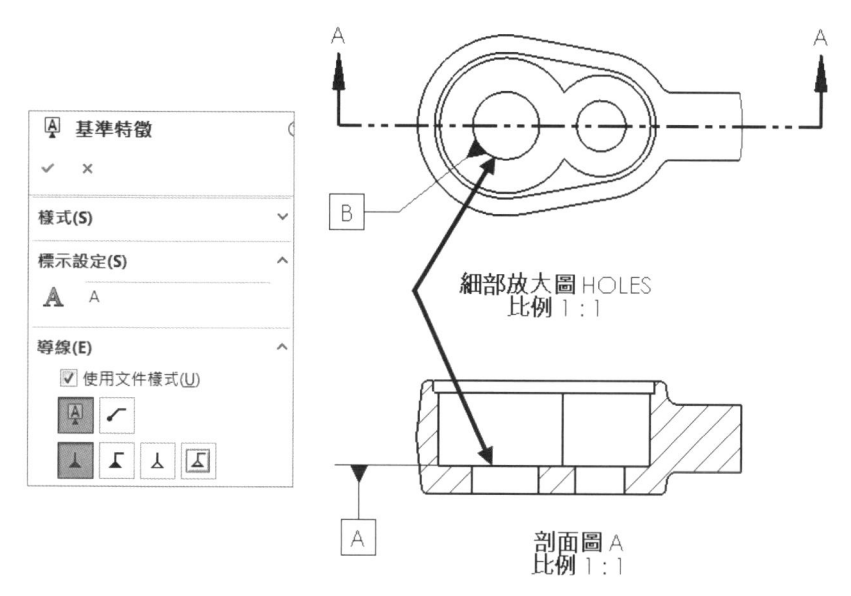

● 圖 12-23　加入基準特徵符號

12.7.5　表面加工符號

表面加工符號是用來指定零件表面紋路的加工精度符號。

> **指令TIPS　表面加工符號**
>
> - CommandManager：**註記**→**表面加工**√。
> - 功能表：**插入**→**註記**→**表面加工符號**。
> - 快顯功能表：在繪圖區域按滑鼠右鍵，點選**註記**→**表面加工符號**。

STEP 5 加入表面加工符號

按**表面加工** √，選擇**必須切削加工**，點選剖面圖 A 的水平直線，按**確定**，向左拖曳符號至視圖外側，如圖 12-24 所示。

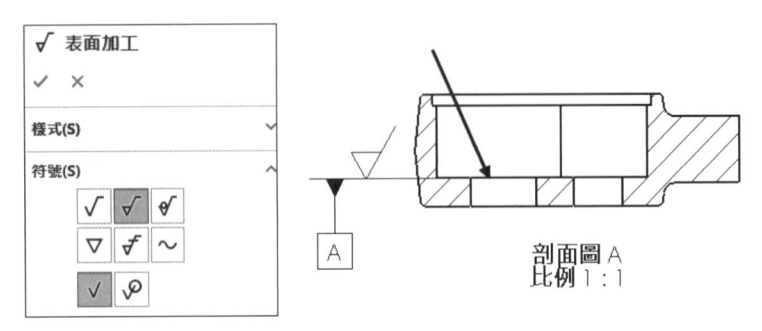

● 圖 12-24 加入表面加工符號

STEP 6 標註尺寸

如圖 12-25 所示，使用**智慧型尺寸** 標註尺寸。尺寸 0.949 的 3 個小數點是依文件屬性設定，下面步驟將修改這個尺寸。

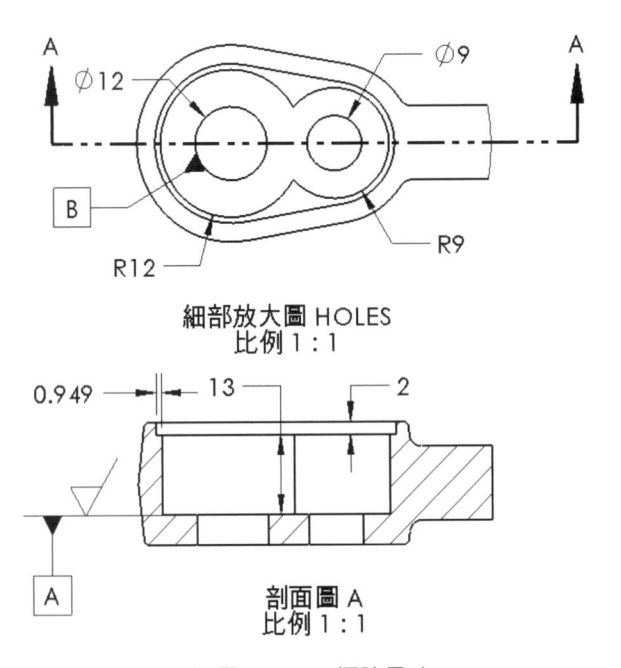

● 圖 12-25 標註尺寸

> 提示　要加入模型尺寸到視圖中也可以用**插入模型項次**。

12.7.6 尺寸屬性

選取尺寸後可以修改尺寸屬性，選項由三個標籤組成：**值**、**導線**和**其他**。

> **指令TIPS** 尺寸屬性
>
> - **尺寸** PropertyManager：**導線**。

STEP 7 修改尺寸為直徑顯示

按 Ctrl，在細部放大圖中點選 2 個半徑尺寸，在**尺寸** PropertyManager 選取**導線**標籤，點選**直徑**，修改成直徑顯示，如圖 12-26 所示。

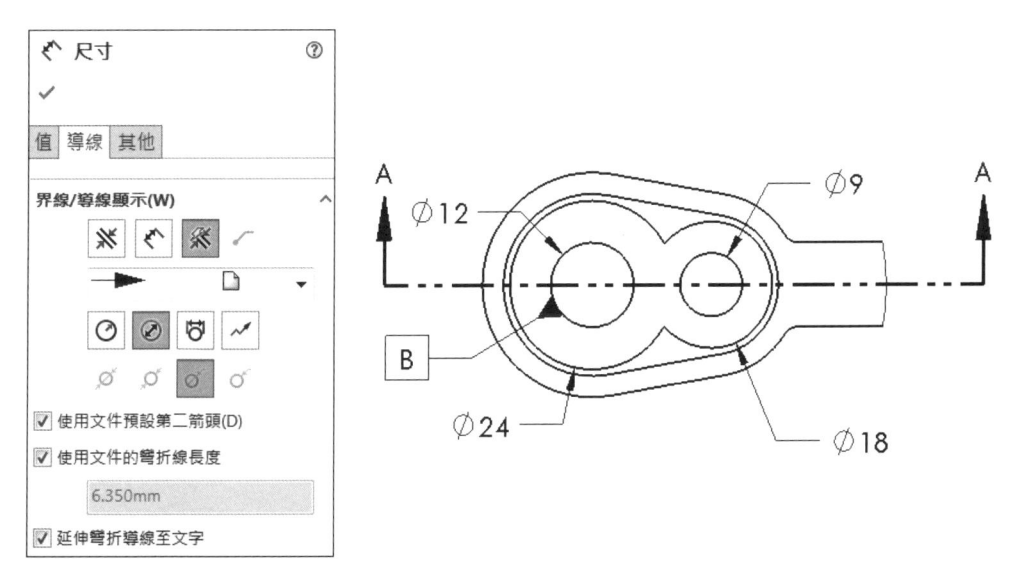

◉ 圖 12-26 修改半徑尺寸為直徑顯示

STEP 8 設定公差

點選尺寸 0.949，設定**公差 / 精度**如下（圖 12-27）：

- **公差類型**：上下極限公差。
- **最大變異**：0.1。
- **最小變異**：0.2。
- **單位精度**：.1。

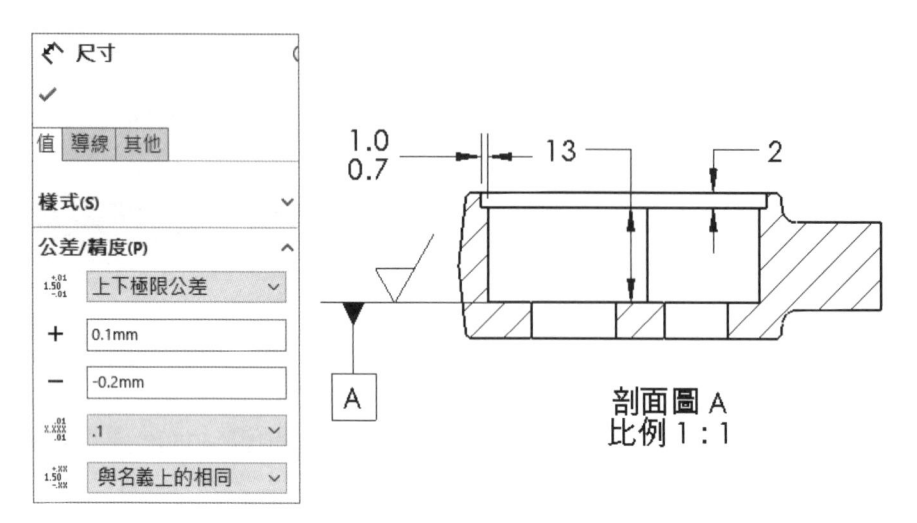

◉ 圖 12-27　設定公差

12.7.7　中心線

中心線可標記直線及圓弧線的形式到視圖中。

> **指令TIPS**　中心線
>
> - CommandManager：**註記**→**中心線**。
> - 功能表：**插入**→**註記**→**中心線**。
> - 快顯功能表：在繪圖區域按滑鼠右鍵，點選**註記**→**中心線**。

STEP 9　加入中心線

按**中心線**，點選如圖 12-28 所示的兩個圓柱面，加入中心線。

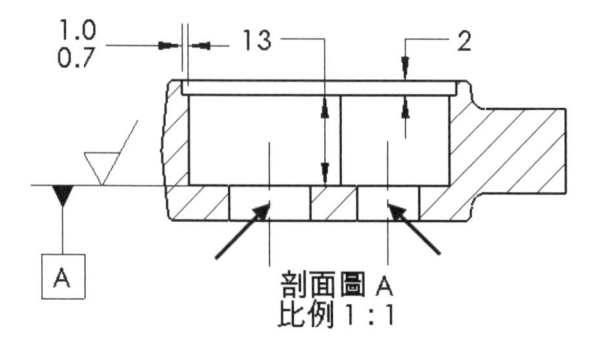

◉ 圖 12-28　加入中心線

12.7.8 幾何公差符號

幾何公差符號是使用特徵控制框架,將幾何公差加入至零件及工程圖中。SOLIDWORKS 支援 ANSI Y14.5 Geometric and True Position Tolerancing(ANSI Y14-5 幾何和真實位置公差)標準。

每個框架都由使用獨立功能表組成,並建立在相對的框架位置。

> **指令TIPS　幾何公差**
>
> - CommandManager:**註記**→**幾何公差**。
> - 功能表:**插入**→**註記**→**幾何公差**。
> - 快顯功能表:在繪圖區域按滑鼠右鍵,點選**註記**→**幾何公差**。

STEP 10　標註幾何公差

按**幾何公差**,選擇**無導線**。

STEP 11　最初符號

在工程圖空白區域按一下,系統顯示具有控制點的公差控制框架及公差指示器,如圖 12-29 所示,點選**正位度**,使其加入至框架中。

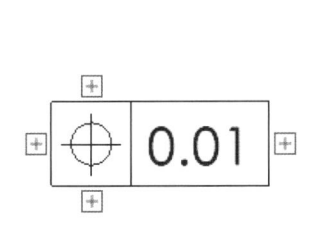

◎ 圖 12-29　公差控制框架

STEP 12 變更數值

第二個框架的數值變更為 0.10，加入直徑符號，按**完成**，如圖 12-30 所示。

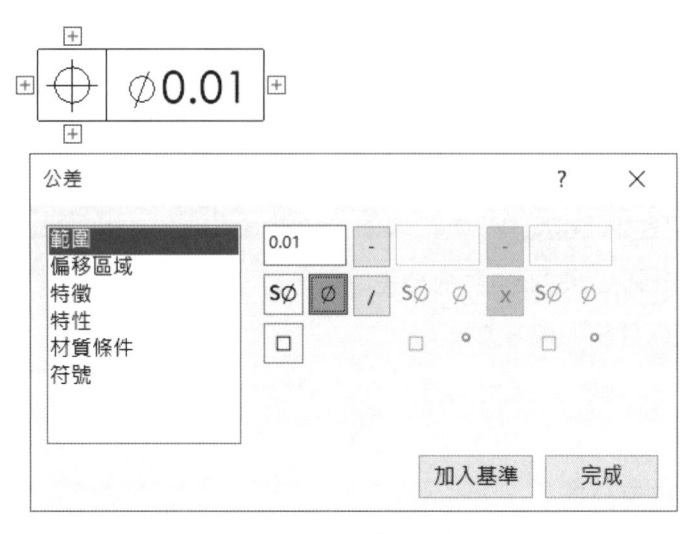

◉ 圖 12-30 變更數值

STEP 13 加入新框架

只要點選框架旁的任何加號，即可加入新框架。在右側的加號按一下，選項內有**基準**、**指標**和**文字方塊**，點選**基準**，並輸入 **B**，再點選**最大實體狀況** Ⓜ，按完成再按確定 ✓，如圖 12-31 所示。

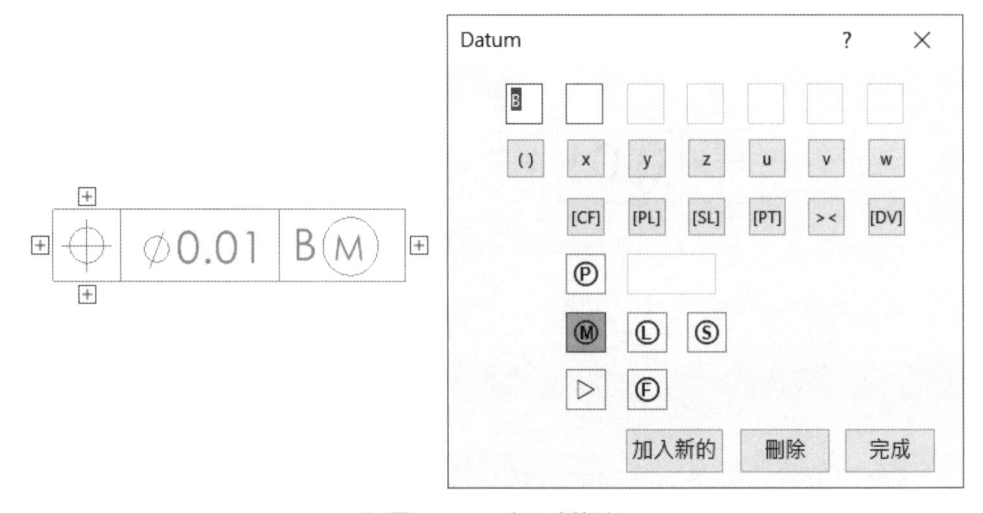

◉ 圖 12-31 加入新框架

使用工程圖 **12**

STEP 14 複製符號

選擇幾何公差符號，按**編輯→複製**；按一下圖頁空白處後，再按**編輯→貼上**。

在符號上快按滑鼠兩下編輯符號。

STEP 15 編輯左邊框架

點選左邊框架，選擇**垂直** ⊥，如圖 12-32 所示。

● 圖 12-32　編輯左邊框架

STEP 16 編輯中間的框架

點選中間框架，輸入"0.20"；按一下**符號**，再點選**最大實體狀況** Ⓜ，按**完成**，如圖 12-33 所示。

● 圖 12-33　編輯中間的框架

STEP 17 編輯右邊框架

點選右邊框架，輸入 A；取消選取**最大實體狀況** Ⓜ，按**完成**再按**確定** ✓，如圖 12-34 所示。

● 圖 12-34　編輯右邊框架

STEP 18 拖曳放置幾何公差

拖曳並放置幾何公差至尺寸上，如圖 12-35 所示。公差附加在尺寸上並可隨尺寸移動。

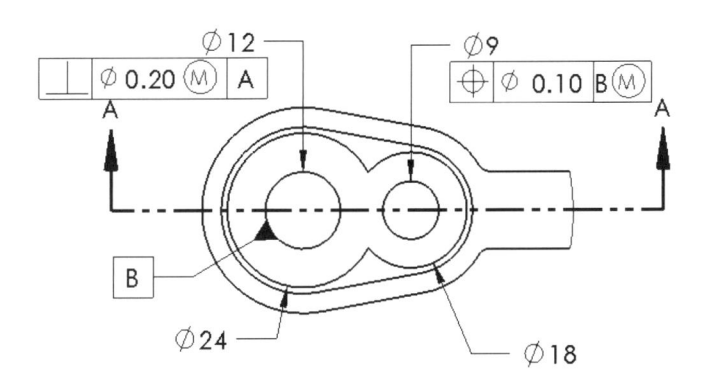

● 圖 12-35　拖曳放置幾何公差

12-25

STEP 19 移動視圖

在 FeatureManager（特徵管理員）中拖曳最後的視圖，放置於上方的 FORGED 圖頁中，工程視圖已被移至 FORGED 圖頁中，如圖 12-36 所示。

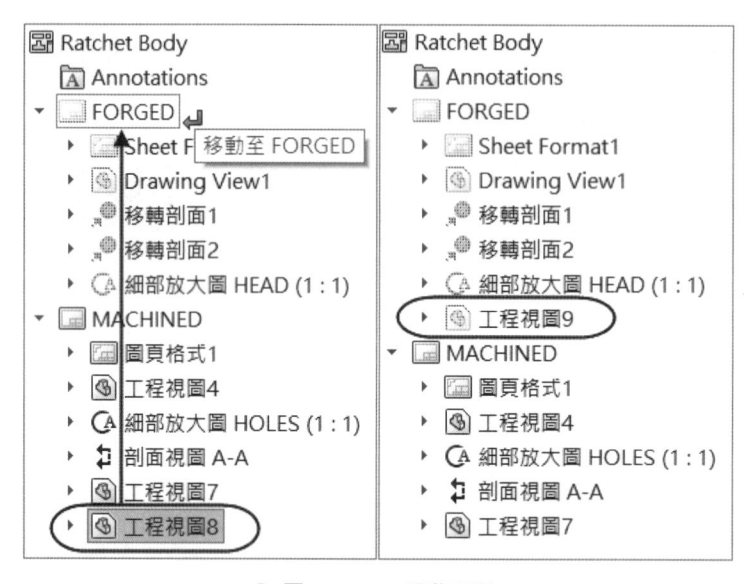

● 圖 12-36　移動視圖

STEP 20 切換圖頁

點選圖頁底部 FORGED 標籤，切換圖頁至 FORGED。

STEP 21 在圖頁中複製視圖

在 FORGED 及 MACHINED 圖頁中再一次複製視圖並變更模型組態，如圖 12-37 所示。

使用**垂直對正原點**，對正視圖。

模型組態
Forged, Long

模型組態
Forged, Short

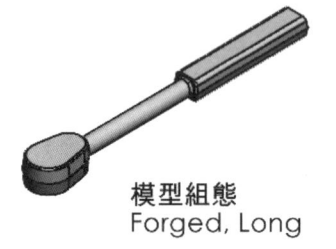

● 圖 12-37　複製視圖

使用工程圖 **12**

STEP 22 加入尺寸、中心線

使用**智慧型尺寸** 標註如圖 12-38 所示的尺寸。

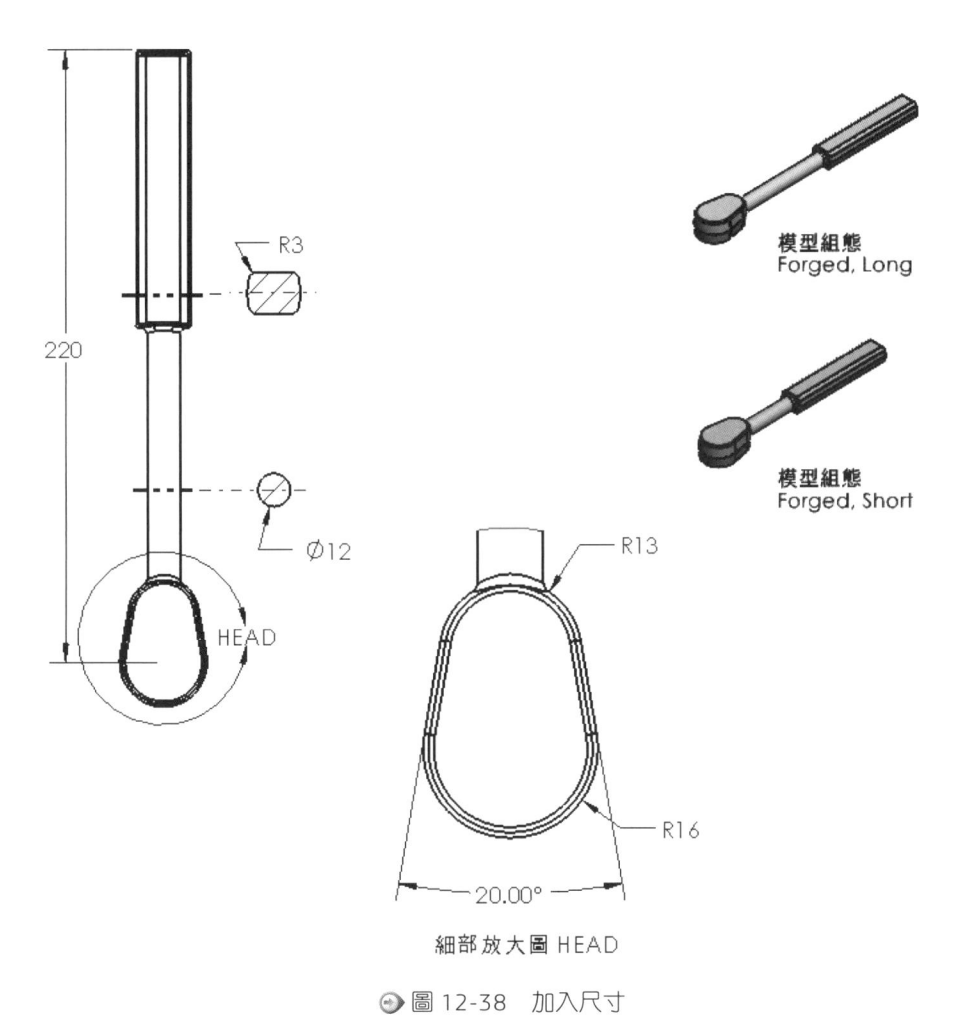

模型組態
Forged, Long

模型組態
Forged, Short

細部放大圖 HEAD

◉ 圖 12-38　加入尺寸

12.7.9　尺寸文字

當您點選一個尺寸時，**尺寸文字**編輯框允許您可以在尺寸前加入、附加或取代文字。實際文字在欄位中顯示 <DIM>，點選 <DIM> 的前面或後面，可以加入文字或符號（用 Enter 鍵換行），刪除 <DIM> 則將刪除尺寸文字。

技巧

編輯框下方包括常見的符號，例如：直徑、角度、中心線等。

STEP 23 附加尺寸文字

選取視圖中的圓角半徑尺寸,將游標置於文字 R<DIM> 後面,按 Enter,輸入"TYP",再按**確定**,結果如圖 12-39 所示。

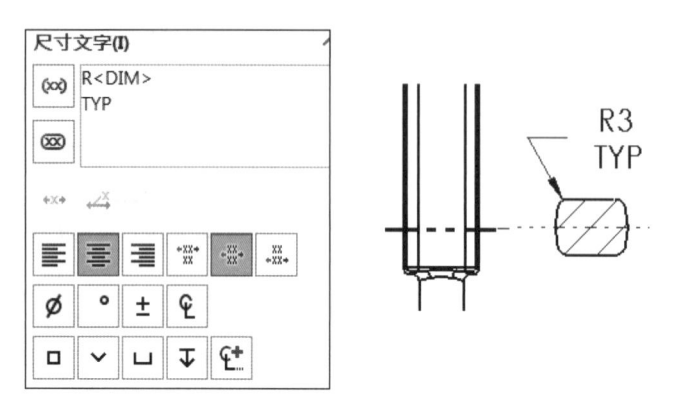

圖 12-39 附加尺寸文字

STEP 24 取代尺寸文字

點選 220 尺寸,刪除 <DIM>,訊息顯示:"取代尺寸值文字 <DIM> 會停用公差的顯示,您是否要繼續?",按**是**,輸入如圖 12-40 所示的文字,按**確定**。

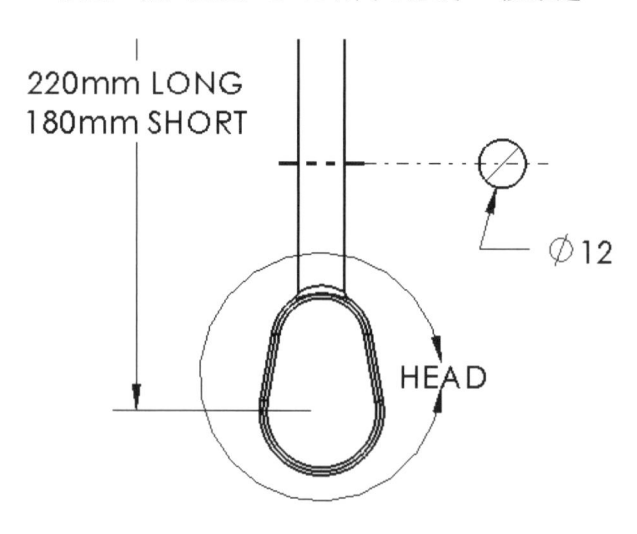

圖 12-40 取代尺寸文字

STEP 25 共用、儲存並關閉檔案

練習 12-1 細部放大圖和剖面視圖

請建立零件的多張工程圖,此練習可增強以下技能:

- 剖面視圖
- 細部放大圖
- 標註尺寸文字

單位:mm(毫米)

操作步驟

開啟零件 Details&Sections,建立以下工程圖。

◆ **圖頁 1**

使用 A3_Size_ANSI_MM 範本,建立如圖 12-41 所示的工程圖。註解用於說明,不應包含在圖形中。

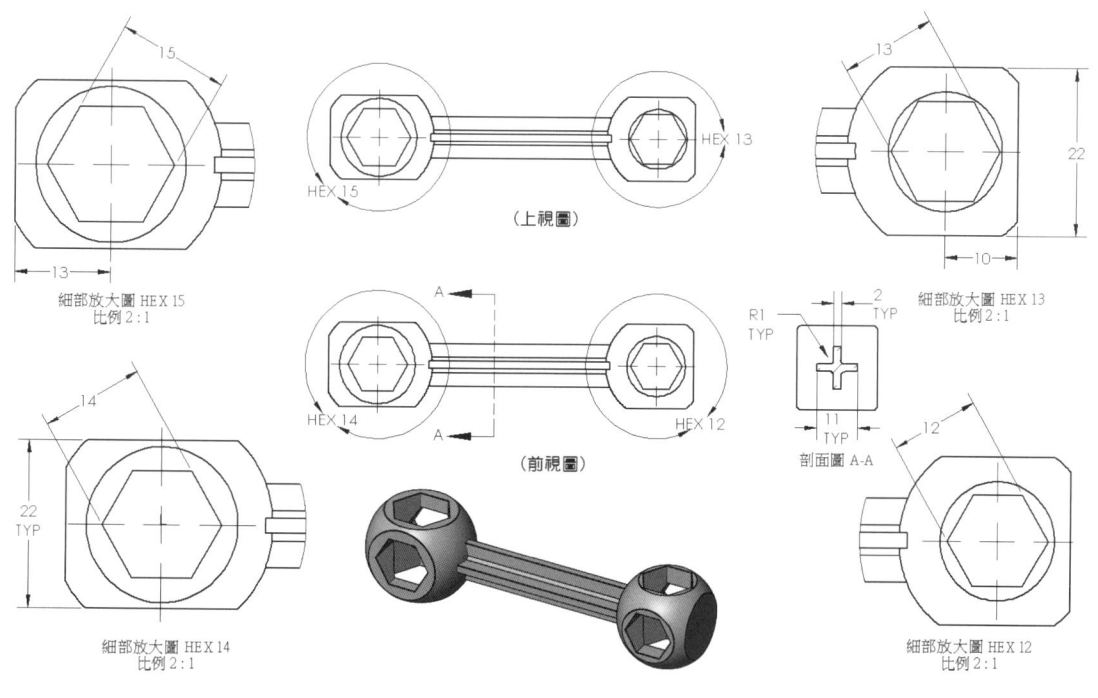

◉ 圖 12-41　圖頁 1

練習 12-2 移轉剖面

請建立零件的多視圖工程圖頁,此練習可增強以下技能:

- 移轉剖面
- 中心線
- 尺寸屬性
- 標註尺寸文字

單位:mm(毫米)

操作步驟

開啟零件 Removed Sections,使用 B_Size_ANSI_MM 範本,設定比例 1:2,利用移轉剖面指令建立如圖 12-42 所示的工程圖。

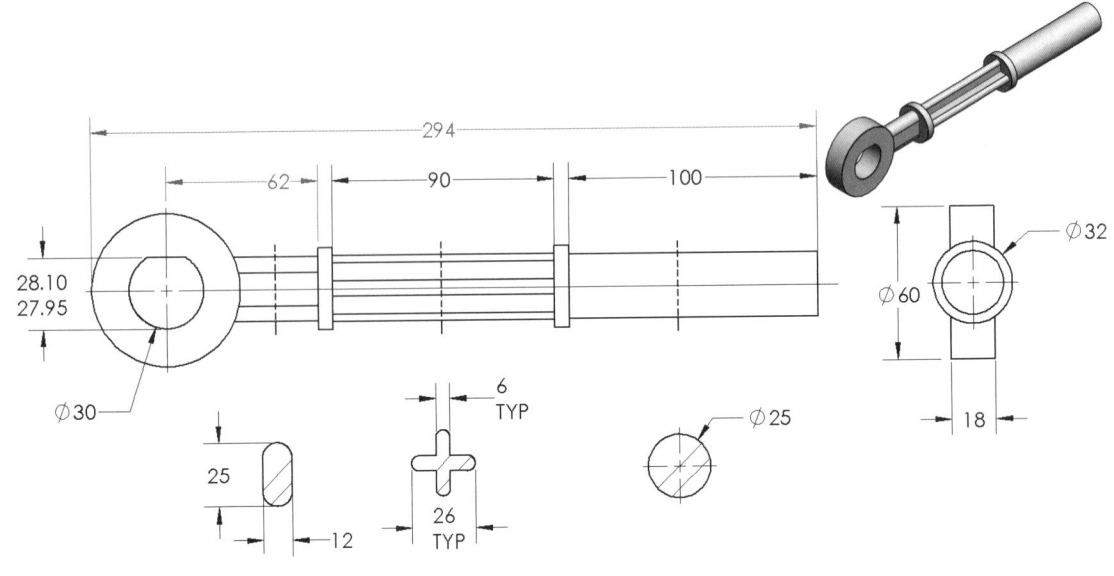

圖 12-42　工程視圖

練習 12-3 工程圖

請建立含模型組態零件的多視圖工程圖頁，此練習可增強以下技能：

- 剖面視圖
- 細部放大圖
- 註記

單位：mm（毫米）

操作步驟

使用零件 Design for Configs，建立 B-size 工程圖，如圖 12-43 所示。

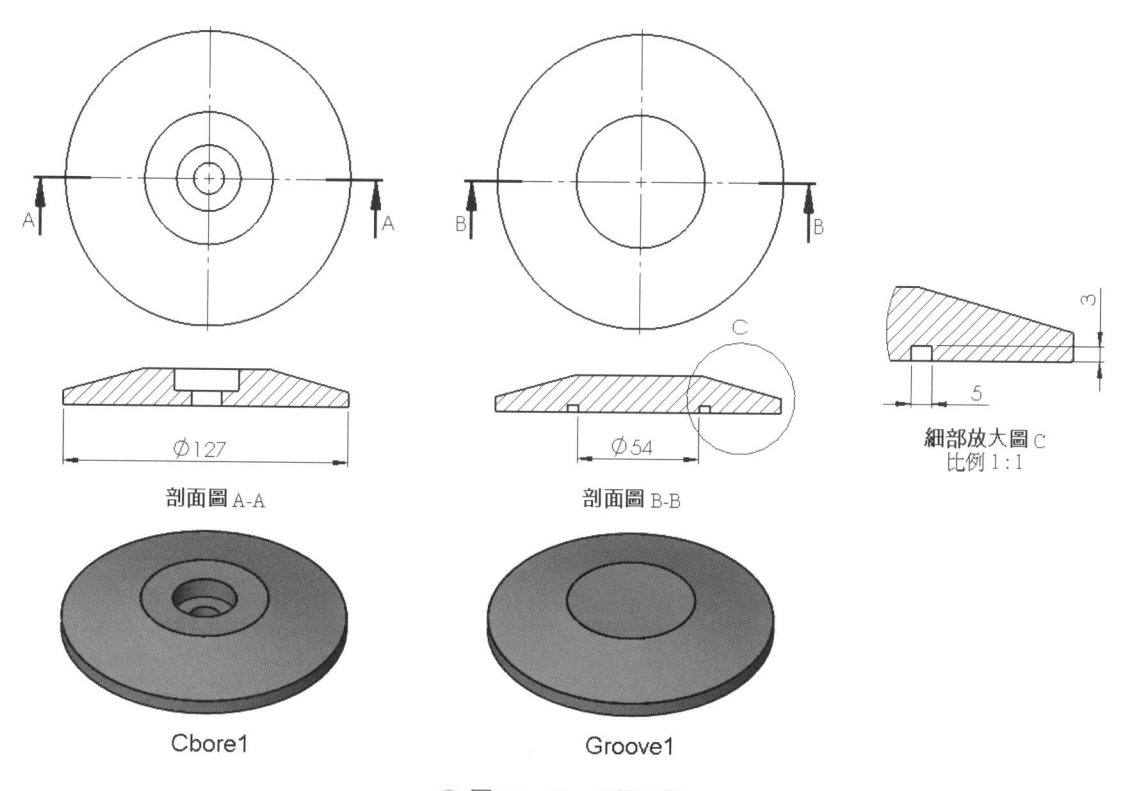

剖面圖 A-A

剖面圖 B-B

細部放大圖 C
比例 1:1

Cbore1

Groove1

圖 12-43　工程視圖

NOTE

13 由下而上模型組合法

順利完成本章課程後，您將學會：

- 建立新的組合件
- 使用各種技巧在組合件中插入零組件
- 在零組件之間加入結合關係
- 利用 FeatureManager（特徵管理員）中特定對組合件的功能來控管組合件
- 插入次組合件
- 在組合件中使用零件的模型組態

13.1 實例研究：萬向接頭

本章將以建立一個萬向接頭的組合件來介紹關於組合件建模的知識。此組合件包括一個次組合件和幾個零組件。

13.2 由下而上的模型組合法

在組合件中加入已有的零件並調整其方向的方法稱為由下而上組合。加入到組合件的零件稱為零組件，在組合件內使用**結合**調整它們的方向和位置。結合會在零組件之間的點、線或面加入關聯。

13.2.1 過程中的關鍵階段

以下為組合件模組化過程的一些關鍵知識。

- **建立新組合件**

    建立組合件的方法和建立零件相同。

- **加入第一個零組件**

    加入零組件有幾種方法，例如：從開啟的零件視窗或檔案總管拖曳到組合件中。

- **第一個零組件的位置**

    組合件加入的第一個零組件會自動設為固定狀態，其他零組件可以加入後再定位。

- **FeatureManager（特徵管理員）與符號**

    組合件的 FeatureManager（特徵管理員）中包含許多符號、字首或字尾，系統利用它們提供組合件和其他零組件的訊息。

- **零組件之間的結合**

    要定位或定向零組件時，可用結合指令來參考到其他零組件，結合關係會凍結零組件的自由度。

- **次組合件**

    在目前的組合件中亦可以新建或插入一個組合件，系統會把次組合件當作一個零組件來處理。

13.2.2 組合件的組成

本章利用現有零件進行萬向接頭的組裝,此組合件是由數個零件和一個次組合件所構成,如圖 13-1 所示。

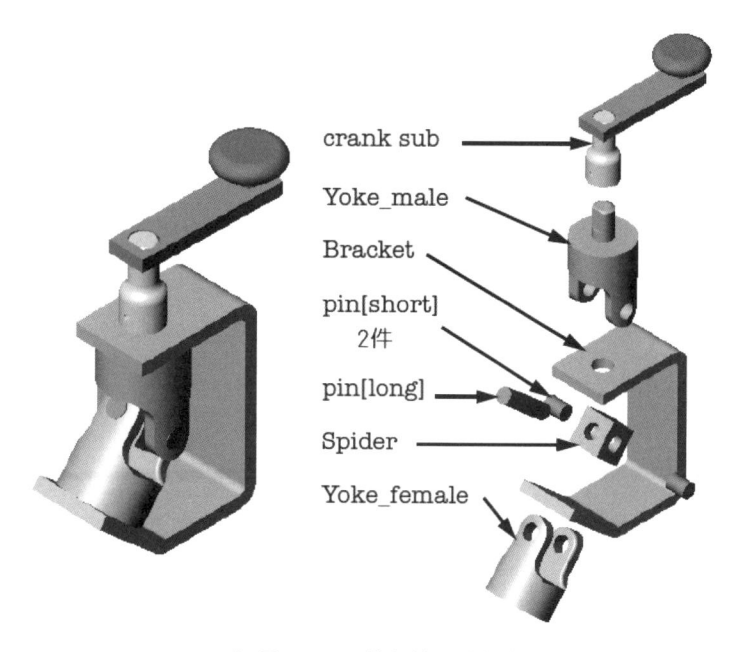

◉ 圖 13-1　萬向接頭的組裝

操作步驟

STEP 1　開啟現有的零件

開啟現有零件 bracket,如圖 13-2 所示,此零件將做為新組合件的零組件。加入組合件的第一個零組件是不可移動的(固定),在預設為固定的情況下,其他零件將可與它結合而不需拖曳或移動整個組合件。

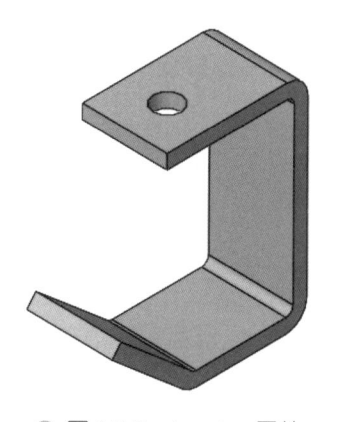

◉ 圖 13-2　bracket 零件

13.3 建立新組合件

組合件可以新建，或從一個已開啟的零件或組合件建立。新組合件包含：原點、3 個標準基準面和一個**結合**資料夾。

> **指令TIPS** 從零件 / 組合件中產生組合件
>
> 使用**從零件 / 組合件中產生組合件**指令，從已開啟的零件中建立新組合件，此零件會作為新組合件中第一個且被固定的零組件。
>
> **操作方法**
> - 標準工具列：**開新檔案** → **從零件 / 組合件中產生組合件**。
> - 功能表：**檔案 → 從零件產生組合件**。

> **提示** 若要讓使用者選擇範本，可以在**工具 → 選項 → 系統選項 → 預設範本**，點選**提示使用者選擇文件範本**。

新組合件可以按**開啟新檔**，再選擇組合件範本。

STEP 2 選擇範本

按**從零件 / 組合件中產生組合件**，在新 SOLIDWORKS 文件對話方塊中，選擇 Training Templates 標籤中的 Assembly_MM 範本，如圖 13-3 所示。

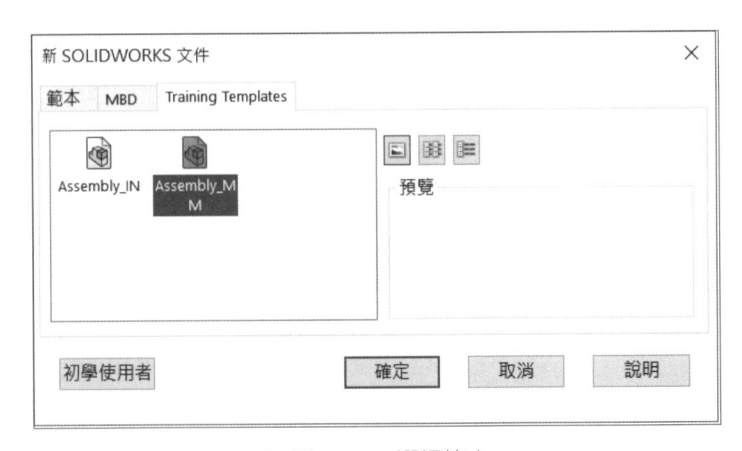

● 圖 13-3 選擇範本

由下而上模型組合法 **13**

> **提示** 組合件單位可以與零件不同。例如：把公制單位的零件組合到英制單位的組合件中。當組合件編輯零件尺寸時，將用組合件單位來顯示尺寸，而不使用零件本身的單位。在**工具→選項→文件屬性→單位**，可以查看組合件單位，並根據需要來改變單位。

STEP 3　放置零組件

移動游標把零件放在原點，或按**確定**，如圖 13-4 所示。

對於**插入時固定 / 浮動零組件**選項，可點選**僅固定第一個零組件**。

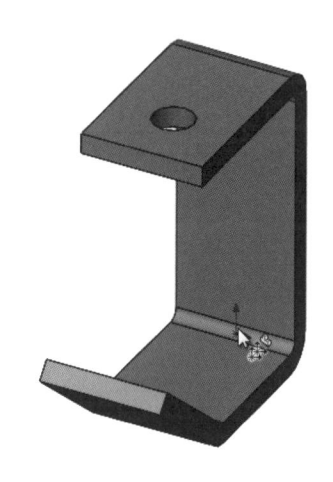

◉ 圖 13-4　放置零組件

STEP 4　儲存並關閉零件檔案

儲存組合件，命名為 Universal Joint（萬向接頭），組合件副檔名為 *.sldasm，關閉零件 bracket。

13-5

13.4 第一個零組件的位置

依預設，插入組合件的第一個零組件狀態是**固定**的，固定的零組件不能被移動，並要固定於放置組合件的地方。在放置零組件時，直接按確定符號，或移動游標至原點上，並點選放置，使零件原點重合於組合件原點處，這代表零組件與組合件的基準面結合在一起，且該零件已完全定義。

您可以考慮一下組裝洗衣機的情況：第一個零件應該是框架，其他零組件則安裝在框架上。將零件與組合件基準面對齊，建立所謂的產品空間。汽車製造商稱之為汽車空間，這些空間都提供框架，以放置其他零組件。

13.5 FeatureManager（特徵管理員）及符號

在組合件的 FeatureManager（特徵管理員）中的資料夾和符號與零件稍有不同，而且有些名詞是組合件特有的。

13.5.1 自由度

零組件在組合件結合或定位之前有 6 個自由度：沿 X、Y、Z 軸移動或繞著相同的軸旋轉，如圖 13-5 所示。零組件在組合件中如何運動，取決於自由度，利用**固定**和**插入結合條件**可以限制零件自由度。

圖 13-5　自由度

13.5.2 零組件

插入組合件的零件 Bracket 與零件的 FeatureManager（特徵管理員）的圖示一樣，如圖 13-6 所示；同樣地，插入的次組合件其圖示也和在組合件時一樣，這些零組件和次組合件的特徵都可存取使用。

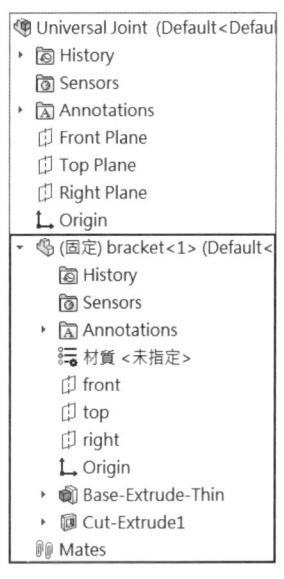

◉ 圖 13-6　組合件中的零組件圖示

● **零組件資料夾**

每個零組件資料夾都包含該零組件的完整內容，包括所有特徵、基準面和軸。

> **提示**　若零組件為組合件（可稱為次組合件），其資料夾內也都包含次組合件內所有的零件資訊。

● **零組件名稱**

在 FeatureManager（特徵管理員）中顯示的零組件名稱已顯示大量的訊息，如圖 13-7 所示。

◉ 圖 13-7　零組件名稱

● **零組件狀態**

以下幾種符號用來定義零組件在組合件 FeatureManager（特徵管理員）中的狀態，類似草圖狀態符號。

- **固定** ⓖ (固定) bracket<1>：零組件名稱前面有 "固定" 文字，表示零組件固定於目前位置，並未有結合關係。
- **不足定義** ⓖ (-) Yoke_male<1>：零組件位置**不足定義**時，顯示組合件仍保留有一些自由度。

- **完全定義** Yoke_female<1>：沒有狀態指示的零組件，顯示在組合件位置已是**完全定義**的。
- **過多定義** (+) pin<1>：零組件定位互相衝突時，會導致**過多定義**的結果。另一個錯誤是**無解的**，以問號顯示錯誤狀態。

● 檔案名稱

列示的零組件或組合件名稱前顯示的圖示，可用來區分這是零件或組合件。

● 副本數

當組合件內部含有多個零組件副本時，用於區分不同的零組件副本所做的編號。副本被刪除後不會被重新計數，最大的副本數字，不代表副本的全部數量。

● 模型組態

組合件模型組態名稱為"Default"（預設），它是組合件中控制零組件的模型組態。

● 顯示狀態

本例顯示狀態為"Default<Display_State-1>"（預設 < 顯示狀態 -1 >），它是組合件中零組件的顯示狀態。

13.5.3 外部參考的搜尋順序

當任何父文件開啟時，所有被父文件所參考到的文件都會被載入記憶體。對於組合件來說，所有被載入記憶體的零組件，是根據每個零組件在組合件儲存時各自的抑制狀態而定。

系統會依照您指定的路徑搜尋參考文件，路徑可以是您最後開啟的一個文件，也可以是其他路徑。如果仍然無法找到參考文件，則系統會給您選項瀏覽找到這個文件，或者不載入這個文件直接開啟組合件。請參閱線上說明的「參考文件的搜尋常規」。

> **提示** 當您儲存父文件時，在父文件中所有更新過的參考路徑也都會被儲存。

13.5.4 檔案名稱

檔案名稱必須是唯一的，以避免錯誤的參考關係。SOLIDWORKS 無法同時開啟兩個相同名稱但是不同文件的零件。如果您有兩個具有相同名稱的不同零件，則組合件可能會使用到錯誤的零件。例如：

- 兩個不同的零件名稱都叫 "bracket"，且都儲存並關閉，當開啟一個有參考 "bracket" 零件的組合件時，系統預設會使用列在第一個搜尋位置的零件。

- 當 SOLIDWORKS 開啟檔名為 "frame" 的零件後，再開啟一個有參考到相同名稱 "frame"，但為不同零件的組合件時，系統會提示以下訊息："要開啟文件參考的檔案與已開啟的文件有相同的名稱"。您可以選擇無此文件而開啟組合件，系統會抑制 "frame.sldprt" 零件的所有副本，或者選擇接受此文件取代相同零件來開啟組合件。

> **提示** 若是在**工具**→**選項**→**系統選項**→**FeatureManager**（特徵管理員）內的**允許零組件檔案從 FeatureManager（特徵管理員）樹狀結構重新命名**有被勾選，則在 FeatureManager（特徵管理員）中可以直接變更零組件名稱。

13.5.5　回溯控制棒

在組合件的 FeatureManager（特徵管理員）中可以使用回溯控制棒，回溯到之前的某一狀態，不過單獨的零組件不能被回溯，以下是可以回溯的：

- 組合件平面、基準軸、草圖。
- 組合件複製排列。
- 相關聯的零件特徵。
- 組合件特徵。

13.5.6　重新排序

在組合件中，您可以使用和零件一樣的拖放方式來重新排序，以改變組合件的順序，以下可以重新排序：

- 零組件。
- 組合件平面、基準軸、草圖。
- 組合件複製排列。
- 相關聯的零件特徵。
- 在結合資料夾內的結合特徵。
- 組合件特徵。

13.5.7 結合資料夾

在組合件中，建立的結合關係會被放入**結合資料夾**中，重新計算時，系統將依照順序依序解出，如圖 13-8 所示。

```
▼ 00 結合
    ◎ 同軸心1 (bracket<1>,Yoke_male<1>)
    人 重合/共線/共點1 (bracket<1>,Yoke_male<1>)
```

◉ 圖 13-8　結合條件群組

13.6 加入零組件

當第一個零組件插入組合件並完全定義時，即可再加入其他零組件，並建立結合。例如：插入 Yoke_male 零件並建立結合，因為該零件是不足定義的所以可以旋轉。以下為加入零組件的方法：

- 使用**插入零組件**對話方塊。
- 從 Windows **檔案總管**中拖曳零組件至組合件。
- 從已開啟的文件拖曳至組合件。
- 從**工作窗格**拖曳至組合件。

上述方法都會在本章介紹，首先使用**插入零組件**對話方塊，此對話方塊與**從零件中產生組合件**的對話方塊是一樣的。

> **提示**　和加入第一個零組件不同，其餘零組件都以不足定義的方式加入。

13.6.1 插入零組件

插入零組件對話方塊是用來查找、預覽零組件，並將其加入到目前已開啟的組合件中。點選保持顯示（大頭針）按鈕，即可加入多個零組件，或加入同一零組件的多個副本。

> **指令TIPS**　插入零組件
>
> - CommandManager：**組合件**→**插入零組件**→**插入零組件**。
> - 功能表：**插入**→**零組件**→**現有的零件 / 組合件**。
> - 檔案總管：將零組件拖曳至繪圖區域。

由下而上模型組合法 13

STEP 5 插入零件

按**插入零組件**，**瀏覽**選擇 Yoke_male，按**開啟**，並將其放置到零組件 bracket 的左邊，如圖 13-9 所示。該零件在 FeatureManager（特徵管理員）中顯示為 (-) Yoke_male<1>，表示 Yoke_male 為第一個副本，處於不足定義狀態，具有 6 個自由度。

> **技巧**
> 在 FeatureManager（特徵管理員）中點選零件時，會強調顯示該零件，若在繪圖區域移動游標到任一個零件上，會顯示該零件的特徵名稱。

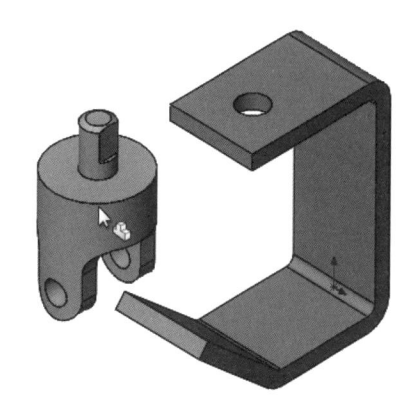

◉ 圖 13-9 插入零件 Yoke_male

13.6.2 移動和旋轉零組件

在結合時，被選中的零組件可以用滑鼠移動或轉動，相對應的指令有**移動**與**轉動零組件**，或**三度空間參考**。另外，不足定義的零組件可透過動態組合件運動模擬機構運動。

指令TIPS 移動零組件

移動零組件是用於在空間中移動零組件。
- 滑鼠按鍵：用左鍵拖曳移動零組件。
- CommandManager：**組合件→移動零組件**。
- 功能表：**工具→零組件→移動**。

指令TIPS 旋轉零組件

旋轉零組件是用於在空間旋轉零組件。
- 滑鼠按鍵：用右鍵拖曳旋轉零組件。
- CommandManager：**組合件→移動零組件 →旋轉零組件**。
- 功能表：**工具→零組件→旋轉**。

13-11

指令TIPS　三度空間參考

三度空間參考是使用拖曳箭頭沿軸向移動，或對拖曳轉動軸環向旋轉零組件。

操作方法

- 快顯功能表：在零組件上按滑鼠右鍵，點選**與三度空間參考一起移動**，如圖 13-10 所示。

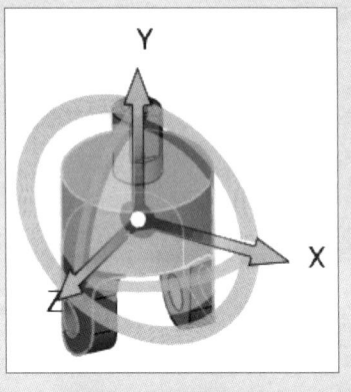

> 圖 13-10　三度空間參考

> **提示**
> **移動零組件**和**旋轉零組件**指令中的動作是相同的，您可以在 PropertyManager 中選擇**旋轉**或**移動**選項，使兩個指令之間相互切換，如圖 13-11 所示。
> - **移動零組件**有幾個選項可用來定義移動零組件的方式，例如：**沿圖元**有一個選擇框、**沿組合件 XYZ**、**由 Delta XYZ** 和**到 XYZ 位置**則要求提供座標值。
> - **旋轉零組件**也有幾個選項可用來定義零組件是如何旋轉。

> 圖 13-11　移動零組件和旋轉零組件

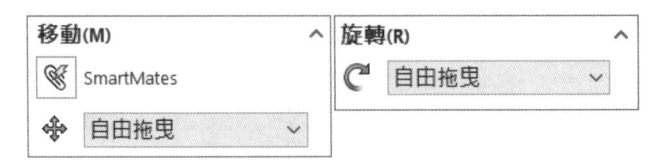

STEP 6　移動零組件

按滑鼠左鍵拖曳零組件 Yoke_male 到要配合的位置，如圖 13-12 所示。

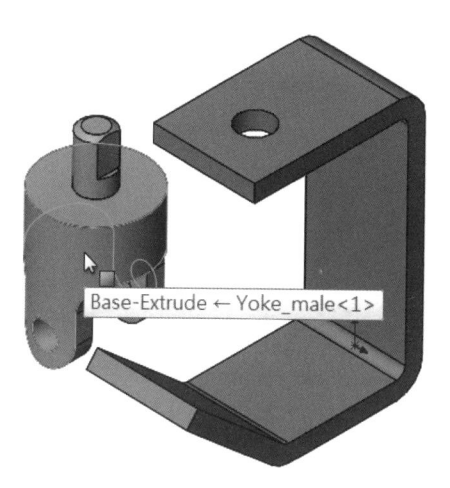

● 圖 13-12　移動零組件

13.7 結合零組件

很明顯地，拖曳零組件不足以精確地組裝組合件，應該使用面和邊線來使零組件互相結合。在 bracket 內部的零件應可以轉動，所以要確定它們留有足夠的自由度做運用。

指令TIPS　插入結合

插入結合會在零組件之間，或零件與組合件之間建立關聯，常用在兩個零組件之間的結合是**同軸心**和**重合**。結合可以使用的幾何物件有面、參考平面、邊線、頂點、草圖線及點、參考軸和原點。

操作方法

- CommandManager：**組合件→結合**。
- 功能表：**插入→結合方式**。
- 快顯功能表：點選零組件→**結合**。

> 提示　結合圖示依其結合型態而定，例如：**重合**。

13.7.1 結合類型和對正選項

結合通常用來建立零組件之間的關係,面是結合最常用的幾何。關於結合,有**反向對正**和**同向對正**兩種不同組合條件,依結果而定。

選擇兩個面	同向對正	反向對正
重合 人 (面位於相同平面)		
相互平行 \\		
相互垂直 ⊥ (相互垂直沒有反向對正)		
平行相距 ⊢⊣		
角度 ∠		

> **提示** 上表中的結合為**標準結合**,另外還有**進階結合**與**機械結合**。

由下而上模型組合法 13

圓柱面可以使用的結合選項較少,但它們不是最主要的結合,結果如下:

	同向對正	反向對正
同軸心		
互為相切		

在兩圓柱面間的**平行相距**結合,有下列幾種選項:

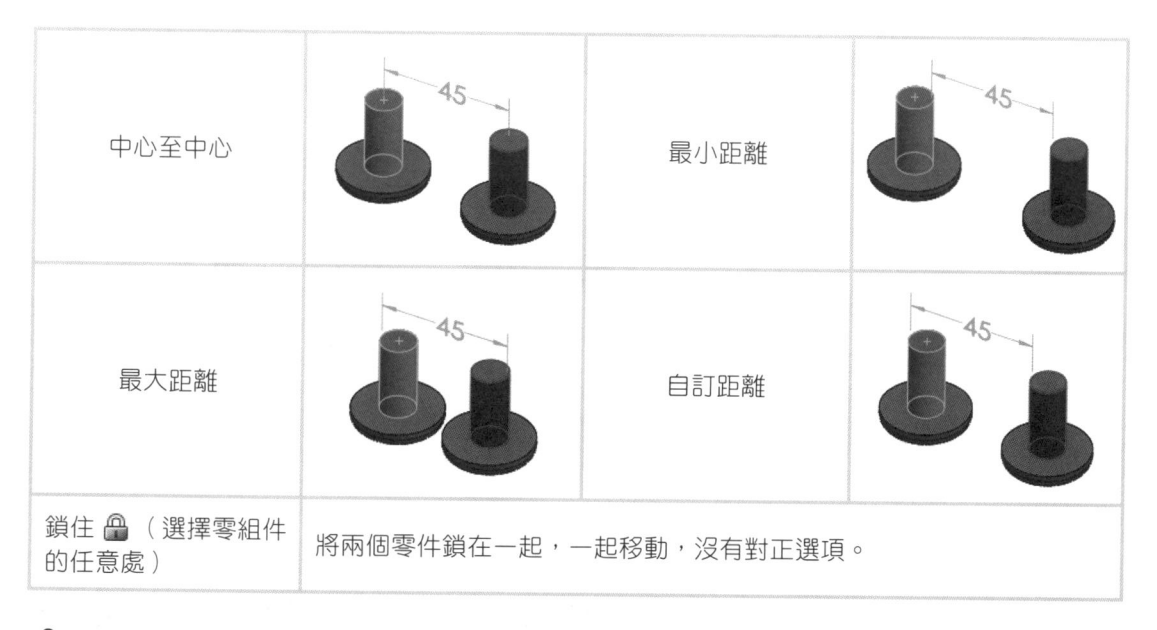

中心至中心		最小距離	
最大距離		自訂距離	
鎖住 (選擇零組件的任意處)	將兩個零件鎖在一起,一起移動,沒有對正選項。		

> **技巧**
> 建立好結合後,您可以在 FeatureManager(特徵管理員)的結合特徵圖示上按滑鼠右鍵,從快顯功能表中選擇**反轉結合對正**來反轉對正關係。

13-15

● 結合物件

部份類型的拓樸與幾何也可以用來建立結合關係，不同選擇可以建立不同的結合關係。

拓樸 / 幾何	選擇	結合
表面或曲面		
線或線性邊線		
基準面		
基準軸或暫存軸		
點、頂點、原點或座標系統		
圓弧或圓形邊線		

> **技巧**
> 當基準面顯示時，您可以從繪圖區域直接選擇。較常用的方式是在 FeatureManager（特徵管理員）中點選"＋"號，即可展開單獨的零組件、特徵及其 FeatureManager（特徵管理員），再從中選取即可。

13.7.2　同軸心和重合結合條件

Yoke_male 零件在結合過程中,它的軸心需與 bracket 的孔結合;平坦面與 bracket 的面要重合,因此**同軸心**和**重合**結合條件都會使用到。

> **技巧**
> 您可以用選擇濾器限制選擇的類型為平面或邊線。按 F5 可以選擇更多的過濾類型。

STEP 7　結合 PropertyManager

按**結合** 會開啟結合 PropertyManager,如圖 13-13 所示,在 PropertyManager 下,您不用按 **Ctrl** 鍵就可以選擇多個平面。

預設開啟的是**標準**標籤。

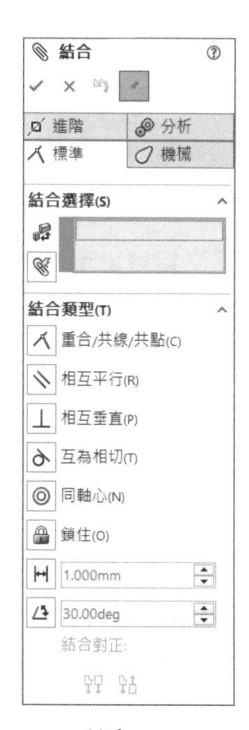

● 圖 13-13　結合 PropertyManager

◆ **結合選項**

結合選項於結合 PropertyManager 的下方,裡面有幾個選項,在結合過程中都可利用,如圖 13-14:

- **加入至新資料夾**:當**結合**工具啟用時,在結合群組中建立新資料夾並存放所有結合特徵,該資料夾可重新命名。

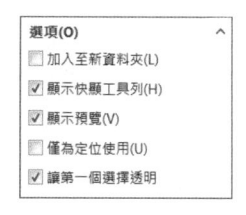

● 圖 13-14　結合選項

- **顯示快顯工具列**：決定結合快顯工具列的顯示與否。
- **顯示預覽**：當結合所需的第二個幾何被選擇後，零件立即移動至結合限制的位置，按**確定**後零件才被完全定位。
- **僅為定位使用**：這項功能只用來定位幾何，不會加入新的結合條件。
- **讓第一個選擇透明**：在結合時，此選項會強制所選的第一個零組件顯示為透明。

◆ **結合快顯工具列**

結合快顯工具列會在螢幕上顯示出可用的結合類型，讓您更方便地選擇結合。可用的結合型態會隨著選用不同的幾何而改變，並且與出現在 PropertyManager 中的結合型態保持一致，如圖 13-15 所示，並且可以拖曳至任何位置。

◉ 圖 13-15　快顯工具列

選用之後會出現一個獨立的對話方塊（圖 13-16，本例為同軸心結合條件）來**鎖住旋轉**或**反轉結合對正**。

◉ 圖 13-16　獨立的對話方塊

螢幕上的結合快顯工具列或結合 PropertyManager 的對話方塊皆可使用，本章是使用螢幕上的快顯工具列，所有的結合方式均列在前面表格中。

STEP 8　選擇和預覽

點選如圖 13-17 所指 Yoke_male 和 bracket 圓柱面。當選擇第二個面時，預覽會顯示零件移到結合的可能結果位置，同時出現**結合**快顯工具列。

同軸心已被選定為預設的結合，預覽結果如下圖右。

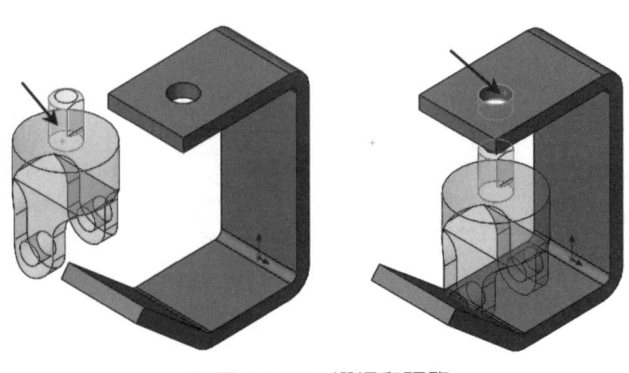

◉ 圖 13-17　選擇和預覽

由下而上模型組合法 **13**

> **提示** 當游標滑至圓柱面或圓錐面時,暫存軸會自動出現(如右圖),這些軸可被選做共線結合,類似於同軸心結合。

STEP 9　加入結合

被選擇的兩個項次已顯示在 PropertyManager 的**結合選擇**列表中,接受**同軸心**結合,按**確定**。

STEP 10　選擇平面

旋轉視角,並選擇 bracket 的內側平面,如圖 13-18 箭頭所示。

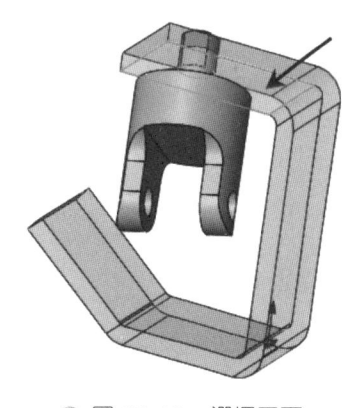

◉ 圖 13-18　選擇平面

STEP 11　穿透零組件選擇

回到等角視,並穿透透明的 bracket,點選 Yoke_male 的上平面,如圖 13-19,加入**重合結合**。

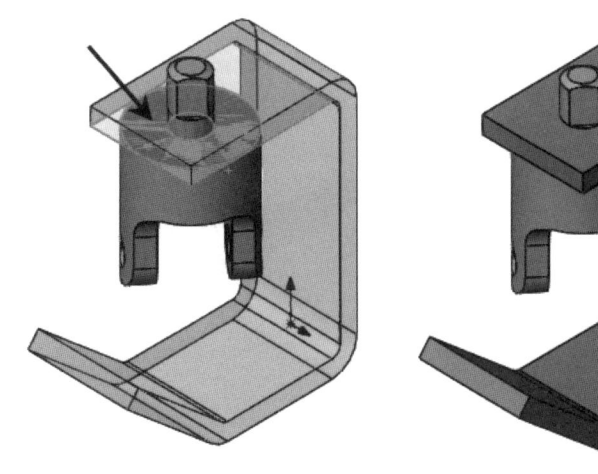

◉ 圖 13-19　穿透零組件選擇

STEP 12 結合列表

在 PropertyManager 的**結合**列表內有同軸心、重合,如圖 13-20 所示,當結合指令完成後,這些將會新增至結合資料夾,按**確定**。

◉ 圖 13-20　結合列表

STEP 13 限制狀態

目前 Yoke_male 尚未完全定義,它仍然可圍繞著圓柱軸旋轉。拖曳 Yoke_male,可測試運動狀態,如圖 13-21 所示。

◉ 圖 13-21　限制狀態

STEP 14 階層連結

點選 Yoke_male 的外表面,所選面的階層連結會顯示在繪圖區域的左上角,如圖 13-22 所示。此條狀圖表示階層關係從面開始到特徵、實體、零組件,最終到組合件。條狀圖下方為所選特徵的草圖,上方則是與所選零組件相關聯的結合條件。

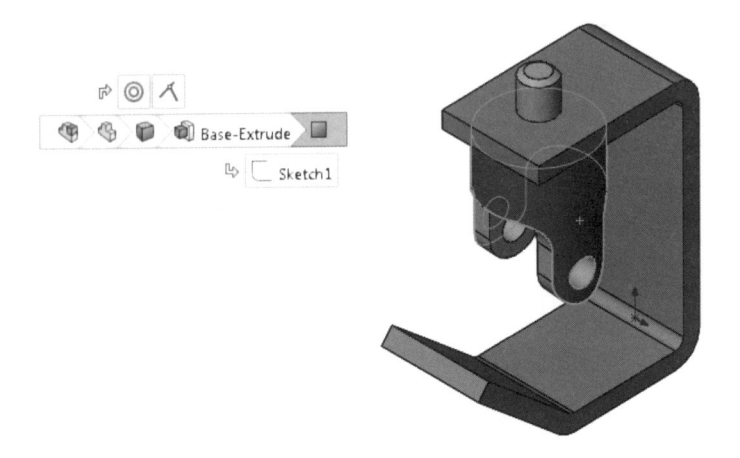

◉ 圖 13-22　階層連結

> **提示**　在階層連結的任一圖示上按滑鼠右鍵可選擇編輯特徵,按空白繪圖區域可取消階層連結顯示。

由下而上模型組合法 **13**

13.7.3 利用檔案總管加入零組件

加入零組件的另一方法是利用 Windows 檔案總管，將零件或組合件拖曳到目前的組合件中。

STEP 15 從檔案總管插入零組件

調整檔案總管視窗大小，讓 SOLIDWORKS 繪圖區域能顯現出來。SOLIDWORKS 支援 Windows 拖放功能，可以直接由檔案總管視窗拖曳零組件到組合件中，如圖 13-23 所示，拖曳 Spider 到 SOLIDWORKS 繪圖區域。

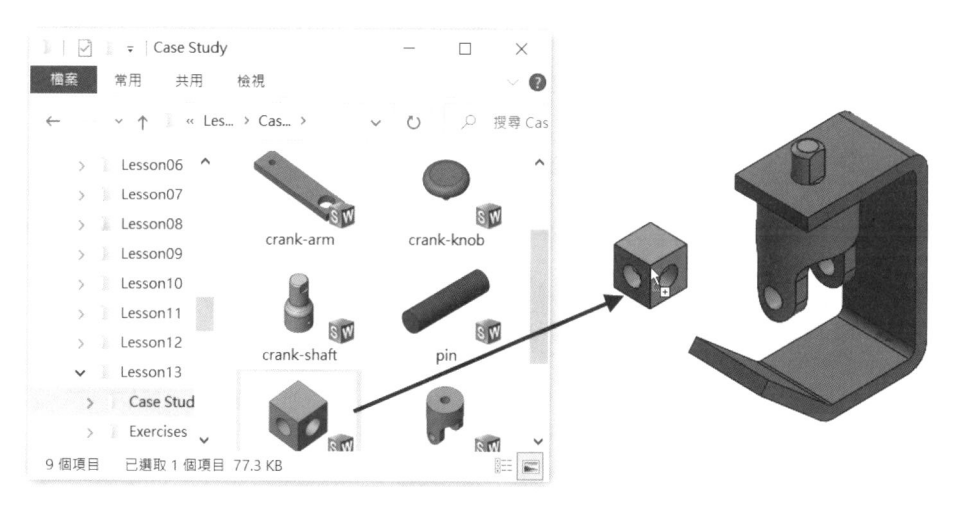

圖 13-23　從檔案總管插入零組件

STEP 16 同軸心結合零件

在 spider 和 Yoke_male 圓柱面之間加入**同軸心**結合條件，如圖 13-24 所示。

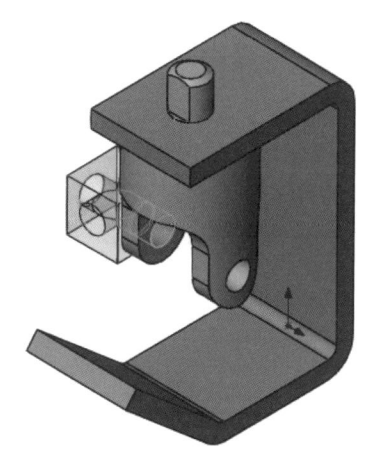

圖 13-24　同軸心結合零件

13.7.4 寬度結合

寬度結合是**結合**對話方塊中**進階結合**的一種，選擇面包含一對**寬度選擇**（外側面）和一對**薄板頁選擇**（內側面）。薄板頁的兩個面會放置於寬度兩個面中間。在此例，spider 將與 Yoke_male 和 Yoke_female 之間使用**寬度**，限制**置中**結合。

寬度選擇	薄板頁選擇	結果（前視圖）

> **提示** 寬度結合選項除了**置中**之外，還包含**自由、尺寸、百分比**。

STEP 17 建立寬度結合

按**結合**，再按**進階**標籤，點選**寬度**，限制選擇**置中**。

進階結合常常需要額外的選擇項，在此例中則需要兩對選擇項。

由下而上模型組合法 13

> **指令TIPS　使用 Alt 鍵隱藏表面**
>
> 在加入或編輯結合時,有幾個方法可以選擇隱藏面。按 Alt 鍵可以用來隱藏一個或多個面,讓您容易選擇隱藏面,但是這種隱藏是暫時的。
>
> **操作方法**
> - 快速鍵:移動游標到零組件表面上,按 Alt 鍵隱藏一個面或多個面。

STEP 18 隱藏與選擇

點選**寬度選擇**列表後,先選擇 Yoke_male 的左邊內側表面,再移動游標至另一個內側表面上,按 Alt 鍵暫時隱藏前表面,再選擇被遮住的內表面,如圖 13-25 所示。

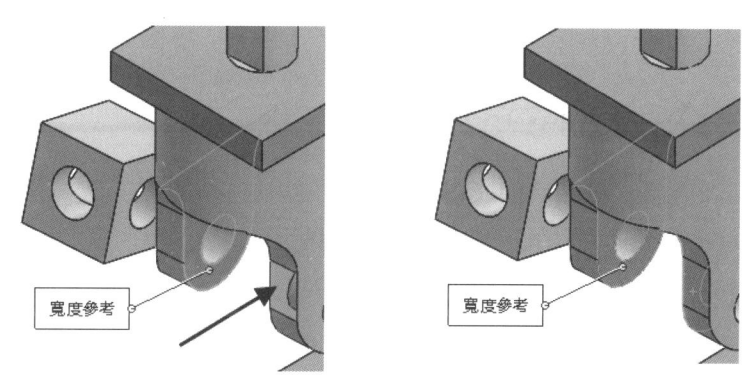

◉ 圖 13-25　隱藏與選擇表面

STEP 19 選擇薄板頁

再點選**薄板頁選擇**列表,選擇 spider 的外側兩個面,如圖 13-26 所示,按**確定**。**寬度**結合使得 spider 零組件置中對正於 Yoke_male 中間,且兩邊間隙相等。

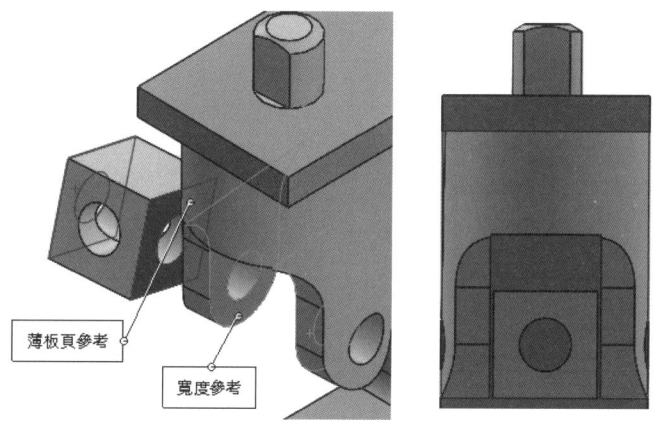

◉ 圖 13-26　寬度結合結果

STEP 20 零組件的結合

在 FeatureManager（特徵管理員）中展開 spider，可看到資料夾名稱 "結合於 Universal Joint" 已加入到有結合條件的每個零組件中，如圖 13-27 所示。資料夾內已含此零組件所使用到的結合條件。

> **提示** 圖示 ⊥ 指出結合是在至地面的路徑中，或者此結合保持零組件在適當的位置上。

◎ 圖 13-27 零組件的結合關係

13.7.5 旋轉插入的零組件

零組件可在插入後尚未結合前使用旋轉，也可以在插入零組件尚未放置前，使用**旋轉文意感應工具列**繞著 XYZ 軸旋轉零組件，如圖 13-28 所示，角度與方向按鈕可視需要多次點擊。

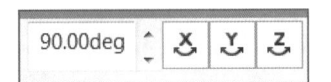

◎ 圖 13-28 XYZ 軸旋轉零組件

零件原始位置	繞 X 軸旋轉 🗙	繞 Y 軸旋轉 🗴	繞 Z 軸旋轉 🗴

由下而上模型組合法 **13**

> **指令TIPS** 旋轉插入的零組件
>
> **插入零組件**在放置前可以先指定軸向,旋轉至適當方位。
>
> **操作方法**
>
> - **旋轉文意感應工具列**:**插入零組件**→點選**旋轉方向**。

> **提示** 在**插入零組件**屬性中必須勾選**旋轉文意感應工具列**。

STEP 21 插入和旋轉

按**插入零組件**,瀏覽零件 Yoke_female,先不要放置定位,按**圍繞 Z 軸旋轉零組件** 兩次,點選繪圖區域放置零組件,如圖 13-29 所示。

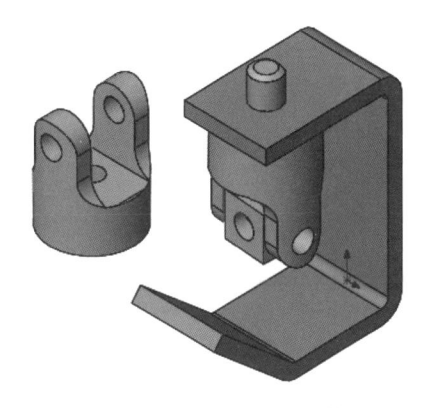

◉ 圖 13-29　插入和旋轉

STEP 22 加入同軸心結合

選擇如圖的圓柱面,加入**同軸心**結合,如圖 13-30 所示。

> **指令TIPS** 零組件預覽視窗
>
> **零組件預覽視窗**是一個用來幫助選取零組件的手動工具,當零組件被選取時,系統會在組合件內開啟一個零組件的分離視埠,每個視埠都可以縮放、捲動和旋轉。
>
> **操作方法**
>
> - **功能表**:點選零組件,按**工具**→**零組件**→**預覽視窗**。
> - **快顯功能表**:在零組件按滑鼠右鍵,點選**零組件預覽視窗** 。

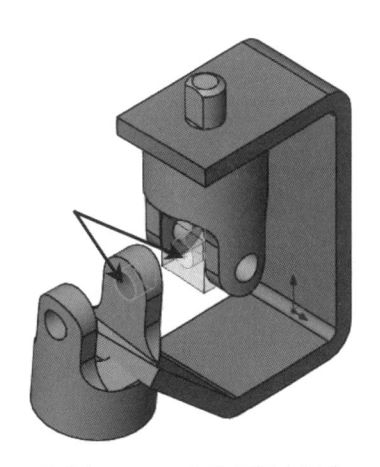

◉ 圖 13-30　加入同軸心結合

STEP 23 零組件預覽視窗

點選 spider 零組件並點選**零組件預覽視窗**，視窗被分割為組合件和 spider 零組件視埠，按**結合**，如圖 13-31 所示。

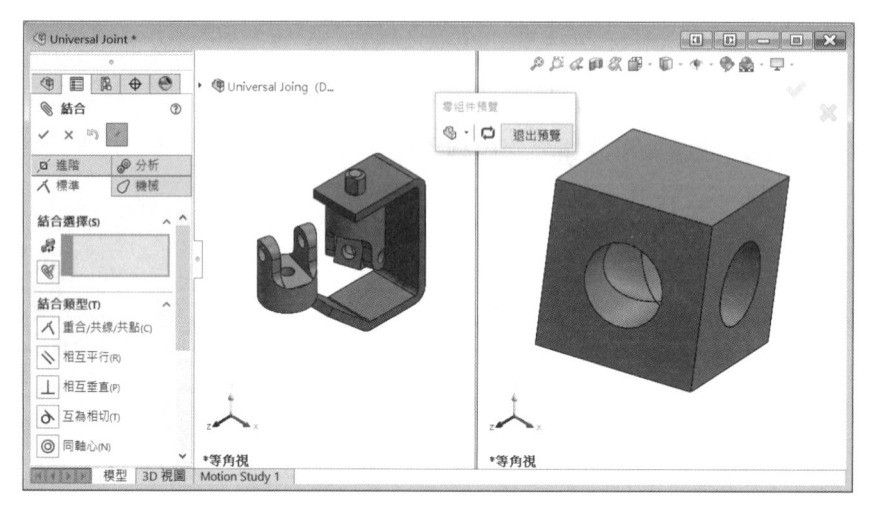

◉ 圖 13-31　預覽視窗

STEP 24 加入第二個寬度結合

按**寬度**，在 spider 和 Yoke_female 之間加入寬度結合條件。您可以用檢視模式操作、**Alt** 鍵或**選擇其他**來選擇寬度與薄板頁，如圖 13-32 所示，按**確定**。

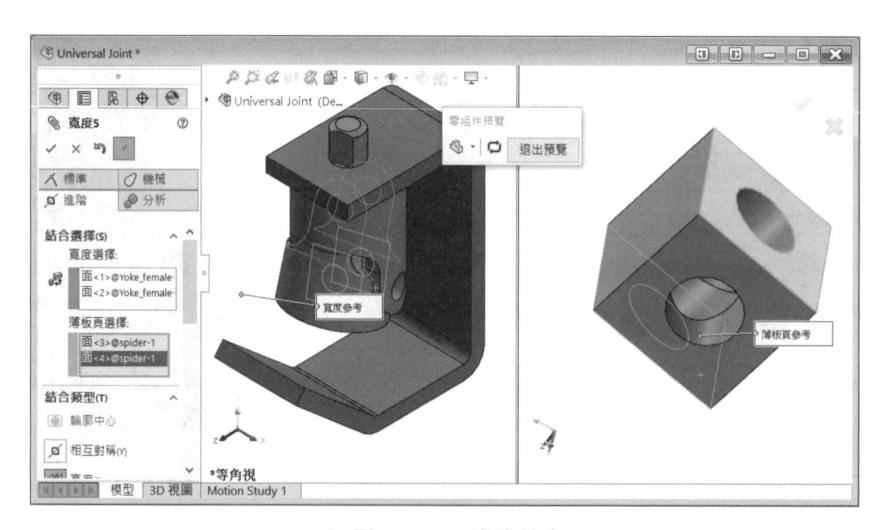

◉ 圖 13-32　寬度結合

> 提示　在**預覽視窗**中的零組件視角方位和在組合件視窗中是一樣的。

STEP 25 關閉預覽視窗

按退出預覽。

◆ **潛在過多定義的條件**

選擇如圖 13-33 所示的 Yoke_female 和 bracket 平面。這兩個面之間存在間隙,所以**重合**是無解的,此時無法加入重合結合條件。

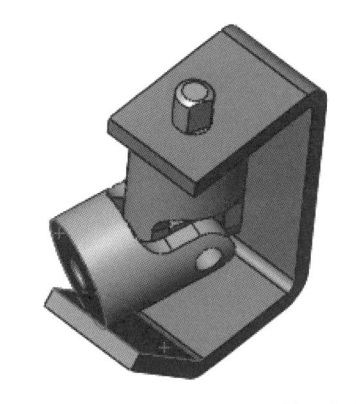

● 圖 13-33　潛在過多定義的條件

13.7.6　相互平行的結合

相互平行結合會在所選的平面或基準面之間建立平行,而不需強制它們之間必須相互接觸。

STEP 26 建立相互平行結合

選擇 Yoke_female 和 bracket 的平面並建立**相互平行**,如圖 13-34 所示。按 G 鍵,用放大鏡觀察間隙。

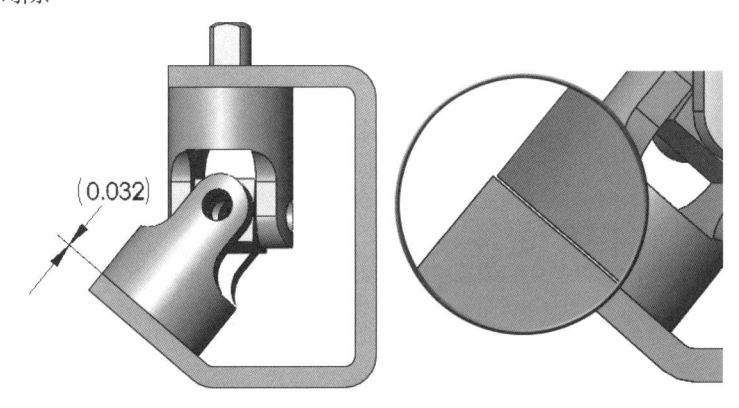

● 圖 13-34　平行結合

13.7.7　動態組合件運動

拖曳不足定義的零組件時,可以顯示還有多少自由度可以運動,但是固定的或完全定義的零組件不能被拖曳。

STEP 27 拖曳零組件

拖曳 Yoke_male 並轉動，則與之相結合的 spider 和 Yoke_male 將隨著一起帶動，如圖 13-35 所示。

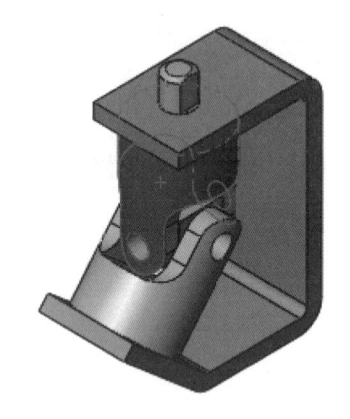

◉ 圖 13-35　拖曳零組件

13.7.8　顯示組合件的零件模型組態

當您將零組件加入到組合件時，可以選擇所要顯示的模型組態。零件結合後，也可以切換零件的模型組態。

13.7.9　第一個零件 pin

零件 pin 包含兩個模型組態：SHORT 和 LONG，如圖 13-36 所示。這兩個模型組態都可用於組合件。本例有三個副本，兩個副本使用 SHORT，一個副本使用 LONG。

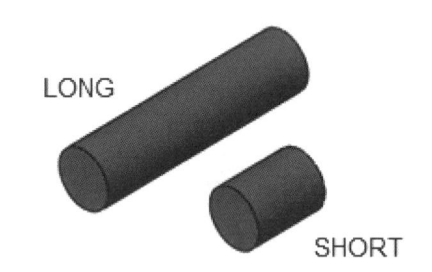

◉ 圖 13-36　pin 零件的兩個模型組態

13.8　在組合件中使用零件模型組態

組合件可以加入多個相同零件（也稱為副本），每個副本可以使用不同的模型組態。在這個組合件中將使用零件的模型組態來建立多個副本。

建立零件模型組態有多種方法：使用修改模型組態、修改組態尺寸與設計表格。

下面將從開啟的零件視窗拖曳零件 pin 到組合件中。

> **提示**　若 bracket 零件仍是開啟的，請先關閉。

由下而上模型組合法 13

STEP 28 拖放 pin 零件到組合件中

開啟零件 pin，按**視窗**→**垂直非重疊顯示**，並排零件和組合件視窗。拖曳 FeatureManager（特徵管理員）上的零件名稱 pin（🧩 pin (LONG)）到組合件視窗中，如圖 13-37 所示，pin 的副本已加入到組合件。

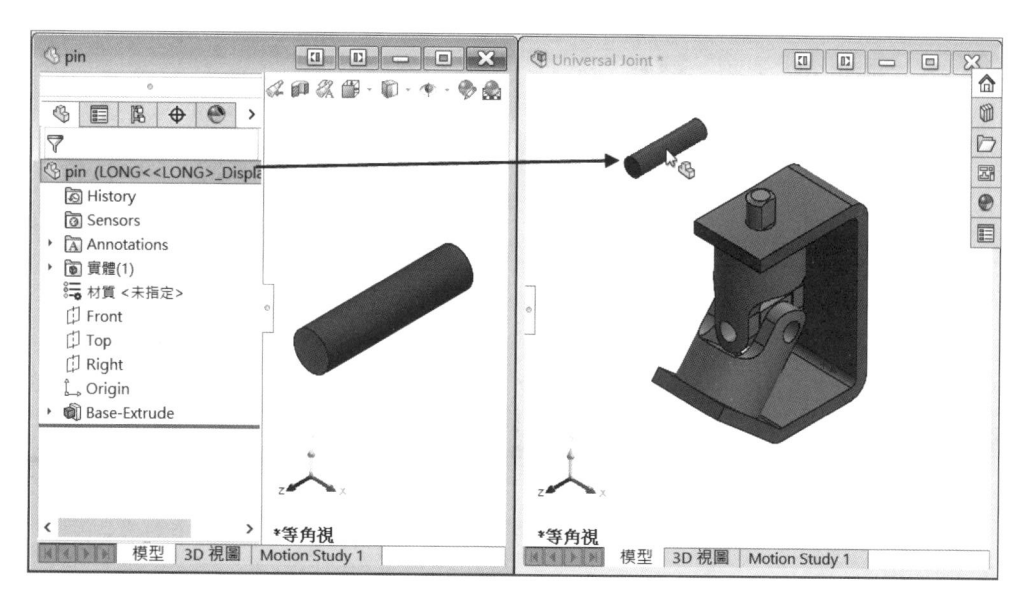

◉ 圖 13-37　拖放 pin 零件到組合件中

注意　零組件 pin 包含多個模型組態，像所有零組件一樣，一個 pin 只能使用一個模型組態，並顯示在零組件名稱上。本例的副本 <1> 使用 LONG 模型組態，如圖 13-38 所示。

◉ 圖 13-38　使用 LONG 模型組態的 pin 零件

提示　顯示狀態多用於組合件環境，但也可用於多本體零件環境。

STEP 29 加入同軸心結合條件

選擇 Yoke_female 和 pin 之間的圓柱面，使用文意感應工具列，加入**同軸心**結合，如圖 13-39 所示。

> **提示** 為了防止 pin 零組件轉動，勾選**鎖住旋轉**。

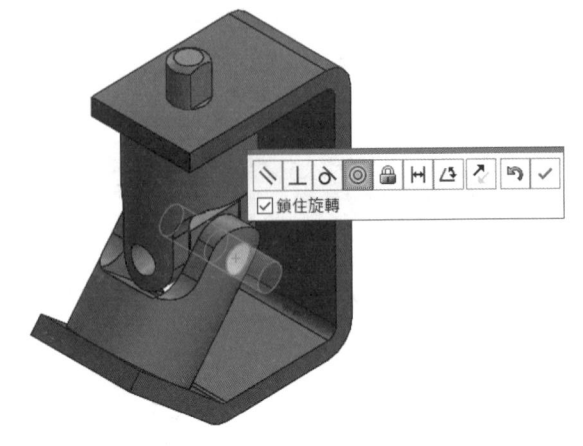

圖 13-39 加入同軸心

拖曳 pin 零組件通過 Yoke_female 至如圖 13-40 所示位置。

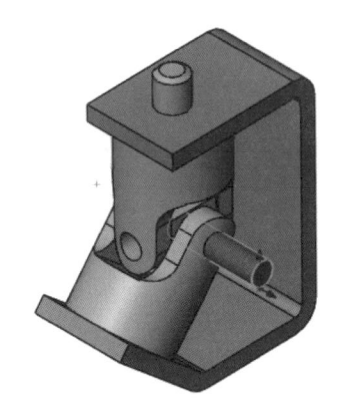

圖 13-40 拖曳 pin 零組件

STEP 30 加入互為相切結合條件

在 pin 末端平面和 Yoke_female 圓柱面之間加入**互為相切**，如圖 13-41 所示。

圖 13-41 相切結合

13.8.1 第二個零件 pin

在此還需要 pin 第二個副本：SHORT 模型組態。下面一樣在開啟 pin 零件後，用重疊顯示零組件視窗，再拖曳至組合件視窗。

13.8.2 開啟一個零組件

在組合件中需要存取零組件時，可以直接開啟零組件，而不需要使用**檔案→開啟舊檔**。這裡所說的零組件可以是一個零件，也可以是一個次組合件。

STEP 31 重疊顯示視窗

按**視窗→重疊顯示**，使零件和組合件視窗都可見，切換到 pin 的 ConfigurationManager。

STEP 32 拖曳模型組態

拖曳 ConfigurationManager 中的 SHORT 組態，放置到組合件的繪圖區域，如圖 13-42 所示，您可以從 ConfigurationManager 拖曳任何模型組態，不一定是啟用的模型組態。

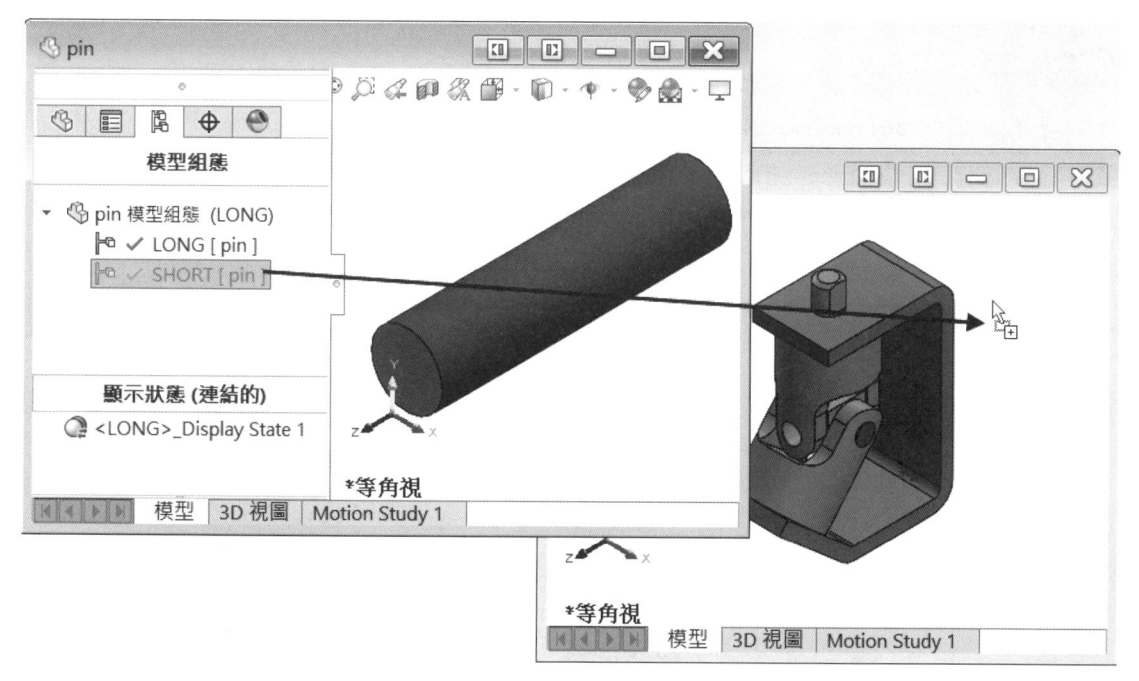

◉ 圖 13-42 拖曳 SHORT 組態到組合件

◆ **選擇模型組態的其他方法**

有幾種方法可以在組合件中選擇零組件的模型組態。

- 使用**插入零組件**指令，瀏覽零件及其相關的模型組態，可以得到相同的模型組態結果。

- 當您拖曳並放置含有模型組態的零件時，系統會顯示選擇模型組態訊息框，如圖 13-43 所示，再從中選擇需要的模型組態。

- 在加入零組件之後，點選零組件，再從文意感應工具列或**零組件屬性**中選擇模型組態名稱，如圖 13-44 所示。

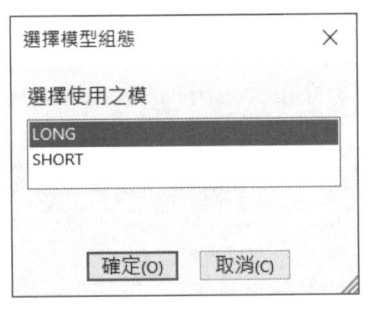

◉ 圖 13-43 選擇模型組態訊息框

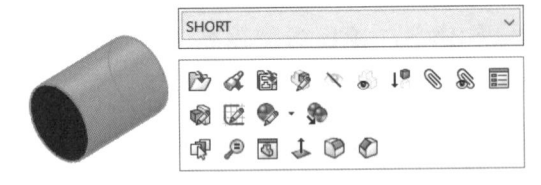

◉ 圖 13-44 零組件屬性

STEP 33 第二個副本

現在零組件 pin 的第二個副本已加入，並使用 SHORT 模型組態。加入副本後，零件名稱後面會顯示相應的模型組態名稱，如圖 13-45 所示。

◉ 圖 13-45 顯示模型組態名稱

STEP 34 結合零組件

加入 pin<2> 與 Yoke_male 零組件**同軸心**和**互為相切**的結合條件，如圖 13-46 所示。

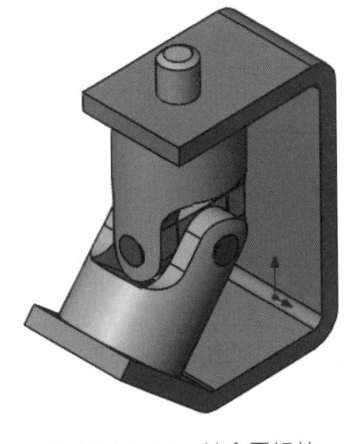

◉ 圖 13-46 結合零組件

由下而上模型組合法 **13**

● **最近的文件**

SOLIDWORKS 使用**快速鍵 R** 來開啟最近的文件瀏覽器，利用最近開啟文件的列表，再點選所需的文件，如圖 13-47 所示。圖釘可以鎖定在最近的文件列表中；**於資料夾中顯示**的連結則用來開啟文件儲存的資料夾。

● 圖 13-47　最近的文件

> **技巧**
> 點選右下角的 展開對話方塊，對話方塊含有開啟文件時的多個選項，包括：選擇模式、模型組態和顯示狀態。按**於資料夾中顯示**則會開啟文件儲存的資料夾。

STEP 35 切換文件

切換到 pin 零件視窗並關閉檔案，再最大化組合件視窗。

13.8.3 複製零組件副本

組合件內的零件和次組合件可能不止使用一次，有要建立零組件的多個副本時，您可以複製已有的零組件並貼上到組合件中。

STEP 36 拖曳零件進行複製

按 **Ctrl** 鍵，從組合件 FeatureManager（特徵管理員）拖曳 pin 零件副本（SHORT）至繪圖區域中，結果是組合件得到 SHORT 模型組態的另一個副本，如圖 13-48 所示。

> **技巧**
> 您也可以在繪圖區域中選擇零件，按 Ctrl 鍵 + 滑鼠左鍵拖曳，產生複製的零組件。

● 圖 13-48　複製零組件

13-33

13.8.4 零組件的隱藏和透明度

隱藏零組件就是暫時在組合件中不顯示零組件圖形,但零組件在組合件中還是處於啟用狀態,如圖 13-49(a) 所示。隱藏的零組件仍常駐在記憶體中,並保持與其他零組件的結合條件,甚至物質特性計算仍考慮隱藏零組件的存在。

另一個選項則是改變零組件的透明度,以方便您選擇被遮住的零組件,如圖 13-49(b) 所示。

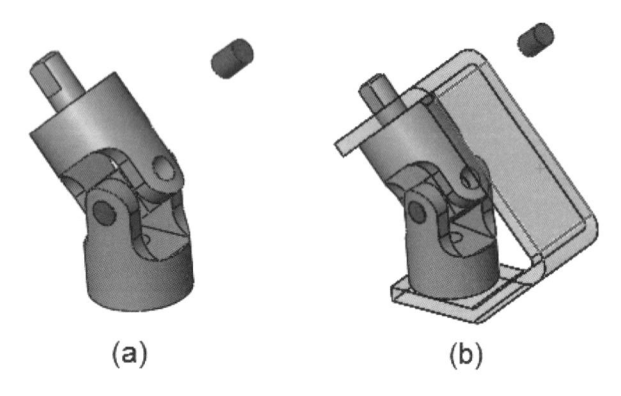

(a)　　　　(b)

● 圖 13-49　零組件的隱藏與透明度

指令TIPS　隱藏零組件 / 顯示零組件

隱藏零組件用於關閉零組件的顯示,以便清楚地觀察其他的零組件。零組件被隱藏後,在 FeatureManager(特徵管理員)中會以 🔲 (固定) bracket<1> 的透明圖示出現。**顯示零組件**則顯示被隱藏的零組件。

操作方法

- 快顯功能表:在零組件上按滑鼠右鍵,點選**隱藏零組件** 🔲 或**顯示零組件** 👁。
- 顯示窗格:在零組件欄位按**隱藏 / 顯示** 🔲。
- 快速鍵:游標移到零組件上,按 **Tab** 隱藏零組件,按 **Shift+Tab** 顯示零組件。

指令TIPS　變更透明度

變更透明度在零組件透明度為 75% 與 0% 之間切換。選擇項目時可以穿過透明零組件,選取被它遮擋的零組件;選擇透明零組件時,要按 **Shift** 鍵才能選取。在 FeatureManager(特徵管理員)中,透明的零組件圖示沒有變化。

操作方法

- 快顯功能表:在零組件上按滑鼠右鍵,點選**變更透明度** 🔲。
- 顯示窗格:在零組件欄位按**變更透明度** 🔲。

STEP 37 隱藏零件 bracket

按 **Shift+向左鍵**一次,改變視圖方向。選擇 bracket,點選**隱藏零組件**,如圖 13-50 所示。

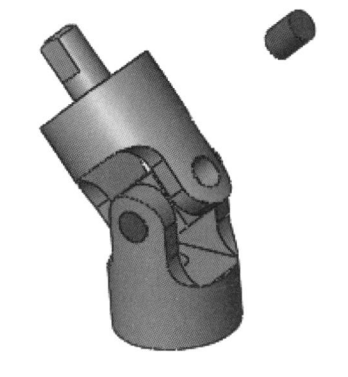

◉ 圖 13-50 隱藏零件 bracket

STEP 38 完成結合

加入**同軸心**和**互為相切**結合條件,完成該零件的結合,如圖 13-51 所示。

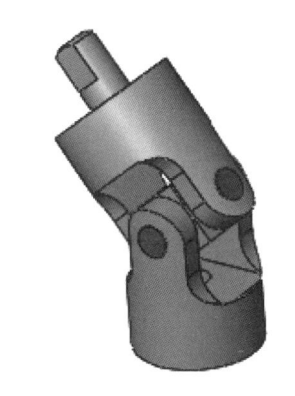

◉ 圖 13-51 完成結合

STEP 39 顯示零件

再次選擇 bracket,並點選**顯示零組件**,以重新顯示圖形,如圖 13-52 所示。

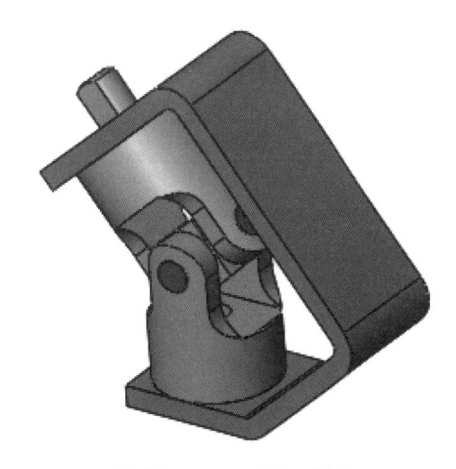

◉ 圖 13-52 顯示零件

STEP 40 回到預覽視角

當您按立即檢視工具列的**前一個視角**,會回復到前一個視角狀態。無論視角狀態是否儲存,每次點選該按鈕,系統會回到前一個視角狀態。

按一下**前一個視角**,回到先前的等角視狀態。

STEP 41 參考視覺

動態參考視覺化可以用在組合件中從結合檢視結合的零組件,或從零組件檢視其結合關係,如圖 13-53 所示。

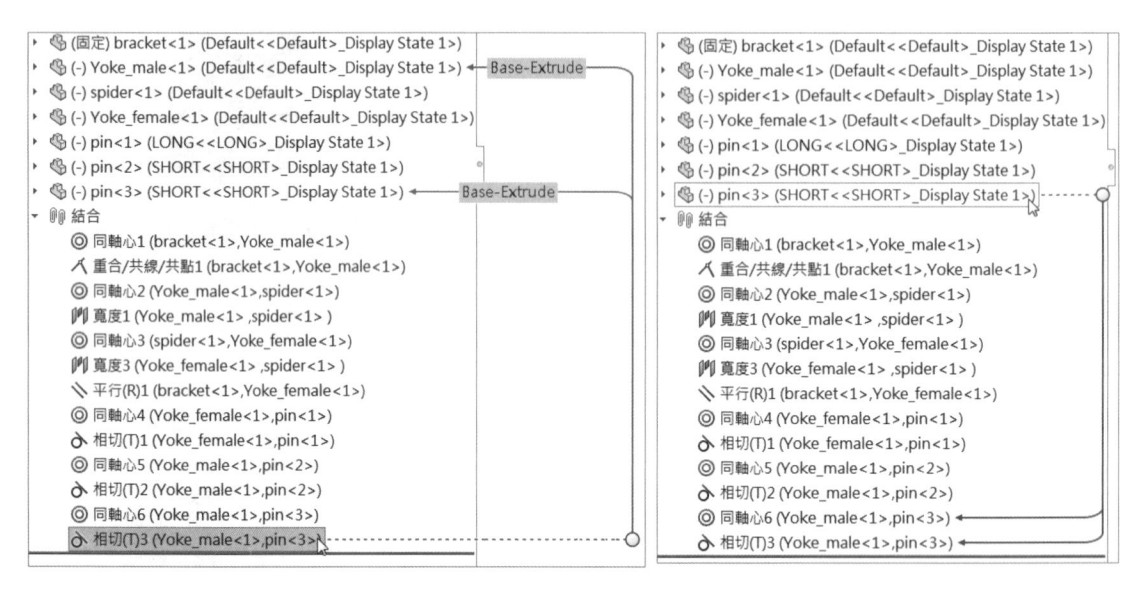

● 圖 13-53　動態參考視覺化

13.8.5　零組件屬性對話方塊

零組件屬性對話方塊控制著零組件副本的各種狀態,如圖 13-54 所示。

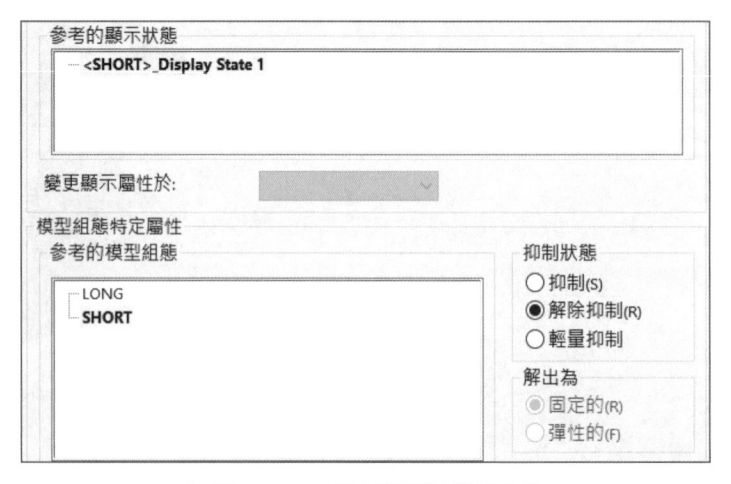

● 圖 13-54　零組件屬性對話方塊

◆ 模型文件路徑

顯示零組件路徑，要取代模型成其他文件可以透過選擇**檔案→取代**。

◆ 顯示狀態特定的屬性

隱藏或顯示零組件，也可以選擇零組件的顯示狀態。

◆ 抑制狀態

抑制、重新解出或設定零組件為輕量抑制。

◆ 解出為

確定次組合件是剛性的還是彈性的狀態，彈性允許次組合件在組合件下移動或旋轉各個零組件。

◆ 參考的模型組態

決定零組件所使用的模型組態。

> **指令TIPS　零組件屬性**
>
> ・快顯功能表：在零組件上按滑鼠右鍵，點選**零組件屬性**。

STEP 42 零組件屬性

在零組件 pin<3> 上按滑鼠右鍵，點選**零組件屬性**。在**參考的模型組態**選項中已設定為 SHORT 模型組態。利用此對話方塊還可以改變零件在組合件使用的模型組態、抑制狀態，也可以隱藏副本。按**取消**。

13.9　次組合件

以下將使用 crank 零組件建立一個新的組合件，此新組合件將會被用來當作次組合件。

現有的組合件可以用前面的方法加入到目前組合件中，當組合件被加到已存在的組合件時，可以將它稱為次組合件，對系統來說，它仍然是組合件檔案。

次組合件及其所有的零組件，都會被加到 FeatureManager（特徵管理員）中，次組合件中的零組件都可以用來與組合件結合。不管次組合件中有多少個零組件，系統都把次組合件當作一個零組件來處理。下面將從 crank 零組件建立一個新的組合件並作為目前組合件的次組合件。

操作步驟

STEP 1 開新組合件

使用 Assembly_MM 範本建立新組合件。在**開始組合件**的 PropertyManager 中,點選**保持顯示** ,並加入零組件 crank-shaft,放置在組合件原點上,如圖 13-55 所示。

此零件將被**固定**住。

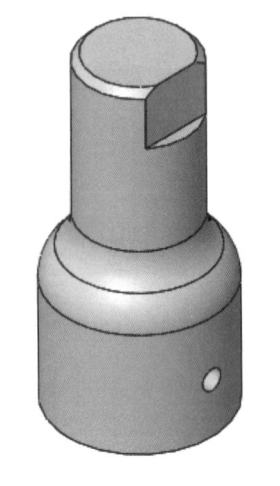

● 圖 13-55 開新組合件

STEP 2 加入零組件

使用同一個對話方塊,加入 crank-knob 和 crank-arm 後,關閉對話方塊,如圖 13-56 所示。

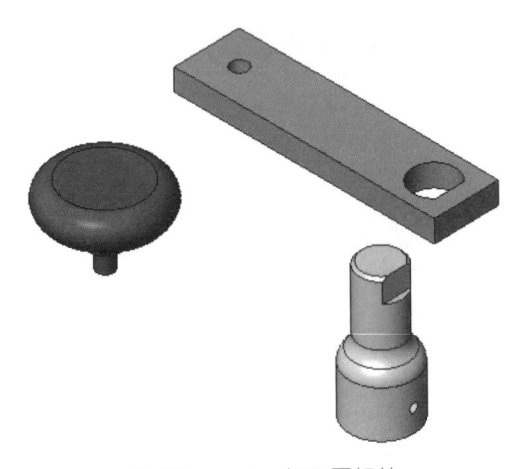

● 圖 13-56 加入零組件

13.10 智慧型結合條件(Smart Mates)

在零組件間按 **Alt+拖曳**放置時,可即時新增結合條件,這種方法稱為**智慧型結合條件**。智慧型結合條件也使用結合快顯工具列,所有的結合都可用智慧型結合條件來建立。許多特定技巧並不會使用到快顯工具列,但需要用到 Tab 鍵來切換結合對正方式。

由下而上模型組合法 13

STEP 3 使用智慧型結合條件加入同軸心結合條件

按照以下步驟，使用**智慧型結合條件**技巧，來加入**同軸心**結合條件：

1. 按住 **Alt** 鍵；
2. 點選並按住零件 crank-arm 的圓柱面；
3. 移動 crank-arm 到 crank-shaft 的圓柱面上；
4. 當顯示 提示時，放置 crank-arm，此提示顯示結合條件是同軸心；
5. 從**結合**快顯工具列中確認是**同軸心**結合條件。

同 軸 心 結 合 已 被 加 入 至 crank-arm 和 crank-shaft 之間，如圖 13-57 所示。

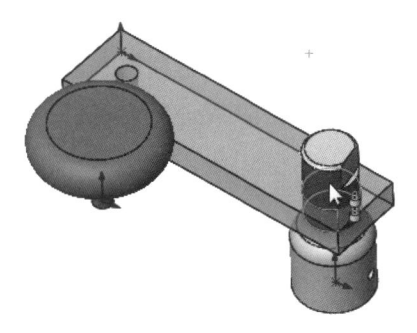

◉ 圖 13-57　使用智慧型結合條件加入同軸心

技巧

Alt 鍵可以在選擇結合面之前或之後再按。

STEP 4 使用智慧型結合條件加入相互平行

旋轉 crank-arm 以方便選擇 D 形除料特徵內的平坦面。選擇平坦面，按 Alt 鍵並拖曳 crank-arm 到 crank-shaft 的平坦面上。當顯示 提示時，放置 crank-arm，這個提示顯示平面間的結合是**重合**。使用**結合**快顯工具列，將結合條件切換為**相互平行**，如圖 13-58 所示。

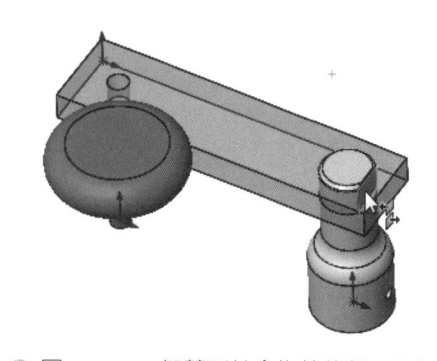

◉ 圖 13-58　智慧型結合條件的相互平行

STEP 5 使用智慧型結合條件加入重合

選擇 crank-arm 邊線，按 Alt 鍵並拖曳 crank-arm 到 crank-shaft 的平面上，當顯示 提示時，放置 crank-arm，這個提示顯示邊線和平面的結合條件是**重合**，使用結合快顯工具列來確認**重合**條件，如圖 13-59 所示。

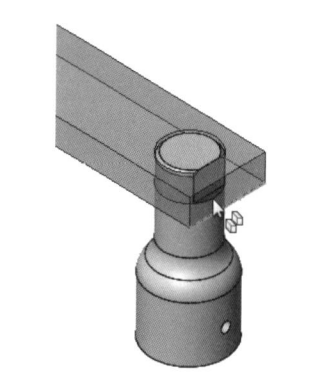

◉ 圖 13-59　智慧型結合條件的重合

STEP 6　結合到圓孔的圓軸

使用**三度空間參考**轉動 crank-knob，選擇 crank-knob 的圓柱邊線，按下 Alt 鍵並拖曳 crank-knob 的圓邊線到 crank-arm 頂部的圓孔邊線上。當顯示 符號提示時放開 Alt 鍵，該提示顯示在這兩個零件間加入**重合**和**同軸心**結合條件，放置零組件，如圖 13-60 所示。必要時，可按 **Tab** 鍵反轉對正。

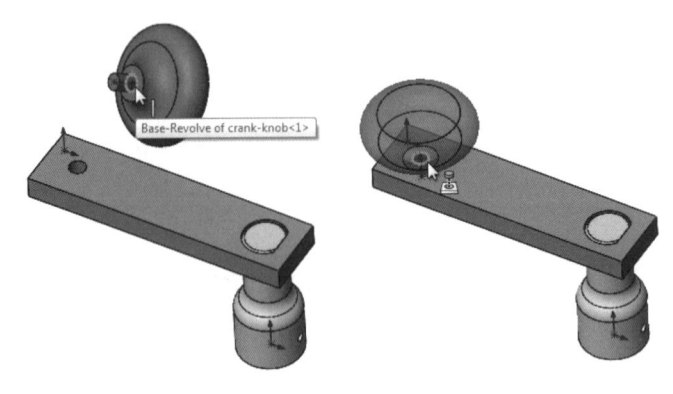

◎ 圖 13-60　結合到圓孔的圓軸

STEP 7　儲存檔案

儲存此組合件，重新命名為 crank sub，並保持開啟狀態。

指令TIPS　隱藏與顯示所有類型

在 SOLIDWORKS 中所有可見的類型有：基準軸、座標系統、原點、基準面、草圖和草圖限制條件等，都能使用**隱藏所有類型**與**顯示所有類型**指令，一次隱藏與顯示所有類型。目前唯一可見的類型是藍色的原點。

操作方法
- 立即檢視工具列：**隱藏所有類型** 👁。
- 功能表：**檢視→隱藏 / 顯示→隱藏所有類型**。

STEP 8　隱藏所有類型

按**隱藏所有類型** 👁 以隱藏這個組合件中的所有類型，如圖 13-61。

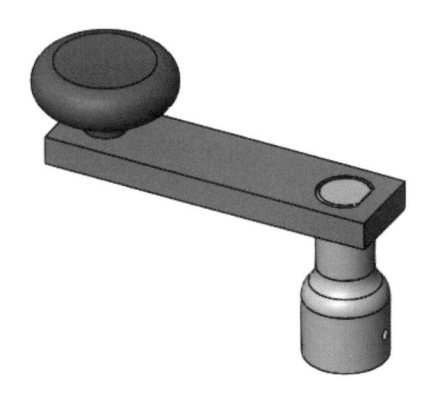

◎ 圖 13-61　隱藏所有類型

13.11 插入次組合件

次組合件是將現有的一個組合件,加入到另一個開啟的組合件中。所有次組合件都被視為一個零組件。

STEP 9 選擇次組合件

切換至原始組合件,使用**插入零組件**來選擇次組合件。該對話方塊會在**開啟文件**選擇框中列出所有開啟的零件和組合件,選擇列表中的 crank sub。

STEP 10 放置次組合件

在 Yoke_male 旁邊放置次組合件。展開次組合件圖示,以顯示裡面所有的零組件和它本身的結合群組,如圖 13-62 所示。

- ▶ ⑤ (固定) bracket<1> (Default<<Default>_Display State 1>)
- ▶ ⑤ (-) Yoke_male<1> (Default<<Default>_Display State 1>)
- ▶ ⑤ (-) spider<1> (Default<<Default>_Display State 1>)
- ▶ ⑤ (-) Yoke_female<1> (Default<<Default>_Display State 1>)
- ▶ ⑤ (-) pin<1> (LONG<<LONG>_Display State 1>)
- ▶ ⑤ (-) pin<2> (SHORT<<SHORT>_Display State 1>)
- ▶ ⑤ (-) pin<3> (SHORT<<SHORT>_Display State 1>)
- ▼ ⑤ (-) crank sub<1> (Default<Default_Display State-1>)
  - ▶ 📷 History
  - 📷 Sensors
  - ▶ 🅰 Annotations
  - 🗍 Front Plane
  - 🗍 Top Plane
  - 🗍 Right Plane
  - ↳ Origin
  - ▶ ⑤ (固定) crank-shaft<1> (Default<<Default>_Display State 1>)
  - ▶ ⑤ crank-arm<1> (Default<<Default>_Display State 1>)
  - ▶ ⑤ (-) crank-knob<1> (Default<<Default>_Display State 1>)
  - ▶ 🔗 Mates
- ▶ 🔗 結合

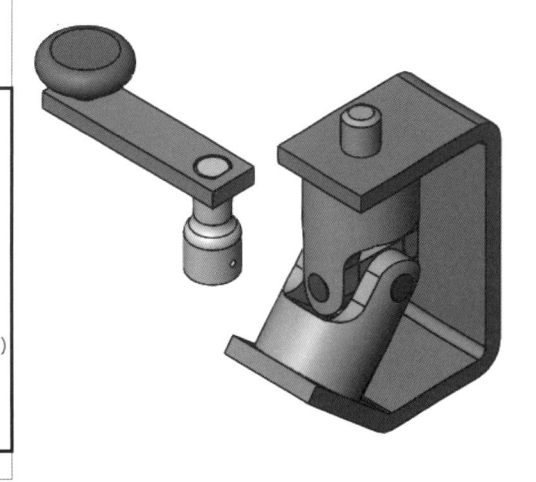

⊙ 圖 13-62 次組合件

13.11.1 結合次組合件

結合次組合件和結合零組件的規則一樣,次組合件被視為零組件。結合次組合件時,既可使用結合工具,也可使用 **Alt+ 拖曳**,或其他已討論過的結合方法。

STEP 11 加入同軸心結合

使用 **Alt+ 拖曳**方法，在 Yoke_male 的上圓柱面和 crank-shaft 的圓柱面之間加入**同軸心**結合，如圖 13-63 所示。

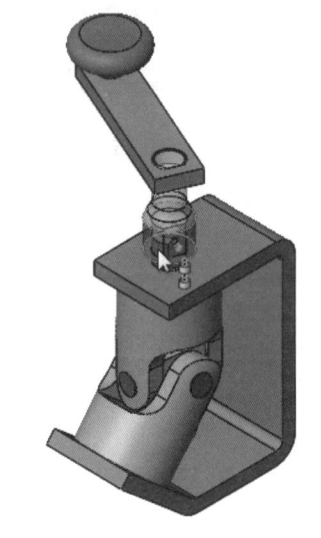

◎ 圖 13-63　加入同軸心結合

STEP 12 相互平行結合條件

建立 Yoke_male 的側平面與 crank-shaft 的 D 形孔內平面之間的**相互平行**結合條件，如圖 13-64 所示。

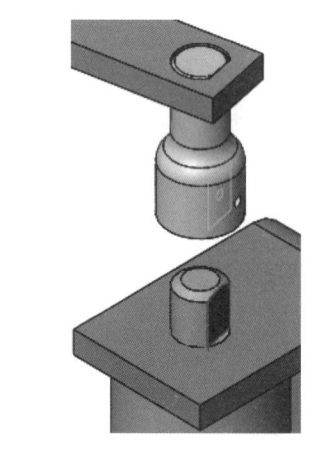

◎ 圖 13-64　相互平行結合條件

STEP 13 選擇對正方式

點選**反轉結合對正**，來檢驗**反向對正**（圖 13-64）和**同向對正**（圖 13-65），在這裡使用**反向對正**。

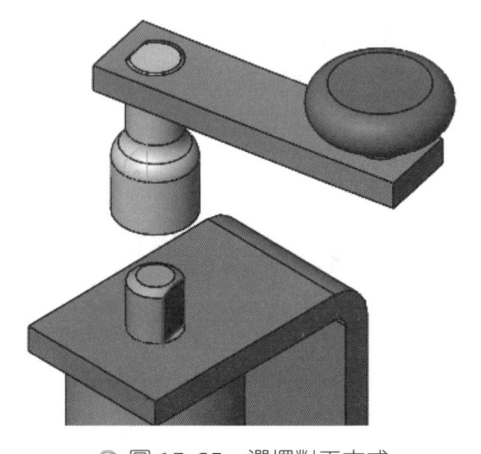

◎ 圖 13-65　選擇對正方式

13.11.2 平行相距結合條件

平行相距結合允許零組件之間有一定間隙,您可以把它當作指定偏移距離的平行結合。這種結合需要用**反轉結合對正**或**反轉尺寸**,來決定兩個零件的相距量測位置。

13.11.3 單位系統

單位系統控制文件及質量屬性計算的單位,您可以從**工具→選項→文件屬性→單位**中選定單位系統。也可以在狀態列上點選**單位系統**,如圖 13-66 所示。

◉ 圖 13-66　單位系統

在另一方面,輸入尺寸時也可以輸入與文件單位系統不同的單位。在尺寸大小欄位中,您可以輸入所需單位的簡寫,也可以從功能表中選擇單位,如圖 13-67 所示。

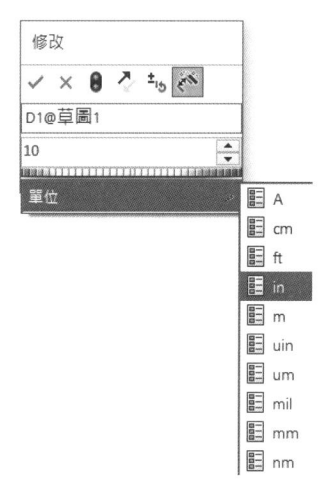

◉ 圖 13-67　修改單位系統

STEP 14　選取面

選取 bracket 頂面和 crank-shaft 底面,建立平行相距結合條件,如圖 13-68 所示。

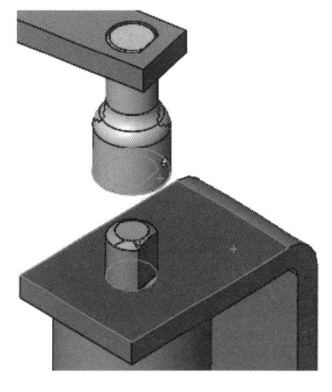

◉ 圖 13-68　選取面

STEP 15 加入平行相距結合條件

指定與文件的單位不同的尺寸,在平行相距輸入 1/32in。如果 crank-shaft 被 bracket 穿透過去,則在 PropertyManager 中勾選**反轉尺寸**,按**確定**建立結合條件,如圖 13-69 所示。

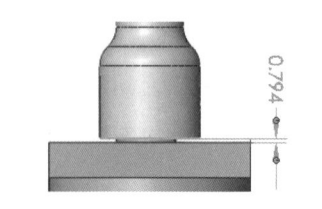

圖 13-69　加入平行相距結合條件

> **技巧**
> 在 FeatureManager(特徵管理員)的**平行相距**或**角度**結合上快按滑鼠兩下,數值會以組合件的單位顯示。

STEP 16 在 FeatureManager(特徵管理員)中選擇次組合件

在 FeatureManager(特徵管理員)選擇次組合件 crank sub,次組合件中的所有零組件皆被選取並強調顯示,如圖 13-70 所示。

> **技巧**
> 從繪圖視窗中,您也可以在次組合件的零件上按滑鼠右鍵,點選**選擇次組合件**。

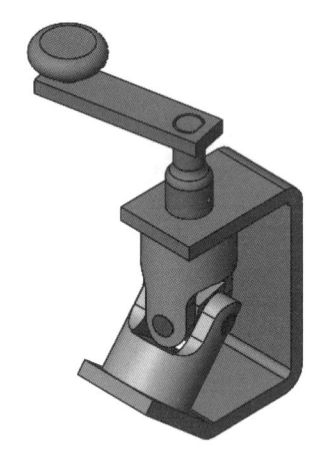

圖 13-70　選擇次組合件

STEP 17 動態組合件運動模擬

變更兩個 Yoke 的透明度,拖曳 crank-arm 以顯示零件 spider 的運動,如圖 13-71 所示。

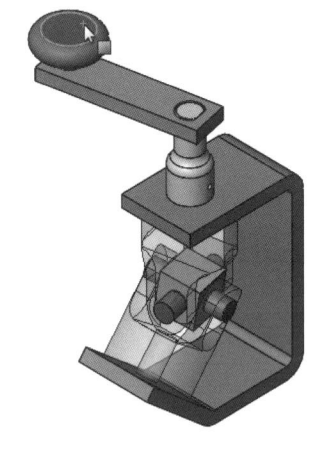

圖 13-71　動態組合件運動模擬

13.11.4 僅為定位使用

在結合選項中的**僅為定位使用**是指不受新加入結合關係的限制，就可以定位幾何圖形，這種方法適用於建立工程視圖。

STEP 18 僅為定位使用

按**結合** 並選擇**僅為定位使用**選項，選擇如圖 13-72 所示的平面，加入**相互平行**結合條件，按**確定**。兩個平面建立相互平行的定位，但結合群組中沒有加入任何結合關係。

儲存組合件。

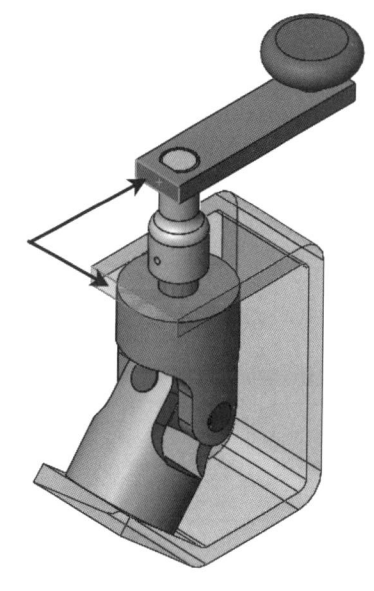

◉ 圖 13-72　定位使用

13.12 Pack and Go

Pack and Go 用在整合並複製所有被組合件使用到的檔案，可複製到單一資料夾或壓縮成 zip 檔案。在整個組合件必須被傳送給另一個使用者，而檔案卻儲存在不同的資料夾時，此功能特別有用。

指令TIPS　Pack and Go

- 功能表：**檔案**→**Pack and Go**。

STEP 19 Pack and Go

按檔案→ Pack and Go，並選擇**另存為 zip 檔案**，輸入您要用的檔案名稱，點選**合併為單一資料夾**，按**儲存**，如圖 13-73 所示。

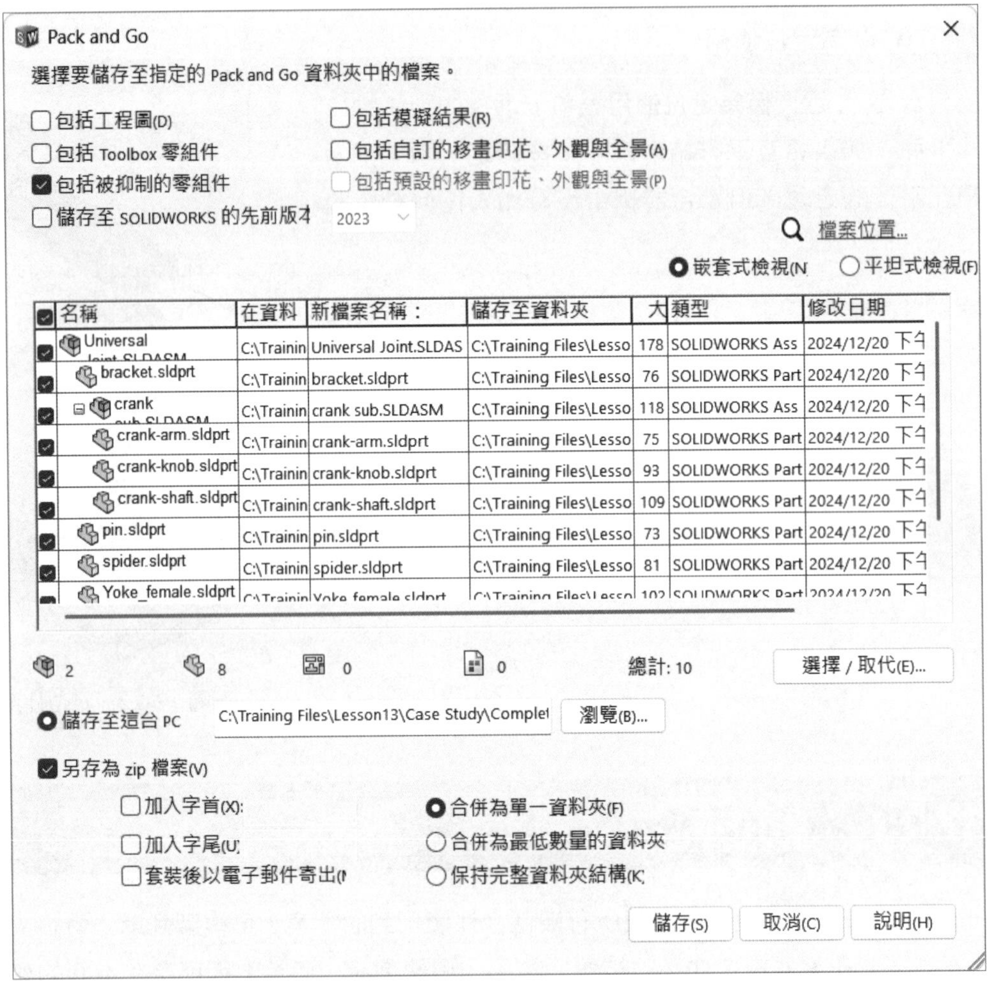

● 圖 13-73 Pack and Go

STEP 20 共用、儲存並關閉所有檔案

由下而上模型組合法 **13**

練習 13-1 基本結合

請使用插入零件和建立結合條件來建立組合件，如圖 13-74 所示。此練習使用以下技能：

- 建立新的組合件
- 加入零組件
- 建立結合條件

單位：mm（毫米）

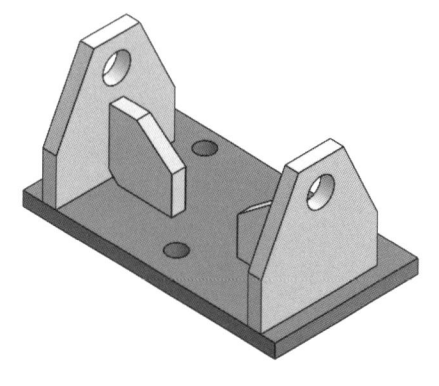

◎ 圖 13-74 基本結合建立組合件

操作步驟

建立一個新組合件，此練習的所有零組件都置於 Lesson13\Exercises\Mates 資料夾中。

STEP 1 加入零件 RectBase

建立一個新的組合件，使用 RectBase 為基礎零件，並放置於組合件原點固定，如圖 13-75 所示。

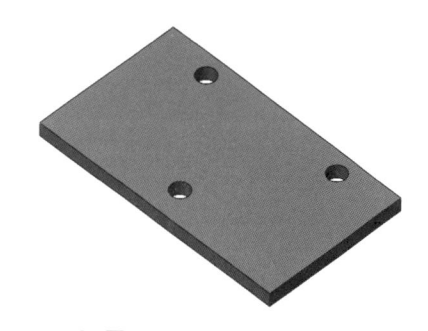

◎ 圖 13-75 零件 RectBase

STEP 2 加入零件 EndConnect

加入一個 EndConnect 副本到組合件中。在 EndConnect 和 RectBase 之間加入平行相距 10mm 與兩個重合的結合條件，如圖 13-76 所示。

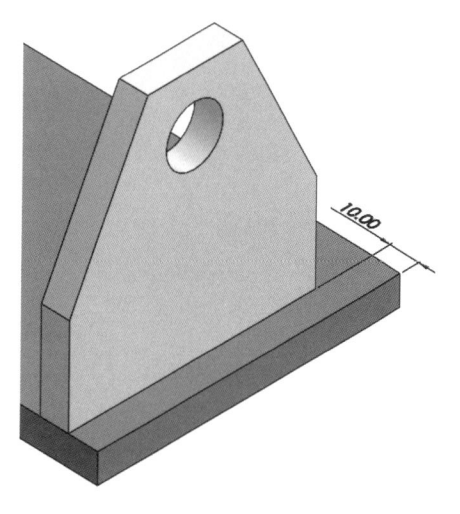

◎ 圖 13-76 零件 EndConnect

13-47

STEP 3　加入零件 Brace

加入 Brace 副本到組合件中，如圖 13-77 所示，並加入和 RectBase 之間的重合條件。

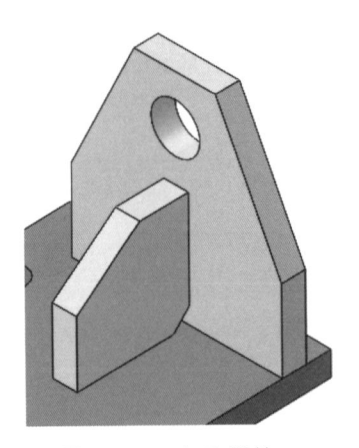

● 圖 13-77　加入零件 Brace

請將 Brace 與 EndConnect 的圓孔中心對正，如圖 13-78 所示。

> **技巧**
> 中間零組件的重合結合可以利用基準面或寬度結合。

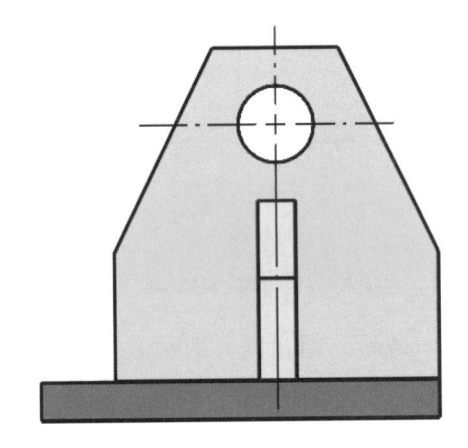

● 圖 13-78　Brace 與圓孔中心對正

STEP 4　加入零組件副本

加入更多的 Brace 和 EndConnect 副本零組件，如圖 13-79 所示。

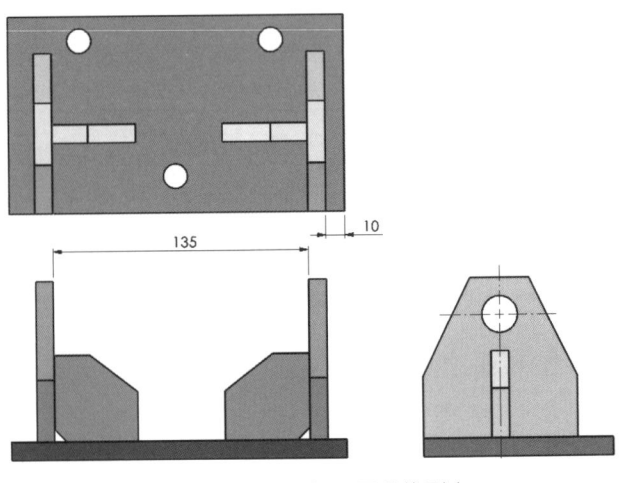

● 圖 13-79　加入更多的副本

STEP 5　共用、儲存並關閉所有檔案

由下而上模型組合法 13

練習 13-2 握把研磨器

請依照以下步驟組合研磨器,如圖 13-80 所示。此練習使用以下技能:

- 建立新的組合件
- 加入零組件
- 結合零組件
- 動態組合件運動
- 智慧型結合條件

單位:mm(毫米)

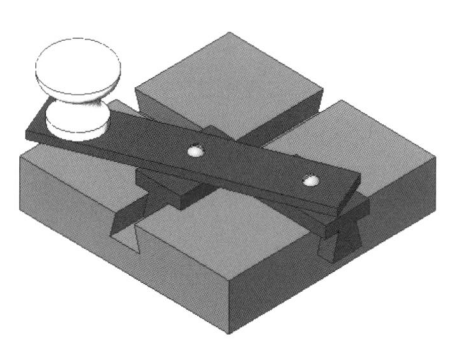

◎ 圖 13-80 握把研磨器

操作步驟

建立一個新組合件,此練習的所有零組件都置於 Lesson13\Exercises\Grinder Assy 資料夾中。

STEP 1　加入零組件 Base

建立一個新的組合件,使用 Base 為基礎零件,並放置於組合件原點固定,如圖 13-81 所示。

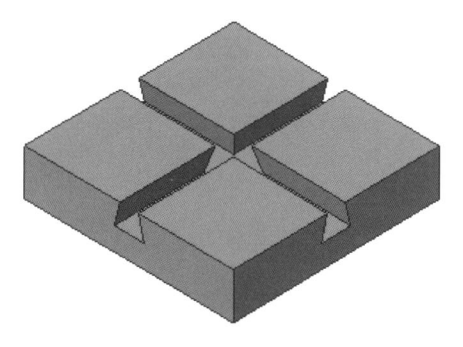

◎ 圖 13-81 加入零件 Base

STEP 2　加入零件 Slider

加入 Slider 零件到組合件中,並與鳩尾槽建立寬度與重合結合條件,如圖 13-82 所示。

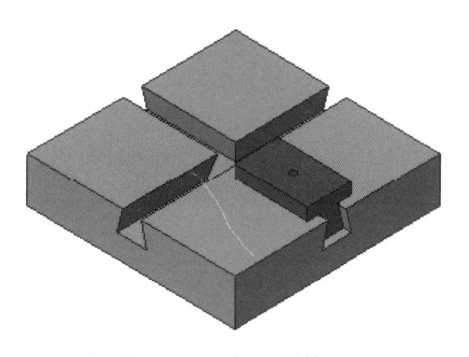

◎ 圖 13-82 加入零件 Slider

STEP 3 複製零件 Slider 增加另一個副本

在組合件中複製零件 Slider 增加另一個副本，一樣建立結合條件，這兩個零件都可以在各自的鳩尾槽前後移動，如圖 13-83 所示。

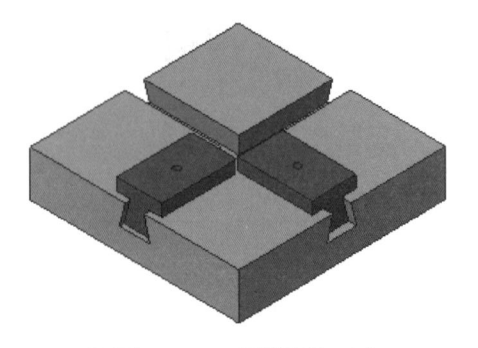

◉ 圖 13-83 複製零件 Slider

STEP 4 建立次組合件 Crank

使用 Assembly_MM 範本開啟新組合件檔案，建立次組合件 Crank，考慮使用智慧型結合加入同軸心與重合的結合條件，圖 13-84 所示的次組合件 Crank，是以爆炸和解除爆炸狀態來顯示。

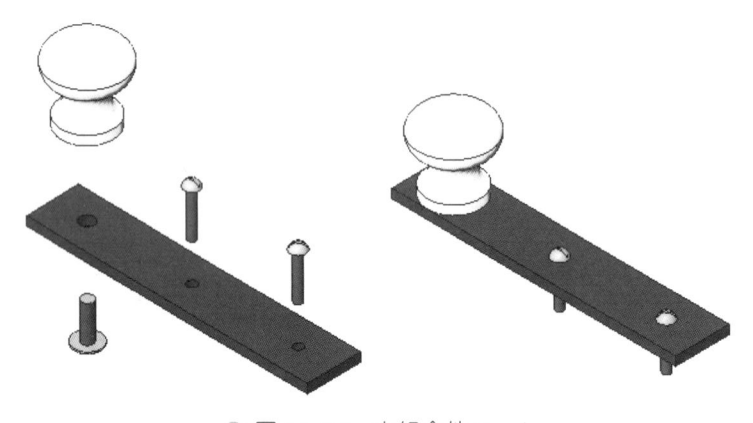

◉ 圖 13-84 次組合件 Crank

Crank 次組合件包括以下的零件：

- 零件 Handle（1 個）。
- 零件 Knob（1 個）。
- 零件 Truss Head Screw（1 個）[#8-32（.5"long）] 的模型組態。
- 零件 RH Machine Screw（2 個）[#4-40（.625"long）] 的模型組態。

提示 兩個機械螺釘都包括多種模型組態，要確定是正確的模型組態。

STEP 5 在研磨器組合件中插入次組合件 Crank

非重疊兩個組合件視窗,將次組合件拖曳到研磨器組合件中,如圖 13-85 所示。

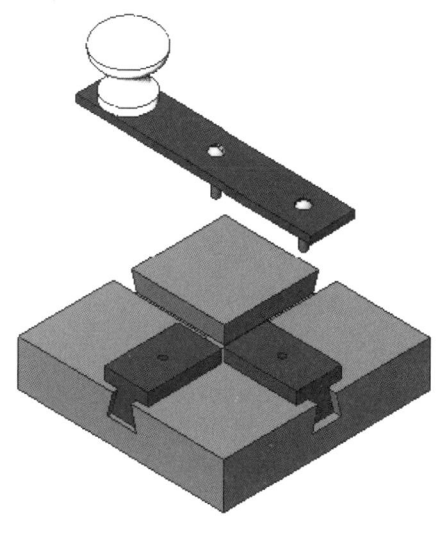

◎ 圖 13-85　插入次組合件 Crank

STEP 6 建立次組合件的結合條件

將兩個 RH Machine Screws 機械螺釘,結合到兩個 Slider 對應的孔;將次組合件中的 Handle 底面和 Slider 的頂面重合,如圖 13-86 所示。

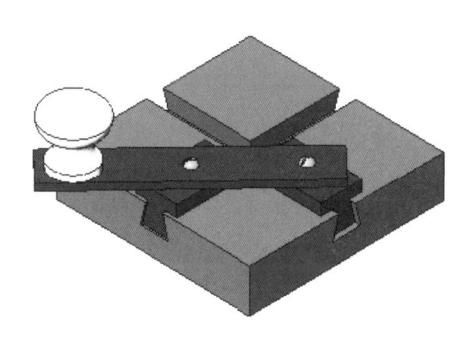

◎ 圖 13-86　建立次組合件的結合條件

STEP 7 旋轉次組合件 Crank

移動 Knob,Knob 沿橢圓型路徑移動,兩個零件 Slider 分別對應橢圓的長短軸。

STEP 8 共用、儲存並關閉所有檔案

練習 13-3 顯示 / 隱藏零組件

請使用結合建立變速箱組合件,如圖 13-87 所示。此練習可增強以下技能:

- 建立新的組合件
- 加入零組件
- 結合零組件
- 零組件的隱藏和變更透明度
- 智慧型結合條件

單位:mm(毫米)

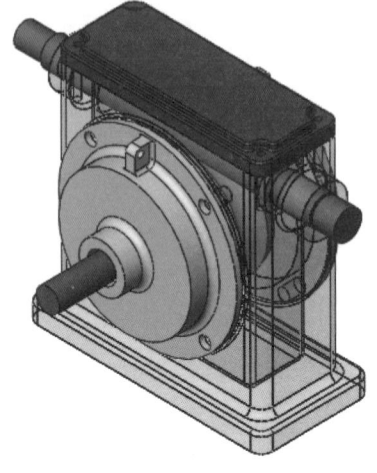

⊙ 圖 13-87 顯示 / 隱藏零組件

操作步驟

建立一個新組合件,此練習的所有零組件都置於 Lesson13\Exercises\Gearbox Assy 資料夾中。

STEP 1 開啟新的組合件

開啟零組件 Housing,使用**從零件中產生組合件**指令來開啟組合件,並使用 Assembly_MM 範本,固定零組件於組合件原點上。

STEP 2 加入零組件

拖曳或插入剩餘的零組件到新組合件中。

STEP 3 結合零組件

將 2 個 Cover_Pl&Lug 與 Cover Plate 零組件結合至 Housing 中,如圖 13-88 所示。

⊙ 圖 13-88 結合零組件

STEP 4　隱藏零組件

隱藏 Cover Plate 和一個 Cover_Pl&Lug 零組件,如圖 13-89 所示。

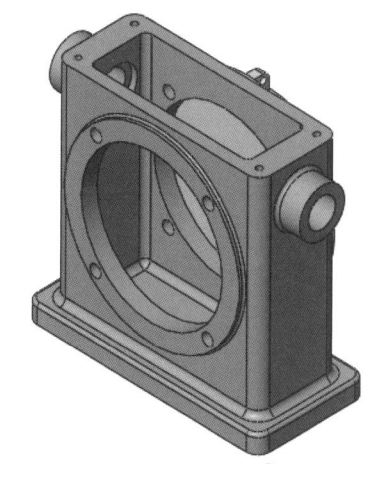

◉ 圖 13-89　隱藏零組件

STEP 5　加入更多零組件

加入 Worm Gear Shaft 和 Worm Gear 零組件,使用**寬度**結合,結合 Worm Gear 與 Housing,如圖 13-90 所示。

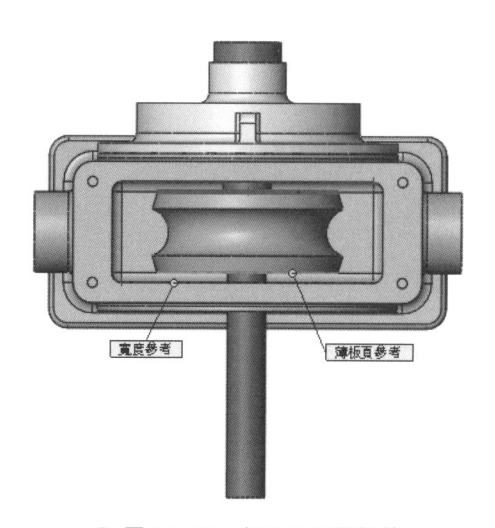

◉ 圖 13-90　加入更多零組件

STEP 6　細節

顯示被隱藏的零組件,使用**變更透明度**調整零件 Housing 顯示,加入零件 Offset Shaft 及其結合關係。

> **技巧**
> 圖 13-91 顯示 Offset Shaft 結合到零件 Housing 上的細部放大圖。

STEP 7　共用、儲存並關閉所有檔案

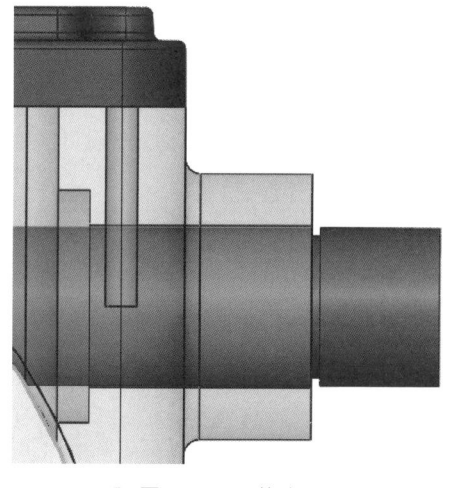

◉ 圖 13-91　放大視圖

練習 13-4 組合件中的設計表格

請使用所提供的零件,完成由下而上的組合件。在組合件使用零件 Allen wrench 的不同模型組態,建立六角扳手組,如圖 13-92 所示。此練習可增強以下技能:

- 加入零組件
- 結合零組件
- 在組合件中使用零件模型組態
- 開啟零組件

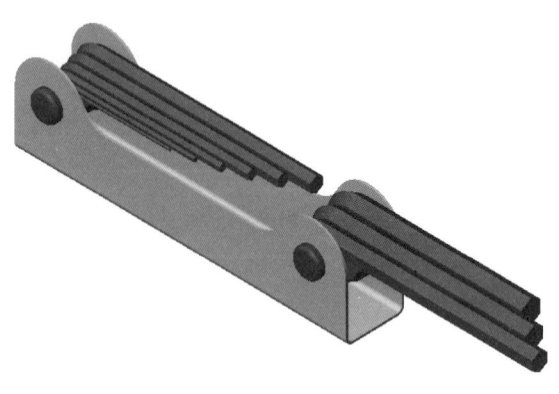

◉ 圖 13-92　六角扳手組

操作步驟

開啟現有的組合件,此練習的所有零組件都置於 Lesson13\Exercises\part configs 資料夾中。

STEP 1 開啟現有的組合件

開啟組合件 part configs,如圖 13-93 所示,這個組合件包括 3 個零組件,其中 pin 和 Allen Wrench 使用多個副本。組合件每一個 Allen Wrench 副本皆使用不同的模型組態。

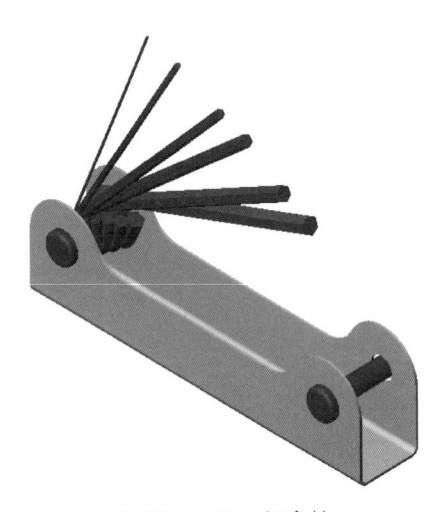

◉ 圖 13-93　組合件

STEP 2 開啟零件

選擇並開啟任意一個副本零件 Allen Wrench,如圖 13-94 所示。

◉ 圖 13-94　零件 Allen Wrench

STEP 3　模型組態

使用下列表格中的模型組態，修改 Length 欄位的尺寸（在尺寸上按滑鼠右鍵，選擇組態尺寸）。

	Length		Length
Size01	50	Size06	100
Size02	60	Size07	100
Size03	70	Size08	90
Size04	80	Size09	80
Size05	90	Size10	100

> **技巧**
> 使用**此模型組態**選項，只可以對目前啟用的模型組態進行變更。

STEP 4　加入和結合零組件

在組合件中加入和結合 Allen Wrench 另外的 3 個副本，模型組態及其尺寸、位置和名稱詳列在圖 13-95 中。

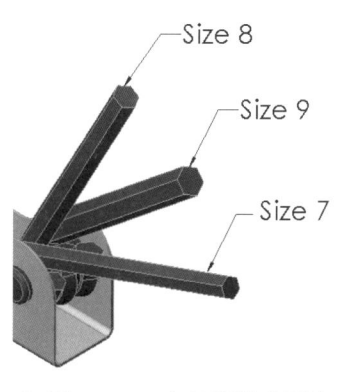

◉ 圖 13-95　加入和結合零件

> **技巧**
> Allen Wrench 零件的基準軸 center_axis 可以用來結合。

STEP 5　共用、儲存並關閉所有檔案

練習 13-5 修改萬向接頭組合件

請修改之前建立的組合件,如圖 13-96 所示。此練習使用以下技能:

- 加入零組件
- 結合零組件
- 從組合件中開啟零組件
- 零組件的隱藏和變更透明度

單位:in(英吋)

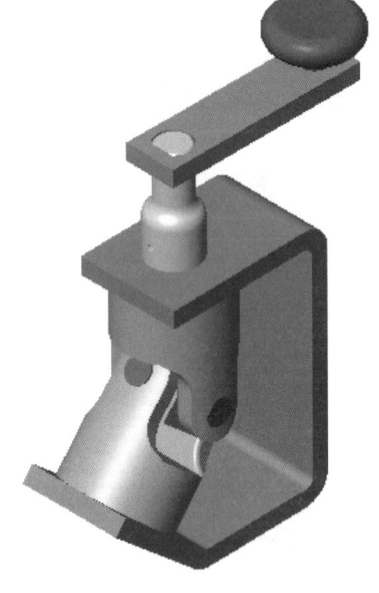

◉ 圖 13-96 萬向接頭組合件

操作步驟

開啟現有的組合件,此練習的所有零組件都置於 Lesson13\Exercises\U-Joint Changes 資料夾中。

STEP 1 開啟組合件 Changes

開啟位於 U-Joint Changes 資料夾中的組合件 Changes。

STEP 2 開啟零件 bracket

在 FeatureManager(特徵管理員)或繪圖區域中選擇並開啟零組件 bracket <1>,如圖 13-97 所示。

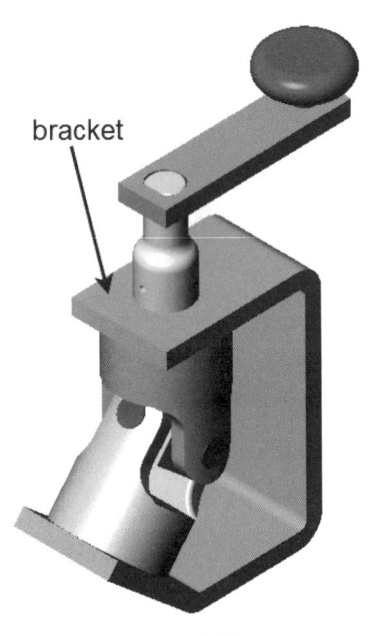

◉ 圖 13-97 零件 bracket

由下而上模型組合法 **13**

STEP 3　編輯零件

在第一個特徵上快按滑鼠兩下,並修改有畫底線的尺寸,如圖 13-98 所示。

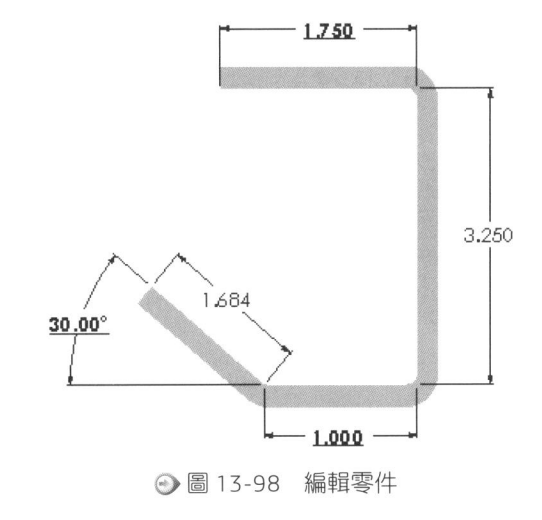

◉ 圖 13-98　編輯零件

STEP 4　關閉並儲存

關閉並儲存零件 bracket,按是對組合件重新計算。

STEP 5　變更

零件修改後,組合件也同樣發生變化。

STEP 6　轉動零件 crank

次組合件 crank 可以自由旋轉,同時帶動 Yoke_male、Yoke_female、Spider 和 Pin 移動,如圖 13-99 所示。

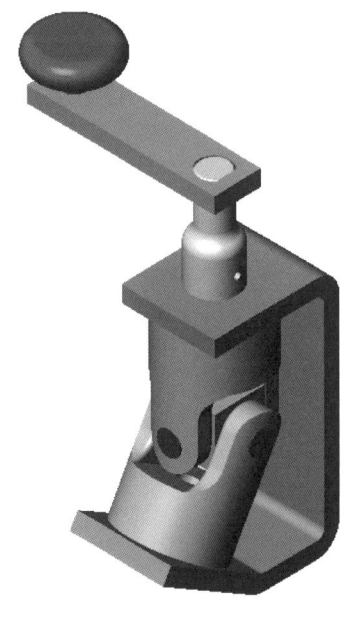

◉ 圖 13-99　轉動零件 crank

STEP 7 刪除結合條件

在 FeatureManager（特徵管理員）中展開**結合**群組，刪除 Parallel2 結合。

STEP 8 轉動零件 crank

crank 可以自由旋轉，但是 Yoke 和 Spider 沒有跟著一起帶動，如圖 13-100 所示。

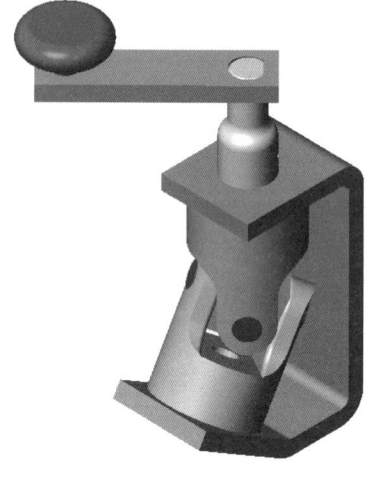

圖 13-100 再次轉動零件 crank

STEP 9 插入固定螺釘

插入零組件 set screw，使用同軸心結合到 crank-shaft 的小孔中，如圖 13-101 所示。

你可以選擇性的勾選**鎖住旋轉**。

圖 13-101 插入固定螺釘

由下而上模型組合法 **13**

STEP 10 隱藏零組件

隱藏 crank-shaft，在 set screw 和 Yoke_male 平坦面之間加入**重合**限制條件，如圖 13-102 所示。

◉ 圖 13-102　隱藏零組件

STEP 11 顯示零組件

顯示 crank-shaft 零組件。

STEP 12 轉動零組件 crank

次組合件 crank 同樣可以自由旋轉，由於螺釘的結合條件，可以帶動兩個 yoke、spider 與 pin。

STEP 13 共用、儲存並關閉組合件

NOTE

14 組合件的使用

順利完成本章課程後,您將學會:

- 物質特性計算
- 建立組合件爆炸視圖
- 加入爆炸線條
- 產生組合件的零件表
- 複製零件表到工程圖

14.1 組合件的使用

本章將使用手電筒來說明組合件模組化的其他概念,完成後的組合件將能被分析和編輯,並以爆炸狀態顯示。

14.1.1 過程中的關鍵階段

組合件分析過程的關鍵階段如下:

● **分析組合件**

您可以對整個組合件進行物質特性計算。

● **編輯組合件**

零件可在組合件中單獨編輯,也就是說:當零件在組合件處於啟用狀態時,可以改變零件的尺寸值。

● **爆炸組合件**

可以選擇零組件並指定方向和移動距離,建立組合件的爆炸視圖。

● **零件表(BOM)**

在組合件中可以產生零件表,並複製到工程圖頁中,關聯的零件號球可以加到組合件中,使零件號球和零件表項次編號相對應。

STEP 1 開啟組合件

開啟舊檔並找到 Exploded_views 資料夾,在快速濾器中按**過濾最上層組合件**,選擇組合件 Flashlight,按**開啟**,如圖 14-1 所示。

組合件的使用 **14**

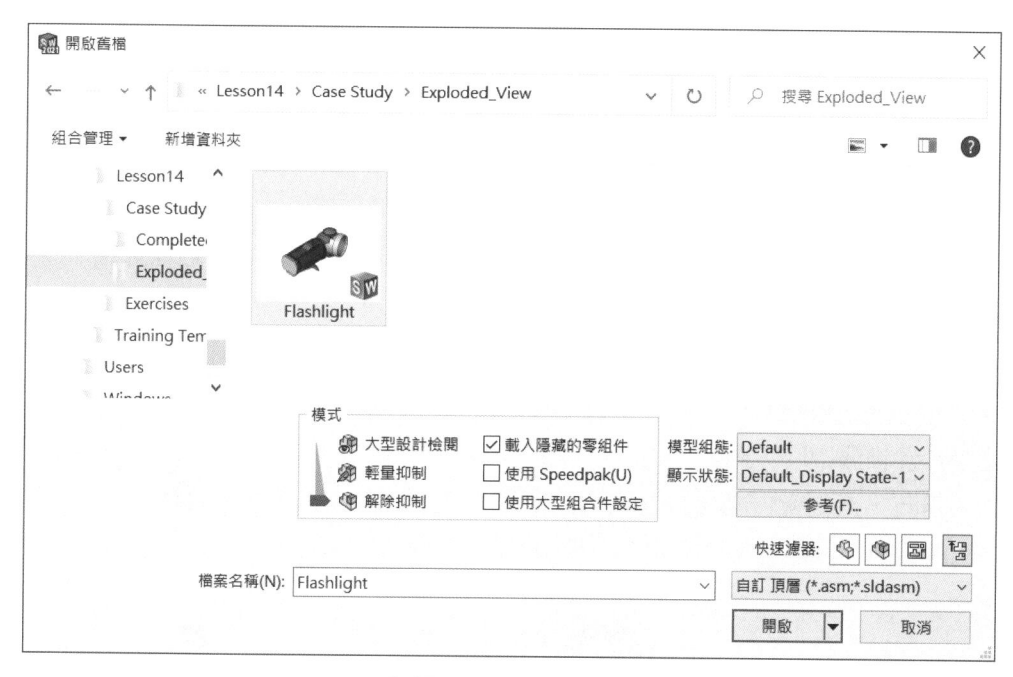

◎ 圖 14-1　開啟組合件

組合件開啟進度指示器

當您開啟組合件時，**組合件開啟進度指示器**也會開啟，並顯示開啟狀態的相關資訊。指示器在開啟的過程區分為下列三個進度：如圖 14-2。

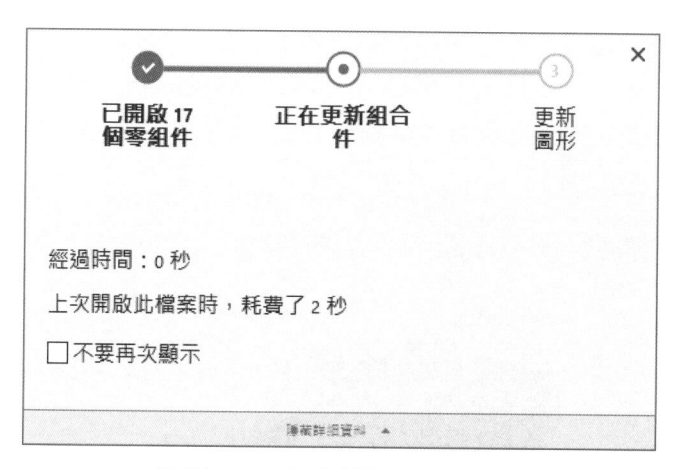

◎ 圖 14-2　組合件開啟進度指示器

- **已開啟零組件**：被載入的零組件包括組合件和參考文件，指示器會顯示被開啟零組件的數量。

14-3

- **正在更新組合件**：更新模型、結合、組合件特徵、複製排列等。
- **更新圖形**：產生組合件圖形。

經過時間會即時顯示開啟組合件所需的時間長短。

> **提示** 在開啟組合件後，若要檢視效能評估，按一下**工具**→**評估**→**效能評估**，檢視**開啟效能**。

◆ **相同檔案名稱的衝突**

當組合件被開啟時，假如在組合件中有一個或多個零組件，與已經開啟的零件有相同的檔案名稱時，系統會自動比較檔案的內部 ID。例如：第 13 章的組合件 Universal Joint 和目前開啟的組合件都有一個零組件名稱叫"Pin"，如圖 14-3。

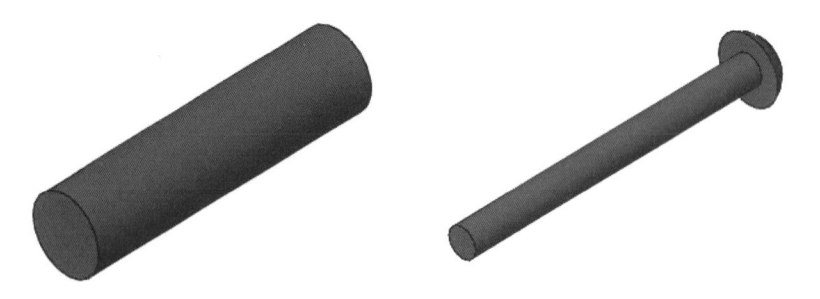

◯ 圖 14-3 相同名稱的零件

假如組合件 Universal Joint 已經開啟，則當我們要開啟 Flashlight 組合件時，會因內部 ID 不對，系統顯示訊息：「要開啟文件參考的檔案與已開啟的文件有相同的名稱。」，並提供兩個選項處理這個問題：

- **沒有此文件而仍開啟**：系統抑制出現問題的零組件以避免衝突，如圖 14-4。

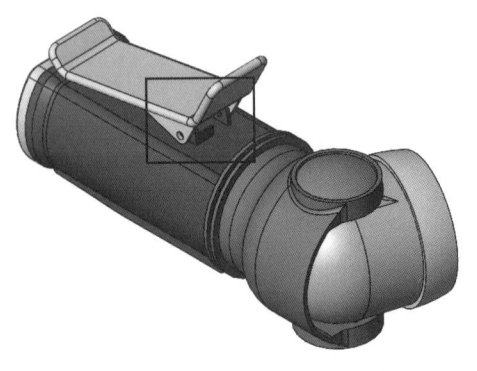

◯ 圖 14-4 抑制衝突的零組件

組合件的使用 **14**

- **無論如何仍接受此檔案**：使用已開啟的零組件作為組合件的零組件。除非此零件是要用來取代組合件中的零組件，否則重新計算時，一定會產生結合錯誤，如圖 14-5。

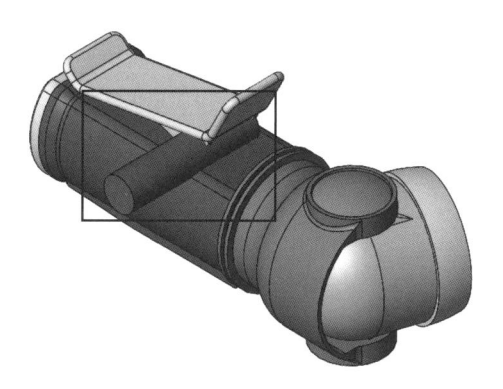

圖 14-5　直接取代零組件

14.2　分析組合件

組合件有幾種分析可以使用，常用的為**物質特性**、**餘隙確認**和**干涉檢查**。

14.2.1　計算物質特性

前面章節曾介紹零件物質特性，組合件同樣也可以計算物質特性。組合件物質特性和零件不同的是：每個零組件的材料屬性，都由零件的**材質**特徵所控制，材質屬性也可以由**編輯材質**設定。物質特性提供兩種座標系統。

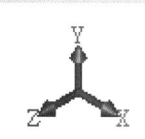

輸出座標系統		慣性主軸（質量中心）	

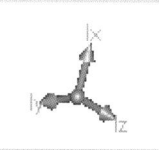

STEP 2　計算物質特性

按**評估**→**物質特性**。

STEP 3　查看計算結果

系統在物質特性對話方塊中顯示組合件計算結果，並顯示**慣性主軸**的暫時圖形，**選項**則可以用來改變計算單位，如圖 14-6 所示。關閉對話方塊。

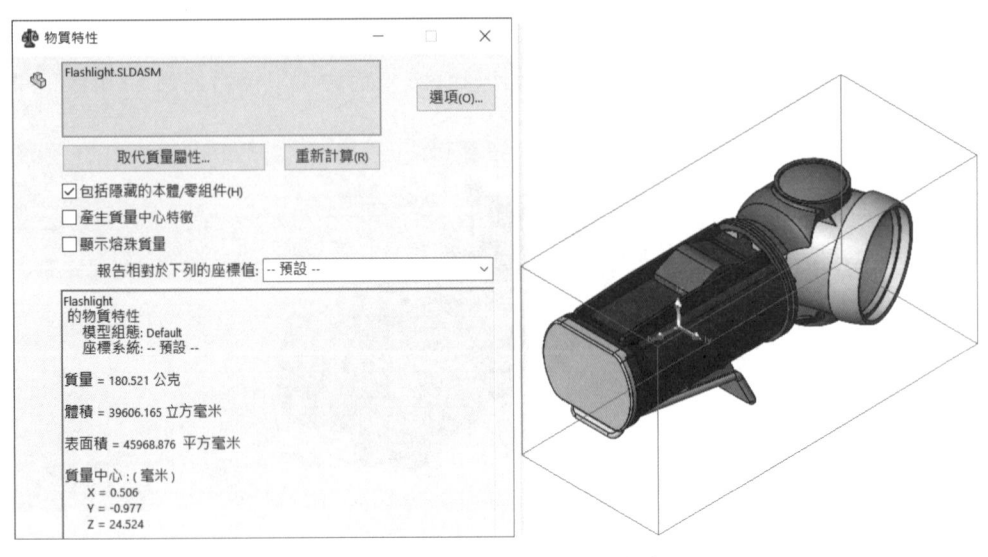

● 圖 14-6　物質特性對話方塊

> **提示**　物質特性也可以計算所選的零組件，不一定是整個組合件。

14.2.2　干涉檢查

干涉檢查是用在找出組合件中靜態零組件之間的干涉，此指令選擇一系列零組件，並尋找之間的干涉。干涉結果則以成對零組件列示，並以符號顯示干涉，如圖 14-7 所示。

> **技巧**
> 干涉有時可用目視檢查，**塗彩**和**顯示隱藏線**都可以使用。

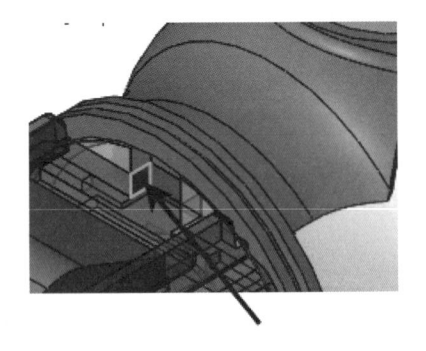

● 圖 14-7　以符號顯示干涉

◆ 干涉檢查選項

干涉檢查**選項**群組框中的選擇項都可用於設定干涉檢查準則。

- **將重合視為干涉**：將所有重合面視為干涉。
- **顯示忽略的干涉**：所選的干涉可以按**略過**標記為忽略的，勾選此選項時，會列出忽略的干涉。

組合件的使用 **14**

- **將次組合件視為零組件**：次組合件被視為單一零組件，次組合件內的干涉皆被忽略。
- **隔離干涉**：所選干涉的零組件可以使用**完成時隔離**，使修復更為容易。
- **包括多本體零件干涉**：檢視零件內多本體之間的干涉情況。
- **使干涉的零件為透明**：以透明模式顯示干涉的零組件，並將次組合件視為單一零組件。
- **產生扣件資料夾**：在結果中產生扣件資料夾以包含所有涉及干涉的扣件。
- **建立相符的裝飾螺紋線資料夾**：在結果列表中，將零組件與相符的裝飾螺紋線的干涉，隔離在資料夾中。
- **忽略隱藏的本體 / 零組件**：允許您事先隱藏零件，並忽略隱藏的本體與其他零組件之間的干涉。

> **指令TIPS** 干涉檢查
>
> 干涉檢查可在組合件中的所有零件或被選擇的零組件間進行干涉和碰撞檢查。
>
> 操作方法
> - CommandManager：**評估**→**干涉檢查**。
> - 功能表：**工具**→**評估**→**干涉檢查**。

STEP 4 開始干涉檢查

按干涉檢查，最上層的零組件 Flashlight 已被自動選取，按**計算**，如圖 14-8 所示。

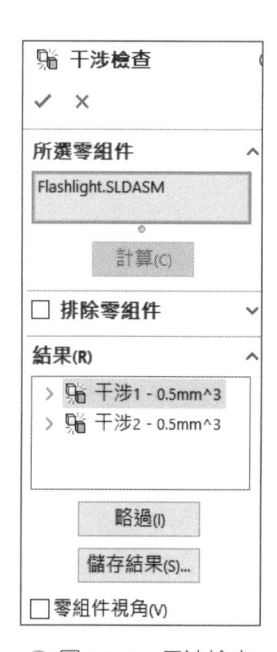

圖 14-8 干涉檢查

STEP 5 干涉檢查結果

經過分析發現所選圖元有兩個干涉在**結果**列表中：干涉 1 和干涉 2。每個干涉後面註明干涉的體積，他們都發生在同一對零組件中，即 Holder<1> 和 Round Swivel Cap<1>。

在繪圖區域中，已使用紅色強調顯示來表示干涉。預設干涉零組件是透明的，其他零組件則保持原狀，按**確定**。

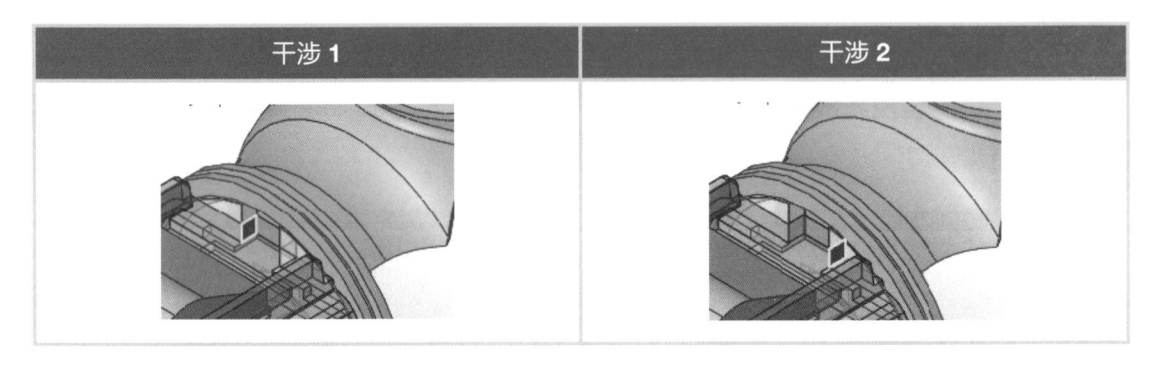

干涉 1	干涉 2

在任一干涉上按滑鼠右鍵，有下列選項可使用：略過、小於以下項目全部忽略、放大選取範圍、完成時隔離、依大小排序等。

STEP 6 隔離

干涉發生於次組合件 Base 的零組件之間，要消除干涉必須修改這些零組件。

在任一干涉上按滑鼠右鍵，選擇**完成時隔離**，按**確定**，如圖 14-9。

● 圖 14-9 隔離顯示

STEP 7 更改尺寸

在如圖 14-10 所示的 Holder 零組件表面上快按滑鼠兩下，然後再到尺寸上快按滑鼠兩下變更為 5mm 並重新計算。

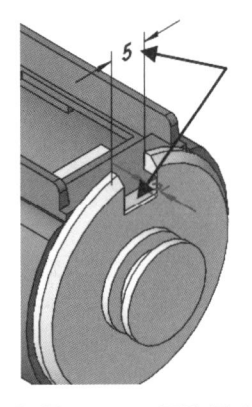

● 圖 14-10 更改尺寸

組合件的使用 **14**

STEP 8　重新進行干涉檢查

按結束隔離顯示，再按**評估→干涉檢查**，按**計算**，觀察到沒有干涉後，按**確定**。

14.2.3　開啟零件

在組合件中可以使用**開啟零件**直接開啟零組件和次組合件，**定位開啟零件**則是在組合件中以相同的方位開啟零件或次組合件。

> **指令TIPS　開啟零件**
>
> - 快顯功能表：在零組件上按滑鼠右鍵，點選**開啟零件**。
> - 快顯功能表：在零組件上按滑鼠右鍵，點選**定位開啟零件**。

STEP 9　開啟次組合件

干涉區域在次組合件 Base 的內部，您只有在次組合件中編輯零組件，才能修復這個干涉。

在 FeatureManager（特徵管理員）中的次組合件 Base 上按滑鼠右鍵，點選**開啟次組合件**，如圖 14-11 所示。

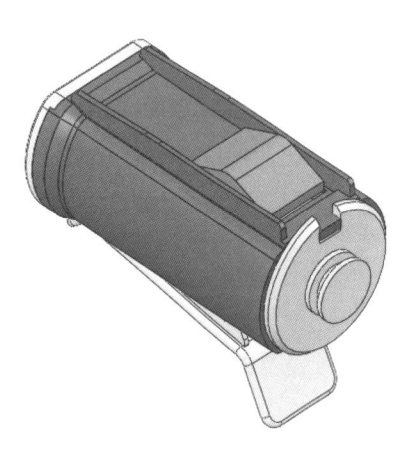

◉ 圖 14-11　開啟次組合件

14.3　檢查餘隙

零組件中的餘隙，像干涉一樣很難用眼睛發現。但是在平行或同軸心零組件間的間隙則可以檢測出來，如圖 14-12 所示。

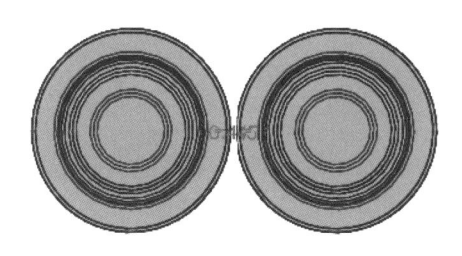

◉ 圖 14-12　餘隙

> **指令TIPS** 餘隙確認
>
> **餘隙確認**是用來檢查所選組合件中所有零組件的靜態餘隙，它可以檢查所選項目之間餘隙，也可以檢查所選項目與其餘的零組件之間的餘隙。
>
> **操作方法**
> - CommandManager：**評估**→**餘隙確認**。
> - 功能表：**工具**→**評估**→**餘隙確認**。

STEP 10 隱藏零組件

隱藏零組件 Battery Cover<1>。

STEP 11 餘隙確認

按**餘隙確認**，選取兩個零組件 Battery AA。設定**最小可接受餘隙**為 0mm，以判斷是否存在任何餘隙。按**計算**，**結果**列表顯示餘隙 1 在零件之間存在一個 0.44mm 餘隙，如圖 14-13 所示。按**確定**。

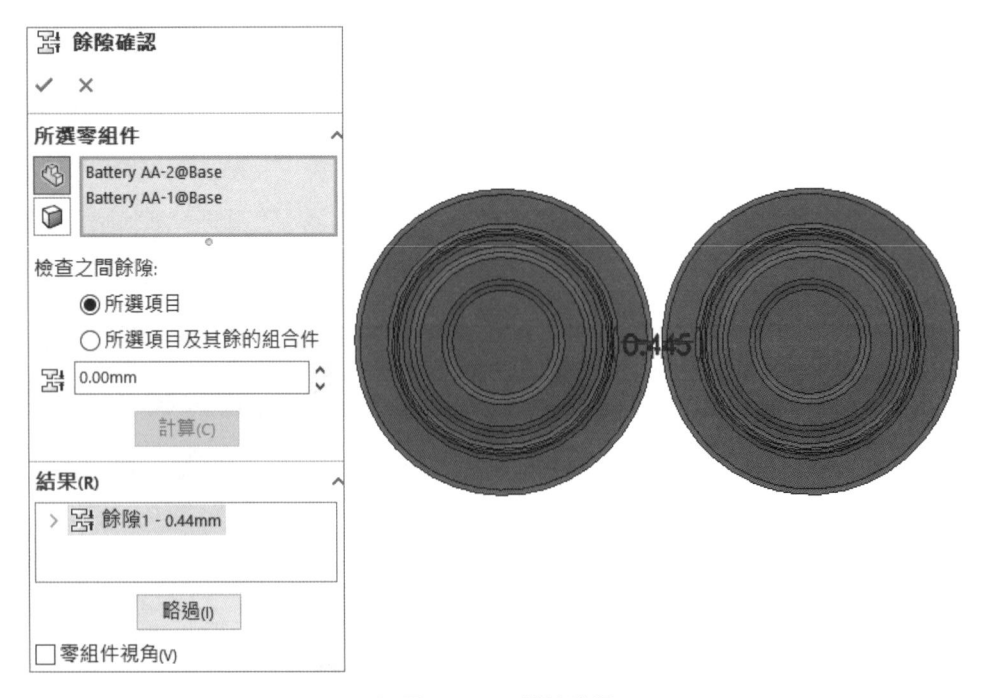

◉ 圖 14-13　餘隙確認

> **提示**　本例使用的選項是**使研究中的零件為透明**。

組合件的使用 **14**

STEP 12 顯示零組件

顯示零組件 Battery Cover<1>。

按 **Ctrl+Tab**，選擇組合件 Flashlight。

14.3.1 靜態與動態干涉檢查

靜態干涉檢查是零組件在特定條件下形成的干涉，而在組合件運動時，就必須使用動態碰撞偵測。

> **指令TIPS 碰撞偵測**
>
> **碰撞偵測**分析組合件中所選零組件的運動情況，當面與面之間發生衝突或碰撞時發出警告。您可以選擇碰撞時停止、強調顯示面和音效等選項作為警告方式。
>
> **操作方法**
> - **移動零組件** PropertyManager：**碰撞偵測**。

STEP 13 碰撞偵測

按**移動零組件**並選擇**碰撞偵測**，選擇**所有零組件**和**碰撞時停止**，如圖 14-14 所示。拖曳 Head<1> 零件直至碰到 Swivel<1>，如圖 14-15 所示。系統將透過強調顯示面、停止運動並產生系統聲音來提出警告。

◉ 圖 14-14 碰撞偵測選項　　◉ 圖 14-15 碰撞偵測

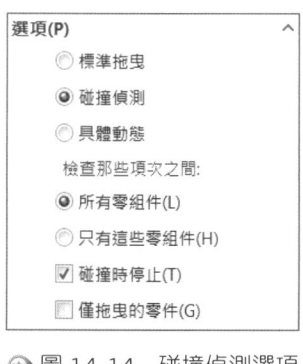

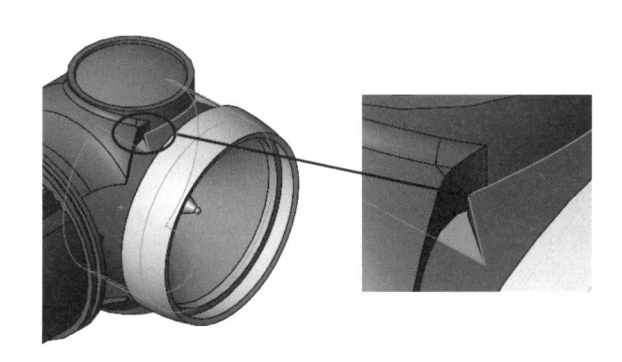

> **提示** 聲音必須開啟才有作用，像是勾選**啟用 SOLIDWORKS 事件音效**，以及按**選項→系統選項**，在**一般**下方按**設定音效**，從**聲音**對話方塊中的**程式事件**列表下設定 **SOLIDWORKS 偵測到碰撞**音效。

STEP 14 縮小檢查範圍

所有零組件的選項意指偵測組合件的所有零組件。但這樣會占用大量系統資源，尤其在大型組合件中。若選擇**只有這些零組件**，則只有所選的零組件才會進行碰撞偵測。

點選只有這些零組件，並選擇零件 Head<1> 和 Swivel<1>，勾選**碰撞時停止**，按**重新開始拖曳**，將 Head<1> 拖曳至反方向，直到在反方向碰到 Swivel<1> 為止，如圖 14-16 所示。

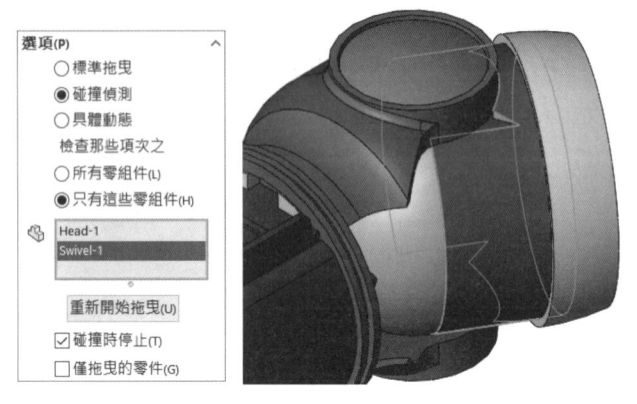

圖 14-16　縮小檢查範圍

STEP 15 關閉碰撞偵測選項

拖曳 Head<1> 至兩次碰撞之間的位置，按**確定**關閉 PropertyManager。

14.3.2　改善系統效能

執行**動態碰撞偵測**時，您可以使用以下選項改善系統效能：

- 選擇**只有這些零組件**而不是**所有零組件**選項。當系統減少計算的零組件數量時，可以提高系統效能。但利用該選項時，要注意不要漏選有干涉的零組件。

- 勾選**僅拖曳的零件**選項，意思是系統只計算被拖曳零件與其他零件的碰撞情況。如果不勾選，系統不僅要檢查被移動的零件，同時也要檢查拖曳該零件造成其他可能移動的零組件。

- 可能的情況下，勾選**忽略複雜曲面**選項。

> 提示　移動零組件的過程，可以使用**動態間隙**選項顯示零組件間實際的間隙。所選零件間隙的尺寸值會在繪圖區域中顯示，當間隙發生改變時，零組件最小間距也會同時更新，如圖 14-17 所示。

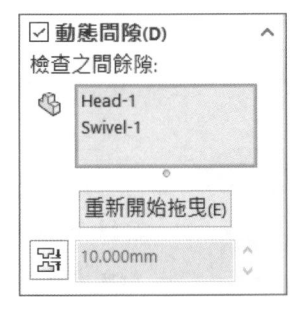

圖 14-17　動態間隙

組合件的使用 **14**

STEP 16 定位開啟零件

在 FeatureManager（特徵管理員）的 Head<1> 零件上按滑鼠右鍵，點選**定位開啟零件**。

STEP 17 加入圓角

在四條邊線上加入 R1mm 圓角，並儲存變更，如圖 14-18 所示。

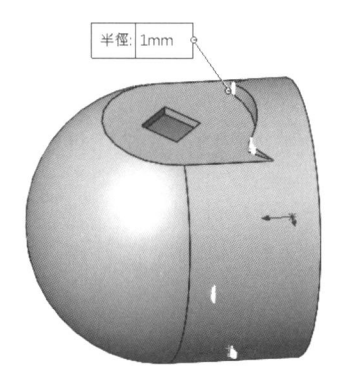

◉ 圖 14-18　加入圓角

STEP 18 返回到組合件

按 **Ctrl+Tab**，點選組合件 Flashlight，若是系統偵測到零件受到變更，則系統將提示是否重新計算組合件，按**是**重新計算組合件。

STEP 19 干涉檢查

按**移動零組件**，選擇下列選項：**碰撞偵測、所有零組件、碰撞時停止**，進行干涉檢查。如下圖所示，測試更大的運動範圍。

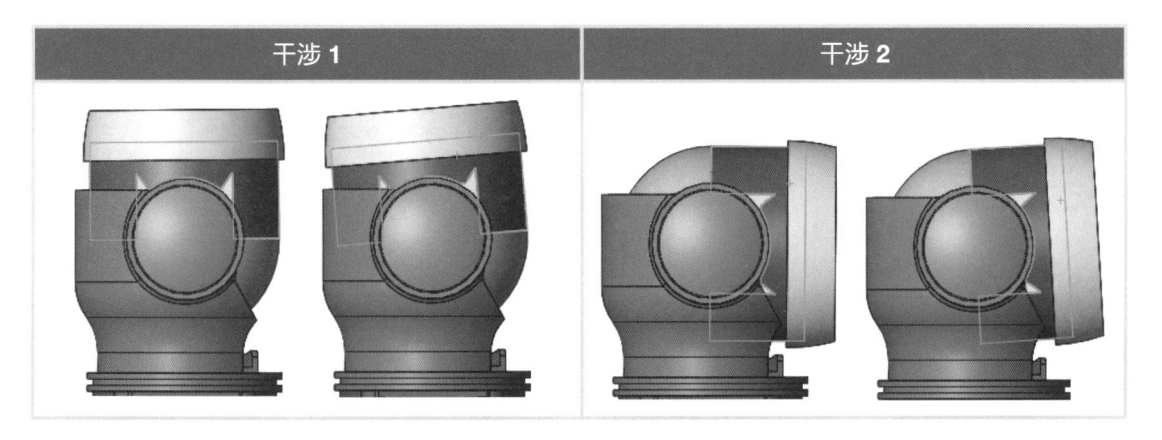

干涉 1	干涉 2

STEP 20 關閉移動零組件工具

14-13

14.4 修改尺寸值

修改組合件尺寸值的方式與零件一樣,在 FeatureManager(特徵管理員)或在繪圖區域中,對著該特徵按滑鼠兩下,然後在尺寸上再按滑鼠兩下修改尺寸。組合件或工程圖使用相同零件,因此改變零件,那麼其他相應的位置都會改變。

STEP 21 編輯零件 Holder

在零件 Holder<1> 上快按滑鼠兩下以顯示尺寸,將長度改為 60mm,如圖 14-19 所示。

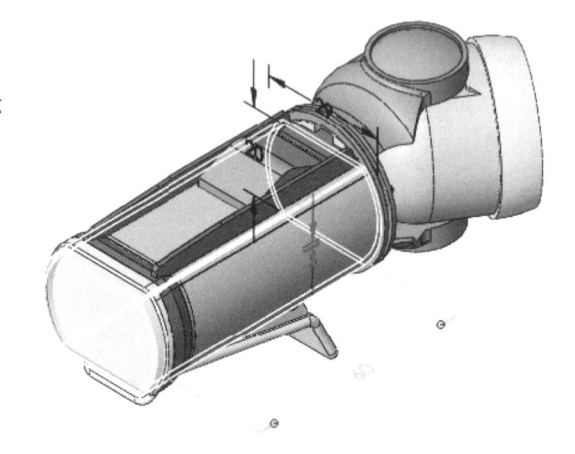

◉ 圖 14-19 編輯零件 Holder

STEP 22 重新計算組合件

重新計算組合件不僅零件重新計算,組合件也會更新,結合條件將確保零組件連結在一起,如圖 14-20 所示。

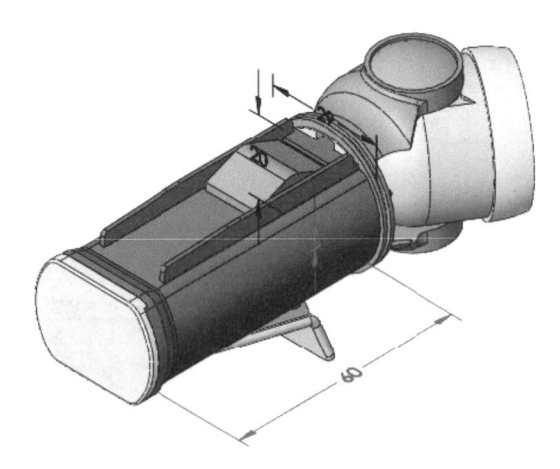

◉ 圖 14-20 重新計算組合件

STEP 23 開啟零件 Holder

在零件 Holder<1> 上按滑鼠右鍵,點選**開啟零件**。

組合件的使用 **14**

STEP> 24 修改零件

由於組合件與零件使用同樣零件,所以在零件層對零件進行修改,則組合件的零件也自動修改,反之亦同。

將尺寸值改回 53mm,關閉並儲存檔案,如圖 14-21 所示。

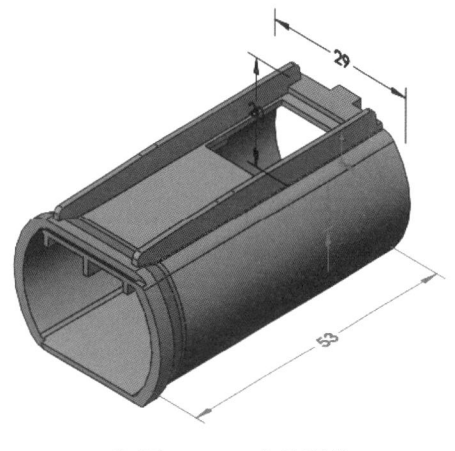

◉ 圖 14-21　修改零件

STEP> 25 更新組合件

由於組合件參考的文件已經被修改(在本例中零件的尺寸被修改),因此重新回到組合件時,SOLIDWORKS 會詢問是否重新計算模型,按**是**。

14.5 組合件爆炸視圖

您可以透過爆炸零組件,來建立組合件的**爆炸視圖**,組合件可在爆炸和爆炸解除之間切換。建立**爆炸視圖**後,即可編輯爆炸視圖,也可用在工程圖,並儲存爆炸視圖至模型組態中,而且每個模型組態也能個別建立爆炸視圖。

14.5.1 設定爆炸視圖

在建立**爆炸視圖**前,有些設定可以使爆炸視圖比較容易被存取,較佳的方式是建立模型組態來儲存**爆炸視圖**,如圖 14-22 所示,以及加入結合來限制組合件的爆炸起點位置。

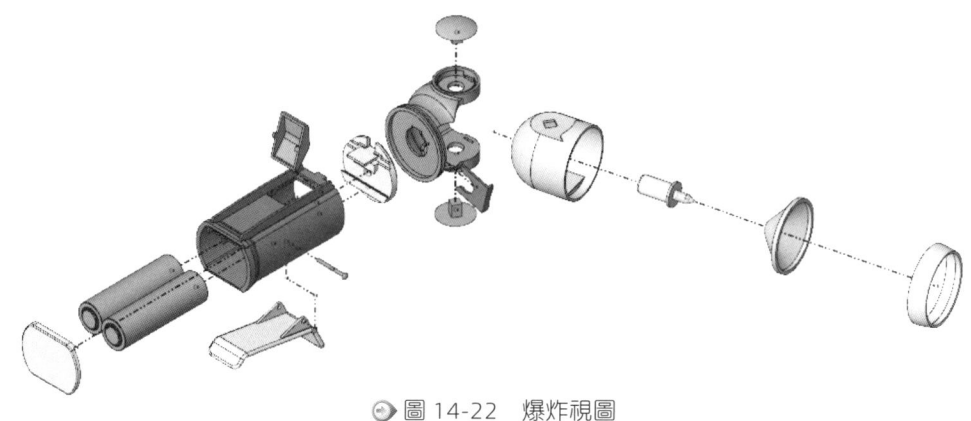

◉ 圖 14-22　爆炸視圖

操作步驟

STEP 1　加入新模型組態

切換到 ConfigurationManager，按滑鼠右鍵點選**加入模型組態**。在模型組態名稱上輸入 Explode，新加入的模型組態處於啟用狀態，如圖 14-23 所示。

◉ 圖 14-23　加入模型組態

STEP 2　恢復抑制結合

在 Explode 模型組態中，我們希望 Head 保持固定。展開 Mates 資料夾，按滑鼠右鍵點選 Angle1 結合並選擇**恢復抑制**。

指令TIPS　爆炸視圖

藉由在圖面中選擇零組件並使用**旋轉和平移控制點**（圖 14-24）的環或軸來旋轉或移動，然後產生一或多個爆炸步驟而建立爆炸視圖。

爆炸時，每次的移動方向和距離都被視為一個步驟來儲存，如圖 14-25 所示。**一般步驟**爆炸使用於平移和旋轉零組件的方式；而**徑向步階**爆炸則用於徑向移動。

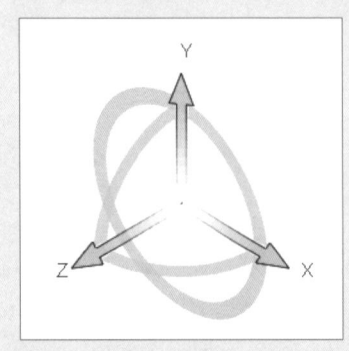

◉ 圖 14-24　旋轉和平移控制點　　◉ 圖 14-25　爆炸步驟

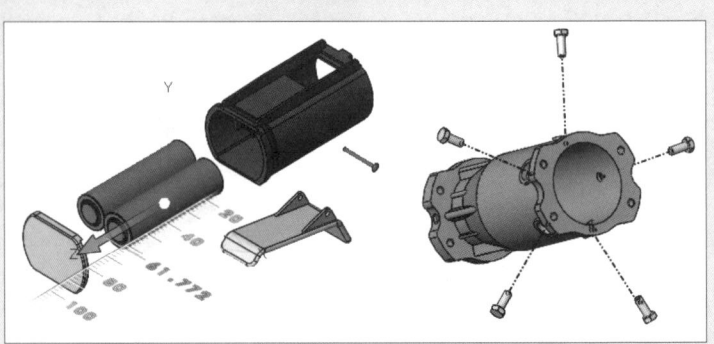

組合件的使用 14

> **操作方法**
> - CommandManager：**組合件→爆炸視圖**。
> - 功能表：**插入→爆炸視圖**。

◆ **爆炸視圖的 PropertyManager**

爆炸視圖的 PropertyManager 用於建立爆炸視圖時儲存所有的爆炸步驟，如圖 14-26 所示。

每一個**爆炸步驟**群組框依序列示著爆炸步驟，以及回溯控制棒。

加入步驟群組框列示著所選的零組件，以套用在目前爆炸步驟中的方向和距離。

選項群組框包括**自動間隔零組件**和**選取次組合件的零件**，前者可以自動進行，而後者可以爆炸次組合件內的個別零組件。

爆炸步驟和連續都是用於個別步驟的名稱。

> **注意** 在完成所有爆炸步驟之前，不要按**確定**按鈕。

➔ 圖 14-26　爆炸視圖的 PropertyManager

◆ **爆炸順序**

爆炸順序是指重複多次爆炸步驟以建立爆炸視圖，具體步驟如下：

1. 選擇需要爆炸的零組件。
2. 移動零組件：拖曳旋轉和平移控制點的軸或環，得以平移或旋轉。
3. 按滑鼠右鍵或按**完成**，即完成此步驟。

◆ **移動控制點**

移動控制點的軸向是用標準拖放的方法，於每個爆炸步驟中建立向量移動。

◆ **拖曳箭頭**

拖曳箭頭為爆炸步驟的向量，建立完畢後，您可以在**爆炸步驟**列表中點選步驟，並沿著爆炸線條拖曳箭頭，修改爆炸距離。

編輯步驟

在一個步驟上按滑鼠右鍵,點選**編輯步驟**,即可編輯哪一個零組件將用於此步驟中、變更步驟的方向,或設定一個實際的距離數值。

STEP 3　選擇零組件

按**爆炸視圖**和**一般步驟**,不勾選**圍繞每一零組件的原點旋轉**選項。選擇零組件 Locking Pin<1>,旋轉和平移控制點顯示在零件所選處,並與組合件的基準軸對齊,如圖 14-27 所示。

> 提示　不勾選**顯示旋轉圈**。

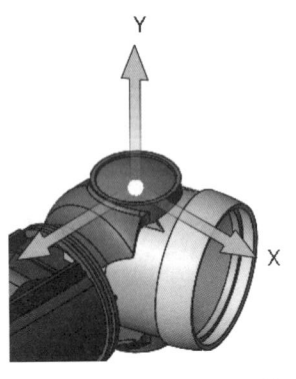

● 圖 14-27　選擇零組件

STEP 4　拖曳零組件

向上拖曳平移箭頭,利用尺規確定移動距離約 30mm,如圖 14-28 所示,爆炸步驟 1 已被加入。

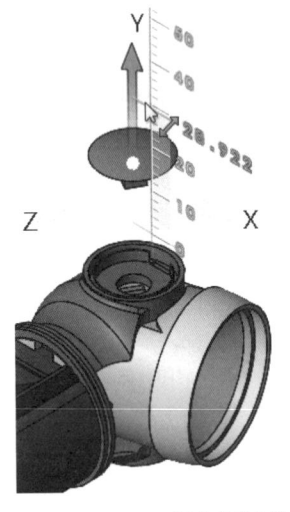

● 圖 14-28　爆炸零組件

STEP 5　完成爆炸步驟

按滑鼠右鍵或按**完成**,爆炸步驟 1(含零組件)顯示於**爆炸步驟**列表中,如圖 14-29 所示。

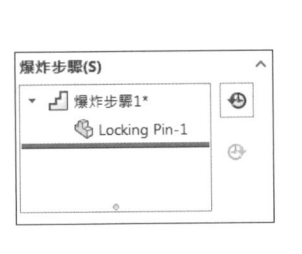

● 圖 14-29　完成爆炸

組合件的使用 **14**

> **技巧**
> 在**爆炸步驟**列表中點選爆炸步驟,系統將顯示帶有移動控制點的零組件,您可以拖曳箭頭時改變距離,如圖 14-30 所示。

◉ 圖 14-30　點選爆炸步驟

STEP 6　爆炸相似的零組件

選零組件 Locking Pin<2> 並拖曳約 30mm,如圖 14-31 所示,按**完成**。

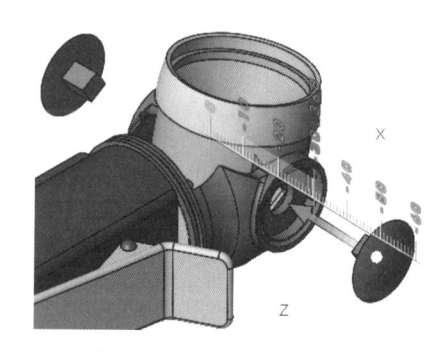

◉ 圖 14-31　爆炸相似的零組件

> **提示**
> 兩個零組件 Locking Pin 也可以使用**徑向步階**爆炸,以產生相同徑向距離的爆炸步驟 1,如圖 14-32。

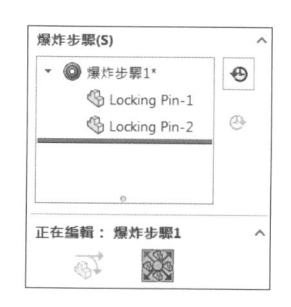

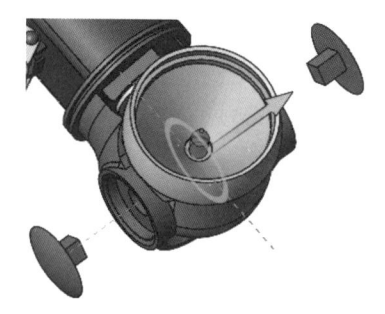

◉ 圖 14-32　使用徑向步驟

14-19

14.5.2 爆炸組合件

次組合件可以當作單一的零組件,或構成組合件的多個零組件,如圖 14-33 所示。

- 不勾選**選擇次組合件的零件**的選項:次組合件將作為一個零組件爆炸。

- 勾選**選擇次組合件的零件**的選項:次組合件的零組件可以單獨進行爆炸。

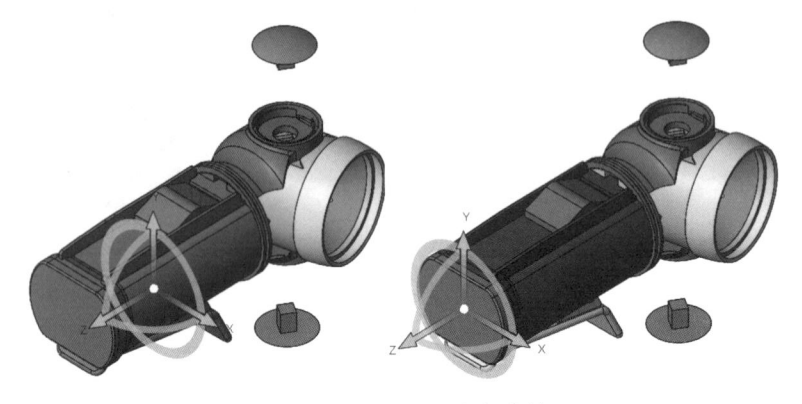

⊙ 圖 14-33 爆炸次組合件

STEP 7 設定選項

展開**選項**對話方塊,如圖 14-34 所示,不勾選**選擇次組合件的零件**。

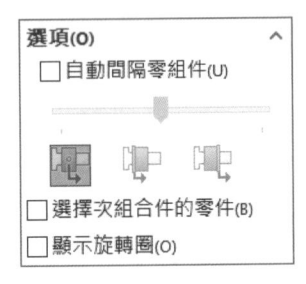

⊙ 圖 14-34 設定選項

STEP 8 爆炸次組合件

點選次組合件 Base<1> 並拖曳約 55mm,按**完成**,如圖 14-35 所示。

⊙ 圖 14-35 爆炸次組合件

組合件的使用 **14**

STEP 9 爆炸次組合件零組件

勾選**選擇次組合件的零件**選項，則依 Battery Cover<1>, Round Swivel Cap<1>, Pin<1>, Clip<2>, Switch<2> 順序完成圖 14-36 所示的距離和方向爆炸。

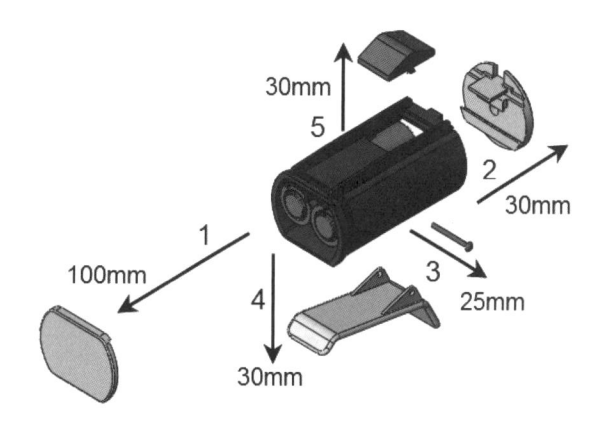

圖 14-36　爆炸次組合件零組件

◆ **爆炸多個零組件**

您可以在爆炸步驟中選擇多個零組件，並按照相同的向量距離和方向進行爆炸。選擇零組件時不需要使用 **Ctrl** 鍵。

STEP 10 爆炸多個零組件

不勾選**自動間隔零組件**，選擇兩個 Battery AA 零組件，按圖 14-37 所示的方向將它們拖曳大約 75mm，按**完成**。

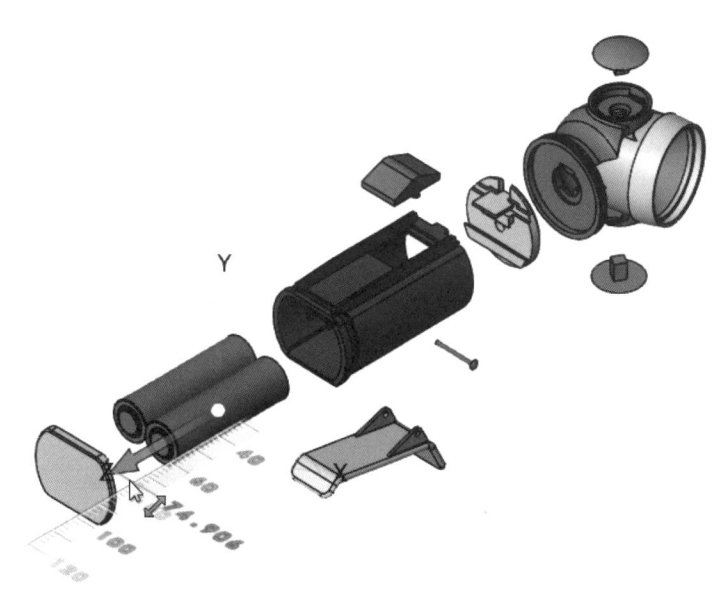

圖 14-37　爆炸多個零組件

> 提示　確認**自動間隔零組件**沒有勾選。

14.6 爆炸步驟的回溯與重新排序

就像在 FeatureManager（特徵管理員）中一樣，爆炸步驟列表也可以使用回溯控制棒及重新排序，回溯控制棒下方的步驟會被抑制，如圖 14-38 所示。

回溯控制棒可用來檢查爆炸視圖的每一步動作、回溯並編輯某一步驟，或是對爆炸步驟進行重新排序。

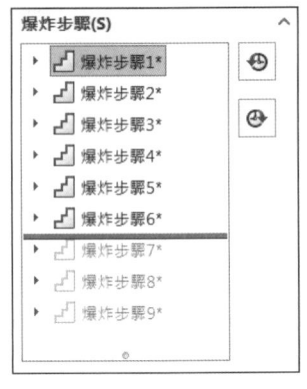

⊙ 圖 14-38　爆炸步驟列表

14.6.1 回溯

要回溯或往前只要：

- 拖放回溯控制棒。
- 按**回溯** ⊙ 退回前一個步驟。
- 按**向前回溯** ⊙ 向下一個步驟。

14.6.2 重新排序

若要重新排序某一爆炸步驟，請將該步驟拖放到目標步驟上。該步驟將放置在目標步驟下方。

STEP 11 回溯

使用**回溯** ⊙ 指令，從爆炸步驟 1 移動至爆炸步驟 4（Battery Cover）下方，如圖 14-39。再移動回溯控制棒至最下方不做任何改變。

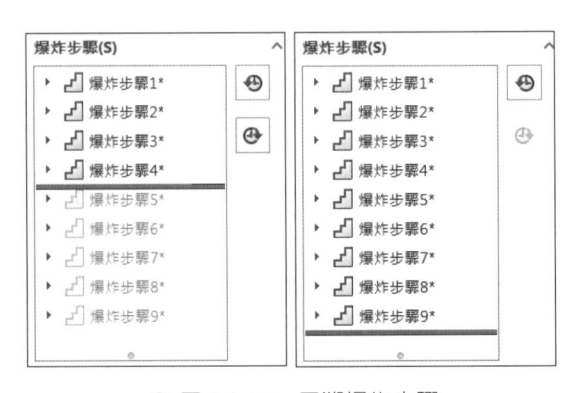

⊙ 圖 14-39　回溯爆炸步驟

組合件的使用 **14**

STEP> 12 重新排序

這裡我們希望 Battery AA 的爆炸步驟能在 Battery Cover 爆炸之後，拖曳爆炸步驟 9 至爆炸步驟 4 下方，如圖 14-40 所示。

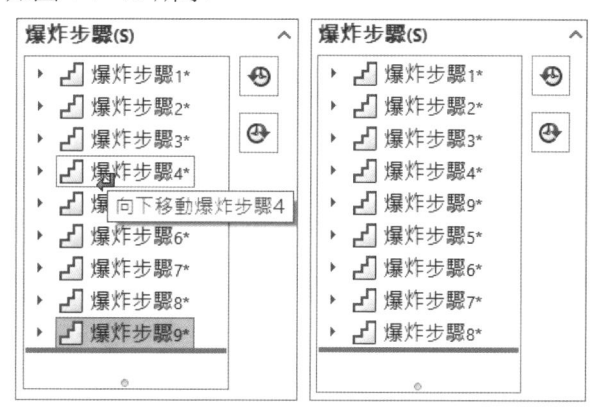

◎ 圖 14-40　重新排序

14.6.3　更改爆炸方向

在某些例子中，**旋轉和平移控制點**的軸並未指向所需的爆炸方向，通常是因結合的關係而與標準方向產生夾角，因此在爆炸步驟的過程中，必須更改軸向以因應所需的方向。

◆ **更改旋轉和平移控制點**

假如**旋轉和平移控制點**的軸向並未指向所想要的方向，則必須改變軸向：

- 拖曳控制點的原點（白圓球）至一條邊線、軸、面或平面以重新定向。
- 在控制點的原點上按滑鼠右鍵，點選**移動至選擇中**或**對正於**選項，再選擇一條邊線、軸、面或平面以重新定位，如圖 14-41 所示。

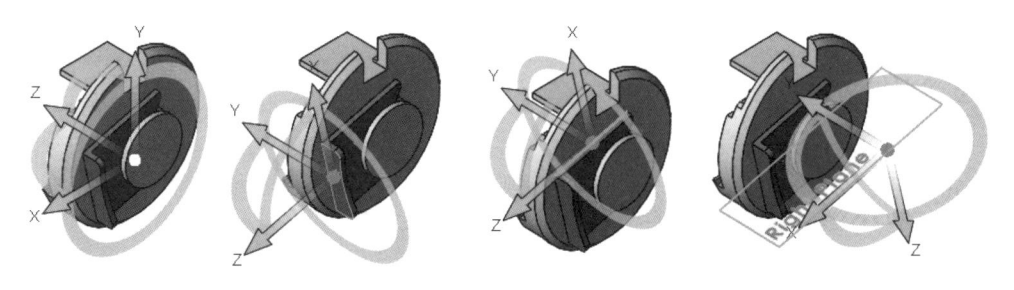

◎ 圖 14-41　更改控制點

- 在控制點的原點按滑鼠右鍵，點選**與零組件的原點對正**，以使用零組件的軸。
- 在控制點的原點按滑鼠右鍵，點選**與組合件的原點對正**，以使用組合件的軸。

STEP 13 設定選項

展開**選項**對話方塊，不勾選**選擇次組合件的零件**。

STEP 14 錯誤方向

選擇 Swivel Clip<1> 並拖曳平移軸，使零件沿著組合件軸向爆炸，按**復原** ↺，如圖 14-42 所示。

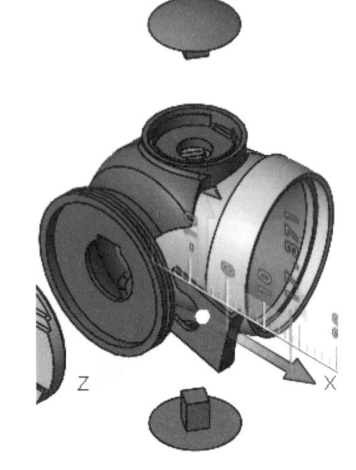

● 圖 14-42 錯誤方向

STEP 15 移動原點

拖曳控制點的原點（白色球）至如圖 14-43 所示的表面，再放開滑鼠。

● 圖 14-43 移動原點

STEP 16 選擇正確方向

拖曳控制點的箭頭，沿著圖 14-44 所示，垂直於所選表面的方向拖曳零組件 Swivel Clip<1> 約 30mm，按**完成**。

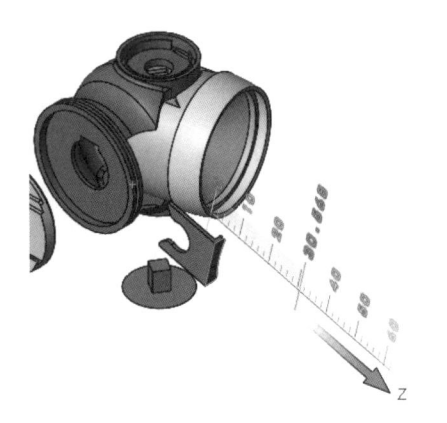

● 圖 14-44 選擇正確方向

14.6.4 使用自動間隔

自動間隔零組件選項是被用來在軸線方向展開一系列零組件,間隔距離可使用滑桿來設定,也可以在產生後更改,如圖 14-45 所示。

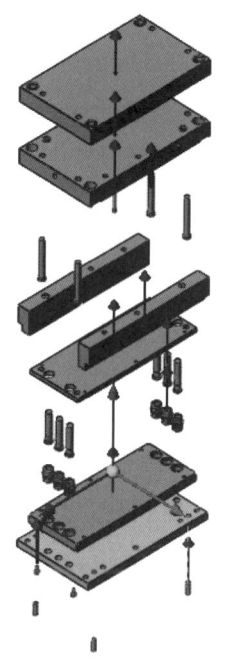

圖 14-45　使用自動間隔

下表中的位置選項是使用邊界方塊的位置,用來排序零組件的自動間隔:

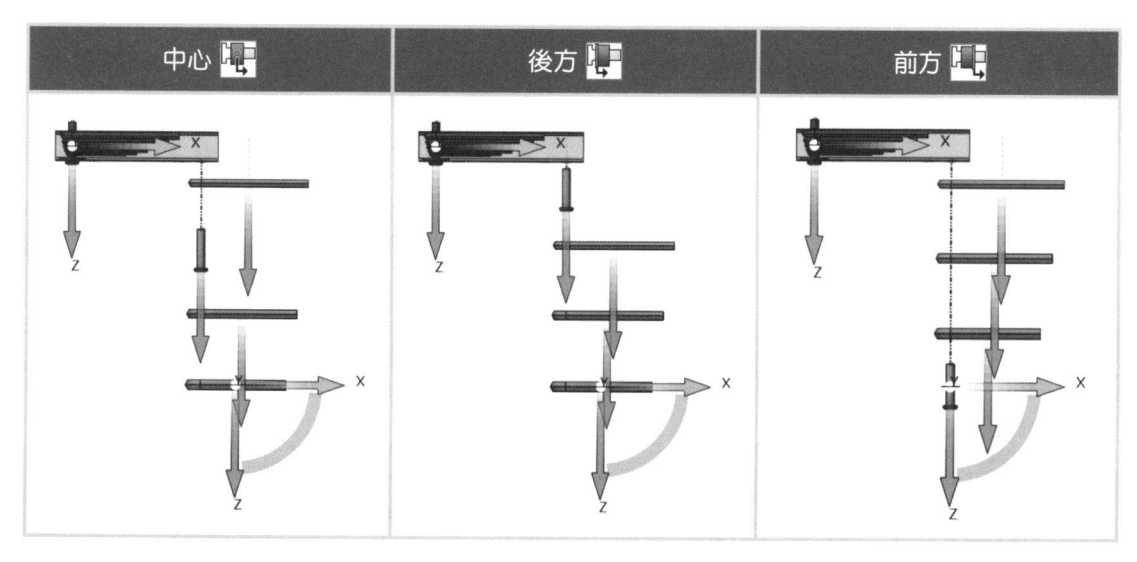

中心	後方	前方

STEP 17 選擇多個零組件

選擇零組件 Lens Cover<1>、Reflector<1>、Miniature Bulb<1> 和 Head<1>，如圖 14-46 所示。由於零組件角度的關係，控制點的方位必須改變。

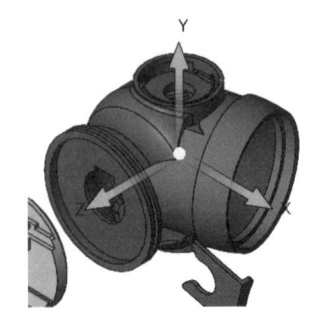

● 圖 14-46 選擇多個零組件

STEP 18 更改方向

拖曳控制點的原點放置到如圖 14-47 所示的邊線上。

勾選**自動間隔零組件**，拖曳間隔滑桿到中間左右。

點選**使用邊界方塊的中心排序零組件的自動間隔**。

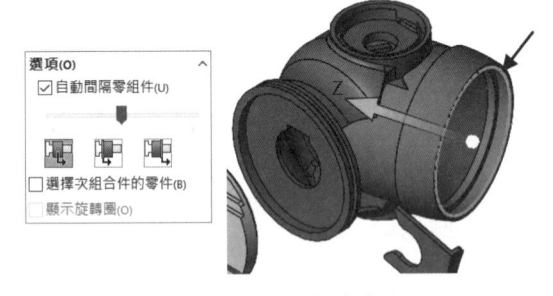

● 圖 14-47 更改方向

STEP 19 拖曳零組件

如圖 14-48，拖曳控制軸進行爆炸，以自動間隔放置零組件。

● 圖 14-48 拖曳零組件

> **提示** 每個個別的零組件箭頭都可以拖曳調整位置。

STEP 20 重新排序

假如零組件的順序與圖中不同，可拖曳相關零組件箭頭至正確位置，零組件的順序會反應在連續 1 的步驟上，按**確定**，完成爆炸視圖，如圖 14-49 所示。

● 圖 14-49 重新排序

14.7 爆炸直線草圖

使用**爆炸直線**指令可建立代表零組件爆炸路徑的線。**爆炸直線草圖**是 3D 草圖一種，並使用路徑線繪製直線來建立及顯示零組件的爆炸路徑。

其中自動的**智慧型爆炸線條**指令可以和手動的**路徑線**和**轉折直線**指令結合使用。

> **指令TIPS**　智慧型爆炸線條
>
> **智慧型爆炸線條**指令會自動地在每個零組件之間產生並加入爆炸線條，爆炸線條在加入草圖之前都可以編修或移除。如圖 14-50 所示。
>
> **操作方法**
> - CommandManager：**組合件→爆炸視圖→插入 / 編輯智慧型爆炸線條**。
> - 功能表：**插入→爆炸直線草圖**。

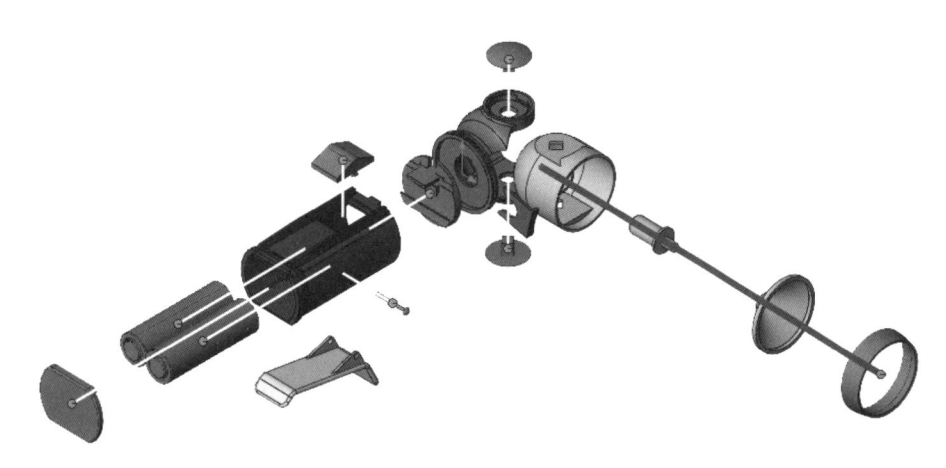

◎ 圖 14-50　智慧型爆炸線條

14.7.1 智慧型爆炸線條選擇

智慧型爆炸線條指令會自動產生大量的爆炸直線，包括重疊或一般不想要的直線，但是仍可以使用手動選擇來處理（如圖 14-51）：

1. 產生智慧型爆炸線條；
2. 使用**刪除**或**清除選擇**來移除重疊或一般不想要的直線；
3. 只選擇那些只需要爆炸直線的零組件；

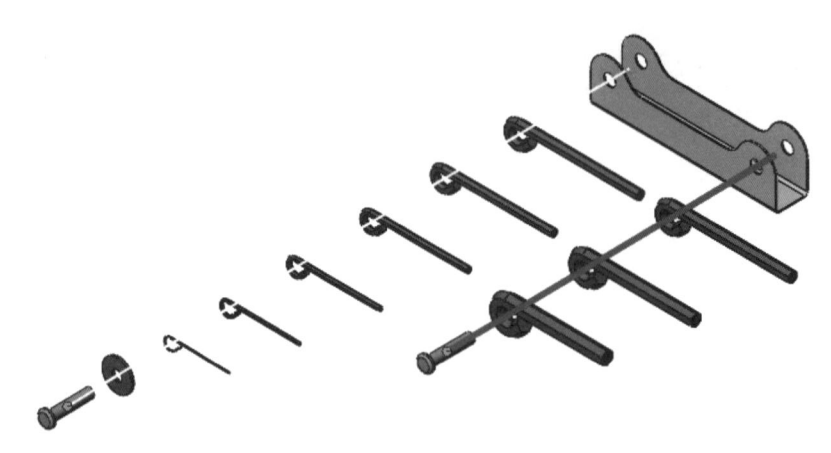

⊙ 圖 14-51　智慧型爆炸線條選擇

14.7.2　手動選擇爆炸直線

手動建立爆炸線條時，可選擇頂點、邊線和面來產生爆炸直線，但要注意以下兩點：

- 需以正確順序選擇圖元，來定義爆炸直線。
- 選擇合適的開始、穿越及結束圖元。

> **提示**　頂點和邊線一般適合於開始和結束爆炸直線，平面一般用於"穿越"，如圖 14-52。

⊙ 圖 14-52　穿過零組件的爆炸線條

組合件的使用 **14**

指令TIPS　爆炸直線草圖

爆炸直線草圖可讓您以半自動方式產生爆炸直線，但需要選擇模型的面、邊線或頂點，再由系統產生爆炸直線。

操作方法

- CommandManager：**組合件→爆炸視圖→爆炸直線草圖**。
- 功能表：**插入→爆炸直線草圖**。

⬢ **其他爆炸直線**

但是仍有些案例的爆炸直線和現有頂點、邊線和面不完全匹配，您可以用下列方式處理。

⬢ **加入幾何圖形**

也可以在零組件中繪製草圖圖元，並選擇做為爆炸直線參考，這樣有助於定位直線，如圖 14-53 所示。

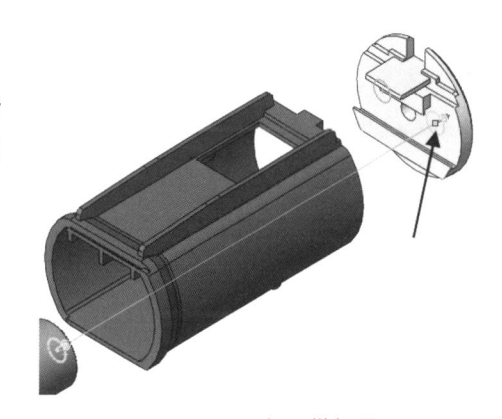

◉ 圖 14-53　加入幾何圖元

⬢ **自由繪製**

爆炸線條也可以直接使用 3D 草圖繪製直線產生（忽略爆炸直線草圖對話方塊的工具）。

操作步驟

STEP 1　加入智慧型爆炸線條

按**插入 / 編輯智慧型爆炸線條**，每個零組件的爆炸線條皆自動建立顯示，但是有重疊的線條。

14-29

STEP 2 手動選擇

勾選**選擇次組合件的零件**和**邊界方塊中心**，如圖 14-54。

圖 14-54 智慧型爆炸線條

STEP 3 選擇

因為有重疊的線條，在這裡不去想那些不需要的爆炸直線，在零組件列表中按滑鼠右鍵，點選**清除選擇**，並選擇下列零組件：

- Battery Cover
- Battery AA(2)
- Pin
- Switch
- Round Swivel Cap
- Locking Pin(2)
- Lens Cover

組合件的使用 **14**

一些較短小的爆炸直線已建立,如圖 14-55 所示,先不要按**確定**。

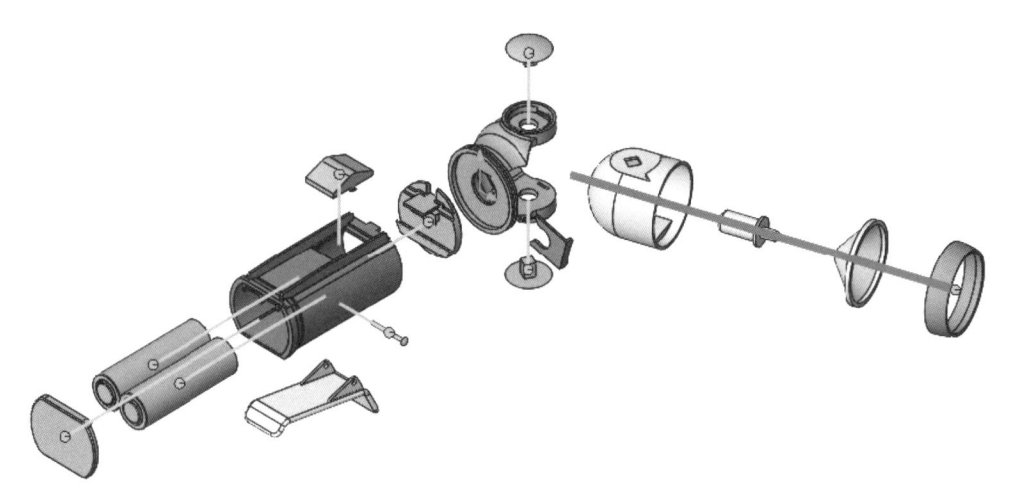

◉ 圖 14-55　重新選擇後的爆炸線條

◆ **拖曳端點**

調整爆炸線條位置時,可以直接拖曳端點到幾何的位置點上以調整大小。

STEP 4　拖曳端點

選擇零組件 Battery-AA<2>（Base-1@Flashlight/Battery-AA-2@Base）,並拖曳標記的端點至圖 14-56 所示的邊線上。

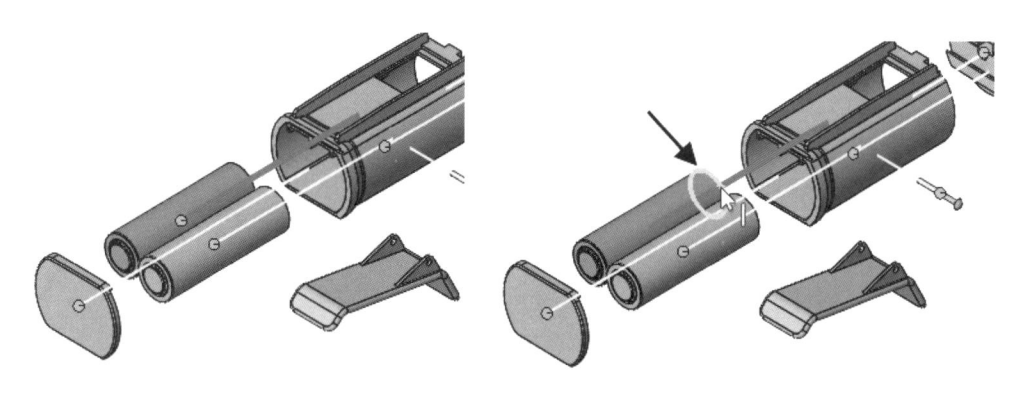

◉ 圖 14-56　拖曳端點

14-31

STEP 5 套用至副本

按**套用至所有零組件副本**，使另一個 BatteryAA 零組件的爆炸線條**參考點**的位置也變成與**選擇點**一樣，如圖 14-57。

按**確定**。

◉ 圖 14-57 套用至副本

STEP 6 完成智慧型爆炸線條

如圖 14-58 所示，自動爆炸線條都已加入至新的爆炸草圖 "3D 爆炸 1" 之中，並儲存在爆炸視圖 1 特徵中。

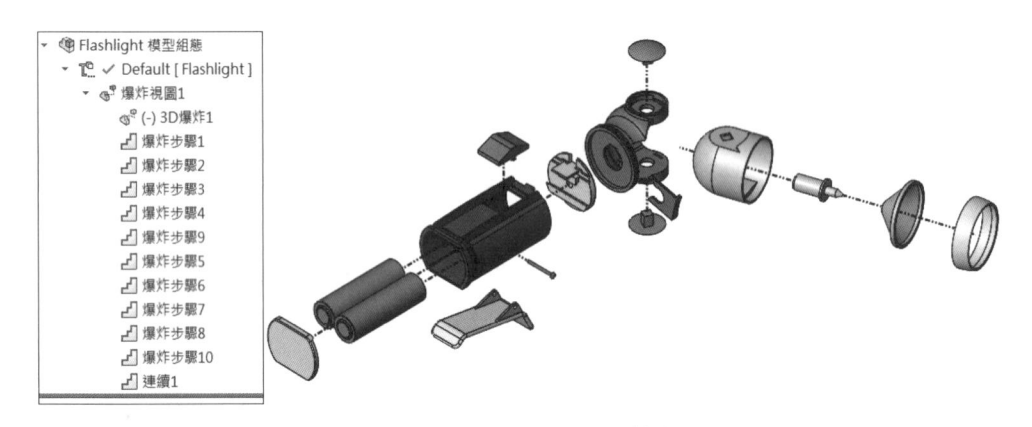

◉ 圖 14-58 爆炸視圖 1 特徵

STEP 7 手動爆炸直線

按**爆炸直線草圖**，進入編輯 3D 草圖狀態，勾選**沿 XYZ**。選擇 Clip 零組件的外側圓形邊線與 Holder 零組件的內側圓形邊線，爆炸線自動出現如圖 14-59 的預覽視圖。

> 提示：選擇順序非常重要，尤其是超過兩個選擇項時，線條會依順序建立。

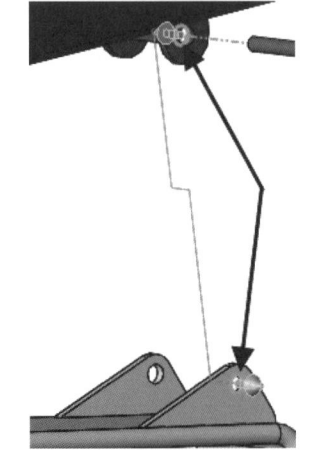

◉ 圖 14-59 手動爆炸直線

14.7.3 調整爆炸直線

爆炸直線和端點在完成前有幾個選項可以使用，例如：可點選選擇點的箭頭改變方向；線條可以在幾何的平面之內被拖曳；移動游標至爆炸線條上可檢視拖曳箭頭，如圖 14-60 所示。

反轉和**更替路徑**選項也可以用來產生更多的爆炸線條選項。

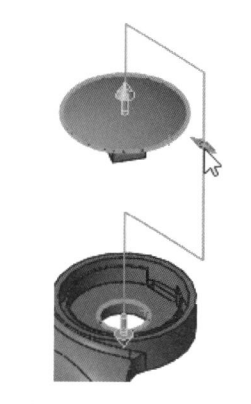

◉ 圖 14-60　調整爆炸直線

STEP 8　反轉方向

可點選箭頭來反轉方向。在個別的線段上使用拖曳箭頭調整位置，如圖 14-61 所示，按**確定**。

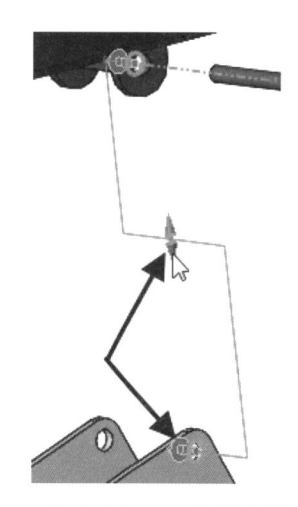

◉ 圖 14-61　反轉方向

◆ **編輯爆炸草圖**

爆炸草圖"3D 爆炸 1"可以用下列兩種方式編輯：

- 假如想要編輯自動產生的爆炸線條，使用**插入 / 編輯智慧型爆炸線條**。
- 假如想要編輯手動產生的爆炸線條，或轉換自動產生的爆炸線條為手動產生的爆炸線條，請直接使用**編輯草圖**。

指令TIPS　轉換爆炸線條

自動產生的爆炸線條可以使用的選項有限，使用**解散圖元**可以將其轉變成一般手動產生的爆炸線條。

操作方法

- 快顯功能表：在爆炸線條上按滑鼠右鍵，點選**解散圖元**。

STEP 9 編輯爆炸線條

按**插入/編輯智慧型爆炸線條**，系統進入爆炸直線草圖編輯模式，並允許您編輯自動產生的爆炸線條，選擇 Battery Cover 零組件，拖曳端點至圖 14-62 所示的頂點上，按**確定**。

> **提示** 若要變更爆炸草圖線條色彩，可以在 "3D 爆炸 1" 草圖上按滑鼠右鍵，點選**草圖色彩**。

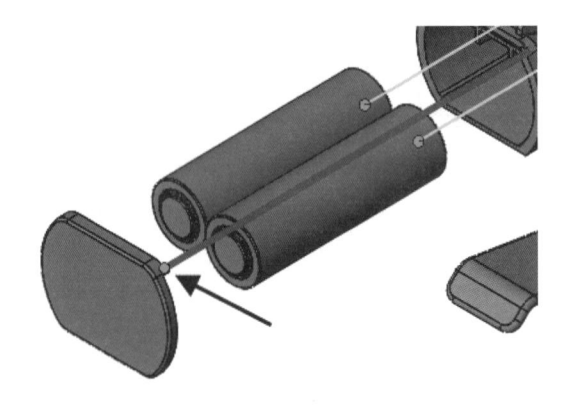

◉ 圖 14-62 編輯爆炸線條

STEP 10 編輯草圖

編輯草圖 "3D 爆炸 1"，選擇圖 14-63 自動產生的爆炸線條，按滑鼠右鍵，點選**解散圖元**。

直線變成黑色，並可以被編輯及刪除。

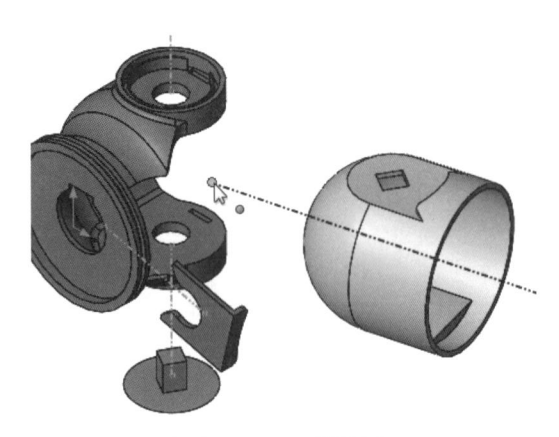

◉ 圖 14-63 解散圖元

> **提示** 解散的圖元並未包含限制條件，您可以再手動加入。

14.7.4 動畫顯示爆炸視圖

動畫控制器可以用來控制動畫顯示爆炸或解除動作。

指令TIPS 動畫爆炸

- 快顯功能表：在爆炸視圖 1 特徵上按滑鼠右鍵，點選**動畫解除爆炸**或**動畫爆炸**。

◆ **動畫控制器的介面**

動畫控制器對話方塊中的選項可用於調整動畫爆炸視圖，也可以儲存動畫，如圖 14-64 所示。

組合件的使用 **14**

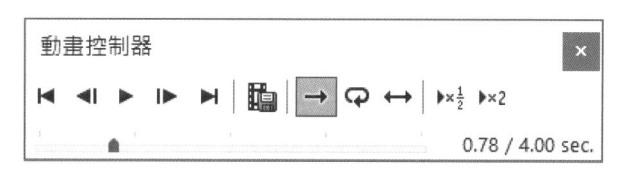

◉ 圖 14-64　動畫控制器

◆ 動畫播放模式

下表所示為動畫控制器的各個按鈕名稱與功能：

⊮ 開始	◀ 倒帶	▶ 播放	▶ 快速向前
▶⊩ 結束	‖ 暫停	■ 停止	🎬 儲存動畫
→ 正常	↻ 連續播放	↔ 往復播放	▶×½ 慢速播放
▶×2 快速播放		0.78 / 4.00 sec. 進度調整列	

STEP 11　啟用動畫工具列

在"爆炸視圖 1"特徵上按滑鼠右鍵，點選**動畫解除爆炸**，對話方塊使用標準控制，包含 ▶ **播放**。

STEP 12　儲存組合件

解除爆炸視圖後，關閉控制器，**儲存**組合件。除了爆炸的組合件 Flashlight 之外，關閉其他檔案。

14.8 零件表

在組合件中，零件表（BOM）可以自動建立和編輯，再插入到工程圖中，完成的 BOM 將出現在組合件及稍後的工程圖中。

> **指令TIPS**　零件表　🔍
>
> - CommandManager：**組合件**→**零件表** 📋。
> - 功能表：**插入**→**表格**→**零件表**。

STEP 13 BOM 設定

按**零件表**，在**表格範本**選擇 bom-standard，在 BOM 類型選擇**階梯式**和**無編號**，按**確定**，如圖 14-65 所示。

在**選擇註記視角**對話方塊的**現有註記視角**中選擇 **Notes Area**，再按**確定**。

圖 14-65　設定 BOM

STEP 14 放置 BOM

在繪圖視窗區域內按一下滑鼠以放置 BOM 表，如圖 14-66 所示。

項次編號	零件名稱	描述	數量
1	Base	Subassembly	1
	Holder	Battery Holder (2 AA batteries)	1
	Round Swivel Cap	Holder to Head Connector	1
	Battery AA	AA Size Battery (Purchased)	2
	Battery Cover	Sliding Battery Holder Cover	1
	Switch	On/Off Switch	1
	Clip	Attachment Clip	1
	Pin	Round head pin	1
2	Swivel	Rotating Head Lamp Holder	1
3	Head	Rotating Head Lamp	1
4	Miniature Bulb	LED Light Bulb DC 6V (Purchased)	1
5	Locking Pin	Square 5mm Locking Pin	2
6	Swivel Clip	Round 8mm Locking Clip	1
7	Reflector	Reflective Cone	1
8	Lens Cover	Rotating Head Lamp Cover	1

圖 14-66　放置 BOM

> **提示**　BOM 表的項次編號與 FeatureManager（特徵管理員）中顯示的順序一致。描述欄位會自動填入零組件的屬性。

組合件的使用 **14**

STEP 15 查看 BOM 特徵

在 FeatureManager（特徵管理員）中展開**表格**資料夾，零件表 1<Explode> 已存於資料夾內，如圖 14-67 所示。

◉ 圖 14-67　查看 BOM 特徵

STEP 16 在新視窗中顯示表格

在零件表 1<Explode> 上按滑鼠右鍵，並點選**在新視窗中顯示表格**。按視窗→**重疊顯示**，同時顯示兩個視窗，如圖 14-68 所示。

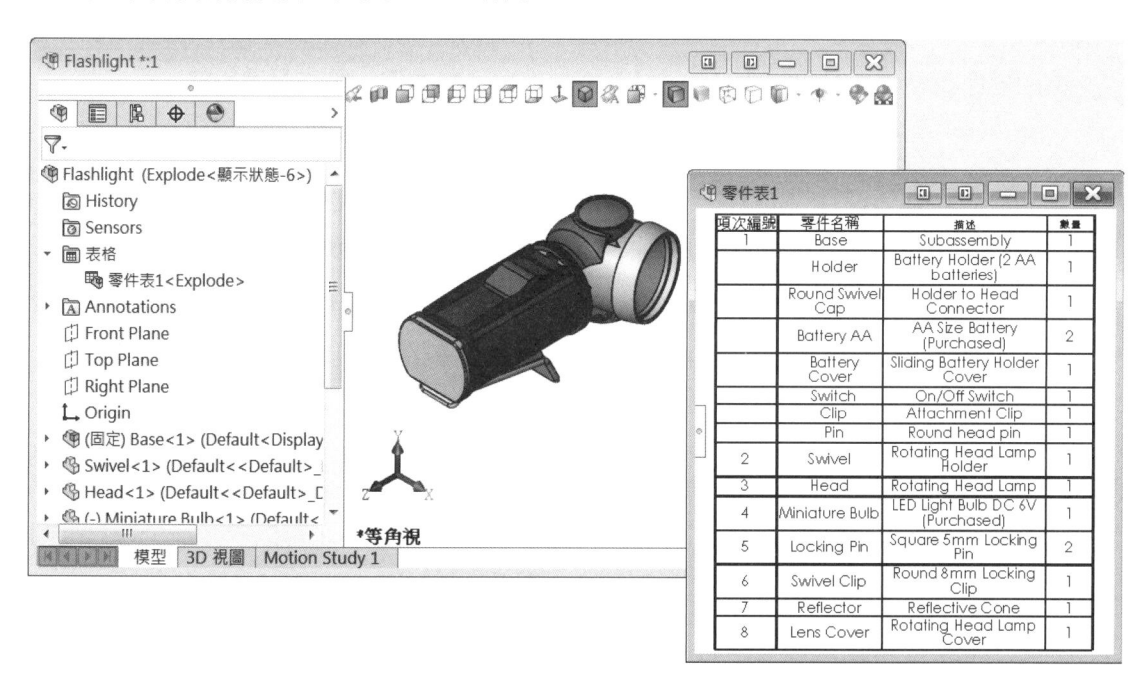

◉ 圖 14-68　新視窗中顯示表格

STEP 17 移動欄

點選數量欄的表頭 D，拖曳到零件名稱左側，放開滑鼠左鍵。點選表格並拖曳垂直或水平線來調整儲存格大小，如圖 14-69 所示。

14-37

項次編號	零件名稱	描述	數量
1	Base	Subassembly	1
	Holder	Battery Holder (2 AA batteries)	1
	Round Swivel Cap	Holder to Head Connector	1
	Battery AA	AA Size Battery (Purchased)	2
	Battery Cover	Sliding Battery Holder Cover	1
	Switch	On/Off Switch	1
	Clip	Attachment Clip	1
	Pin	Round head pin	1
2	Swivel	Rotating Head Lamp Holder	1
3	Head	Rotating Head Lamp	1
4	Miniature Bulb	LED Light Bulb DC 6V (Purchased)	1
5	Locking Pin	Square 5mm Locking Pin	2
6	Swivel Clip	Round 8mm Locking Clip	1
7	Reflector	Reflective Cone	1
8	Lens Cover	Rotating Head Lamp Cover	1

項次編號	數量	零件名稱	描述
1	1	Base	Subassembly
	1	Holder	Battery Holder (2 AA batteries)
	1	Round Swivel Cap	Holder to Head Connector
	2	Battery AA	AA Size Battery (Purchased)
	1	Battery Cover	Sliding Battery Holder Cover
	1	Switch	On/Off Switch
	1	Clip	Attachment Clip
	1	Pin	Round head pin
2	1	Swivel	Rotating Head Lamp Holder
3	1	Head	Rotating Head Lamp
4	1	Miniature Bulb	LED Light Bulb DC 6V (Purchased)
5	2	Locking Pin	Square 5mm Locking Pin
6	1	Swivel Clip	Round 8mm Locking Clip
7	1	Reflector	Reflective Cone
8	1	Lens Cover	Rotating Head Lamp Cover

圖 14-69 移動欄並調整大小

STEP 18 隱藏表格

關閉零件表視窗,並在零件表 1<Explode> 上按滑鼠右鍵,點選**隱藏表格**。

14.9 組合件工程圖

當需要詳細工程圖時,會對組合件有幾個特別要求:除了需要詳細視圖外,可能還需要零件表和零件號球來完整記錄這個組合件。本例中,組合件產生的爆炸視圖和零件表將被使用在工程圖中。

● **顯示爆炸視圖**

視圖通常以非爆炸狀態顯示,在從**視圖調色盤**中加入視圖時,可以選擇拖曳爆炸視圖至圖頁中,但是這只有在啟用的模型組態包含一個爆炸視圖時才適用。

當然,您還可以在工程視圖的 PropertyManager 中變更模型組態,然後勾選**以爆炸或模型斷裂的狀態顯示**,來顯示其爆炸狀態。如果模型組態含有多個爆炸視圖,請選擇您要的一個,如圖 14-70 所示。

> **提示** 只有所選模型組態存在爆炸視圖時,才會出現**以爆炸或模型斷裂的狀態顯示**選項。

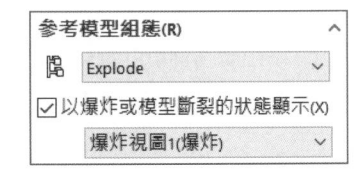

圖 14-70 選擇模型組態

組合件的使用 14

操作步驟

STEP 1　新建工程圖

最大化組合件視窗，按**從組合件產生工程圖**建立新工程圖，並使用範本 A_Size_ANSI_MM。

STEP 2　模型視角

從**視圖調色盤**中拖曳"等角視爆炸"視圖到圖頁中，設定**比例 1：2**，及點選顯示樣式為**移除隱藏線**，如圖 14-71 所示。

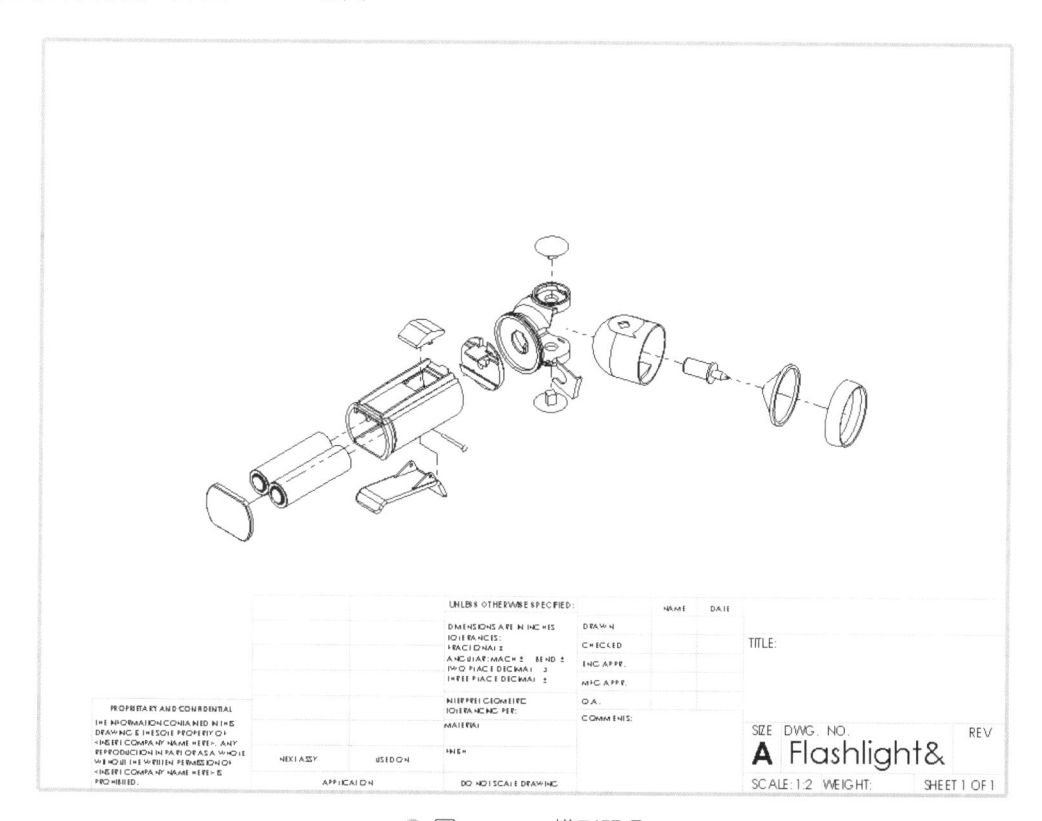

● 圖 14-71　模型視角

從組合件複製一個 BOM 表格

假如在組合件已建立過零件表，可以將其複製到工程圖中。

STEP 3　複製表格

按**零件表** ，點選爆炸視圖，接著點選對話方塊中的**複製現有的表格**，選擇零件表1，勾選**連結**，按**確定**，移動零件表到工程圖頁的左上角放置，如圖 14-72 所示。

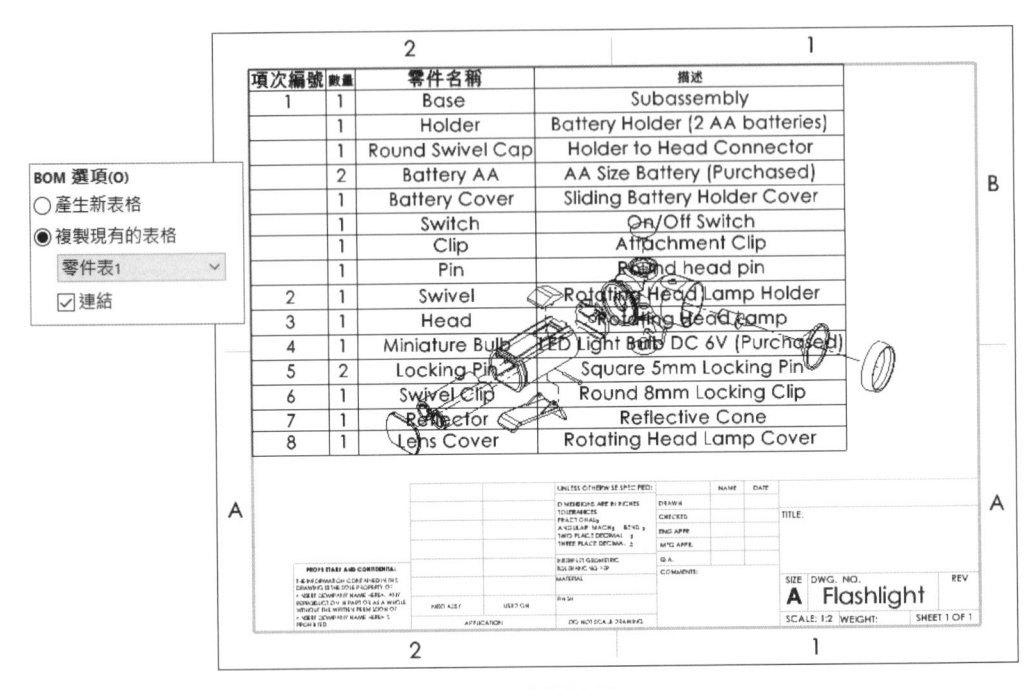

● 圖 14-72　複製表格 BOM

STEP 4　調整字體高度

點選表格左上角的移動圖示，變更字體高度為 8，如圖 14-73 所示。在表格線上快按滑鼠兩下，以調整表格大小。

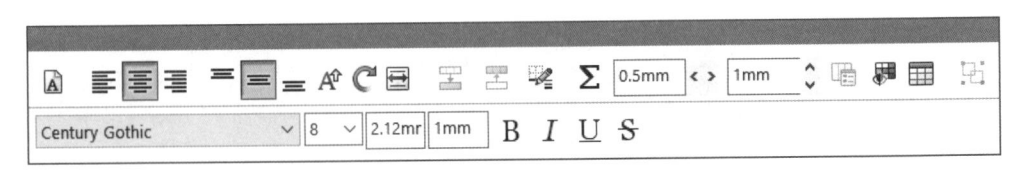

● 圖 14-73　調整字體高度

14.9.1　加入零件號球

零件表所指定的項次編號可以使用**零件號球**加入到工程圖中，當零件號球插入到邊線、頂點或面時，會自動指定與 BOM 相同的項次編號。

組合件的使用 **14**

> **指令TIPS** 自動零件號球
>
> **自動零件號球**會依零件表的項次編號，自動標記零件球號到組合件工程圖的零組件上。這裡有幾種不同的配置、樣式和排列方式來產生零件號球。
>
> **操作方法**
> - CommandManager：**註記**→**自動零件號球**。
> - 功能表：**插入**→**註記**→**自動零件號球**。
> - 快顯功能表：在工程視圖按滑鼠右鍵，選擇**註記**→**自動零件號球**。

STEP 5　插入零件號球

選擇工程視圖，按**自動零件號球**，並點選**零件號球配置**到**右邊**的複製排列，按**確定**，如圖 14-74 所示。

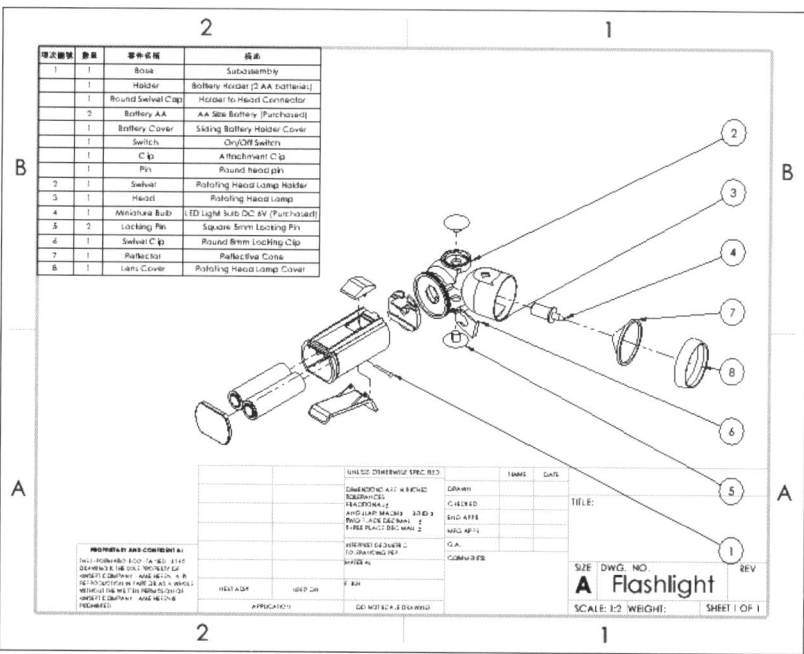

◉ 圖 14-74　插入零件號球

14.9.2　編輯爆炸視圖

爆炸視圖可在任何時候進行編輯、加入、移除或重排步驟。本例將編輯爆炸步驟的距離和方向，以呈現零組件正確的運動。

14-41

STEP 6　選擇組合件

返回到組合件 Flashlight。

STEP 7　編輯爆炸視圖

點選 ConfigurationManager，展開 Explode 模型組態。在 爆炸視圖 1 上按滑鼠右鍵，點選**編輯特徵**。

STEP 8　編輯步驟

在**爆炸步驟**列表中，回溯到爆炸步驟 4 下方，按一下爆炸步驟 4 以**編輯步驟**，如圖 14-75 所示。

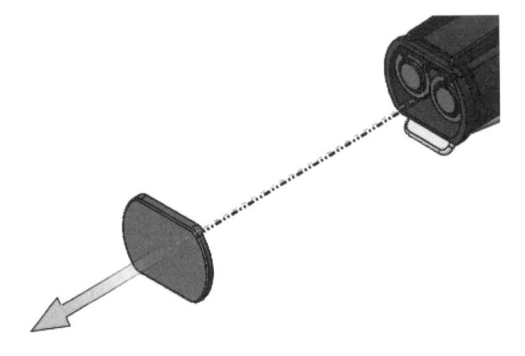

圖 14-75　編輯步驟

STEP 9　更改軸向

在**爆炸方向**欄位中按滑鼠右鍵，點選**清除選擇**，重新選擇零組件的邊線，如圖 14-76 所示。

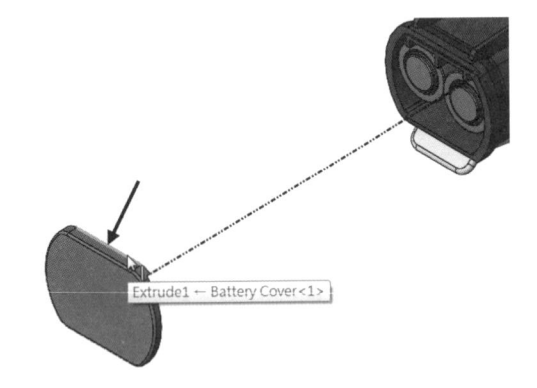

圖 14-76　更改軸向

STEP 10　更改設定

設定**爆炸距離**為 50mm，必要時，按 反向，將零組件放置在如圖 14-77 所示的一側。按**完成**，回溯至最後，按**確定**，完成編輯爆炸視圖。

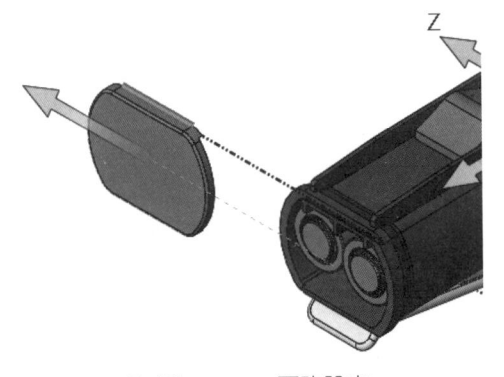

圖 14-77　更改設定

組合件的使用 **14**

STEP 11 向前回溯

爆炸視圖變更後，爆炸線條也自動更新，如圖 14-78 所示。更新的爆炸視圖和爆炸線條也會自動反應在工程視圖中。

向前回溯到最後，按**確定**。

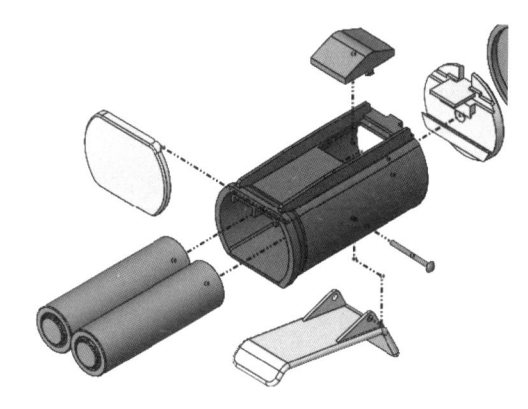

◉ 圖 14-78　爆炸線條自動更新

STEP 12 回到工程圖

回到工程圖，組合件的變更使工程圖顯得更加簡潔，如圖 14-79。

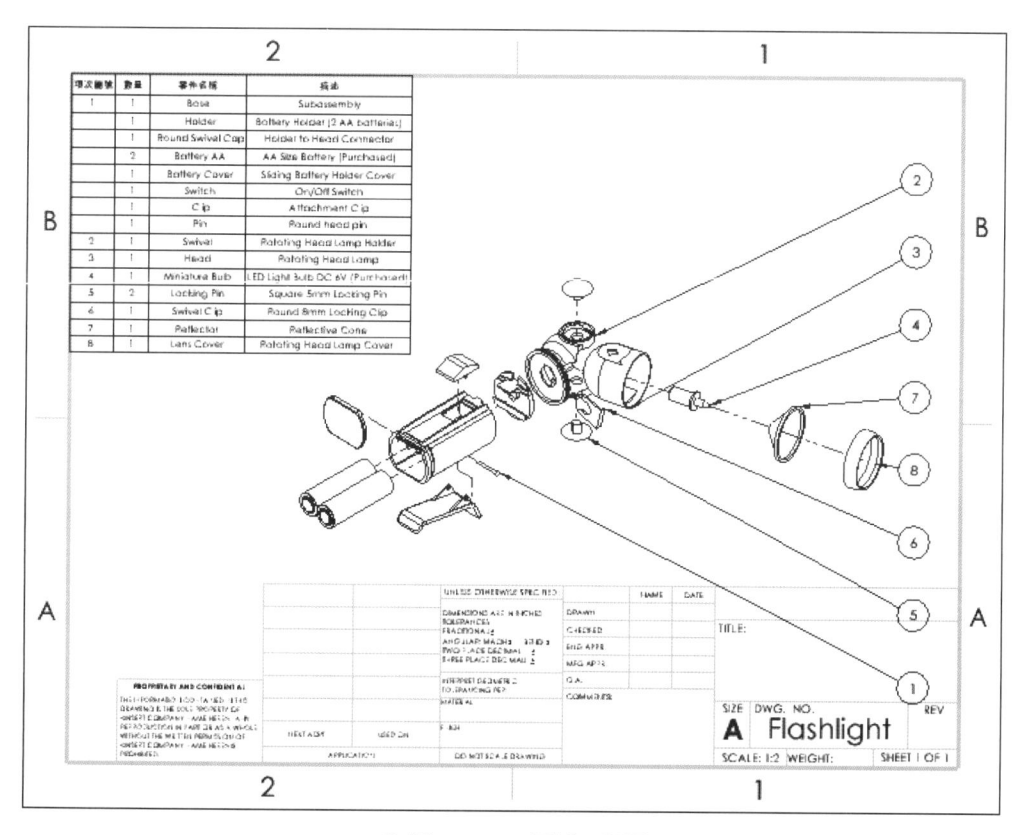

◉ 圖 14-79　更新工程圖

STEP 13 共用、儲存並關閉所有檔案

14-43

練習 14-1 碰撞偵測

請使用所提供的組合件，確定夾鉗握柄的運動範圍，如圖 14-80 所示。此練習可增強以下技能：

- 干涉檢查
- 碰撞偵測

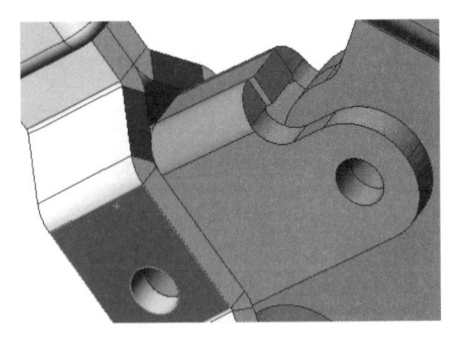

◎ 圖 14-80 夾鉗握柄

操作步驟

STEP 1 開啟現有的組合件文件

從 Lesson14\Exercises\Collision 資料夾開啟 Collision 組合件，如圖 14-81 所示。

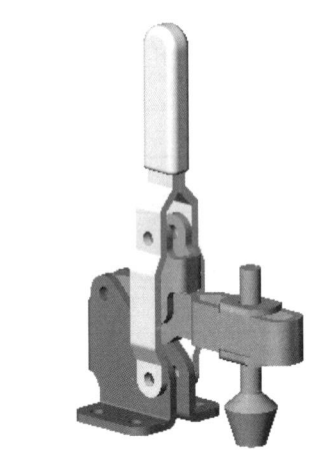

◎ 圖 14-81 開啟 Collision 組合件

STEP 2 碰撞位置

零件 link 將在兩處組合件的運動中停止，移動組合件到碰撞點處，使用**量測**或工程視圖中的尺寸，來測量組合件移動時形成的角度，如圖 14-82 所示。

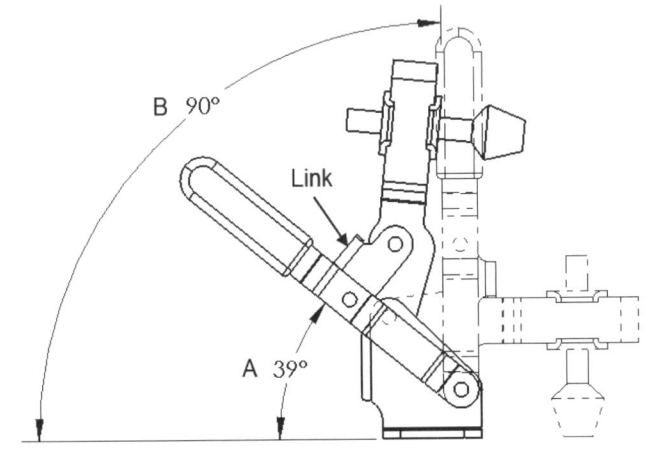

◎ 圖 14-82 碰撞位置

組合件的使用 **14**

- **角度** A：表示當回拉次組合件 handle sub-assy 的過程中，零件 link 碰撞它時所形成的角度。
- **角度** B：表示當推進次組合件 handle sub-assy 的過程中，零件 link 碰撞次組合件 hold-down sub-assy 時所形成的角度。

> **提示** 量測都為近似值。

STEP 3 共用、儲存並關閉所有檔案

練習 14-2 找出並修復干涉

請使用所提供的組合件，找出靜態和動態的干涉，然後修復它們，如圖 14-83 所示。此練習可增強以下技能：

- 干涉檢查
- 碰撞偵測

單位：mm（毫米）

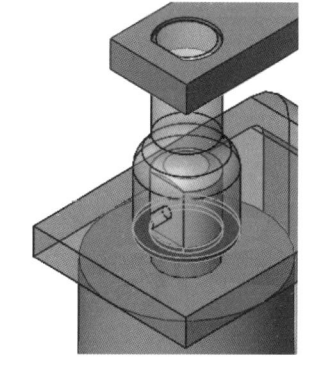

◉ 圖 14-83　找出並修復干涉

操作步驟

STEP 1 開啟現有組合件

從 Lesson14\Exercises\UJoint 資料夾中開啟組合件 UJoint。

STEP 2 查看靜態干涉

找出靜態干涉後，使用**反轉尺寸**變更結合條件來修復這個干涉，如圖 14-84 所示。

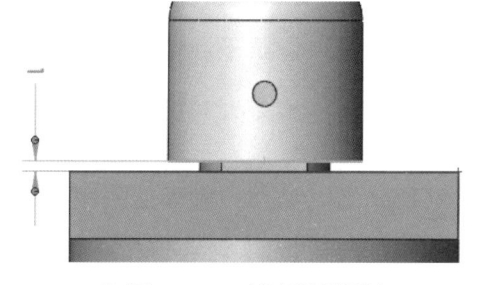

◉ 圖 14-84　找出靜態干涉

14-45

STEP 3 查看動態干涉

檢視位於 Yoke_Male<1> 和 Yoke_Female<1> 之間的動態干涉,如圖 14-85 所示。

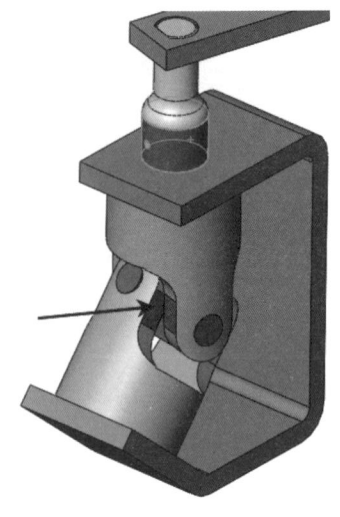

◉ 圖 14-85 查看動態干涉

STEP 4 加入特徵

開啟零組件,並對 Yoke_Male<1> 和 Yoke_Female<1> 的邊線加入導角特徵(2mm×45°),如圖 14-86 所示。

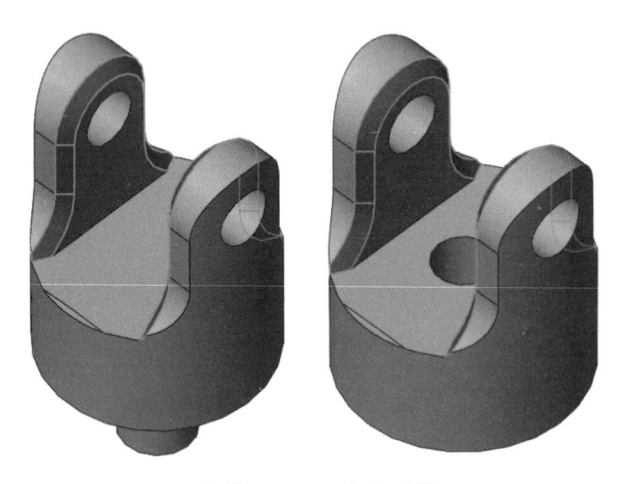

◉ 圖 14-86 加入特徵

STEP 5 測試干涉情況

回到組合件測試靜態和動態干涉。

STEP 6 共用、儲存並關閉所有檔案

組合件的使用 **14**

練習 14-3 檢查干涉、碰撞和餘隙

請使用現有組合件,檢查其中的干涉、碰撞和餘隙情況,如圖 14-87 所示。此練習可增強以下技能:

- 干涉檢查
- 餘隙檢查
- 碰撞檢查

單位:mm(毫米)

圖 14-87 檢查干涉、碰撞和餘隙

操作步驟

STEP 1 開啟現有的組合件文件

開啟 Lesson14\Exercises\Clearances 資料夾中的 A_D_Support 組合件。

STEP 2 更改透明度

變更零組件 center_tube 為透明。

STEP 3 檢查靜態干涉

使用**干涉檢查**來檢查模型靜態干涉的情況。

STEP 4 檢查動態間隙與碰撞

使用**移動**零組件來檢查組合件內部的碰撞,如圖 14-88 所示。拖曳 Internal 次組合件,因碰撞停止於兩處位置。移動組合件到開放的碰撞位置,用**動態間隙**測量 End 和 small collar 之間的最大距離(結果為 225mm),圖為拖曳過程中的尺寸變化。

圖 14-88 檢查動態間隙

14-47

STEP 5 確認次組合件間隙

開啟 Internal 次組合件,找出下列間隙,如圖 14-89 所示,分別為:

- 零組件 small center_tube 和 small collar
- 零組件 small center_tube 和 thin_collar

（結果為 0.13mm 和 0.14mm）

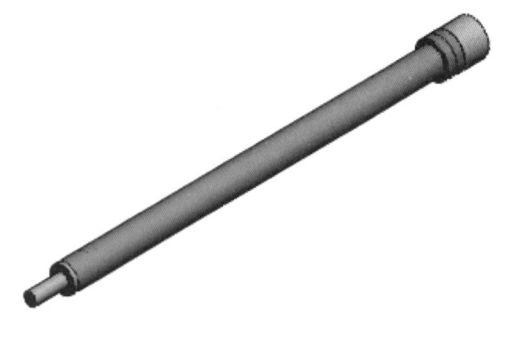

◉ 圖 14-89 確認次組合件間隙

STEP 6 確認最上層組合件間隙

回到組合件最上層 A_D_Support,確認下列間隙,如圖 14-90 所示。

- 零組件 center_tube 和 small center_tube
- 零組件 center_tube 和 small collar

（結果為 3.68mm 和 0.10mm）

STEP 7 共用、儲存並關閉所有檔案

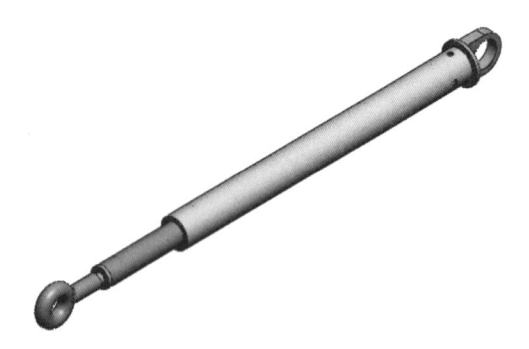

◉ 圖 14-90 確認最上層組合件間隙

練習 14-4 爆炸視圖和組合件工程圖

請使用現有組合件,加入爆炸視圖、爆炸直線和零件表至組合件中。再利用爆炸視圖建立含有零件號球和零件表的組合件工程圖,如圖 14-91~92 所示。使用範本 A_Size_ANSI_MM。此練習可增強以下技能:

- 爆炸組合件
- 使用自動間隔零組件
- 爆炸直線草圖
- 組合件工程圖
- 零件表

單位:mm（毫米）,所有文件位於資料夾 Lesson14\Exercises\Exploded Views 中。

組合件的使用 **14**

● 組合件：**part configs**

項次編號	零件名稱	描述	數量
1	Base Sheet Metal		1
2	Pin		2
3	Washer		1
4	Size 6	Hexagon Rod	1
5	Size 5	Hexagon Rod	1
6	Size 4	Hexagon Rod	1
7	Size 3	Hexagon Rod	1
8	Size 2	Hexagon Rod	1
9	Size 1	Hexagon Rod	1
10	Size 7	Hexagon Rod	1
11	Size 8	Hexagon Rod	1
12	Size 9	Hexagon Rod	1

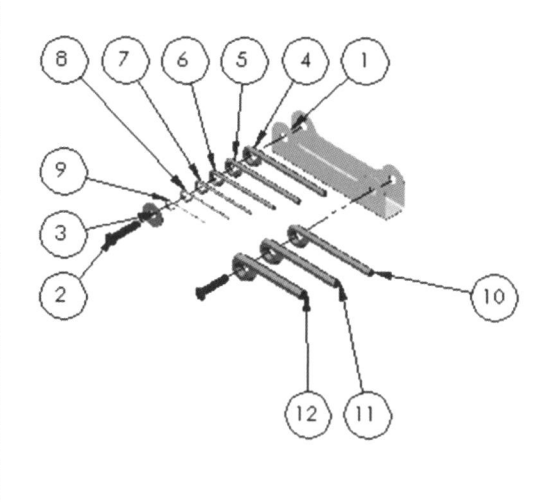

● 圖 14-91　組合件 part configs

技巧

插入零件表時，在**零件模型組態分組**中點選**模型組態列為單獨項次編號**的個別項次，將所有 Hexagon Rod 零組件列為單獨的項目。

● 組合件：**Gearbox Assembly**

項次編號	零件名稱	描述	數量
1	Housing		1
2	Worm Gear		1
3	Worm Gear Shaft		1
4	Cover_Pl&Lug		2
5	Cover Plate		1
6	Offset Shaft		1

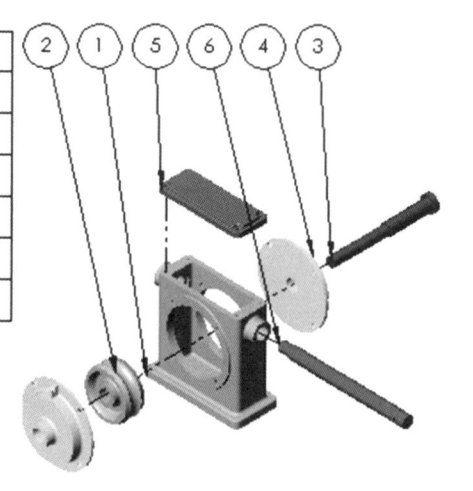

● 圖 14-92　組合件 Gearbox Assembly

練習 14-5 爆炸視圖

請使用現有的組合件，加入爆炸視圖和爆炸線條，結果如圖 14-93 所示。此練習可增強以下技能：

- 爆炸組合件
- 使用自動間隔零組件
- 爆炸直線草圖

單位：mm（毫米）

開啟 Lesson14\Exercises\Support_Frame 資料夾中的組合件：Support_Frame。

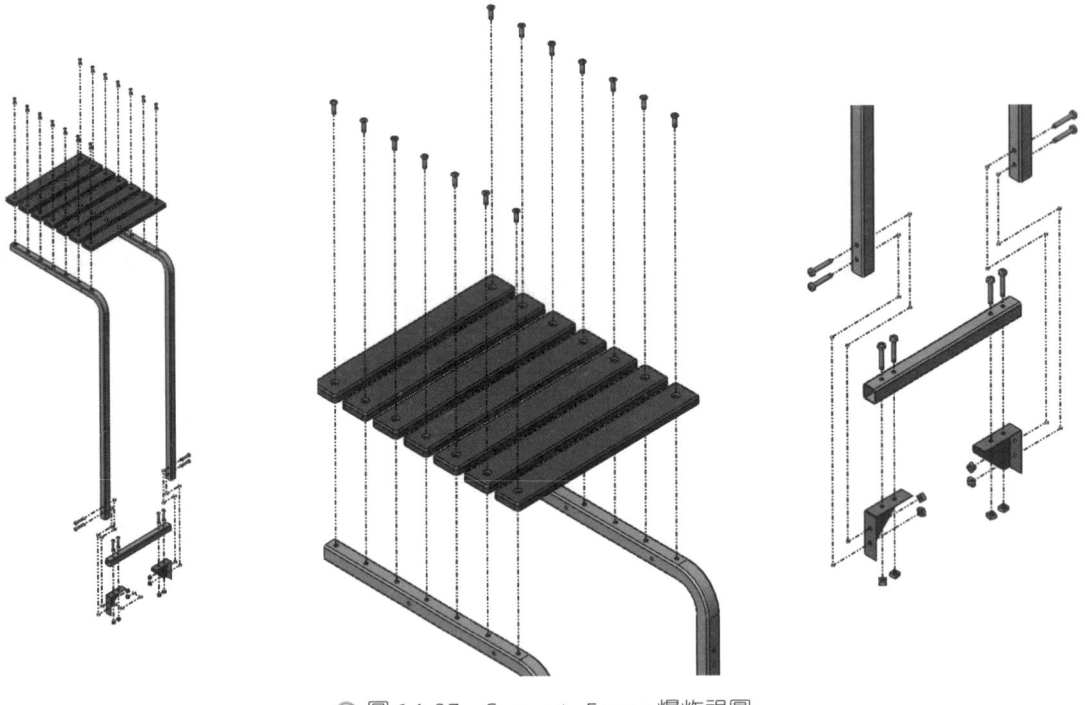

圖 14-93 Support_Frame 爆炸視圖

A 範本

順利完成本章課程後,您將學會:

- 了解工具→選項中的各項設定
- 建立一個您自訂的零件範本
- 組織文件範本

A.1 選項設定

在**工具**→**選項**中的內容雖然是 SOLIDWORKS 的預設,但都是可以修改的,**選項**對話方塊包含兩個標籤:**系統選項**和**文件屬性**。這些設定既可以應用於個別檔案中,也可以只套用在目前系統和工作環境中。

● **系統選項**

用來修改與自訂整體的工作環境,修改的選項不會單獨存在個別檔案中,任何開啟的檔案都會直接套用這些設定。例如:預設調節方塊增量為 10mm,若設計小型零件,調節方塊增量只需 1mm,系統選項就可以滿足個人特殊設計需求。

● **文件屬性**

僅影響目前開啟的檔案,設定值會存在檔案中,任何人開啟都一樣。例如:單位。

A.1.1 修改預設選項

修改預設**選項**的步驟如下:

1. 按**工具**→**選項**;
2. 選擇**系統選項**或**文件屬性**標籤,修改需要的項目;
3. 完成後,按**確定**結束。

> **提示** 只有在開啟文件檔案時,才能存取文件屬性。

A.1.2 建議設定

在設定選項過程中,可以透過**線上說明**獲得選項對話方塊中完整的設定說明。

比較重要的**系統選項**設定,建議如下:

- **一般**:選擇**立即開啟數值輸入窗**選項。
- **草圖**:不選擇**塗彩時顯示基準面**選項。
- **預設範本**:選擇**經常使用這些預設的文件範本**選項。

範本 **A**

A.2 文件範本

您可以建立一個包含想要的文件屬性設定到自訂的**文件範本**（*.prtdot，*.asmdot，*.drwdot）中，並將其儲存到新檔案。這樣在新建檔案時，只要選擇自訂的範本，就可以直接套用您儲存在範本中的各項設定。

A.2.1 如何建立一個零件範本

自訂範本的步驟很簡單，首先使用預設範本開啟 SOLIDWORKS 文件，再使用**工具→選項**，於**文件屬性**對話方塊進行各項設定，然後另存成範本檔案。

您也可以建立專門存放範本的資料夾。

操作步驟

下面將建立您自訂的零件範本。

STEP 1 開新零件

此新零件檔只用來建立範本，建立後並不儲存為零件檔。

按**檔案→開新檔案**，在**範本**標籤下選擇**零件**，按**確定**，如圖 A-1 所示。

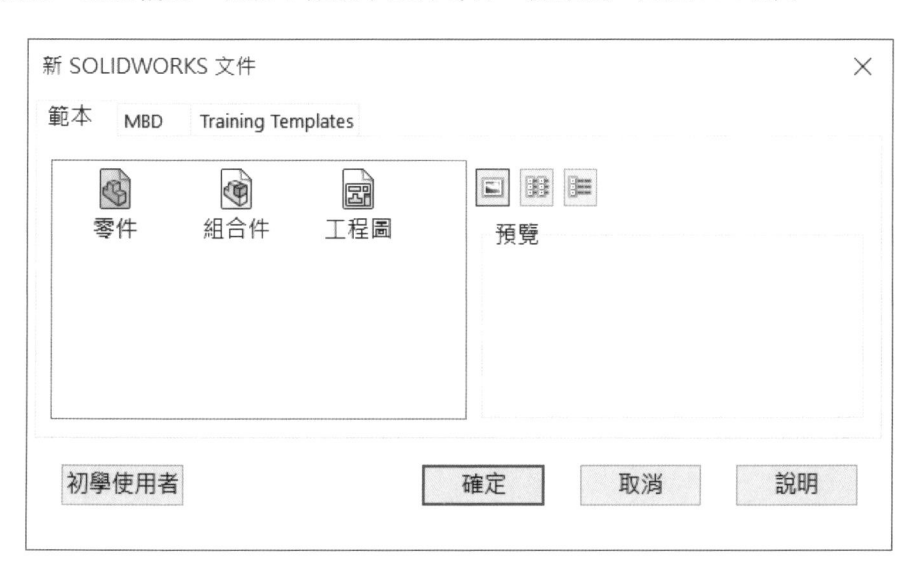

◎ 圖 A-1 開新零件

提示 不要開啟**初學使用者**模式，否則會找不到您自訂的範本。

A-3

STEP 2 設定文件屬性

按照以下文件屬性對選項進行設定：

- **製圖標準**。整體製圖標準：ISO（本書為原文翻譯，大多為 ANSI 檔，台灣目前適用 ISO）。
- **尺寸格式**。字型：Century Gothic；高度 =3mm 或 12 點。
- **註記格式**。註解字型：Century Gothic；高度 =5mm。零件號球字型：Century Gothic；高度 =5mm。
- **尺寸主要精度**。主要尺寸：小數點後 2 位。
- **網格線 / 抓取**。顯示網格線：不選擇。
- **單位**。單位系統：MMGS（毫米、公克、秒）。
- **參考基準面**。預設基準面名稱由文件範本控制，當零件被儲存為範本時，基準面名稱也將被存入此範本檔中。

A.2.2 組織您的範本

通常自訂範本不建議存放在 SOLIDWORKS 安裝目錄下，因為安裝新版本 SOLIDWORKS 時，安裝目錄會完全被覆蓋，最好是像建立特徵資料庫與標準資料庫一樣新增一個範本文件夾。

您可以在**工具→選項→系統選項→檔案位置**中設定範本搜尋路徑。在**顯示資料夾**裡新增文件範本在內的不同類型文件搜尋路徑。您可以新增一個文件夾、刪除現有的文件夾或上下移動文件夾的搜尋順序。

STEP 3 儲存範本

按**檔案→另存新檔**，於對話方塊中選擇 Part Templates 存檔類型。範本命名為 My_mm_part，儲存到 SOLIDWORKS 預設的範本資料夾中，不過本例只簡單地將它儲存到桌面新資料夾中。

STEP 4 新增資料夾

於**另存新檔**對話方塊找到桌面並新增"自訂範本"資料夾，將範本儲存到這個資料夾下。

範本 **A**

STEP 5　加入檔案位置

SOLIDWORKS 需要知道去哪裡尋找您自訂的範本，按**系統選項**，再點選**檔案位置**，確定**顯示資料夾**為**文件範本**後，按**新增**，在瀏覽對話方塊中，指定到桌面的"自訂範本"資料夾，按**確定**兩次，於對話方塊中按**是**，確認對路徑做出變更。

STEP 6　使用範本

不儲存直接關閉檔案。開新零件檔，使用**自訂範本**標籤下的範本 My_mm_part，開啟後檢查一下自己需要的設定是否已經被載入，如圖 A-2 所示。

◎ 圖 A-2　使用範本

A.2.3　工程圖範本與圖頁格式

相對於零件或組合件範本，工程圖範本以及圖頁格式的選項設定更多，關於它們的完整設定請參閱《SOLIDWORKS 工程圖培訓教材〈2025 繁體中文版〉》。

A.2.4　預設範本

下列操作會自動產生零件、組合件或工程圖檔案。

- 插入→鏡射零組件
- 插入→零組件→新零件
- 插入→零組件→新組合件
- 插入→零組件→以 [所選] 零組件產生的組合件
- 檔案→導出組合零件

在上述情況下，您可以選擇自訂範本或系統預設範本，這可由**系統選項**中的**預設範本**所控制。若在預設範本的選項中點選以下的選項，系統會依設定提供或不提供選擇範本：

⬢ **經常使用這些預設的範本**

系統自動套用新文件時，會自動選擇預設範本。

⬢ **提示使用者選擇文件範本**

系統自動套用新文件時，會彈出新 SOLIDWORKS 文件對話方塊，讓您自行選擇範本。